KB036447
유형
더블
중등수학
3-2

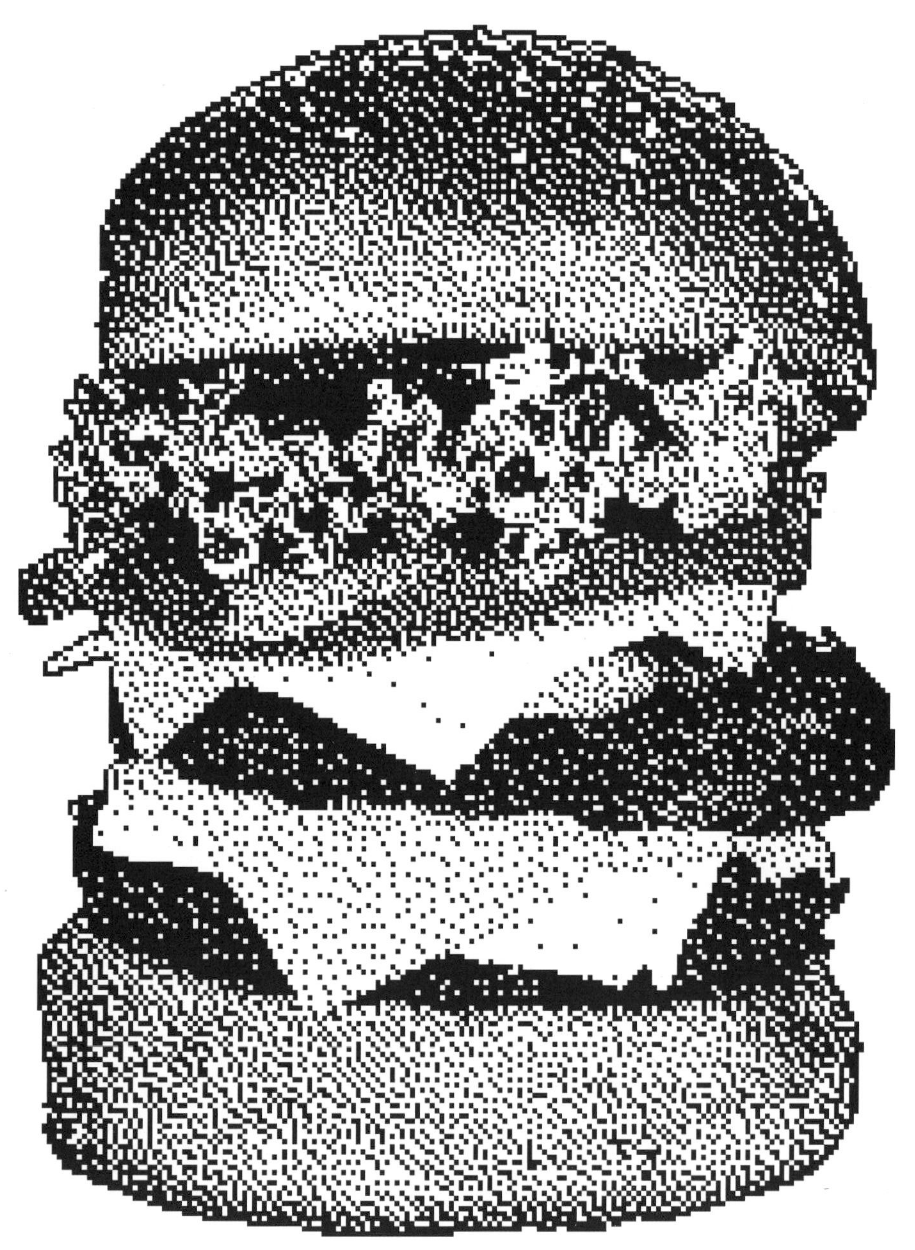

지은이

NE능률 수학교육연구소

NE능률 수학교육연구소는 혁신적이며 효율적인 수학 교재를 개발하고
수학 학습의 질을 한 단계 높이고자 노력하는 NE능률의 연구 조직입니다.

검토진

강영주 [월드오브에듀케이션] 강유미 [대성 엔 학원] 곽민수 [청라 현수학 학원] 곽병무 [하이스트학원]
구평완 [구평완수학전문학원] 권순재 [리더스학원] 권승미 [대성N학원(새롬)] 권혁동 [청탑학원]
김경남 [유앤아이학원] 김경진 [경진수학학원] 김국철 [필즈영수전문학원] 김남진 [산본파스칼수학학원]
김문경 [구주이배학원] 김방래 [비전매쓰학원] 김서린 [dys학원] 김세정 [엔솔학원]
김여란 [상위권수학] 김영태 [박찬민수학학원] 김진미 [개념폴리아학원] 김하영 [포항 이룸 초중등 종합학원]
김현석 [엔솔학원] 김환철 [수학의 모토 김환철 수학학원] 남해주 [엔솔학원] 노관호 [지필드 영재교육]
류재권 [GMS학원] 류현주 [최강수학학원] 박경아 [뿌리깊은 봉선 수학학원] 박병휘 [다원교육]
박언호 [하이스트학원] 박영근 [성재학원] 박지현 [상위권수학 이촌점] 백은아 [함께하는수학학원]
변경주 [수학의아침학원] 서용준 [화정와이즈만영재교육] 서원준 [시그마수학학원] 설주홍 [공신수학학원]
성은수 [브레인수학학원] 송은지 [상위권수학 이촌점] 안소연 [거산학원 목동본원] 양구근 [매쓰피아 수학학원]
양지은 [진수학전문학원] 양철웅 [거산학원 목동본원] 오광재 [미퍼스트학원] 오수환 [삼삼공학원]
위한결 [거산학원 목동본원] 유민정 [파란수학학원] 유진희 [엔솔학원] 유혜주 [엔솔학원]
윤인영 [브레인수학학원] 이동훈 [일등급학원] 이만재 [매쓰로드학원] 이송이 [인재와고수학원]
이승훈 [탑씨크리트학원] 이유미 [엔솔학원] 이윤주 [yj수학] 이은희 [한솔학원]
이재영 [YEC원당학원] 이정환 [거산학원 목동본원] 이지영 [선재수학학원] 이충안 [분당수이학원]
이혜진 [엔솔학원] 이흥식 [흥샘학원] 장경비 [휘경수학학원] 상미선 [형설학원]
장재혁 [거산학원 목동본원] 정귀영 [거산학원 목동본원] 정미진 [맞춤수학학원] 정수인 [분당 수학에 미치다]
정양수 [와이즈만수학학원] 정재도 [네오올림수학학원] 정진아 [정선생수학] 정혜림 [일비충천]
천경목 [하이스트학원] 최광섭 [성북엔콕학원] 최수정 [정준 영어 수학학원] 최현진 [세종학원]
하수진 [정상수학학원] 하원우 [엔솔학원] 한정수 [페르마수학] 황미경 [황쌤수학]

유형을 꽉 잡는

유형 더블 체크 유형북 더블북

❶ '답'의 채점이 아닌 '풀이'의 채점을 한다.
- ◯ 정확하게 알고 답을 맞혔다.
- △ 답은 맞혔지만 뭔가 찝찝함이 남아 있다.
- ✓ 틀렸다.
- ⊗ 틀렸지만 단순 계산 실수이다.

❷ 유형북과 더블북의 채점 결과를 확인한 후 셀프 코칭을 한다.
- 예 다시 보기, 시험 기간에 다시 보기, 질문하기, 완성! 등

Ⅰ. 삼각비

01 삼각비

유형	문제	유형북	더블북	셀프 코칭
01	01	▢	▢	
	02	▢	▢	
	03	▢	▢	
	04	▢	▢	
	05	▢	▢	
	06	▢	▢	
02	07	▢	▢	
	08	▢	▢	
	09	▢	▢	
03	10	▢	▢	
	11	▢	▢	
	12	▢	▢	
	13	▢	▢	
04	14	▢	▢	
	15	▢	▢	
	16	▢	▢	
05	17	▢	▢	
	18	▢	▢	
	19	▢	▢	
06	20	▢	▢	
	21	▢	▢	
	22	▢	▢	
07	23	▢	▢	
	24	▢	▢	
	25	▢	▢	
08	26	▢	▢	
	27	▢	▢	
	28	▢	▢	
	29	▢	▢	
09	30	▢	▢	
	31	▢	▢	
	32	▢	▢	
	33	▢	▢	
10	34	▢	▢	
	35	▢	▢	
	36	▢	▢	
	37	▢	▢	
	38	▢	▢	
	39	▢	▢	

유형	문제	유형북	더블북	셀프 코칭
11	40	▢	▢	
	41	▢	▢	
	42	▢	▢	
12	43	▢	▢	
	44	▢	▢	
	45	▢	▢	
13	46	▢	▢	
	47	▢	▢	
	48	▢	▢	
14	49	▢	▢	
	50	▢	▢	
	51	▢	▢	
	52	▢	▢	
15	53	▢	▢	
	54	▢	▢	
	55	▢	▢	
16	56	▢	▢	
	57	▢	▢	
	58	▢	▢	
	59	▢	▢	
17	60	▢	▢	
	61	▢	▢	
	62	▢	▢	
18	63	▢	▢	
	64	▢	▢	

Ⅲ. 통계

06 대푯값과 산포도

유형	문제	유형북	더블북	셀프 코칭
01	01	▢	▢	
	02	▢	▢	
	03	▢	▢	
	04	▢	▢	
02	05	▢	▢	
	06	▢	▢	
	07	▢	▢	
03	08	▢	▢	
	09	▢	▢	
	10	▢	▢	
04	11	▢	▢	
	12	▢	▢	
	13	▢	▢	
	14	▢	▢	
05	15	▢	▢	
	16	▢	▢	
	17	▢	▢	
06	18	▢	▢	
	19	▢	▢	
	20	▢	▢	
	21	▢	▢	
07	22	▢	▢	
	23	▢	▢	
	24	▢	▢	
	25	▢	▢	
08	26	▢	▢	
	27	▢	▢	
	28	▢	▢	
09	29	▢	▢	
	30	▢	▢	
	31	▢	▢	
10	32	▢	▢	
	33	▢	▢	
	34	▢	▢	
11	35	▢	▢	
	36	▢	▢	
	37	▢	▢	
	38	▢	▢	
	39	▢	▢	

07 상관관계

유형	문제	유형북	더블북	셀프 코칭
01	01	▢	▢	
	02	▢	▢	
	03	▢	▢	
	04	▢	▢	
	05	▢	▢	
02	06	▢	▢	
	07	▢	▢	
	08	▢	▢	
	09	▢	▢	
03	10	▢	▢	
	11	▢	▢	
	12	▢	▢	
04	13	▢	▢	
	14	▢	▢	

04 원주각

유형	문제	유형북	더블북	셀프 코칭
01	01	☐	☐	
	02	☐	☐	
	03	☐	☐	
	04	☐	☐	
02	05	☐	☐	
	06	☐	☐	
	07	☐	☐	
	08	☐	☐	
03	09	☐	☐	
	10	☐	☐	
	11	☐	☐	
	12	☐	☐	
04	13	☐	☐	
	14	☐	☐	
	15	☐	☐	
	16	☐	☐	
	17	☐	☐	
	18	☐	☐	
	19	☐	☐	
05	20	☐	☐	
	21	☐	☐	
	22	☐	☐	
	23	☐	☐	
	24	☐	☐	
	25	☐	☐	
	26	☐	☐	
06	27	☐	☐	
	28	☐	☐	
	29	☐	☐	
07	30	☐	☐	
	31	☐	☐	
	32	☐	☐	
	33	☐	☐	
	34	☐	☐	
	35	☐	☐	
08	36	☐	☐	
	37	☐	☐	
	38	☐	☐	
09	39	☐	☐	
	40	☐	☐	
	41	☐	☐	

05 원주각의 활용

유형	문제	유형북	더블북	셀프 코칭
01	01	☐	☐	
	02	☐	☐	
	03	☐	☐	
02	04	☐	☐	
	05	☐	☐	
	06	☐	☐	
	07	☐	☐	
	08	☐	☐	
	09	☐	☐	
03	10	☐	☐	
	11	☐	☐	
	12	☐	☐	
	13	☐	☐	
04	14	☐	☐	
	15	☐	☐	
	16	☐	☐	
05	17	☐	☐	
	18	☐	☐	
	19	☐	☐	
06	20	☐	☐	
	21	☐	☐	
	22	☐	☐	
07	23	☐	☐	
	24	☐	☐	
	25	☐	☐	
	26	☐	☐	
	27	☐	☐	
08	28	☐	☐	
	29	☐	☐	
	30	☐	☐	
	31	☐	☐	
	32	☐	☐	
	33	☐	☐	
	34	☐	☐	
09	35	☐	☐	
	36	☐	☐	
	37	☐	☐	
	38	☐	☐	
10	39	☐	☐	
	40	☐	☐	
	41	☐	☐	
11	42	☐	☐	
	43	☐	☐	
	44	☐	☐	
	45	☐	☐	
12	46	☐	☐	
	47	☐	☐	
	48	☐	☐	
	49	☐	☐	
	50	☐	☐	
	51	☐	☐	

❷ 삼각비의 활용

유형	문제	유형북	더블북	셀프 코칭
01	01	☐	☐	
	02	☐	☐	
	03	☐	☐	
02	04	☐	☐	
	05	☐	☐	
	06	☐	☐	
03	07	☐	☐	
	08	☐	☐	
	09	☐	☐	
04	10	☐	☐	
	11	☐	☐	
	12	☐	☐	
05	13	☐	☐	
	14	☐	☐	
	15	☐	☐	
06	16	☐	☐	
	17	☐	☐	
	18	☐	☐	
07	19	☐	☐	
	20	☐	☐	
	21	☐	☐	
08	22	☐	☐	
	23	☐	☐	
	24	☐	☐	
09	25	☐	☐	
	26	☐	☐	
	27	☐	☐	
10	28	☐	☐	
	29	☐	☐	
	30	☐	☐	
11	31	☐	☐	
	32	☐	☐	
	33	☐	☐	
12	34	☐	☐	
	35	☐	☐	
	36	☐	☐	

Ⅱ. 원의 성질

❸ 원과 직선

유형	문제	유형북	더블북	셀프 코칭
01	01	☐	☐	
	02	☐	☐	
	03	☐	☐	
02	04	☐	☐	
	05	☐	☐	
	06	☐	☐	
03	07	☐	☐	
	08	☐	☐	
	09	☐	☐	
04	10	☐	☐	
	11	☐	☐	
	12	☐	☐	
05	13	☐	☐	
	14	☐	☐	
	15	☐	☐	
06	16	☐	☐	
	17	☐	☐	
	18	☐	☐	
07	19	☐	☐	
	20	☐	☐	
	21	☐	☐	
08	22	☐	☐	
	23	☐	☐	
	24	☐	☐	
09	25	☐	☐	
	26	☐	☐	
	27	☐	☐	
10	28	☐	☐	
	29	☐	☐	
	30	☐	☐	
11	31	☐	☐	
	32	☐	☐	
	33	☐	☐	
12	34	☐	☐	
	35	☐	☐	
	36	☐	☐	
13	37	☐	☐	
	38	☐	☐	
	39	☐	☐	
14	40	☐	☐	
	41	☐	☐	
	42	☐	☐	
15	43	☐	☐	
	44	☐	☐	
	45	☐	☐	
16	46	☐	☐	
	47	☐	☐	
	48	☐	☐	

부록 중3을 위한

피타고라스 정리

PART Ⅰ 제곱근과 피타고라스 정리

중2-2에서 공부한 피타고라스 정리를 중3-1의 제곱근, 이차방정식과 결합하여 연습할 수 있습니다.
본책의 [Ⅰ. 삼각비], [Ⅱ. 원의 성질] 학습 이전에 풀면 도움이 됩니다.

PART Ⅱ 특수한 직각삼각형의 세 변의 길이의 비

특수한 직각삼각형의 세 변의 길이의 비는 피타고라스 정리 또는 삼각비를 이용하면 알 수 있는 성질입니다.
이 성질은 고등학교에서도 많이 이용되는 것으로, 실제 수능에서 어떻게 활용되었는지 확인해 봅시다.

PART Ⅰ 제곱근과 피타고라스 정리

 유형 01 피타고라스 정리 (1); 제곱근 이용

유형북 9쪽 10번

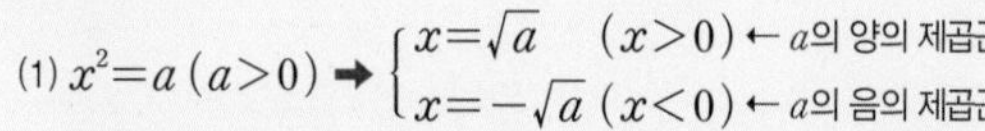

(1) $x^2=a\,(a>0) \Rightarrow \begin{cases} x=\sqrt{a} & (x>0) \leftarrow a\text{의 양의 제곱근} \\ x=-\sqrt{a} & (x<0) \leftarrow a\text{의 음의 제곱근} \end{cases}$

참고 x가 변의 길이이면 양수이므로 양의 제곱근만 생각하면 된다.

(2) $\angle C=90°$인 직각삼각형 ABC에서

$c=\sqrt{a^2+b^2}$

$a=\sqrt{c^2-b^2}$

$b=\sqrt{c^2-a^2}$

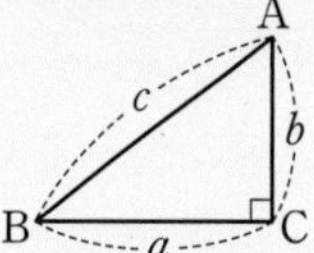

01

다음 직각삼각형에서 x의 값을 구하시오.

(1)

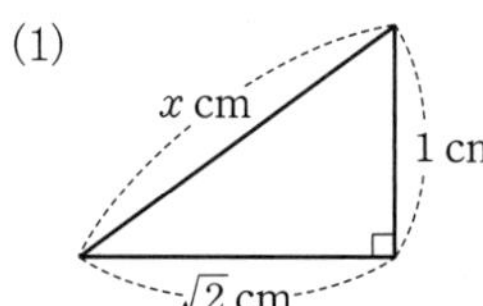

(2)

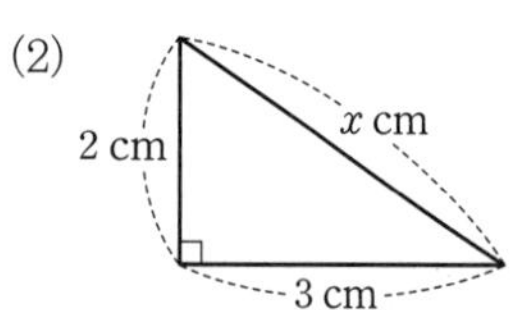

(3)

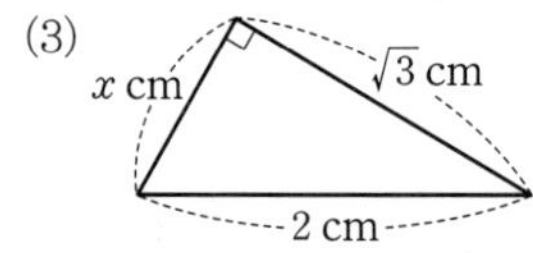

(4)

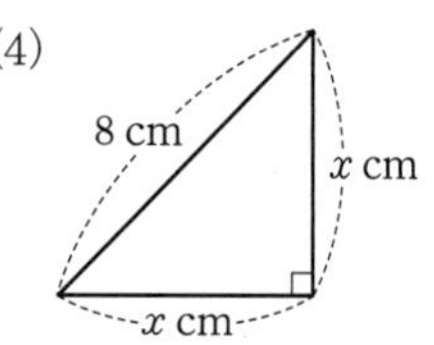

02

다음 그림에서 x, y의 값을 구하시오.

(1)

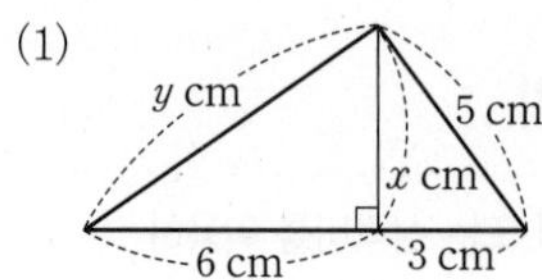

(2)

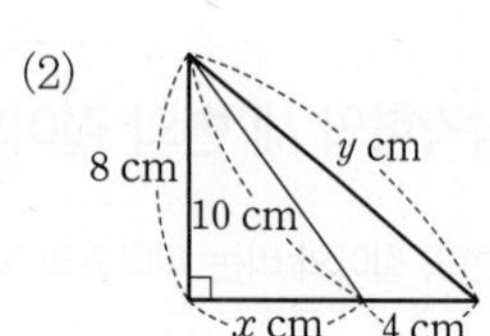

(3)

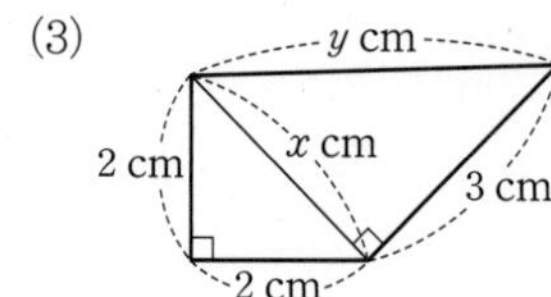

(4)

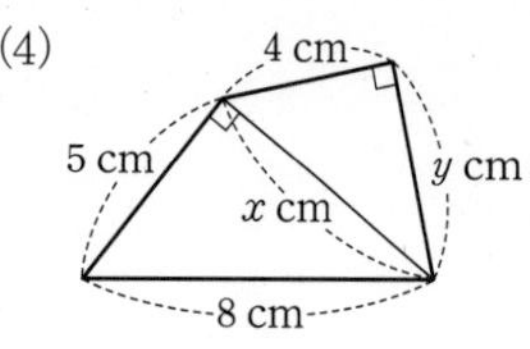

유형 02 피타고라스 정리 (2); 제곱근 또는 이차방정식 이용

(1) 직각삼각형에서 변의 길이에 대한 조건이 주어지면 문자를 이용하여 변의 길이를 나타낸 후, 피타고라스 정리를 이용한다.

(2) 다음 그림과 같이 직각삼각형에서 한 변의 길이가 주어지면 피타고라스 정리를 이용하여 나머지 두 변의 길이를 한 문자에 대해서 나타낼 수 있다.

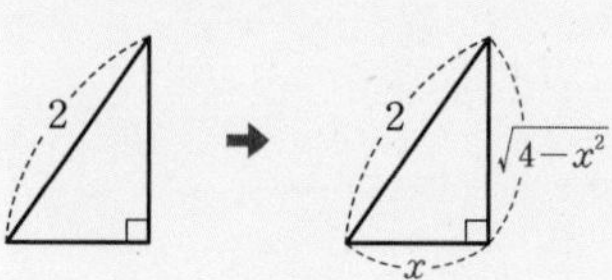

03

오른쪽 그림과 같이 $\angle C=90°$인 직각삼각형 ABC에서 $\overline{AB}=(x+3)$ cm, $\overline{BC}=(x+1)$ cm, $\overline{CA}=2x$ cm일 때, x의 값을 구하시오.

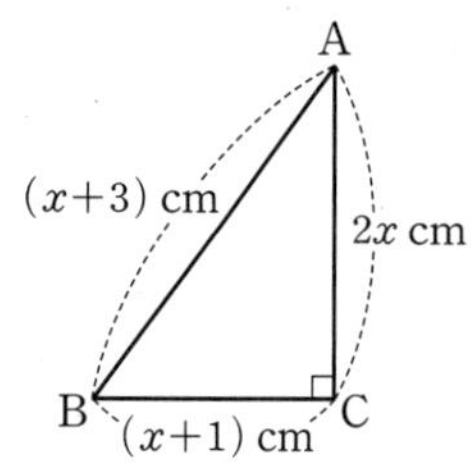

04

오른쪽 그림에서 $\overline{AB}=\overline{CD}$, $2\overline{AB}=\overline{BC}$이고 $\overline{AC}=5$ cm일 때, $\overline{AD}$의 길이를 구하시오.

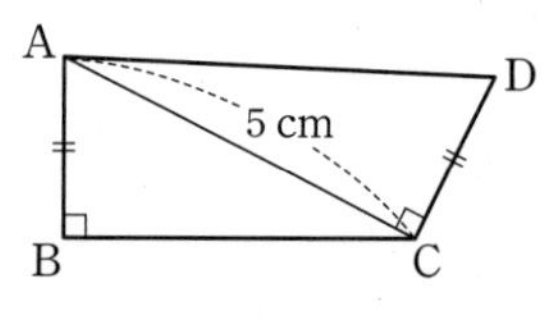

05

오른쪽 그림과 같이 $\angle C=90°$인 직각삼각형 ABC에서 $\overline{CD}$의 길이는?

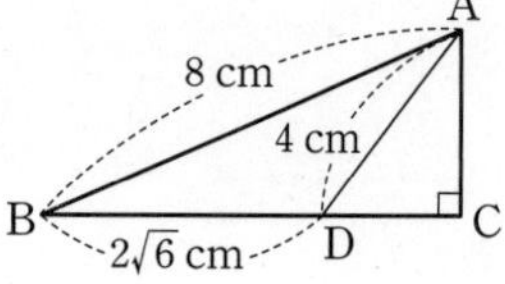

① $\frac{\sqrt{6}}{6}$ cm ② $\frac{\sqrt{6}}{3}$ cm

③ $\frac{\sqrt{6}}{2}$ cm ④ $\sqrt{6}$ cm

⑤ $2\sqrt{6}$ cm

정답과 해설 8쪽

06

유형북 42쪽 04번

오른쪽 그림과 같은 부채꼴 AOB에서 $\overline{OB}\perp\overline{AC}$이고, $\overline{AC}=2\sqrt{5}\text{ cm}$, $\overline{BC}=2\text{ cm}$일 때, $\overline{AO}$의 길이를 구하시오.

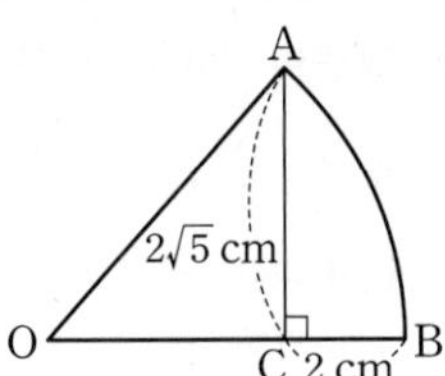

유형북 12쪽 04번, 13쪽 유형 03

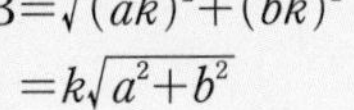

유형 03 직각삼각형의 두 변의 길이의 비가 주어진 경우

$\angle C=90°$인 직각삼각형 ABC에서
$\overline{BC}:\overline{AC}=a:b$일 때
➜ $\overline{BC}=ak$, $\overline{AC}=bk$라 하면
$\overline{AB}=\sqrt{(ak)^2+(bk)^2}$
$=k\sqrt{a^2+b^2}$
$\therefore \overline{BC}:\overline{AC}:\overline{AB}=a:b:\sqrt{a^2+b^2}$

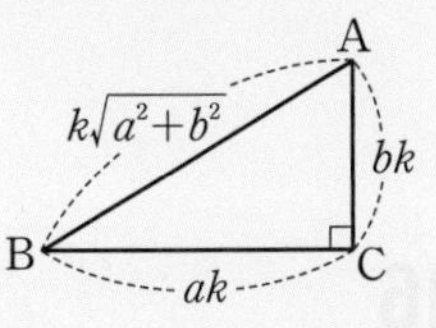

07

오른쪽 그림과 같이 $\angle C=90°$인 직각삼각형 ABC에서 $\overline{BC}:\overline{AC}=4:3$일 때, $\overline{BC}$의 길이를 구하시오.

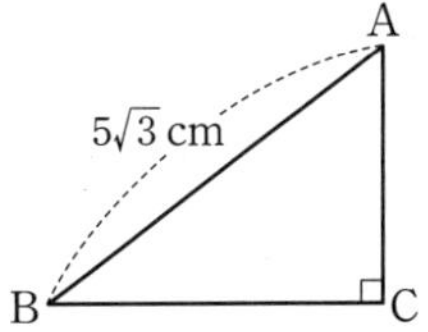

08

오른쪽 그림과 같이 $\angle C=90°$인 직각삼각형 ABC에서 $\overline{AB}:\overline{BC}=6:5$일 때, $\overline{AC}$의 길이를 구하시오.

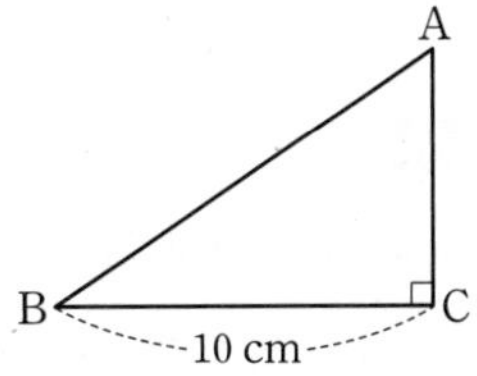

유형북 12쪽 03번, 14쪽 16번, 15쪽 유형 07

유형 04 직사각형과 정사각형의 대각선의 길이

(1) 가로의 길이가 a, 세로의 길이가 b인 직사각형의 대각선의 길이 l은
➜ $l=\sqrt{a^2+b^2}$

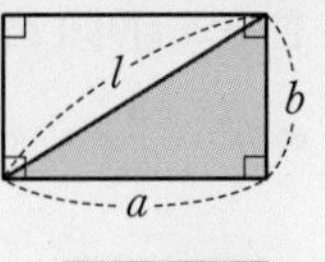

(2) 한 변의 길이가 a인 정사각형의 대각선의 길이 l은
➜ $l=\sqrt{a^2+a^2}=\sqrt{2}a$

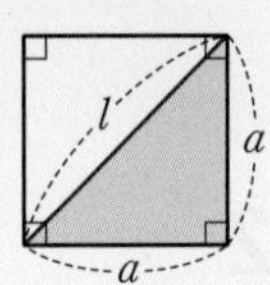

09

다음 직사각형의 대각선의 길이를 구하시오.

(1)

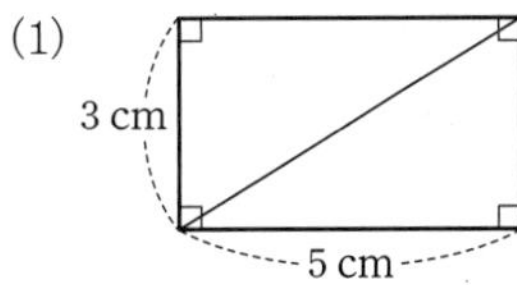

(2)

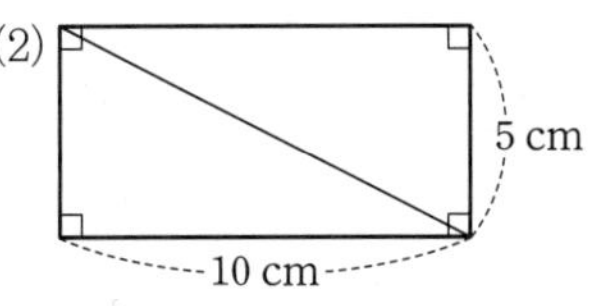

10

다음 정사각형의 대각선의 길이를 구하시오.

(1)

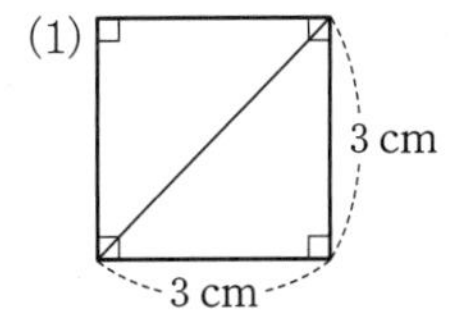

(2)

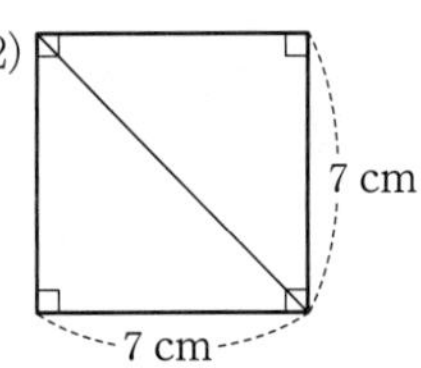

11

오른쪽 그림과 같이 대각선의 길이가 10 cm인 정사각형의 둘레의 길이를 구하시오.

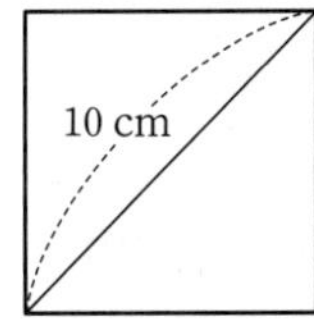

유형 05 정삼각형의 높이

유형북 15쪽 25번

한 변의 길이가 a인 정삼각형의 높이 h는

→ $h=\frac{\sqrt{3}}{2}a \leftarrow h=\sqrt{a^2-\left(\frac{a}{2}\right)^2}=\sqrt{\frac{3a^2}{4}}$

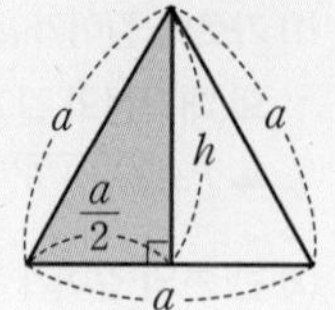

12

다음 정삼각형의 높이를 구하시오.

(1)

(2)

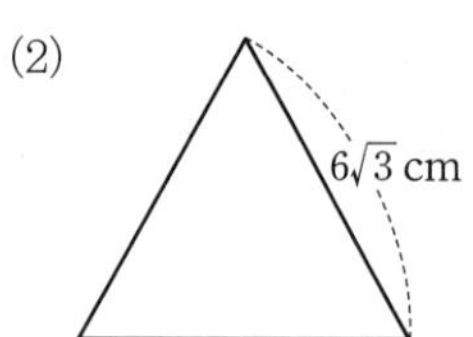

13

높이가 $6\sqrt{3}$ cm인 정삼각형의 한 변의 길이는?

① 6 cm ② 12 cm ③ 18 cm
④ $12\sqrt{3}$ cm ⑤ $18\sqrt{3}$ cm

14

오른쪽 그림과 같이 한 변의 길이가 $2\sqrt{3}$ cm인 정삼각형 ABC의 무게중심을 G라 할 때, $\overline{AG}$의 길이는?

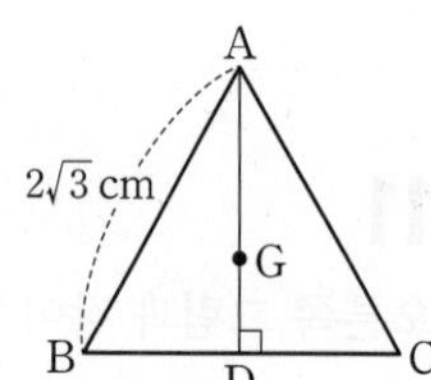

① $\sqrt{2}$ cm ② 2 cm
③ $2\sqrt{2}$ cm ④ 3 cm
⑤ $2\sqrt{3}$ cm

유형 06 정삼각형의 넓이

한 변의 길이가 a인 정삼각형의 넓이 S는

→ $S=\frac{\sqrt{3}}{4}a^2 \leftarrow S=\frac{1}{2}\times a\times\frac{\sqrt{3}}{2}a$

참고 정삼각형의 높이와 넓이는 공식으로 암기해 두면 좋다.

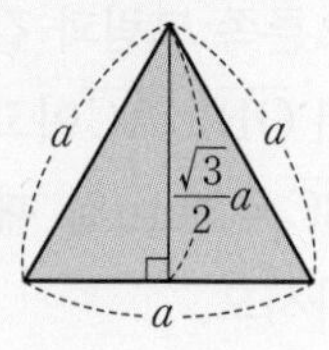

15

다음 정삼각형의 넓이를 구하시오.

(1)

(2)

16

넓이가 $9\sqrt{3}$ cm²인 정삼각형의 높이는?

① $2\sqrt{3}$ cm ② $3\sqrt{3}$ cm ③ $4\sqrt{3}$ cm
④ $5\sqrt{3}$ cm ⑤ $6\sqrt{3}$ cm

17

오른쪽 그림과 같은 직각삼각형 ABC에서 $\overline{AB}=2$ cm, $\overline{BC}=2\sqrt{3}$ cm일 때, $\overline{AC}$를 한 변으로 하는 정삼각형 ACD의 넓이를 구하시오.

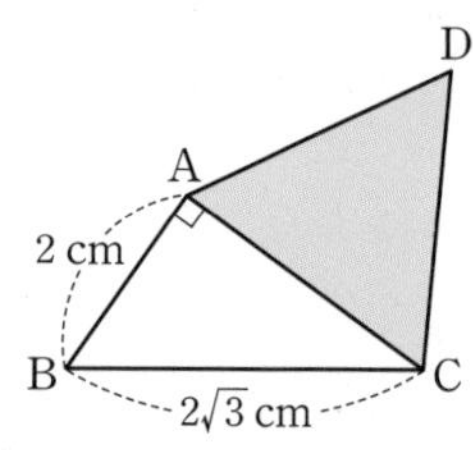

18

오른쪽 그림과 같이 반지름의 길이가 4 cm인 원 O에 내접하는 정삼각형 ABC의 넓이를 구하시오.

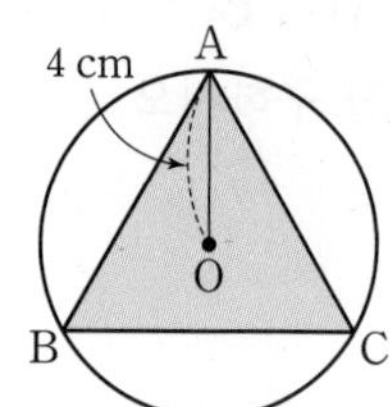

유형 07 정삼각형의 높이와 넓이의 활용

주어진 도형이 정삼각형으로 나누어지도록 보조선을 그어 본다.

예 한 변의 길이가 a인 정육각형은 한 변의 길이가 a인 정삼각형 6개로 이루어져 있으므로 그 넓이는 $\frac{\sqrt{3}}{4}a^2\times 6$이다.

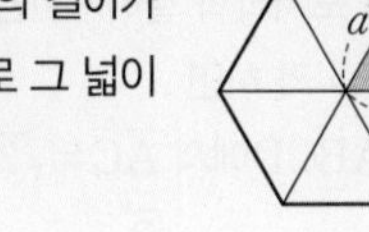

19

오른쪽 그림과 같이 지름의 길이가 16 cm인 원에 내접하는 정육각형의 넓이는?

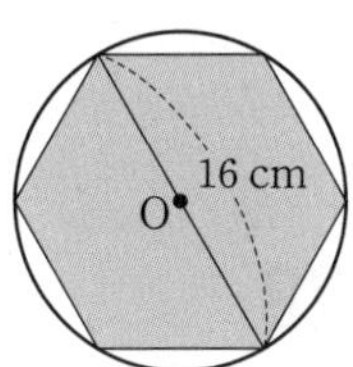

① $84\sqrt{3}\text{ cm}^2$ ② $90\sqrt{3}\text{ cm}^2$

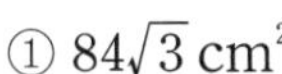

③ $96\sqrt{3}\text{ cm}^2$ ④ $102\sqrt{3}\text{ cm}^2$

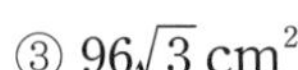

⑤ $108\sqrt{3}\text{ cm}^2$

20

넓이가 $24\sqrt{3}\text{ cm}^2$인 정육각형의 둘레의 길이는?

① 12 cm ② 18 cm ③ 24 cm
④ 30 cm ⑤ 36 cm

21

오른쪽 그림과 같이 한 변의 길이가 10 cm인 마름모 ABCD에서 $\angle B=60°$일 때, 다음을 구하시오.

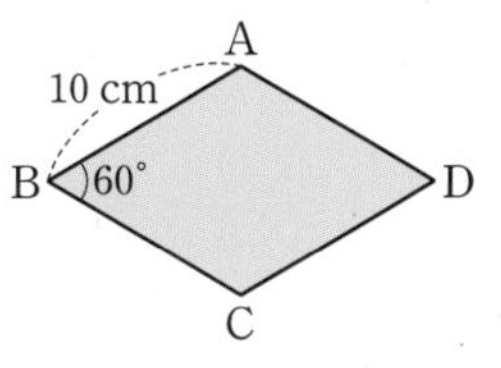

(1) 대각선 BD의 길이

(2) □ABCD의 넓이

유형 08 직육면체의 대각선의 길이

유형북 15쪽 23번

세 모서리의 길이가 각각 a, b, c인 직육면체의 대각선의 길이 l은

➡ $l=\sqrt{a^2+b^2+c^2}$ ← $l=\sqrt{(\sqrt{a^2+b^2})^2+c^2}$

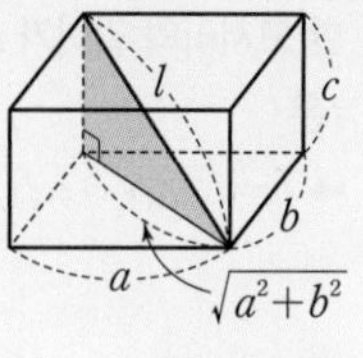

참고 오른쪽 그림과 같이 직육면체는 4개의 대각선이 있고, 그 길이는 모두 같다.

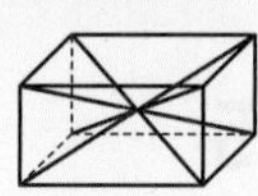

22

오른쪽 그림과 같은 직육면체에서 다음을 구하시오.

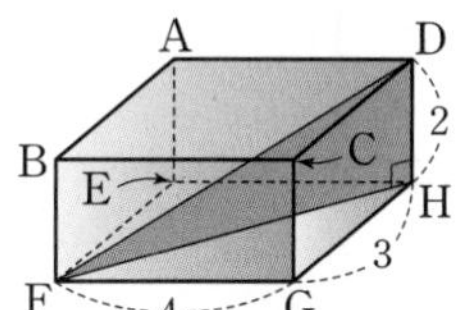

(1) $\overline{FH}$의 길이

(2) $\overline{DF}$의 길이

23

다음 직육면체의 대각선의 길이를 구하시오.

(1)

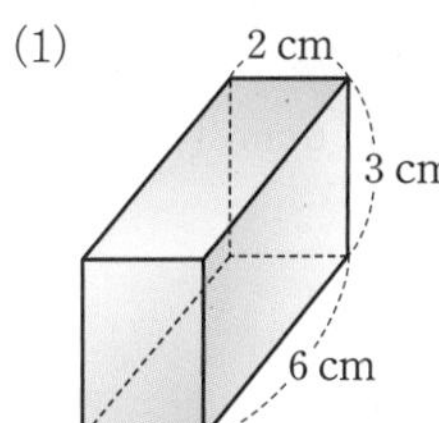

(2)

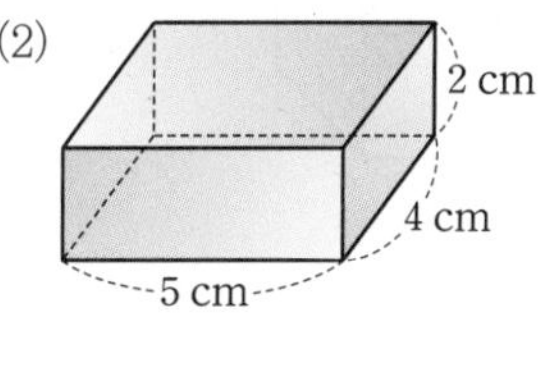

24

오른쪽 그림과 같이 가로, 세로의 길이가 각각 5 cm, $2\sqrt{2}$ cm이고 대각선의 길이가 7 cm인 직육면체의 높이를 구하시오.

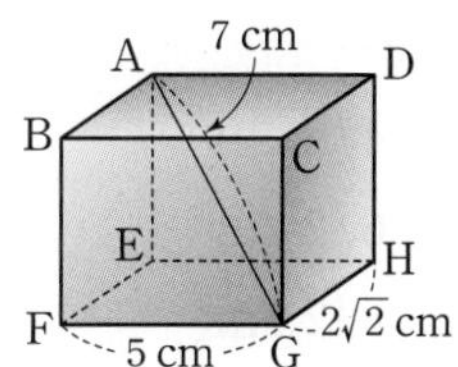

유형 09 정육면체의 대각선의 길이

유형북 15쪽 24번

한 모서리의 길이가 a인 정육면체의 대각선의 길이 l은

➡ $l=\sqrt{3}a$ ← $l=\sqrt{(\sqrt{2}a)^2+a^2}$

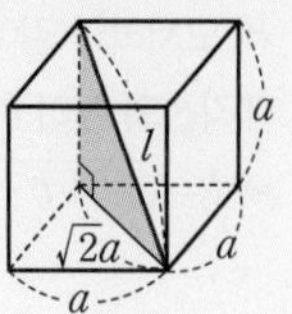

25

오른쪽 그림과 같은 정육면체에서 다음을 구하시오.

(1) $\overline{FH}$의 길이

(2) $\overline{DF}$의 길이

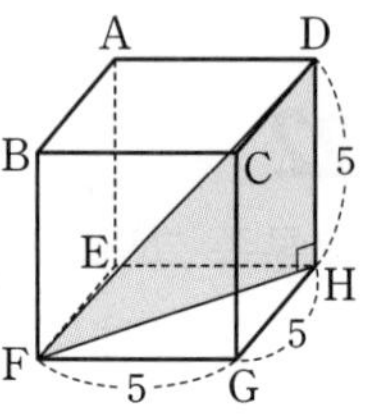

26

다음 정육면체의 대각선의 길이를 구하시오.

(1)

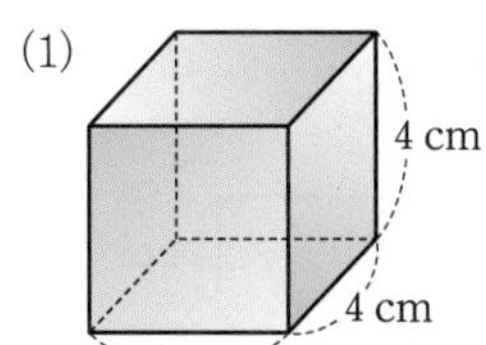

(2)

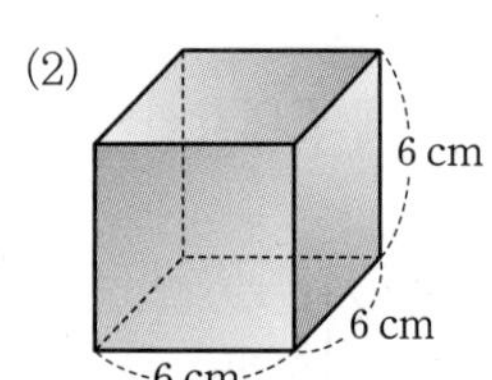

27

오른쪽 그림과 같이 대각선의 길이가 $4\sqrt{3}$ cm인 정육면체에서 $\triangle$BFH의 넓이는?

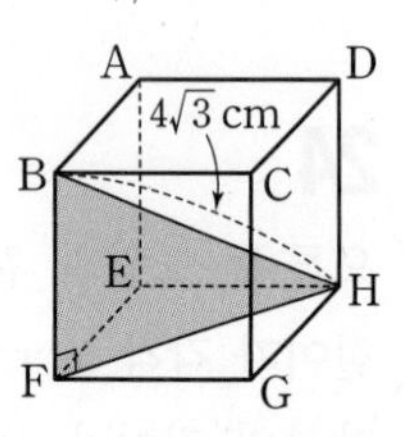

① $4\sqrt{2}$ cm^2 ② $4\sqrt{3}$ cm^2
③ $6\sqrt{2}$ cm^2 ④ $6\sqrt{3}$ cm^2
⑤ $8\sqrt{2}$ cm^2

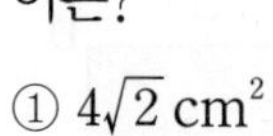
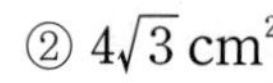

유형 10 밑면이 정사각형인 각뿔의 높이와 부피

유형북 23쪽 15번

한 변의 길이가 a인 정사각형을 밑면으로 하고, 옆면의 모서리의 길이가 b인 각뿔의 높이를 h, 부피를 V라 하면

(1) $\square$ABCD에서 $\overline{AC}=\sqrt{2}a$이므로
$\overline{CH}=\overline{AH}=\dfrac{\sqrt{2}}{2}a$

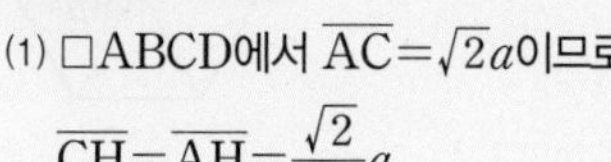

(2) $\triangle$OHC에서 $h=\sqrt{b^2-\left(\dfrac{\sqrt{2}}{2}a\right)^2}$

(3) $V=\dfrac{1}{3}\times(\square\text{ABCD의 넓이})\times h=\dfrac{1}{3}\times a^2\times h$

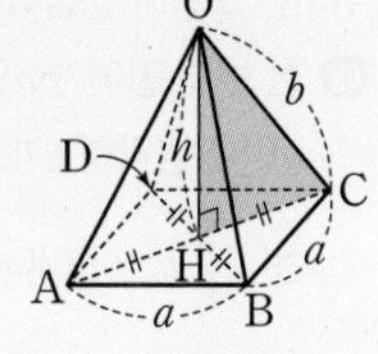

28

오른쪽 그림과 같이 한 변의 길이가 6 cm인 정사각형을 밑면으로 하고, 옆면의 모서리의 길이가 9 cm인 사각뿔에서 다음을 구하시오.

(1) $\overline{AC}$의 길이

(2) $\overline{CH}$의 길이

(3) $\overline{OH}$의 길이

(4) 사각뿔의 부피

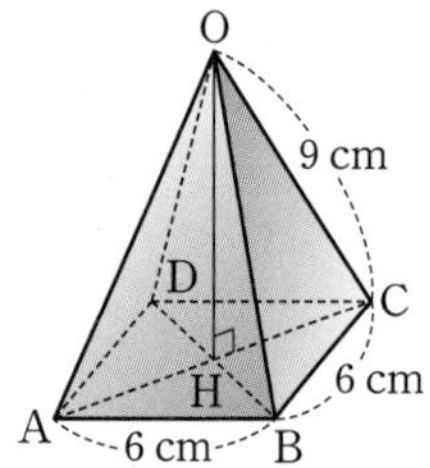

29

오른쪽 그림과 같이 한 변의 길이가 $\sqrt{6}$ cm인 정사각형을 밑면으로 하고, 옆면의 모서리의 길이가 4 cm인 사각뿔의 높이와 부피를 차례대로 구하시오.

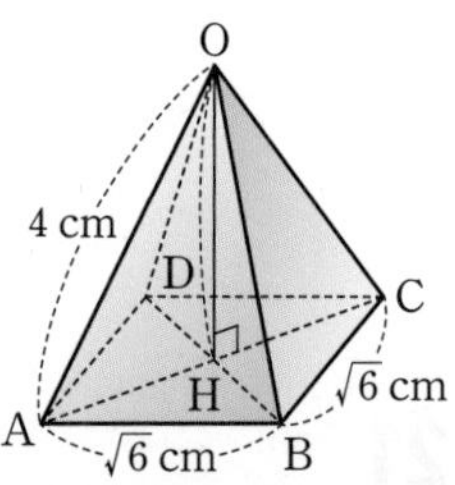

30

오른쪽 그림과 같이 밑면은 한 변의 길이가 8 cm인 정사각형이고 옆면의 모서리의 길이는 9 cm인 사각뿔에서 $\triangle$ABD의 넓이를 구하시오.

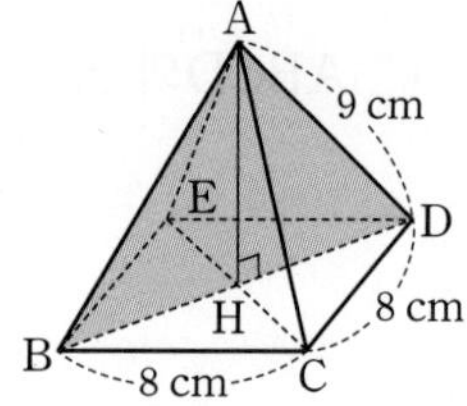

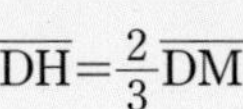 정사면체의 높이와 부피 유형북 15쪽 25번

한 모서리의 길이가 a인 정사면체의 높이를 h, 부피를 V라 하면

(1) $\overline{DM}=\frac{\sqrt{3}}{2}a$

(2) 꼭짓점 A에서 밑면 BCD에 내린 수선의 발 H는 △BCD의 무게중심과 일치하므로 $\overline{DH}=\frac{2}{3}\overline{DM}$

(3) △AHD에서 $h=\sqrt{a^2-\overline{DH}^2}$

(4) $V=\frac{1}{3}\times(\triangle BCD\text{의 넓이})\times h=\frac{1}{3}\times\frac{\sqrt{3}}{4}a^2\times h$

31

오른쪽 그림과 같이 한 모서리의 길이가 6 cm인 정사면체에서 다음을 구하시오.

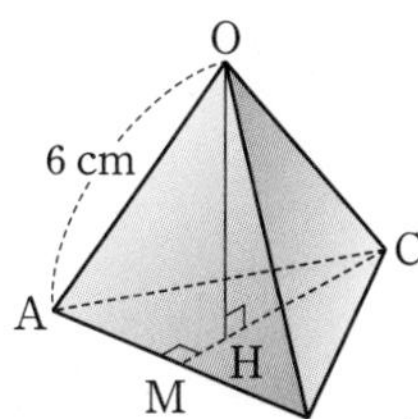

(1) $\overline{CM}$의 길이

(2) $\overline{CH}$의 길이

(3) $\overline{OH}$의 길이

(4) △ABC의 넓이

(5) 정사면체의 부피

32

오른쪽 그림과 같이 높이가 $2\sqrt{3}$ cm인 정사면체의 부피를 구하시오.

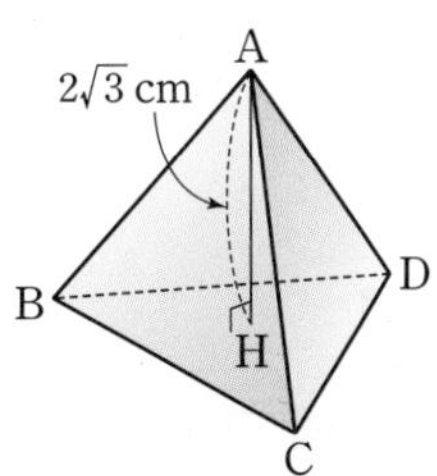

33

오른쪽 그림과 같이 한 모서리의 길이가 6 cm인 정사면체에서 △ODH의 넓이를 구하시오.

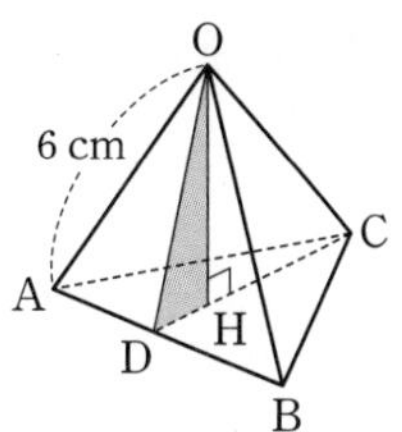

PART Ⅱ 특수한 직각삼각형의 세 변의 길이의 비

유형 12 특수한 직각삼각형의 세 변의 길이의 비 (1)

(1) 세 내각의 크기가 45°, 45°, 90°인 직각이등변삼각형에서 세 변의 길이의 비
➜ $\overline{BC}:\overline{CA}:\overline{AB}=1:1:\sqrt{2}$

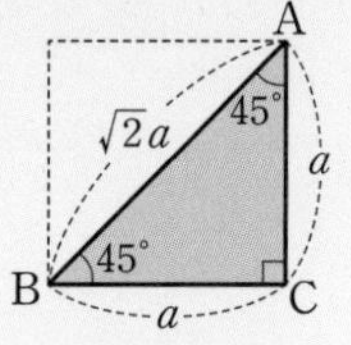

(2) 세 내각의 크기가 30°, 60°, 90°인 직각삼각형에서 세 변의 길이의 비
➜ $\overline{BC}:\overline{CA}:\overline{AB}=1:\sqrt{3}:2$
↳ 내각의 크기가 클수록 대변의 길이가 길다.

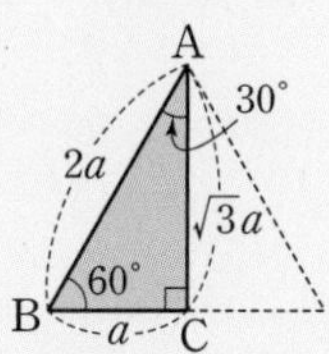

34

다음 직각삼각형에서 세 변의 길이의 비를 이용하여 x, y의 값을 구하시오.

(1)

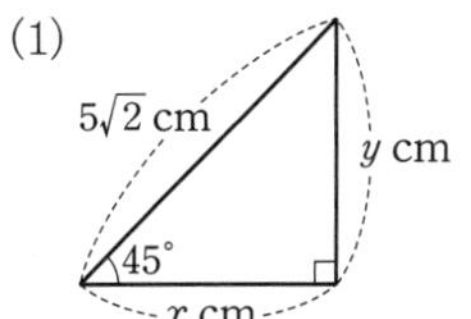

(2)

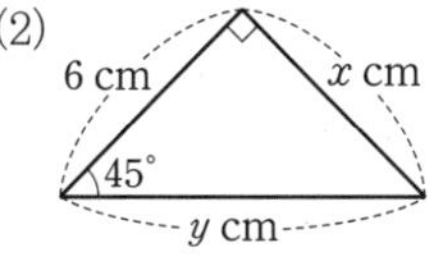

(3)

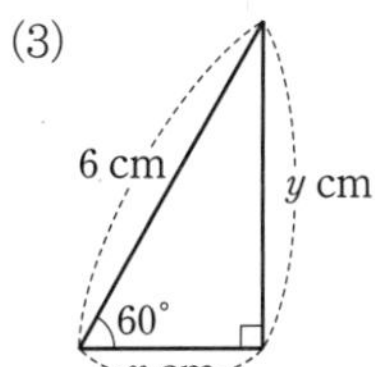

(4)

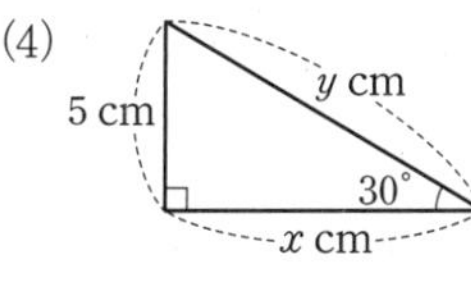

35

오른쪽 그림과 같이 ∠B=45°, ∠C=60°인 △ABC의 꼭짓점 A에서 $\overline{BC}$에 내린 수선의 발을 H라 하자. $\overline{BH}$=3 cm일 때, x, y의 값을 구하시오.

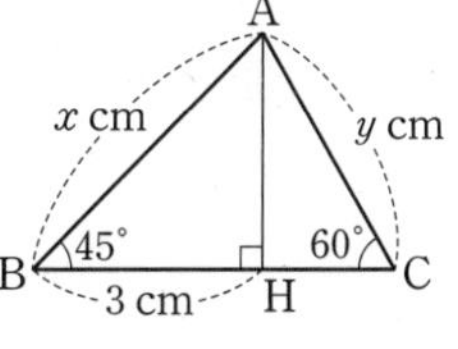

36

오른쪽 그림에서 $\overline{BC}=12$ cm이고 $\angle ACB=30°$, $\angle CAD=45°$일 때, $\overline{CD}$의 길이를 구하시오.

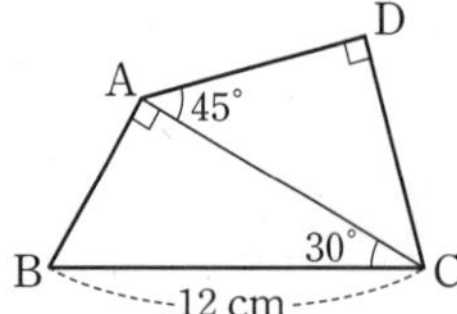

37

오른쪽 그림에서 $\triangle ABC$는 직각이등변삼각형이고, $\triangle BCD$는 한 내각의 크기가 $30°$인 직각삼각형이다. $\overline{BD}=\sqrt{3}$ cm일 때, $\overline{AC}$의 길이는?

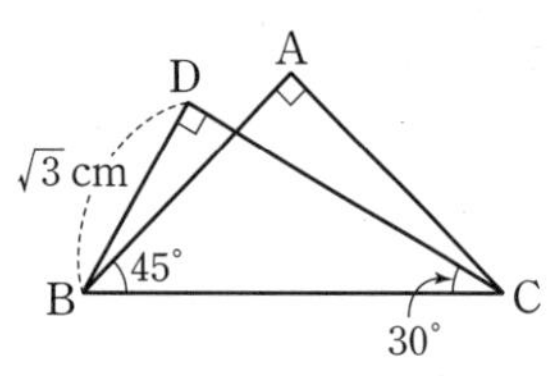

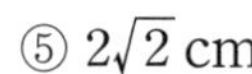

① 2 cm　② $\sqrt{5}$ cm　③ $\sqrt{6}$ cm
④ $\sqrt{7}$ cm　⑤ $2\sqrt{2}$ cm

38

오른쪽 그림과 같이 반지름의 길이가 8 cm인 사분원에서 $\overline{OB}\perp\overline{CD}$이고 $\angle COD=45°$일 때, 색칠한 부분의 넓이를 구하시오.

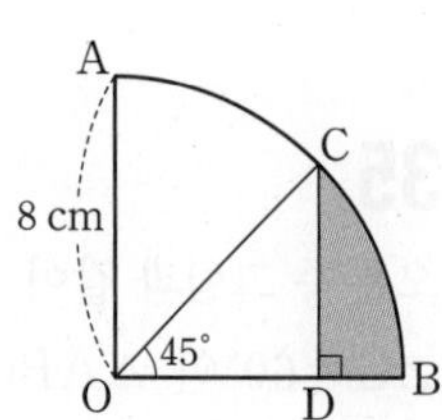

유형 13 특수한 직각삼각형의 세 변의 길이의 비 (2)

직각삼각형의 두 변의 길이의 비가 특수한 직각삼각형의 두 변의 길이의 비인 경우, 직각삼각형의 세 내각의 크기를 구할 수 있다.

39

다음 직각삼각형에서 $\angle A$의 크기를 구하시오.

(1)

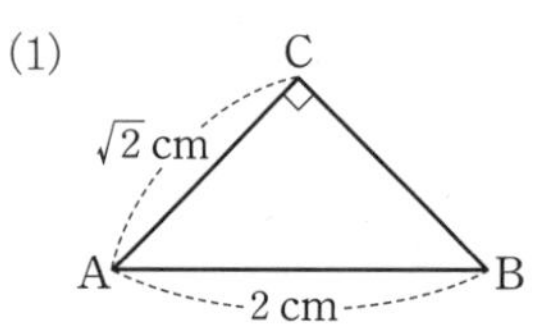

(2)

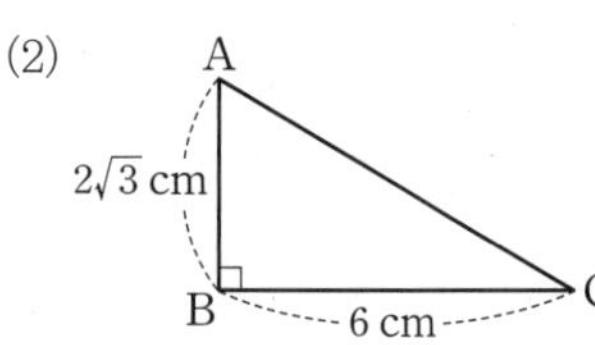

40

2020학년도 수능 나형 18번 연계

오른쪽 그림과 같은 부채꼴 AOB에서 $\overline{OA}=4$ cm, $\overline{OH}=2$ cm일 때, 부채꼴 AOB의 넓이를 구하시오.

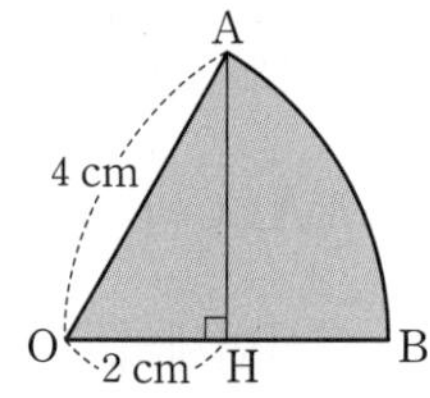

41

2019학년도 수능 나형 16번 연계

오른쪽 그림과 같이 $\overline{OA}=4$, $\overline{OB}=4\sqrt{3}$인 직각삼각형 OAB가 있다. 중심이 O이고 반지름의 길이가 $\overline{OA}$인 사분원이 선분 OB와 만나는 점을 C라 할 때, 색칠한 부분의 넓이를 구하시오.

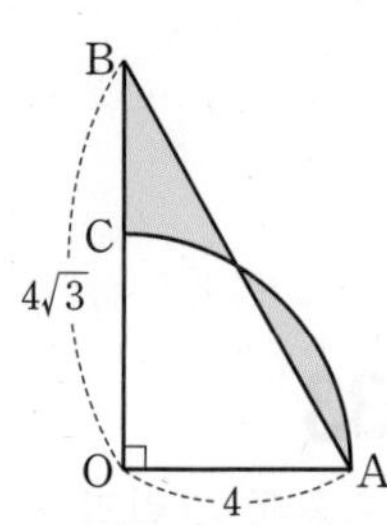

유형 더블

중등수학 3-2

구성과 특징

유형북

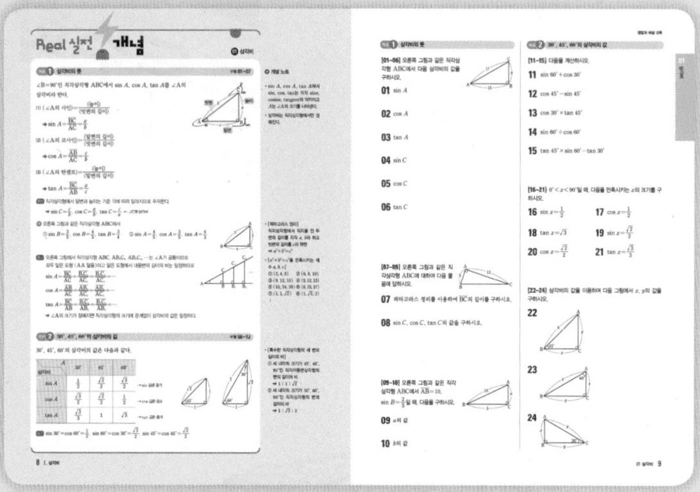

개념

실전에 꼭 필요한 개념을 단원별로 모아 정리하고 기본 문제로 확인할 수 있습니다.

예, 참고, 주의, ⊕ 개념 노트를 통하여 탄탄한 개념 학습을 할 수 있으며, 개념과 관련된 유형의 번호를 바로 확인할 수 있습니다.

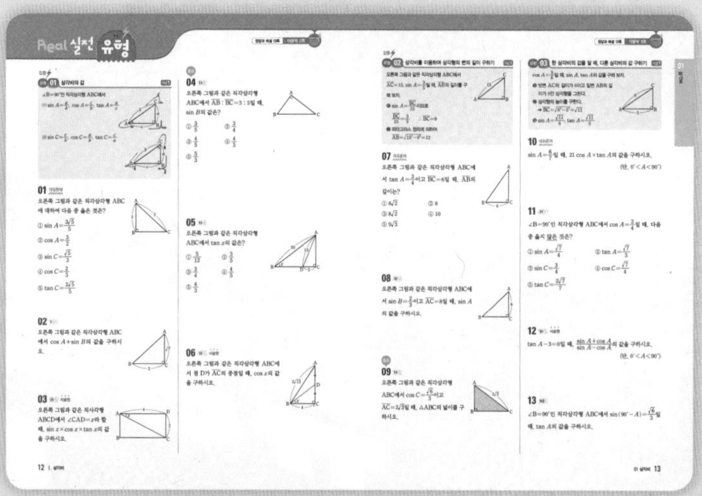

유형

전국 학교 시험에 출제된 모든 문제를 분석하여 엄선된 유형과 최적화된 문제 배열로 구성하였습니다.

내신 출제 비율 70 % 이상인 유형의 경우 집중⚡ 유형으로 표시하였고, 꼭 풀어 봐야 하는 문제는 중요 표시를 하여 효율적인 학습을 하도록 하였습니다.

모든 문제를 더블북의 문제와 1 : 1 매칭시켜서 반복 학습을 통한 확실한 복습과 실력 향상을 기대할 수 있습니다.

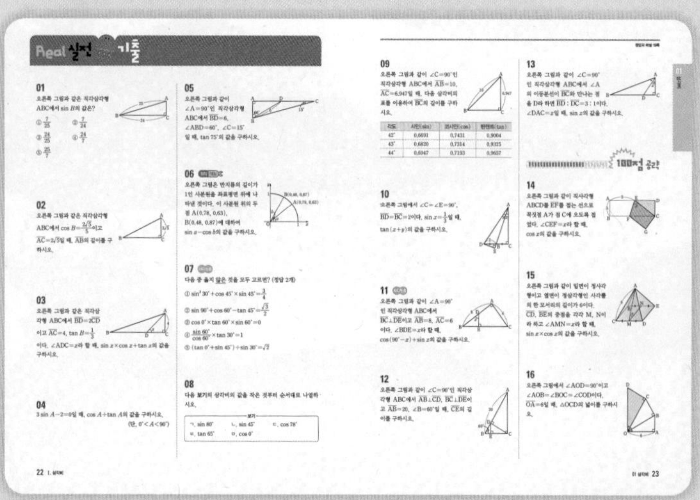

기출

단원별로 학교 시험 형태로 연습하고 창의 역량, 최다빈출, 서술형 문제를 풀어 봄으로써 실전 감각을 최대로 끌어올릴 수 있습니다.

또한 100점 공략 문제를 해결함으로써 학교 시험 고난도 문제까지 정복할 수 있습니다.

실전에 필요한 모든 **유형**을 **두번** 푸니까 실력이 **더블!**

유형북 Real 실전 유형의 모든 문제를 복습할 수 있습니다.

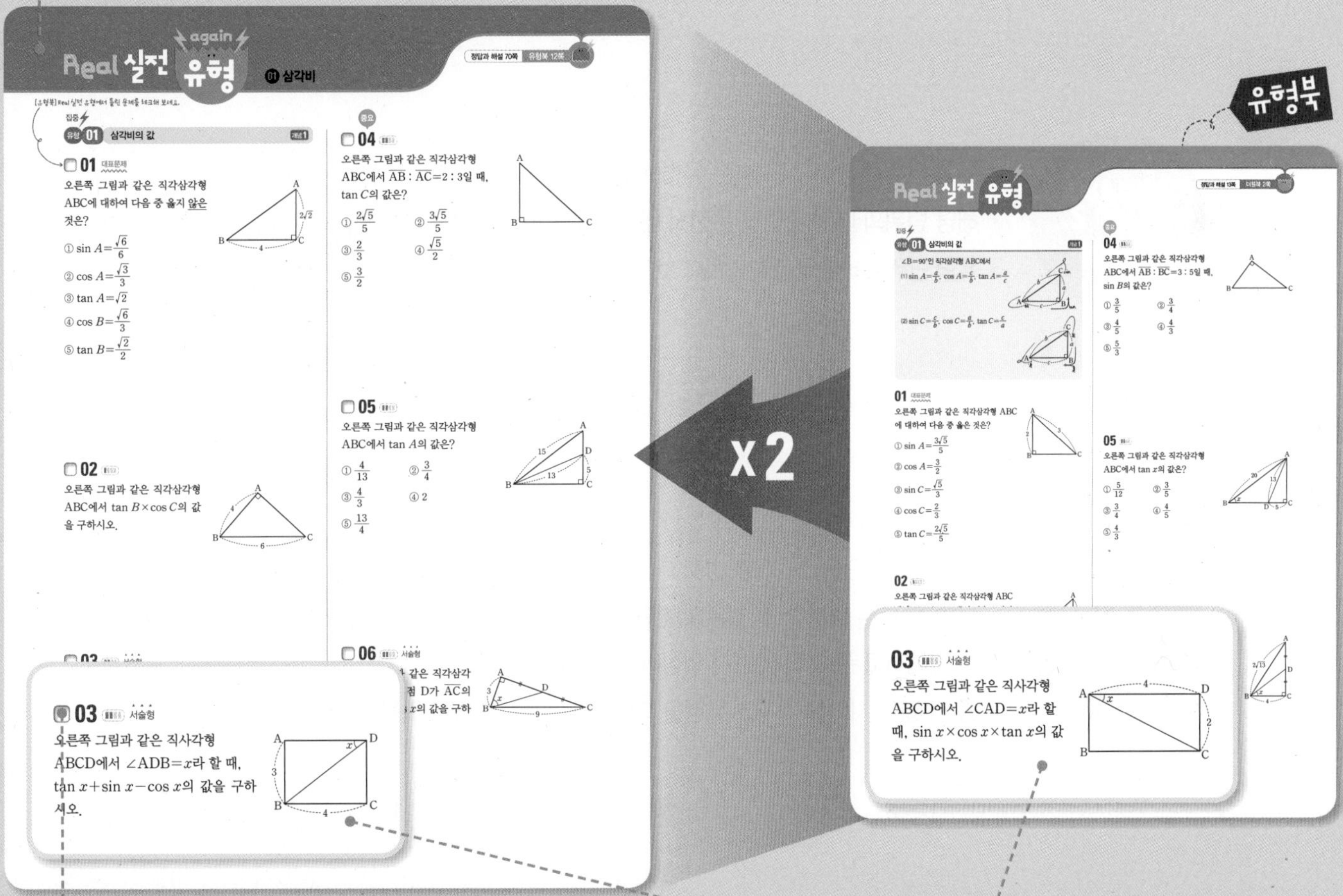

x2

체크박스 ▢ 에는 유형북에서 틀린 문제를 체크해 보세요.
한 번 더 풀어 보면서 맞혔던 문제는 잘 알고 풀었던 것인지, 틀렸던 문제는 이제 완전히 이해하였는지 점검할 수 있습니다.

유형북과 더블북의 모든 문제의 위치가 동일하여 문제를 매칭해 보기 용이합니다.

더블북 활용법

아는 문제도 다시 풀면 다르다!

**유형 더블은 수학 문제를 온전히 자기 것으로 만드는 방법으로 '반복'을 제시합니다.
가장 효율적인 반복 학습을 위해 자신에게 맞는 더블북 활용 방법을 찾아보고
다음 페이지에서 학습 계획을 세워 보세요!**

유형별 복습형

- 유형 단위로 끊어서 오늘 푼 유형북 범위를 더블북으로 바로 복습하는 방법입니다.
- 해당 범위의 내용이 아직 온전히 내 것으로 느껴지지 않는 경우에 적합합니다.
- 유형 단위로 바로바로 복습하다 보면 조금 더 빠르게 유형을 내 것으로 만들 수 있습니다.

단원별 복습형

- 유형북에서 단원 1~3개를 먼저 다 푼 뒤, 해당 범위의 더블북을 푸는 방법입니다.
- 분명 풀 때는 이해한 것 같은데 조금만 시간이 지나면 내용이 잘 생각이 나지 않거나 잘 이해하고 푼 것이 맞는지 의심이 되는 경우에 적합합니다.
- 좀 더 넓은 시야를 가지고 유형을 파악하게 되어 문제해결력을 높일 수 있습니다.

시험기간 복습형

- 유형북만 먼저 풀고 시험 기간에 더블북을 푸는 방법입니다.
- 유형북을 풀 때 이미 어느 정도 내용을 잘 이해한 경우에 적합합니다.
- 유형북을 풀 때, 어려웠던 문제나 실수로 틀린 문제 또는 나중에 다시 복습하고 싶은 문제 등을 더블북에 미리 표시해 두면 좀 더 효율적으로 복습할 수 있습니다.

학습 계획표

대단원	중단원	분량	유형북 학습일	더블북 학습일
Ⅰ. 삼각비	01 삼각비	개념 4쪽		
		유형 10쪽		
		기출 3쪽		
	02 삼각비의 활용	개념 4쪽		
		유형 6쪽		
		기출 3쪽		
Ⅱ. 원의 성질	03 원과 직선	개념 2쪽		
		유형 8쪽		
		기출 3쪽		
	04 원주각	개념 2쪽		
		유형 6쪽		
		기출 3쪽		
	05 원주각의 활용	개념 2쪽		
		유형 8쪽		
		기출 3쪽		
Ⅲ. 통계	06 대푯값과 산포도	개념 2쪽		
		유형 6쪽		
		기출 3쪽		
	07 상관관계	개념 3쪽		
		유형 3쪽		
		기출 3쪽		

유형북의 차례

I 삼각비

II 원의 성질

III 통계

I. 삼각비

01 삼각비

유형북 7~24쪽
더블북 2~11쪽

집중⚡ 유형 01 삼각비의 값

집중⚡ 유형 02 삼각비를 이용하여 삼각형의 변의 길이 구하기

유형 03 한 삼각비의 값을 알 때, 다른 삼각비의 값 구하기

집중⚡ 유형 04 직각삼각형의 닮음을 이용하여 삼각비의 값 구하기 (1)

집중⚡ 유형 05 직각삼각형의 닮음을 이용하여 삼각비의 값 구하기 (2)

유형 06 직선의 방정식과 삼각비의 값

유형 07 입체도형에서 삼각비의 값 구하기

집중⚡ 유형 08 $30°$, $45°$, $60°$의 삼각비의 값

유형 09 삼각비의 값을 만족시키는 각의 크기 구하기

집중⚡ 유형 10 $30°$, $45°$, $60°$의 삼각비의 값을 이용하여 변의 길이 구하기

유형 11 $30°$, $45°$, $60°$의 삼각비의 값을 이용하여 다른 삼각비의 값 구하기

유형 12 직선의 기울기와 삼각비의 값

집중⚡ 유형 13 사분원에서 삼각비의 값 구하기

유형 14 $0°$, $90°$의 삼각비의 값

집중⚡ 유형 15 삼각비의 값의 대소 관계

유형 16 삼각비의 값의 대소 관계를 이용한 식의 계산

유형 17 삼각비의 표를 이용하여 삼각비의 값, 각의 크기 구하기

유형 18 삼각비의 표를 이용하여 변의 길이 구하기

Real 실전 개념

01 삼각비

개념 1 삼각비의 뜻
유형 01~07

∠B=90°인 직각삼각형 ABC에서 sin A, cos A, tan A를 ∠A의 삼각비라 한다.

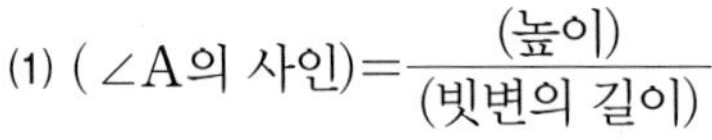

(1) (∠A의 사인)$=\dfrac{(\text{높이})}{(\text{빗변의 길이})}$

➡ $\sin A=\dfrac{\overline{BC}}{\overline{AC}}=\dfrac{a}{b}$

(2) (∠A의 코사인)$=\dfrac{(\text{밑변의 길이})}{(\text{빗변의 길이})}$

➡ $\cos A=\dfrac{\overline{AB}}{\overline{AC}}=\dfrac{c}{b}$

(3) (∠A의 탄젠트)$=\dfrac{(\text{높이})}{(\text{밑변의 길이})}$

➡ $\tan A=\dfrac{\overline{BC}}{\overline{AB}}=\dfrac{a}{c}$

주의 직각삼각형에서 밑변과 높이는 기준 각에 따라 달라지므로 주의한다.

➡ $\sin C=\dfrac{c}{b}$, $\cos C=\dfrac{a}{b}$, $\tan C=\dfrac{c}{a}$ ← ∠C의 삼각비

예 오른쪽 그림과 같은 직각삼각형 ABC에서

① $\sin B=\dfrac{3}{5}$, $\cos B=\dfrac{4}{5}$, $\tan B=\dfrac{3}{4}$ ② $\sin A=\dfrac{4}{5}$, $\cos A=\dfrac{3}{5}$, $\tan A=\dfrac{4}{3}$

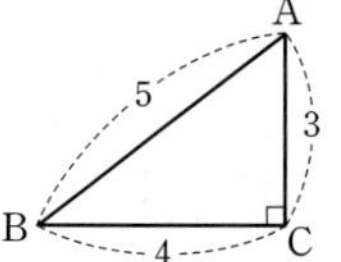

참고 오른쪽 그림에서 직각삼각형 ABC, AB_1C_1, AB_2C_2, …는 ∠A가 공통이므로 모두 닮은 도형 (AA 닮음)이고 닮은 도형에서 대응변의 길이의 비는 일정하므로

$\sin A=\dfrac{\overline{BC}}{\overline{AC}}=\dfrac{\overline{B_1C_1}}{\overline{AC_1}}=\dfrac{\overline{B_2C_2}}{\overline{AC_2}}=\cdots$

$\cos A=\dfrac{\overline{AB}}{\overline{AC}}=\dfrac{\overline{AB_1}}{\overline{AC_1}}=\dfrac{\overline{AB_2}}{\overline{AC_2}}=\cdots$

$\tan A=\dfrac{\overline{BC}}{\overline{AB}}=\dfrac{\overline{B_1C_1}}{\overline{AB_1}}=\dfrac{\overline{B_2C_2}}{\overline{AB_2}}=\cdots$

➡ ∠A의 크기가 정해지면 직각삼각형의 크기에 관계없이 삼각비의 값은 일정하다.

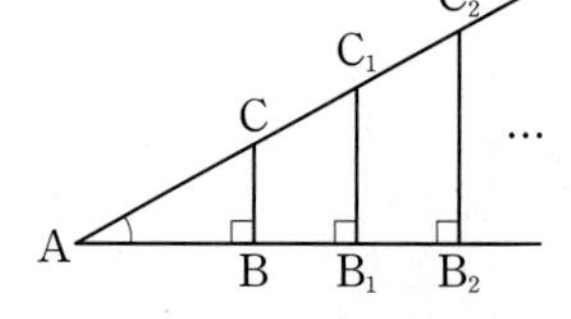

개념 2 30°, 45°, 60°의 삼각비의 값
유형 08~12

30°, 45°, 60°의 삼각비의 값은 다음과 같다.

삼각비 \ A	30°	45°	60°	
sin A	$\frac{1}{2}$	$\frac{\sqrt{2}}{2}$	$\frac{\sqrt{3}}{2}$	→ sin 값은 증가
cos A	$\frac{\sqrt{3}}{2}$	$\frac{\sqrt{2}}{2}$	$\frac{1}{2}$	→ cos 값은 감소
tan A	$\frac{\sqrt{3}}{3}$	1	$\sqrt{3}$	→ tan 값은 증가

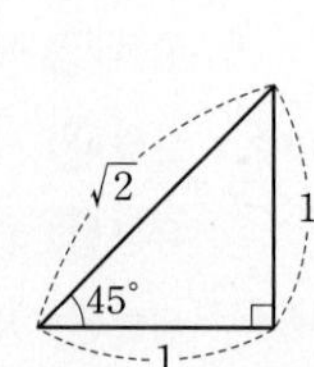

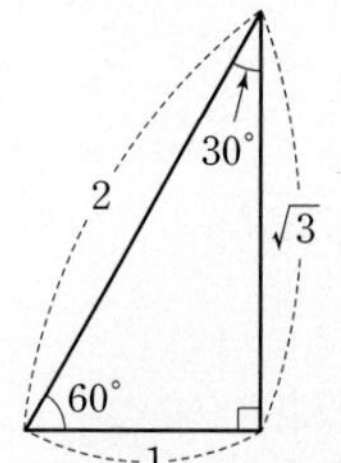

참고 $\sin 30°=\cos 60°=\dfrac{1}{2}$, $\sin 60°=\cos 30°=\dfrac{\sqrt{3}}{2}$, $\sin 45°=\cos 45°=\dfrac{\sqrt{2}}{2}$

⊕ 개념 노트

- sin A, cos A, tan A에서 sin, cos, tan는 각각 sine, cosine, tangent의 약자이고 A는 ∠A의 크기를 나타낸다.
- 삼각비는 직각삼각형에서만 정해진다.
- [피타고라스 정리]
  직각삼각형에서 직각을 낀 두 변의 길이를 각각 a, b라 하고 빗변의 길이를 c라 하면
  ➡ $a^2+b^2=c^2$
- [$a^2+b^2=c^2$을 만족시키는 세 수 a, b, c]
  ① (3, 4, 5) ② (6, 8, 10)
  ③ (9, 12, 15) ④ (5, 12, 13)
  ⑤ (10, 24, 26) ⑥ (8, 15, 17)
  ⑦ $(1, 1, \sqrt{2})$ ⑧ $(1, \sqrt{3}, 2)$
  ⋮
- [특수한 직각삼각형의 세 변의 길이의 비]
  ① 세 내각의 크기가 45°, 45°, 90°인 직각이등변삼각형의 변의 길이의 비
  ➡ $1:1:\sqrt{2}$
  ② 세 내각의 크기가 30°, 60°, 90°인 직각삼각형의 변의 길이의 비
  ➡ $1:\sqrt{3}:2$

개념 1 삼각비의 뜻

[01~06] 오른쪽 그림과 같은 직각삼각형 ABC에서 다음 삼각비의 값을 구하시오.

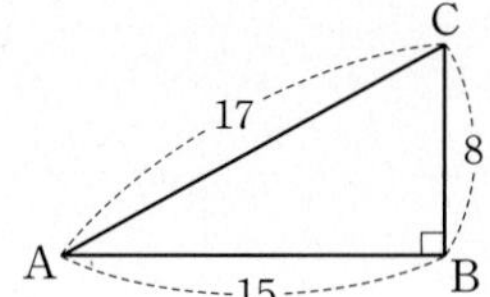

01 $\sin A$

02 $\cos A$

03 $\tan A$

04 $\sin C$

05 $\cos C$

06 $\tan C$

[07~08] 오른쪽 그림과 같은 직각삼각형 ABC에 대하여 다음 물음에 답하시오.

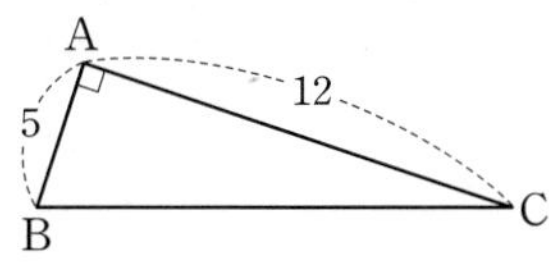

07 피타고라스 정리를 이용하여 $\overline{BC}$의 길이를 구하시오.

08 $\sin C$, $\cos C$, $\tan C$의 값을 구하시오.

[09~10] 오른쪽 그림과 같은 직각삼각형 ABC에서 $\overline{AB}=10$, $\sin B=\frac{2}{5}$일 때, 다음을 구하시오.

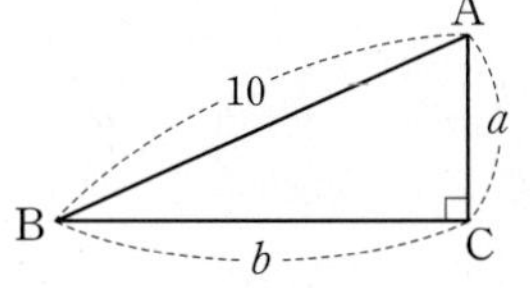

09 a의 값

10 b의 값

개념 2 30°, 45°, 60°의 삼각비의 값

[11~15] 다음을 계산하시오.

11 $\sin 60^\circ+\cos 30^\circ$

12 $\cos 45^\circ-\sin 45^\circ$

13 $\cos 30^\circ\times\tan 45^\circ$

14 $\sin 60^\circ\div\cos 60^\circ$

15 $\tan 45^\circ\times\sin 60^\circ-\tan 30^\circ$

[16~21] $0^\circ<x<90^\circ$일 때, 다음을 만족시키는 x의 크기를 구하시오.

16 $\sin x=\frac{1}{2}$

17 $\cos x=\frac{1}{2}$

18 $\tan x=\sqrt{3}$

19 $\sin x=\frac{\sqrt{2}}{2}$

20 $\cos x=\frac{\sqrt{2}}{2}$

21 $\tan x=\frac{\sqrt{3}}{3}$

[22~24] 삼각비의 값을 이용하여 다음 그림에서 x, y의 값을 구하시오.

22

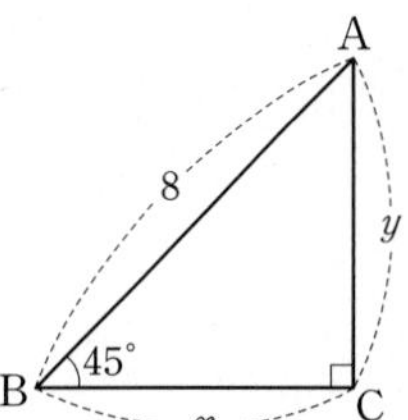

23

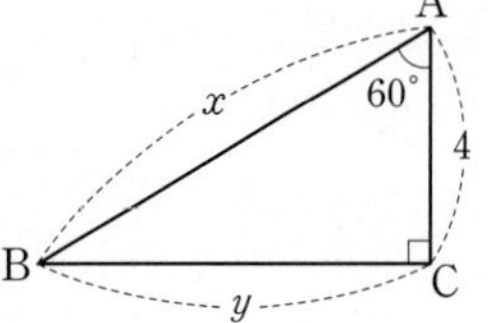

24

A, x, y, B, 30°, 9, C

개념 3 예각의 삼각비의 값 유형 13

반지름의 길이가 1인 사분원에서 임의의 예각 x에 대하여

① $\sin x=\dfrac{\overline{AB}}{\overline{OA}}=\dfrac{\overline{AB}}{1}=\overline{AB}$

② $\cos x=\dfrac{\overline{OB}}{\overline{OA}}=\dfrac{\overline{OB}}{1}=\overline{OB}$

③ $\tan x=\dfrac{\overline{CD}}{\overline{OD}}=\dfrac{\overline{CD}}{1}=\overline{CD}$

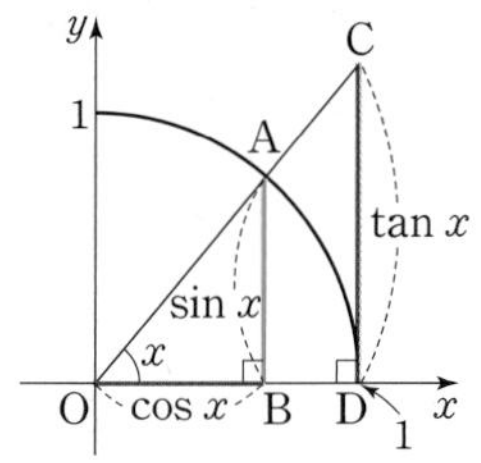

⊕ 개념 노트

- $0° < (\text{예각}) < 90°$
- $\sin x$, $\cos x$의 값은 직각삼각형 AOB에서 구하고 $\tan x$의 값은 직각삼각형 COD에서 구한다.

개념 4 0°, 90°의 삼각비의 값 유형 14~16

(1) 0°의 삼각비의 값

① $\sin 0°=0$　　② $\cos 0°=1$　　③ $\tan 0°=0$

(2) 90°의 삼각비의 값

① $\sin 90°=1$　　② $\cos 90°=0$　　③ $\tan 90°$의 값은 정할 수 없다.

참고 $0° \le x \le 90°$에서 x의 크기가 커질수록

① $\overline{AB}$의 길이가 길어진다. ➡ $\sin x$는 0에서 1까지 증가한다.

② $\overline{OB}$의 길이가 짧아진다. ➡ $\cos x$는 1에서 0까지 감소한다.

③ $\overline{CD}$의 길이가 길어진다. ➡ $\tan x$는 0에서 한없이 증가한다. (단, $x \ne 90°$)

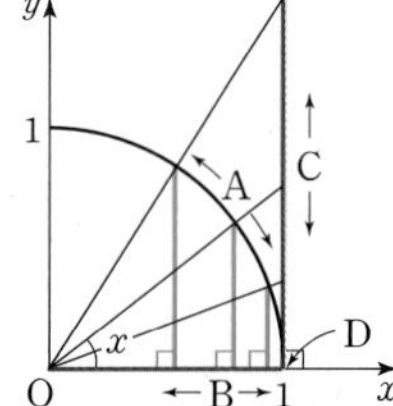

- x의 크기에 따라 다음이 성립한다.
  - ① $0° \le x < 45°$일 때 $\overline{AB} < \overline{OB}$ ➡ $\sin x < \cos x$
  - ② $x=45°$일 때 $\overline{AB}=\overline{OB}<\overline{CD}$ ➡ $\sin x=\cos x<\tan x$
  - ③ $45° < x < 90°$일 때 $\overline{AB}>\overline{OB}$, $\overline{AB}<\overline{CD}$ ➡ $\cos x<\sin x<\tan x$

개념 5 삼각비의 표 유형 17, 18

(1) 삼각비의 표: 0°에서 90°까지의 각을 1° 간격으로 나누어 삼각비의 값을 반올림하여 소수점 아래 넷째 자리까지 나타낸 표

(2) 삼각비의 표 보는 방법

삼각비의 표에서 각도의 가로줄과 삼각비의 세로줄이 만나는 곳에 있는 수를 읽는다.

예 $\sin 36°$의 값을 구하려면 오른쪽 삼각비의 표에서 36°의 가로줄과 사인(sin)의 세로줄이 만나는 곳에 있는 수를 읽으면 된다.

➡ $\sin 36°=0.5878$

같은 방법으로

$\cos 36°=0.8090$, $\tan 36°=0.7265$

각도	사인(sin)	코사인(cos)	탄젠트(tan)
⋮	⋮	⋮	⋮
35°	0.5736	0.8192	0.7002
36°	0.5878	0.8090	0.7265
37°	0.6018	0.7986	0.7536
⋮	⋮	⋮	⋮

- 삼각비의 표에 있는 삼각비의 값은 반올림한 값이지만 등호 =를 사용하여 나타낸다.

개념 3 예각의 삼각비의 값

[25~31] 오른쪽 그림과 같이 반지름의 길이가 1인 사분원에서 다음 삼각비의 값과 길이가 같은 선분을 구하시오.

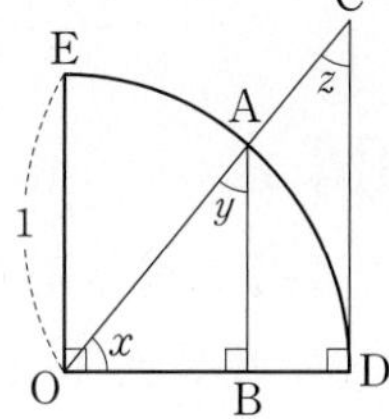

25 $\sin x$

26 $\cos x$

27 $\tan x$

28 $\sin y$

29 $\cos y$

30 $\sin z$

31 $\cos z$

[32~36] 오른쪽 그림과 같이 좌표평면 위의 원점 O를 중심으로 하고 반지름의 길이가 1인 사분원에서 다음 삼각비의 값을 구하시오.

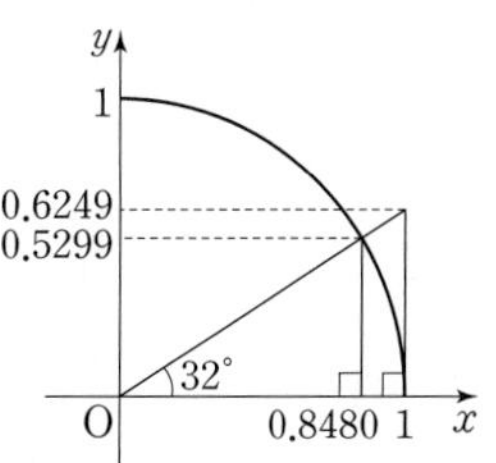

32 $\sin 32^\circ$

33 $\cos 32^\circ$

34 $\tan 32^\circ$

35 $\sin 58^\circ$

36 $\cos 58^\circ$

개념 4 0°, 90°의 삼각비의 값

37 다음 표를 완성하시오.

삼각비 \ A	0°	30°	45°	60°	90°
$\sin A$		$\frac{1}{2}$			
$\cos A$			$\frac{\sqrt{2}}{2}$		
$\tan A$		$\frac{\sqrt{3}}{3}$			╳

[38~41] 다음을 계산하시오.

38 $\sin 0^\circ + \cos 0^\circ$

39 $\sin 90^\circ - \tan 0^\circ$

40 $\cos 90^\circ \times \sin 30^\circ - \tan 45^\circ$

41 $\sin 60^\circ \times \cos 0^\circ + \sin 45^\circ \times \sin 90^\circ$

[42~46] 다음 ○ 안에 >, < 중 알맞은 것을 써넣으시오.

42 $\sin 29^\circ$ ○ $\sin 54^\circ$

43 $\cos 18^\circ$ ○ $\cos 42^\circ$

44 $\tan 63^\circ$ ○ $\tan 78^\circ$

45 $\sin 21^\circ$ ○ $\cos 21^\circ$

46 $\sin 59^\circ$ ○ $\cos 59^\circ$

개념 5 삼각비의 표

[47~52] 다음 삼각비의 표를 이용하여 x의 값을 구하시오.

각도	사인(sin)	코사인(cos)	탄젠트(tan)
24°	0.4067	0.9135	0.4452
25°	0.4226	0.9063	0.4663
26°	0.4384	0.8988	0.4877
27°	0.4540	0.8910	0.5095

47 $\sin 24^\circ = x$

48 $\cos 26^\circ = x$

49 $\tan 25^\circ = x$

50 $\sin x^\circ = 0.4540$

51 $\cos x^\circ = 0.9063$

52 $\tan x^\circ = 0.4877$

집중

유형 01 삼각비의 값

개념 1

$\angle B=90^\circ$인 직각삼각형 ABC에서

(1) $\sin A=\frac{a}{b}$, $\cos A=\frac{c}{b}$, $\tan A=\frac{a}{c}$

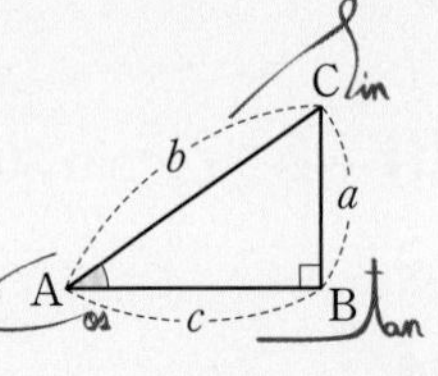

(2) $\sin C=\frac{c}{b}$, $\cos C=\frac{a}{b}$, $\tan C=\frac{c}{a}$

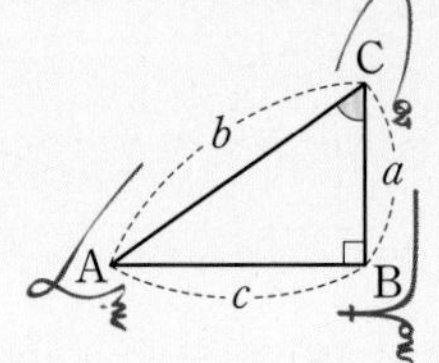

01 대표문제

오른쪽 그림과 같은 직각삼각형 ABC에 대하여 다음 중 옳은 것은?

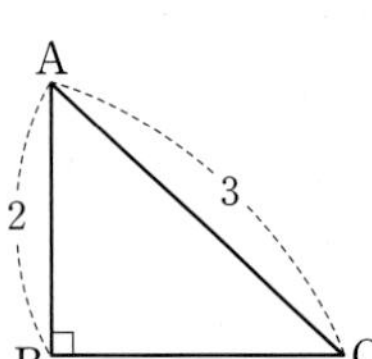

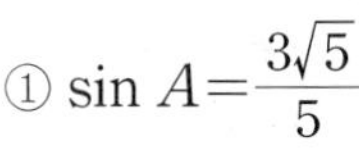

① $\sin A=\frac{3\sqrt{5}}{5}$

② $\cos A=\frac{3}{2}$

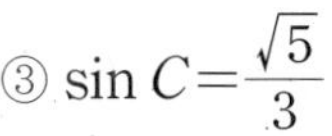

③ $\sin C=\frac{\sqrt{5}}{3}$

④ $\cos C=\frac{2}{3}$

⑤ $\tan C=\frac{2\sqrt{5}}{5}$

02

오른쪽 그림과 같은 직각삼각형 ABC에서 $\cos A+\sin B$의 값을 구하시오.

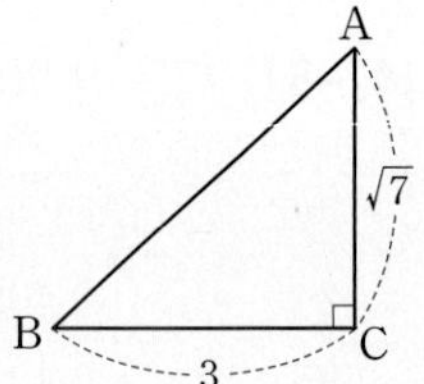

03 서술형

오른쪽 그림과 같은 직사각형 ABCD에서 $\angle CAD=x$라 할 때, $\sin x\times\cos x\times\tan x$의 값을 구하시오.

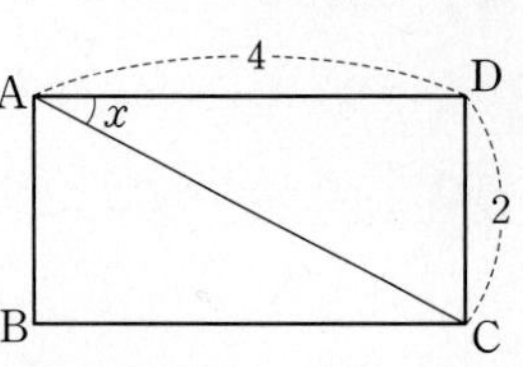

중요

04

오른쪽 그림과 같은 직각삼각형 ABC에서 $\overline{AB}:\overline{BC}=3:5$일 때, $\sin B$의 값은?

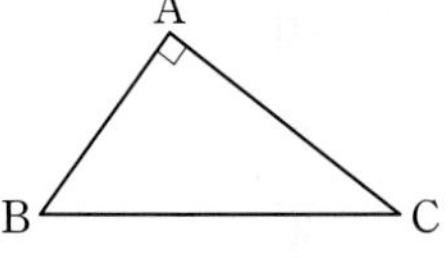

① $\frac{3}{5}$ ② $\frac{3}{4}$ ③ $\frac{4}{5}$ ④ $\frac{4}{3}$ ⑤ $\frac{5}{3}$

05

오른쪽 그림과 같은 직각삼각형 ABC에서 $\tan x$의 값은?

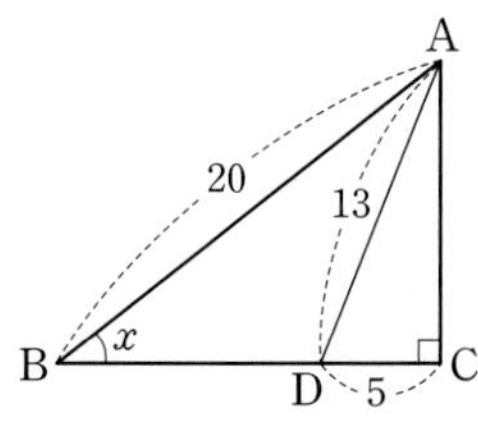

① $\frac{5}{12}$ ② $\frac{3}{5}$ ③ $\frac{3}{4}$ ④ $\frac{4}{5}$ ⑤ $\frac{4}{3}$

06 서술형

오른쪽 그림과 같은 직각삼각형 ABC에서 점 D가 $\overline{AC}$의 중점일 때, $\cos x$의 값을 구하시오.

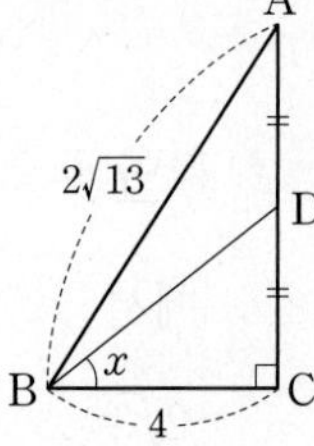

집중

유형 02 삼각비를 이용하여 삼각형의 변의 길이 구하기 개념 1

오른쪽 그림과 같은 직각삼각형 ABC에서 $\overline{AC}=15$, $\sin A=\frac{3}{5}$일 때, $\overline{AB}$의 길이를 구해 보자.

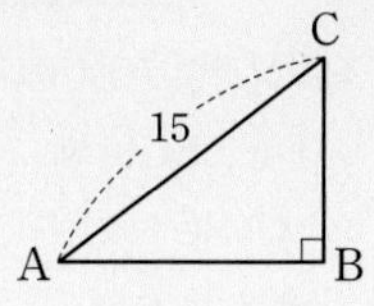

❶ $\sin A=\frac{\overline{BC}}{15}$이므로

$\frac{\overline{BC}}{15}=\frac{3}{5}$ $\quad \therefore \overline{BC}=9$

❷ 피타고라스 정리에 의하여

$\overline{AB}=\sqrt{15^2-9^2}=12$

07 대표문제

오른쪽 그림과 같은 직각삼각형 ABC에서 $\tan A=\frac{3}{4}$이고 $\overline{BC}=6$일 때, $\overline{AB}$의 길이는?

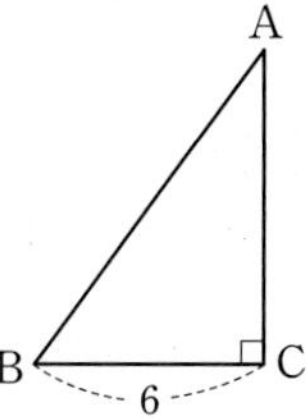

① $6\sqrt{2}$ ② 8
③ $8\sqrt{2}$ ④ 10
⑤ $9\sqrt{3}$

08

오른쪽 그림과 같은 직각삼각형 ABC에서 $\sin B=\frac{2}{3}$이고 $\overline{AC}=8$일 때, $\sin A$의 값을 구하시오.

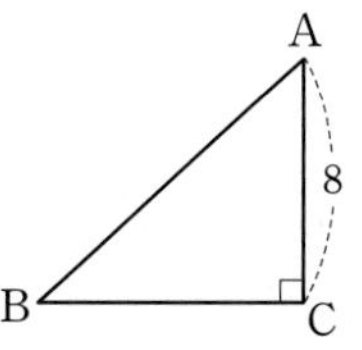

09

오른쪽 그림과 같은 직각삼각형 ABC에서 $\cos C=\frac{\sqrt{6}}{3}$이고 $\overline{AC}=2\sqrt{3}$일 때, △ABC의 넓이를 구하시오.

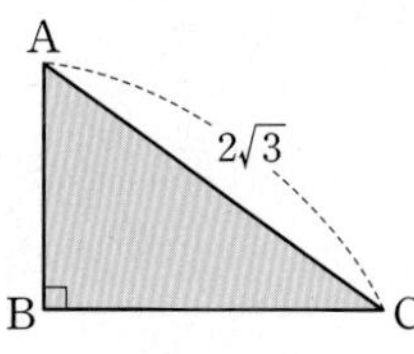

유형 03 한 삼각비의 값을 알 때, 다른 삼각비의 값 구하기 개념 1

$\cos A=\frac{5}{6}$일 때, $\sin A$, $\tan A$의 값을 구해 보자.

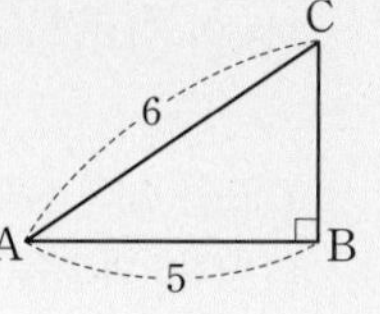

❶ 빗변 AC의 길이가 6이고 밑변 AB의 길이가 5인 삼각형을 그린다.

❷ 삼각형의 높이를 구한다.

→ $\overline{BC}=\sqrt{6^2-5^2}=\sqrt{11}$

❸ $\sin A=\frac{\sqrt{11}}{6}$, $\tan A=\frac{\sqrt{11}}{5}$

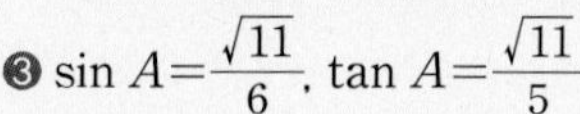

10 대표문제

$\sin A=\frac{6}{7}$일 때, $21\cos A\times\tan A$의 값을 구하시오.

(단, $0°<A<90°$)

11

$\angle B=90°$인 직각삼각형 ABC에서 $\cos A=\frac{3}{4}$일 때, 다음 중 옳지 않은 것은?

① $\sin A=\frac{\sqrt{7}}{4}$ ② $\tan A=\frac{\sqrt{7}}{3}$
③ $\sin C=\frac{3}{4}$ ④ $\cos C=\frac{\sqrt{7}}{4}$
⑤ $\tan C=\frac{2\sqrt{7}}{7}$

12 서술형

$\tan A-3=0$일 때, $\frac{\sin A+\cos A}{\sin A-\cos A}$의 값을 구하시오.

(단, $0°<A<90°$)

13

$\angle B=90°$인 직각삼각형 ABC에서 $\sin(90°-A)=\frac{\sqrt{6}}{3}$일 때, $\tan A$의 값을 구하시오.

정답과 해설 14쪽 더블북 4쪽

집중

유형 04 직각삼각형의 닮음을 이용하여 삼각비의 값 구하기 (1)

개념 1

직각삼각형 ABC에서 $\overline{AD}\perp\overline{BC}$일 때
$\triangle ABC \backsim \triangle DBA \backsim \triangle DAC$ (AA 닮음)
$\therefore x_1=x_2,\ y_1=y_2$
➜ x_2(또는 y_2)의 삼각비의 값은 x_1(또는 y_1)의 삼각비의 값을 이용하여 구한다.

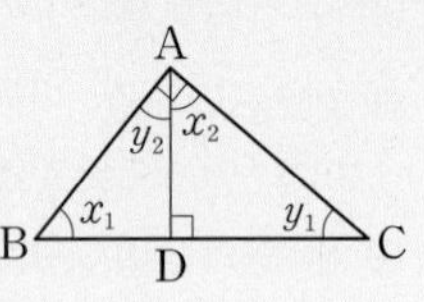

14 대표문제

오른쪽 그림과 같이 $\angle A=90°$인 직각삼각형 ABC에서 $\overline{AD}\perp\overline{BC}$이고 $\overline{AB}=1$, $\overline{AC}=\sqrt{3}$이다. $\angle BAD=x$, $\angle CAD=y$라 할 때, $\cos x+\sin y$의 값을 구하시오.

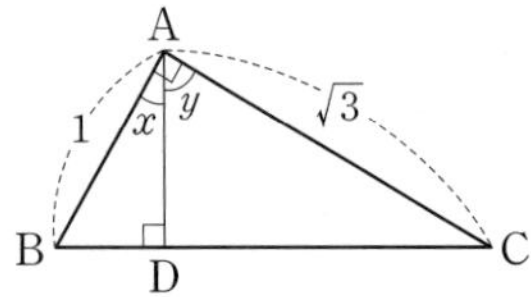

15

오른쪽 그림과 같이 $\angle B=90°$인 직각삼각형 ABC에서 $\overline{AC}\perp\overline{BD}$일 때, 다음 중 옳지 않은 것은?

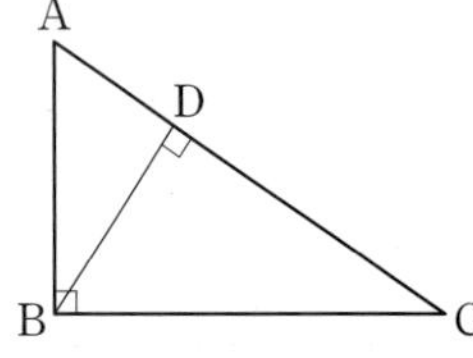

① $\sin A=\dfrac{\overline{CD}}{\overline{BC}}$

② $\cos A=\dfrac{\overline{BD}}{\overline{BC}}$　　③ $\tan A=\dfrac{\overline{BD}}{\overline{CD}}$

④ $\sin C=\dfrac{\overline{AD}}{\overline{AB}}$　　⑤ $\cos C=\dfrac{\overline{BD}}{\overline{AB}}$

16

오른쪽 그림과 같이 직사각형 ABCD에서 $\overline{AH}\perp\overline{BD}$이고 $\overline{AB}=9$, $\overline{BC}=12$이다. $\angle DAH=x$라 할 때, $\sin x-\cos x$의 값을 구하시오.

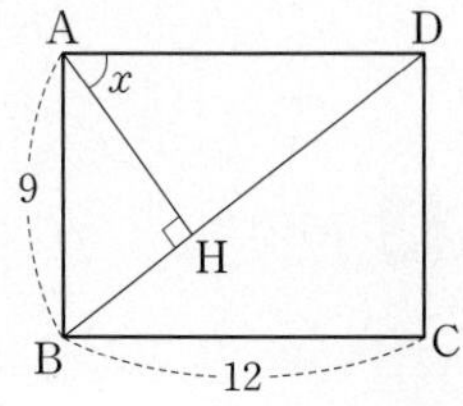

집중

유형 05 직각삼각형의 닮음을 이용하여 삼각비의 값 구하기 (2)

개념 1

직각삼각형 ABC에서
(1) $\overline{DE}\perp\overline{BC}$일 때
$\triangle ABC \backsim \triangle EBD$ (AA 닮음)
➜ $x_1=x_2$

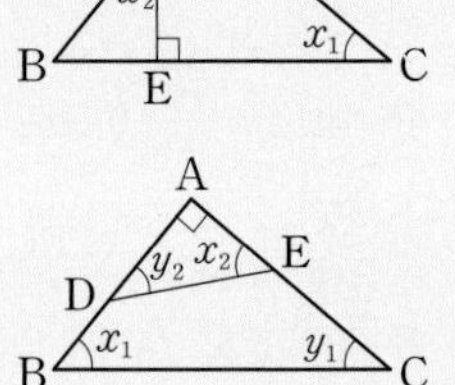

(2) $x_1=x_2$일 때
$\triangle ABC \backsim \triangle AED$ (AA 닮음)
➜ $y_1=y_2$

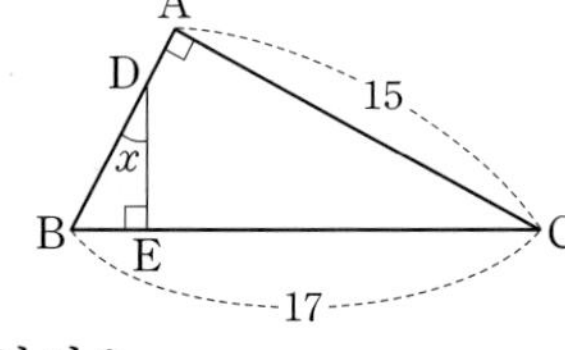

17 대표문제

오른쪽 그림과 같이 $\angle A=90°$인 직각삼각형 ABC에서 $\overline{BC}\perp\overline{DE}$이고 $\overline{AC}=15$, $\overline{BC}=17$이다. $\angle BDE=x$라 할 때, $\tan x\div\sin x$의 값을 구하시오.

18

오른쪽 그림과 같이 $\angle C=90°$인 직각삼각형 ABC에서 $\overline{AB}\perp\overline{DE}$이다. $\overline{BD}=4$, $\overline{BE}=5$일 때, $\cos A$의 값은?

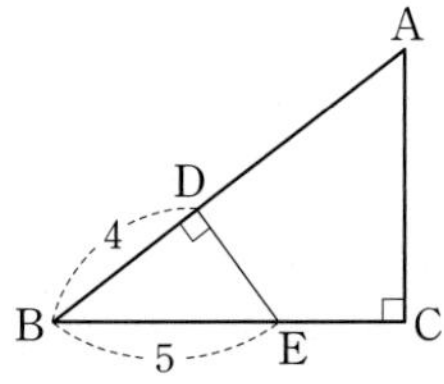

① $\dfrac{3}{5}$　　② $\dfrac{3}{4}$

③ $\dfrac{4}{5}$　　④ $\dfrac{4}{3}$

⑤ $\dfrac{5}{3}$

19 서술형

오른쪽 그림과 같이 $\angle A=90°$인 직각삼각형 ABC에서 $\angle B=\angle AED$이다. $\overline{AD}=2\sqrt{6}$, $\overline{AE}=5$일 때, $(\sin B+\cos C)\times\tan C$의 값을 구하시오.

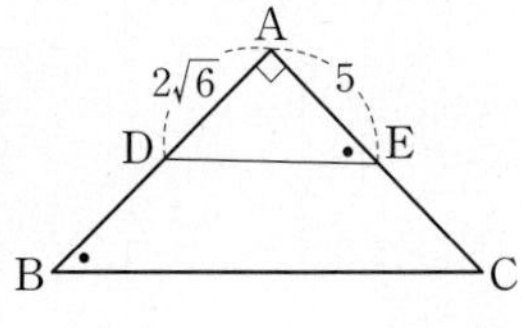

유형 06 직선의 방정식과 삼각비의 값 개념 1

직선 l이 x축의 양의 방향과 이루는 예각의 크기를 a라 할 때

❶ 직선의 방정식에 $y=0$, $x=0$을 각각 대입하여 두 점 A, B의 좌표를 구한다.

❷ 직각삼각형 AOB에서 삼각비의 값을 구한다.

➡ $\sin a=\frac{\overline{OB}}{\overline{AB}}$, $\cos a=\frac{\overline{OA}}{\overline{AB}}$, $\tan a=\frac{\overline{OB}}{\overline{OA}}$

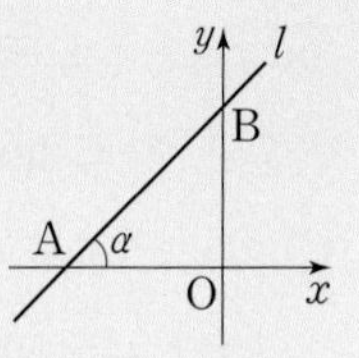

20 대표문제

오른쪽 그림과 같이 일차방정식 $3x-2y+6=0$의 그래프가 x축의 양의 방향과 이루는 예각의 크기를 a라 할 때, $\cos a-\sin a$의 값을 구하시오.

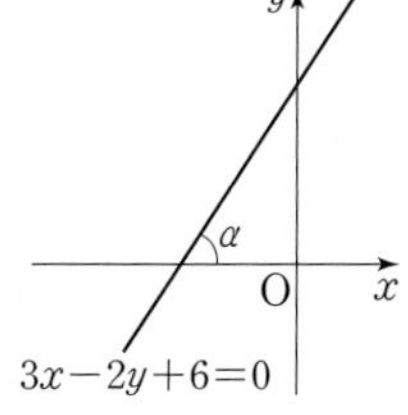

중요

21

오른쪽 그림과 같이 일차함수 $y=-2x+4$의 그래프가 x축과 이루는 예각의 크기를 a라 할 때, $\sin a$의 값을 구하시오.

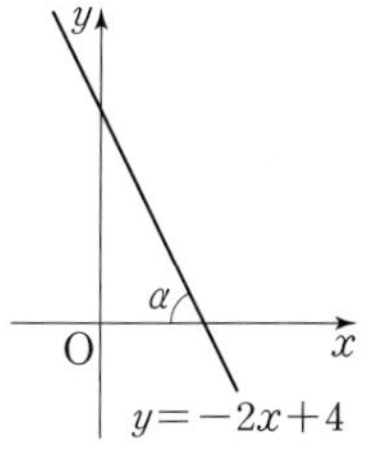

22 서술형

오른쪽 그림과 같이 일차방정식 $x-3y-6=0$의 그래프가 x축과 이루는 예각의 크기를 a라 할 때, $10\sin a+20\cos a$의 값을 구하시오.

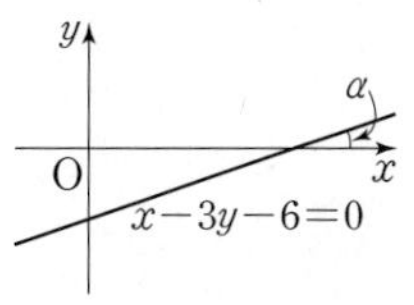

유형 07 입체도형에서 삼각비의 값 구하기 개념 1

❶ 입체도형에서 직각삼각형을 찾는다.

❷ 피타고라스 정리를 이용하여 변의 길이를 구한다.

❸ 삼각비의 값을 구한다.

23 대표문제

오른쪽 그림과 같은 직육면체에서 $\angle BHF=x$라 할 때, $\sin x\times\cos x\times\tan x$의 값을 구하시오.

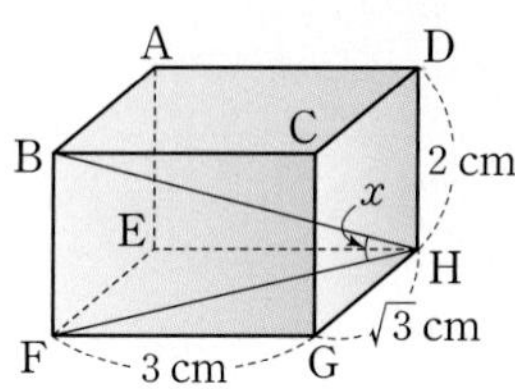

24

오른쪽 그림과 같이 한 모서리의 길이가 4 cm인 정육면체에서 $\angle AGE=x$라 할 때, $\cos x$의 값을 구하시오.

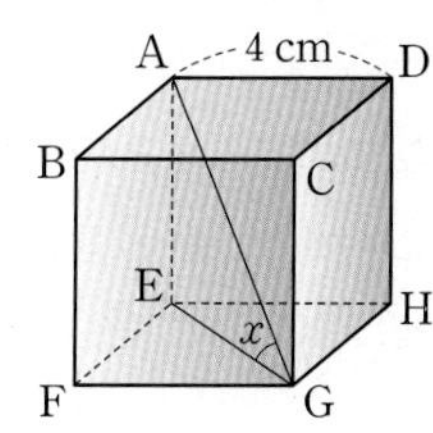

25

오른쪽 그림과 같이 한 모서리의 길이가 12 cm인 정사면체에서 $\overline{BC}$의 중점을 M, 꼭짓점 A에서 $\overline{DM}$에 내린 수선의 발을 H라 하자. $\angle AMD=x$라 할 때, $\frac{\cos x}{\sin x}$의 값을 구하시오.

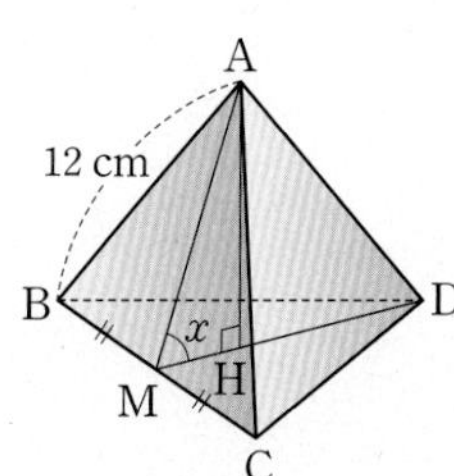

집중

유형 08 30°, 45°, 60°의 삼각비의 값 개념2

삼각비 \ A	30°	45°	60°
$\sin A$	$\frac{1}{2}$	$\frac{\sqrt{2}}{2}$	$\frac{\sqrt{3}}{2}$
$\cos A$	$\frac{\sqrt{3}}{2}$	$\frac{\sqrt{2}}{2}$	$\frac{1}{2}$
$\tan A$	$\frac{\sqrt{3}}{3}$	1	$\sqrt{3}$

주의 $(\sin x)^2=\sin x\times\sin x=\sin^2 x$
└ $\sin x^2$으로 표현하지 않도록 주의한다.

26 대표문제

다음 중 옳은 것을 모두 고르면? (정답 2개)

① $\sin 30^\circ\times\cos 60^\circ=\frac{\sqrt{3}}{4}$

② $\sqrt{3}\tan 30^\circ-\tan 45^\circ=0$

③ $\cos 60^\circ\times\tan 30^\circ-\sin 30^\circ=\frac{\sqrt{3}-1}{6}$

④ $(\sin 60^\circ+\cos 45^\circ)(\cos 30^\circ-\sin 45^\circ)=\frac{1}{2}$

⑤ $\sin 30^\circ\times\tan 60^\circ-\cos 60^\circ\times\tan 30^\circ=\frac{\sqrt{3}}{3}$

27

$\sqrt{3}\cos 30^\circ+\sqrt{2}\sin 45^\circ+\sin 60^\circ\div\tan 60^\circ$의 값을 구하시오.

28

다음을 계산하시오.

$$\cos^2 30^\circ+\frac{2\tan 45^\circ+\sqrt{2}\cos 45^\circ}{\sqrt{3}\tan 30^\circ}-\sin^2 60^\circ$$

29 서술형

세 내각의 크기의 비가 1 : 2 : 3인 삼각형에서 가장 작은 내각의 크기를 A라 할 때, $\sin A\div\cos A\div\tan A$의 값을 구하시오.

유형 09 삼각비의 값을 만족시키는 각의 크기 구하기 개념2

$\sin x$ 또는 $\cos x$의 값이 $\frac{1}{2}$, $\frac{\sqrt{2}}{2}$, $\frac{\sqrt{3}}{2}$이거나 $\tan x$의 값이 $\frac{\sqrt{3}}{3}$, 1, $\sqrt{3}$이면 x의 크기를 구할 수 있다.

예 x가 예각일 때, $\sin x=\frac{\sqrt{3}}{2}$이면

$\sin x=\sin 60^\circ$ $\quad\therefore x=60^\circ$

30 대표문제

$\tan(2x-30^\circ)=\sqrt{3}$일 때, $\sin x$의 값은? (단, $15^\circ<x<60^\circ$)

① $\frac{1}{2}$ ② $\frac{\sqrt{3}}{3}$ ③ $\frac{\sqrt{2}}{2}$
④ $\frac{\sqrt{3}}{2}$ ⑤ $\sqrt{3}$

31

$\sin(3x-15^\circ)=\frac{1}{2}$을 만족시키는 x의 크기를 구하시오. (단, $5^\circ<x<35^\circ$)

중요

32

$\cos 60^\circ=\sin(x-30^\circ)$일 때, $\sin x+\cos x$의 값은? (단, $30^\circ<x<120^\circ$)

① $\frac{1}{4}$ ② $\frac{\sqrt{3}}{4}$ ③ $\frac{\sqrt{2}+1}{2}$
④ $\frac{\sqrt{3}+1}{2}$ ⑤ $\sqrt{3}+1$

33 서술형

이차방정식 $4x^2-4x+1=0$의 한 근을 $\sin A$라 할 때, $\tan A$의 값을 구하시오. (단, $0^\circ<A<90^\circ$)

유형 10 30°, 45°, 60°의 삼각비의 값을 이용하여 변의 길이 구하기 개념2

오른쪽 그림과 같이 $\angle C=90°$인 직각삼각형 ABC에서

(1) $\sin 30° = \frac{\overline{AC}}{6} = \frac{1}{2}$ $\quad \therefore \overline{AC}=3$

(2) $\cos 30° = \frac{\overline{BC}}{6} = \frac{\sqrt{3}}{2}$ $\quad \therefore \overline{BC}=3\sqrt{3}$

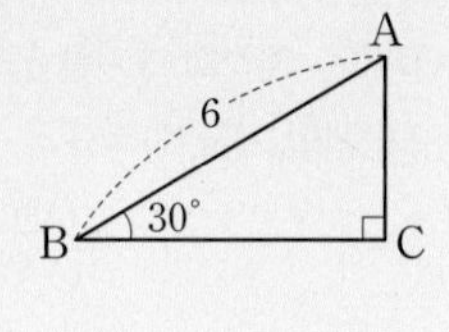

34 대표문제

오른쪽 그림과 같이 $\angle C=90°$인 직각삼각형 ABC에서 $\angle B=30°$, $\overline{AB}=8$, $\overline{BD}=\overline{CD}$일 때, $\overline{AD}$의 길이는?

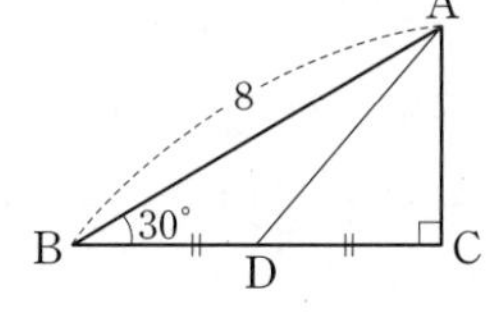

① $2\sqrt{7}$ ② $2\sqrt{10}$ ③ $3\sqrt{7}$ ④ $4\sqrt{7}$ ⑤ $4\sqrt{10}$

35

오른쪽 그림과 같은 △ABC에서 $\angle B=60°$, $\angle C=45°$, $\overline{AC}=6$이고 $\overline{AD}\perp\overline{BC}$이다. 이때 $\overline{AB}$의 길이를 구하시오.

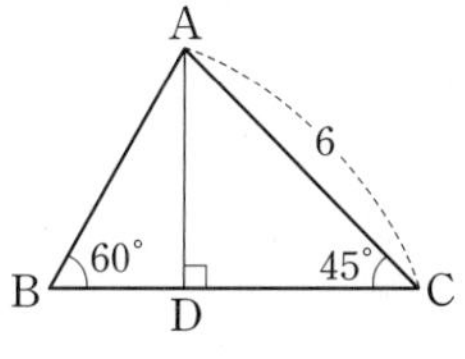

36

오른쪽 그림과 같이 $\angle C=90°$인 직각삼각형 ABC에서 $\angle B=30°$, $\angle ADC=45°$이고 $\overline{AC}=9$일 때, $\overline{BD}$의 길이는?

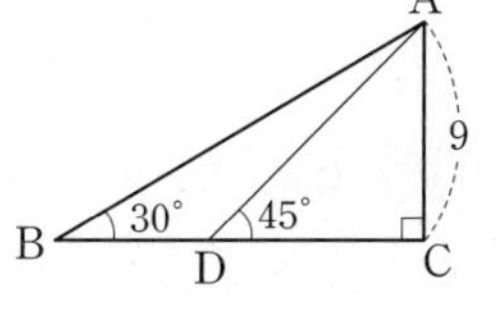

① $6(\sqrt{3}-1)$ ② $6\sqrt{3}-1$ ③ $9(\sqrt{3}-1)$ ④ $9\sqrt{3}-1$ ⑤ $12(\sqrt{3}-1)$

중요

37

오른쪽 그림에서 $\angle ABC=\angle BCD=90°$이고 $\overline{AB}=2$, $\angle A=60°$, $\angle D=45°$일 때, $\overline{BD}$의 길이는?

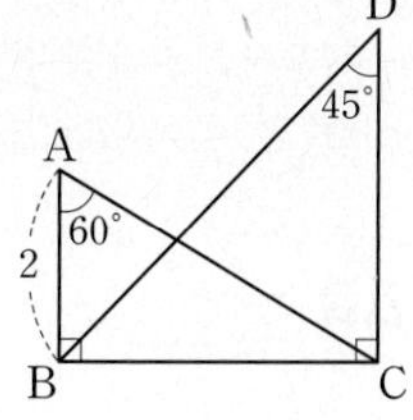

① $2\sqrt{3}$ ② 4 ③ $2\sqrt{5}$ ④ $2\sqrt{6}$ ⑤ $2\sqrt{7}$

38 서술형

오른쪽 그림에서 $\overline{AB}=10$, $\angle ABC=\angle BDC=90°$, $\angle DBC=45°$, $\angle ACB=30°$일 때, △BCD의 넓이를 구하시오.

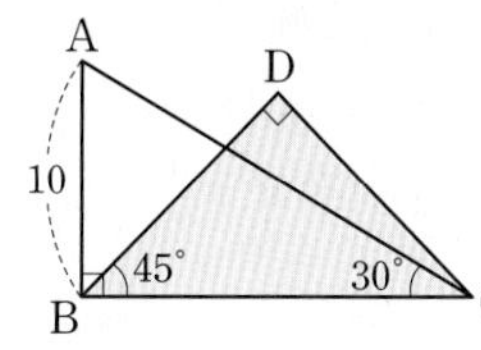

39

오른쪽 그림과 같이 $\angle C=90°$인 직각삼각형 ABC에서 $\angle BAD=\angle CAD$이고 $\angle B=30°$, $\overline{AB}=4$일 때, $\overline{BD}$의 길이를 구하시오.

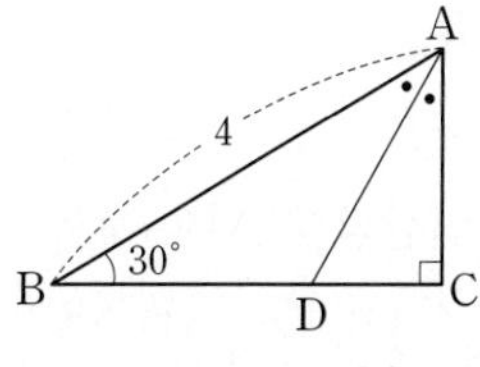

유형 11 30°, 45°, 60°의 삼각비의 값을 이용하여 다른 삼각비의 값 구하기 개념2

❶ 특수한 각의 삼각비를 이용하여 변의 길이를 구한다.

❷ 다른 삼각비의 값을 구한다.

40 대표문제

오른쪽 그림과 같이 $\angle C=90^\circ$인 직각삼각형 ABC에서 $\overline{AD}=\overline{BD}=2$, $\angle ADC=30^\circ$일 때, $\tan 15^\circ$의 값을 구하시오.

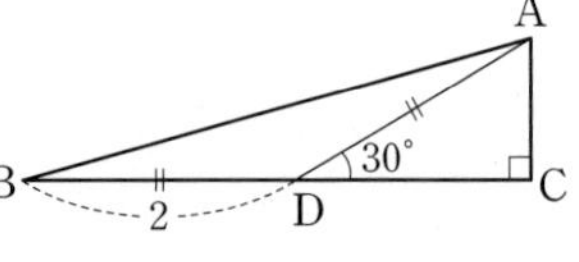

41

다음 그림과 같이 $\angle B=90^\circ$인 직각삼각형 ABC에서 $\overline{AB}=4$, $\angle BAD=45^\circ$, $\angle DAC=22.5^\circ$일 때, $\tan x$의 값을 구하시오.

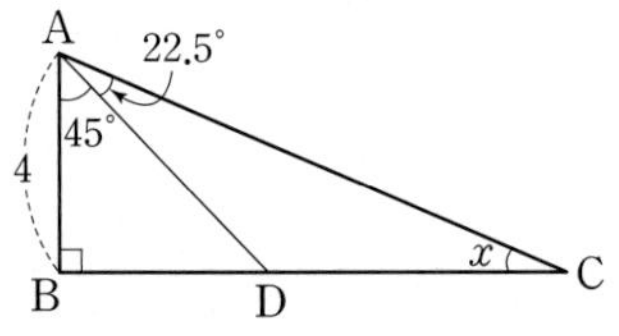

42

오른쪽 그림과 같이 $\overline{AB}=\overline{AC}$인 이등변삼각형 ABC에서 $\overline{AB}\perp\overline{CD}$이고 $\angle A=45^\circ$, $\overline{AB}=8$일 때, $\tan 67.5^\circ$의 값을 구하시오.

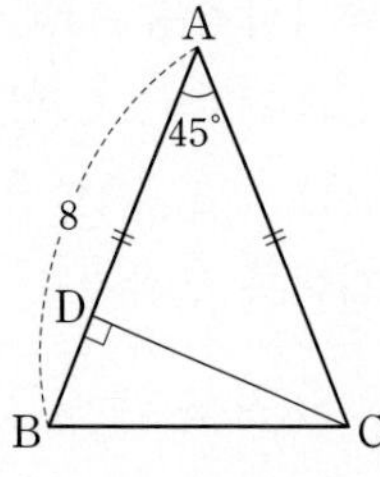

유형 12 직선의 기울기와 삼각비의 값 개념2

직선 $y=ax+b\,(a>0)$가 x축의 양의 방향과 이루는 예각의 크기를 α라 하면

(직선의 기울기)$=a$

$=\dfrac{\overline{OB}}{\overline{OA}}=\tan\alpha$

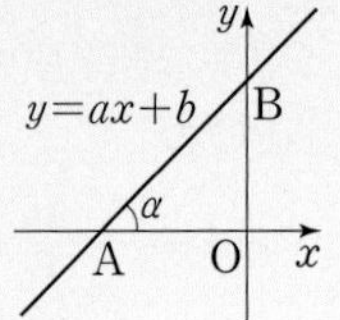

43 대표문제

오른쪽 그림과 같이 x절편이 -3이고 기울기가 양수인 직선이 x축의 양의 방향과 이루는 각의 크기가 45°이다. 이 직선의 방정식은?

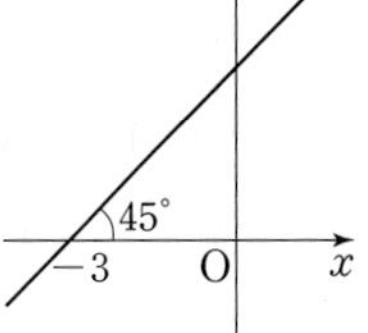

① $y=-x-3$

② $y=x-3$

③ $y=x+3$

④ $y=\dfrac{\sqrt{2}}{2}x-\dfrac{3\sqrt{2}}{2}$

⑤ $y=\dfrac{\sqrt{2}}{2}x+\dfrac{3\sqrt{2}}{2}$

44 서술형

점 $(3,\ -\sqrt{3})$을 지나고 기울기가 양수인 직선이 x축의 양의 방향과 이루는 각의 크기가 30°일 때, 이 직선의 x절편을 구하시오.

45

일차방정식 $\sqrt{3}x-y+3\sqrt{3}=0$의 그래프가 x축의 양의 방향과 이루는 예각의 크기를 α라 할 때, $\sin\alpha\times\cos\alpha$의 값을 구하시오.

집중

유형 13 사분원에서 삼각비의 값 구하기 개념 3

반지름의 길이가 1인 사분원에서

(1) $\sin x=\frac{\overline{AB}}{\overline{OA}}=\overline{AB}$

$\cos x=\frac{\overline{OB}}{\overline{OA}}=\overline{OB}$

$\tan x=\frac{\overline{CD}}{\overline{OD}}=\overline{CD}$

(2) $\overline{AB}\,/\!/\,\overline{CD}$이므로 $y=z$ (동위각)

$\sin z=\sin y=\frac{\overline{OB}}{\overline{OA}}=\overline{OB}$

$\cos z=\cos y=\frac{\overline{AB}}{\overline{OA}}=\overline{AB}$

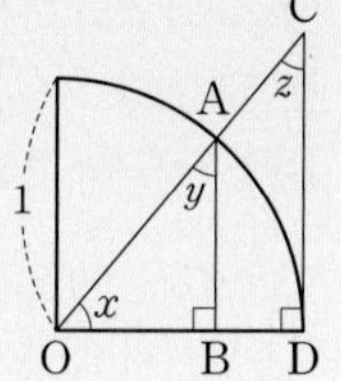

46 대표문제

오른쪽 그림과 같이 반지름의 길이가 1인 사분원에서 다음 중 옳지 않은 것은?

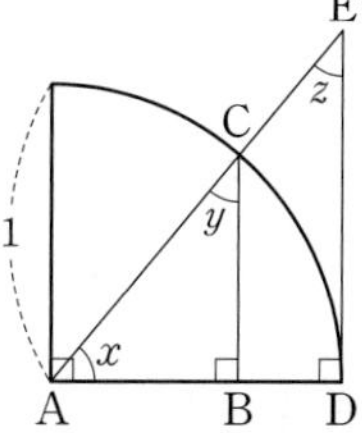

① $\sin x=\overline{BC}$　② $\cos x=\overline{AB}$
③ $\cos y=\overline{BC}$　④ $\sin z=\overline{AB}$
⑤ $\tan z=\overline{AD}$

47

오른쪽 그림과 같이 좌표평면 위의 원점 O를 중심으로 하고 반지름의 길이가 1인 사분원에서 $\sin 20^\circ+\cos 70^\circ$의 값을 구하시오.

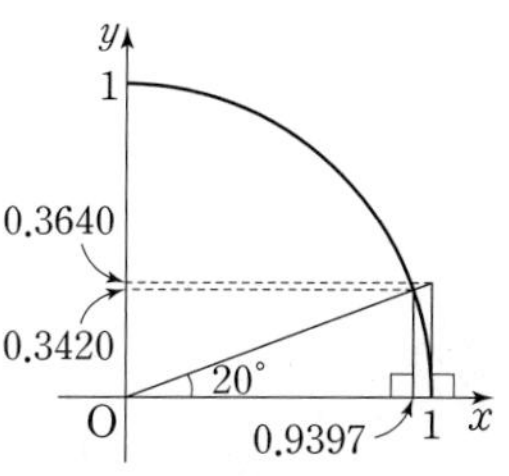

중요

48

오른쪽 그림과 같이 반지름의 길이가 1인 부채꼴에서 $\overline{AB}\perp\overline{CD}$일 때, 다음 중 $\overline{BD}$의 길이를 나타내는 것을 모두 고르면? (정답 2개)

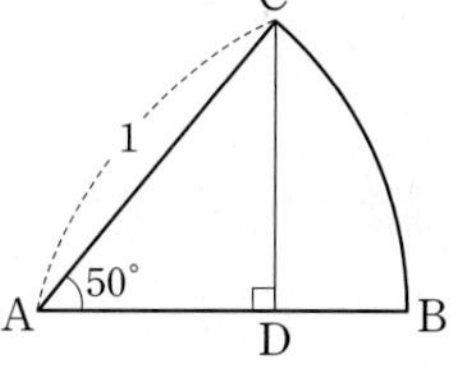

① $1-\sin 40^\circ$　② $1-\cos 40^\circ$
③ $1-\tan 40^\circ$　④ $1-\sin 50^\circ$　⑤ $1-\cos 50^\circ$

유형 14 0°, 90°의 삼각비의 값 개념 4

A ＼ 삼각비	$\sin A$	$\cos A$	$\tan A$
0°	0	1	0
90°	1	0	정할 수 없다.

49 대표문제

다음 중 옳은 것은?

① $\sin 30^\circ+\sin 90^\circ=\frac{1}{2}$
② $\sin 0^\circ+\cos 90^\circ-\tan 0^\circ=1$
③ $\tan 45^\circ+\cos 90^\circ=2$
④ $\tan 30^\circ+\cos 0^\circ=\frac{\sqrt{3}}{3}$
⑤ $\sin 90^\circ-\cos 90^\circ=1$

50

다음 **보기** 중 옳은 것을 모두 고르시오.

보기

ㄱ. $\sin 0^\circ=\cos 0^\circ$　ㄴ. $\sin 45^\circ=\cos 45^\circ$
ㄷ. $\sin 0^\circ=\tan 0^\circ$　ㄹ. $\sin 90^\circ=\tan 45^\circ$

51

$\sin 90^\circ\times\tan 45^\circ-\cos 0^\circ\times\sin 45^\circ+\cos 90^\circ$의 값을 구하시오.

52

다음을 계산하시오.

$$(\sin 0^\circ+\sin 30^\circ)\times\cos 0^\circ+\frac{\tan 60^\circ\times\cos 30^\circ}{\cos 90^\circ+\tan 45^\circ}$$

집중

유형 15 삼각비의 값의 대소 관계 개념 4

(1) $0^\circ \le x \le 90^\circ$인 범위에서 x의 크기가 증가할 때
① $\sin x$ ➜ 0에서 1까지 증가 → $0 \le \sin x \le 1$
② $\cos x$ ➜ 1에서 0까지 감소 → $0 \le \cos x \le 1$
③ $\tan x$ ➜ 0에서 한없이 증가 (단, $x \ne 90^\circ$) → $\tan x \ge 0$

(2) $\sin x$, $\cos x$, $\tan x$의 대소 관계
① $0^\circ \le x < 45^\circ$일 때 ➜ $\sin x < \cos x$
② $x = 45^\circ$일 때 ➜ $\sin x = \cos x < \tan x$
③ $45^\circ < x < 90^\circ$일 때 ➜ $\cos x < \sin x < \tan x$

53 대표문제

다음 중 삼각비의 대소 관계로 옳지 않은 것은?

① $\sin 63^\circ < \sin 88^\circ$
② $\cos 28^\circ > \cos 56^\circ$
③ $\tan 50^\circ > \tan 75^\circ$
④ $\sin 45^\circ = \cos 45^\circ$
⑤ $\sin 35^\circ < \cos 35^\circ$

54

$45^\circ \le A \le 90^\circ$일 때, 다음 중 옳지 않은 것은?

① $\sin A$의 값 중 가장 큰 값은 1이다.
② $\sin A < \cos A$
③ $\tan A > \sin A$
④ A의 크기가 커지면 $\cos A$의 값은 작아진다.
⑤ $\tan A$의 값 중 가장 작은 값은 1이다.

55

$A = 55^\circ$일 때, $\sin A$, $\cos A$, $\tan A$의 대소 관계로 옳은 것은?

① $\sin A < \cos A < \tan A$
② $\sin A < \tan A < \cos A$
③ $\cos A < \sin A < \tan A$
④ $\cos A < \tan A < \sin A$
⑤ $\tan A < \cos A < \sin A$

유형 16 삼각비의 값의 대소 관계를 이용한 식의 계산 개념 4

삼각비의 값의 대소를 비교한 후 제곱근의 성질을 이용하여 주어진 식을 정리한다.

참고 제곱근의 성질 ➜ $\sqrt{a^2} = \begin{cases} a & (a \ge 0) \\ -a & (a < 0) \end{cases}$

예 $0 < x < 90^\circ$일 때, $0 < \sin x < 1$이므로
① $\sqrt{(\sin x + 1)^2} = \sin x + 1$ ($\sin x + 1 > 0$)
② $\sqrt{(\sin x - 1)^2} = -(\sin x - 1) = 1 - \sin x$ ($\sin x - 1 < 0$)

56 대표문제

$45^\circ < A < 90^\circ$일 때,
$\sqrt{(\cos A - \sin A)^2} + \sqrt{(\sin A - \tan A)^2}$을 간단히 하시오.

57

$0^\circ < A < 45^\circ$일 때, $\sqrt{(\tan A + 1)^2} + \sqrt{(\tan A - 1)^2}$을 간단히 하면?

① -2
② $-2\tan A$
③ 0
④ $2\tan A$
⑤ 2

58

$0^\circ < A < 90^\circ$일 때, 다음 식을 간단히 하시오.

$$\sqrt{(1 + 2\cos A)^2} - \sqrt{(\cos A - 1)^2}$$

59 서술형

$0^\circ < x < 45^\circ$일 때, $\sqrt{\cos^2 x} - \sqrt{(\sin x - \cos x)^2} = \frac{1}{2}$을 만족시키는 x의 크기를 구하시오.

유형 17 삼각비의 표를 이용하여 삼각비의 값, 각의 크기 구하기 개념 5

삼각비의 표에서
$\sin 17^\circ = 0.2924$
$\cos 15^\circ = 0.9659$
$\tan 16^\circ = 0.2867$

각도	사인(sin)	코사인(cos)	탄젠트(tan)
15°	0.2588	0.9659	0.2679
16°	0.2756	0.9613	0.2867
17°	0.2924	0.9563	0.3057

60 대표문제

다음 삼각비의 표를 이용하여 $\sin 28^\circ - \tan 29^\circ + \cos 27^\circ$의 값을 구하시오.

각도	사인(sin)	코사인(cos)	탄젠트(tan)
27°	0.4540	0.8910	0.5095
28°	0.4695	0.8829	0.5317
29°	0.4848	0.8746	0.5543

중요

61

$\sin x = 0.6293$, $\tan y = 0.8693$일 때, 다음 삼각비의 표를 이용하여 $x+y$의 크기를 구하시오.

각도	사인(sin)	코사인(cos)	탄젠트(tan)
39°	0.6293	0.7771	0.8098
40°	0.6428	0.7660	0.8391
41°	0.6561	0.7547	0.8693

62

아래 삼각비의 표에 대하여 다음 중 옳지 않은 것은?

각도	사인(sin)	코사인(cos)	탄젠트(tan)
53°	0.7986	0.6018	1.3270
54°	0.8090	0.5878	1.3764
55°	0.8192	0.5736	1.4281

① $\cos 55^\circ = 0.5736$
② $\tan 53^\circ = 1.3270$
③ $\sin x = 0.8090$일 때, $x = 54^\circ$이다.
④ $\cos x = 0.6018$일 때, $x = 53^\circ$이다.
⑤ $\tan x = 1.3764$일 때, $x = 55^\circ$이다.

유형 18 삼각비의 표를 이용하여 변의 길이 구하기 개념 5

삼각비의 표에서 $\sin 22^\circ = 0.3746$, $\cos 22^\circ = 0.9272$임을 이용하여 오른쪽 그림과 같이 $\angle C = 90^\circ$인 직각삼각형 ABC에서 $\overline{AC}$, $\overline{BC}$의 길이를 구해 보자.

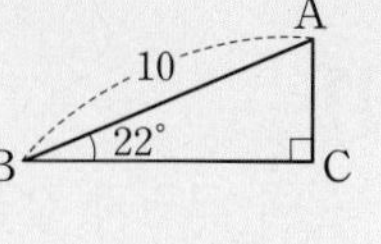

➡ $\sin 22^\circ = \frac{\overline{AC}}{10} = 0.3746 \quad \therefore \overline{AC} = 3.746$

$\cos 22^\circ = \frac{\overline{BC}}{10} = 0.9272 \quad \therefore \overline{BC} = 9.272$

63 대표문제

오른쪽 그림과 같이 $\angle C = 90^\circ$인 직각삼각형 ABC에서 $\overline{AB} = 100$, $\angle B = 65^\circ$일 때, 다음 삼각비의 표를 이용하여 $\overline{AC} + \overline{BC}$의 길이를 구하시오.

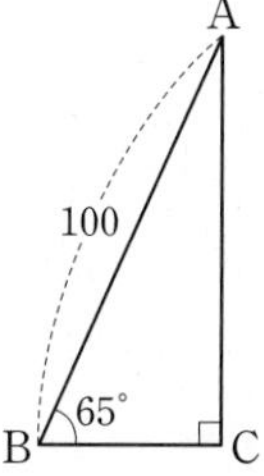

각도	사인(sin)	코사인(cos)	탄젠트(tan)
64°	0.8988	0.4384	2.0503
65°	0.9063	0.4226	2.1445
66°	0.9135	0.4067	2.2460

중요

64 서술형

오른쪽 그림과 같이 $\angle C = 90^\circ$인 직각삼각형 ABC에서 $\overline{AB} = 20$, $\angle A = 56^\circ$일 때, 다음 삼각비의 표를 이용하여 $\overline{BC}$의 길이를 구하시오.

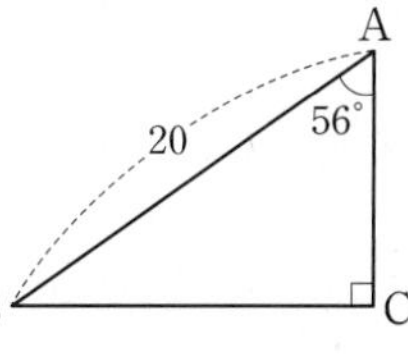

각도	사인(sin)	코사인(cos)	탄젠트(tan)
34°	0.5592	0.8290	0.6745
35°	0.5736	0.8192	0.7002
36°	0.5878	0.8090	0.7265
37°	0.6018	0.7986	0.7536

Real 실전 기출

01

오른쪽 그림과 같은 직각삼각형 ABC에서 $\sin B$의 값은?

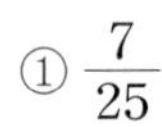
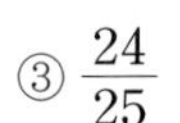

① $\frac{7}{25}$　② $\frac{7}{24}$　③ $\frac{24}{25}$　④ $\frac{24}{7}$　⑤ $\frac{25}{7}$

02

오른쪽 그림과 같은 직각삼각형 ABC에서 $\cos B=\frac{2\sqrt{5}}{5}$이고 $\overline{AC}=2\sqrt{5}$일 때, $\overline{AB}$의 길이를 구하시오.

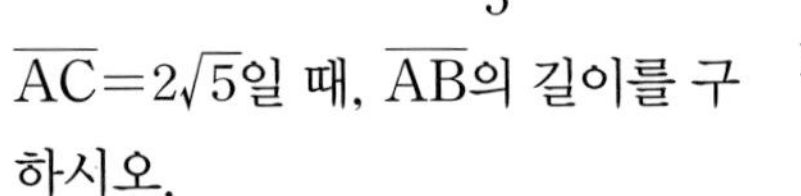
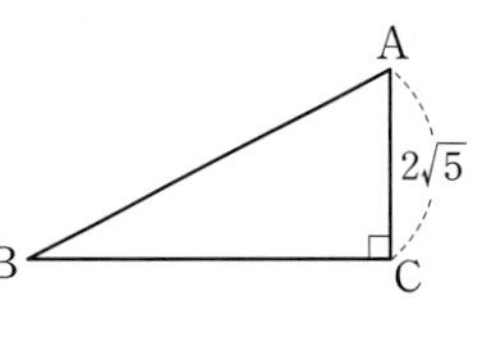

03

오른쪽 그림과 같은 직각삼각형 ABC에서 $\overline{BD}=2\overline{CD}$이고 $\overline{AC}=4$, $\tan B=\frac{1}{3}$이다. $\angle ADC=x$라 할 때, $\sin x\times\cos x+\tan x$의 값을 구하시오.

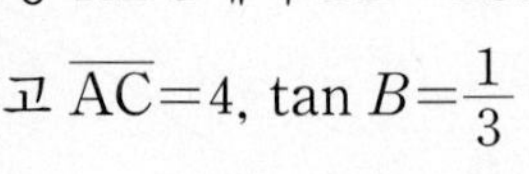

04

$3\sin A-2=0$일 때, $\cos A\div\tan A$의 값을 구하시오. (단, $0^\circ<A<90^\circ$)

05

오른쪽 그림과 같이 $\angle A=90^\circ$인 직각삼각형 ABC에서 $\overline{BD}=6$, $\angle ABD=60^\circ$, $\angle C=15^\circ$일 때, $\tan 75^\circ$의 값을 구하시오.

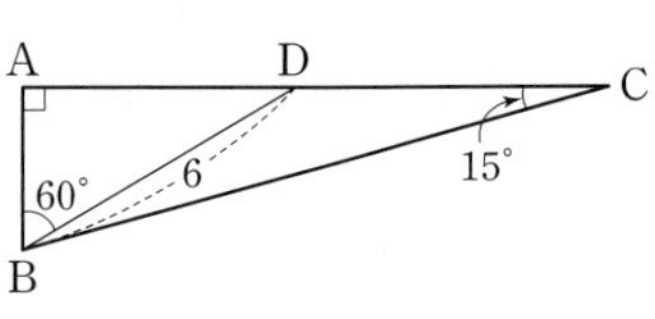

06 창의 역량

오른쪽 그림은 반지름의 길이가 1인 사분원을 좌표평면 위에 나타낸 것이다. 이 사분원 위의 두 점 A(0.78, 0.63), B(0.48, 0.87)에 대하여 $\sin a-\cos b$의 값을 구하시오.

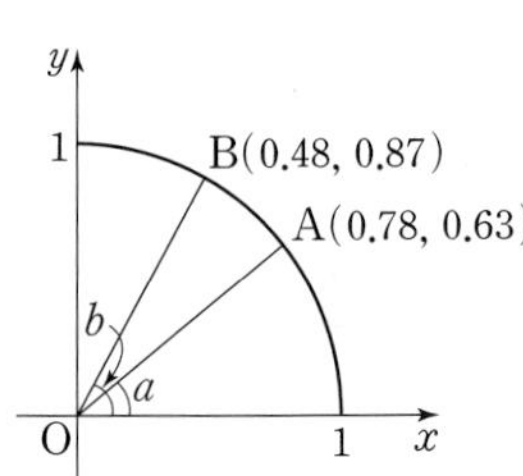

07 최다빈출

다음 중 옳지 않은 것을 모두 고르면? (정답 2개)

① $\sin^2 30^\circ+\cos 45^\circ\times\sin 45^\circ=\frac{3}{4}$

② $\sin 90^\circ+\cos 60^\circ-\tan 45^\circ=\frac{\sqrt{3}}{2}$

③ $\cos 0^\circ\times\tan 60^\circ\times\sin 60^\circ=0$

④ $\frac{\sin 60^\circ}{\cos 60^\circ}\times\tan 30^\circ=1$

⑤ $(\tan 0^\circ+\sin 45^\circ)\div\sin 30^\circ=\sqrt{2}$

08

다음 **보기**의 삼각비의 값을 작은 것부터 순서대로 나열하시오.

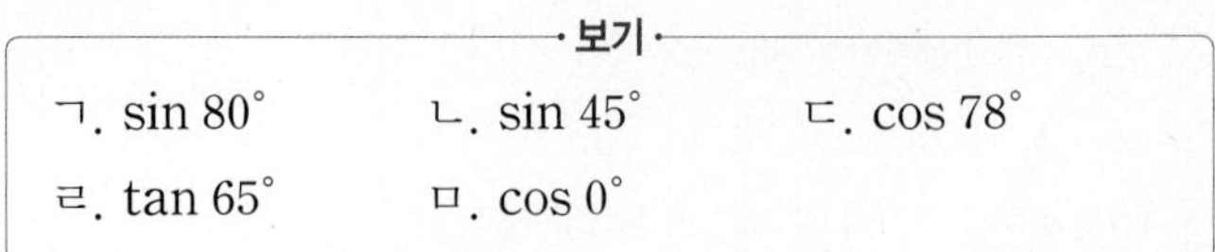

보기

ㄱ. $\sin 80^\circ$　ㄴ. $\sin 45^\circ$　ㄷ. $\cos 78^\circ$
ㄹ. $\tan 65^\circ$　ㅁ. $\cos 0^\circ$

09

오른쪽 그림과 같이 ∠C=90°인 직각삼각형 ABC에서 $\overline{AB}=10$, $\overline{AC}=6.947$일 때, 다음 삼각비의 표를 이용하여 $\overline{BC}$의 길이를 구하시오.

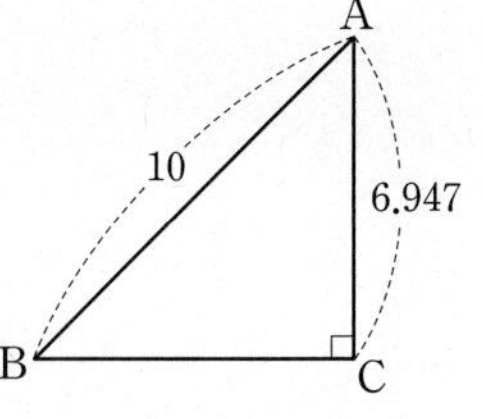

각도	사인(sin)	코사인(cos)	탄젠트(tan)
42°	0.6691	0.7431	0.9004
43°	0.6820	0.7314	0.9325
44°	0.6947	0.7193	0.9657

10

오른쪽 그림에서 ∠C=∠E=90°, $\overline{BD}=\overline{BC}=2$이다. $\sin x=\frac{1}{3}$일 때, $\tan(x+y)$의 값을 구하시오.

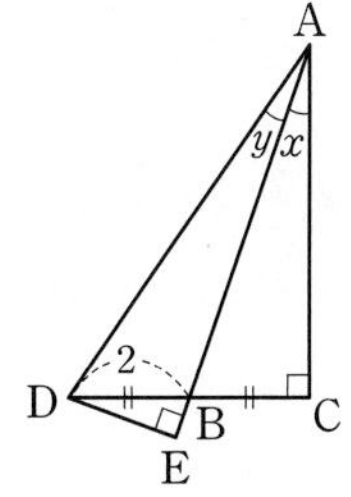

11 최다빈출

오른쪽 그림과 같이 ∠A=90°인 직각삼각형 ABC에서 $\overline{BC}\perp\overline{DE}$이고 $\overline{AB}=8$, $\overline{AC}=6$이다. ∠BDE=x라 할 때, $\cos(90°-x)+\sin x$의 값을 구하시오.

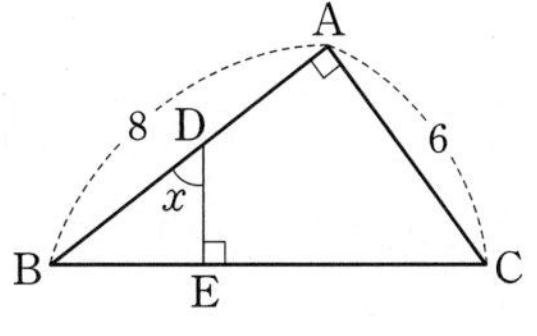

12

오른쪽 그림과 같이 ∠C=90°인 직각삼각형 ABC에서 $\overline{AB}\perp\overline{CD}$, $\overline{BC}\perp\overline{DE}$이고 $\overline{AB}=20$, ∠B=60°일 때, $\overline{CE}$의 길이를 구하시오.

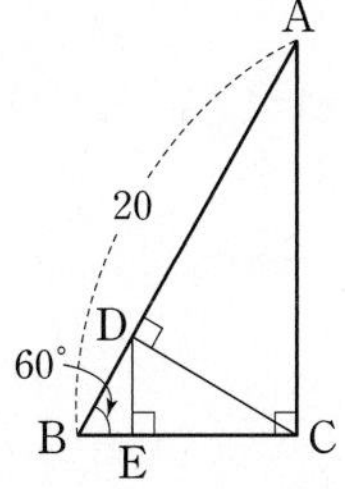

13

오른쪽 그림과 같이 ∠C=90°인 직각삼각형 ABC에서 ∠A의 이등분선이 $\overline{BC}$와 만나는 점을 D라 하면 $\overline{BD}:\overline{DC}=3:1$이다. ∠DAC=$x$일 때, $\sin x$의 값을 구하시오.

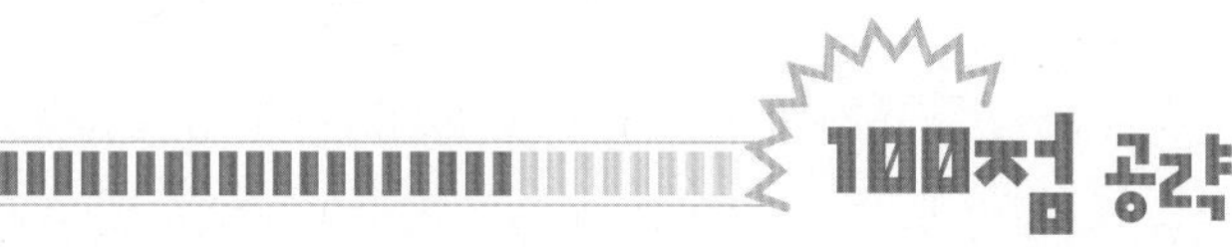

100점 공략

14

오른쪽 그림과 같이 직사각형 ABCD를 $\overline{EF}$를 접는 선으로 꼭짓점 A가 점 C에 오도록 접었다. ∠CEF=x라 할 때, $\cos x$의 값을 구하시오.

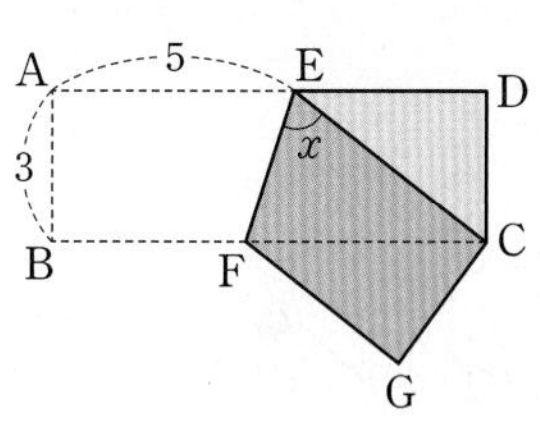

15

오른쪽 그림과 같이 밑면이 정사각형이고 옆면이 정삼각형인 사각뿔의 한 모서리의 길이가 6이다. $\overline{CD}$, $\overline{BE}$의 중점을 각각 M, N이라 하고 ∠AMN=x라 할 때, $\sin x\times\cos x$의 값을 구하시오.

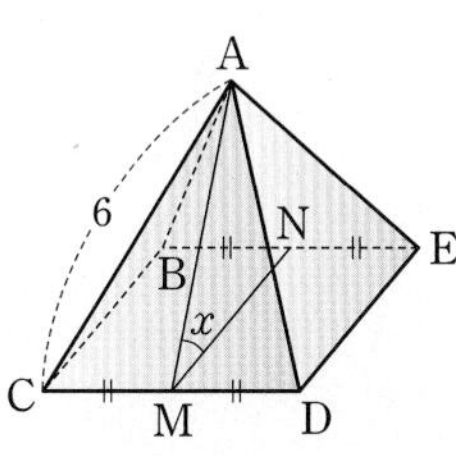

16

오른쪽 그림에서 ∠AOD=90°이고 ∠AOB=∠BOC=∠COD이다. $\overline{OA}=6$일 때, △OCD의 넓이를 구하시오.

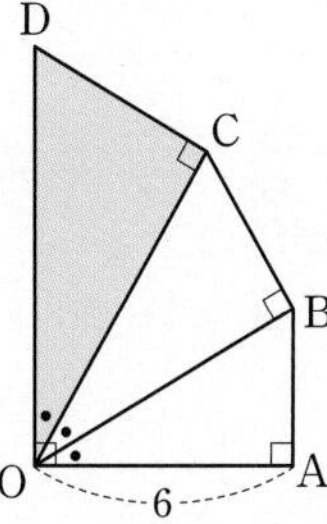

정답과 해설 22쪽

서술형

17

오른쪽 그림에서 $\overline{AC}=20$, $\sin B=\frac{12}{13}$, $\sin C=\frac{3}{5}$일 때, $\overline{BC}$의 길이를 구하시오.

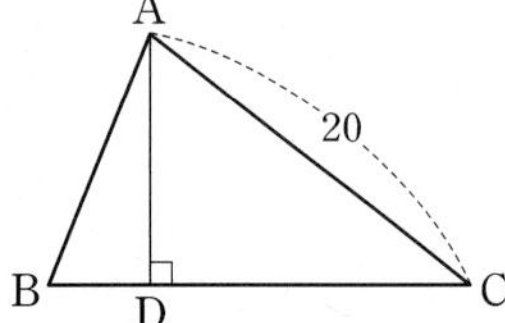

풀이

답

18

오른쪽 그림과 같이 $\angle A=90^\circ$인 직각삼각형 ABC에서 $\overline{AD}\perp\overline{BC}$이고 $\overline{BD}=4$, $\overline{CD}=5$이다. $\angle DAC=x$라 할 때, $\cos x$의 값을 구하시오.

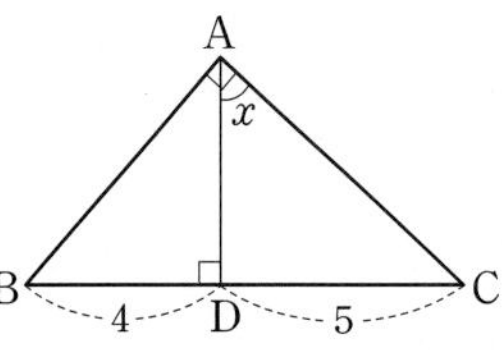

풀이

답

19

$\cos(2x-30^\circ)=\frac{1}{2}$일 때, $\tan x$의 값을 구하시오.

(단, $15^\circ < x < 60^\circ$)

풀이

답

20

오른쪽 그림과 같이 $\overline{AD}/\!/\overline{BC}$인 사다리꼴 ABCD에서 $\overline{AD}=4$, $\overline{CD}=2\sqrt{3}$, $\angle B=\angle C=60^\circ$일 때, 사다리꼴 ABCD의 넓이를 구하시오.

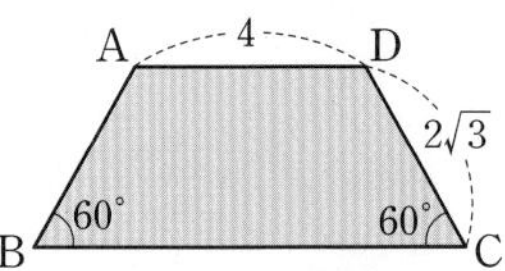

풀이

답

21 100점

오른쪽 그림에서 $\angle ABE=30^\circ$, $\angle AEB=90^\circ$, $\overline{AE}=6$, $\overline{BD}=\overline{DE}$이다. □CDEF가 직사각형일 때, $\overline{AC}$의 길이를 구하시오.

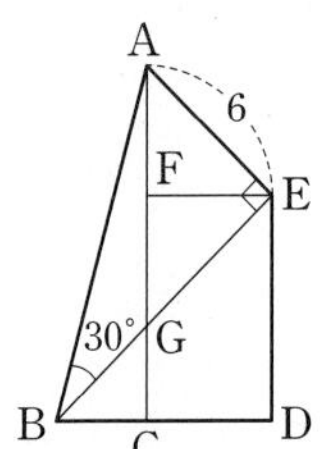

풀이

답

22 100점

오른쪽 그림에서 두 점 A, B는 각각 직선 $y=ax+b$와 x축, y축의 교점이고 $\overline{AB}\perp\overline{OH}$이다. $\overline{OH}=2$, $\tan A=\frac{\sqrt{3}}{3}$일 때, 양수 a, b에 대하여 $b-a$의 값을 구하시오. (단, O는 원점)

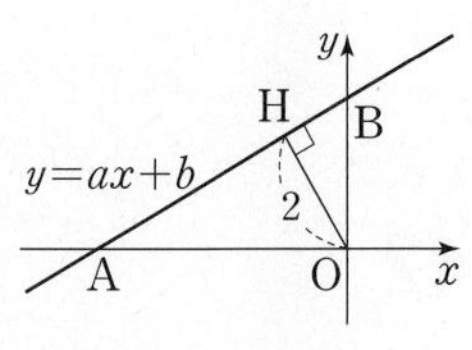

풀이

답

I. 삼각비

02 삼각비의 활용

유형북 25 ~ 38쪽
더블북 12 ~ 17쪽

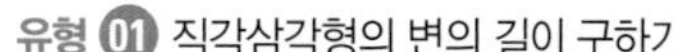

개념 1 직각삼각형의 변의 길이

유형 01~03

$\angle C=90^\circ$인 직각삼각형 ABC에서

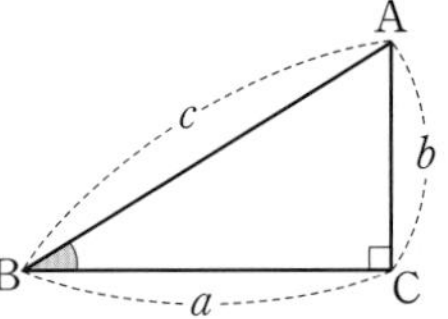

(1) $\angle B$의 크기와 빗변의 길이 c를 알 때

➡ $a=c\cos B,\ b=c\sin B$

(2) $\angle B$의 크기와 밑변의 길이 a를 알 때

➡ $b=a\tan B,\ c=\dfrac{a}{\cos B}$

(3) $\angle B$의 크기와 높이 b를 알 때

➡ $a=\dfrac{b}{\tan B},\ c=\dfrac{b}{\sin B}$

예 오른쪽 그림과 같은 직각삼각형 ABC에서

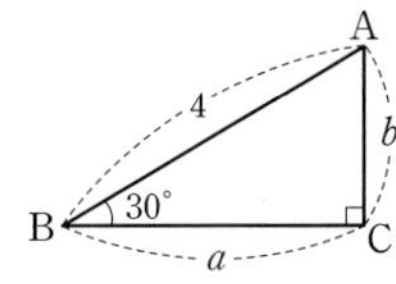

① $a=\overline{AB}\cos B=4\cos 30^\circ=4\times\dfrac{\sqrt{3}}{2}=2\sqrt{3}$

② $b=\overline{AB}\sin B=4\sin 30^\circ=4\times\dfrac{1}{2}=2$

개념 노트

- [직각삼각형에서의 변의 길이 구하기]
  ① 주어진 각에 대하여 빗변이 주어지고 높이를 구할 때
  ➡ sin 이용
  ② 주어진 각에 대하여 빗변이 주어지고 밑변을 구할 때
  ➡ cos 이용
  ③ 주어진 각에 대하여 밑변이 주어지고 높이를 구할 때
  ➡ tan 이용

개념 2 일반 삼각형의 변의 길이

유형 04, 05

(1) $\triangle ABC$에서 두 변의 길이 a, c와 그 끼인각 $\angle B$의 크기를 알 때, 꼭짓점 A에서 $\overline{BC}$에 내린 수선의 발을 H라 하면

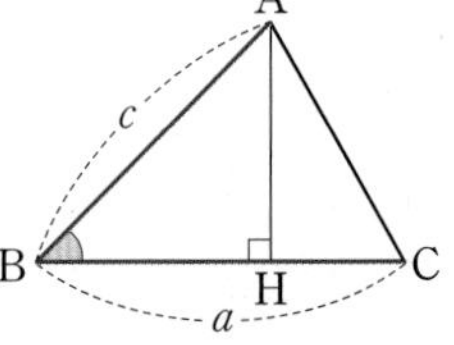

$\overline{AH}=c\sin B$, $\overline{BH}=c\cos B$이고

$\overline{CH}=\overline{BC}-\overline{BH}=a-c\cos B$이므로

➡ $\overline{AC}=\sqrt{\overline{AH}^2+\overline{CH}^2}$

$=\sqrt{(c\sin B)^2+(a-c\cos B)^2}$

예 오른쪽 그림과 같은 삼각형 ABC에서 $\angle B=60^\circ$, $\overline{AB}=6$, $\overline{BC}=7$이다.
꼭짓점 A에서 $\overline{BC}$에 내린 수선의 발을 H라 할 때, $\triangle ABH$에서

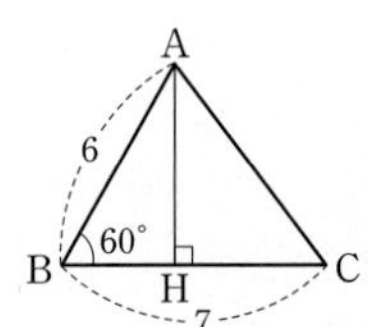

$\overline{AH}=6\sin 60^\circ=6\times\dfrac{\sqrt{3}}{2}=3\sqrt{3}$

$\overline{BH}=6\cos 60^\circ=6\times\dfrac{1}{2}=3$

따라서 $\overline{CH}=7-3=4$이므로

$\overline{AC}=\sqrt{\overline{AH}^2+\overline{CH}^2}=\sqrt{(3\sqrt{3})^2+4^2}=\sqrt{43}$

(2) $\triangle ABC$에서 한 변의 길이 a와 그 양 끝 각 $\angle B$, $\angle C$의 크기를 알 때, 꼭짓점 B, C에서 대변에 내린 수선의 발을 각각 H, H′이라 하면

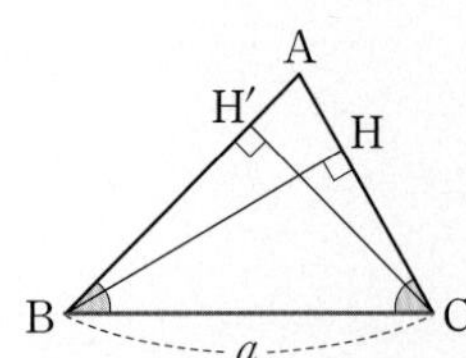

$\overline{BH}=a\sin C$, $\overline{CH'}=a\sin B$이므로

① $\overline{AB}=\dfrac{\overline{BH}}{\sin A}=\dfrac{a\sin C}{\sin A}$

② $\overline{AC}=\dfrac{\overline{CH'}}{\sin A}=\dfrac{a\sin B}{\sin A}$

- 일반 삼각형의 변의 길이를 구할 때는 30°, 45°, 60°의 삼각비를 이용할 수 있도록 한 꼭짓점에서 그 대변에 수선을 그어 직각삼각형을 만든다.
- 삼각비를 활용하면 실생활에서 직접 측정하기 어려운 거리나 길이, 높이 등을 구할 수 있다.

개념 1 직각삼각형의 변의 길이

[01~06] 오른쪽 그림과 같이 $\angle B=90^\circ$인 직각삼각형 ABC에 대하여 □ 안에 알맞은 것을 써넣으시오.

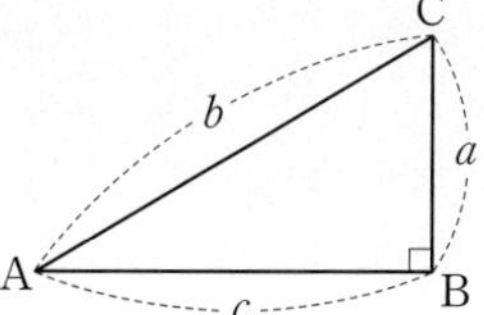

01 $\sin A=\frac{a}{b} \rightarrow a=$ □

02 $\cos A=\frac{c}{b} \rightarrow c=$ □

03 $\tan A=\frac{a}{c} \rightarrow a=$ □

04 $\sin C=\frac{c}{b} \rightarrow b=$ □

05 $\cos C=\frac{a}{b} \rightarrow b=$ □

06 $\tan C=\frac{c}{a} \rightarrow a=$ □

[07~08] 오른쪽 그림과 같은 직각삼각형 ABC에 대하여 □ 안에 알맞은 수를 써넣으시오.

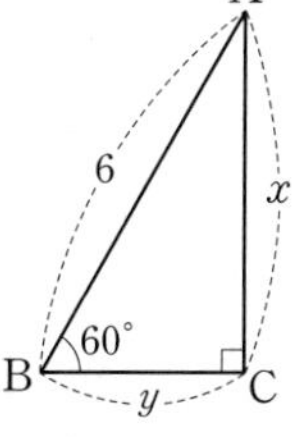

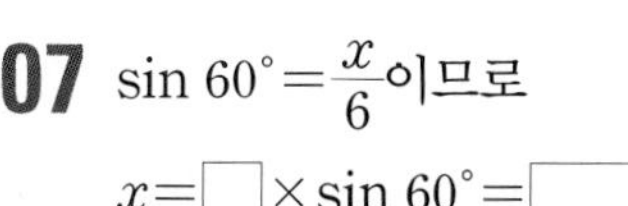

07 $\sin 60^\circ=\frac{x}{6}$이므로

$x=$ □ $\times \sin 60^\circ=$ □

08 $\cos 60^\circ=\frac{y}{6}$이므로

$y=$ □ $\times \cos 60^\circ=$ □

[09~10] 오른쪽 그림과 같은 직각삼각형 ABC에 대하여 □ 안에 알맞은 수를 써넣으시오.

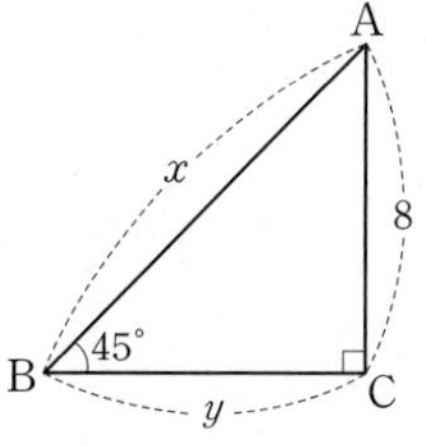

09 $\sin 45^\circ=\frac{8}{x}$이므로

$x=$ □ $\div \sin 45^\circ=$ □

10 $\tan 45^\circ=\frac{8}{y}$이므로

$y=$ □ $\div \tan 45^\circ=$ □

[11~12] 다음 그림과 같은 직각삼각형 ABC에서 주어진 삼각비의 값을 이용하여 x, y의 값을 구하시오. (단, $\sin 23^\circ=0.39$, $\sin 35^\circ=0.57$, $\cos 23^\circ=0.92$, $\cos 35^\circ=0.82$로 계산한다.)

11

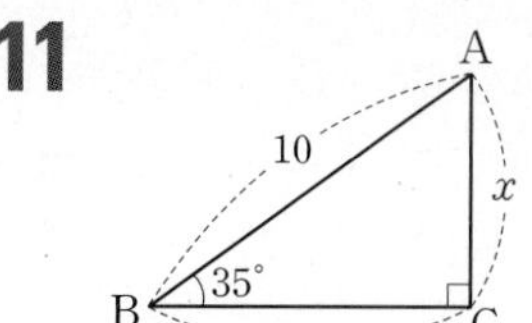

12

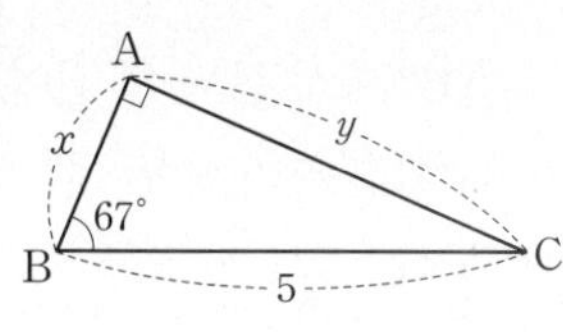

개념 2 일반 삼각형의 변의 길이

13 다음은 오른쪽 그림과 같은 삼각형 ABC에서 $\overline{AC}$의 길이를 구하는 과정이다. □ 안에 알맞은 것을 써넣으시오.

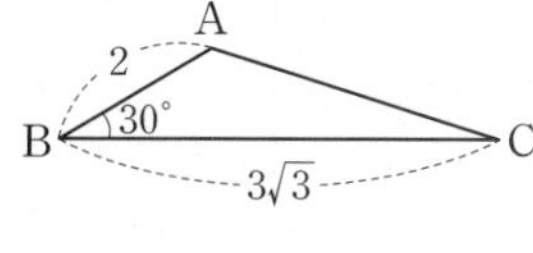

> 꼭짓점 A에서 $\overline{BC}$에 내린 수선의 발을 H라 하면 $\triangle$ABH에서
>
> 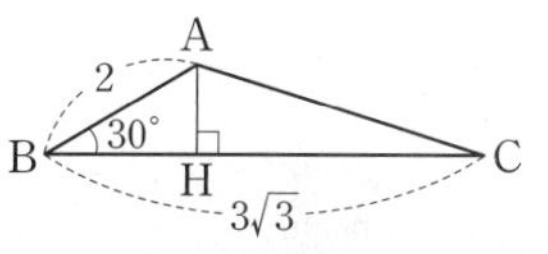
>
>
> $\overline{AH}=$ □ $\times \sin 30^\circ=$ □
>
> $\overline{BH}=$ □ $\times \cos 30^\circ=$ □이므로 $\overline{CH}=$ □
>
> 따라서 $\triangle$AHC에서 $\overline{AC}=$ □

[14~17] 오른쪽 그림과 같이 삼각형 ABC의 꼭짓점 A에서 $\overline{BC}$에 내린 수선의 발을 H라 할 때, 다음을 구하시오.

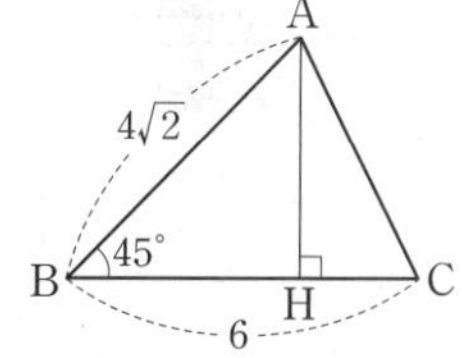

14 $\overline{AH}$의 길이

15 $\overline{BH}$의 길이

16 $\overline{CH}$의 길이

17 $\overline{AC}$의 길이

[18~20] 오른쪽 그림과 같이 삼각형 ABC의 꼭짓점 A에서 $\overline{BC}$에 내린 수선의 발을 H라 할 때, 다음을 구하시오.

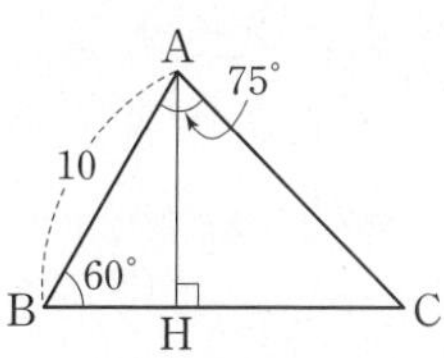

18 $\overline{AH}$의 길이

19 $\angle C$의 크기

20 $\overline{AC}$의 길이

Real 실전 개념

개념 3 삼각형의 높이

유형 06, 07

$\triangle$ABC에서 한 변의 길이 a와 그 양 끝 각 $\angle$B, $\angle$C의 크기를 알 때, 높이 h는

(1) 주어진 각이 모두 예각인 경우

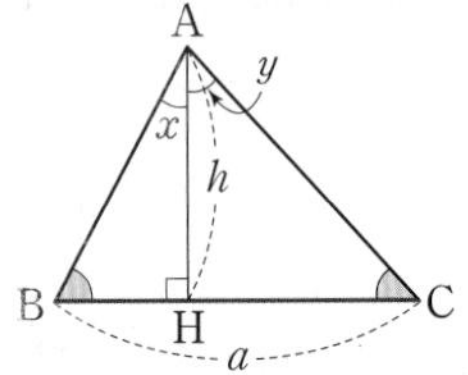

➜ $h=\dfrac{a}{\tan x+\tan y}$

(2) 주어진 각 중 한 각이 둔각인 경우

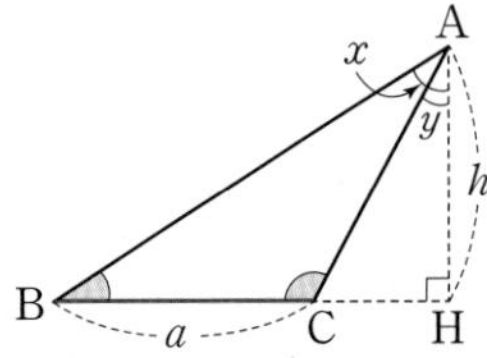

➜ $h=\dfrac{a}{\tan x-\tan y}$

참고 (1) $\overline{\text{BH}}=h\tan x$, $\overline{\text{CH}}=h\tan y$이므로 $\overline{\text{BH}}+\overline{\text{CH}}=\overline{\text{BC}}$에서 $h\tan x+h\tan y=a$

$\therefore h=\dfrac{a}{\tan x+\tan y}$

(2) $\overline{\text{BH}}=h\tan x$, $\overline{\text{CH}}=h\tan y$이므로 $\overline{\text{BH}}-\overline{\text{CH}}=\overline{\text{BC}}$에서 $h\tan x-h\tan y=a$

$\therefore h=\dfrac{a}{\tan x-\tan y}$

개념 4 삼각형의 넓이

유형 08~10

$\triangle$ABC에서 두 변의 길이 a, c와 그 끼인각 $\angle$B의 크기를 알 때, 넓이 S는

(1) $\angle$B가 예각인 경우

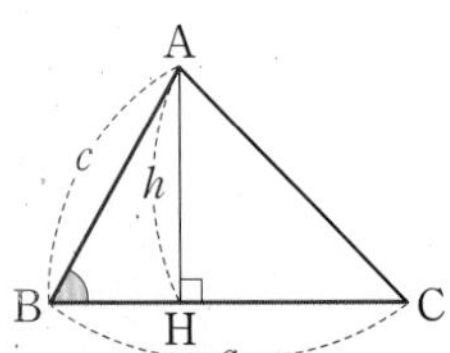

➜ $S=\dfrac{1}{2}ac\sin B$

(2) $\angle$B가 둔각인 경우

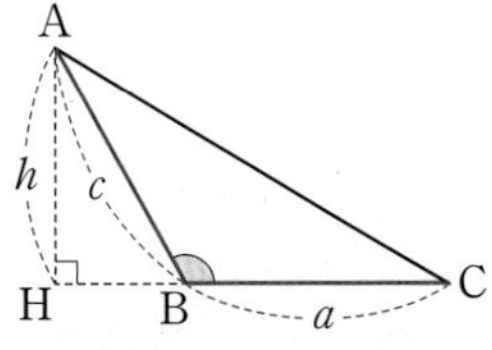

➜ $S=\dfrac{1}{2}ac\sin(180^\circ-B)$

참고 (1) $h=c\sin B$이므로 $S=\dfrac{1}{2}ah=\dfrac{1}{2}ac\sin B$

(2) $h=c\sin(180^\circ-B)$이므로 $S=\dfrac{1}{2}ah=\dfrac{1}{2}ac\sin(180^\circ-B)$

개념 5 사각형의 넓이

유형 11, 12

(1) **평행사변형의 넓이:** 평행사변형 ABCD의 이웃하는 두 변의 길이가 a, b이고 그 끼인각 x가 예각일 때, 넓이 S는

➜ $S=ab\sin x$

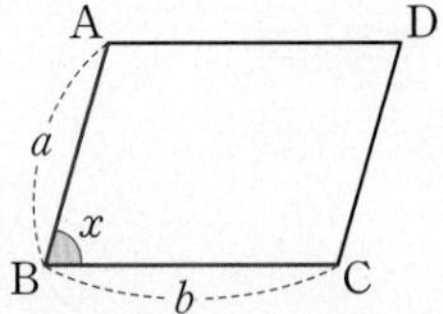

(2) **사각형의 넓이:** □ABCD의 두 대각선의 길이가 a, b이고 두 대각선이 이루는 각 x가 예각일 때, 넓이 S는

➜ $S=\dfrac{1}{2}ab\sin x$

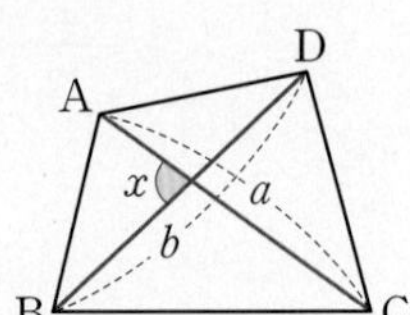

개념 노트

- 일반 삼각형의 높이를 구할 때는 두 개의 직각삼각형에서 tan 값을 이용한다.
- $\angle B=90^\circ$이면 $\sin 90^\circ=1$이므로 $S=\dfrac{1}{2}ac\sin 90^\circ=\dfrac{1}{2}ac$
- $\angle x$가 둔각일 때, 넓이 S는 $S=ab\sin(180^\circ-x)$
- $\angle x$가 둔각일 때, 넓이 S는 $S=\dfrac{1}{2}ab\sin(180^\circ-x)$

개념 3 삼각형의 높이

21 다음은 오른쪽 그림과 같이 $\angle B=45^\circ$, $\angle C=60^\circ$, $\overline{BC}=8$인 $\triangle ABC$에서 높이 h를 구하는 과정이다. □ 안에 알맞은 것을 써넣으시오.

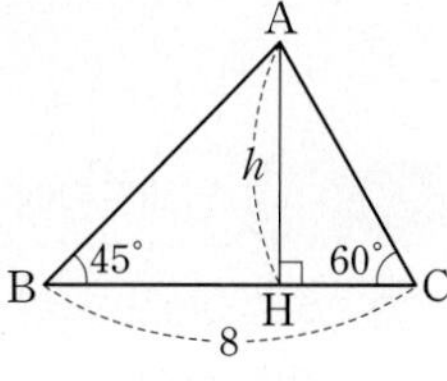

> $\angle BAH=$□$^\circ$, $\angle CAH=$□$^\circ$
> $\triangle ABH$에서 $\overline{BH}=h\tan$□$^\circ=$□
> $\triangle AHC$에서 $\overline{CH}=h\tan$□$^\circ=$□
> 이때 $\overline{BH}+\overline{CH}=\overline{BC}$이므로
> □$h=8$ $\quad\therefore h=$□

[22~24] 오른쪽 그림과 같이 $\angle B=30^\circ$, $\angle C=120^\circ$, $\overline{BC}=6$인 $\triangle ABC$에서 $\overline{AH}=h$라 할 때, 다음 물음에 답하시오.

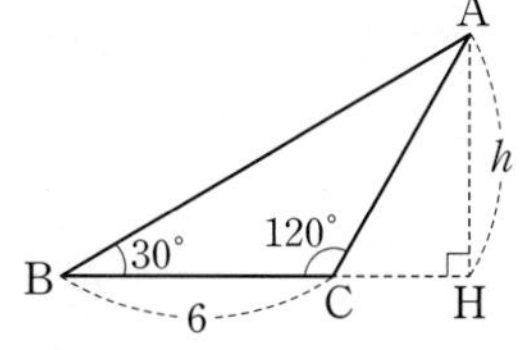

22 $\angle BAH$, $\angle CAH$의 크기를 구하시오.

23 $\overline{BH}$, $\overline{CH}$의 길이를 h를 사용하여 나타내시오.

24 h의 값을 구하시오.

개념 4 삼각형의 넓이

[25~28] 다음 그림과 같은 $\triangle ABC$의 넓이를 구하시오.

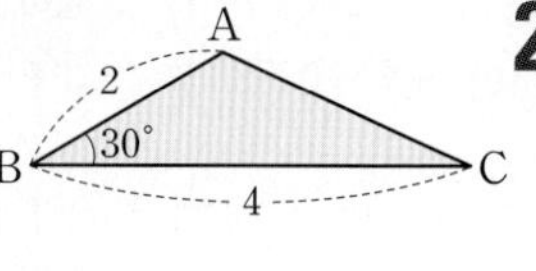

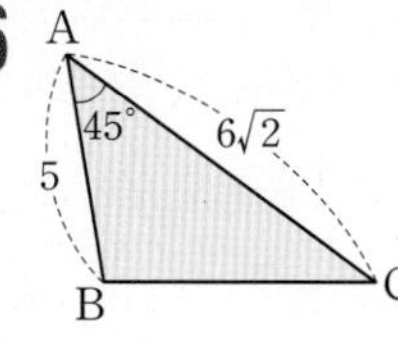

27

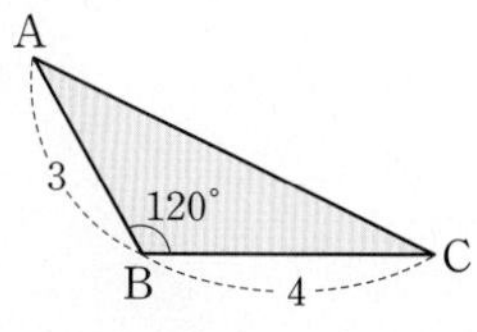

28

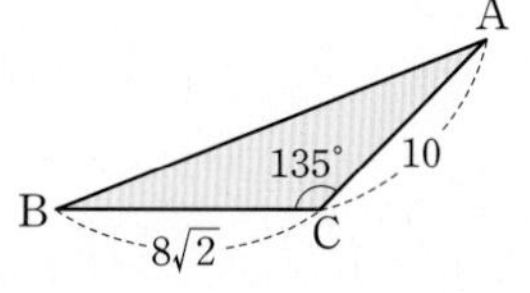

개념 5 사각형의 넓이

[29~32] 다음 그림과 같은 평행사변형 ABCD의 넓이를 구하시오.

29

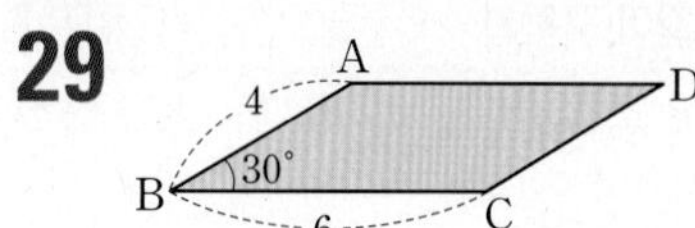

30

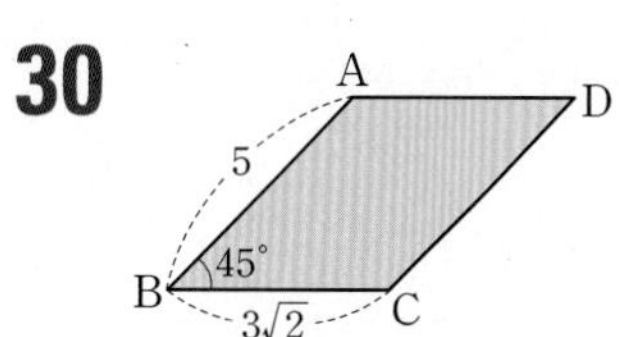

31

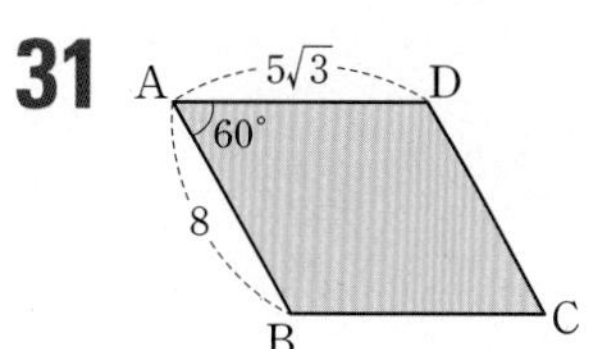

32

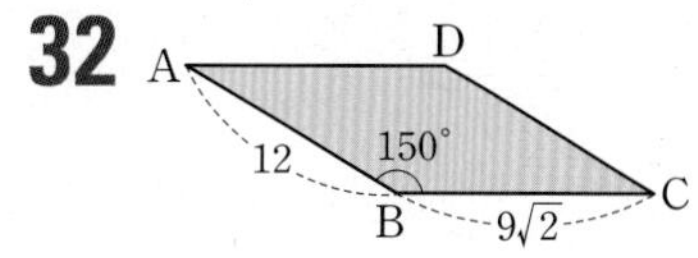

[33~36] 다음 그림과 같은 □ABCD의 넓이를 구하시오.

33

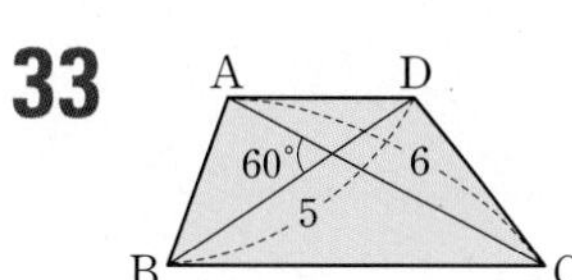

34

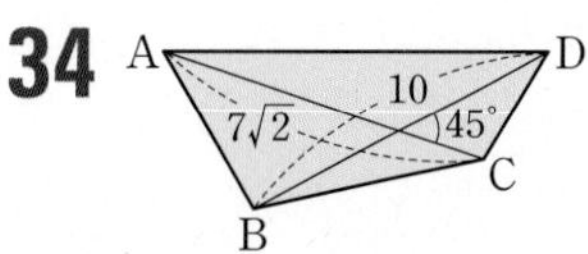

35

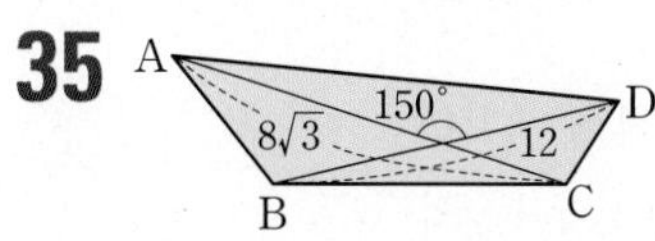

36

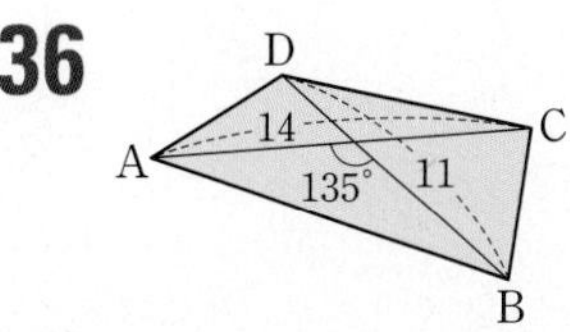

유형 01 직각삼각형의 변의 길이 구하기 개념 1

(1) 빗변의 길이가 주어진 경우 → 나머지 변의 길이는 오른쪽과 같이 외워 두는 것이 좋다.

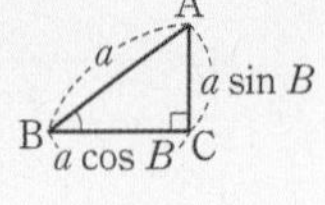

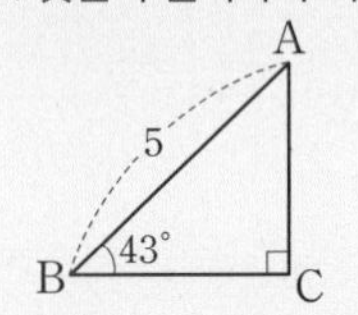

➡ $\overline{BC}=5\cos 43°$, $\overline{AC}=5\sin 43°$

(2) 밑변의 길이 또는 높이가 주어진 경우

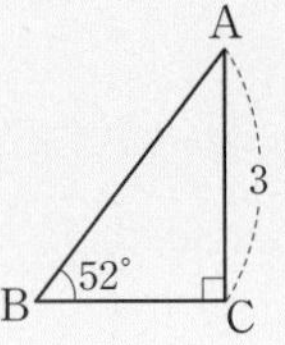

➡ $\sin 52°=\dfrac{3}{\overline{AB}}$이므로

$\overline{AB}=\dfrac{3}{\sin 52°}$

01 대표문제

오른쪽 그림과 같이 $\angle C=90°$인 직각삼각형 ABC에 대하여 다음 중 옳지 않은 것은?

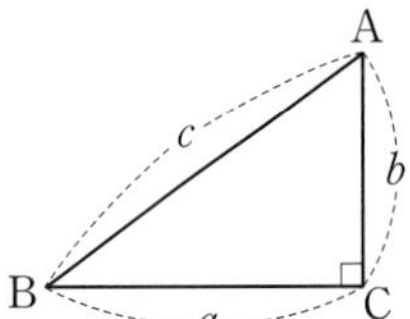

① $a=c\sin A$ ② $a=b\tan A$

③ $b=c\cos A$ ④ $b=\dfrac{a}{\tan B}$

⑤ $c=\dfrac{a}{\sin A}$

02

오른쪽 그림과 같은 직각삼각형 ABC에서 $\overline{AB}=5$, $\angle B=34°$일 때, $\overline{AC}$의 길이를 구하시오.
(단, $\tan 34°=0.67$로 계산한다.)

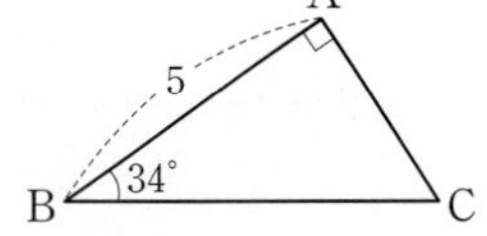

03

오른쪽 그림과 같은 직각삼각형 ABC에서 $\overline{AB}=10$, $\angle B=48°$일 때, $x+y$의 값을 구하시오. (단, $\sin 48°=0.74$, $\cos 48°=0.67$로 계산한다.)

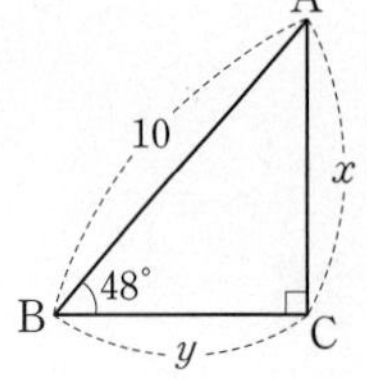

유형 02 입체도형에서 직각삼각형의 변의 길이의 활용 개념 1

❶ 입체도형에서 주어진 각을 포함하는 직각삼각형을 찾는다.
➡ 직각삼각형 FGH

❷ 삼각비를 이용하여 모서리의 길이를 구한다.
➡ $\overline{FH}=a$, $\angle HFG=x$라 할 때
$\overline{FG}=a\cos x$, $\overline{HG}=a\sin x$

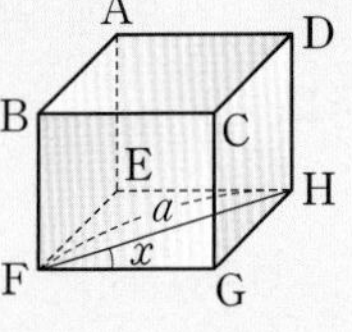

04 대표문제

오른쪽 그림과 같은 직육면체에서 $\overline{FG}=\overline{GH}=4$ cm, $\angle BHF=60°$일 때, 이 직육면체의 부피를 구하시오.

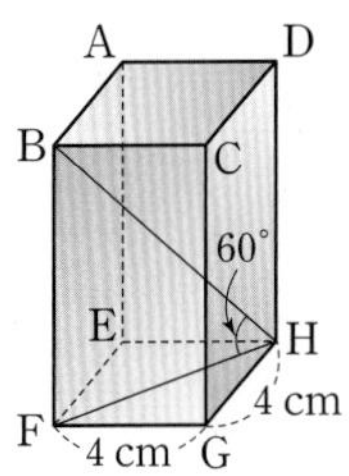

05 서술형

오른쪽 그림과 같은 직육면체에서 $\overline{CF}=8$ cm, $\overline{GH}=5\sqrt{2}$ cm이다. $\angle CFG=45°$일 때, 이 직육면체의 겉넓이를 구하시오.

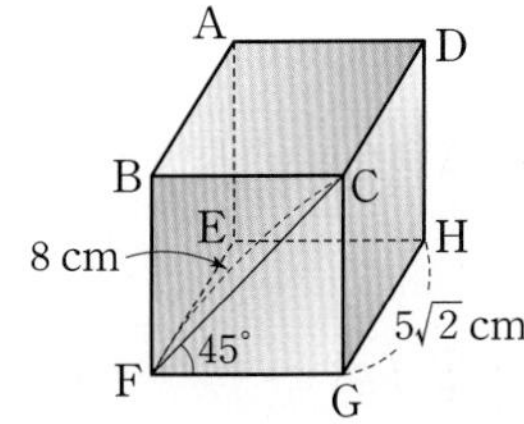

06

오른쪽 그림과 같은 삼각기둥에서 $\angle ABC=90°$, $\angle BAC=30°$, $\overline{AC}=4\sqrt{3}$ cm, $\overline{CF}=8$ cm일 때, 이 삼각기둥의 부피는?

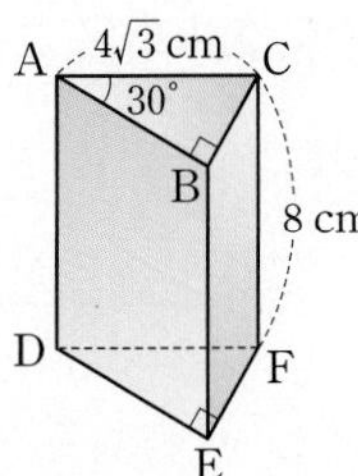

① $48\sqrt{2}\text{ cm}^3$ ② $48\sqrt{3}\text{ cm}^3$

③ 96 cm^3 ④ $96\sqrt{2}\text{ cm}^3$

⑤ $96\sqrt{3}\text{ cm}^3$

집중

유형 03 실생활에서 직각삼각형의 변의 길이의 활용 개념1

❶ 주어진 그림에서 직각삼각형을 찾는다.
❷ 삼각비를 이용하여 변의 길이를 구한다.

07 대표문제

오른쪽 그림과 같이 건물에서 20 m 떨어진 B 지점에서 지우가 건물의 꼭대기를 올려다본 각의 크기가 36°이다. 지면으로부터 지우의 눈높이가 1.5 m일 때, 이 건물의 높이를 구하시오.

(단, $\tan 36° = 0.73$으로 계산한다.)

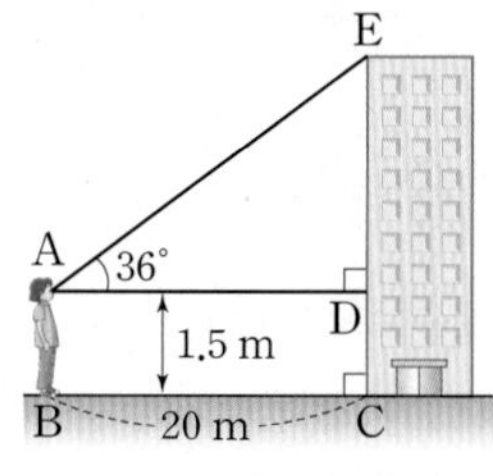

08

오른쪽 그림과 같이 산의 높이를 구하기 위해 지면 위에 $\overline{AB} = 144$ m가 되도록 두 지점 A, B를 잡고 측량하였다. 이때 이 산의 높이는?

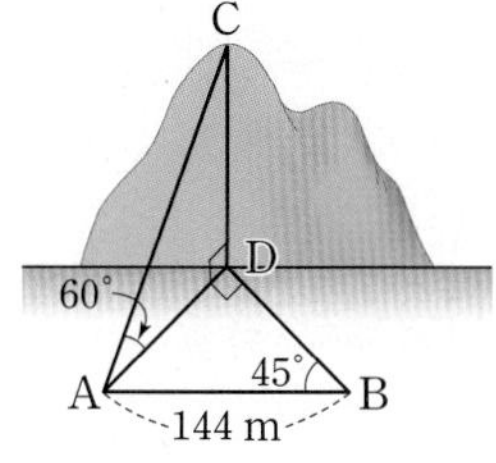

① 72 m ② $72\sqrt{2}$ m
③ $72\sqrt{3}$ m ④ 144 m
⑤ $72\sqrt{6}$ m

09

오른쪽 그림과 같이 $6\sqrt{3}$ m 떨어진 두 건물 P, Q가 있다. P 건물 옥상에서 Q 건물의 꼭대기를 올려다본 각의 크기는 45°이고 내려다본 각의 크기는 30°일 때, Q 건물의 높이를 구하시오.

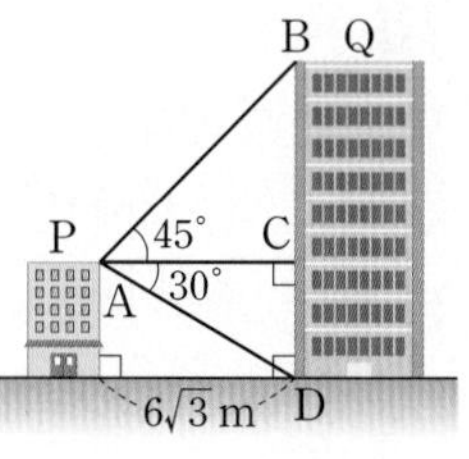

집중

유형 04 삼각형의 변의 길이 구하기 (1); 두 변의 길이와 그 끼인각의 크기를 아는 경우 개념2

❶ 길이를 구하는 변이 직각삼각형의 빗변이 되도록 한 꼭짓점에서 그 대변에 수선을 긋는다. ➡ $\overline{AH}$를 긋는다.
❷ 삼각비를 이용하여 변의 길이를 구한다.
➡ $\overline{AH} = c \sin B$, $\overline{CH} = a - c \cos B$
❸ 피타고라스 정리를 이용하여 나머지 한 변의 길이를 구한다.
➡ $\overline{AC} = \sqrt{(c \sin B)^2 + (a - c \cos B)^2}$

10 대표문제

오른쪽 그림과 같은 △ABC에서 $\overline{AB} = 10$ cm, $\overline{BC} = 8\sqrt{3}$ cm, ∠B=30°일 때, $\overline{AC}$의 길이를 구하시오.

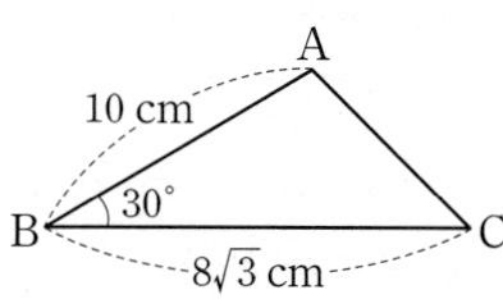

11 서술형

오른쪽 그림과 같은 △ABC에서 $\overline{AC} = \overline{BC} = 12$ cm, $\cos C = \frac{2}{3}$일 때, $\overline{AB}$의 길이를 구하시오.

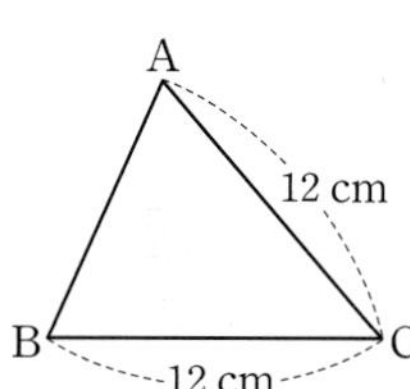

중요

12

오른쪽 그림과 같은 △ABC에서 $\overline{AB} = 6$ cm, $\overline{BC} = 4\sqrt{2}$ cm, ∠B=135°일 때, $\overline{AC}$의 길이를 구하시오.

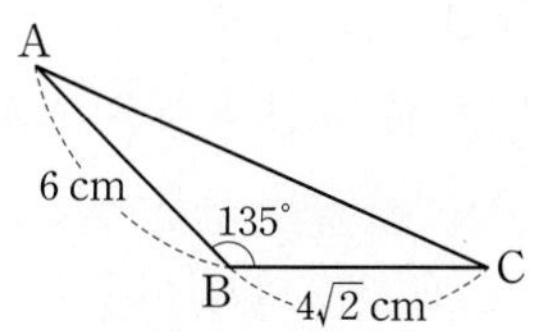

유형 05 삼각형의 변의 길이 구하기 (2); 한 변의 길이와 그 양 끝 각의 크기를 아는 경우 개념2

❶ 길이를 구하는 변이 직각삼각형의 빗변이 되도록 한 꼭짓점에서 그 대변에 수선을 긋는다. ➡ $\overline{BH}$를 긋는다.

❷ 필요한 변의 길이와 각의 크기를 구한다.

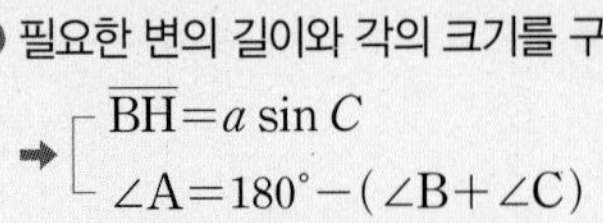

➡ $\overline{BH}=a\sin C$, $\angle A=180^\circ-(\angle B+\angle C)$

❸ 삼각비를 이용하여 변의 길이를 구한다.

➡ △ABH에서 $\overline{AB}=\dfrac{\overline{BH}}{\sin A}=\dfrac{a\sin C}{\sin A}$

13 대표문제

오른쪽 그림과 같은 △ABC에서 $\overline{BC}=6\text{ cm}$, $\angle B=60^\circ$, $\angle C=75^\circ$일 때, $\overline{AC}$의 길이는?

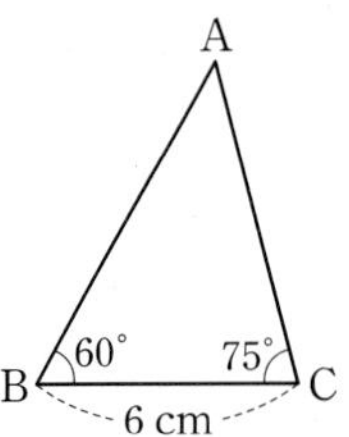

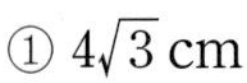

① $4\sqrt{3}\text{ cm}$ ② $3\sqrt{6}\text{ cm}$

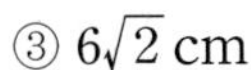

③ $6\sqrt{2}\text{ cm}$ ④ $4\sqrt{6}\text{ cm}$

⑤ $6\sqrt{3}\text{ cm}$

중요 14

오른쪽 그림과 같은 △ABC에서 $\overline{AC}=8$, $\angle A=45^\circ$, $\angle C=105^\circ$일 때, $\overline{BC}$의 길이를 구하시오.

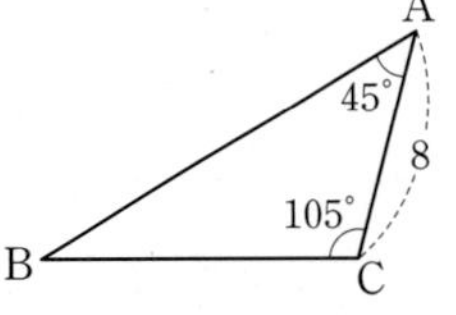

15 서술형

오른쪽 그림과 같은 △ABC에서 $\overline{AC}=10\sqrt{3}$, $\angle B=45^\circ$, $\angle C=60^\circ$일 때, $\overline{BC}$의 길이를 구하시오.

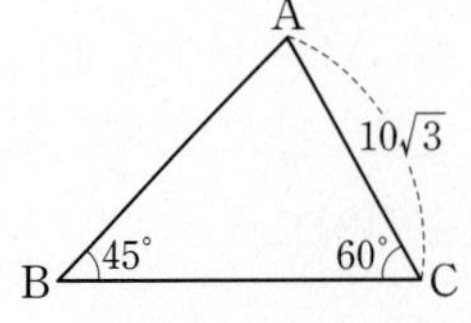

유형 06 삼각형의 높이 구하기 (1); 주어진 각이 모두 예각인 경우 개념3

△ABC에서 ∠B, ∠C가 모두 예각일 때

$\overline{BH}=h\tan x$, $\overline{CH}=h\tan y$

따라서 $h\tan x+h\tan y=a$이므로

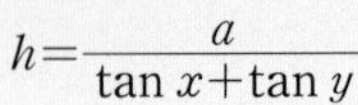

$h=\dfrac{a}{\tan x+\tan y}$

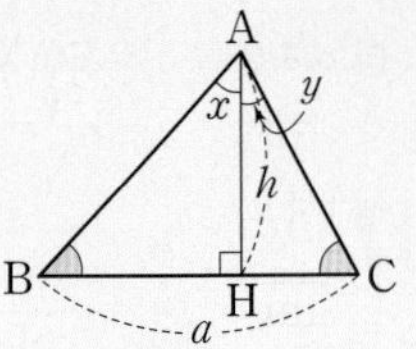

16 대표문제

오른쪽 그림과 같은 △ABC에서 $\angle B=30^\circ$, $\angle C=45^\circ$, $\overline{BC}=16$일 때, △ABC의 넓이를 구하시오.

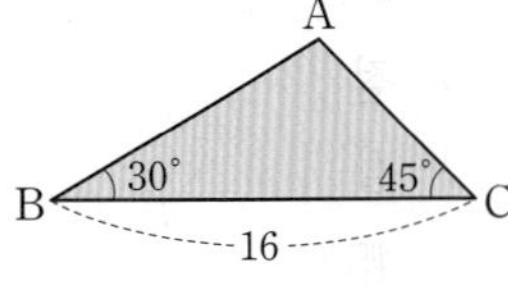

17

오른쪽 그림과 같은 △ABC에서 $\overline{AB}\perp\overline{CH}$이고 $\angle A=65^\circ$, $\angle B=50^\circ$, $\overline{AB}=4$일 때, 다음 중 $\overline{CH}$의 길이를 나타내는 식은?

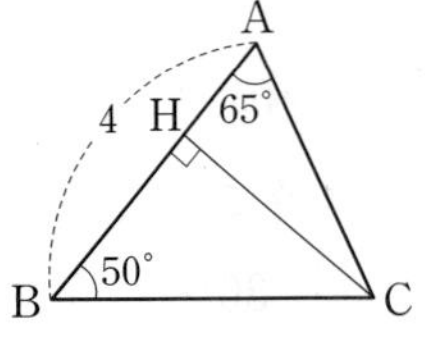

① $\dfrac{4}{\tan 25^\circ+\tan 40^\circ}$ ② $\dfrac{4}{\tan 40^\circ-\tan 25^\circ}$

③ $\dfrac{4}{\tan 50^\circ+\tan 65^\circ}$ ④ $\dfrac{4}{\tan 65^\circ-\tan 50^\circ}$

⑤ $\dfrac{4}{\tan 40^\circ+\tan 65^\circ}$

18

오른쪽 그림과 같이 80 m 떨어진 두 지점 A, B에서 기구를 올려다본 각의 크기가 각각 60°, 45°이었다. 이때 지면으로부터 기구까지의 높이를 구하시오.

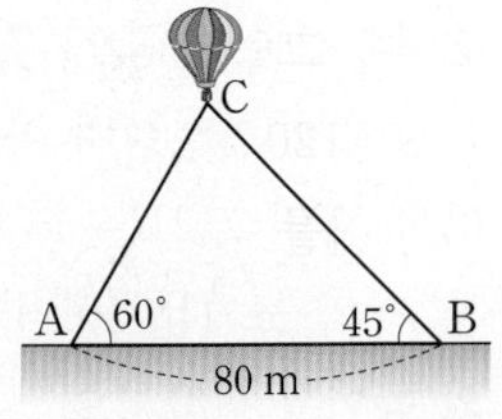

유형 07 삼각형의 높이 구하기 (2); 주어진 각 중 한 각이 둔각인 경우 개념 3

$\triangle ABC$에서 $\angle C$가 둔각일 때
$\overline{BH}=h\tan x$, $\overline{CH}=h\tan y$
따라서 $h\tan x-h\tan y=a$이므로
$h=\dfrac{a}{\tan x-\tan y}$

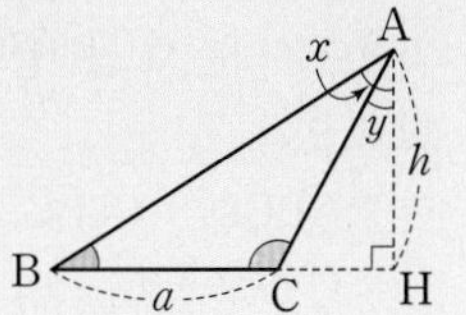

19 대표문제

오른쪽 그림과 같이 12 m 떨어진 두 지점 A, B에서 나무의 꼭대기 C 지점을 올려다본 각의 크기가 각각 45°, 60°일 때, 이 나무의 높이를 구하시오.

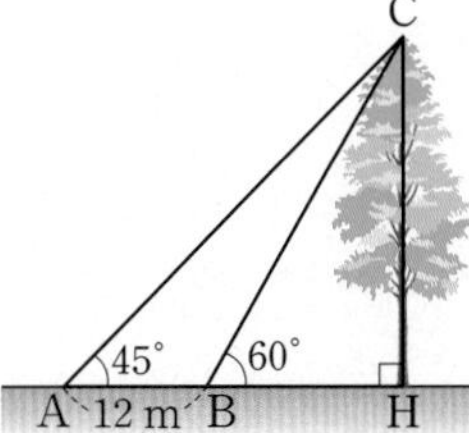

20

오른쪽 그림과 같은 $\triangle ABC$에서 $\angle B=30°$, $\angle C=135°$, $\overline{BC}=10$일 때, $\overline{AH}$의 길이는?

① $5(\sqrt{3}-1)$ ② 5
③ $5(3-\sqrt{3})$ ④ $5(\sqrt{3}+1)$
⑤ $5(3+\sqrt{3})$

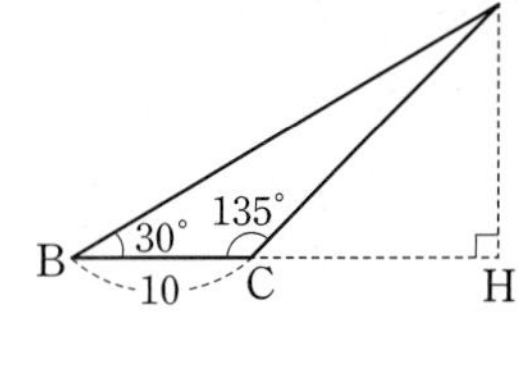

21

오른쪽 그림과 같이 $\overline{BC}=4$, $\angle B=120°$, $\angle C=30°$인 $\triangle ABC$의 넓이를 구하시오.

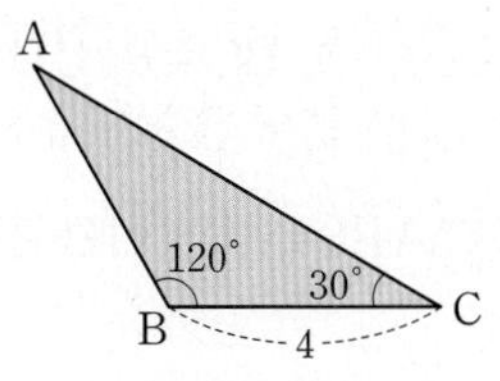

집중

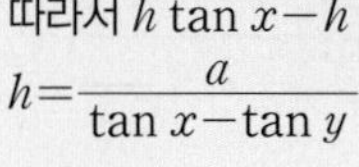

유형 08 삼각형의 넓이 구하기 (1); 예각이 주어진 경우 개념 4

$\triangle ABC$에서 $\angle B$가 예각일 때
$\overline{AH}=c\sin B$이므로
$\triangle ABC=\dfrac{1}{2}\times\overline{BC}\times\overline{AH}=\dfrac{1}{2}ac\sin B$

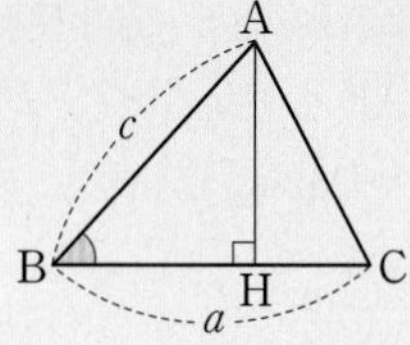

22 대표문제

오른쪽 그림과 같이 $\overline{AC}=8$, $\angle A=60°$인 $\triangle ABC$의 넓이가 $18\sqrt{3}$일 때, $\overline{AB}$의 길이는?

① 6 ② 7
③ 8 ④ 9
⑤ 10

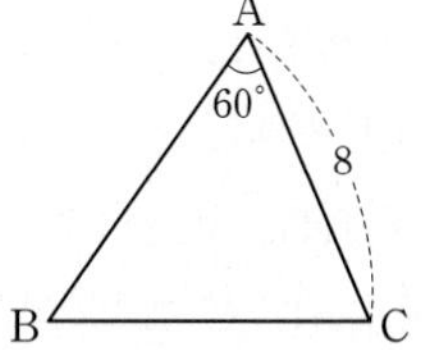

중요

23 서술형

오른쪽 그림에서 점 G는 $\triangle ABC$의 무게중심이다. $\overline{AB}=12$, $\overline{AC}=9\sqrt{3}$, $\angle A=60°$일 때, 색칠한 부분의 넓이를 구하시오.

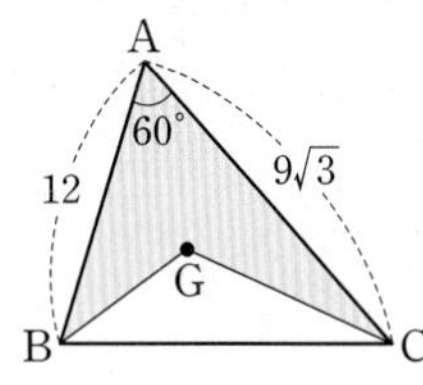

24

오른쪽 그림에서 $\overline{AC}/\!/\overline{ED}$이고 $\overline{AB}=6$, $\overline{BD}=5\sqrt{2}$, $\angle B=45°$일 때 □ABCE의 넓이를 구하시오.

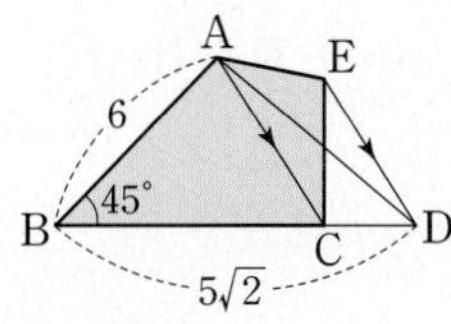

02 삼각비의 활용

집중

유형 09 삼각형의 넓이 구하기 (2); 둔각이 주어진 경우 개념 4

$\triangle ABC$에서 $\angle B$가 둔각일 때

$\overline{AH}=c\sin(180^\circ-B)$이므로

$\triangle ABC=\frac{1}{2}\times\overline{BC}\times\overline{AH}$

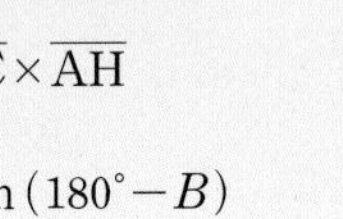

$=\frac{1}{2}ac\sin(180^\circ-B)$

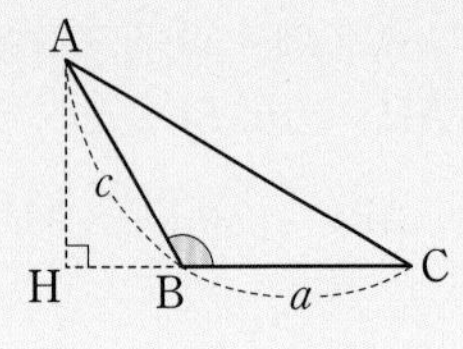

25 대표문제

오른쪽 그림과 같이 $\overline{BC}=20\text{ cm}$, $\angle C=135^\circ$인 $\triangle ABC$의 넓이가 $75\sqrt{2}\text{ cm}^2$일 때, $\overline{AC}$의 길이를 구하시오.

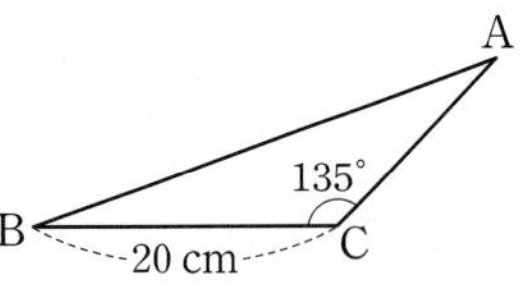

중요

26

오른쪽 그림에서 $\triangle ABC$는 $\angle ABC=30^\circ$인 직각삼각형이고 $\square BDEC$는 한 변의 길이가 16인 정사각형일 때, $\triangle AEC$의 넓이는?

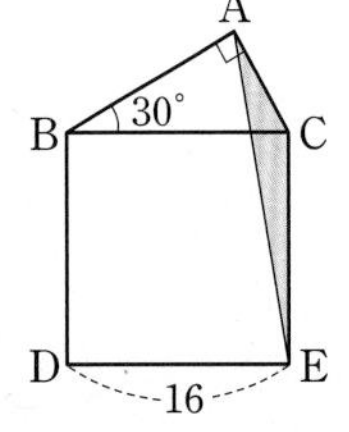

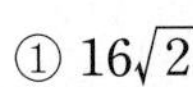

① $16\sqrt{2}$ ② 24 ③ $16\sqrt{3}$ ④ 32 ⑤ $24\sqrt{3}$

27

오른쪽 그림과 같은 $\triangle ABC$에서 $\overline{AD}$는 $\angle A$의 이등분선이다. $\overline{AB}=6$, $\overline{AC}=12$, $\angle A=120^\circ$일 때, $\overline{AD}$의 길이를 구하시오.

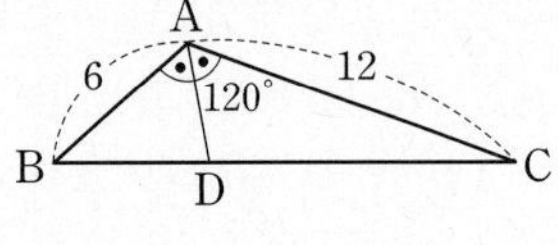

집중

유형 10 다각형의 넓이 개념 4

다각형의 넓이는 보조선을 그어 여러 개의 삼각형으로 나눈 후 삼각형의 넓이의 합으로 구할 수 있다.

➡ $\square ABCD=\triangle ABC+\triangle ACD$

$=\frac{1}{2}ab\sin B+\frac{1}{2}cd\sin D$

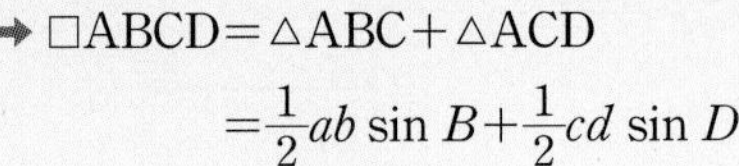

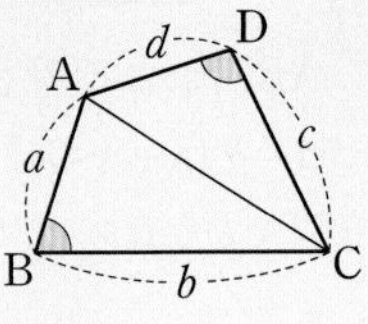

28 대표문제

오른쪽 그림과 같은 $\square ABCD$의 넓이를 구하시오.

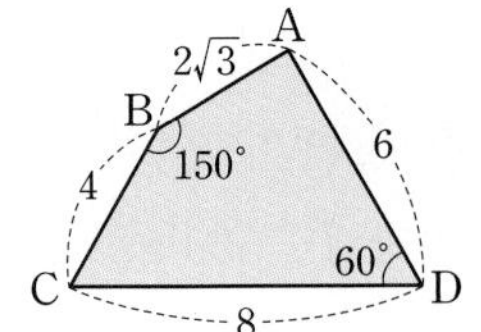

중요

29

오른쪽 그림과 같이 반지름의 길이가 8 cm인 원에 내접하는 정팔각형의 넓이를 구하시오.

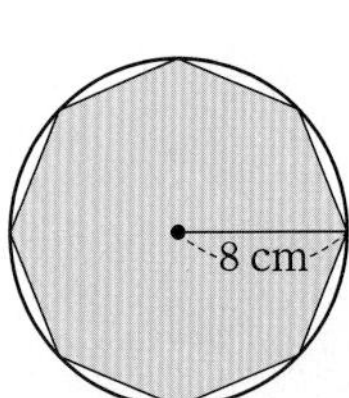

30 서술형

오른쪽 그림과 같은 $\square ABCD$에서 $\overline{AB}=6$, $\overline{BC}=8$, $\overline{CD}=4\sqrt{2}$이다. $\angle B=60^\circ$, $\angle ACD=45^\circ$일 때, $\square ABCD$의 넓이를 구하시오.

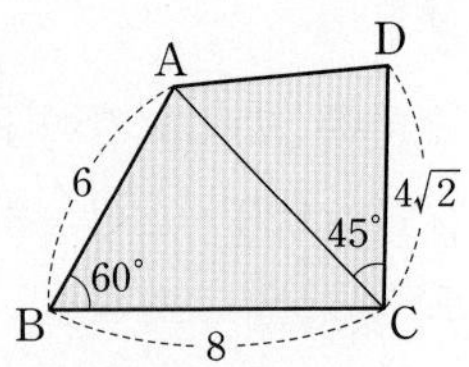

유형 11 평행사변형의 넓이 개념 5

평행사변형 ABCD에서

(1) ∠B가 예각일 때

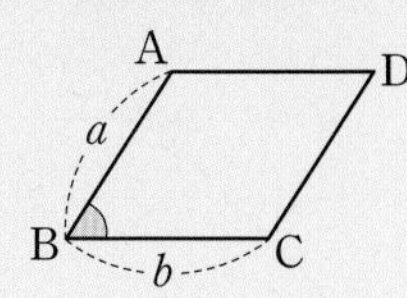

➡ □ABCD$=ab\sin B$

(2) ∠B가 둔각일 때

A D a B b C

➡ □ABCD$=ab\sin(180°-B)$

31 대표문제

오른쪽 그림과 같이 $\overline{AB}=6$ cm, ∠B$=45°$인 평행사변형 ABCD의 넓이가 $21\sqrt{2}$ cm^{2}일 때, $\overline{AD}$의 길이는?

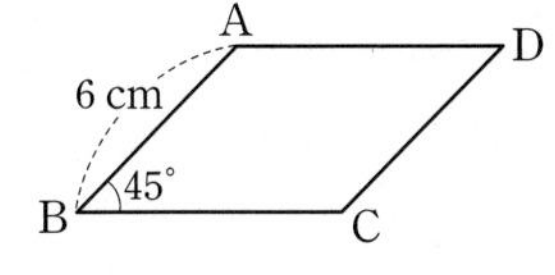

① 4 cm ② 5 cm ③ 6 cm
④ 7 cm ⑤ 8 cm

32

오른쪽 그림과 같은 평행사변형 ABCD에서 점 O는 두 대각선의 교점이다. $\overline{AB}=5$, $\overline{AD}=8$, ∠ABC$=60°$일 때, △AOD의 넓이를 구하시오.

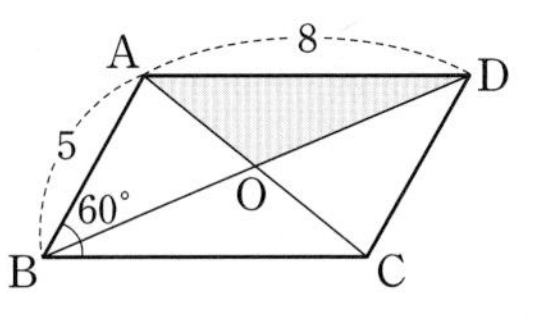

33 서술형

오른쪽 그림과 같은 평행사변형 ABCD에서 $\overline{AB}$의 중점을 M이라 하자. $\overline{AD}=10$ cm, $\overline{CD}=12$ cm, ∠C$=120°$일 때, △BDM의 넓이를 구하시오.

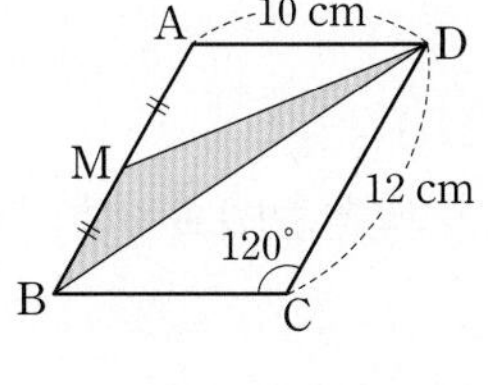

유형 12 사각형의 넓이 개념 5

(1) ∠x가 예각일 때

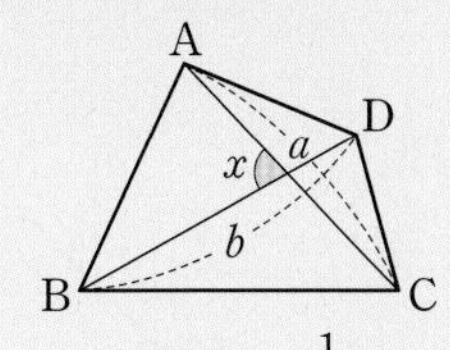

➡ □ABCD$=\frac{1}{2}ab\sin x$

(2) ∠x가 둔각일 때

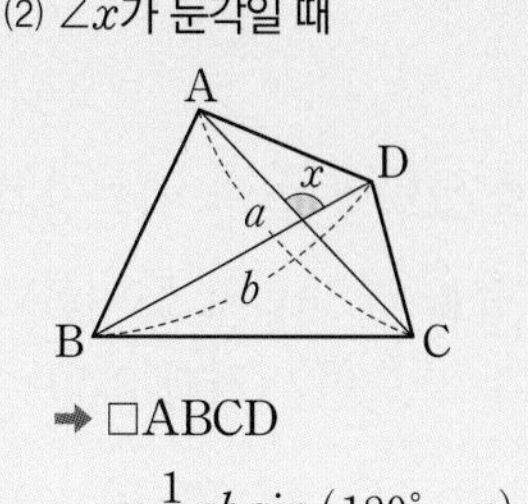

➡ □ABCD$=\frac{1}{2}ab\sin(180°-x)$

34 대표문제

오른쪽 그림과 같이 $\overline{AD}/\!/\overline{BC}$이고 $\overline{AC}=8$ cm인 등변사다리꼴 ABCD의 두 대각선이 이루는 각의 크기가 120°일 때, □ABCD의 넓이를 구하시오.

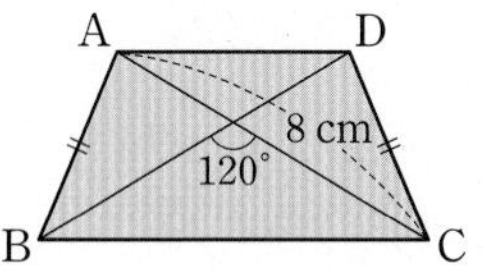

35

오른쪽 그림과 같이 두 대각선이 이루는 각의 크기가 45°이고 $\overline{BD}=9$인 □ABCD의 넓이가 $36\sqrt{2}$일 때, $\overline{AC}$의 길이를 구하시오.

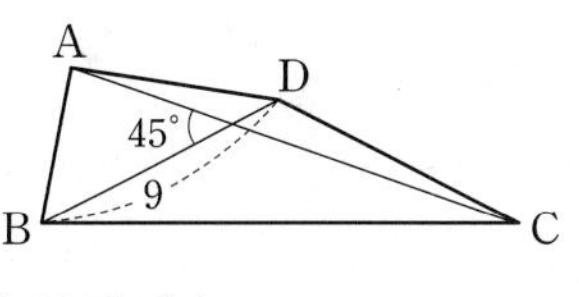

36

두 대각선의 길이가 8 cm, 13 cm인 사각형의 넓이 중 가장 큰 값을 구하시오.

Real 실전 기출

01

오른쪽 그림과 같은 직각삼각형 ABC에서 다음 중 $\overline{AC}$의 길이를 나타낸 것을 모두 고르면? (정답 2개)

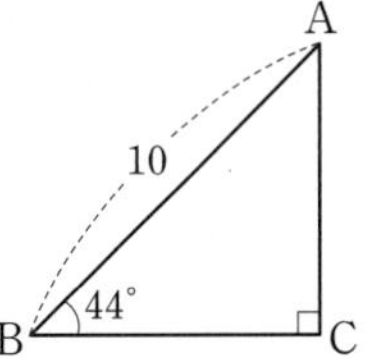

① $10\sin 44^\circ$ ② $10\cos 44^\circ$
③ $10\sin 46^\circ$ ④ $10\cos 46^\circ$
⑤ $10\tan 46^\circ$

02

오른쪽 그림과 같이 모선의 길이가 6 cm인 원뿔에서 $\overline{BH}$는 밑면의 반지름이다. $\angle ABH=60^\circ$일 때, 원뿔의 부피를 구하시오.

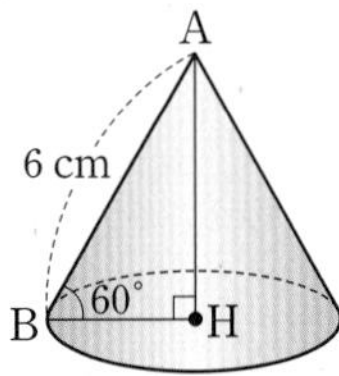

03

오른쪽 그림과 같이 연못의 가장자리의 두 지점 A, B 사이의 거리를 구하기 위하여 연못의 바깥쪽에 C 지점을 잡았다. $\overline{AC}=10$ m, $\overline{BC}=12$ m, $\angle C=60^\circ$일 때, 두 지점 A, B 사이의 거리를 구하시오.

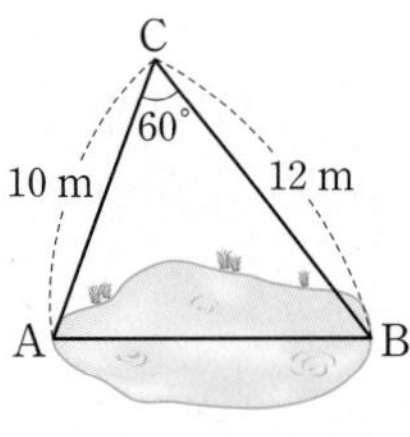

04

오른쪽 그림과 같은 △ABC에서 $\overline{BC}=16$, $\angle B=30^\circ$, $\angle C=105^\circ$일 때, $\overline{AC}$의 길이를 구하시오.

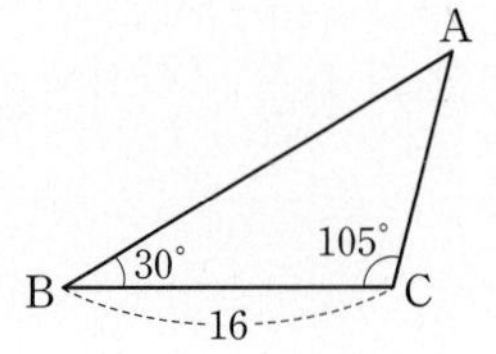

05

오른쪽 그림과 같이 40 m 떨어진 두 지점 A, B에서 하늘에 떠 있는 연을 올려다본 각의 크기가 각각 45°, 60°이었다. 이때 지면으로부터 연까지의 높이는?

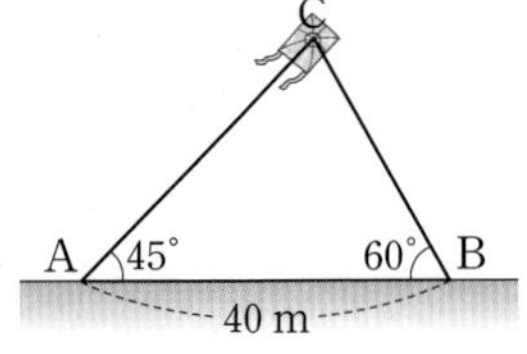

① $10(3-\sqrt{3})$ m ② $10(3+\sqrt{3})$ m
③ $20\sqrt{3}$ m ④ $20(3-\sqrt{3})$ m
⑤ $20(3+\sqrt{3})$ m

06

오른쪽 그림과 같은 △ABC에서 $\overline{BC}=9$, $\angle B=15^\circ$, $\angle ACH=38^\circ$일 때, $\overline{AH}$의 길이를 구하시오.

(단, $\tan 52^\circ=1.3$, $\tan 75^\circ=3.7$로 계산한다.)

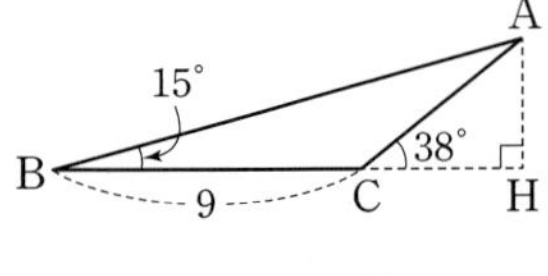

07

오른쪽 그림과 같이 $\overline{AB}=6$, $\overline{AC}=10$인 △ABC의 넓이가 $15\sqrt{3}$일 때, ∠A의 크기를 구하시오.

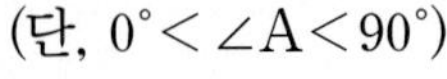
(단, $0^\circ<\angle A<90^\circ$)

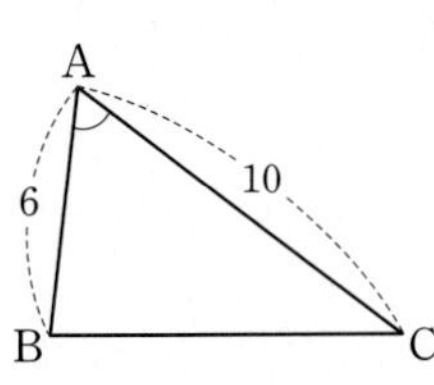

08 최다빈출

오른쪽 그림과 같이 $\overline{BC}=2$, $\angle A=30^\circ$, $\angle B=120^\circ$인 △ABC의 넓이를 구하시오.

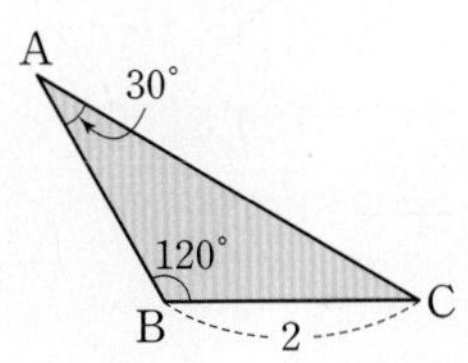

정답과 해설 28쪽

09 최다빈출

오른쪽 그림과 같이 한 변의 길이가 4 cm인 정육각형의 넓이를 구하시오.

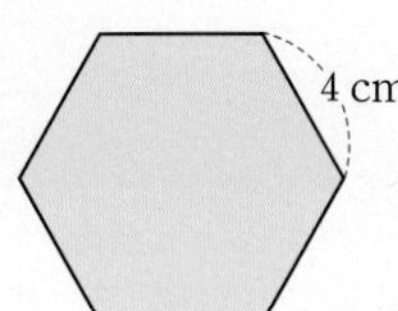

10

오른쪽 그림과 같은 평행사변형 ABCD에서 $\overline{AB}=6$, $\overline{BC}=10$, $\angle BCD=120^\circ$일 때, $\overline{AC}$의 길이를 구하시오.

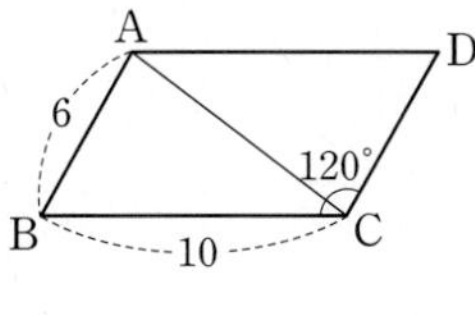

11

다음 그림과 같은 $\triangle ABC$에서 $\angle ABD=120^\circ$, $\angle CBD=30^\circ$, $\overline{AB}=2\sqrt{3}$, $\overline{BC}=4$일 때, $\overline{BD}$의 길이를 구하시오.

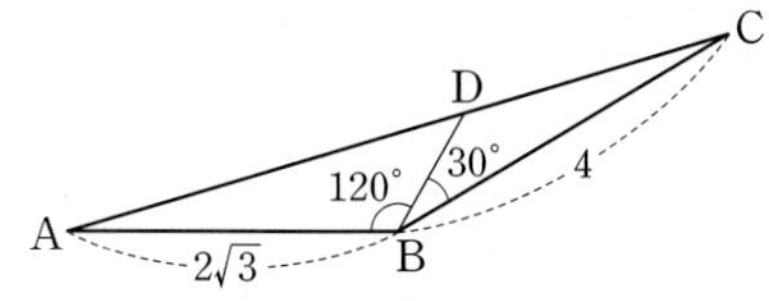

12

다음 그림의 $\triangle ABC$와 $\square PQRS$의 넓이가 같을 때, $\triangle ABC$에서 $\overline{AB}$의 길이를 구하시오.

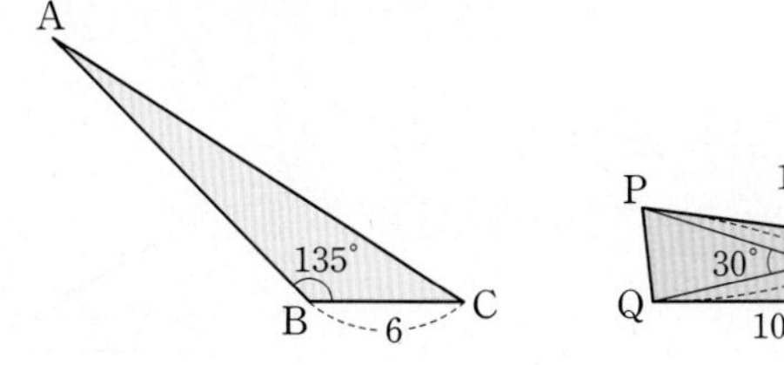

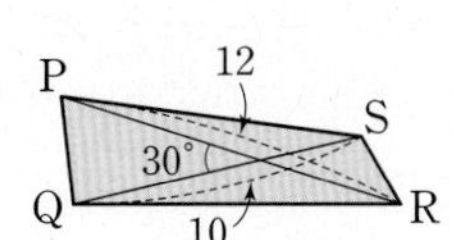

100점 공략

13 창의 역량

오른쪽 그림과 같이 120 m 높이의 건물 꼭대기에서 직선 도로 위를 같은 속력으로 달리는 자동차를 내려다 보고 있다. 자동차가 B 위치에 있을 때 내려다본 각의 크기가 45°이고 6초 후에 자동차가 C 위치에 있을 때 내려다본 각의 크기가 60°이다. 이때 자동차의 속력은 초속 몇 m인지 구하시오. (단, $\sqrt{3}=1.7$로 계산한다.)

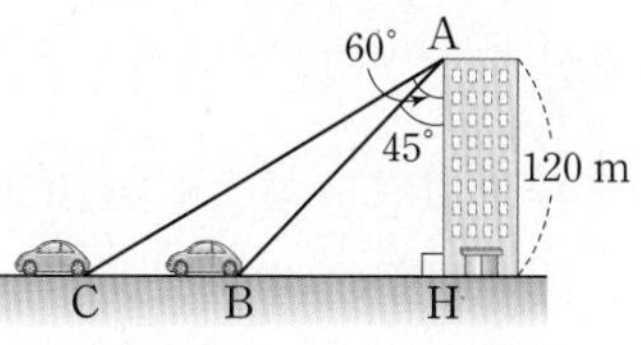

14

오른쪽 그림과 같이 한 변의 길이가 $2\sqrt{3}$인 정사각형 ABCD를 점 A를 중심으로 30°만큼 회전시켜 정사각형 AB′C′D′을 만들었다. 이때 두 정사각형이 겹쳐진 부분의 넓이를 구하시오.

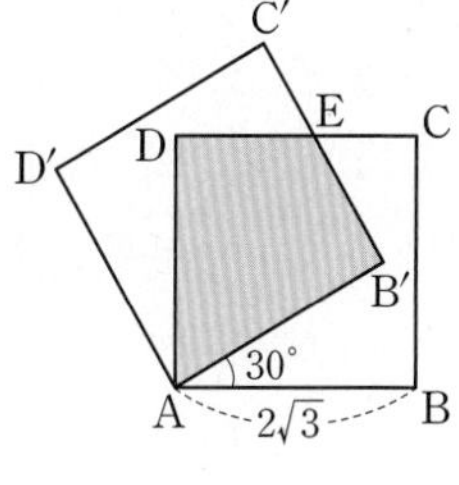

15

오른쪽 그림과 같은 평행사변형 ABCD의 넓이가 $40\sqrt{3}$이고 $\overline{AB} : \overline{BC}=4 : 5$이다. $\angle B=60^\circ$일 때, $\square ABCD$의 둘레의 길이를 구하시오.

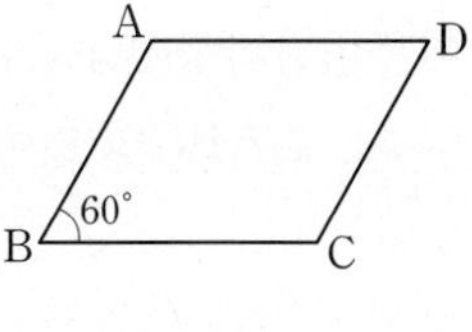

정답과 해설 29쪽

서술형

16

오른쪽 그림과 같은 □ABCD에서 $\angle A=\angle BDC=90^\circ$, $\angle ABD=45^\circ$, $\angle C=60^\circ$, $\overline{AB}=4\sqrt{2}$일 때, □ABCD의 둘레의 길이를 구하시오.

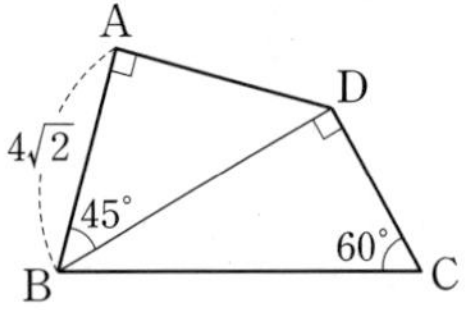

풀이

답

17

오른쪽 그림과 같이 2 m 떨어진 두 지점 B, C에서 가로등의 꼭대기를 올려다본 각의 크기가 각각 45°, 60°일 때, 이 가로등의 높이를 구하시오.

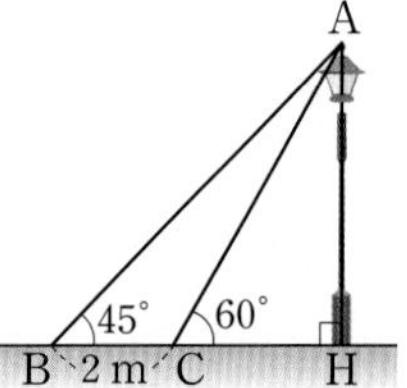

풀이

답

18

오른쪽 그림과 같이 $\overline{AB}=\overline{AC}=6$인 이등변삼각형 ABC에서 $\tan A=\sqrt{2}$일 때, △ABC의 넓이를 구하시오.

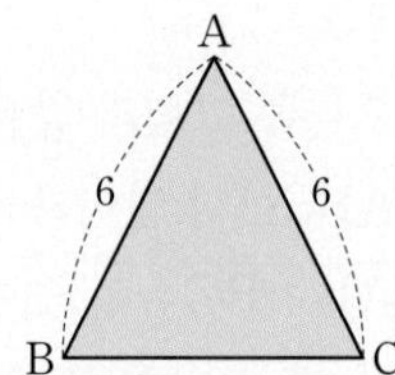

풀이

답

19

오른쪽 그림과 같이 반지름의 길이가 4 cm인 원 O에 내접하는 □ABCD가 있다. $\overline{AB}$가 원의 지름이고 $\angle B=30^\circ$, $\overline{AD}=\overline{CD}$일 때, □ABCD의 넓이를 구하시오.

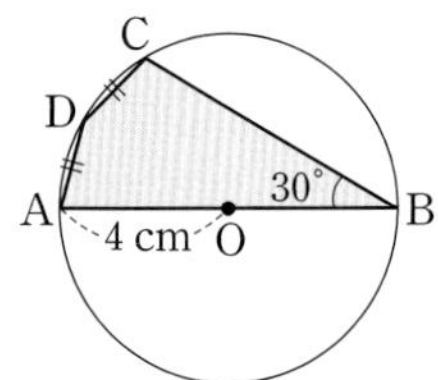

풀이

답

20 100점

오른쪽 그림과 같은 삼각뿔에서 $\overline{OA}\perp\overline{OB}$, $\overline{OA}\perp\overline{OC}$, $\overline{OB}\perp\overline{OC}$이고 $\angle OBA=30^\circ$, $\angle OCB=45^\circ$, $\overline{OB}=\sqrt{6}$일 때, △ABC의 넓이를 구하시오.

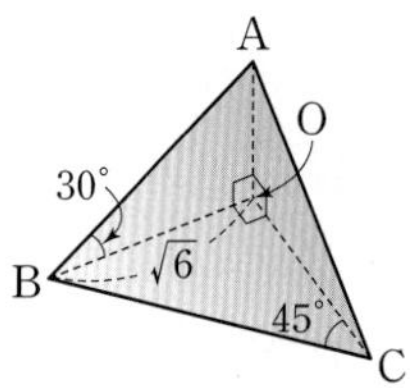

풀이

답

21 100점

오른쪽 그림과 같이 $\overline{AB}=8$, $\angle B=60^\circ$인 △ABC의 넓이가 $12\sqrt{3}$일 때, $\overline{AC}$의 길이를 구하시오.

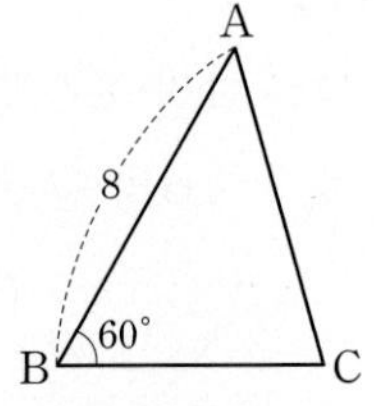

풀이

답

Ⅱ. 원의 성질

03 원과 직선

유형북 39 ~ 52쪽

더블북 18 ~ 25쪽

Real 실전 개념

개념 1 원의 중심과 현의 수직이등분선 유형 01~04

(1) 원의 중심에서 현에 내린 수선은 그 현을 이등분한다.

→ $\overline{AB}\perp\overline{OM}$이면 $\overline{AM}=\overline{BM}$

(2) 원에서 현의 수직이등분선은 그 원의 중심을 지난다.

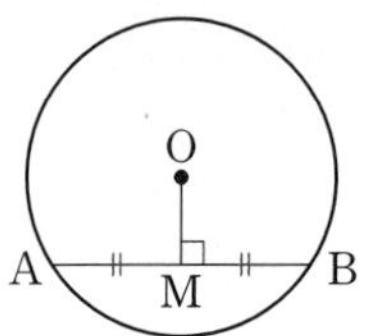

개념 2 원의 중심과 현의 길이 유형 05, 06

한 원에서

(1) 중심으로부터 같은 거리에 있는 두 현의 길이는 같다.

→ $\overline{OM}=\overline{ON}$이면 $\overline{AB}=\overline{CD}$

(2) 길이가 같은 두 현은 원의 중심으로부터 같은 거리에 있다.

→ $\overline{AB}=\overline{CD}$이면 $\overline{OM}=\overline{ON}$

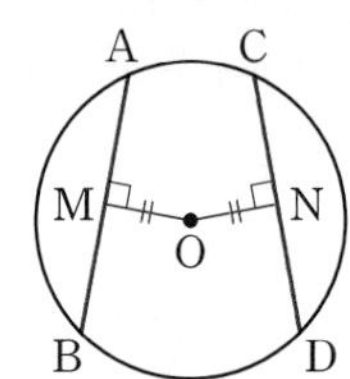

참고 ① $\overline{OM}=\overline{ON}$이면 $\overline{AB}=\overline{AC}$

→ △ABC는 이등변삼각형

→ $\angle B=\angle C$

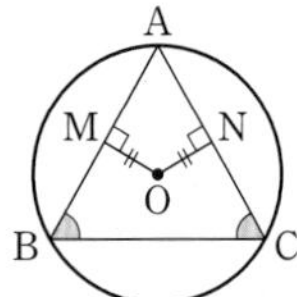

② $\overline{OD}=\overline{OE}=\overline{OF}$이면 $\overline{AB}=\overline{BC}=\overline{CA}$

→ △ABC는 정삼각형

→ $\angle A=\angle B=\angle C=60°$

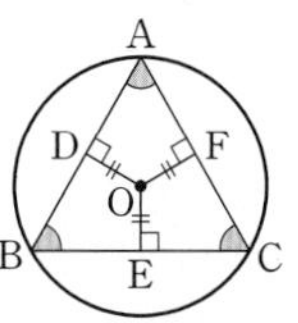

개념 3 원의 접선 유형 07~12

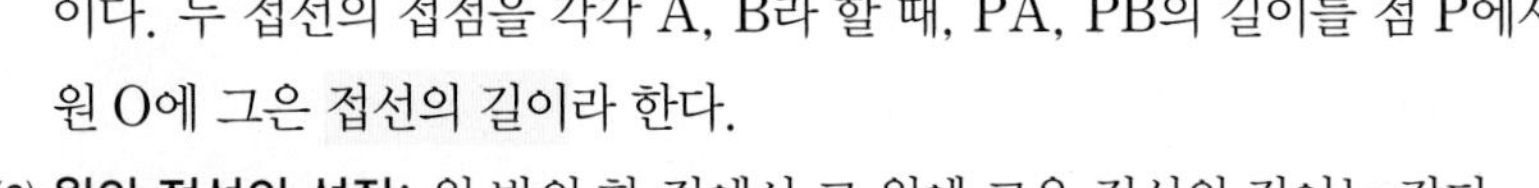
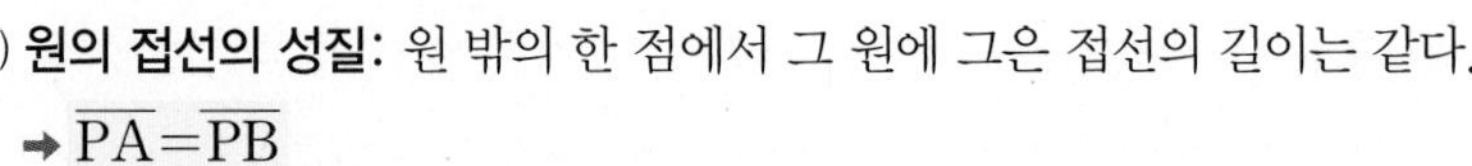

(1) **원의 접선의 길이:** 원 O 밖의 한 점 P에서 이 원에 그을 수 있는 접선은 2개이다. 두 접선의 접점을 각각 A, B라 할 때, $\overline{PA}$, $\overline{PB}$의 길이를 점 P에서 원 O에 그은 접선의 길이라 한다.

(2) **원의 접선의 성질:** 원 밖의 한 점에서 그 원에 그은 접선의 길이는 같다.

→ $\overline{PA}=\overline{PB}$

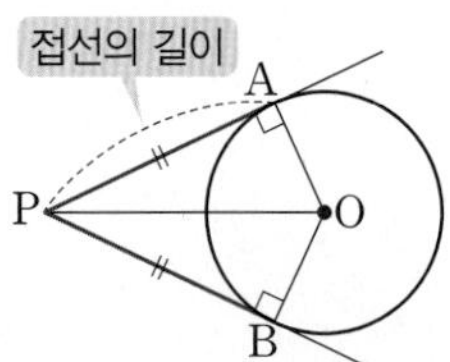

개념 4 삼각형의 내접원과 원에 외접하는 사각형 유형 13~16

(1) **삼각형의 내접원**

원 O가 △ABC에 내접하고 세 점 D, E, F가 접점일 때

① $\overline{AD}=\overline{AF}$, $\overline{BD}=\overline{BE}$, $\overline{CE}=\overline{CF}$

② (△ABC의 둘레의 길이)$=a+b+c=2(x+y+z)$

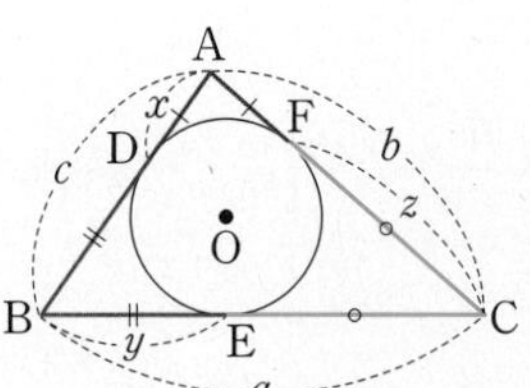
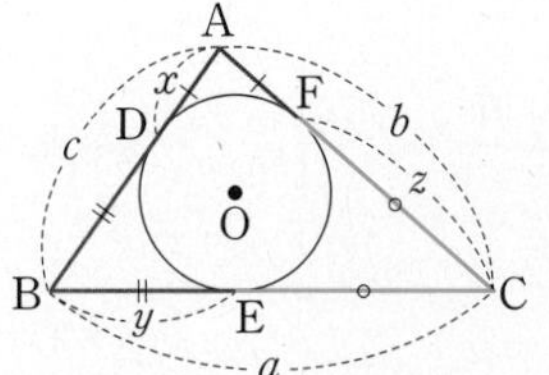

(2) **원에 외접하는 사각형의 성질**

① 원에 외접하는 사각형에서 두 쌍의 대변의 길이의 합은 서로 같다.

→ $\overline{AB}+\overline{CD}=\overline{AD}+\overline{BC}$

② 두 쌍의 대변의 길이의 합이 같은 사각형은 원에 외접한다.

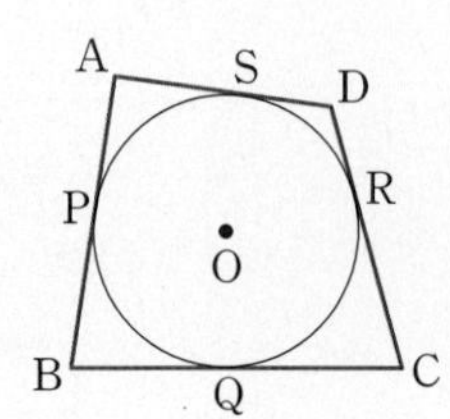

참고 ① $\overline{AP}=\overline{AS}$, $\overline{BP}=\overline{BQ}$, $\overline{CQ}=\overline{CR}$, $\overline{DR}=\overline{DS}$이므로

$\overline{AB}+\overline{CD}=(\overline{AP}+\overline{BP})+(\overline{CR}+\overline{DR})=(\overline{AS}+\overline{BQ})+(\overline{CQ}+\overline{DS})$

$=(\overline{AS}+\overline{DS})+(\overline{BQ}+\overline{CQ})=\overline{AD}+\overline{BC}$

⊕ 개념 노트

• 원 위의 두 점을 이은 선분을 현이라 한다.

• 원의 접선은 그 접점을 지나는 원의 반지름에 수직이다.

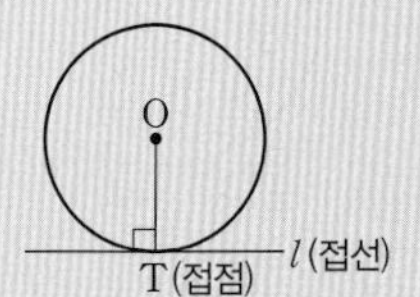

• [직각삼각형의 내접원]

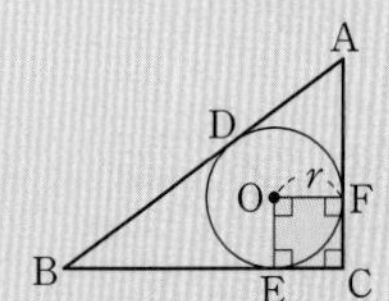

직각삼각형 ABC의 내접원 O의 반지름의 길이를 r라 하면 □OECF는 한 변의 길이가 r인 정사각형이다.

개념 1 원의 중심과 현의 수직이등분선

01 다음은 원의 중심에서 현에 내린 수선은 그 현을 이등분함을 설명하는 과정이다. □ 안에 알맞은 것을 써넣으시오.

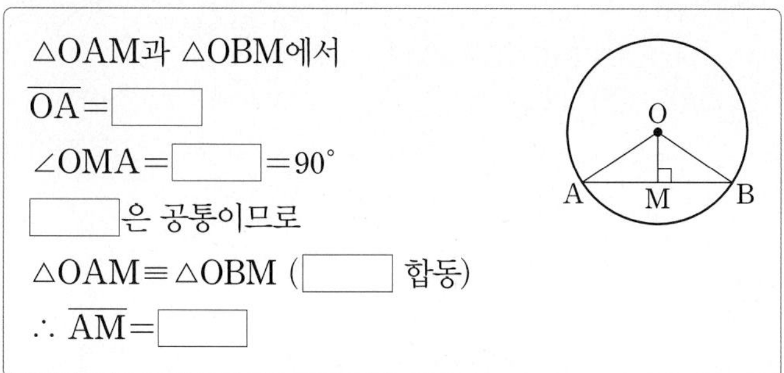

△OAM과 △OBM에서

$\overline{OA}$=□

∠OMA=□=90°

□은 공통이므로

△OAM≡△OBM (□ 합동)

∴ $\overline{AM}$=□

[02~05] 다음 그림의 원 O에서 x의 값을 구하시오.

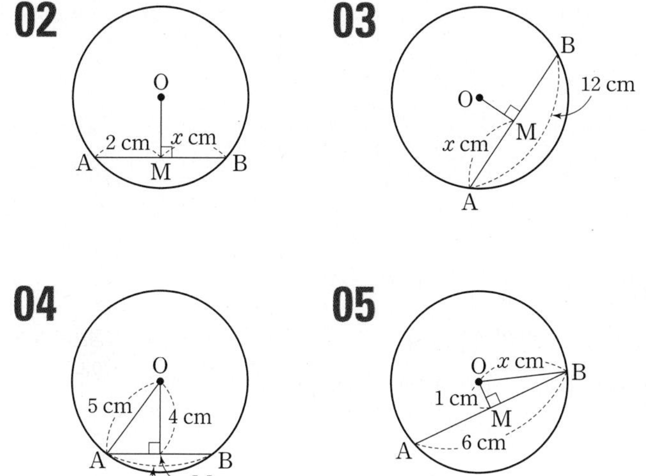

개념 2 원의 중심과 현의 길이

[06~09] 다음 그림의 원 O에서 x의 값을 구하시오.

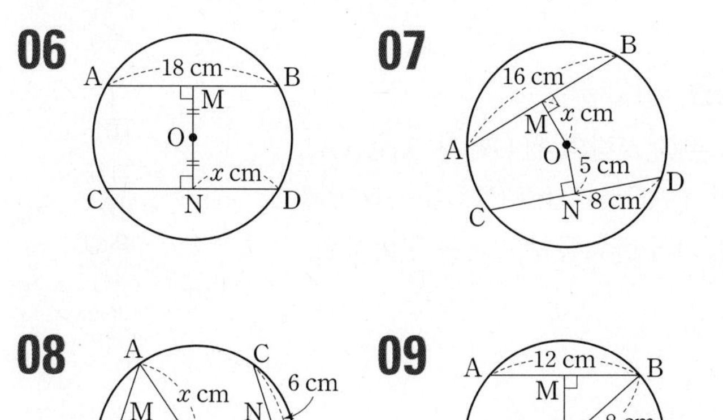

[10~11] 다음 그림의 원 O에서 ∠x의 크기를 구하시오.

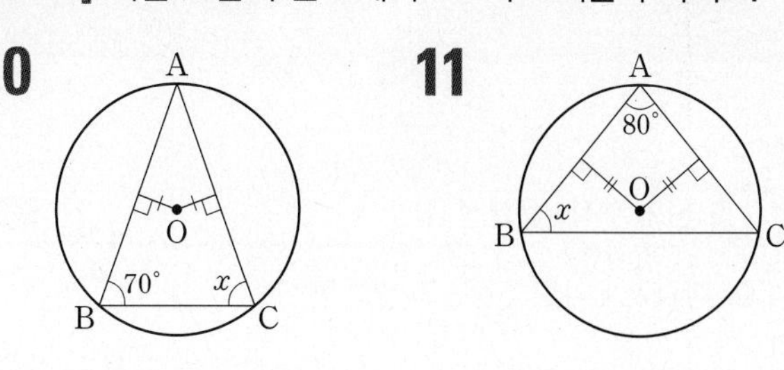

개념 3 원의 접선

[12~13] 다음 그림에서 두 점 A, B는 점 P에서 원 O에 그은 접선의 접점일 때, ∠x의 크기를 구하시오.

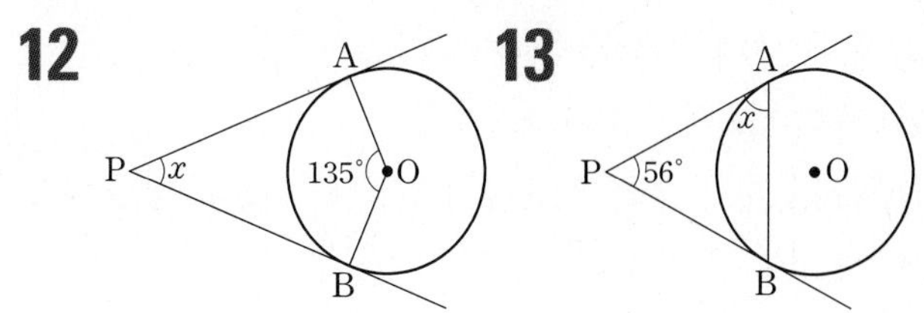

[14~15] 다음 그림에서 두 점 A, B는 점 P에서 원 O에 그은 접선의 접점일 때, x의 값을 구하시오.

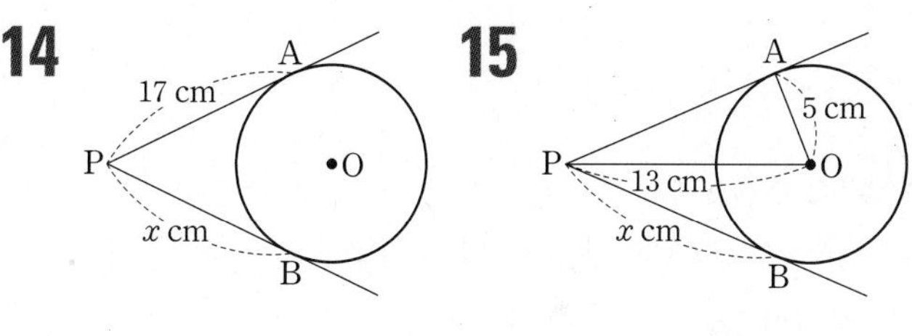

개념 4 삼각형의 내접원과 원에 외접하는 사각형

[16~17] 다음 그림에서 원 O는 △ABC의 내접원이고 점 D, E, F는 접점일 때, x의 값을 구하시오.

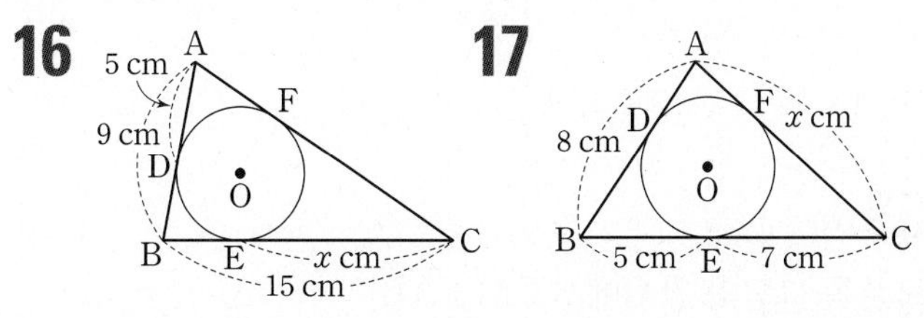

[18~19] 다음 그림에서 □ABCD가 원 O에 외접할 때, x의 값을 구하시오. (단, 두 점 E, F는 접점이다.)

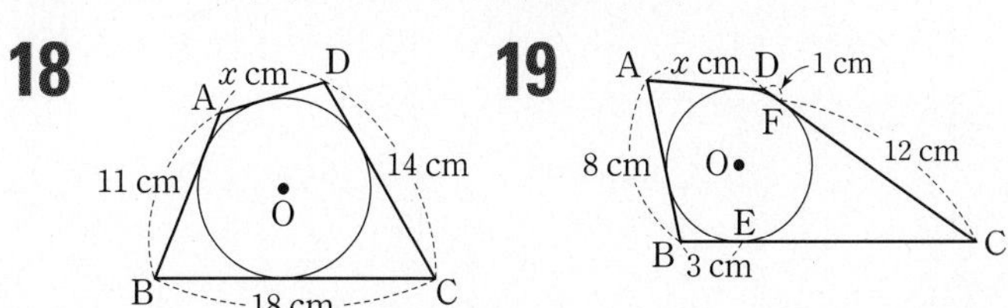

집중

유형 01 현의 수직이등분선 (1)

개념1

원의 중심에서 현에 내린 수선은 그 현을 이등분한다.

(1) $\overline{AB}\perp\overline{OM}$이면 $\overline{AM}=\overline{BM}$

(2) $\overline{AM}^2=\overline{OA}^2-\overline{OM}^2$

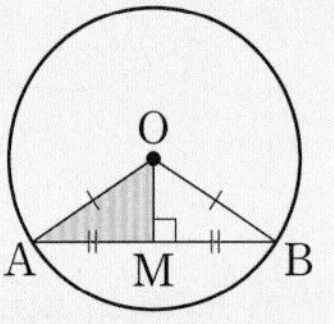

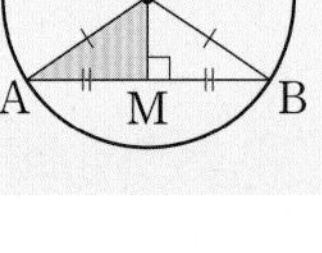

01 대표문제

오른쪽 그림과 같이 반지름의 길이가 6 cm인 원 O에서 $\overline{AB}\perp\overline{OM}$이고 $\overline{OM}=4$ cm일 때, $\overline{AB}$의 길이는?

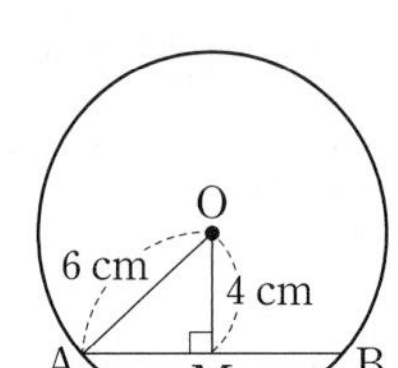

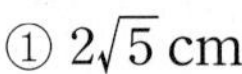

① $2\sqrt{5}$ cm ② $2\sqrt{6}$ cm

③ $4\sqrt{2}$ cm ④ $4\sqrt{5}$ cm

⑤ $4\sqrt{6}$ cm

02

오른쪽 그림과 같이 중심이 O로 같은 두 원에서 $\overline{AB}=14$ cm, $\overline{DB}=5$ cm일 때, $\overline{CM}$의 길이를 구하시오.

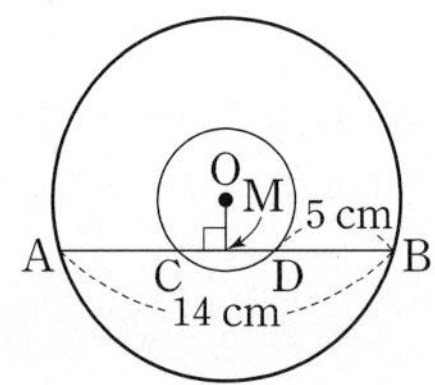

03 서술형

오른쪽 그림의 원 O에서 $\overline{CM}\perp\overline{AB}$이고 $\overline{AB}=6$ cm, $\angle BOC=120°$일 때, $\triangle OAB$의 넓이를 구하시오.

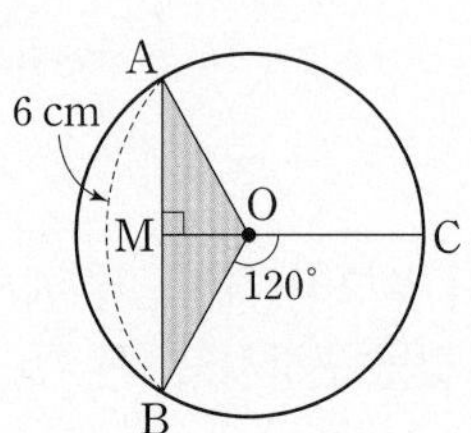

집중

유형 02 현의 수직이등분선 (2)

개념1

원 O에서

(1) $\overline{OM}=\overline{OC}-\overline{MC}=\overline{OA}-\overline{MC}$

(2) $\overline{OA}^2=\overline{AM}^2+\overline{OM}^2$

04 대표문제

오른쪽 그림의 원 O에서 $\overline{AB}\perp\overline{OC}$이고 $\overline{AB}=12$ cm, $\overline{CM}=2$ cm일 때, 원 O의 반지름의 길이를 구하시오.

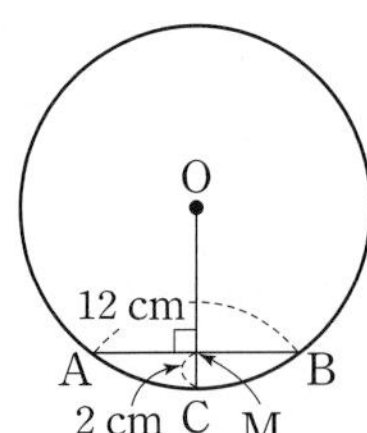

중요

05

오른쪽 그림의 원 O에서 $\overline{AB}\perp\overline{CD}$이고 $\overline{CM}=10$ cm, $\overline{MD}=4$ cm일 때, $\overline{AB}$의 길이를 구하시오.

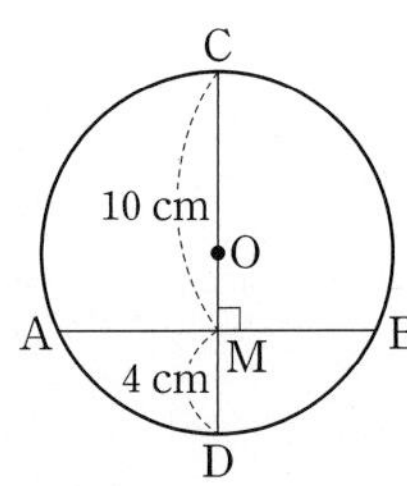

06 서술형

오른쪽 그림의 원 O에서 $\overline{AB}\perp\overline{OC}$이고 $\overline{AC}=6$ cm, $\overline{CD}=3$ cm일 때, 원 O의 반지름의 길이를 구하시오.

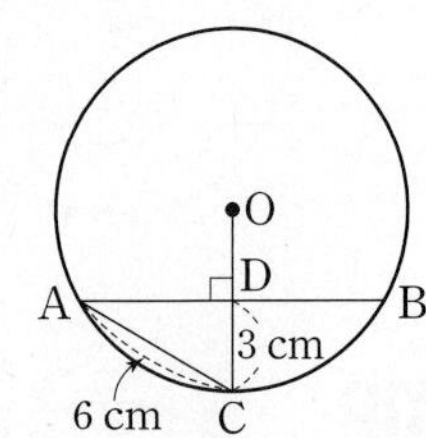

유형 03 현의 수직이등분선 (3); 원의 일부분이 주어진 경우 개념 1

원의 일부분이 주어졌을 때 원의 반지름의 길이는 다음과 같이 구한다.

❶ 원의 중심을 찾고 반지름의 길이를 r로 놓는다.

❷ 피타고라스 정리를 이용하여 r의 값을 구한다.

➡ $r^2=(r-a)^2+b^2$

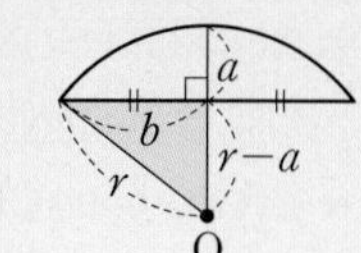

07 대표문제

오른쪽 그림에서 $\widehat{AB}$는 원의 일부분이다. $\overline{CD}$가 $\overline{AB}$를 수직이등분하고 $\overline{AB}=16\text{ cm}$, $\overline{CD}=4\text{ cm}$일 때, 이 원의 반지름의 길이를 구하시오.

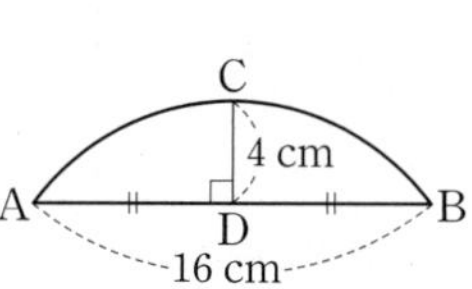

08

오른쪽 그림에서 $\widehat{AB}$는 반지름의 길이가 15 cm인 원의 일부분이다. $\overline{AB}\perp\overline{CD}$이고 $\overline{AD}=\overline{BD}$, $\overline{AB}=18\text{ cm}$일 때, $\overline{CD}$의 길이는?

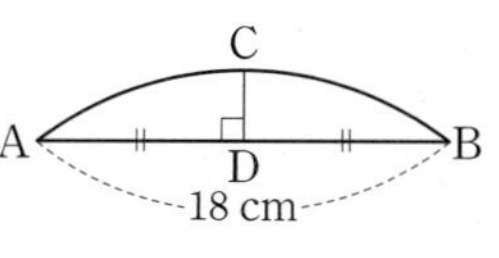

① 1 cm ② $\sqrt{2}$ cm ③ $\sqrt{3}$ cm
④ 2 cm ⑤ 3 cm

09 서술형

원 모양의 거울의 깨진 조각을 오른쪽 그림과 같이 측정하였다. 이때 깨지기 전의 원래 거울의 넓이를 구하시오.

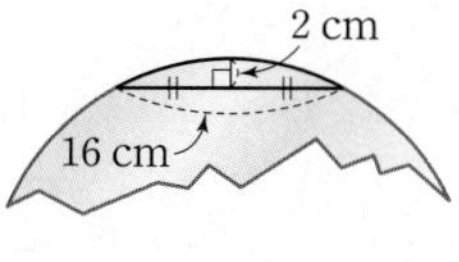

유형 04 현의 수직이등분선 (4); 원의 일부분이 접힌 경우 개념 1

원주 위의 점이 원의 중심에 오도록 원의 일부분을 접은 경우

(1) $\overline{AM}=\overline{BM}$

(2) $\overline{OM}=\overline{CM}=\frac{1}{2}\overline{OC}=\frac{1}{2}\overline{OA}$

(3) $\overline{OA}^2=\overline{AM}^2+\overline{OM}^2$

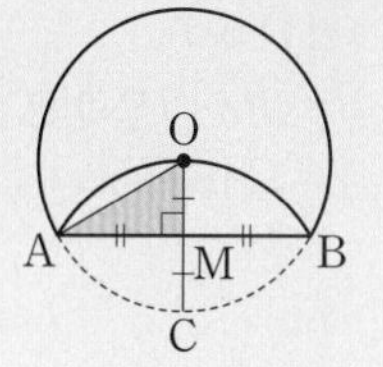

10 대표문제

오른쪽 그림과 같이 원 O의 원주 위의 한 점이 원의 중심 O에 겹치도록 $\overline{AB}$를 접는 선으로 하여 접었다. $\overline{AB}=18$일 때, 원 O의 반지름의 길이는?

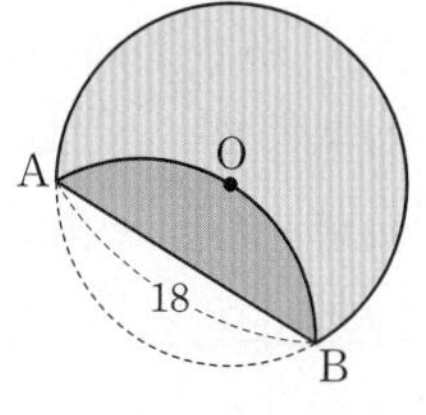

① 9 ② $3\sqrt{10}$ ③ $4\sqrt{6}$
④ $6\sqrt{3}$ ⑤ $4\sqrt{7}$

중요 11

오른쪽 그림과 같이 반지름의 길이가 6 cm인 원 O의 원주 위의 한 점이 원의 중심 O에 겹치도록 $\overline{AB}$를 접는 선으로 하여 접었을 때, $\overline{AB}$의 길이를 구하시오.

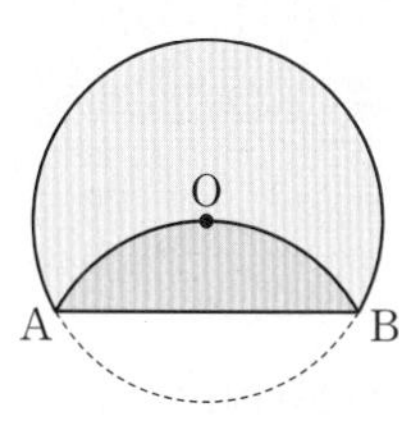

12

오른쪽 그림과 같이 원 O의 원주 위의 한 점이 원의 중심 O에 겹치도록 $\overline{AB}$를 접는 선으로 하여 접었다. $\overline{AB}=8\sqrt{3}\text{ cm}$일 때, $\widehat{AB}$의 길이를 구하시오.

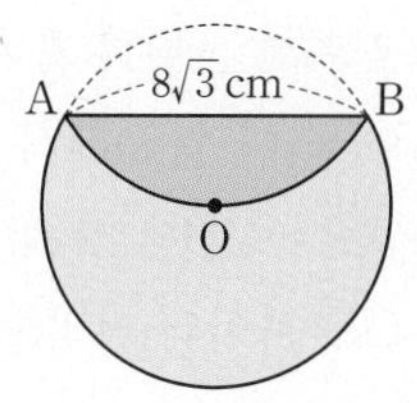

정답과 해설 33쪽 더블북 20쪽

유형 05 현의 길이

개념2

원 O에서
(1) $\overline{OM}=\overline{ON}$이면 $\overline{AB}=\overline{CD}$
(2) $\overline{AB}=\overline{CD}$이면 $\overline{OM}=\overline{ON}$

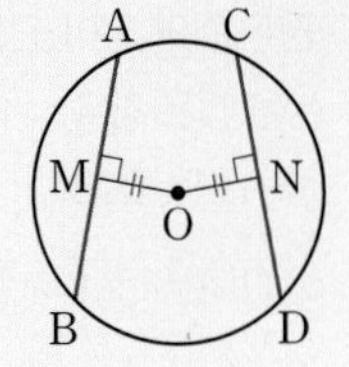

13 대표문제

오른쪽 그림과 같이 원의 중심 O에서 $\overline{AB}$, $\overline{CD}$에 내린 수선의 발을 각각 M, N이라 하자. $\overline{OC}=2\sqrt{3}$, $\overline{OM}=\overline{ON}=2$일 때, $\overline{AB}$의 길이를 구하시오.

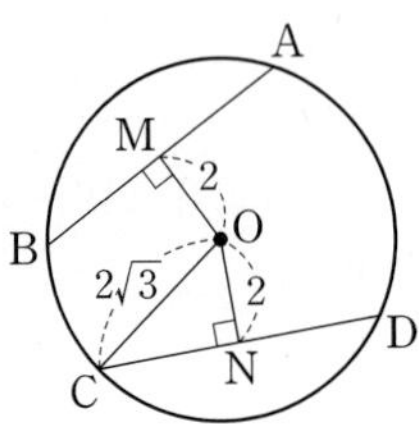

14

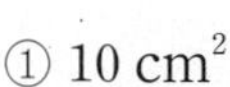

오른쪽 그림과 같이 반지름의 길이가 5 cm인 원 O에서 $\overline{AB}\perp\overline{OM}$이고 $\overline{AB}=\overline{CD}$이다. $\overline{OM}=3$ cm일 때, △OCD의 넓이는?

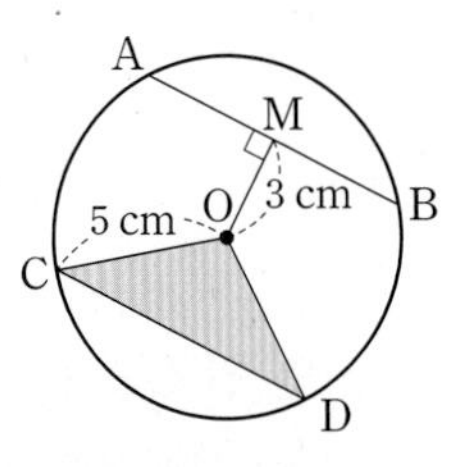

① 10 cm² ② 12 cm²
③ 15 cm² ④ 18 cm²
⑤ 20 cm²

15 서술형

오른쪽 그림과 같이 반지름의 길이가 8 cm인 원 O에서 $\overline{AB}/\!/\overline{CD}$이고 $\overline{AB}=\overline{CD}=12$ cm일 때, 두 현 AB와 CD 사이의 거리를 구하시오.

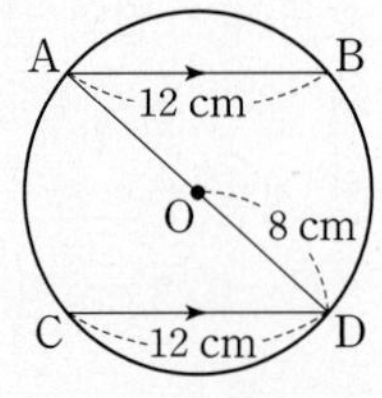

유형 06 현의 길이와 삼각형

개념2

원 O에서 $\overline{OM}=\overline{ON}$이면 $\overline{AB}=\overline{AC}$이므로
△ABC는 이등변삼각형이다.
➜ ∠ABC=∠ACB

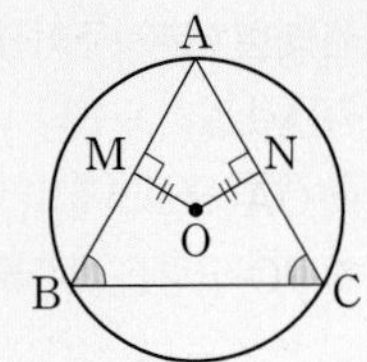

16 대표문제

오른쪽 그림의 원 O에서 $\overline{AB}\perp\overline{OM}$, $\overline{AC}\perp\overline{ON}$이고 $\overline{OM}=\overline{ON}$이다. ∠MON=124°일 때, ∠ABC의 크기는?

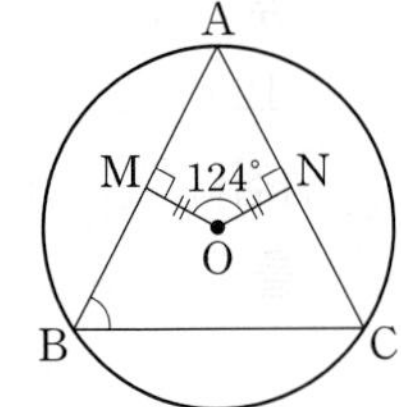

① 58° ② 59°
③ 60° ④ 61° ⑤ 62°

중요

17

오른쪽 그림과 같이 원의 중심 O에서 $\overline{AB}$, $\overline{BC}$, $\overline{AC}$에 내린 수선의 발을 각각 D, E, F라 하자. $\overline{OD}=\overline{OF}$이고 ∠EOF=110°일 때, ∠BAC의 크기를 구하시오.

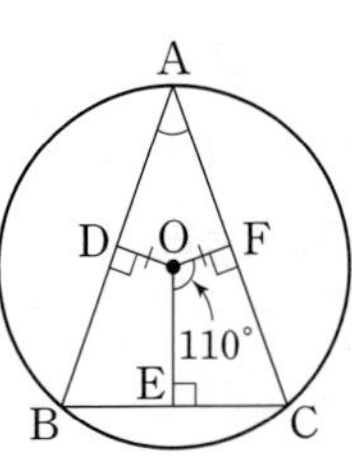

18

오른쪽 그림과 같이 원의 중심 O에서 $\overline{AB}$, $\overline{BC}$, $\overline{AC}$에 내린 수선의 발을 각각 D, E, F라 하자. $\overline{OD}=\overline{OE}=\overline{OF}$이고 $\overline{AB}=12$ cm일 때, 원 O의 둘레의 길이를 구하시오.

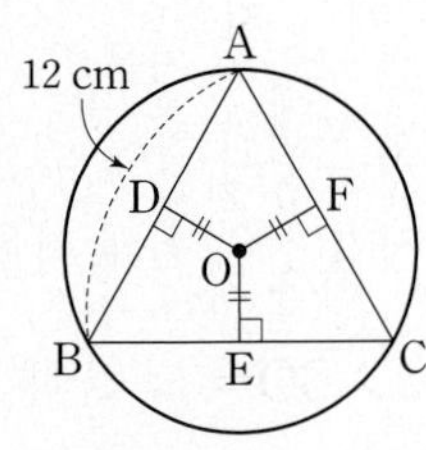

유형 07 원의 접선의 성질 (1) 개념3

원 밖의 한 점 P에서 원 O에 그은 접선의 접점을 A라 할 때
(1) $\overline{OA} \perp \overline{PA}$
(2) $\overline{PO}^2 = \overline{PA}^2 + \overline{OA}^2$

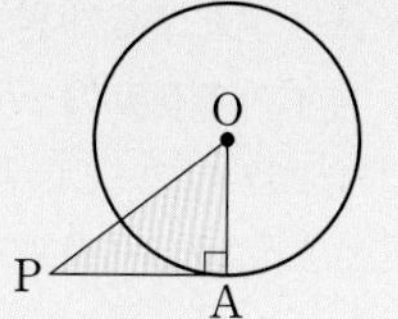

19 대표문제

오른쪽 그림에서 $\overline{PA}$는 반지름의 길이가 12 cm인 원 O의 접선이고 점 A는 접점이다. $\angle P = 45°$일 때, $\widehat{AB}$의 길이를 구하시오.

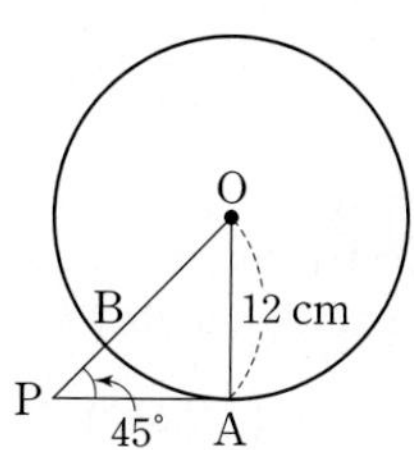

20

오른쪽 그림에서 $\overline{PA}$는 원 O의 접선이고 점 A는 접점이다. $\overline{PA} = 6$ cm, $\overline{PB} = 3$ cm일 때, 원 O의 둘레의 길이를 구하시오.

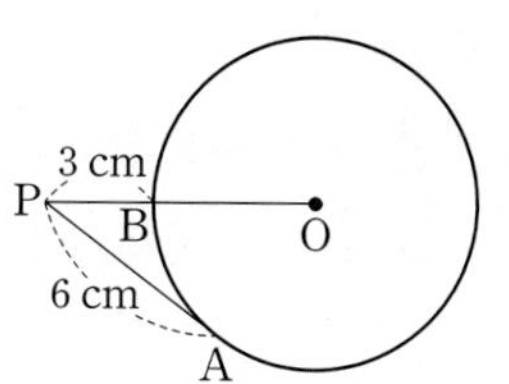

21 서술형

오른쪽 그림과 같이 원 밖의 점 P에서 지름의 길이가 16 cm인 원 O에 그은 접선의 접점을 A라 하고 직선 OP와 원이 만나는 두 점을 각각 B, C라 하자. $\angle ABO = 30°$일 때, $\overline{CP}$의 길이를 구하시오.

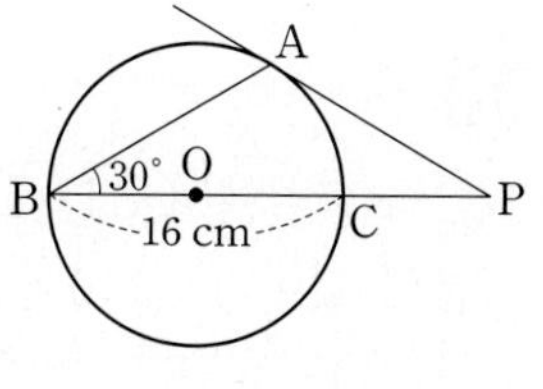

집중

유형 08 원의 접선의 성질 (2) 개념3

원 밖의 한 점 P에서 원 O에 그은 두 접선의 접점을 A, B라 할 때
(1) $\angle PAO = \angle PBO = 90°$이므로
$\angle APB + \angle AOB = 180°$
(2) $\overline{PA} = \overline{PB}$

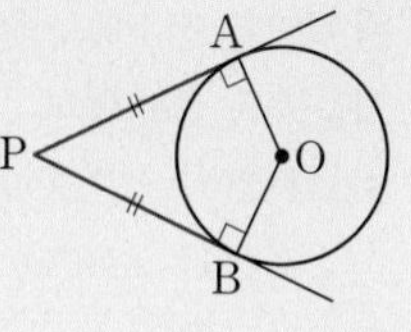

22 대표문제

오른쪽 그림에서 두 직선 PA, PB는 각각 점 A, B를 접점으로 하는 원 O의 접선이다. $\overline{OA} = 6$ cm, $\angle P = 50°$일 때, 색칠한 부분의 넓이는?

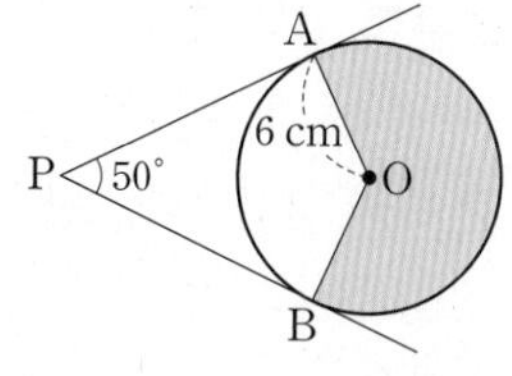

① 20π cm^2 ② 21π cm^2 ③ 22π cm^2
④ 23π cm^2 ⑤ 24π cm^2

23

오른쪽 그림에서 두 직선 PA, PB는 각각 점 A, B를 접점으로 하는 원 O의 접선이다. $\angle P = 64°$일 때, $\angle OAB$의 크기를 구하시오.

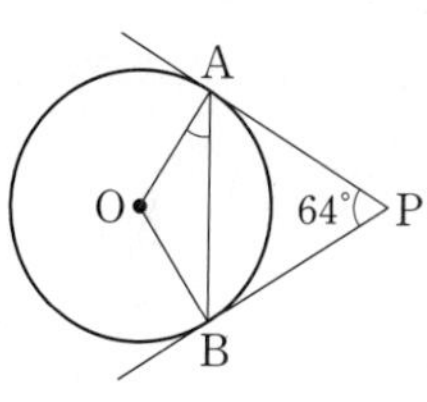

중요

24

오른쪽 그림에서 두 직선 PA, PB는 각각 점 A, B를 접점으로 하는 원 O의 접선이다. $\overline{AP} = 10$ cm, $\angle P = 60°$일 때, $\triangle APB$의 둘레의 길이를 구하시오.

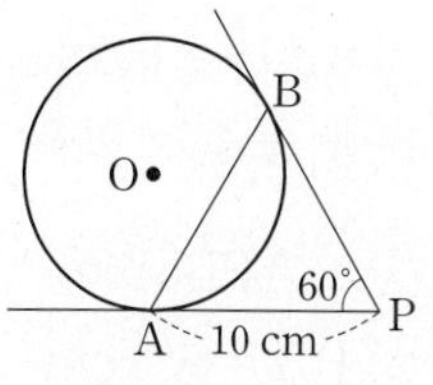

유형 09 원의 접선의 성질 (3)

개념3

원 밖의 한 점 P에서 원 O에 그은 두 접선의 접점을 A, B라 할 때

(1) △PAO≡△PBO이므로
∠APO=∠BPO, ∠POA=∠POB

(2) $\overline{PA}^2=\overline{PO}^2-\overline{OA}^2=\overline{PO}^2-\overline{OB}^2$

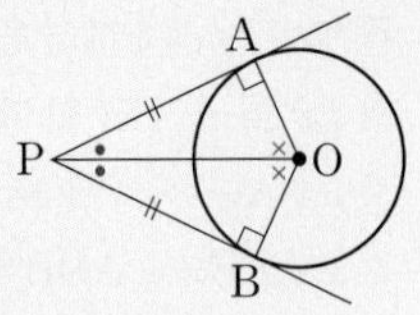

25 대표문제

오른쪽 그림에서 두 직선 PA, PB는 각각 점 A, B를 접점으로 하는 원 O의 접선이다. $\overline{AP}$=9 cm, ∠APB=60°일 때, $\overline{PO}$의 길이를 구하시오.

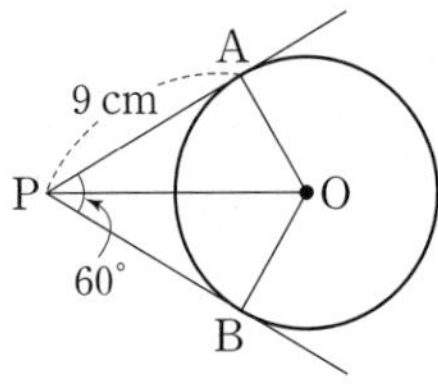

26

오른쪽 그림에서 두 직선 PA, PB는 각각 점 A, B를 접점으로 하는 원 O의 접선이다. $\overline{OB}$=4 cm, $\overline{CP}$=8 cm일 때, $\overline{PA}$의 길이를 구하시오.

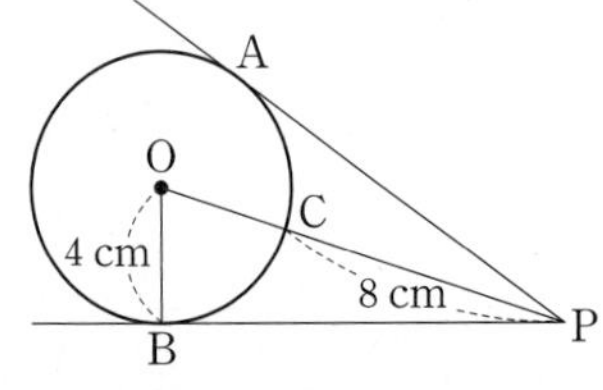

27

오른쪽 그림에서 두 직선 PA, PB는 각각 점 A, B를 접점으로 하는 원 O의 접선이다. 점 M은 $\overline{AB}$와 $\overline{PO}$의 교점이고 $\overline{OA}$=6 cm, ∠AOB=120°일 때, 다음 중 옳지 않은 것은?

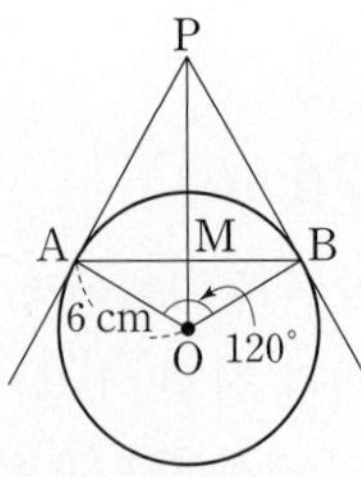

① ∠APB=60°
② ∠APO=∠OBM
③ $\overline{PA}=6\sqrt{3}$ cm
④ $\overline{PO}$=12 cm
⑤ $\overline{OM}=3\sqrt{3}$ cm

집중

유형 10 원의 접선의 성질의 응용

개념3

$\overline{AD}$, $\overline{AE}$, $\overline{BC}$가 원 O의 접선이고 세 점 D, E, F가 접점일 때

(1) $\overline{BD}=\overline{BE}$, $\overline{CE}=\overline{CF}$

(2) (△ABC의 둘레의 길이)
$=\overline{AB}+\overline{BC}+\overline{CA}$
$=\overline{AB}+\overline{BE}+\overline{CE}+\overline{CA}$
$=\overline{AB}+\overline{BD}+\overline{CF}+\overline{CA}$
$=\overline{AD}+\overline{AF}=2\overline{AD}$

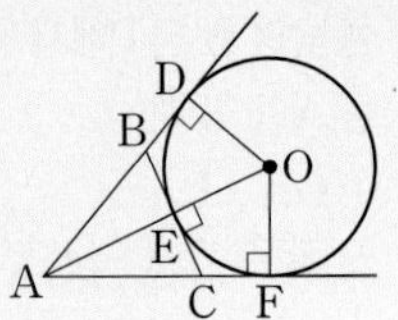

28 대표문제

오른쪽 그림에서 $\overline{AD}$, $\overline{BC}$, $\overline{AF}$는 원 O의 접선이고 점 D, E, F는 접점이다. $\overline{AB}$=6 cm, $\overline{AC}$=7 cm, $\overline{BC}$=5 cm일 때, $\overline{AD}$의 길이를 구하시오.

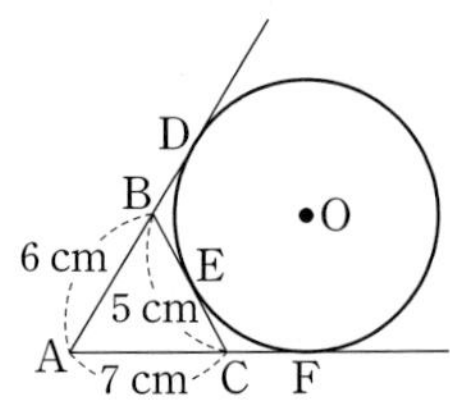

중요

29 서술형

오른쪽 그림에서 $\overline{AD}$, $\overline{BC}$, $\overline{AF}$는 원 O의 접선이고 점 D, E, F는 접점이다. $\overline{AO}$=7 cm, $\overline{DO}$=3 cm일 때, △ABC의 둘레의 길이를 구하시오.

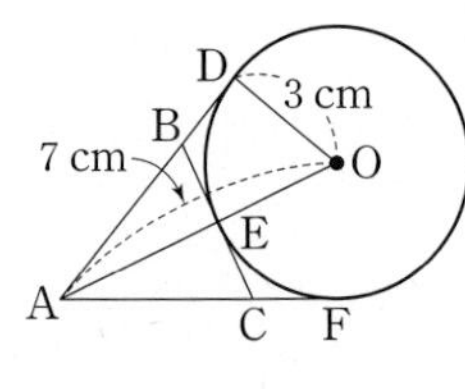

30

오른쪽 그림에서 $\overline{AD}$, $\overline{BC}$, $\overline{AF}$는 반지름의 길이가 5 cm인 원 O의 접선이고 점 D, E, F는 접점이다.
∠A=60°일 때, △ABC의 둘레의 길이를 구하시오.

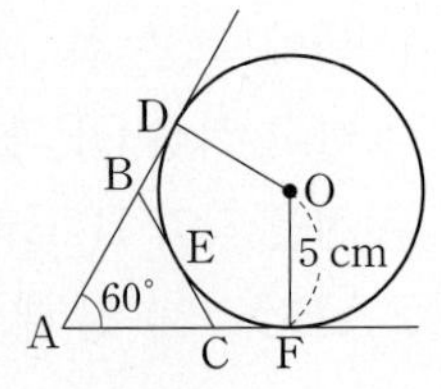

유형 11 반원에서의 접선 개념 3

$\overline{AB}$, $\overline{DC}$, $\overline{AD}$가 반원 O의 접선이고 점 A에서 $\overline{CD}$에 내린 수선의 발을 H라 할 때

(1) $\overline{AB}=\overline{AE}$, $\overline{DC}=\overline{DE}$이므로 $\overline{AD}=\overline{AB}+\overline{DC}$

(2) $\overline{BC}=\overline{AH}=\sqrt{\overline{AD}^2-\overline{DH}^2}$

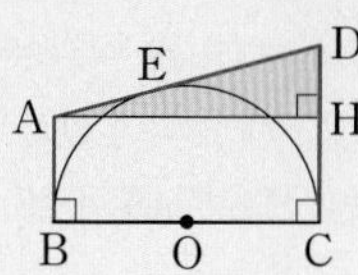

31 대표문제

오른쪽 그림에서 $\overline{AB}$는 반원 O의 지름이고 $\overline{AC}$, $\overline{BD}$, $\overline{CD}$는 반원에 접한다. $\overline{AC}=9$ cm, $\overline{BD}=4$ cm일 때, $\overline{AB}$의 길이를 구하시오.

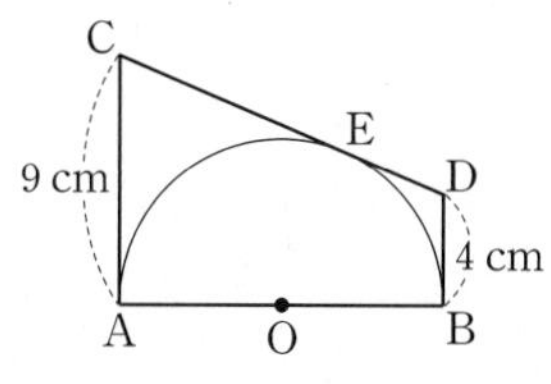

중요

32

오른쪽 그림에서 $\overline{AB}$는 반원 O의 지름이고 $\overline{AD}$, $\overline{BC}$, $\overline{CD}$는 반원에 접한다. $\overline{CD}=9$ cm, $\overline{OA}=3\sqrt{2}$ cm일 때, □ABCD의 넓이를 구하시오.

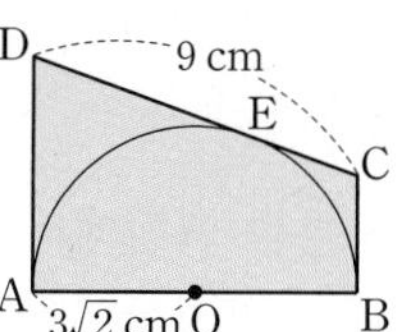

33 서술형

오른쪽 그림에서 $\overline{AB}$는 반원 O의 지름이고 $\overline{AD}$, $\overline{BC}$, $\overline{CD}$는 반원에 접한다. $\overline{AB}=4\sqrt{3}$ cm, $\angle COB=60°$일 때, $\overline{AD}$의 길이를 구하시오.

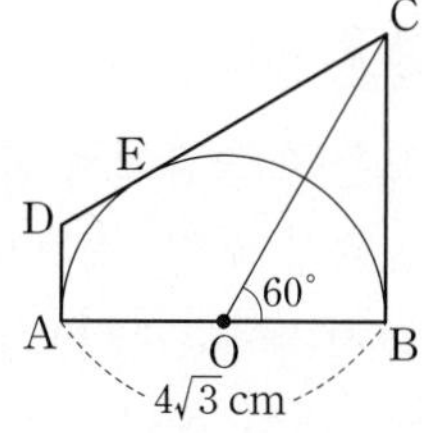

유형 12 중심이 같은 원에서의 접선의 성질 개념 3

중심이 O로 일치하고 반지름의 길이가 다른 두 원에서 큰 원의 현 AB가 작은 원의 접선이고 점 H가 접점일 때

(1) $\overline{OH}\perp\overline{AB}$, $\overline{AH}=\overline{BH}$

(2) $\overline{OA}^2=\overline{OH}^2+\overline{AH}^2$

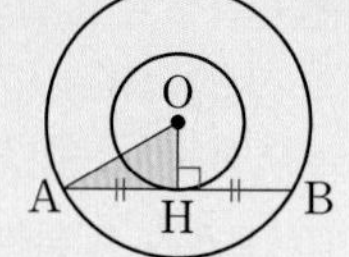

34 대표문제

오른쪽 그림과 같이 점 O를 중심으로 하는 두 원에서 큰 원의 현 PQ가 작은 원에 접한다. $\overline{OP}$가 작은 원과 만나는 점을 M이라 할 때, $\overline{OM}=4$, $\overline{PM}=1$이다. 이때 $\overline{PQ}$의 길이를 구하시오.

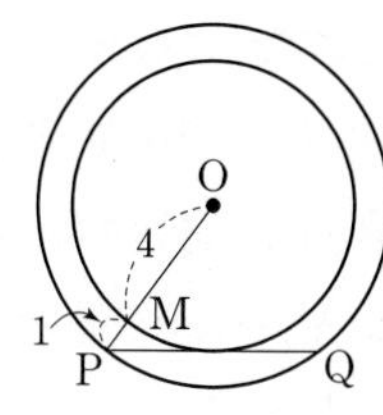

중요

35

오른쪽 그림과 같이 중심이 O로 같은 두 원에서 큰 원의 현 AB는 작은 원의 접선이고 점 Q는 접점이다. 큰 원의 반지름이 8 cm이고 $\overline{PQ}=\overline{QO}$일 때, $\overline{AB}$의 길이를 구하시오.

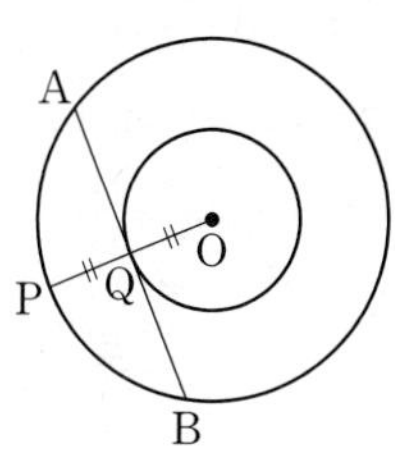

36

오른쪽 그림과 같이 중심이 O로 같은 두 원에서 큰 원의 현 AB가 작은 원에 접한다. 색칠한 부분의 넓이가 32π cm^{2}일 때, $\overline{AB}$의 길이를 구하시오.

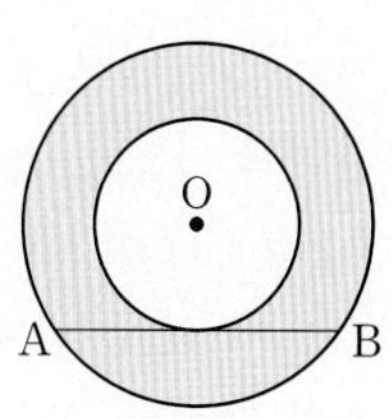

집중

유형 13 삼각형의 내접원

개념 4

원 O가 $\triangle ABC$의 내접원이고 점 D, E, F가 접점일 때

(1) $\overline{AD}=\overline{AF}$, $\overline{BD}=\overline{BE}$, $\overline{CE}=\overline{CF}$

(2) ($\triangle ABC$의 둘레의 길이)
$=\overline{AB}+\overline{BC}+\overline{CA}=2(x+y+z)$

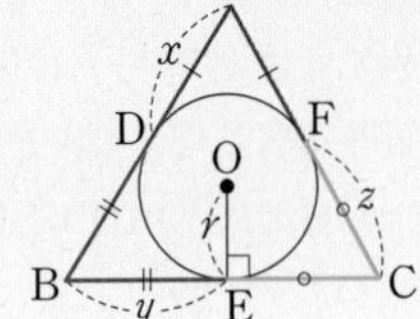

37 대표문제

오른쪽 그림에서 원 O는 $\triangle ABC$의 내접원이고 점 D, E, F는 접점이다. $\overline{AB}=8$ cm, $\overline{BC}=11$ cm, $\overline{CA}=9$ cm일 때, $\overline{AD}$의 길이를 구하시오.

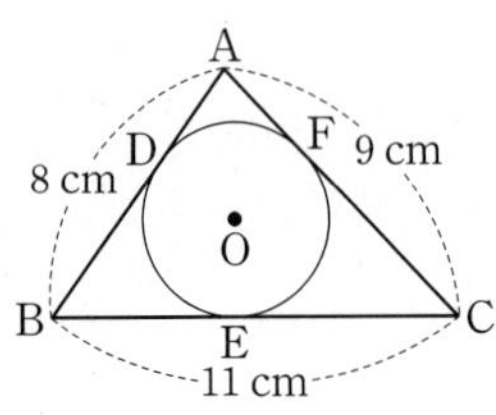

38

오른쪽 그림에서 $\triangle ABC$는 원 O에 외접하고 세 점 D, E, F는 접점이다. $\overline{AB}=11$ cm, $\overline{BC}=18$ cm, $\overline{CA}=9$ cm일 때, $\overline{AD}+\overline{BE}+\overline{CF}$의 길이를 구하시오.

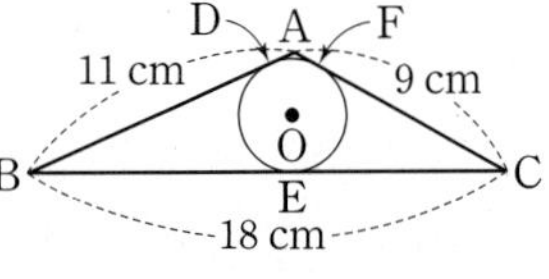

39 서술형

오른쪽 그림에서 원 O는 $\triangle ABC$의 내접원이고 점 D, E, F는 접점이다. $\overline{PQ}$는 원 O의 접선이고 $\overline{AB}=13$ cm, $\overline{BC}=18$ cm, $\overline{CA}=15$ cm일 때, $\triangle PBQ$의 둘레의 길이를 구하시오.

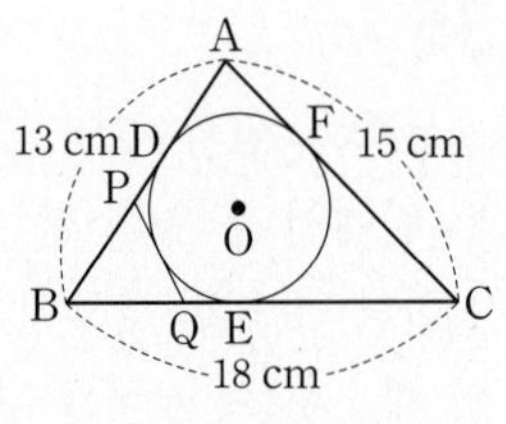

유형 14 직각삼각형의 내접원

개념 4

$\angle C=90^\circ$인 직각삼각형 ABC의 내접원 O와 세 변의 접점을 각각 D, E, F라 하고 원 O의 반지름의 길이를 r라 하면

(1) $\overline{CE}=\overline{CF}=r$

(2) $\overline{AD}=b-r$, $\overline{BD}=a-r$이므로
$(b-r)+(a-r)=c$

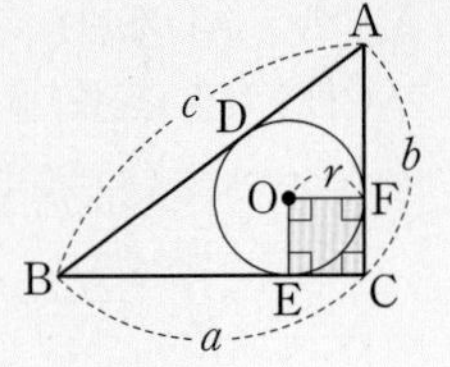

40 대표문제

오른쪽 그림에서 원 O는 $\angle A=90^\circ$인 직각삼각형 ABC의 내접원이고 점 D, E, F는 접점이다. $\overline{BC}=10$ cm, $\overline{CF}=4$ cm일 때, 원 O의 넓이는?

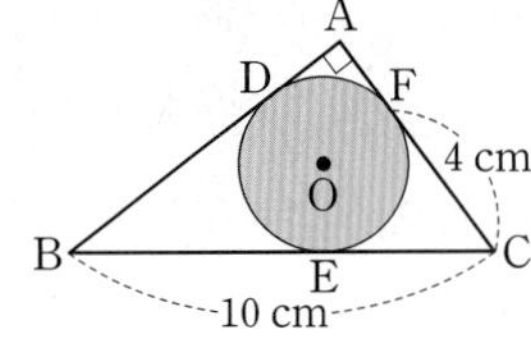

① π cm^2 ② $\sqrt{2}\pi$ cm^2 ③ 2π cm^2
④ $2\sqrt{2}\pi$ cm^2 ⑤ 4π cm^2

41

오른쪽 그림에서 원 O는 $\angle C=90^\circ$인 직각삼각형 ABC의 내접원이고 점 D, E, F는 접점이다. $\overline{AB}=20$ cm, $\overline{BC}=16$ cm일 때, $\overline{OB}$의 길이를 구하시오.

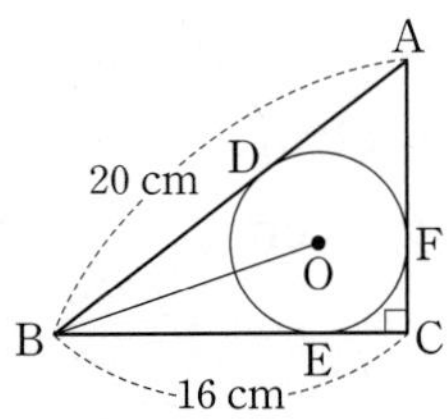

중요

42

오른쪽 그림에서 원 O는 $\angle A=90^\circ$인 직각삼각형 ABC의 내접원이고 점 D, E, F는 접점이다. $\overline{BE}=2$ cm, $\overline{CE}=3$ cm일 때, $\triangle ABC$의 넓이를 구하시오.

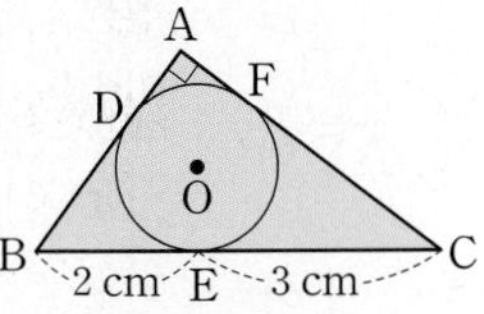

집중

유형 15 원에 외접하는 사각형의 성질 (1) 개념 4

원 O에 외접하는 사각형 ABCD에서
➡ $\overline{AB}+\overline{CD}=\overline{AD}+\overline{BC}$

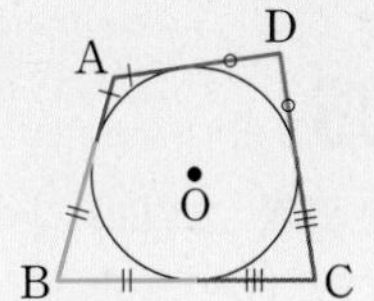

43 대표문제

오른쪽 그림에서 원 O는 ∠B=90°인 □ABCD의 내접원이다. $\overline{AB}=6$ cm, $\overline{AC}=6\sqrt{2}$ cm, $\overline{AD}=5$ cm일 때, $\overline{CD}$의 길이를 구하시오.

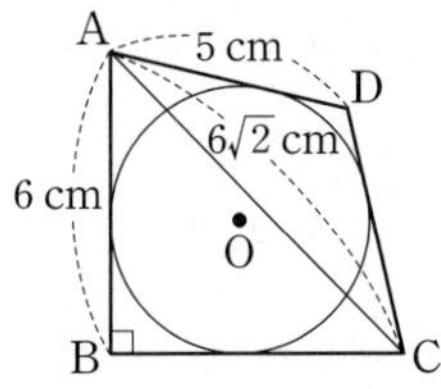

44

오른쪽 그림과 같이 □ABCD는 원 O에 외접한다. $\overline{AD}=8$ cm이고 □ABCD의 둘레의 길이가 38 cm일 때, $\overline{BC}$의 길이는?

① 8 cm ② 9 cm ③ 10 cm ④ 11 cm ⑤ 12 cm

45

오른쪽 그림과 같이 ∠C=∠D=90°인 사다리꼴 ABCD가 반지름의 길이가 4 cm인 원에 외접한다. $\overline{AB}=10$ cm일 때, □ABCD의 넓이를 구하시오.

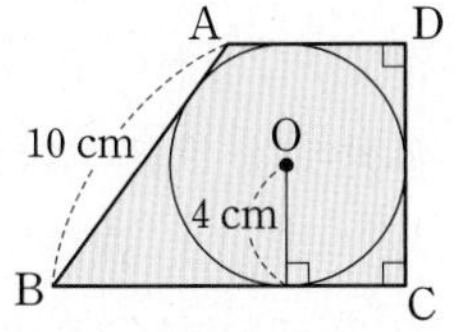

유형 16 원에 외접하는 사각형의 성질 (2) 개념 4

원 O가 직사각형 ABCD의 세 변 및 $\overline{DE}$와 접하고 점 F, G, H가 접점일 때

(1) $\overline{DH}=\overline{DG}$, $\overline{EF}=\overline{EG}$이므로
$\overline{DE}=\overline{DH}+\overline{EF}$

(2) □ABED가 원 O에 외접하므로
$\overline{AB}+\overline{DE}=\overline{AD}+\overline{BE}$

(3) 직각삼각형 DEC에서 $\overline{DE}^2=\overline{CE}^2+\overline{CD}^2$

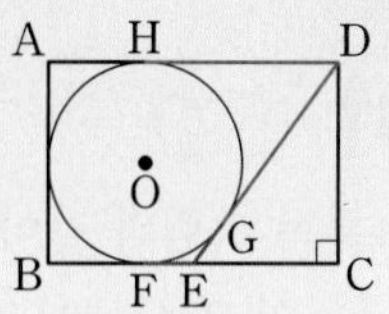

46 대표문제

오른쪽 그림에서 원 O는 직사각형 ABCD의 세 변 AD, BC, CD와 접하고 $\overline{AI}$는 원 O의 접선이다. 점 E, F, G, H가 접점이고 $\overline{AB}=12$ cm, $\overline{BI}=5$ cm일 때, $\overline{AD}$의 길이를 구하시오.

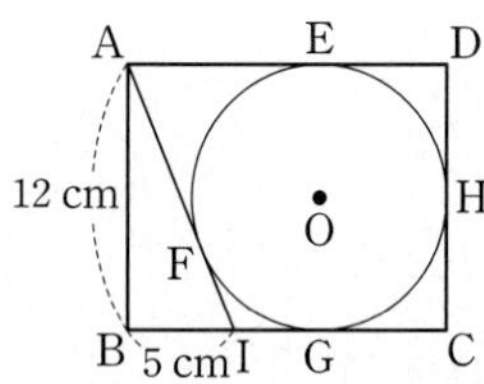

중요

47

오른쪽 그림에서 원 O는 직사각형 ABCD의 세 변 AB, BC, AD와 접하고 $\overline{DI}$는 원 O의 접선이다. 점 E, F, G, H가 접점이고 $\overline{AB}=6$ cm, $\overline{AD}=8$ cm일 때, △DIC의 둘레의 길이를 구하시오.

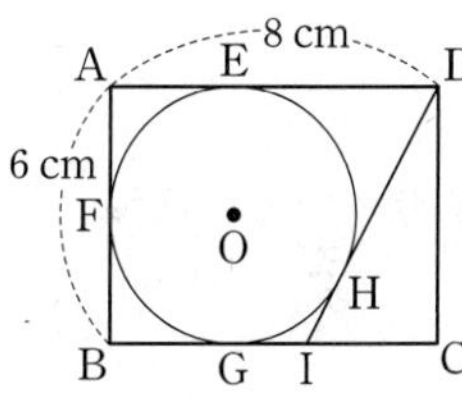

48 서술형

오른쪽 그림에서 원 O는 직사각형 ABCD의 세 변 AB, BC, AD와 접하고 $\overline{DI}$는 원 O의 접선이다. 점 E, F, G, H가 접점이고 $\overline{HD}=7$ cm, $\overline{DI}=9$ cm일 때, 원 O의 둘레의 길이를 구하시오.

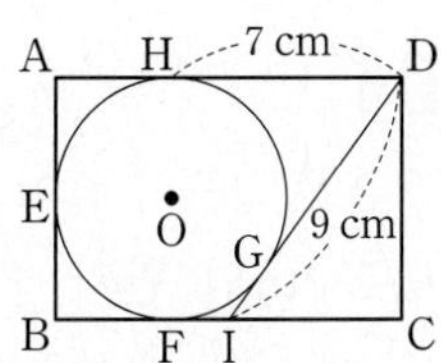

Real 실전 기출

01 최다빈출

오른쪽 그림과 같이 반지름의 길이가 9 cm인 원 O에서 $\overline{AB}\perp\overline{OH}$이고 $\overline{AB}=12$ cm일 때, $\overline{OH}$의 길이는?

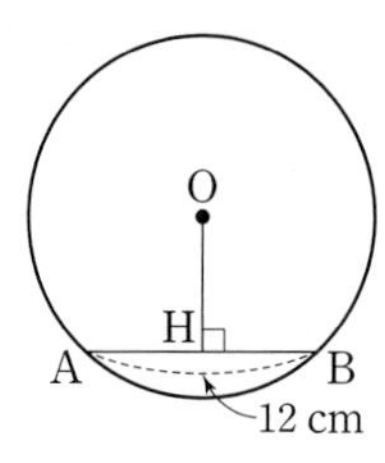

① $2\sqrt{3}$ cm ② $3\sqrt{5}$ cm
③ $4\sqrt{3}$ cm ④ $5\sqrt{3}$ cm
⑤ $4\sqrt{5}$ cm

02

오른쪽 그림의 원 O에서 $\overline{AB}\perp\overline{CH}$이고 $\overline{AB}=12$ cm, $\overline{AC}=\overline{BC}=4\sqrt{6}$ cm일 때, 원 O의 반지름의 길이를 구하시오.

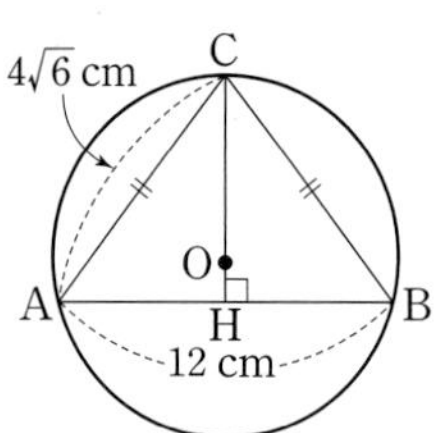

03 창의 역량

오른쪽 그림은 다리를 건설하기 위해 설계한 것이다. 다리의 곡선 부분은 반지름의 길이가 100 m인 원의 일부분이고 $\overline{AB}=120$ m일 때, $\overline{CD}$의 길이를 구하시오.

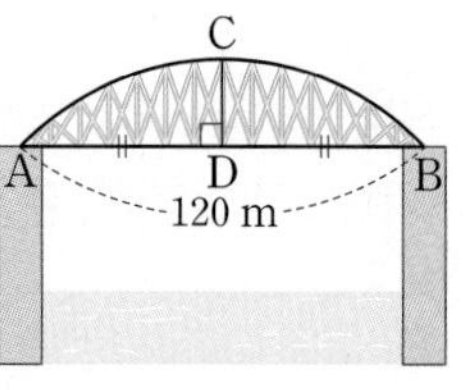

04

오른쪽 그림과 같이 반지름의 길이가 $6\sqrt{2}$ cm인 원의 중심 O에서 $\overline{AB}$, $\overline{CD}$에 내린 수선의 발을 각각 M, N이라 하자. $\overline{OM}=\overline{ON}=4$ cm일 때, $\overline{AB}+\overline{CD}$의 길이를 구하시오.

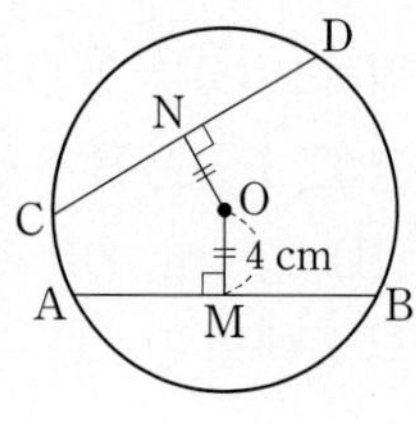

05

오른쪽 그림과 같이 원의 중심 O에서 $\overline{AB}$, $\overline{BC}$, $\overline{AC}$에 내린 수선의 발을 각각 D, E, F라 하자. $\overline{OD}=\overline{OE}=\overline{OF}$이고 $\overline{AB}=18$ cm일 때, 원 O의 넓이는?

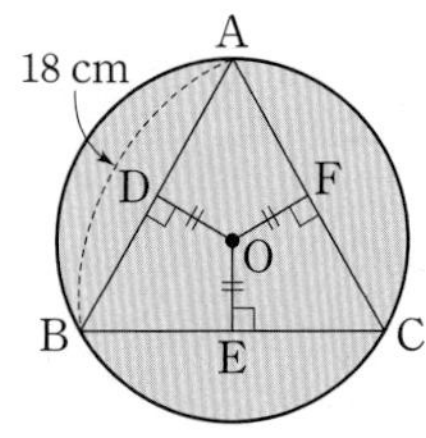

① 72π cm^2 ② 81π cm^2 ③ 90π cm^2
④ 108π cm^2 ⑤ 144π cm^2

06

오른쪽 그림에서 두 직선 PA, PB는 각각 점 A, B를 접점으로 하는 원 O의 접선이다. $\overline{OA}$, $\overline{OB}$에 의하여 생기는 두 부채꼴 S_1, S_2의 넓이의 비가 2 : 3일 때, ∠P의 크기를 구하시오.

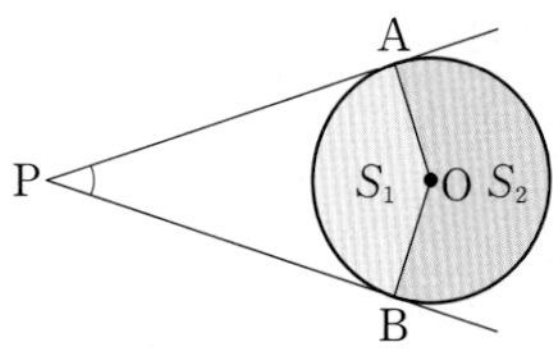

07

오른쪽 그림에서 $\overline{AD}$, $\overline{BC}$, $\overline{AF}$는 원 O의 접선이고 점 D, E, F는 접점이다. $\overline{AB}=8$ cm, $\overline{AC}=9$ cm, $\overline{AD}=12$ cm일 때, $\overline{BC}$의 길이를 구하시오.

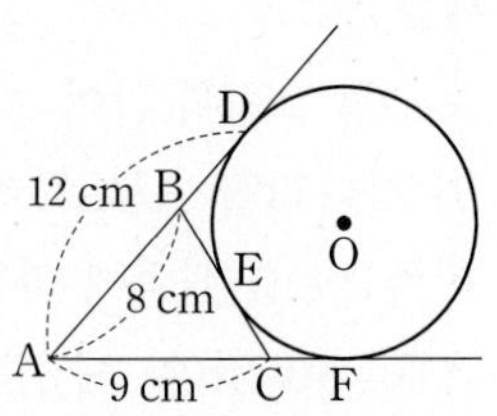

08 최다빈출

오른쪽 그림에서 반지름의 길이가 6 cm인 원 O는 △ABC의 내접원이고 점 D, E, F는 접점이다. $\overline{AB}$=18 cm, $\overline{AF}$=10 cm일 때, 원 O와 $\overline{BO}$의 교점 P에 대하여 $\overline{BP}$의 길이를 구하시오.

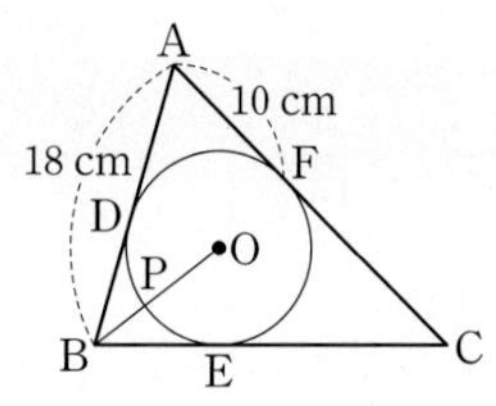

09

오른쪽 그림과 같이 원 밖의 점 P에서 원 O에 그은 접선의 접점을 T, 점 T에서 $\overline{PO}$에 내린 수선의 발을 H라 하자. $\overline{PH}$=9 cm, $\overline{OH}$=4 cm일 때, $\overline{OT}$의 길이를 구하시오.

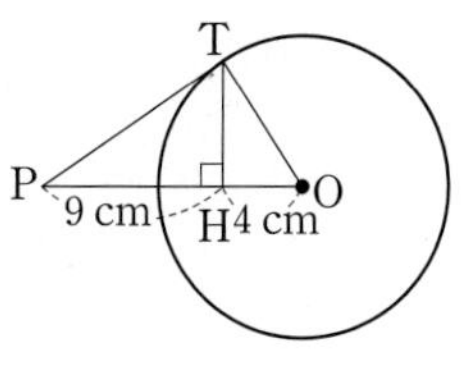

10

오른쪽 그림에서 $\overline{AB}$는 반원 O의 지름이고 $\overline{AD}$, $\overline{BC}$, $\overline{CD}$는 반원에 접한다. $\overline{AD}$=4 cm, $\overline{BC}$=9 cm일 때, △OCD의 넓이를 구하시오.

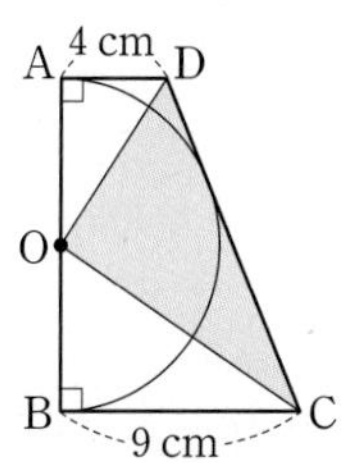

11

오른쪽 그림과 같이 중심이 O로 같고 반지름의 길이가 각각 6 cm, 2 cm인 두 원에서 $\overline{AB}$는 큰 원의 지름이고 점 E는 두 현 AB, CD의 교점이다. $\overline{AB}\perp\overline{CD}$이고 큰 원의 현 BD와 작은 원이 점 F에서 접할 때, $\overline{CD}$의 길이를 구하시오.

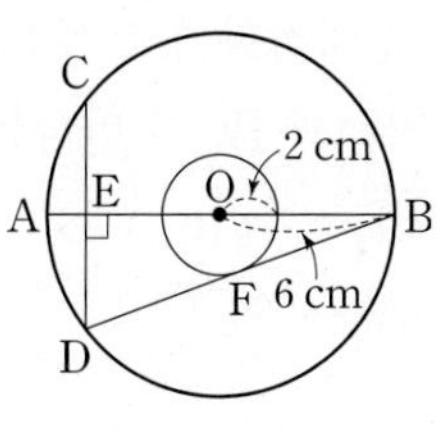

100점 공략

12

다음 그림과 같이 반지름의 길이가 10인 3개의 원 O_1, O_2, O_3이 외접하고 $\overline{AB}$는 원 O_3의 접선이며 점 B는 접점이다. $\overline{AB}$와 원 O_2의 두 교점을 C, D라 할 때, $\overline{CD}$의 길이를 구하시오. (단, 네 점 A, O_1, O_2, O_3은 한 직선 위에 있다.)

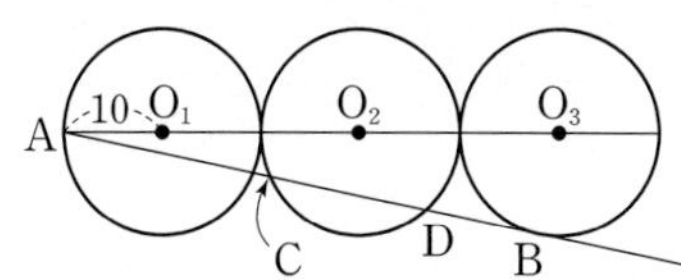

13

오른쪽 그림에서 원 O는 ∠B=90°인 직각삼각형 ABC의 내접원이고 $\overline{DE}$는 원 O의 접선이다. $\overline{AB}$=5, $\overline{AC}$=13일 때, △EDC의 둘레의 길이를 구하시오.

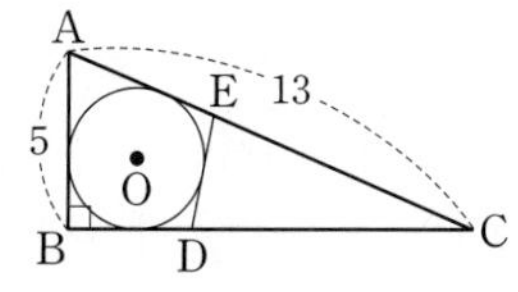

14

오른쪽 그림과 같은 직사각형 ABCD의 변에 접하는 두 원 O, O′이 서로 외접한다. $\overline{PC}$는 원 O의 접선이고 $\overline{PC}$=5, $\overline{PD}$=3일 때, 원 O′의 둘레의 길이를 구하시오.

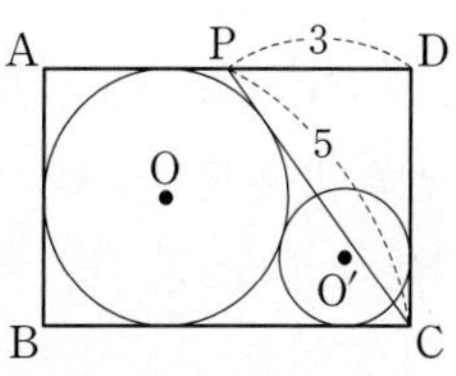

정답과 해설 39쪽

서술형

15

오른쪽 그림과 같이 원 O의 원주 위의 한 점이 원의 중심 O에 겹치도록 $\overline{AB}$를 접는 선으로 하여 접었다. $\overline{AB}=4\sqrt{3}$ cm일 때, $\widehat{AB}$의 길이를 구하시오.

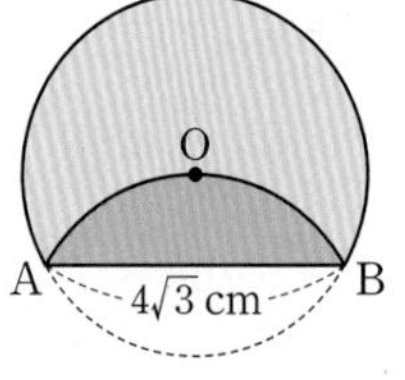

풀이

답

16

오른쪽 그림에서 두 직선 PA, PB는 원 O의 접선이고 두 점 A, B는 접점이다. $\angle P=60°$, $\overline{BP}=12$ cm일 때, 색칠한 부분의 넓이를 구하시오.

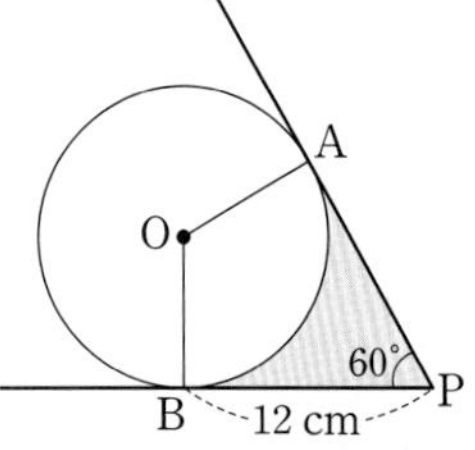

풀이

답

17

오른쪽 그림에서 $\overline{AB}$는 반원 O의 지름이고 $\overline{AC}$, $\overline{BD}$, $\overline{CD}$는 반원에 접한다. $\overline{AC}=3$ cm, $\overline{BD}=8$ cm일 때, 색칠한 부분의 넓이를 구하시오.

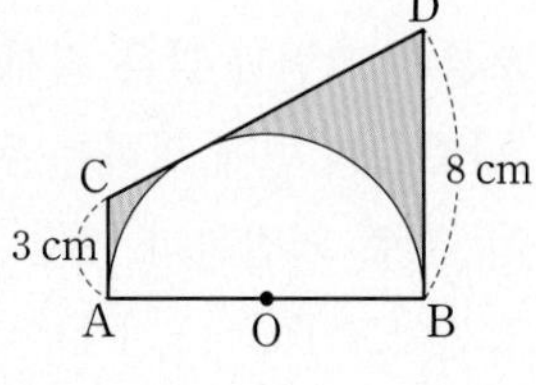

풀이

답

18

오른쪽 그림에서 원 O는 □ABCD의 내접원이다. $\angle C=\angle D=90°$, $\overline{AD}=8$ cm, $\overline{BC}=12$ cm일 때, 원 O의 반지름의 길이를 구하시오.

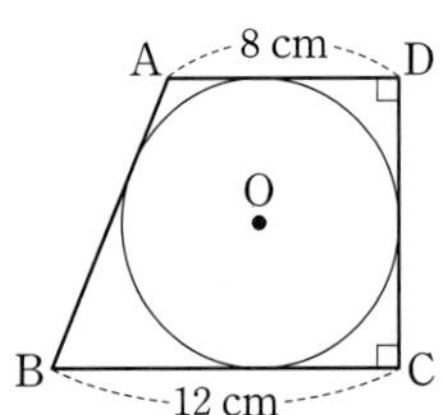

풀이

답

19 100점

오른쪽 그림과 같이 원 O의 중심에서 두 현 AB, AC에 내린 수선의 발을 각각 M, N이라 하자. $\overline{OM}=\overline{ON}$이고 $\overline{AB}=16$ cm, $\overline{BC}=12$ cm일 때, △AMN의 둘레의 길이를 구하시오.

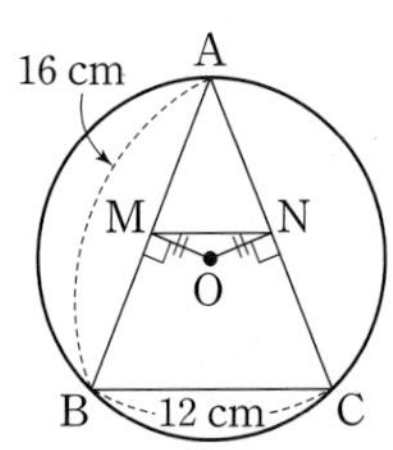

풀이

답

20 100점

오른쪽 그림에서 원 O는 $\angle C=90°$인 직각삼각형 ABC의 내접원이고 점 D는 $\overline{AO}$의 연장선과 $\overline{BC}$가 만나는 점이다. $\overline{BD}=3$ cm, $\overline{CD}=1$ cm일 때, 원 O의 반지름의 길이를 구하시오.

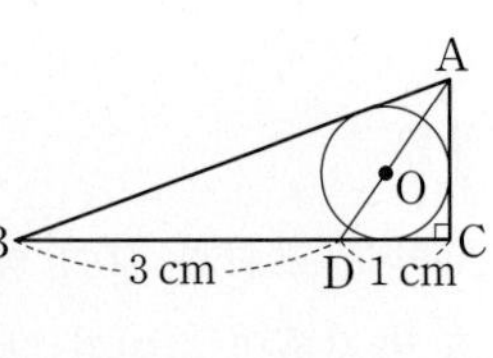

풀이

답

Ⅱ. 원의 성질

04 원주각

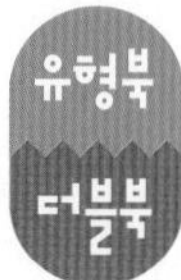

53 ~ 64쪽

26 ~ 31쪽

개념 1 원주각과 중심각의 크기 유형 01~03

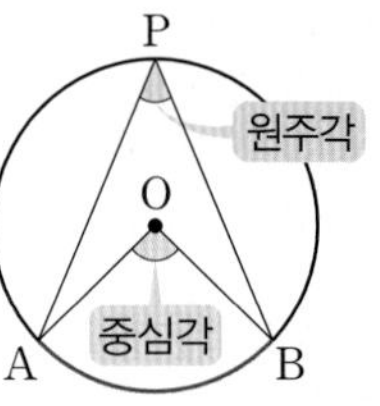

(1) **원주각:** 원 O에서 호 AB 위에 있지 않은 원 위의 점 P에 대하여 $\angle APB$를 호 AB에 대한 원주각이라 한다.

(2) **원주각과 중심각의 크기:** 원에서 한 호에 대한 원주각의 크기는 그 호에 대한 중심각의 크기의 $\frac{1}{2}$이다.

➜ $\angle APB=\frac{1}{2}\angle AOB$

➕ 개념 노트

- 부채꼴에서 두 반지름이 이루는 각을 중심각이라 한다.
- 호 AB를 원주각 APB에 대한 호라 한다.
- 한 호에 대한 중심각은 하나이지만 그 원주각은 무수히 많다.

개념 2 원주각의 성질 유형 04~06

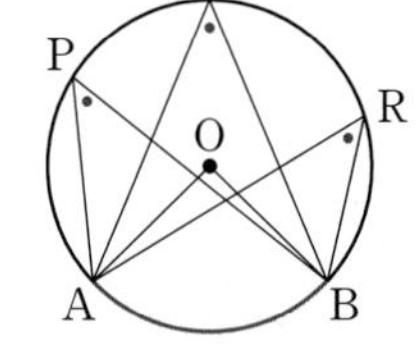

(1) 원에서 한 호에 대한 원주각의 크기는 모두 같다.

➜ $\angle APB=\angle AQB=\angle ARB$

참고 $\angle APB$, $\angle AQB$, $\angle ARB$는 모두 $\widehat{AB}$에 대한 원주각이므로
$\angle APB=\angle AQB=\angle ARB=\frac{1}{2}\angle AOB$

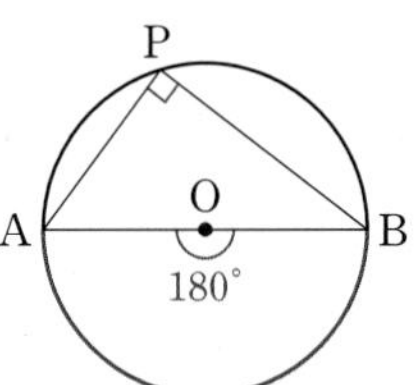

(2) 반원에 대한 원주각의 크기는 90°이다.

➜ $\overline{AB}$가 원 O의 지름이면 $\angle APB=90^\circ$

참고 반원에 대한 중심각의 크기는 180°이므로
$\angle APB=\frac{1}{2}\times180^\circ=90^\circ$

- 한 원에서 모든 호에 대한 원주각의 크기의 합은 180°이다.

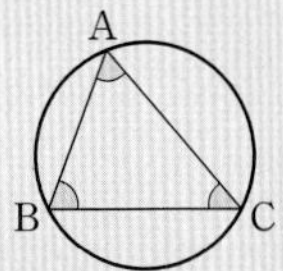

즉, 위의 그림에서
$\angle ABC+\angle BCA+\angle CAB=180^\circ$

개념 3 원주각의 크기와 호의 길이 유형 07~09

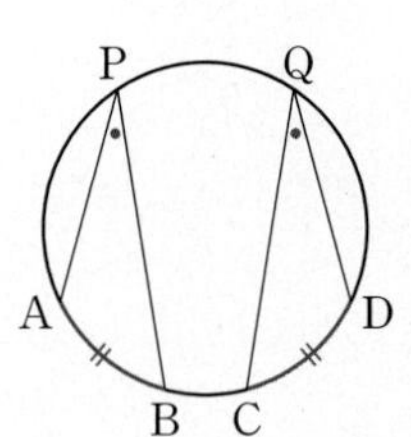

한 원 또는 합동인 두 원에서

(1) 길이가 같은 호에 대한 원주각의 크기는 같다.

➜ $\widehat{AB}=\widehat{CD}$이면 $\angle APB=\angle CQD$

(2) 크기가 같은 원주각에 대한 호의 길이는 같다.

➜ $\angle APB=\angle CQD$이면 $\widehat{AB}=\widehat{CD}$

(3) 호의 길이는 그 호에 대한 원주각의 크기에 정비례한다.

➜ $\angle APB : \angle CQD=\widehat{AB} : \widehat{CD}$

참고 호의 길이는 그 호에 대한 중심각의 크기에 정비례하므로 호의 길이는 그 호에 대한 원주각의 크기에도 정비례한다.

- 원주각의 크기와 현의 길이는 정비례하지 않는다.

개념 1 원주각과 중심각의 크기

01 다음은 오른쪽 그림과 같이 원의 중심 O가 $\angle APB$의 내부에 있을 때, $\angle APB=\frac{1}{2}\angle AOB$임을 설명하는 과정이다. □ 안에 알맞은 것을 써넣으시오.

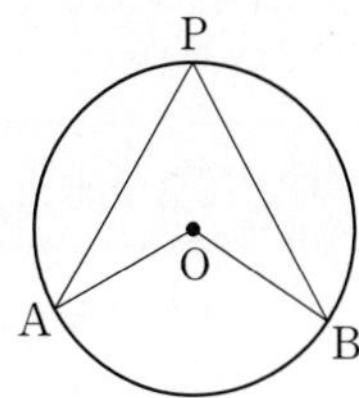

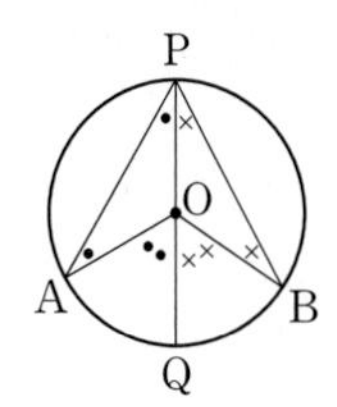

오른쪽 그림과 같이 반지름 PO의 연장선이 호 AB와 만나는 점을 Q라 하면
$\triangle OPA$, $\triangle OPB$는 □ 삼각형이므로
$\angle APO=\angle PAO$, $\angle BPO=\angle PBO$
따라서 삼각형의 내각과 외각의 크기 사이의 관계에 의하여
$\angle AOQ=2\angle APO$, □ $=2\angle BPO$
$\therefore \angle AOB=\angle AOQ+$ □
$=2\angle APO+2\angle BPO=2$ □
$\therefore \angle APB=\frac{1}{2}$ □

[02~07] 다음 그림의 원 O에서 $\angle x$의 크기를 구하시오.

02

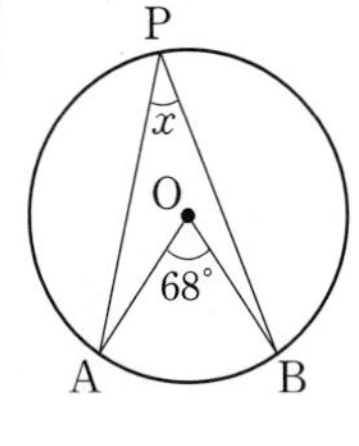

03

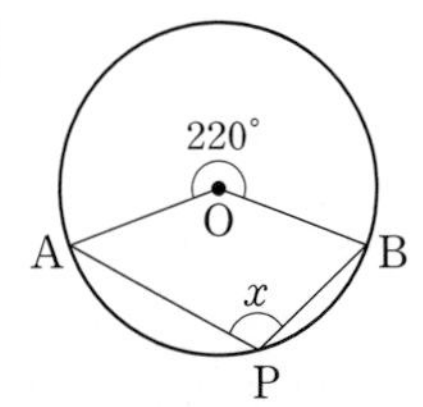

04

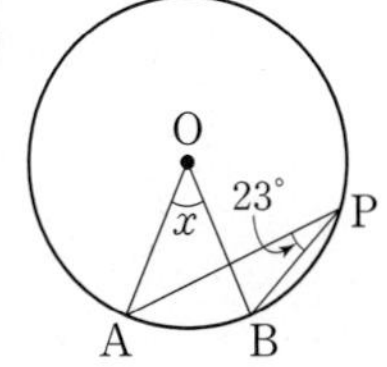

05

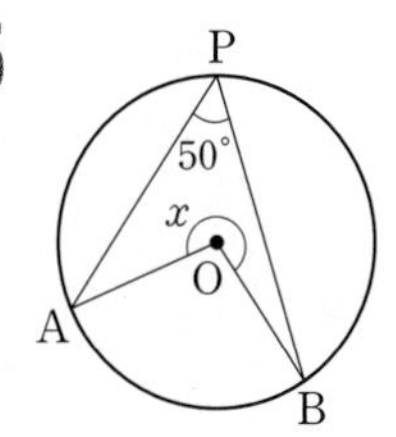

06

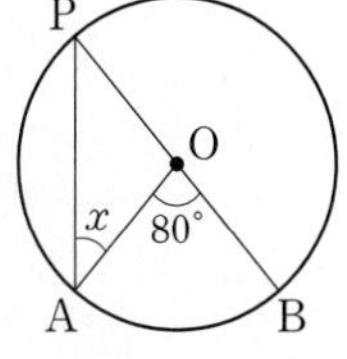

07

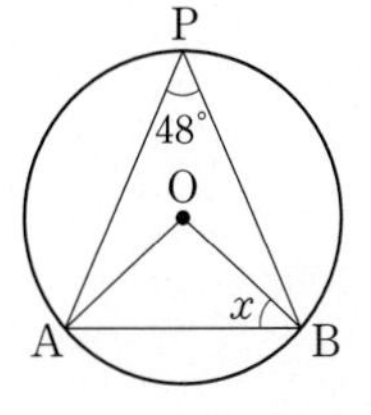

개념 2 원주각의 성질

[08~09] 다음 그림에서 $\angle x$의 크기를 구하시오.

08

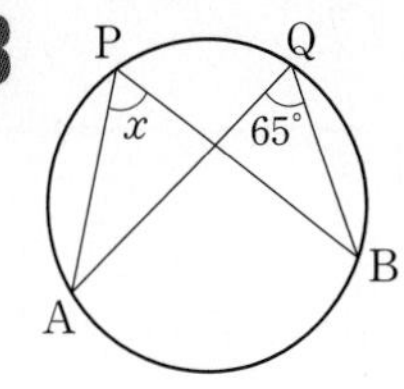

09

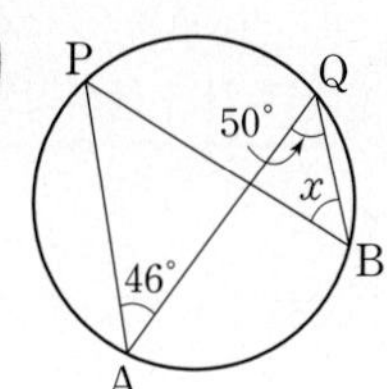

[10~11] 다음 그림에서 $\overline{AB}$가 원 O의 지름일 때, $\angle x$의 크기를 구하시오.

10

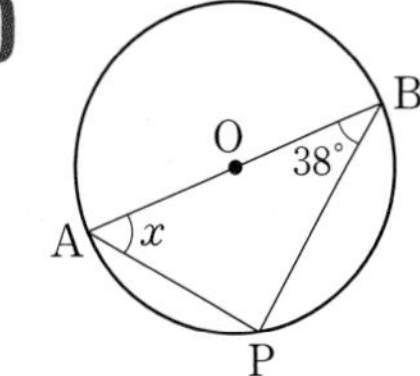

11

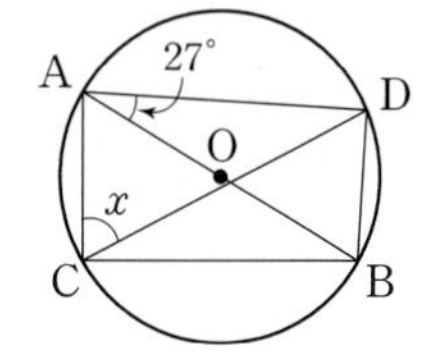

개념 3 원주각의 크기와 호의 길이

[12~17] 다음 그림에서 x의 값을 구하시오.

12

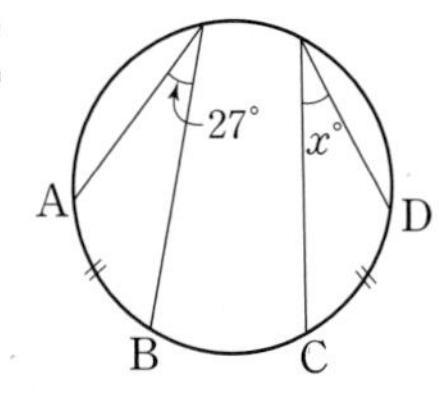

13

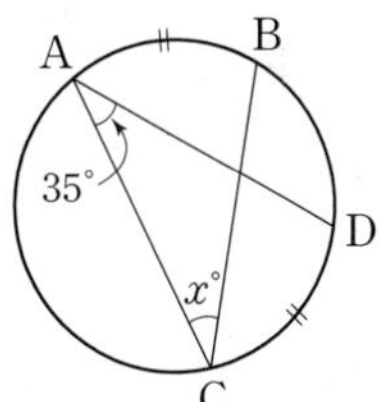

14

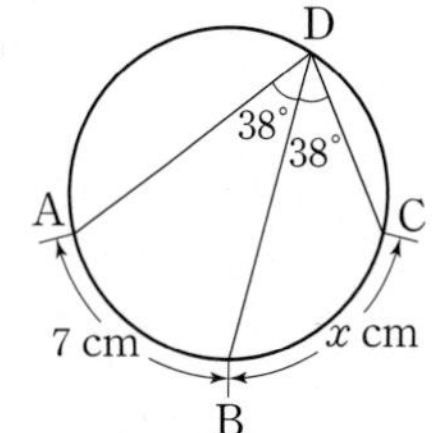

15

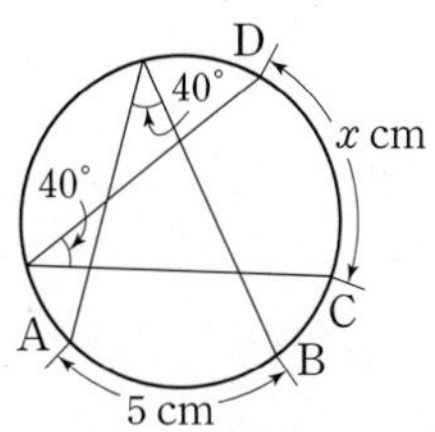

16

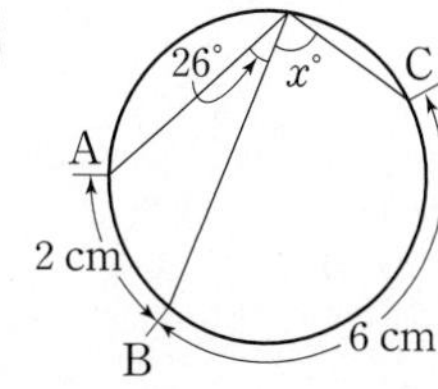

17

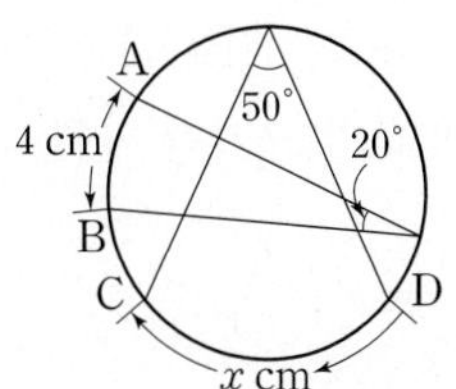

04 원주각

집중

유형 01 원주각과 중심각의 크기 (1)

개념 1

한 원에서

(원주각의 크기)$=\frac{1}{2}\times$(중심각의 크기)

➡ $\angle APB=\frac{1}{2}\angle AOB$

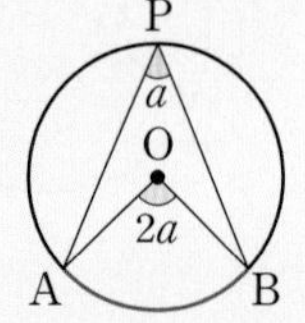

01 대표문제

오른쪽 그림의 원 O에서 $\angle AEB=25°$, $\angle AOC=128°$일 때, $\angle x$의 크기를 구하시오.

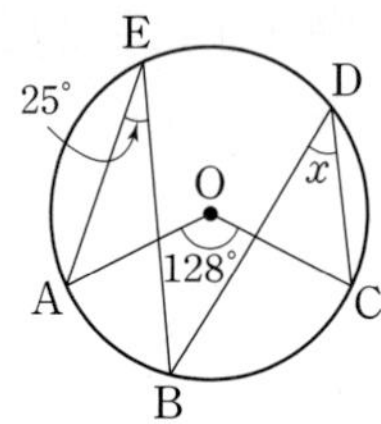

02

오른쪽 그림의 원 O에서 $\angle APB=40°$일 때, $\angle OAB$의 크기를 구하시오.

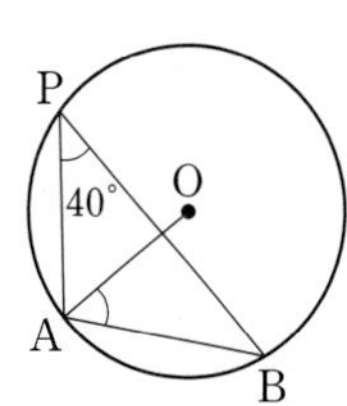

03

오른쪽 그림과 같은 원 O에서 $\angle ABO=20°$, $\angle ACO=25°$이고 $\overline{OC}=4$ cm일 때, 부채꼴 BOC의 넓이를 구하시오.

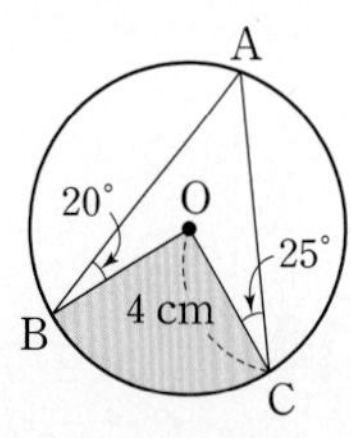

04 서술형

오른쪽 그림에서 점 P는 원 O의 두 현 AB, CD의 연장선의 교점이다. $\angle P=50°$, $\angle BOD=150°$일 때, $\angle PBC$의 크기를 구하시오.

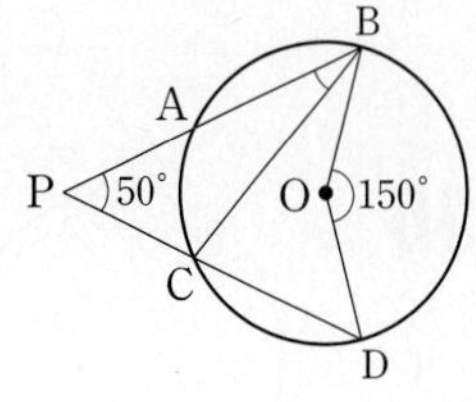

유형 02 원주각과 중심각의 크기 (2)

개념 1

원 O의 두 반지름과 두 현으로 이루어진 □AOBP에서 ∠AOB의 크기가 주어졌을 때

$\angle APB=\frac{1}{2}\times(360°-\angle AOB)$

└→ $\widehat{ACB}$에 대한 중심각의 크기

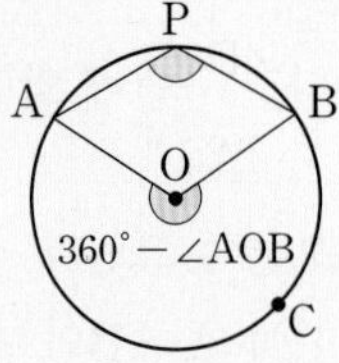

05 대표문제

오른쪽 그림과 같은 원 O에서 $\angle BCD=122°$일 때, $\angle x+\angle y$의 크기를 구하시오.

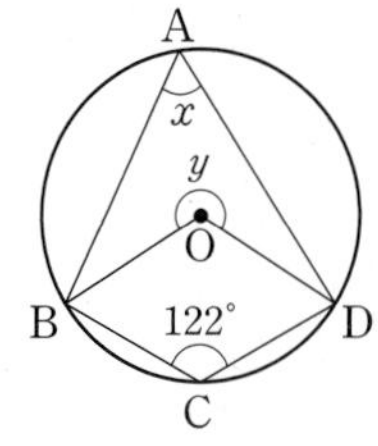

06

오른쪽 그림과 같은 원 O에서 $\angle BAC=98°$일 때, $\angle x$의 크기를 구하시오.

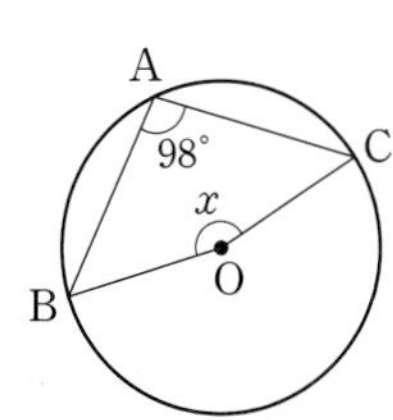

중요

07

오른쪽 그림과 같은 원 O에서 $\angle OAB=62°$, $\angle AOC=110°$일 때, $\angle BCO$의 크기를 구하시오.

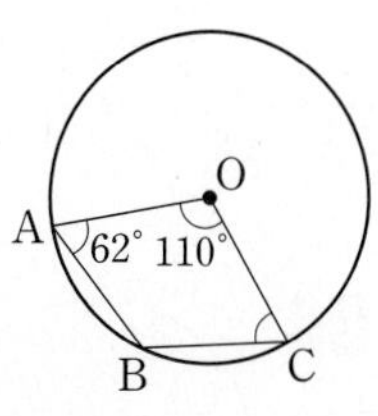

08 서술형

오른쪽 그림과 같은 원 O에서 $\angle ABC=120°$, $\overline{OC}=6$ cm일 때, 색칠한 부분의 둘레의 길이를 구하시오.

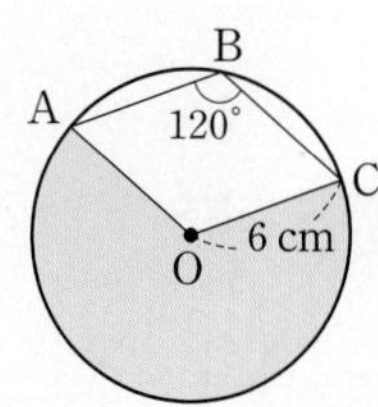

유형 03 원주각과 중심각의 크기 (3); 접선이 주어진 경우 개념1

두 점 A, B가 점 P에서 원 O에 그은 접선의 접점일 때

(1) $\angle OAP=\angle OBP=90^\circ$이므로
$\angle P+\angle AOB=180^\circ$

(2) $\angle ACB=\frac{1}{2}\angle AOB=\frac{1}{2}\times(180^\circ-\angle P)$

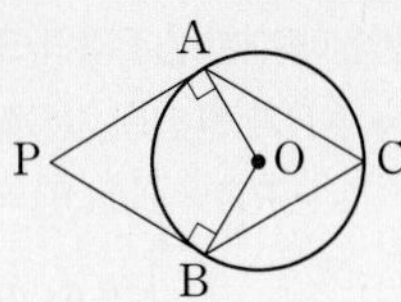

09 대표문제

오른쪽 그림에서 두 점 A, B는 점 P에서 원 O에 그은 두 접선의 접점이다. $\angle ACB=66^\circ$일 때, $\angle P$의 크기를 구하시오.

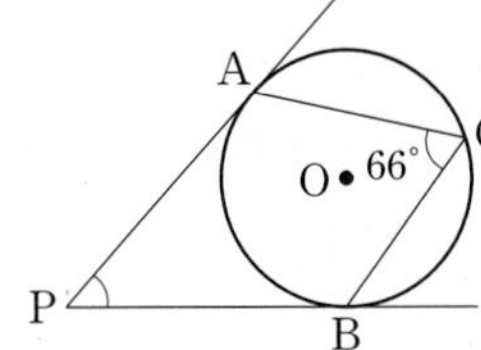

중요

10

오른쪽 그림에서 두 점 A, B는 점 P에서 원 O에 그은 두 접선의 접점이다. $\angle P=70^\circ$일 때, $\angle ACB$의 크기를 구하시오.

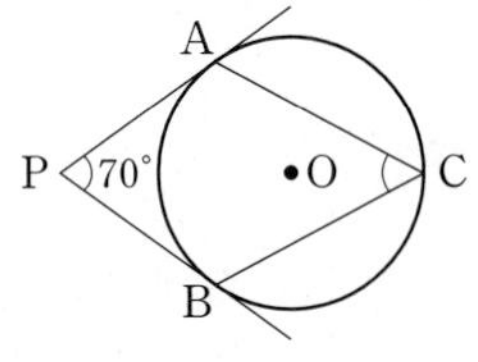

11 서술형

오른쪽 그림에서 두 점 A, B는 점 P에서 원 O에 그은 두 접선의 접점이다. $\angle P=54^\circ$일 때, $\angle ACB$의 크기를 구하시오.

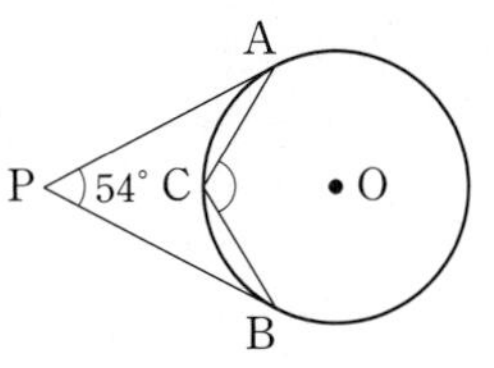

12

오른쪽 그림에서 두 점 A, B는 점 P에서 원 O에 그은 두 접선의 접점이다. $\angle ACB=108^\circ$일 때, $\angle P$의 크기를 구하시오.

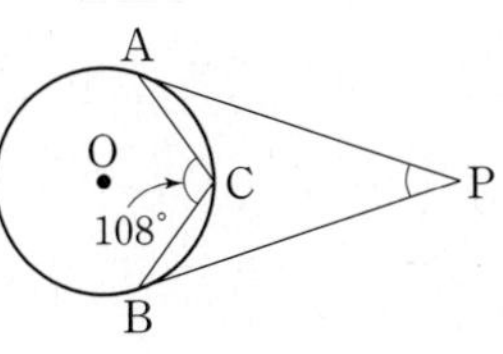

집중

유형 04 원주각의 성질 (1); 한 호에 대한 원주각의 크기 개념2

한 호에 대한 원주각의 크기는 모두 같다.

➡ $\angle APB=\angle AQB=\angle ARB$

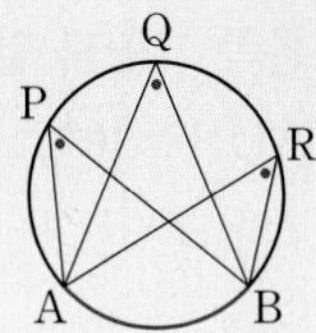

13 대표문제

오른쪽 그림에서 $\angle APB=44^\circ$, $\angle BRC=34^\circ$일 때, $\angle AQC$의 크기를 구하시오.

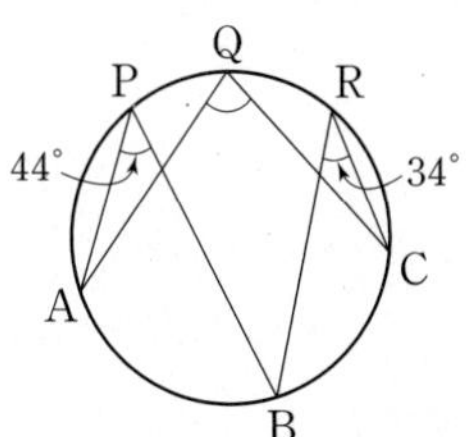

14

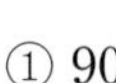

오른쪽 그림과 같은 원 O에서 $\angle APB=35^\circ$일 때, $\angle x+\angle y$의 크기는?

① 90° ② 95°
③ 100° ④ 105°
⑤ 110°

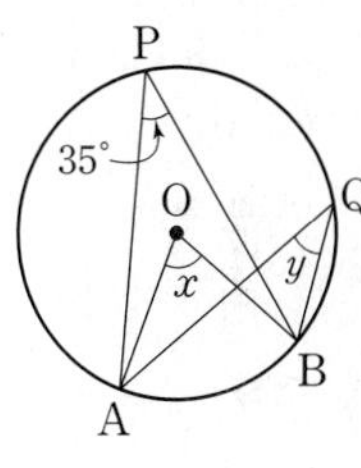

15

오른쪽 그림에서 $\angle ACB=51^\circ$, $\angle DAC=38^\circ$일 때, $\angle x$의 크기를 구하시오.

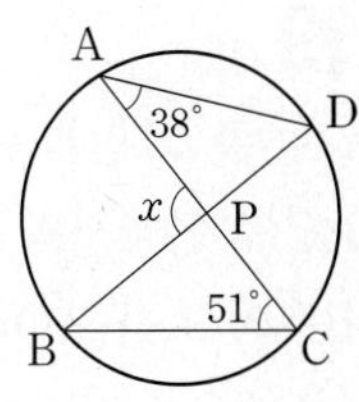

04 원주각

16

오른쪽 그림과 같은 원 O에서 $\angle AOB=40°$, $\angle APC=45°$일 때, $\angle x$의 크기는?

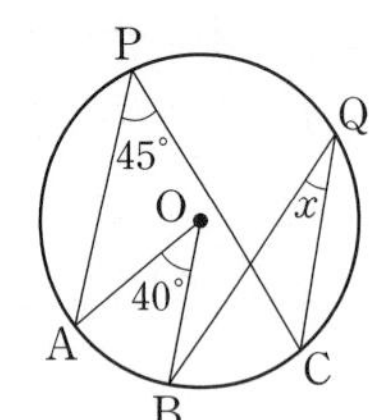

① 20° ② 21°
③ 23° ④ 24°
⑤ 25°

17

오른쪽 그림과 같은 원에서 $\angle ABD=32°$, $\angle ACB=28°$, $\angle BDC=55°$일 때, $\angle x$의 크기를 구하시오.

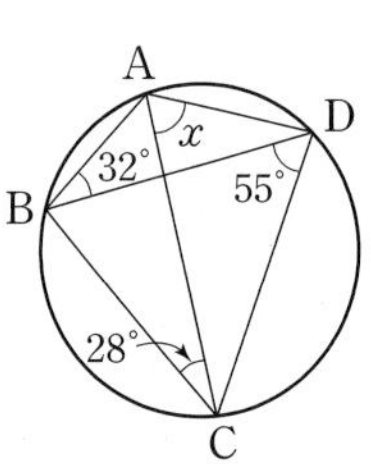

18 서술형

오른쪽 그림과 같이 두 현 AD, BC의 연장선의 교점을 P, $\overline{AC}$와 $\overline{BD}$의 교점을 Q라 하자. $\angle CAD=20°$, $\angle P=28°$일 때, $\angle x$의 크기를 구하시오.

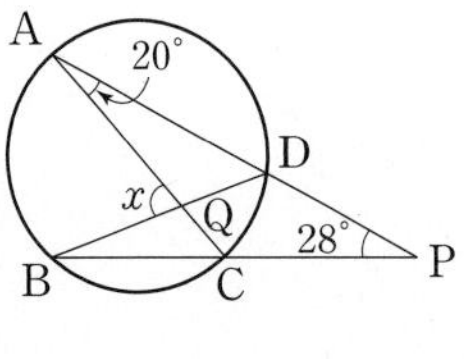

19

오른쪽 그림과 같이 두 현 AD, BC의 연장선의 교점을 P, $\overline{AC}$와 $\overline{BD}$의 교점을 Q라 하자. $\angle DQC=80°$, $\angle P=32°$일 때, $\angle x$의 크기를 구하시오.

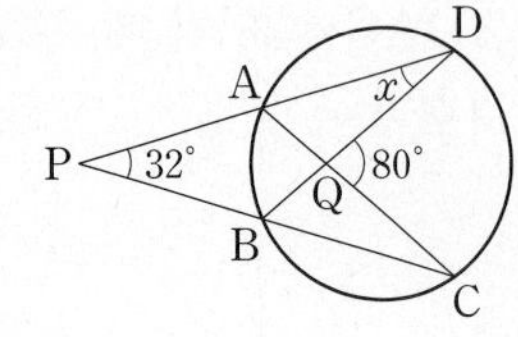

집중

유형 05 원주각의 성질 (2); 반원에 대한 원주각의 크기 (개념2)

반원에 대한 원주각의 크기는 90°이다.

➡ $\overline{AB}$가 원 O의 지름이면

$\angle APB=\angle AQB=\angle ARB$

$=\frac{1}{2}\angle AOB$

$=\frac{1}{2}\times 180°=90°$

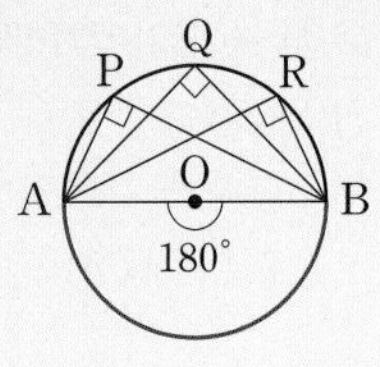

20 대표문제

오른쪽 그림에서 $\overline{AB}$는 원 O의 지름이고 $\angle AQP=49°$일 때, $\angle x$의 크기를 구하시오.

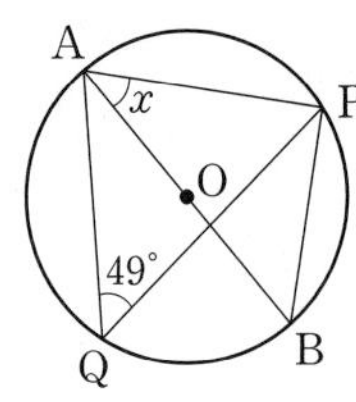

21

오른쪽 그림에서 $\overline{BD}$는 원 O의 지름이고 $\angle ADB=40°$일 때, $\angle x$의 크기를 구하시오.

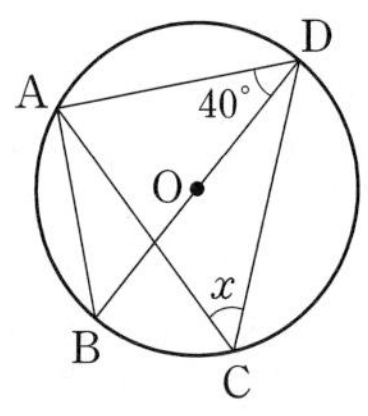

22

오른쪽 그림에서 $\overline{AC}$는 원 O의 지름이고 $\angle BAC=23°$일 때, $\angle x$의 크기를 구하시오.

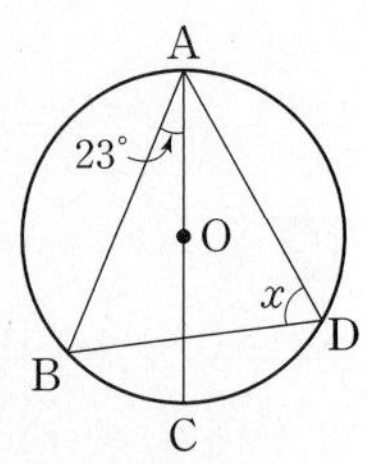

23

오른쪽 그림에서 $\overline{AC}$는 원 O의 지름이고 $\angle BDC=36°$, $\angle DBC=40°$일 때, $\angle x-\angle y$의 크기를 구하시오.

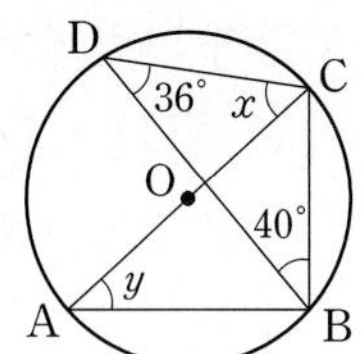

24 서술형

오른쪽 그림에서 $\overline{BC}$는 원 O의 지름이고 $\angle A=68°$일 때, $\angle x$의 크기를 구하시오.

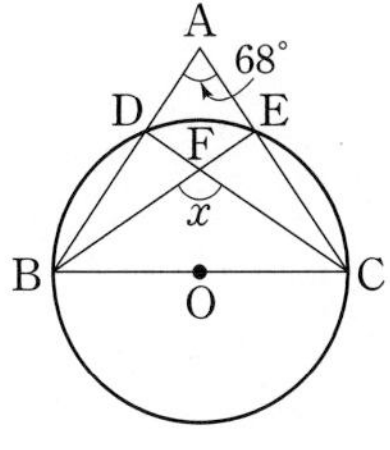

중요

25

오른쪽 그림에서 $\overline{AB}$는 반원 O의 지름이고 $\angle COD=74°$일 때, $\angle x$의 크기는?

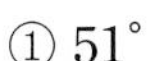

① 51° ② 52°
③ 53° ④ 54°
⑤ 55°

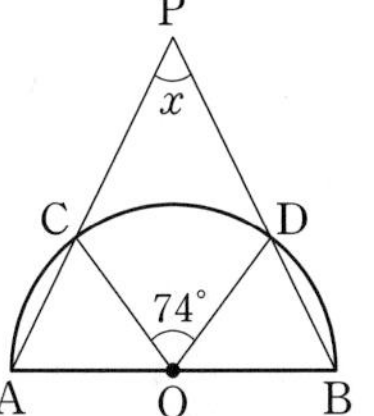

26

오른쪽 그림에서 $\overline{BC}$는 원 O의 지름이고 $\overline{OB}=6$ cm, $\angle ACB=34°$, $\angle DBC=26°$일 때, $\overset{\frown}{AD}$의 길이를 구하시오.

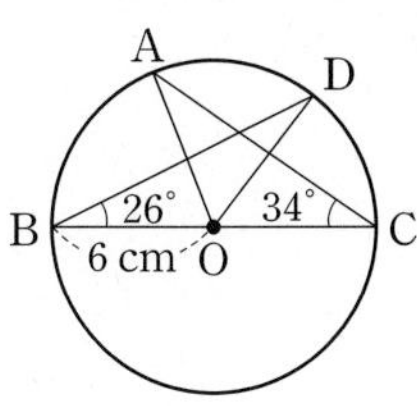

유형 06 원주각과 삼각비의 값

개념 2

$\triangle ABC$가 원 O에 내접할 때, 원의 지름인 $\overline{A'B}$를 그어 원에 내접하는 직각삼각형 $\triangle A'BC$를 그리면 $\angle BAC=\angle BA'C$이므로

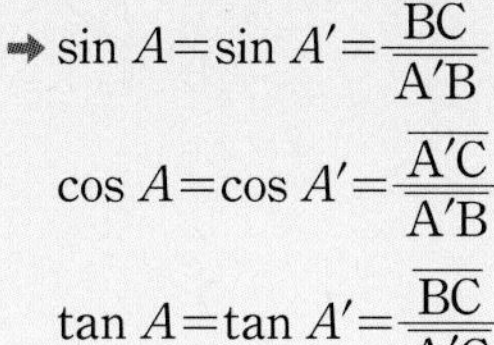

→ $\sin A=\sin A'=\dfrac{\overline{BC}}{\overline{A'B}}$

$\cos A=\cos A'=\dfrac{\overline{A'C}}{\overline{A'B}}$

$\tan A=\tan A'=\dfrac{\overline{BC}}{\overline{A'C}}$

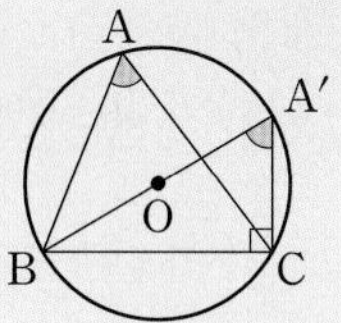

27 대표문제

오른쪽 그림과 같이 반지름의 길이가 4 cm인 원 O에 내접하는 $\triangle ABC$에서 $\overline{AC}=6$ cm일 때, $\sin B$의 값을 구하시오.

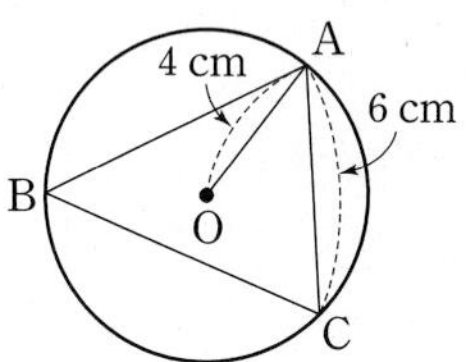

28

오른쪽 그림과 같이 원 O에 내접하는 $\triangle ABC$에서 $\angle CAB=30°$, $\overline{BC}=2\sqrt{3}$ cm일 때, $\triangle ABC$의 넓이는?

① 6 cm^2 ② $6\sqrt{3}$ cm^2
③ 12 cm^2 ④ $12\sqrt{2}$ cm^2
⑤ $12\sqrt{3}$ cm^2

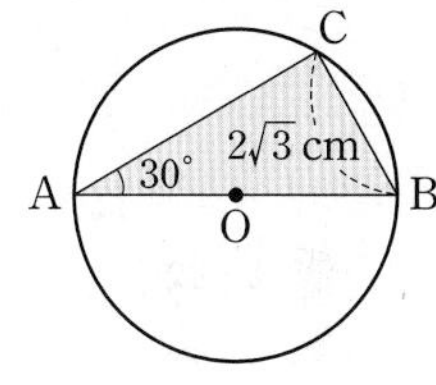

29

오른쪽 그림과 같이 원 O에 내접하는 $\triangle ABC$에서 $\sin C=\dfrac{2}{3}$, $\overline{AB}=6$ cm일 때, 원 O의 지름의 길이를 구하시오.

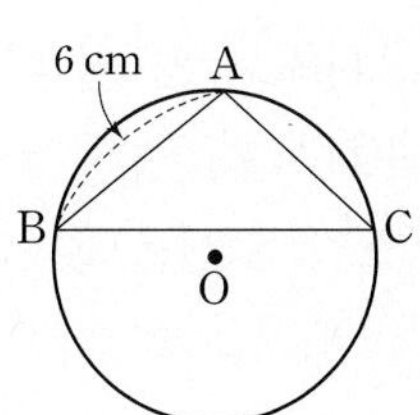

집중

유형 07 원주각의 크기와 호의 길이 (1)

개념 3

한 원에서

(1) 길이가 같은 호에 대한 원주각의 크기는 같다.
➡ $\widehat{AB}=\widehat{CD}$이면 $\angle APB=\angle CQD$

(2) 크기가 같은 원주각에 대한 호의 길이는 같다.
➡ $\angle APB=\angle CQD$이면 $\widehat{AB}=\widehat{CD}$

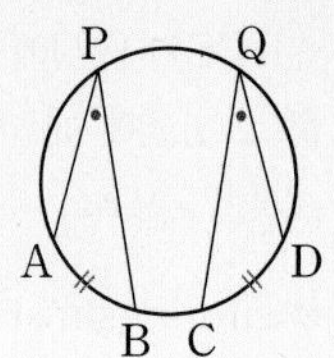

30 대표문제

오른쪽 그림에서 $\widehat{AB}=\widehat{BC}$, $\angle ADC=80°$일 때, $\angle x$의 크기는?

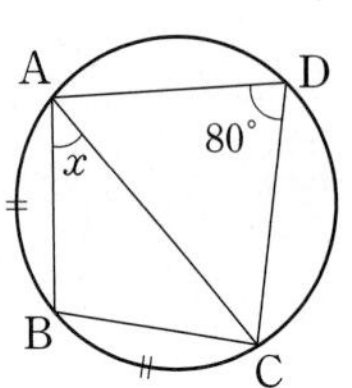

① 40° ② 41°
③ 42° ④ 43°
⑤ 44°

31

오른쪽 그림에서 점 M은 $\widehat{AB}$의 중점이고 $\angle ADM=25°$일 때, $\angle ACB$의 크기를 구하시오.

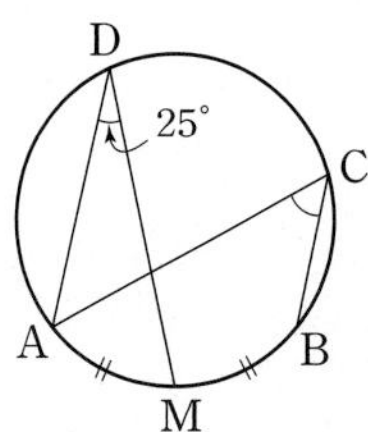

중요

32

오른쪽 그림에서 $\widehat{AB}=\widehat{CD}$, $\angle DBC=37°$일 때, $\angle AEB$의 크기를 구하시오.

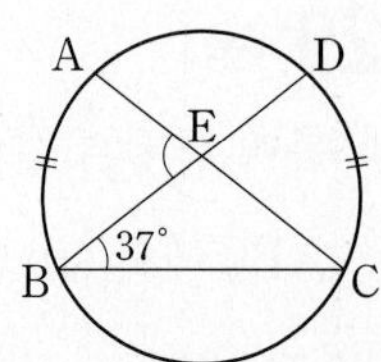

33

오른쪽 그림에서 $\overline{AB}$는 원 O의 지름이고 $\widehat{AC}=\widehat{CD}=\widehat{DB}$일 때, $\angle x$의 크기를 구하시오.

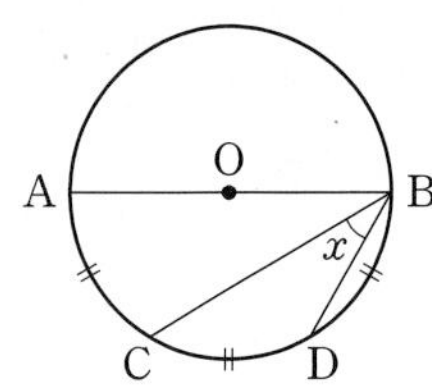

34 서술형

오른쪽 그림에서 $\overline{BE}/\!/\overline{CD}$, $\widehat{AB}=\widehat{BC}$, $\angle ADC=30°$일 때, $\angle DAE$의 크기를 구하시오.

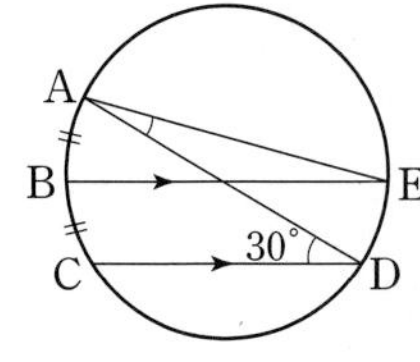

35

오른쪽 그림과 같이 $\overline{AB}$를 지름으로 하는 반원 O에서 점 P는 $\overline{AC}$와 $\overline{BD}$의 교점이다. $\widehat{AD}=\widehat{CD}$이고 $\angle ABD=24°$일 때, $\angle CPB$의 크기를 구하시오.

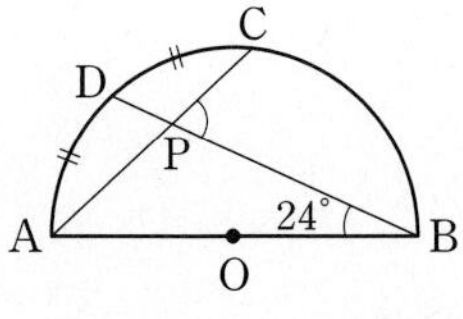

집중

유형 08 원주각의 크기와 호의 길이 (2) 개념 3

한 원에서 호의 길이는 그 호에 대한 원주각의 크기에 정비례한다.

→ $\widehat{AB} : \widehat{BC} = \angle x : \angle y$

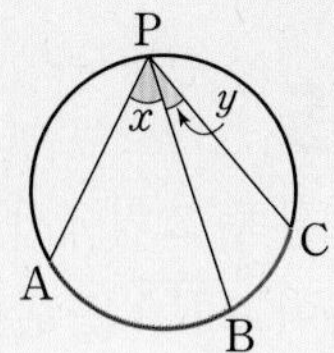

36 대표문제

오른쪽 그림에서 $\widehat{AB}=6$ cm, $\angle ADB=24°$, $\angle DEC=60°$일 때, $\widehat{CD}$의 길이를 구하시오.

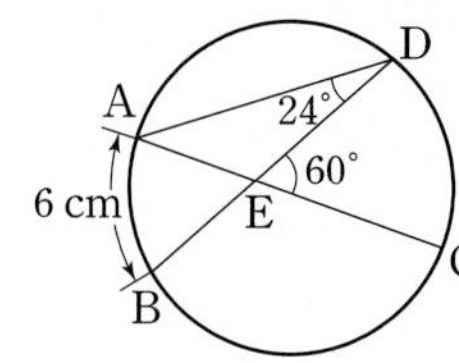

중요

37

오른쪽 그림에서 $\widehat{AB} : \widehat{CD}=3 : 1$이고 $\angle ACB=69°$일 때, $\angle DBC$의 크기는?

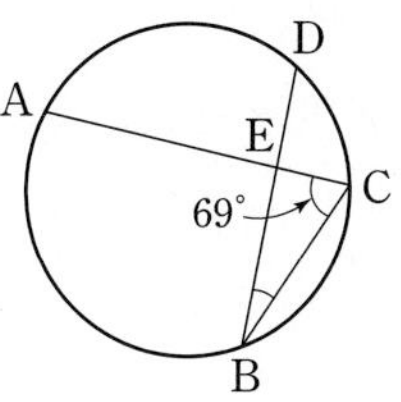

① 19° ② 20°

③ 21° ④ 22°

⑤ 23°

38 서술형

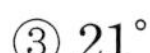

오른쪽 그림에서 점 P는 두 현 AB, CD의 연장선의 교점이고 $\widehat{AC} : \widehat{BD}=1 : 2$이다. $\angle P=36°$일 때, $\angle ADC$의 크기를 구하시오.

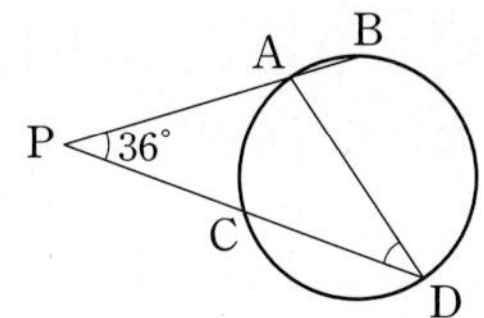

유형 09 원주각의 크기와 호의 길이 (3) 개념 3

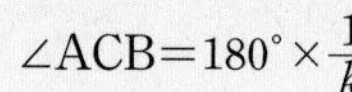

한 원에서 모든 호에 대한 원주각의 크기의 합은 180°이므로 $\widehat{AB}$의 길이가 원주의 $\frac{1}{k}$이면 $\widehat{AB}$에 대한 원주각의 크기는

$\angle ACB=180°\times\frac{1}{k}$

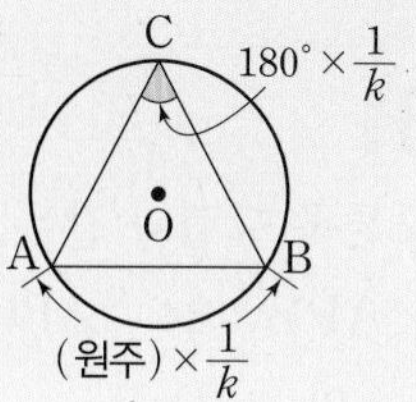

39 대표문제

오른쪽 그림에서 점 P는 두 현 AC, BD의 교점이고 $\widehat{AB}$, $\widehat{CD}$의 길이가 각각 원주의 $\frac{1}{4}$, $\frac{2}{9}$일 때, $\angle APB$의 크기를 구하시오.

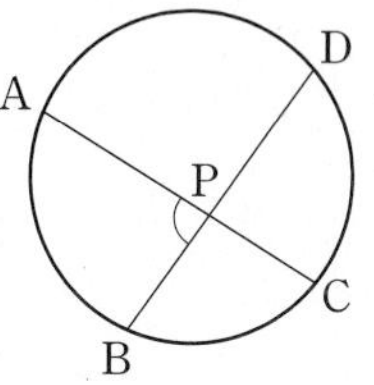

40

오른쪽 그림에서 점 P는 두 현 AB, CD의 연장선의 교점이다. $\widehat{AC}$, $\widehat{BD}$의 길이가 각각 원주의 $\frac{1}{6}$, $\frac{5}{12}$일 때, $\angle P$의 크기를 구하시오.

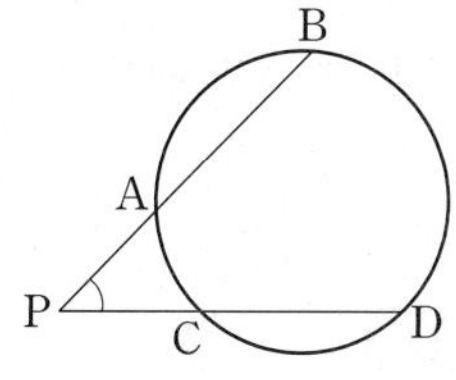

41

오른쪽 그림과 같은 원 O에서 $\widehat{AB} : \widehat{BC} : \widehat{CA}=5 : 4 : 3$일 때, $\angle BAC$의 크기를 구하시오.

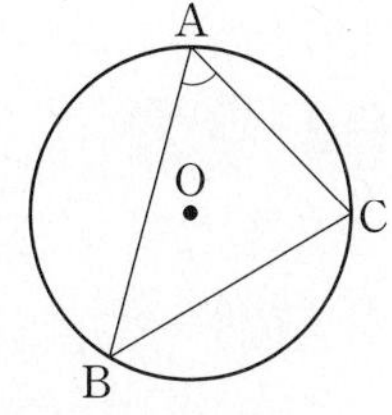

Real 실전 기출

01

오른쪽 그림과 같은 원 O에서 $\angle APB=24°$, $\angle BQC=38°$일 때, $\angle x$의 크기는?

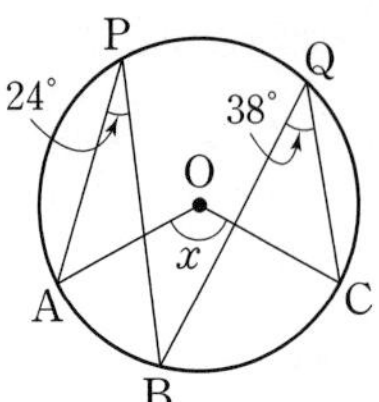

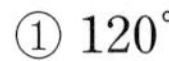

① $120°$　② $122°$　③ $124°$　④ $126°$　⑤ $128°$

02

오른쪽 그림과 같이 $\overline{AB}=\overline{AC}$인 이등변삼각형 ABC가 원 O에 내접하고 $\angle ABC=36°$일 때, $\angle BOC$의 크기를 구하시오.

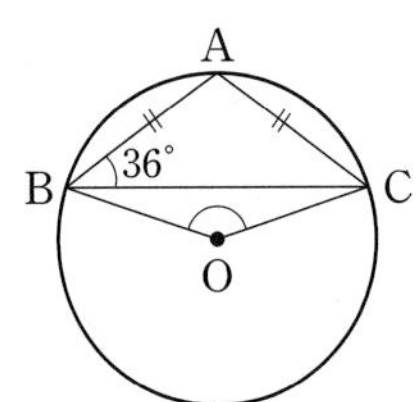

03

오른쪽 그림에서 $\overline{PT}$는 원 O의 접선이고 점 T는 접점이다. $\angle ACT=62°$일 때, $\angle P$의 크기를 구하시오.

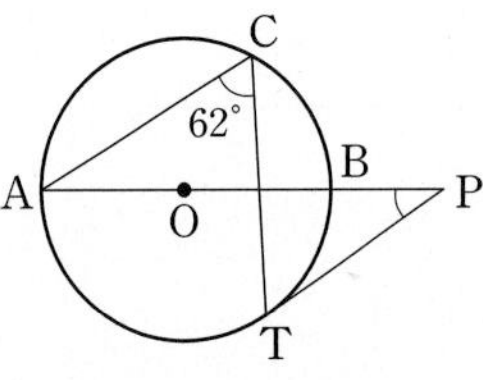

04 최다빈출

오른쪽 그림과 같은 원 O에서 $\angle AEB=27°$, $\angle BOC=102°$일 때, $\angle ADC$의 크기를 구하시오.

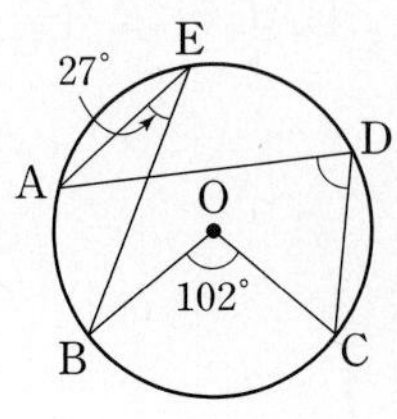

05

오른쪽 그림에서 $\overline{AB}$는 반원 O의 지름이고 $\overline{PA}$는 반원 O의 접선이다. $\overline{PD}$가 $\angle APB$의 이등분선이고 $\angle CED=116°$일 때, $\angle x$의 크기를 구하시오.

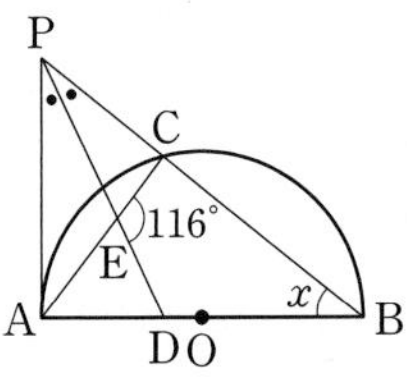

06

오른쪽 그림과 같이 $\overline{AB}$를 지름으로 하는 반원 O 위의 점 C에서 $\overline{AB}$에 내린 수선의 발을 H라 하자. $\overline{AB}=4\sqrt{5}$, $\overline{AC}=4$, $\angle BCH=x$라 할 때, $\sin x-\cos x$의 값은?

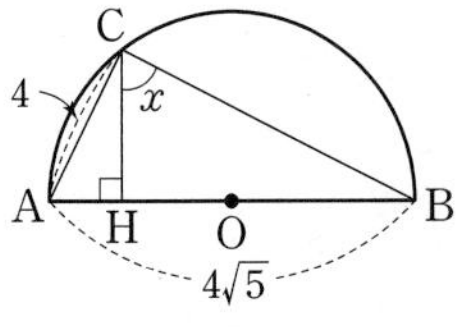

① $-\frac{3\sqrt{5}}{5}$　② $-\frac{\sqrt{5}}{5}$　③ 0　④ $\frac{\sqrt{5}}{5}$　⑤ $\frac{3\sqrt{5}}{5}$

07

오른쪽 그림에서 $\overline{AD}$는 원 O의 지름이고 $\overset{\frown}{AB}=\overset{\frown}{CD}$이다. $\angle BDC=22°$일 때, $\angle x$의 크기를 구하시오.

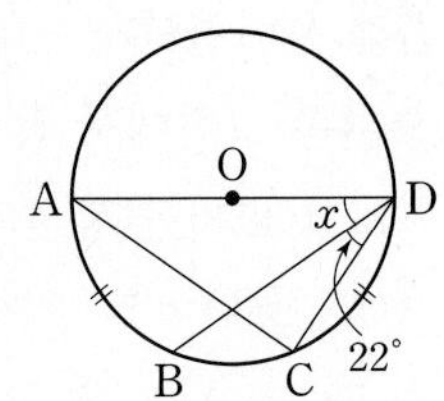

08 최다빈출

오른쪽 그림에서 점 P는 두 현 AC, BD의 교점이다. $\widehat{BC}=12$ cm, $\angle ABD=55^\circ$, $\angle BPC=95^\circ$일 때, 이 원의 둘레의 길이는?

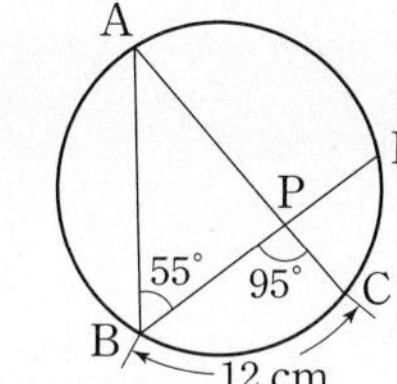

① 54 cm ② 56 cm
③ 58 cm ④ 60 cm
⑤ 62 cm

09

오른쪽 그림과 같은 원 O에서 점 P는 두 현 AD, BC의 연장선의 교점이고 $\overline{AB}=\overline{AC}$, $\widehat{AD}=2\widehat{CD}$이다. $\angle CAD=25^\circ$일 때, $\angle P$의 크기는?

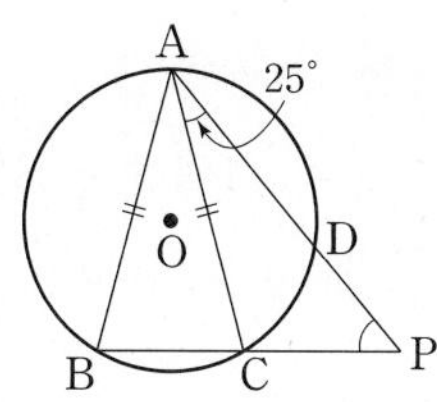

① 45° ② 48°
③ 50° ④ 52°
⑤ 55°

10

오른쪽 그림에서 두 점 A, D는 원주를 5 : 7로 나눈다. $\widehat{AB}=\widehat{BC}=\widehat{CD}$일 때, $\angle BPC$의 크기를 구하시오.

(단, $\widehat{AD}<\widehat{ABD}$)

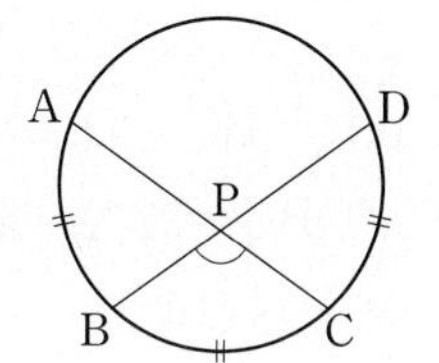

100점 공략

11 창의 역량

오른쪽 그림과 같이 바퀴살이 일정한 간격으로 놓여 있을 때, $\angle x+\angle y$의 크기를 구하시오.

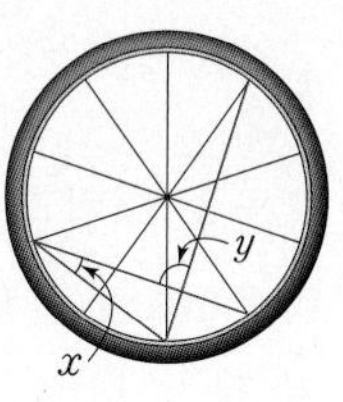

12

오른쪽 그림에서 $\overline{AB}$는 지름의 길이가 20 cm인 원 O의 지름이고 $\overline{AO}$는 원 O′의 지름이다. 원 O의 현 BC는 원 O′에 접하고 점 P가 접점일 때, $\overline{BC}$의 길이를 구하시오.

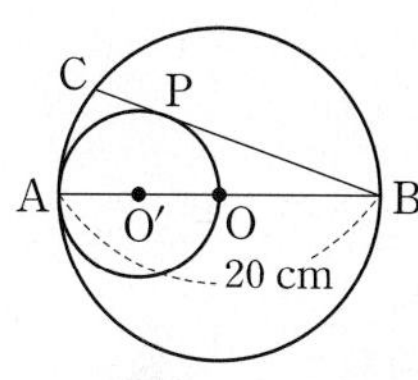

13

오른쪽 그림에서 $\overline{AC}$는 원 O의 지름이고 점 P는 두 현 AB, CD의 연장선의 교점이다. $\widehat{BC}=\widehat{CD}$, $\angle P=38^\circ$일 때, $\angle x-\angle y$의 크기를 구하시오.

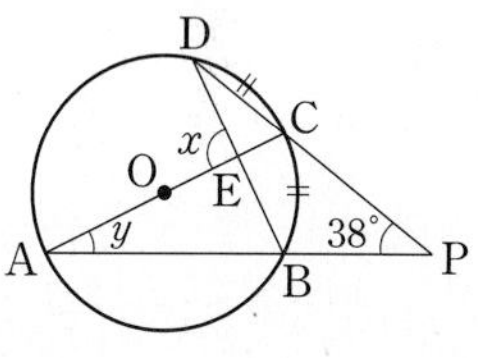

14

오른쪽 그림과 같이 반지름의 길이가 15 cm인 원에서 점 P는 두 현 AC, BD의 교점이다. $\angle APB=54^\circ$일 때, $\widehat{AB}+\widehat{CD}$의 길이를 구하시오.

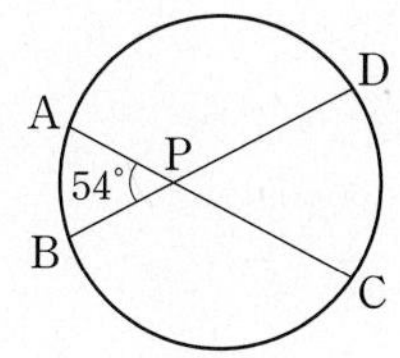

정답과 해설 46쪽

서술형

15

오른쪽 그림과 같이 반지름의 길이가 8 cm인 원 O에서 $\angle BAC=60^\circ$일 때, $\triangle OBC$의 넓이를 구하시오.

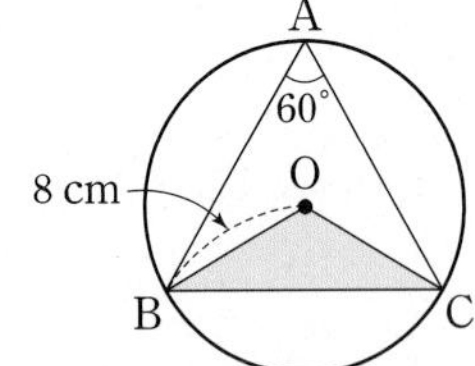

풀이

답 ______________

16

오른쪽 그림에서 $\overline{BD}$는 원 O의 지름이고 $\angle AOB=64^\circ$, $\angle ECD=16^\circ$일 때, $\angle ADE$의 크기를 구하시오.

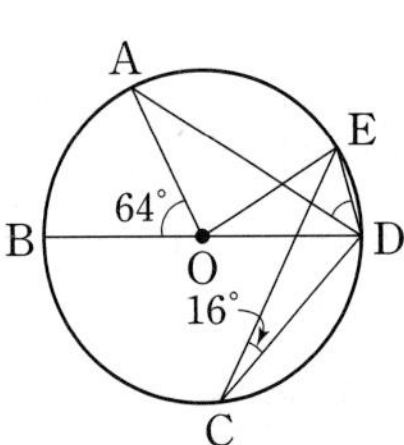

풀이

답 ______________

17

오른쪽 그림에서 $\overline{AC}$는 원 O의 지름이고 $\widehat{AB}=4$ cm, $\angle ACB=20^\circ$일 때, $\widehat{BC}$의 길이를 구하시오.

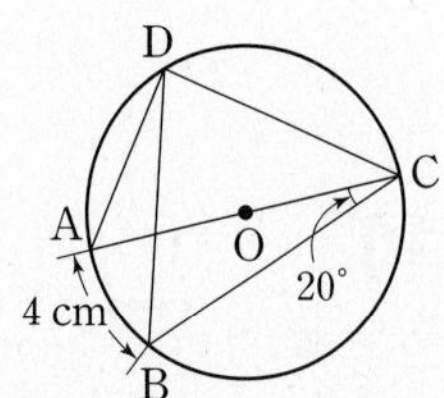

풀이

답 ______________

18

오른쪽 그림과 같이 반지름의 길이가 6 cm인 원 O에서 $\widehat{AB}$의 길이는 원주의 $\frac{1}{3}$이고 $\angle CAB=40^\circ$일 때, $\widehat{AC}$의 길이를 구하시오.

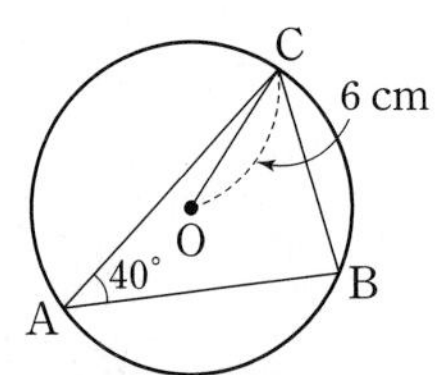

풀이

답 ______________

19 100점

오른쪽 그림에서 $\overline{BD}$가 원 O의 지름일 때, $\angle a-\angle b$의 크기를 구하시오.

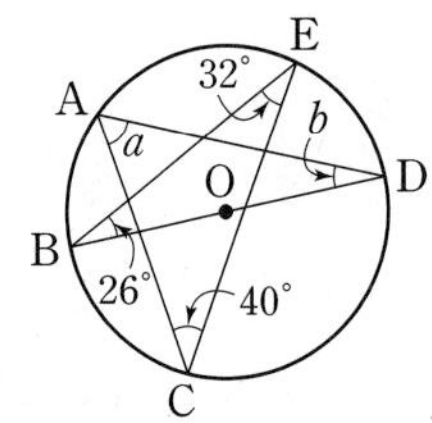

풀이

답 ______________

20 100점

오른쪽 그림에서 점 P는 두 현 AD, BC의 연장선의 교점이고 $\widehat{AB}=\widehat{BC}=\widehat{DA}$이다. $\angle DBC=27^\circ$일 때, $\angle P$의 크기를 구하시오.

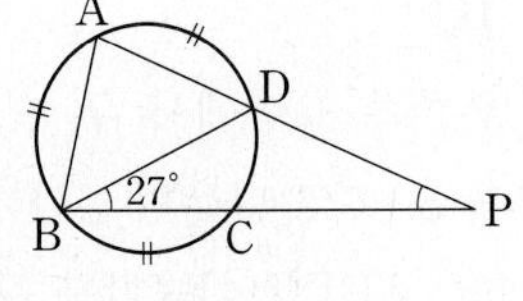

풀이

답 ______________

Ⅱ. 원의 성질

05 원주각의 활용

65 ~ 78쪽

32 ~ 39쪽

Real 실전 개념

개념 1 네 점이 한 원 위에 있을 조건 유형 01

두 점 C, D가 직선 AB에 대하여 같은 쪽에 있을 때,

$\angle ACB = \angle ADB$

이면 네 점 A, B, C, D는 한 원 위에 있다.

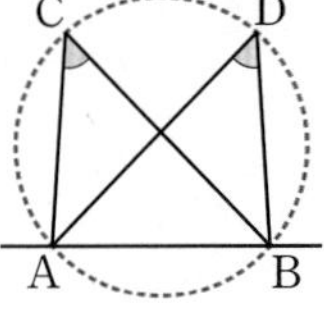

개념 2 원에 내접하는 사각형의 성질 유형 02~06

(1) 원에 내접하는 사각형의 한 쌍의 대각의 크기의 합은 180°이다.

→ $\angle A + \angle C = 180°$, $\angle B + \angle D = 180°$

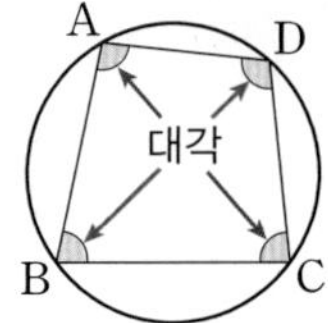

(2) 원에 내접하는 사각형의 한 외각의 크기는 그 외각에 이웃한 내각에 대한 대각의 크기와 같다.

→ $\angle DCE = \angle A$

참고 $\angle A + \angle BCD = 180°$, $\angle BCD + \angle DCE = 180°$이므로
$\angle A = \angle DCE$

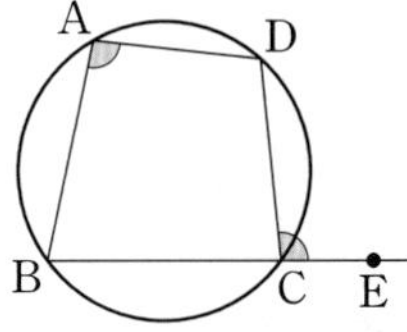

개념 3 사각형이 원에 내접하기 위한 조건 유형 07

(1) 한 쌍의 대각의 크기의 합이 180°인 사각형은 원에 내접한다.

(2) 한 외각의 크기가 그 외각에 이웃한 내각에 대한 대각의 크기와 같은 사각형은 원에 내접한다.

개념 4 원의 접선과 현이 이루는 각 유형 08~12

(1) **원의 접선과 현이 이루는 각:** 원의 접선과 그 접점을 지나는 현이 이루는 각의 크기는 그 각의 내부에 있는 호에 대한 원주각의 크기와 같다.

→ $\angle BAT = \angle BCA$

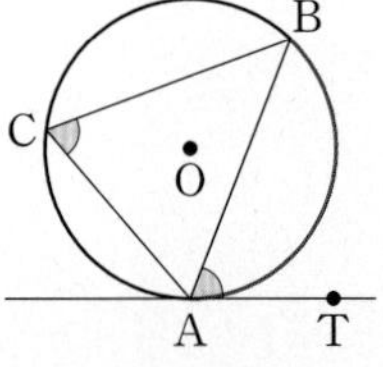

(2) **두 원에서 접선과 현이 이루는 각:** 직선 PQ가 두 원의 공통인 접선이고 점 T가 그 접점일 때, 다음의 각 경우에 대하여 $\overline{AB} /\!/ \overline{CD}$이다.

① 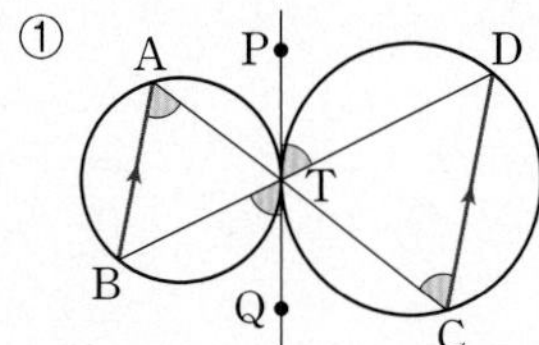

② 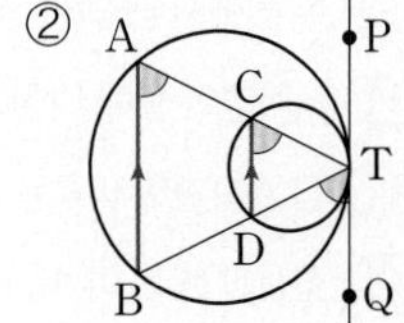

참고 ① $\angle BAT = \angle BTQ = \angle DTP = \angle DCT$ (맞꼭지각)
따라서 엇각의 크기가 같으므로 $\overline{AB} /\!/ \overline{CD}$

② $\angle BAT = \angle BTQ = \angle DCT$
따라서 동위각의 크기가 같으므로 $\overline{AB} /\!/ \overline{CD}$

개념 노트

• 정사각형, 직사각형, 등변사다리꼴은 한 쌍의 대각의 크기의 합이 180°이므로 항상 원에 내접한다.

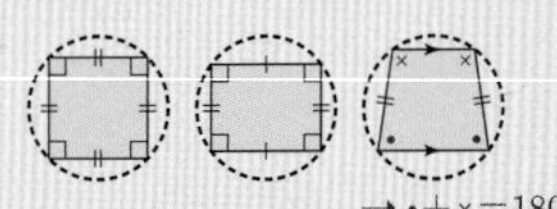

• $\angle BAT$가 예각인 경우

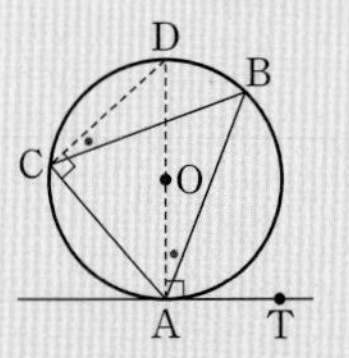

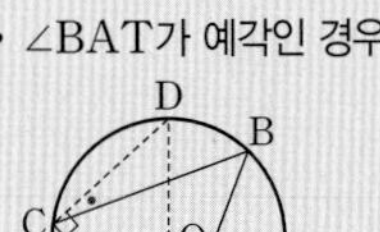

$\angle DAT = \angle DCA = 90°$,
$\angle DAB = \angle DCB$이므로
$\angle BAT = 90° - \angle DAB$
$= 90° - \angle DCB$
$= \angle BCA$

→ $\angle BAT$가 직각, 둔각인 경우도 같은 방법으로 설명할 수 있다.

개념 1 네 점이 한 원 위에 있을 조건

[01~04] 다음 그림에서 네 점 A, B, C, D가 한 원 위에 있도록 하는 $\angle x$의 크기를 구하시오.

01

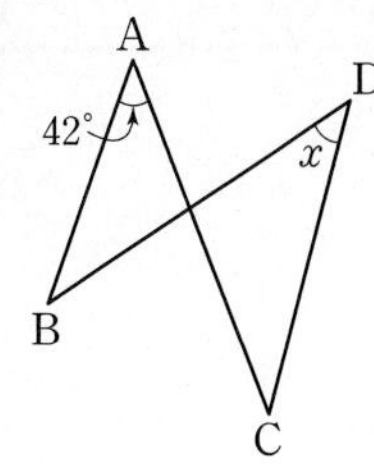

02

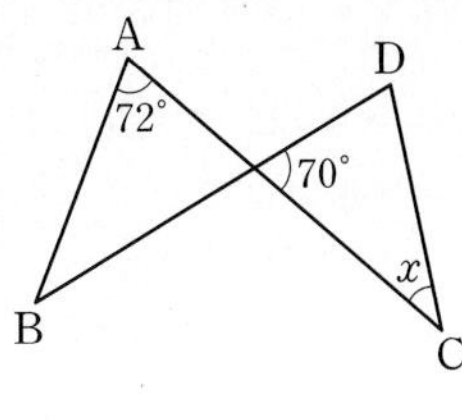

03

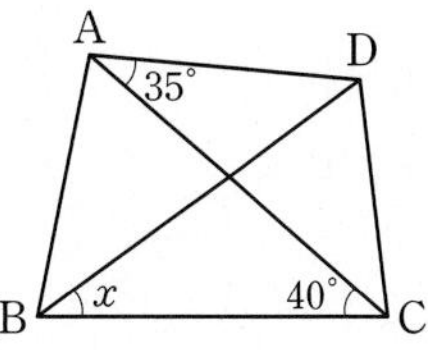

04

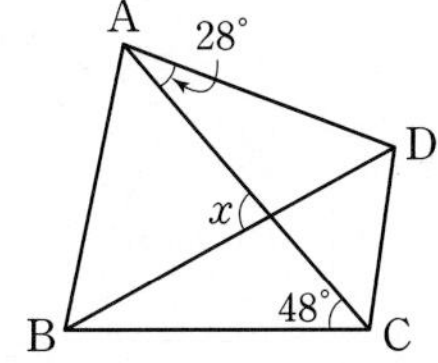

개념 2 원에 내접하는 사각형의 성질

05 다음은 원에 내접하는 사각형에서 한 쌍의 대각의 크기의 합은 180°임을 설명하는 과정이다. □ 안에 알맞은 것을 써넣으시오.

오른쪽 그림에서

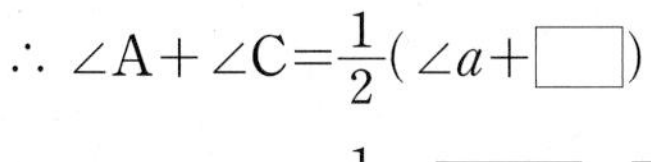

$\angle A=\frac{1}{2}\square$, $\angle C=\frac{1}{2}\square$

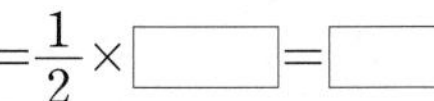

$\therefore\ \angle A+\angle C=\frac{1}{2}(\angle a+\square)$

$=\frac{1}{2}\times\square=\square$

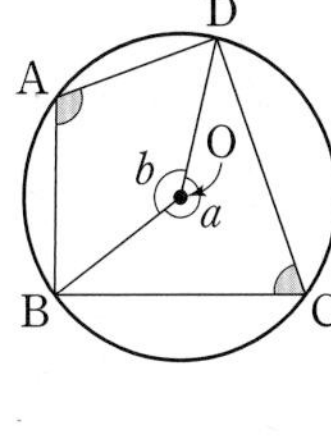

[06~09] 다음 그림에서 □ABCD가 원에 내접할 때, $\angle x$의 크기를 구하시오.

06

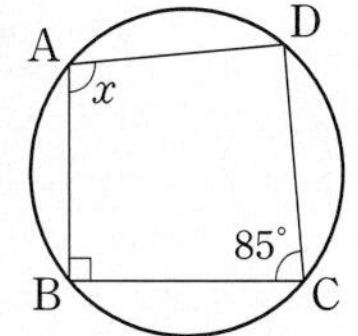

07

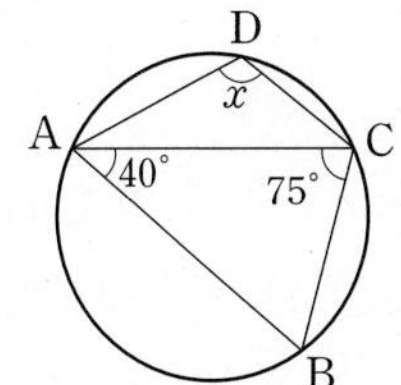

08

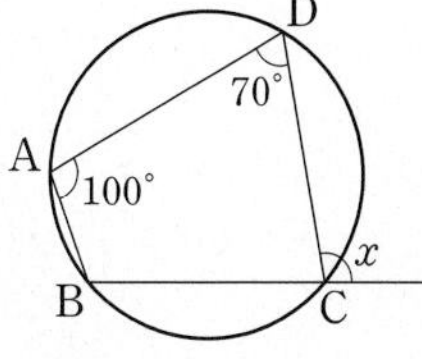

09

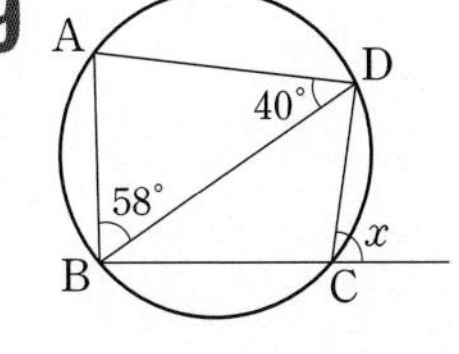

개념 3 사각형이 원에 내접하기 위한 조건

[10~13] 다음 그림의 □ABCD가 원에 내접하도록 하는 $\angle x$의 크기를 구하시오.

10

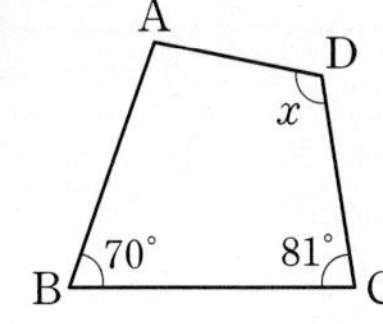

11

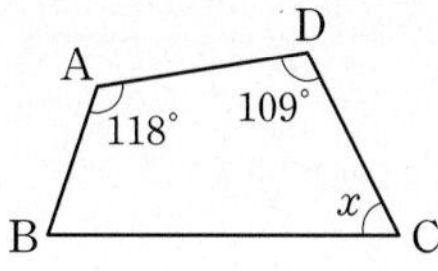

12

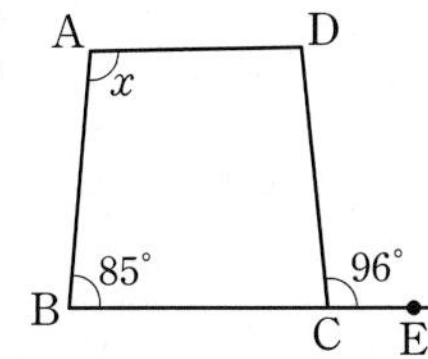

13

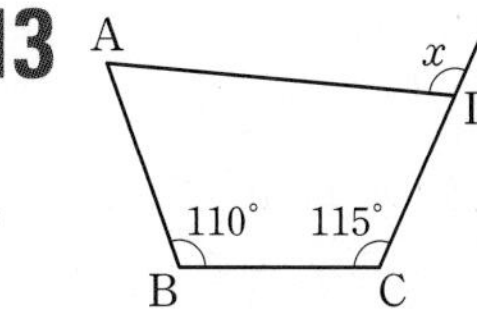

개념 4 원의 접선과 현이 이루는 각

[14~17] 다음 그림에서 직선 PT가 원의 접선이고 점 P는 접점일 때, $\angle x$의 크기를 구하시오.

14

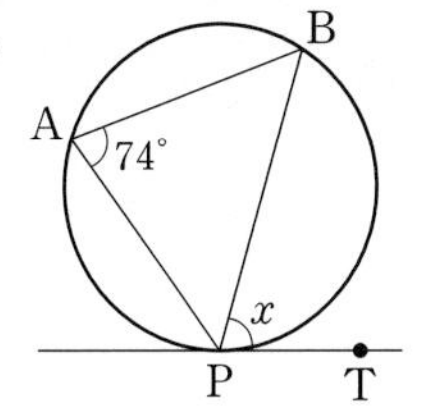

15

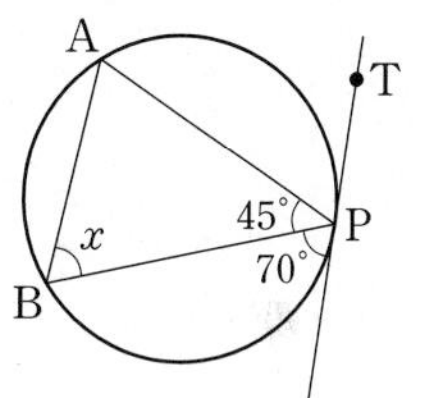

16

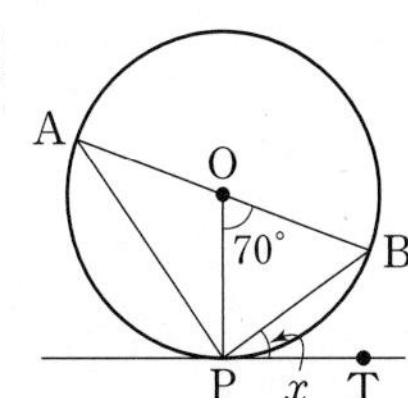

17

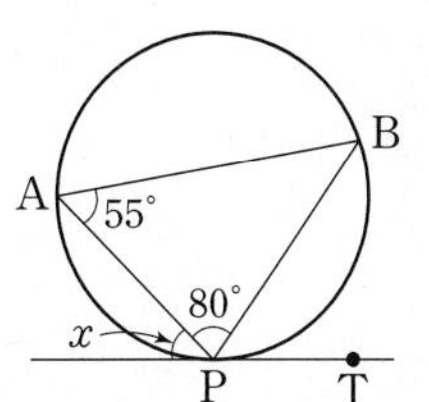

[18~19] 다음 그림에서 직선 PQ가 두 원의 공통인 접선이고 점 T가 그 접점일 때, $\angle x$, $\angle y$의 크기를 구하시오.

18

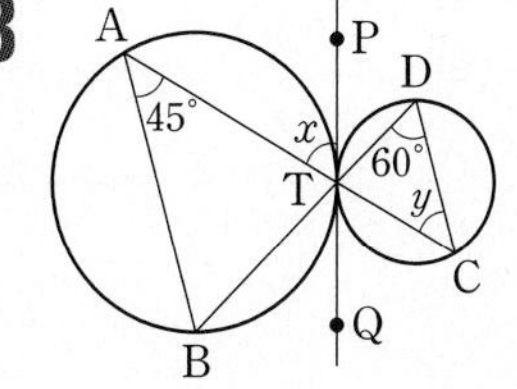

19

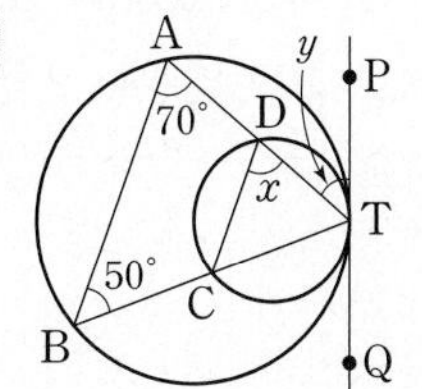

05 원주각의 활용

유형 01 네 점이 한 원 위에 있을 조건 개념1

$\angle ACB=\angle ADB$이면 네 점 A, B, C, D는 한 원 위에 있다.

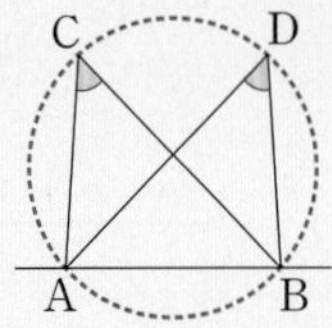

01 대표문제

다음 중 네 점 A, B, C, D가 한 원 위에 있지 않은 것을 모두 고르면? (정답 2개)

① 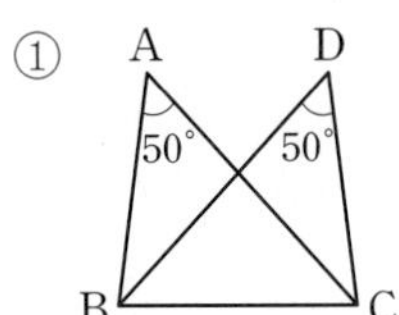

② 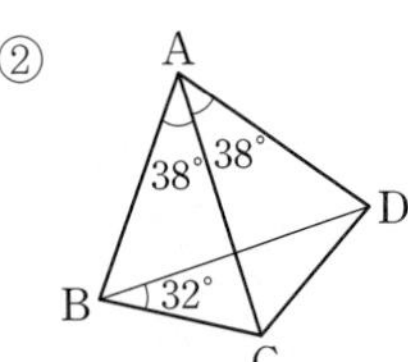

③ 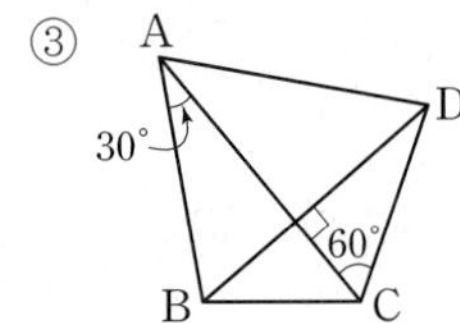

④ 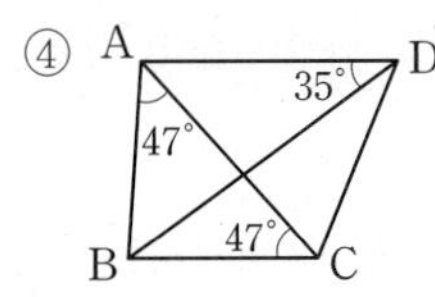

⑤ 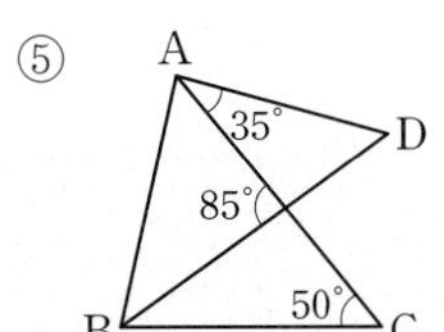

02

오른쪽 그림에서 네 점 A, B, C, D가 한 원 위에 있고 $\angle ABD=25°$, $\angle BEC=95°$일 때, $\angle BDC$의 크기를 구하시오.

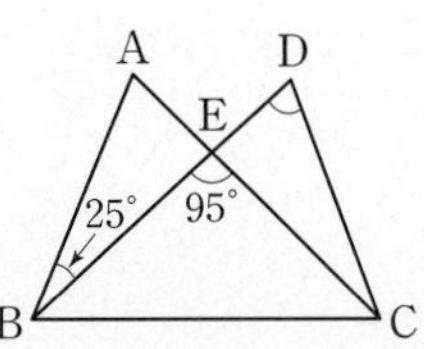

03

오른쪽 그림에서 네 점 A, B, C, D가 한 원 위에 있고 $\angle ACP=28°$, $\angle DQC=105°$일 때, $\angle P$의 크기를 구하시오.

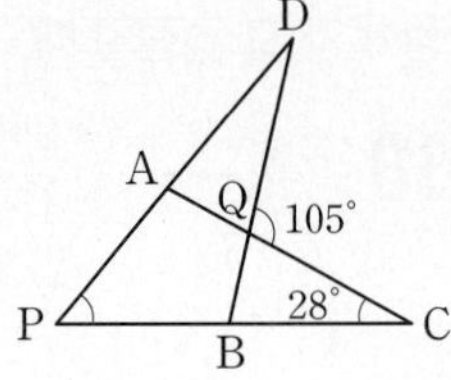

집중

유형 02 원에 내접하는 사각형의 성질 (1) 개념2

원에 내접하는 사각형의 한 쌍의 대각의 크기의 합은 180°이다.

➡ $\angle A+\angle C=180°$, $\angle B+\angle D=180°$

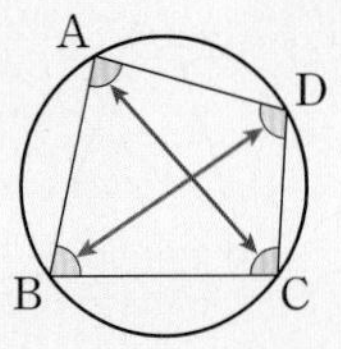

04 대표문제

오른쪽 그림과 같이 □ABCD가 원에 내접하고 $\overline{AB}=\overline{AC}$, $\angle BAC=36°$일 때, $\angle x$의 크기는?

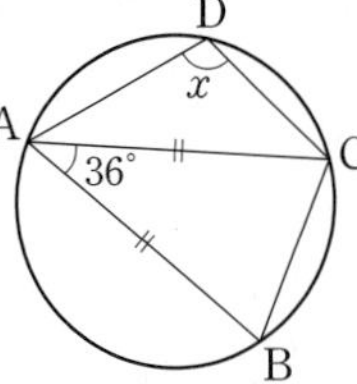

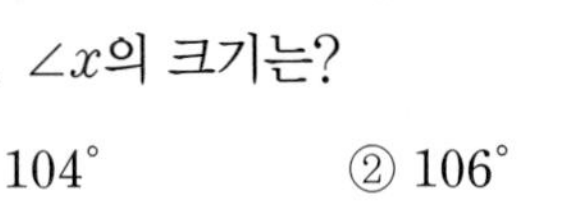

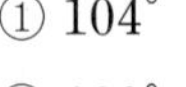

① 104° ② 106° ③ 108° ④ 110° ⑤ 112°

05

오른쪽 그림과 같이 □ABCD가 원에 내접하고 $\angle BAD=70°$, $\angle BDC=30°$일 때, $\angle x$의 크기를 구하시오.

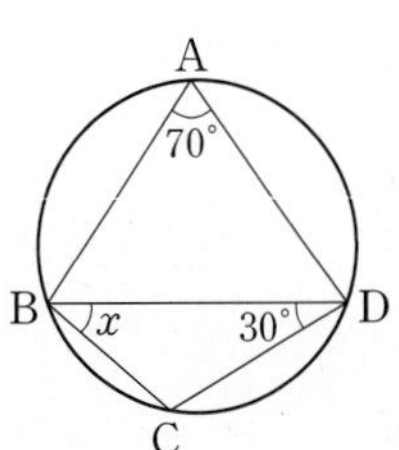

06 서술형

오른쪽 그림과 같이 □ABCD는 $\overline{BC}$가 지름인 원 O에 내접한다. $\angle DBC=26°$일 때, $\angle x-\angle y$의 크기를 구하시오.

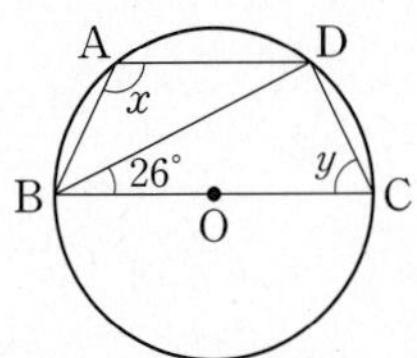

07

오른쪽 그림과 같이 □ABCD가 원 O에 내접하고 ∠BAD=56°일 때, $\angle x+\angle y$의 크기를 구하시오.

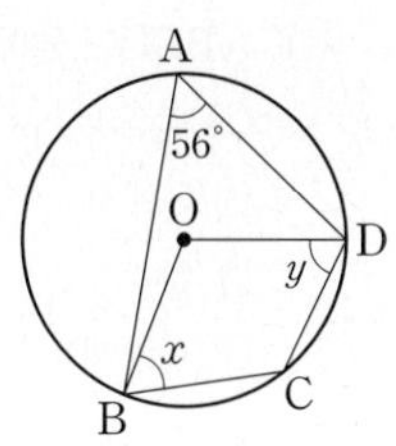

08

오른쪽 그림과 같이 □ABCD가 원 O에 내접하고 ∠BAD : ∠BCD=3 : 1일 때, $\angle x$의 크기는?

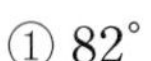

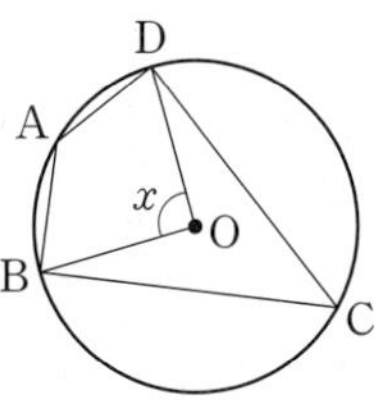

① 82°　② 86°　③ 90°　④ 94°　⑤ 98°

09

오른쪽 그림과 같이 □ABCD가 원 O에 내접하고 ∠ACB=58°, ∠ADC=110°일 때, $\angle x$의 크기는?

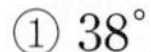

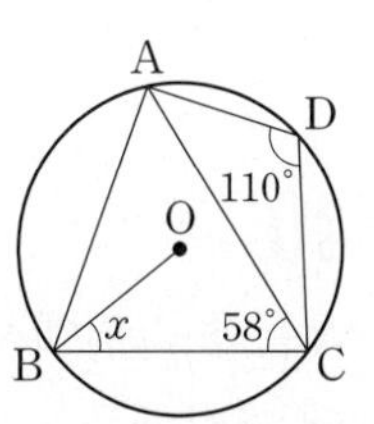

① 38°　② 40°　③ 42°　④ 44°　⑤ 46°

집중

유형 03 원에 내접하는 사각형의 성질 (2)

개념2

원에 내접하는 사각형의 한 외각의 크기는 그 외각에 이웃한 내각에 대한 대각의 크기와 같다.

➜ ∠DCE=∠A

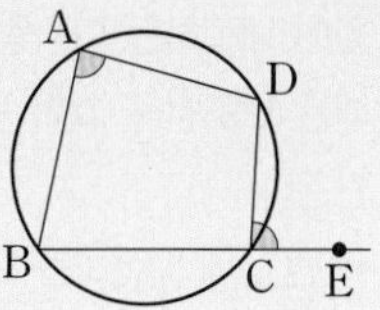

10 대표문제

오른쪽 그림과 같이 □ABCD가 원에 내접하고 ∠ABC=106°, ∠ADB=30, ∠CAD=76°일 때, $\angle x+\angle y$의 크기를 구하시오.

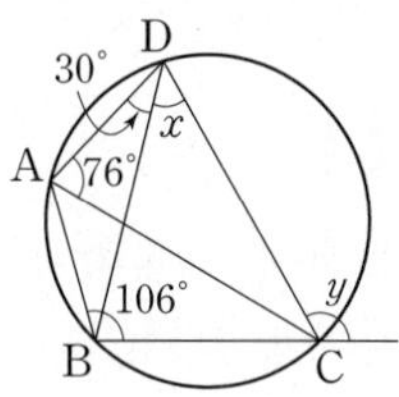

11

오른쪽 그림과 같이 □ABCD가 원에 내접하고 ∠ACD=28°, ∠CAD=32°일 때, $\angle x$의 크기를 구하시오.

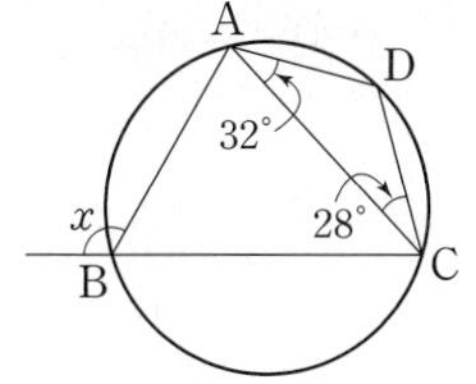

12 서술형

오른쪽 그림과 같이 □ABCD가 원 O에 내접하고 ∠ADB=20°, ∠OCB=35°일 때, $\angle x+\angle y$의 크기를 구하시오.

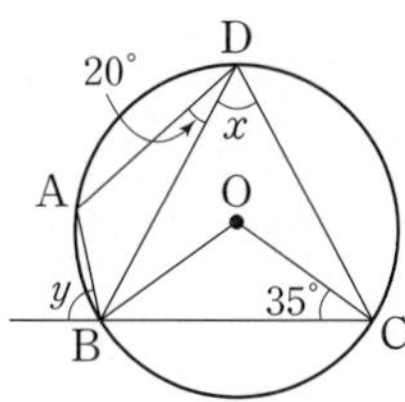

13

오른쪽 그림과 같이 □ABCD가 원에 내접하고 $\overset{\frown}{ABC}$, $\overset{\frown}{BCD}$의 길이가 각각 원주의 $\frac{4}{9}$, $\frac{5}{12}$일 때, $\angle x+\angle y$의 크기를 구하시오.

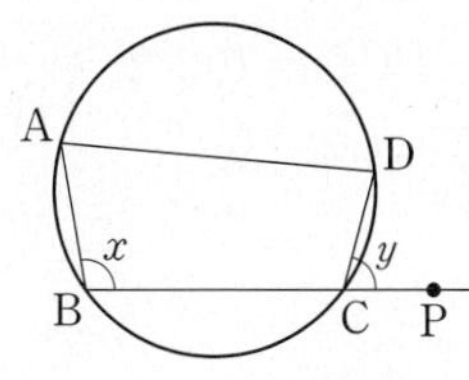

05 원주각의 활용

유형 04 원에 내접하는 다각형 개념2

원에 내접하는 다각형에서 각의 크기를 구할 때는 보조선을 그어 원에 내접하는 사각형을 만든다.

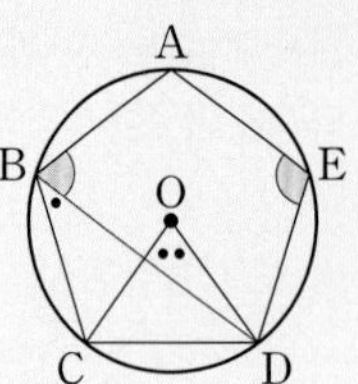

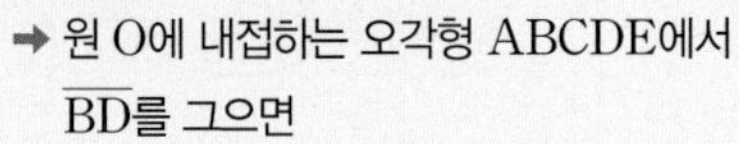

➡ 원 O에 내접하는 오각형 ABCDE에서 $\overline{BD}$를 그으면

(1) $\angle ABD+\angle AED=180^{\circ}$

(2) $\angle COD=2\angle CBD$

14 대표문제

오른쪽 그림과 같이 원 O에 내접하는 오각형 ABCDE에서 $\angle ABC=130^{\circ}$, $\angle AED=90^{\circ}$일 때, $\angle x$의 크기는?

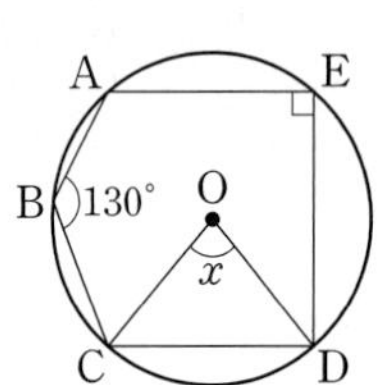

① 60° ② 65°
③ 70° ④ 75°
⑤ 80°

15

오른쪽 그림과 같이 원 O에 내접하는 오각형 ABCDE에서 $\angle BAE=105^{\circ}$, $\angle BOC=68^{\circ}$일 때, $\angle x$의 크기를 구하시오.

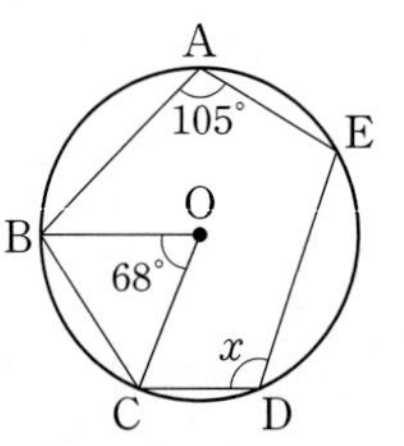

16 서술형

오른쪽 그림과 같이 원에 내접하는 육각형 ABCDEF에서 $\angle BAF=120^{\circ}$, $\angle BCD=102^{\circ}$일 때, $\angle DEF$의 크기를 구하시오.

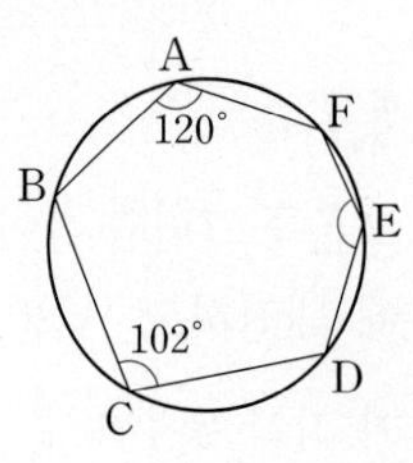

유형 05 원에 내접하는 사각형과 삼각형의 외각의 성질 개념2

(1) □ABCD가 원에 내접하므로
$\angle CDQ=\angle x$

(2) △PBC에서
$\angle PCQ=\angle x+\angle a$

(3) △DCQ에서
$\angle x+(\angle x+\angle a)+\angle b=180^{\circ}$

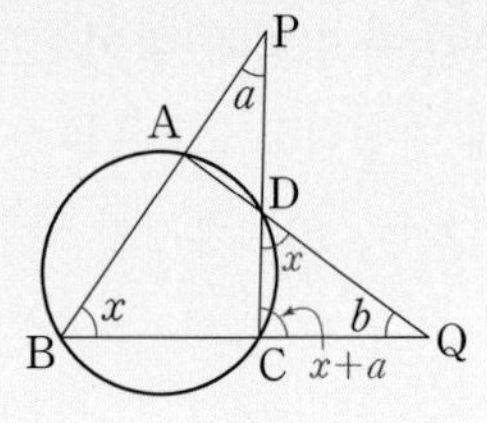

17 대표문제

오른쪽 그림에서 □ABCD는 원에 내접하고 $\angle P=22^{\circ}$, $\angle Q=32^{\circ}$일 때, $\angle x$의 크기는?

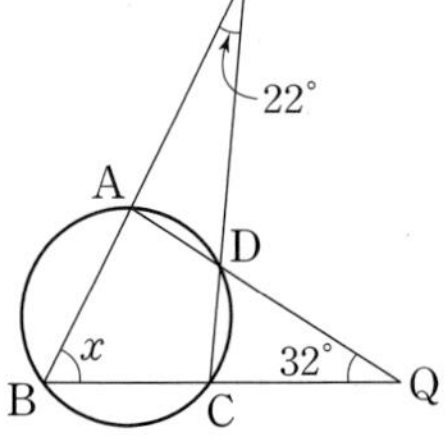

① 60° ② 61°
③ 62° ④ 63°
⑤ 64°

중요

18

오른쪽 그림에서 □ABCD는 원에 내접하고 $\angle P=28^{\circ}$, $\angle BCD=53^{\circ}$일 때, $\angle x$의 크기를 구하시오.

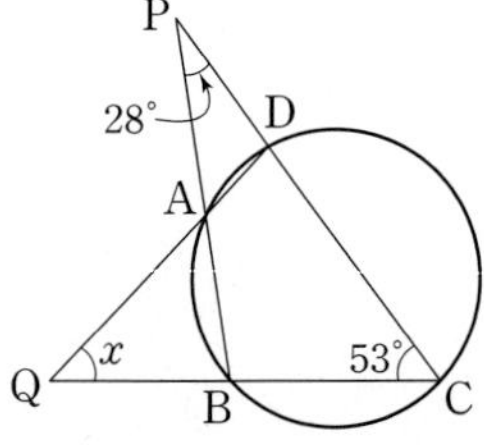

19

오른쪽 그림에서 □ABCD는 원에 내접하고 $\angle ADC=126^{\circ}$, $\angle Q=40^{\circ}$일 때, $\angle x$의 크기를 구하시오.

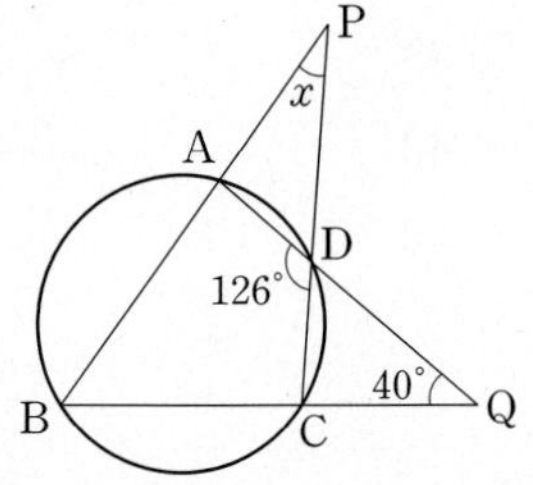

유형 06 두 원에서 내접하는 사각형의 성질의 활용 개념2

□ABQP와 □PQCD가 각각 원에 내접할 때

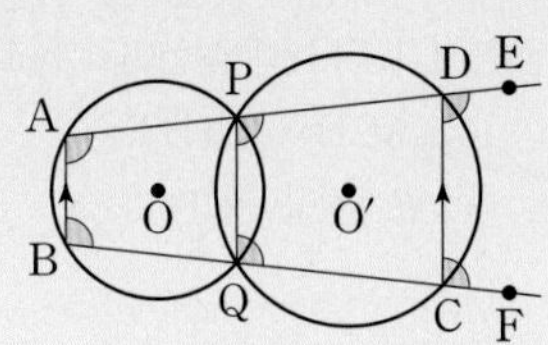

(1) $\angle BAP=\angle PQC=\angle CDE$

$\angle ABQ=\angle QPD=\angle DCF$

(2) $\angle BAP+\angle PDC=180^\circ$

$\angle ABQ+\angle QCD=180^\circ$

(3) $\angle BAP=\angle CDE$ (동위각)이므로 $\overline{AB}/\!/\overline{DC}$

20 대표문제

오른쪽 그림에서 두 점 P, Q는 두 원 O, O′의 교점이다. $\angle ADC=105^\circ$일 때, $\angle DAB$의 크기는?

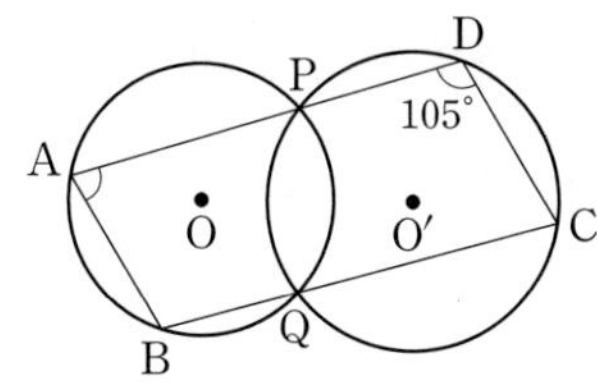

① 65° ② 70°
③ 75° ④ 80°
⑤ 85°

중요

21 서술형

오른쪽 그림에서 두 점 P, Q는 두 원 O, O′의 교점이다. $\angle PDC=86^\circ$일 때, $\angle x+\angle y$의 크기를 구하시오.

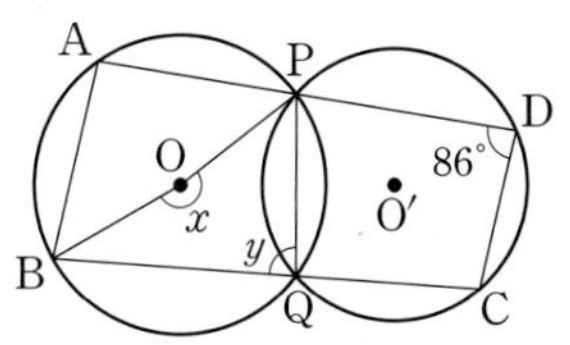

22

다음 그림에서 두 점 E, F는 두 원의 교점이고 점 P는 $\overline{AD}$, $\overline{BC}$의 연장선의 교점이다. $\overline{PA}=\overline{PB}$, $\angle BAE=109^\circ$일 때, $\angle x$의 크기를 구하시오.

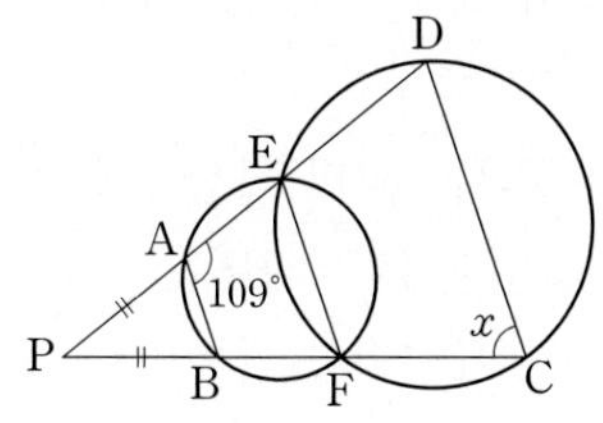

유형 07 사각형이 원에 내접하기 위한 조건 개념3

다음 조건 중 어느 하나를 만족시키는 □ABCD는 원에 내접한다.

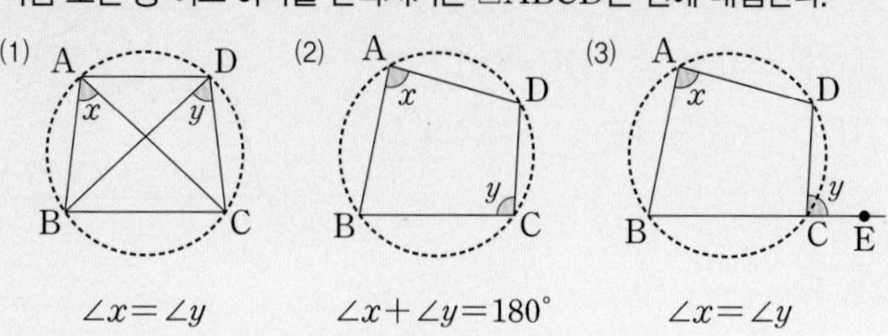

(1) $\angle x=\angle y$ (2) $\angle x+\angle y=180^\circ$ (3) $\angle x=\angle y$

23 대표문제

다음 중 □ABCD가 원에 내접하지 않는 것을 모두 고르면? (정답 2개)

①
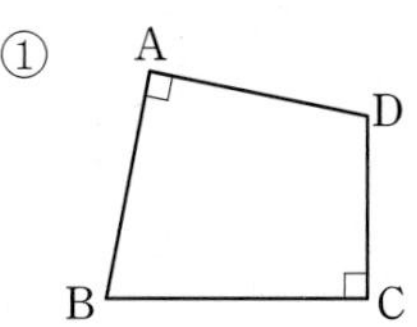

②
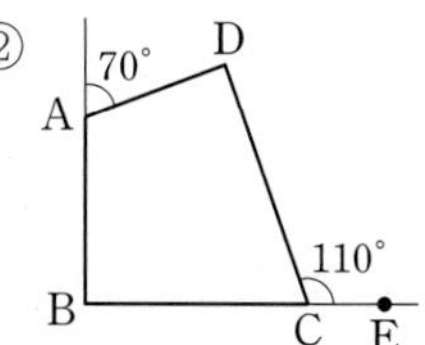

③
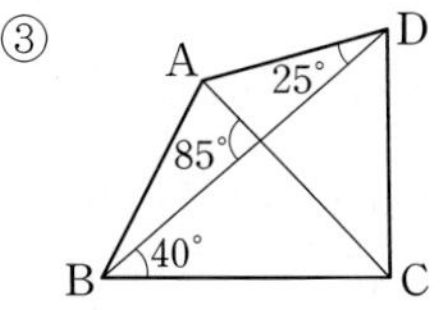

④
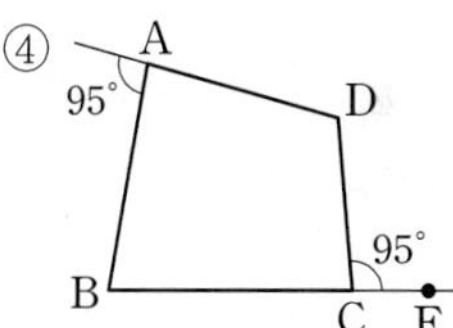

⑤
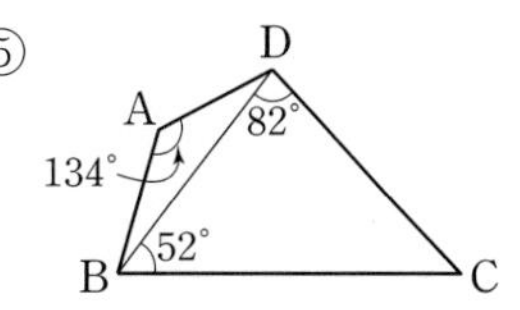

24

오른쪽 그림에서 $\angle BAD=96^\circ$, $\angle BDC=76^\circ$일 때, □ABCD가 원에 내접하도록 하는 $\angle x$의 크기를 구하시오.

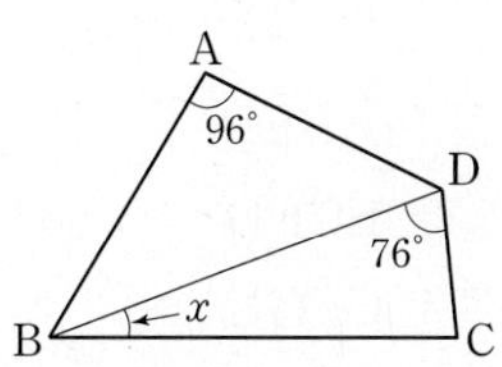

중요

25

오른쪽 그림과 같은 □ABCD에서 ∠ACB=40°, ∠ADB=40°, ∠BDC=65°일 때, ∠ABC의 크기를 구하시오.

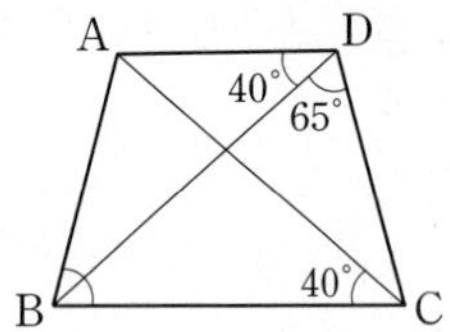

26

오른쪽 그림에서 ∠ABF=120°, ∠ACD=35°, ∠DAC=25°, ∠BEC=75°일 때, ∠x의 크기를 구하시오.

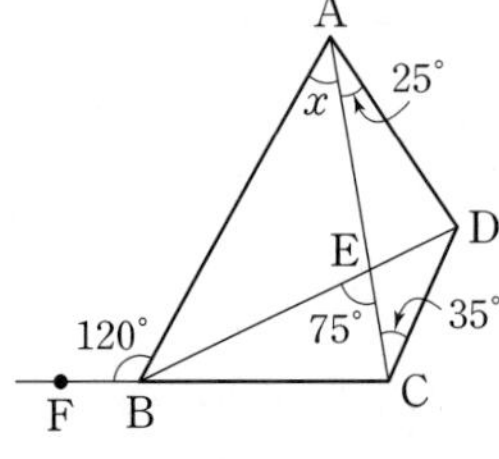

27

오른쪽 그림에서 점 G는 △ABC의 세 꼭짓점에서 대변에 내린 수선의 교점이다. 다음 사각형 중 원에 내접하지 않는 것은?

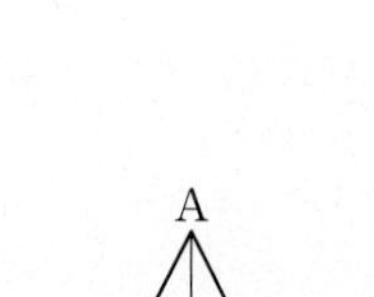

① □ABEF ② □ADGF
③ □BCFD ④ □BEFD
⑤ □CFGE

집중

유형 08 접선과 현이 이루는 각 개념 4

직선 TT′이 원의 접선이고 점 B가 접점일 때

→ ∠ACB=∠ABT
∠CAB=∠CBT′

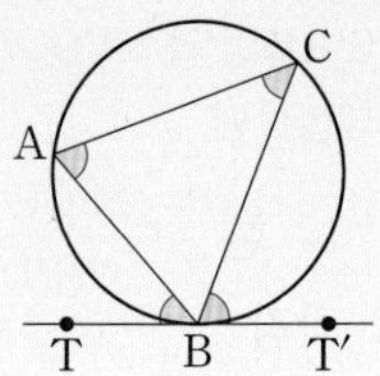

28 대표문제

오른쪽 그림에서 직선 AT는 원 O의 접선이고 점 A는 접점이다. ∠BAT=75°일 때, ∠x의 크기는?

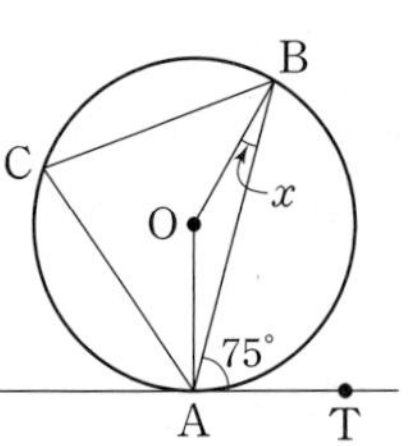

① 10° ② 12°
③ 15° ④ 18°
⑤ 20°

29

오른쪽 그림에서 직선 AT는 원의 접선이고 점 A는 접점이다. $\overline{AB}=\overline{BC}$, ∠BAT=44°일 때, ∠$x$의 크기를 구하시오.

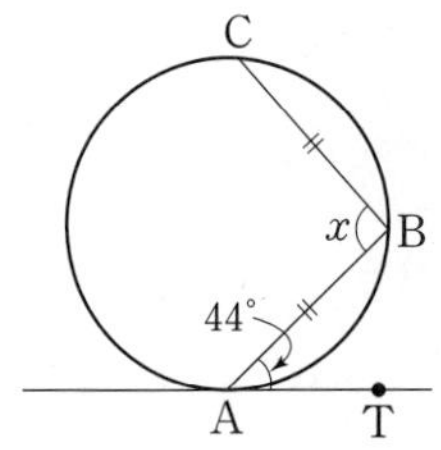

중요

30

오른쪽 그림에서 직선 PT는 원의 접선이고 점 T는 접점이다. $\widehat{AT}:\widehat{TB}:\widehat{BA}=3:2:4$일 때, ∠ATP의 크기를 구하시오.

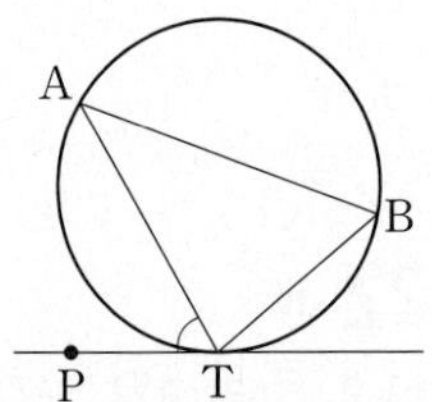

31 서술형

오른쪽 그림에서 $\overline{TP}$는 원의 접선이고 점 T는 접점이다. $\overline{BT}=\overline{BP}$, ∠P=33°일 때, ∠ATB의 크기를 구하시오.

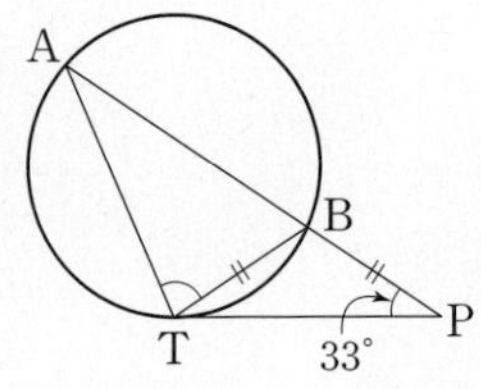

32

오른쪽 그림과 같은 원 O에서 직선 AT는 원의 접선이고 원의 중심 O에서 두 현 AC, BC에 내린 수선의 발을 각각 D, E라 하자. $\overline{OD}=\overline{OE}$, $\angle OAC=18°$일 때, $\angle BAT$의 크기를 구하시오.

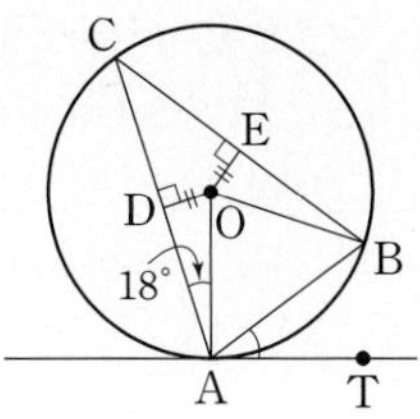

33

오른쪽 그림에서 직선 TT′은 원 O의 접선이고 점 A는 접점이다. $\angle BAT'=60°$, $\angle CAT=54°$일 때, $\angle x+\angle y$의 크기는?

① 84° ② 108° ③ 114° ④ 132° ⑤ 138°

34 서술형

오른쪽 그림에서 직선 TP는 원 O의 접선이고 점 T는 접점이다. $\angle BAT=16°$, $\angle CTP=38°$일 때, $\angle BOC$의 크기를 구하시오.

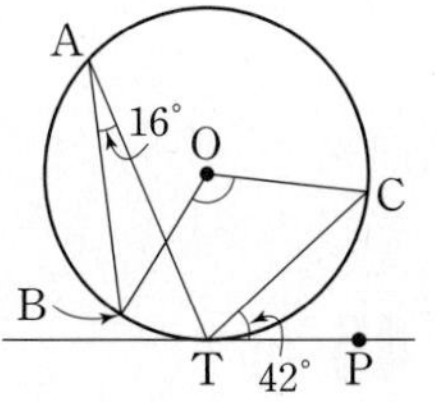

집중 유형 09 접선과 현이 이루는 각의 응용 (1) 개념 4

직선 BT가 원의 접선이고 점 B가 접점일 때, 이 원에 내접하는 □ABCD에서

(1) $\angle DAB+\angle DCB=180°$

$\angle ABC+\angle ADC=180°$

(2) $\angle ABT=\angle ACB$

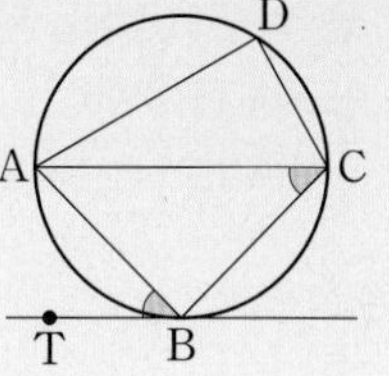

35 대표문제

오른쪽 그림에서 직선 TT′은 원의 접선이고 점 A는 접점이다. $\angle BCA=50°$, $\angle BDC=110°$일 때, $\angle x-\angle y$의 크기를 구하시오.

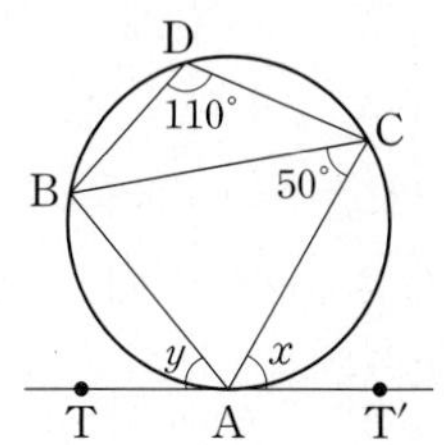

36

오른쪽 그림에서 직선 AP, CQ는 각각 원의 접선이고 두 점 A, C는 접점이다. $\angle ADC=82°$일 때, $\angle x+\angle y$의 크기를 구하시오.

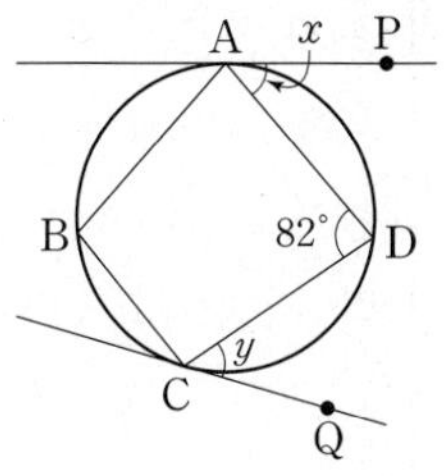

중요

37

오른쪽 그림에서 직선 AT는 원의 접선이고 점 A는 접점이다. $\overline{AC}=\overline{BC}$, $\angle CAT=70°$일 때, $\angle BDC$의 크기를 구하시오.

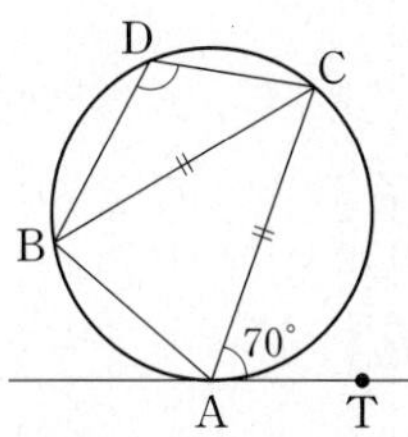

38

오른쪽 그림에서 직선 AT는 원의 접선이고 점 A는 접점이다. $\widehat{AB}:\widehat{AC}=5:7$, $\angle BDC=108°$일 때, $\angle CAT$의 크기를 구하시오.

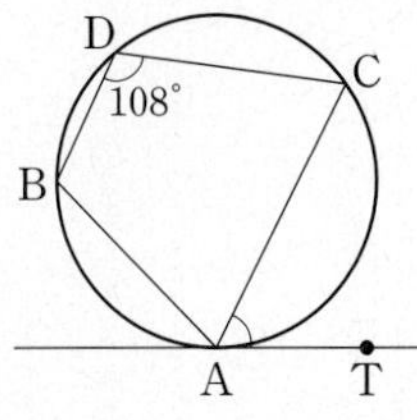

집중

유형 10 접선과 현이 이루는 각의 응용 (2)

개념 4

할선이 원의 중심을 지날 때, $\overline{AT}$를 그으면

(1) $\angle ATB=90^\circ$

(2) $\angle ATP=\angle PBT$

유형 11 접선과 현이 이루는 각의 응용 (3)

개념 4

두 직선 PA, PB가 원의 접선일 때

(1) $\triangle APB$는 $\overline{PA}=\overline{PB}$인 이등변삼각형이다.

(2) $\angle PAB=\angle PBA=\angle ACB$

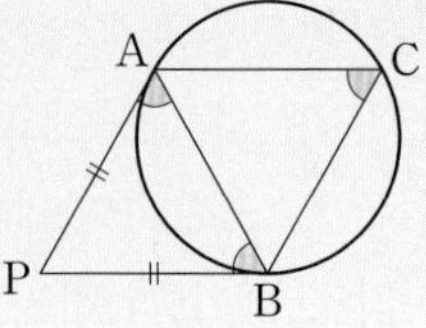

39 대표문제

오른쪽 그림에서 직선 PT′은 원 O의 접선이고 점 T는 접점이다. $\overline{PB}$는 원 O의 중심을 지나고 $\overline{PT}=\overline{BT}$일 때, $\angle x$의 크기를 구하시오.

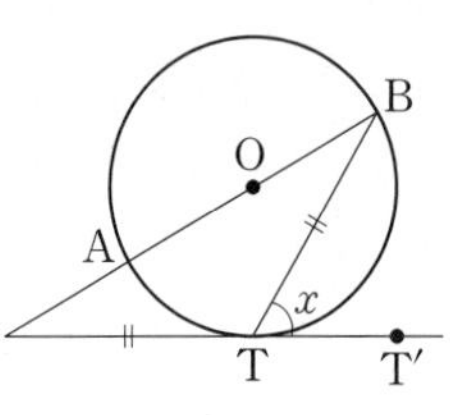

40

오른쪽 그림에서 직선 AT는 원 O의 접선이고 점 A는 접점이다. $\overline{BC}$가 원의 지름이고 $\widehat{AB}:\widehat{AC}=2:3$일 때, $\angle BAT$의 크기는?

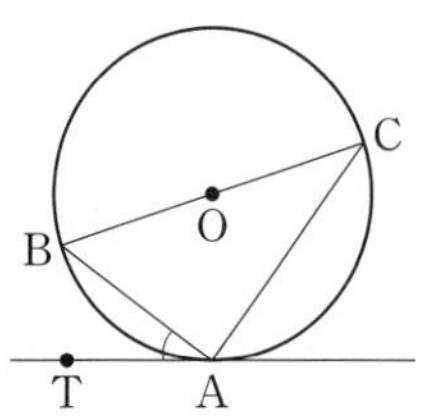

① 32° ② 34° ③ 36° ④ 38° ⑤ 40°

중요

41

다음 그림에서 직선 PT는 원 O의 접선이고 $\overline{PB}$는 원 O의 중심을 지난다. $\angle ABT=36^\circ$일 때, $\angle P$의 크기를 구하시오.

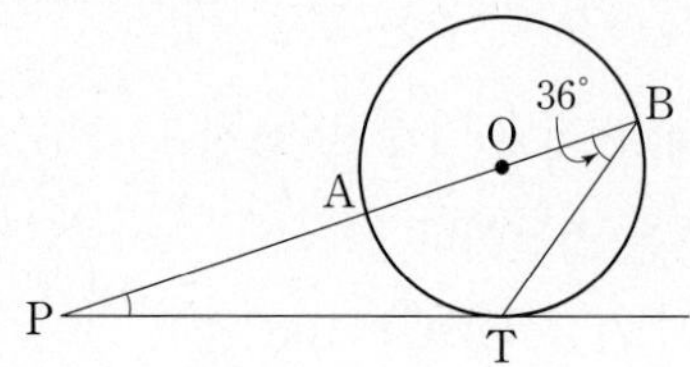

42 대표문제

오른쪽 그림에서 원 O는 $\triangle ABC$의 내접원이면서 $\triangle DEF$의 외접원이다. $\angle C=38^\circ$, $\angle DEF=49^\circ$일 때, $\angle DFE$의 크기를 구하시오.

43

오른쪽 그림에서 두 점 A, B는 점 P에서 원에 그은 두 접선의 접점이다. $\angle DAC=70^\circ$, $\angle P=56^\circ$일 때, $\angle CBE$의 크기를 구하시오.

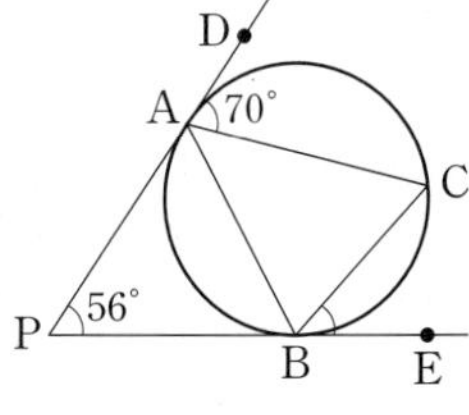

44 서술형

오른쪽 그림에서 원 O는 $\triangle ABC$의 내접원이면서 $\triangle DEF$의 외접원이다. $\angle B=60^\circ$, $\angle EDF=52^\circ$일 때, $\angle x+\angle y$의 크기를 구하시오.

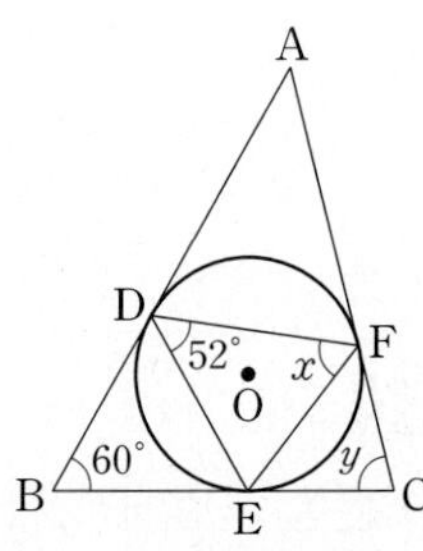

45

오른쪽 그림에서 두 점 A, B는 점 P에서 원에 그은 두 접선의 접점이다. $\overline{PE}/\!/\overline{BC}$이고 $\angle P=46^\circ$일 때, $\angle EAC$의 크기를 구하시오.

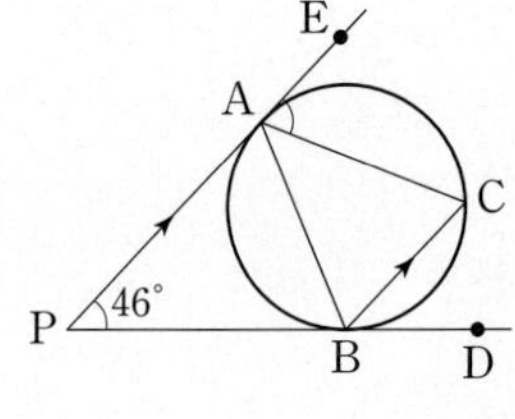

유형 12 두 원에서 접선과 현이 이루는 각 개념 4

직선 PQ가 두 원의 공통인 접선이고 점 T가 그 접점일 때

(1)

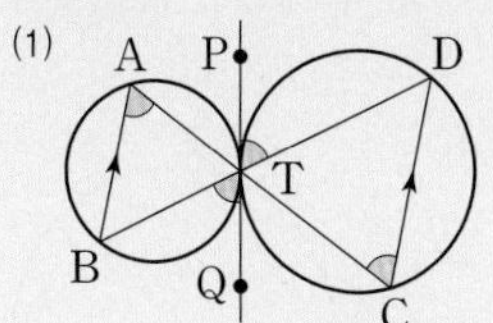

① $\angle BAT=\angle BTQ$
$=\angle DTP$
$=\angle DCT$

② $\overline{AB}/\!/\overline{CD}$

(2)

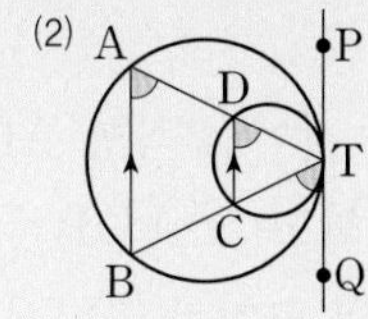

① $\angle BAT=\angle BTQ$
$=\angle CDT$

② $\overline{AB}/\!/\overline{CD}$

46 대표문제

오른쪽 그림에서 직선 PQ는 두 원 O, O′의 공통인 접선이고 점 T는 접점이다. $\angle BAT=95°$, $\angle CDT=47°$일 때, $\angle x$의 크기를 구하시오.

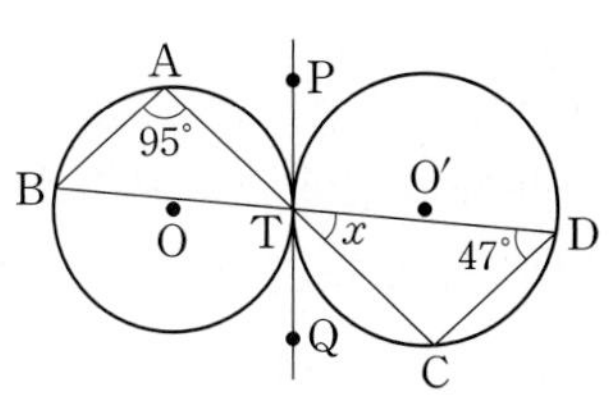

47 서술형

오른쪽 그림에서 직선 PQ는 두 원 O, O′의 공통인 접선이고 점 T는 접점이다. $\angle DCT=68°$, $\angle CDT=75°$일 때, $\angle ABT$의 크기를 구하시오.

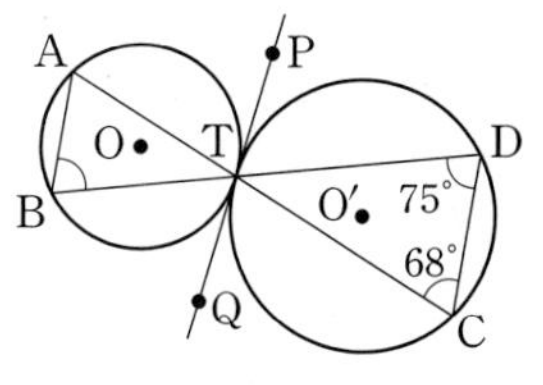

48

오른쪽 그림에서 직선 PQ는 두 원의 공통인 접선이고 점 T는 접점이다. 다음 중 옳지 않은 것은?

① $\angle ABT=\angle CTP$
② $\angle ABT=\angle CDT$
③ $\angle DCT=\angle DTQ$
④ $\overline{AB}/\!/\overline{PQ}$
⑤ $\triangle ATB \backsim \triangle CTD$

49

다음 중 $\overline{AB}/\!/\overline{CD}$가 아닌 것은?

①

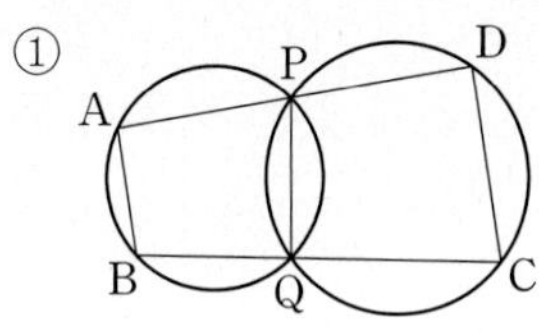

②

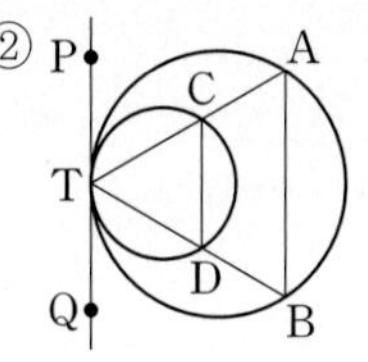

③

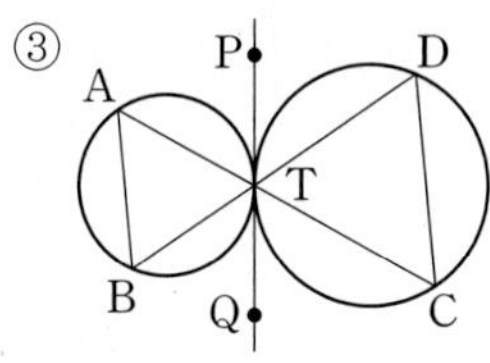

④

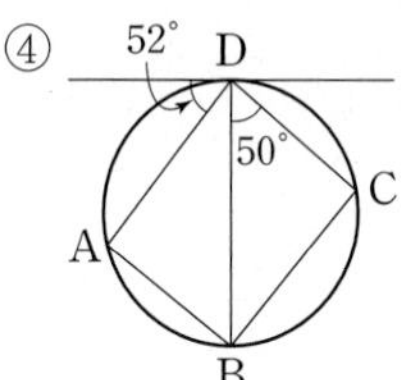

⑤

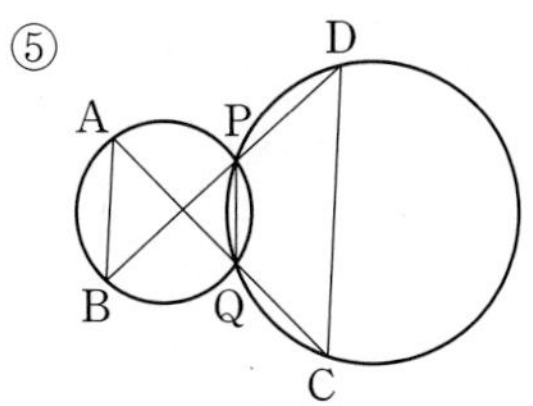

50 중요

오른쪽 그림에서 직선 TP는 원 O의 접선이고 점 P는 접점이다. $\angle DCP=63°$, $\angle CDP=70°$일 때, $\angle APT$의 크기를 구하시오.

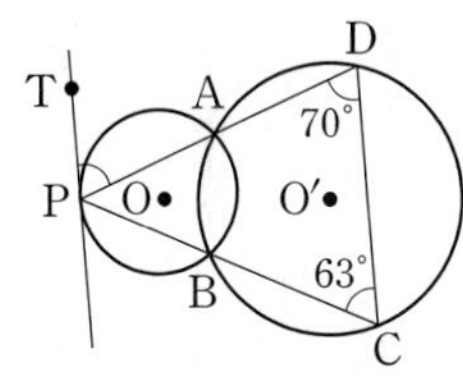

51

오른쪽 그림에서 직선 TT′은 두 원의 공통인 접선이고 점 P는 접점이다. $\angle BAC=60°$, $\angle BDC=105°$일 때, $\angle x$의 크기를 구하시오.

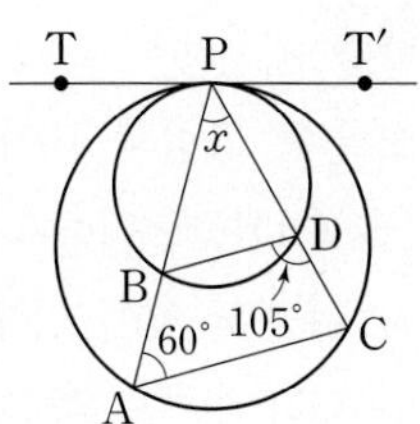

Real 실전 기출

01

다음 중 네 점 A, B, C, D가 한 원 위에 있는 것을 모두 고르면? (정답 2개)

①
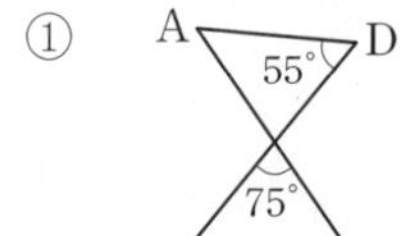

②
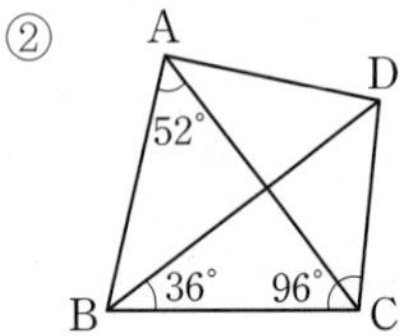

③

④
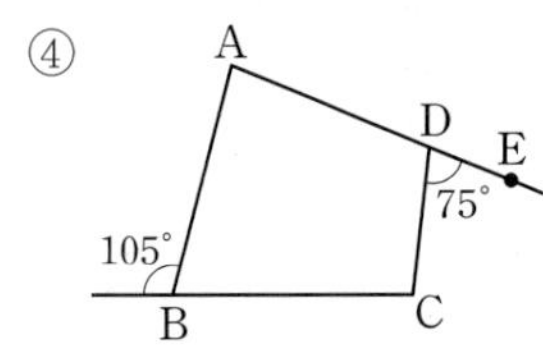

⑤
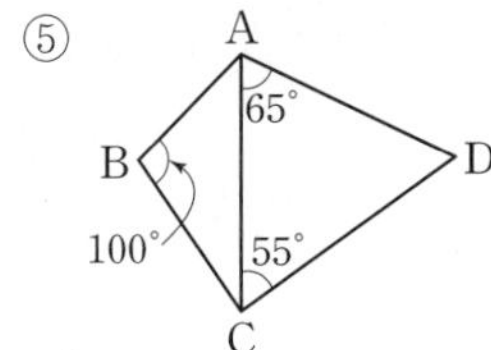

02 최다빈출

오른쪽 그림에서 $\overline{BC}$는 원 O의 지름이고 $\widehat{AB}=\widehat{AD}$이다. $\angle ACB=25°$일 때, $\angle x$의 크기를 구하시오.

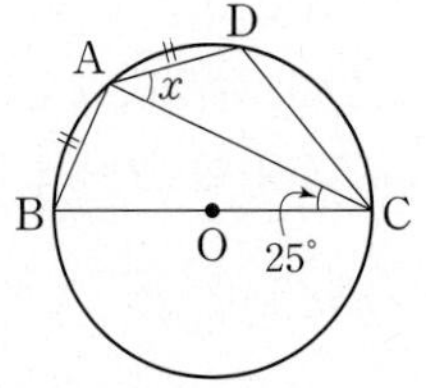

03

오른쪽 그림과 같이 □ABCD, □BCDE가 원에 내접하고 $\angle ADE=20°$, $\angle EBC=65°$일 때, $\angle ABP$의 크기를 구하시오.

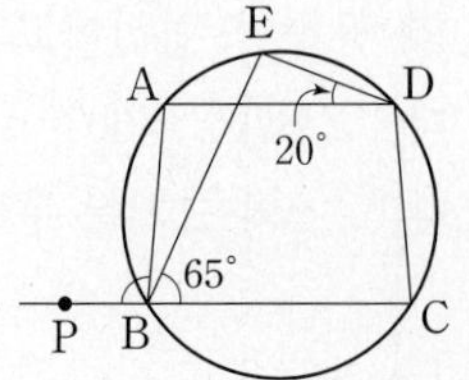

04

오른쪽 그림과 같이 오각형 ABCDE가 원에 내접하고 $\angle ADB=36°$일 때, $\angle x+\angle y$의 크기를 구하시오.

05

오른쪽 그림에서 □ABCD는 원에 내접하고 $\angle ADC=124°$, $\angle P=33°$일 때, $\angle x$의 크기는?

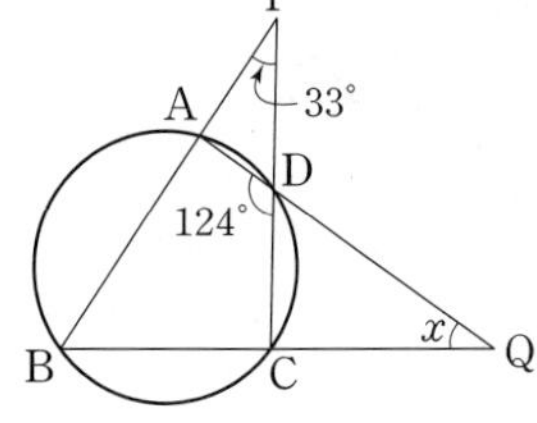

① 33° ② 34°
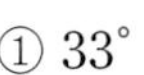

③ 35° ④ 36°

⑤ 37°

06

오른쪽 그림에서 두 점 P, Q는 두 원 O, O′의 교점이다. $\angle BOP=160°$일 때, $\angle x$의 크기를 구하시오.

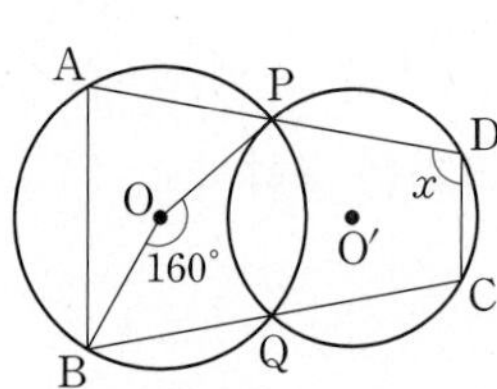

07

다음 **보기** 중 항상 원에 내접하는 사각형을 모두 고르시오.

보기

ㄱ. 정사각형　　ㄴ. 마름모
ㄷ. 직사각형　　ㄹ. 사다리꼴
ㅁ. 평행사변형　　ㅂ. 등변사다리꼴

08 최다빈출

오른쪽 그림에서 직선 AT는 원의 접선이고 점 A는 접점이다. $\angle ABC=63°$, $\angle BAT=59°$일 때, $\angle CAB$의 크기를 구하시오.

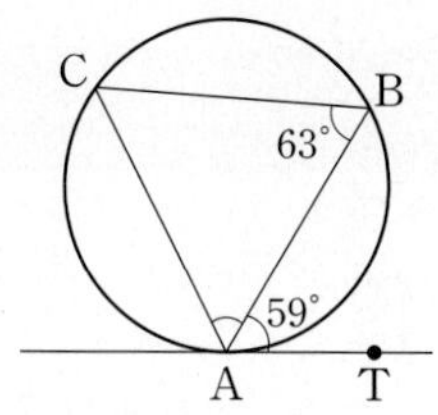

09

오른쪽 그림에서 두 점 A, B는 점 P에서 원에 그은 두 접선의 접점이다. $\overline{AD}/\!/\overline{PB}$, $\angle P=46°$일 때, $\angle BCD$의 크기를 구하시오.

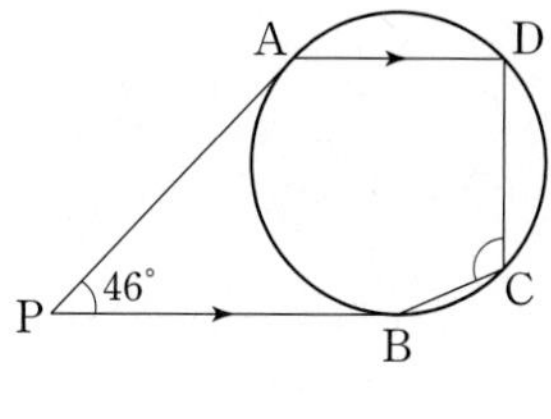

10 창의 역량

오른쪽 그림에서 $\overline{AT}$는 원의 접선이고 점 A는 접점이다. $\overparen{AB}=\overparen{BC}=\overparen{CD}$, $\angle T=65°$일 때, $\angle x$의 크기를 구하시오.

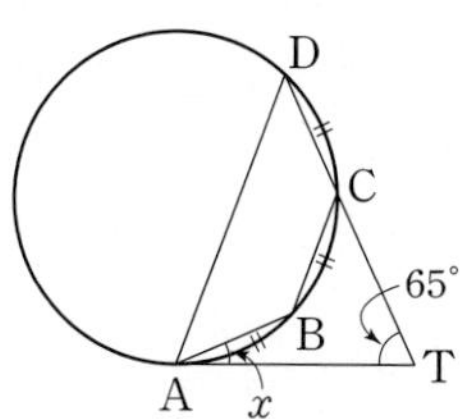

11

오른쪽 그림에서 직선 AT는 원 O의 접선이고 $\overline{AC}$는 원 O의 중심을 지난다. $\angle BAT=60°$, $\overline{OC}=4\text{ cm}$일 때, $\triangle ABC$의 넓이를 구하시오.

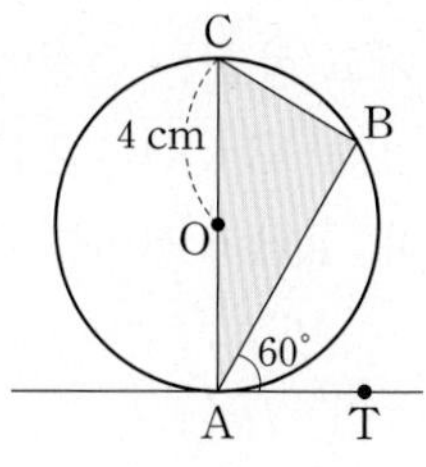

12

오른쪽 그림에서 직선 PQ는 작은 원의 접선이고 점 T는 접점이다. $\angle ABT=60°$, $\angle DTP=50°$일 때, $\angle CTD$의 크기를 구하시오.

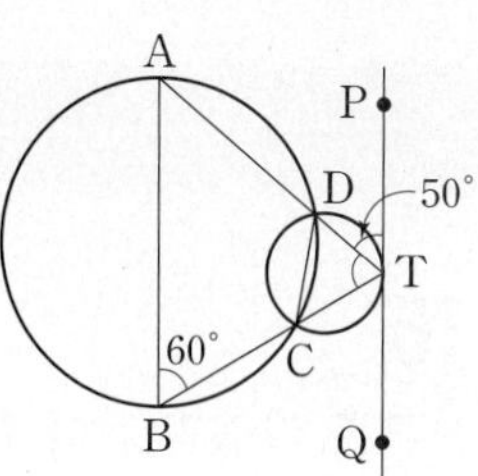

100점 공략

13

오른쪽 그림과 같이 $\triangle ABC$의 꼭짓점 A, C에서 $\overline{BC}$, $\overline{AB}$에 내린 수선의 발을 각각 D, E라 하고 $\overline{AC}$의 중점을 M이라 하자. $\angle B=56°$일 때, $\angle x$의 크기를 구하시오.

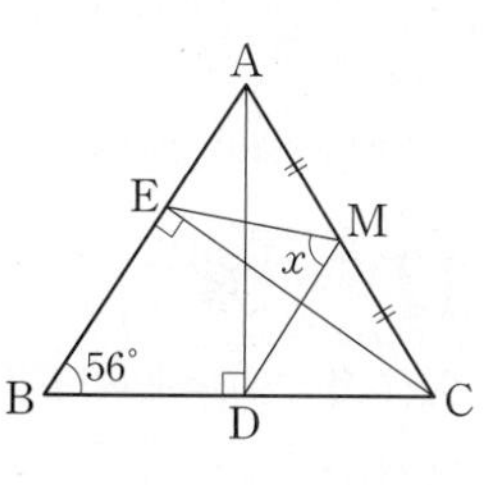

14

오른쪽 그림과 같이 □ABCD가 원에 내접하고 $\angle ADB=72°$, $\angle BAC=38°$, $\angle BCD=116°$일 때, $\angle x+\angle y$의 크기를 구하시오.

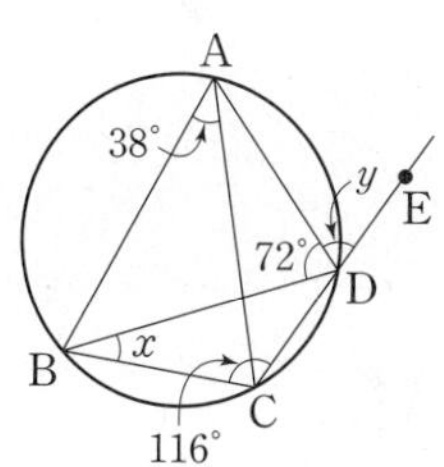

15

오른쪽 그림에서 직선 PA는 원의 접선이고 점 A는 접점이다. $\overline{PD}$는 $\angle P$의 이등분선이고 $\angle BAC=44°$일 때, $\angle ADP$의 크기를 구하시오.

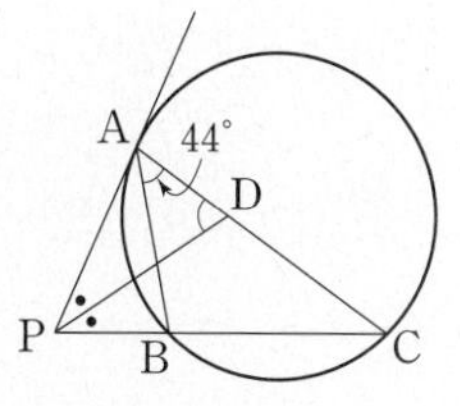

정답과 해설 54쪽

서술형

16

오른쪽 그림과 같이 육각형 ABCDEF가 원에 내접할 때, $\angle x+\angle y+\angle z$의 크기를 구하시오.

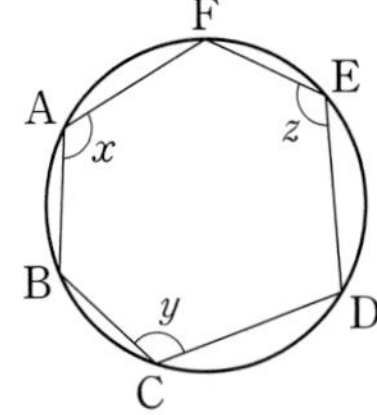

풀이

답 ______

17

오른쪽 그림에서 $\overline{PA}$는 원의 접선이고 점 A는 접점이다. $\angle ABC=104°$, $\angle P=35°$일 때, $\angle ACD$의 크기를 구하시오.

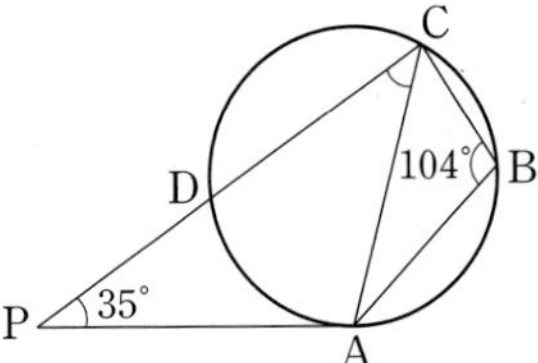

풀이

답 ______

18

오른쪽 그림에서 두 점 A, B는 점 P에서 원에 그은 두 접선의 접점이다. $\widehat{AB}:\widehat{BC}=6:5$이고 $\angle P=48°$일 때, $\angle BAC$의 크기를 구하시오.

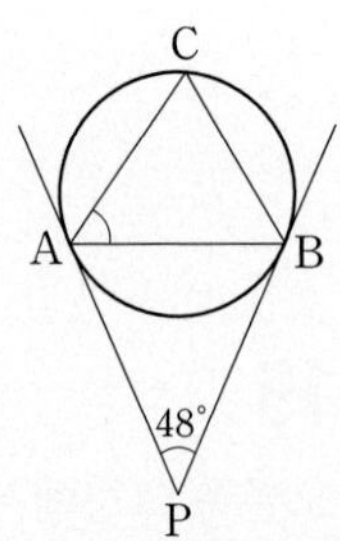

풀이

답 ______

19

오른쪽 그림에서 $\overline{PT}$는 원 O의 접선이고 점 T는 접점이다. $\overline{PC}$는 원 O의 중심을 지나고 $\angle TBC=58°$일 때, $\angle P$의 크기를 구하시오.

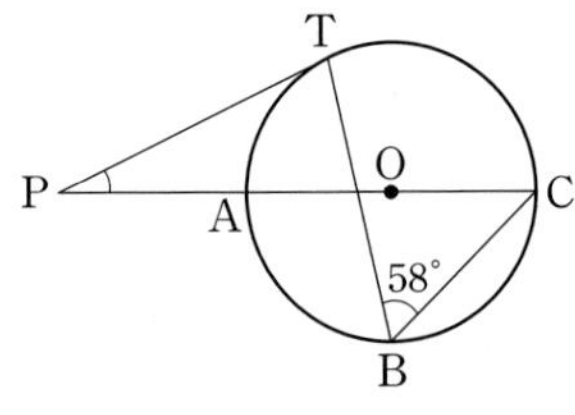

풀이

답 ______

20 100점

오른쪽 그림에서 두 점 P, Q는 두 원의 교점이고 □ABQP와 □PQCD가 두 원에 각각 내접한다. $\overline{AB}$와 $\overline{DC}$의 연장선의 교점을 R라 하면 $\angle PQC=118°$, $\angle R=52°$일 때, $\angle BQC$의 크기를 구하시오.

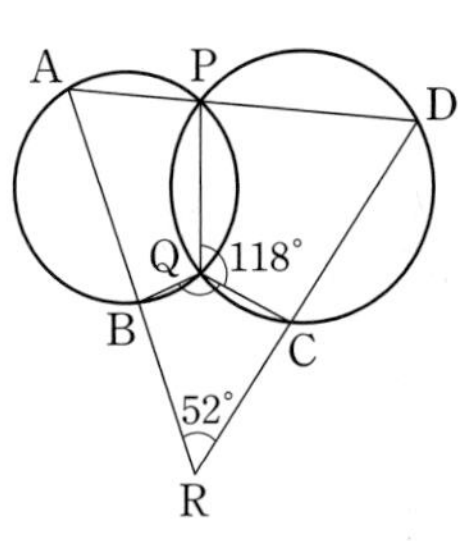

풀이

답 ______

21 100점

오른쪽 그림과 같은 두 반원 O, O′에서 $\overline{AD}$는 반원 O′의 접선이고 점 E는 접점이다. $\angle AEC=34°$, $\widehat{BD}=11$ cm일 때, $\widehat{AB}$의 길이를 구하시오.

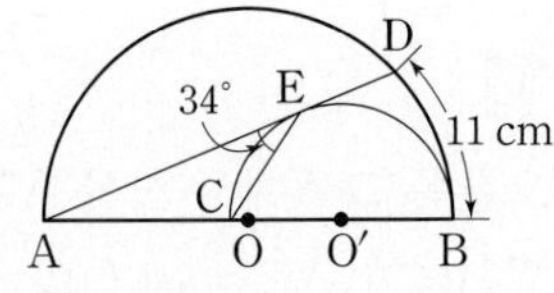

풀이

답 ______

III. 통계

06 대푯값과 산포도

유형북 79 ~ 90쪽
더블북 40 ~ 45쪽

Real 실전 개념

개념 1 대푯값 유형 01~04, 07~11

(1) **대푯값:** 자료 전체의 중심 경향이나 특징을 대표적으로 나타낸 값 → 대푯값에는 평균, 중앙값, 최빈값 등이 있다.

(2) **평균:** 전체 변량의 총합을 변량의 개수로 나눈 값

→ $(\text{평균})=\dfrac{(\text{변량의 총합})}{(\text{변량의 개수})}$

(3) **중앙값:** 자료의 변량을 작은 값부터 크기순으로 나열할 때, 중앙에 위치하는 값

① 변량의 개수가 홀수이면 중앙에 위치하는 값이 중앙값이다.

예 자료 1, 2, 5, 7, 8의 중앙값 → 5

② 변량의 개수가 짝수이면 중앙에 위치하는 두 값의 평균이 중앙값이다.

예 자료 1, 2, 3, 5, 7, 8의 중앙값 → $\dfrac{3+5}{2}=4$

(4) **최빈값:** 자료의 변량 중에서 가장 많이 나타난 값

예 • 자료 3, 3, 5, 7, 8의 최빈값 → 3
• 자료 3, 3, 6, 7, 7, 9의 최빈값 → 3, 7

개념 2 산포도 유형 05~11

(1) **산포도:** 자료의 변량이 흩어져 있는 정도를 하나의 수로 나타낸 값 → 산포도에는 분산, 표준편차 등이 있다.

① 변량들이 대푯값을 중심으로 모여 있을수록 산포도는 작아진다.

② 변량들이 대푯값을 중심으로 흩어져 있을수록 산포도는 커진다.

(2) **편차:** 자료의 각 변량에서 평균을 뺀 값

→ (편차)=(변량)−(평균)

① 편차의 합은 항상 0이다.

② 변량이 평균보다 크면 그 편차는 양수이고, 변량이 평균보다 작으면 그 편차는 음수이다.

③ 편차의 절댓값이 클수록 그 변량은 평균에서 멀리 떨어져 있고, 편차의 절댓값이 작을수록 그 변량은 평균에 가까이 있다.

(3) **분산:** 각 편차의 제곱의 평균

→ $(\text{분산})=\dfrac{\{(\text{편차})^2\text{의 총합}\}}{(\text{변량의 개수})}$

(4) **표준편차:** 분산의 음이 아닌 제곱근

→ $(\text{표준편차})=\sqrt{(\text{분산})}$

예 자료 2, 4, 6, 8에 대하여

❶ $(\text{평균})=\dfrac{2+4+6+8}{4}=\dfrac{20}{4}=5$

❷ 각 변량의 편차를 구하면 $-3,\ -1,\ 1,\ 3$

❸ $(\text{분산})=\dfrac{(-3)^2+(-1)^2+1^2+3^2}{4}=\dfrac{20}{4}=5$

❹ $(\text{표준편차})=\sqrt{5}$

+ 개념 노트

• 평균을 대푯값으로 가장 많이 사용하지만 자료에 매우 크거나 매우 작은 값, 즉 극단적인 값이 있는 경우에는 중앙값이 평균보다 자료의 중심 경향을 더 잘 나타내기도 한다.

• 자료의 변량의 개수가 많고 자료에 같은 값이 많은 경우에 자료의 대푯값으로 더 적절한 것은 최빈값이다.

• 최빈값은 자료에 따라 2개 이상일 수도 있다.

• 편차는 변량과 같은 단위를 쓴다.

• 자료의 분산 또는 표준편차가 클수록 그 자료의 변량들이 평균을 중심으로 흩어져 있고, 작을수록 평균을 중심으로 모여 있다.

• 표준편차는 변량과 같은 단위를 쓴다.

개념 1 대푯값

[01~02] 다음 자료의 평균을 구하시오.

01 1, 3, 6, 7, 8

02 15, 16, 18, 13, 12, 10

[03~06] 다음 자료의 중앙값을 구하시오.

03 11, 20, 19, 23, 16

04 2, 41, 34, 39, 24, 7

05 43, 1, 30, 57, 21, 17, 26

06 83, 12, 20, 65, 19, 25, 39, 71

[07~09] 다음 자료의 최빈값을 구하시오.

07 2, 6, 10, 6, 5, 9, 3

08 12, 18, 7, 12, 5, 27, 19, 18

09 딸기, 귤, 사과, 바나나, 딸기, 배, 딸기

10 다음은 수아네 반 학생들의 1분 동안의 윗몸 일으키기 횟수를 조사하여 나타낸 줄기와 잎 그림이다. 이 자료의 중앙값과 최빈값을 구하시오.

(1|3은 13회)

줄기	잎
1	3 4
2	1 2 5 6 8
3	0 2 3 5 6 7 9 9
4	0 1 2 5 8

개념 2 산포도

[11~12] 다음 자료의 평균이 [ ] 안의 수와 같을 때, 표를 완성하시오.

11 [6]

변량	3	11	5	9	2
편차	-3			3	

12 [24]

변량		12		24	22
편차	4		10		

[13~14] 어떤 자료의 편차가 다음과 같을 때, x의 값을 구하시오.

13 $2,\ 4,\ -3,\ x$

14 $x,\ -16,\ 14,\ -5,\ 3$

[15~16] 아래 표는 A, B, C, D, E 다섯 도시의 하루 중 최고 기온에 대한 편차를 나타낸 것이다. 다음 물음에 답하시오.

도시	A	B	C	D	E
편차(℃)	1	x	-2	-1	-1

15 x의 값을 구하시오.

16 최고 기온의 평균이 17 ℃일 때, 도시 D의 최고 기온을 구하시오.

[17~19] 아래 자료에 대하여 다음을 구하시오.

7, 13, 10, 11, 9

17 평균

18 분산

19 표준편차

유형 01 평균 개념 1

평균: 전체 변량의 총합을 변량의 개수로 나눈 값이고 대푯값으로 가장 많이 사용된다.

→ (평균)$=\frac{(\text{변량의 총합})}{(\text{변량의 개수})}$

01 대표문제

3개의 변량 a, b, c의 평균이 7일 때, 4개의 변량 a, b, c, 9의 평균을 구하시오.

02

다음 표는 은지가 1월부터 6월까지 읽은 책의 수를 조사하여 나타낸 것이다. 읽은 책의 수의 평균을 구하시오.

월	1	2	3	4	5	6
책의 수(권)	5	4	2	2	3	2

중요

03

3개의 변량 x, y, z의 평균이 9일 때, 5개의 변량 12, $4x-3$, $4y$, $4z+2$, 8의 평균은?

① 25 ② 25.2 ③ 25.4
④ 25.6 ⑤ 25.8

04 서술형

다음 표는 학생 10명의 하루 수면 시간을 조사하여 나타낸 것이다. 수면 시간의 평균을 구하시오.

수면 시간(시간)	5	6	7	8	합계
학생 수(명)	2	4		1	10

유형 02 중앙값 개념 1

(1) 중앙값: 자료의 변량을 작은 값부터 크기순으로 나열할 때, 중앙에 위치하는 값

(2) n개의 변량을 작은 값부터 크기순으로 나열할 때

① n이 홀수이면 중앙값은 $\frac{n+1}{2}$번째 값

② n이 짝수이면 중앙값은 $\frac{n}{2}$번째와 $\left(\frac{n}{2}+1\right)$번째 값의 평균

05 대표문제

다음 자료는 A, B 두 과수원에서 딴 자두의 무게를 조사하여 나타낸 것이다. A, B 두 과수원에서 딴 자두의 무게의 중앙값을 각각 x g, y g이라 할 때, $x+y$의 값은?

(단위: g)

[A 과수원] 65, 60, 58, 63, 68
[B 과수원] 59, 66, 57, 62, 60, 58

① 121 ② 121.5 ③ 122
④ 122.5 ⑤ 123

06

오른쪽은 민호네 반 학생들의 신발의 크기를 조사하여 나타낸 줄기와 잎 그림이다. 신발의 크기의 중앙값을 구하시오.

(23|0은 230 mm)

줄기	잎
23	0
24	0 0 5 5
25	0 0 5 5 5 5
26	0 5 5

07

연수가 5회에 걸쳐 치른 국어 시험의 성적을 작은 값부터 크기순으로 나열할 때, 중앙값은 86점이고 4번째 성적은 90점이다. 6회의 국어 성적이 92점일 때, 6회에 걸쳐 치른 국어 성적의 중앙값을 구하시오.

유형 03 최빈값 개념1

(1) 최빈값: 자료의 변량 중에서 가장 많이 나타난 값
(2) 최빈값은 자료에 따라 두 개 이상일 수도 있다.

08 대표문제

다음 자료는 방송반 학생들의 여름방학 동안의 봉사 활동 시간을 조사하여 나타낸 것이다. 봉사 활동 시간의 평균을 a시간, 중앙값을 b시간, 최빈값을 c시간이라 할 때, $a+b+c$의 값을 구하시오.

(단위: 시간)

3, 2, 5, 2, 5, 5, 6, 4, 4

09

다음 표는 준일이네 반 학생들이 가장 좋아하는 수학 영역을 조사하여 나타낸 것이다. 이 자료에서 최빈값을 구하시오.

영역	연산	방정식	함수	기하	통계
학생 수(명)	3	7	3	5	7

10

아래 자료는 A, B, C 세 모둠 학생들의 수학 성적을 조사하여 나타낸 것이다. 다음 중 옳지 않은 것을 모두 고르면? (정답 2개)

(단위: 점)

[A 모둠] 72, 80, 80, 76, 88
[B 모둠] 92, 68, 74, 84, 72, 84
[C 모둠] 82, 86, 90, 68, 86, 80, 76

① A 모둠의 중앙값은 80점이다.
② B 모둠의 최빈값은 84점이다.
③ C 모둠의 중앙값과 최빈값은 서로 같다.
④ 중앙값이 가장 높은 모둠은 A 모둠이다.
⑤ 최빈값이 가장 높은 모둠은 C 모둠이다.

집중

유형 04 대푯값이 주어졌을 때, 변량 구하기 개념1

(1) 평균이 주어지면 $(\text{평균})=\dfrac{(\text{변량의 총합})}{(\text{변량의 개수})}$임을 이용한다.
(2) 중앙값이 주어지면 변량을 작은 값부터 크기순으로 나열한 후 변량의 개수가 홀수인 경우와 짝수인 경우에 맞게 식을 세운다.
(3) 최빈값이 주어지면 도수가 가장 큰 변량을 확인하고 문제의 조건에 맞게 식을 세운다.

11 대표문제

다음 자료는 태민이네 모둠 학생들의 과학 수행평가 점수를 조사하여 나타낸 것이다. 과학 수행평가 점수의 평균이 7점일 때, x의 값을 구하시오.

(단위: 점)

9, 7, x, 6, 8

12

4개의 변량 18, 10, 7, x의 중앙값이 11일 때, x의 값을 구하시오.

중요

13 서술형

다음 표는 경준이가 일주일 동안 운동한 시간을 조사하여 나타낸 것이다. 이 자료의 평균이 35분이고 중앙값이 x분일 때, $a+x$의 값을 구하시오.

요일	월	화	수	목	금	토	일
시간(분)	30	32	a	40	28	44	36

14

8개의 변량 중 4개의 변량이 4, 5, 5, 2이다. 8개의 변량의 최빈값과 평균이 모두 6일 때, 8개의 변량 중 가장 큰 값을 구하시오. (단, 최빈값은 하나뿐이다.)

유형 05 편차 개념2

(1) (편차)=(변량)−(평균) ➜ (변량)=(편차)+(평균)
(2) 편차의 합은 항상 0이다.

15 대표문제

다음 표는 학생 6명의 하루 동안의 SNS 사용 시간에 대한 편차를 나타낸 것이다. SNS 사용 시간의 평균이 30분일 때, 학생 C의 SNS 사용 시간을 구하시오.

학생	A	B	C	D	E	F
편차(분)	4	-2	x	10	2	-5

16

아래 표는 학생 5명의 과학 성적에 대한 편차를 나타낸 것이다. 다음 중 옳은 것은?

학생	A	B	C	D	E
편차(점)	-2	x	4	-1	3

① x의 값은 -3이다.
② B는 D보다 과학 성적이 더 높다.
③ 과학 성적이 가장 높은 학생은 B이다.
④ 평균보다 성적이 더 높은 학생은 3명이다.
⑤ 과학 성적이 높은 학생부터 순서대로 나열하면 C, E, D, A, B이다.

17

아래 자료는 효빈이네 모둠 6명의 음악 실기 점수를 조사하여 나타낸 것이다. 다음 중 이 자료의 편차가 될 수 <u>없는</u> 것을 모두 고르면? (정답 2개)

(단위: 점)

46, 45, 40, 50, 41, 42

① −3점 ② −2점 ③ −1점
④ 2점 ⑤ 3점

집중

유형 06 분산과 표준편차 개념2

(1) $(\text{분산})=\dfrac{\{(\text{편차})^2\text{의 총합}\}}{(\text{변량의 개수})}$
(2) $(\text{표준편차})=\sqrt{(\text{분산})}$

18 대표문제

다음 표는 예준이가 5일 동안 등교할 때 걸린 시간에 대한 편차를 나타낸 것이다. 이 자료의 표준편차를 구하시오.

요일	월	화	수	목	금
편차(분)	-1	0	3	2	x

19

다음 자료는 학생 5명이 한 달 동안 읽은 책의 수를 조사하여 나타낸 것이다. 이 자료의 분산은?

(단위: 권)

3, 2, 4, 4, 2

① 0.6 ② 0.8 ③ 1
④ 1.2 ⑤ 1.4

20

5개의 변량 6, 5, 11, 7, a의 평균이 7일 때, 분산은?

① 4.4 ② 4.6 ③ 4.8
④ 5 ⑤ 5.2

21 서술형

세 수 3, $x+2$, $2x+1$의 분산이 54일 때, 양수 x의 값을 구하시오.

집중

유형 07 평균과 분산을 이용하여 식의 값 구하기 개념 1, 2

❶ 조건에 맞게 식을 세운 다음 $x+y$, x^2+y^2의 값을 구한다.
❷ $(x+y)^2=x^2+y^2+2xy$임을 이용하여 식의 값을 구한다.

22 대표문제

5개의 변량 3, x, y, 5, 8의 평균이 5이고 분산이 3.8일 때, x^2+y^2의 값은?

① 44 ② 45 ③ 46
④ 47 ⑤ 48

23

4개의 변량 4, a, b, c의 평균이 3이고 분산이 4일 때, $(a-3)^2+(b-3)^2+(c-3)^2$의 값을 구하시오.

24 서술형

다음 표는 학생 5명이 일주일 동안 TV를 시청한 시간에 대한 편차를 나타낸 것이다. TV 시청 시간의 분산이 6.8일 때, xy의 값을 구하시오.

학생	A	B	C	D	E
편차(분)	-3	x	-1	2	y

25

3개의 변량 2, a, b의 평균이 4이고 표준편차가 $\sqrt{2}$일 때, ab의 값을 구하시오.

유형 08 변화된 변량의 평균, 분산, 표준편차 개념 1, 2

❶ 평균을 이용하여 변량의 합을 구한다.
❷ 분산 또는 표준편차를 이용하여 $(편차)^2$의 합을 구한다.
❸ 변화된 변량의 평균과 분산을 식으로 나타내고 ❶, ❷의 값을 대입한다.

26 대표문제

4개의 변량 a, b, c, d의 평균이 6이고 분산이 5일 때, 변량 $a+3$, $b+3$, $c+3$, $d+3$의 분산은?

① 5 ② 6 ③ 7
④ 8 ⑤ 9

27

3개의 변량 x, y, z의 평균이 9이고 표준편차가 3일 때, 변량 $x-1$, $y-1$, $z-1$의 평균은 m, 표준편차는 n이다. 이때 $m+n$의 값을 구하시오.

28

4개의 변량 a, b, c, d의 평균이 4이고 표준편차가 4일 때, 변량 $5a$, $5b$, $5c$, $5d$의 평균과 표준편차를 차례로 구하면?

① 4, 4 ② 4, 20 ③ 20, 4
④ 20, 20 ⑤ 20, 100

유형 09 두 집단 전체의 평균과 표준편차 개념 1, 2

평균이 같은 두 집단 A, B의 표준편차와 도수가 오른쪽 표와 같을 때

	A	B
표준편차	x	y
도수	a	b

(1) (두 집단 전체의 분산)
$$=\frac{\{(\text{편차})^2\text{의 총합}\}}{(\text{도수의 총합})}=\frac{ax^2+by^2}{a+b}$$

(2) (두 집단 전체의 표준편차) $=\sqrt{\dfrac{ax^2+by^2}{a+b}}$

29 대표문제

오른쪽 표는 어느 반 남학생과 여학생의 사회 성적의 평균과 표준편차를 나타낸 것이다. 이 반 전체의 사회 성적의 표준편차는?

	남학생	여학생
평균(점)	78	78
표준편차(점)	3	2
학생 수(명)	12	8

① $\sqrt{2}$점 ② $\sqrt{3}$점 ③ 2점
④ $\sqrt{5}$점 ⑤ $\sqrt{7}$점

30

오른쪽 표는 어느 중학교 3학년 남학생과 여학생의 학생 수와 국어 점수의 평균을 나타낸 것이다. 3학년 전체 학생의 국어 점수의 평균을 구하시오.

	남학생	여학생
학생 수(명)	300	200
평균(점)	73	78

31 서술형

7개의 수 a, b, c, d, e, f, g에 대하여 a, b, c, d의 평균은 14, 분산은 13이고 e, f, g의 평균은 14, 분산은 6이다. 이때 a, b, c, d, e, f, g의 표준편차를 구하시오.

유형 10 대푯값과 산포도의 이해 개념 1, 2

(1) 대푯값에는 평균, 중앙값, 최빈값 등이 있다.
(2) 산포도에는 분산, 표준편차 등이 있다.
(3) 변량들이 대푯값을 중심으로 모여 있을수록 산포도는 작아지고, 멀리 흩어져 있을수록 산포도는 커진다.

32 대표문제

다음 중 옳지 않은 것을 모두 고르면? (정답 2개)

① 편차가 0인 경우는 없다.
② 편차의 합은 항상 0이다.
③ 편차의 절댓값이 클수록 평균에 가깝다.
④ 평균보다 작은 변량의 편차는 음수이다.
⑤ 표준편차는 분산의 음이 아닌 제곱근이다.

중요
33

다음 자료의 대푯값으로 가장 적절한 것은?

10, 10, 15, 16, 500

① 평균 ② 중앙값 ③ 최빈값
④ 분산 ⑤ 표준편차

34

다음 **보기** 중 옳은 것을 모두 고르시오.

보기
ㄱ. 전체 변량의 총합을 변량의 개수로 나눈 값을 평균이라 한다.
ㄴ. 중앙값과 최빈값은 항상 1개이다.
ㄷ. 표준편차가 클수록 자료의 분포 상태가 고르지 않다.
ㄹ. 자료의 변량에 극단적인 값이 있는 경우에는 중앙값이 평균보다 자료의 중심 경향을 더 잘 나타내기도 한다.

집중 유형 11 자료의 분석 개념 1, 2

(1) 변량이 평균 가까이에 밀집되어 있을수록, 변량 간의 격차가 작을수록 표준편차가 작다.
→ 자료의 분포 상태가 고르다.

(2) 변량이 평균에서 멀리 떨어져 있을수록, 변량 간의 격차가 클수록 표준편차가 크다.
→ 자료의 분포 상태가 고르지 않다.

35 대표문제

아래 표는 5개의 반의 수학 성적의 평균과 표준편차를 나타낸 것이다. 다음 중 옳은 것을 모두 고르면? (정답 2개)

반	A	B	C	D	E
평균(점)	73	77	76	74	79
표준편차(점)	3.4	2.8	3.2	2.5	2.9

① 수학 성적이 가장 높은 학생은 E반에 있다.
② C반의 수학 성적이 B반의 수학 성적보다 고르다.
③ 수학 성적의 편차의 제곱의 총합이 가장 큰 반은 A반이다.
④ 수학 성적의 분산이 가장 작은 반은 D반이다.
⑤ 평균이 가장 높은 E반의 수학 성적이 가장 고르다.

36

다음 자료 중 표준편차가 가장 큰 것은?

① 1, 3, 3, 3, 5　② 1, 1, 3, 5, 5
③ 2, 2, 3, 4, 4　④ 2, 3, 3, 3, 4
⑤ 3, 3, 3, 3, 3

37

다음 표는 은지네 모둠과 세준이네 모둠 학생들의 음악 실기 점수를 조사하여 나타낸 것이다. 두 모둠 중에서 성적이 더 고른 모둠을 말하시오.

은지네 모둠(점)	25	24	25	27	26	27
세준이네 모둠(점)	22	30	25	28	25	20

중요

38 서술형

다음 표는 현준이와 태민이의 5회에 걸친 턱걸이 횟수를 조사하여 나타낸 것이다. 두 사람의 턱걸이 횟수의 평균이 8회로 같을 때, 턱걸이 횟수가 더 고른 사람을 말하시오.

회	1	2	3	4	5
현준(회)	7	8	9	a	11
태민(회)	9	5	b	12	8

39

아래 그림은 A, B 두 반 학생들의 여름방학 동안의 봉사 활동 시간을 조사하여 나타낸 막대그래프이다. 다음 중 옳지 않은 것을 모두 고르면? (정답 2개)

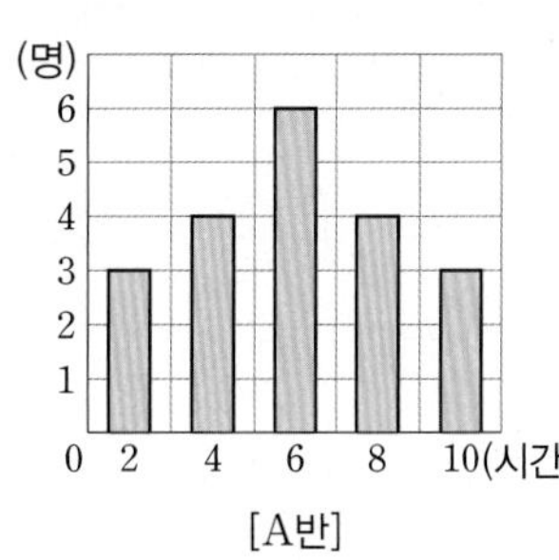

[A반]

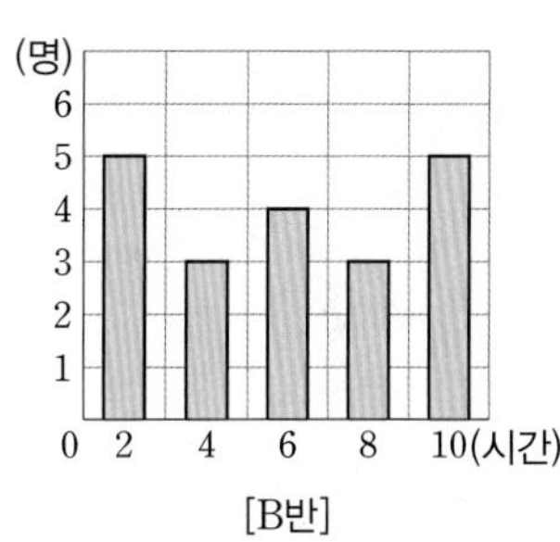

[B반]

① 두 반의 학생 수는 같다.
② 두 반의 봉사 활동 시간의 평균은 같다.
③ 봉사 활동 시간이 평균보다 긴 학생은 A반이 B반보다 더 적다.
④ A반의 표준편차가 B반의 표준편차보다 더 크다.
⑤ B반의 봉사 활동 시간이 A반의 봉사 활동 시간보다 더 고르다.

Real 실전 기출

01

다음 자료의 중앙값을 x, 최빈값을 y라 할 때, $x+y$의 값은?

$-5,\ 2,\ 7,\ 4,\ -2,\ 6,\ 9,\ -1,\ 2,\ 8$

① 4　② 5　③ 6　④ 7　⑤ 8

02

다음 표는 두 양궁 선수 A, B가 각각 10회씩 화살을 쏘아 얻은 점수를 조사하여 나타낸 것이다. 선수 A의 점수의 평균을 a점, 선수 B의 점수의 최빈값을 b점이라 할 때, $a+b$의 값을 구하시오.

(단위: 회)

선수 \ 점수(점)	7	8	9	10
A	3	x	1	1
B	2	4	y	1

03

다음은 어떤 자료의 변량을 작은 값부터 크기순으로 나열한 것이다. 이 자료의 중앙값이 11일 때, 평균을 구하시오.

$7,\ 8,\ 9,\ x,\ 16,\ 19$

04

서준이네 반 학생들의 키의 평균은 159 cm이다. 서준이의 키의 편차가 4 cm일 때, 서준이의 키를 구하시오.

05 창의 역량

아래 표는 어느 날 7개 도시의 최고 기온과 날씨 상태를 조사하여 나타낸 것이다. 다음 **보기** 중 옳은 것을 모두 고르시오.

도시	서울	강릉	대전	광주	대구	부산	제주
최고 기온 (℃)	26	24	29	27	30	29	31
날씨 상태	맑음	맑음	맑음	맑음	맑음	흐림	흐림

보기

ㄱ. 최고 기온의 평균은 최고 기온의 중앙값보다 크다.
ㄴ. 최고 기온의 중앙값과 최빈값은 서로 같다.
ㄷ. 날씨 상태의 대푯값으로 최빈값이 적절하다.
ㄹ. 최고 기온의 표준편차는 $\frac{6}{7}$ ℃이다.

06 최다빈출

6개의 변량 9, 11, 12, x, y, 5의 평균이 8, 표준편차가 $\sqrt{10}$일 때, xy의 값을 구하시오.

07

다음 중 옳은 것은?

① 자료 전체의 중심 경향이나 특징을 대표적으로 나타낸 값을 산포도라 한다.
② 자료의 변량이 흩어져 있는 정도를 하나의 수로 나타낸 값을 대푯값이라 한다.
③ 산포도에는 평균, 중앙값, 표준편차 등이 있다.
④ 표준편차는 편차의 제곱의 평균이다.
⑤ 변량들이 대푯값을 중심으로 흩어져 있을수록 산포도는 커진다.

08 최다빈출

아래 표는 유정이네 반 학생들의 과목별 중간고사 점수의 평균과 표준편차를 나타낸 것이다. 다음 중 옳은 것을 모두 고르면? (정답 2개)

과목	국어	수학	사회	과학	영어
평균(점)	73	71	70.4	72.5	76
표준편차(점)	8.2	10.4	8.8	9.4	5.9

① 90점 이상인 학생이 가장 많은 과목은 국어이다.
② 과학 성적이 사회 성적보다 고르다.
③ 편차의 총합이 가장 큰 과목은 수학이다.
④ 성적이 가장 고른 과목은 영어이다.
⑤ 과학 성적의 분산이 두 번째로 크다.

09

세 수 a, b, c의 평균이 12일 때, 한 변의 길이가 각각 a, b, c인 세 정사각형의 둘레의 길이의 평균을 구하시오.

10

어느 동호회의 남자 회원 12명의 나이의 평균은 16세이고 여자 회원의 나이의 평균은 17세이다. 이 동호회 전체 회원의 나이의 평균이 16.4세일 때, 여자 회원은 몇 명인지 구하시오.

11

5명의 학생 A, B, C, D, E의 몸무게의 평균이 52.5 kg이고, 중앙값은 52 kg이다. B 대신 몸무게가 55 kg인 F를 포함한 5명의 몸무게의 평균이 53 kg일 때, A, C, D, E, F의 몸무게의 중앙값을 구하시오.

12

세 수 a, b, c의 평균이 5이고 분산이 10일 때, 세 수 a^2, b^2, c^2의 평균을 구하시오.

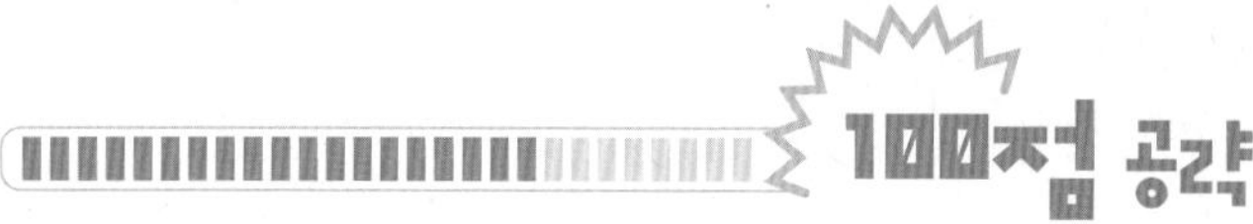

13

변량 x_1, x_2, x_3, $\cdots$, x_n의 표준편차가 $2\sqrt{2}$일 때, 변량 $4x_1-2$, $4x_2-2$, $4x_3-2$, $\cdots$, $4x_n-2$의 표준편차를 구하시오.

14

오른쪽 그림과 같이 가로의 길이, 세로의 길이, 높이가 각각 a, b, 4인 직육면체의 모서리 12개의 길이의 평균이 3, 분산이 1일 때, 6개의 면의 넓이의 평균을 구하시오.

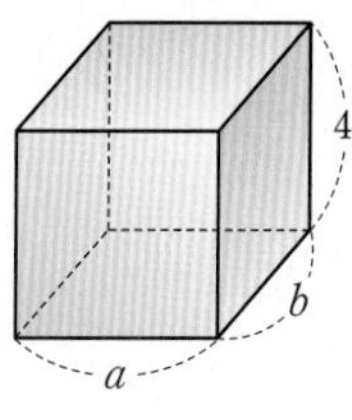

15

다음 표는 지수네 동네 A, B, C 세 피자 가게의 지난 5개월 동안의 수익률을 조사하여 나타낸 것이다. 수익률이 가장 안정적인 가게에 투자를 한다면 A, B, C 세 피자 가게 중 어느 가게에 투자해야 하는지 말하시오.

월	1	2	3	4	5
A 가게(%)	20	19	22	21	18
B 가게(%)	26	20	18	20	21
C 가게(%)	18	25	22	25	15

정답과 해설 63쪽

서술형

16

4개의 변량 a, b, c, d의 평균이 5일 때, 5개의 변량 $a+3$, $b-2$, $c+1$, $d+8$, 20의 평균을 구하시오.

풀이

답 ______________________

17

다음 표는 어느 도시의 1월부터 6월까지 맑은 날수를 조사하여 나타낸 것이다. 6개월 동안 맑은 날수의 평균이 11일이고 3월의 맑은 날이 5월의 맑은 날보다 3일 더 많을 때, 맑은 날수의 중앙값을 구하시오.

월	1	2	3	4	5	6
맑은 날수(일)	10	9		12		10

풀이

답 ______________________

18

5개의 자연수로 이루어진 자료가 다음 조건을 모두 만족시킬 때, 이 자료의 중앙값을 구하시오.

> (가) 가장 작은 수는 6이고 가장 큰 수는 13이다.
> (나) 평균이 9이고 최빈값이 8이다.

19

5개의 변량 2, 4, a, b, c의 중앙값과 최빈값이 모두 7이고 평균이 6일 때, 표준편차를 구하시오.

20 100점

미호네 모둠 학생 6명의 체육 실기 점수의 평균은 7점이고 분산은 5이다. 6명 중에서 점수가 7점인 학생 한 명이 빠졌을 때, 나머지 5명의 분산을 구하시오.

21 100점

다음 두 자료 A, B의 평균은 같고 A의 분산은 B의 분산의 2배일 때, $x-y$의 값을 구하시오. (단, $x>y$)

> [A] 5, x, 7, y, 3
> [B] 3, 5, 6, 2, 4

07

Ⅲ. 통계

상관관계

유형북 91 ~ 100쪽

더블북 46 ~ 48쪽

개념 1 산점도

유형 01, 02

산점도: 두 변량 x와 y의 순서쌍 (x, y)를 좌표평면 위에 점으로 나타낸 그림

예 다음 표는 5명의 학생의 일주일 동안의 공부 시간과 수학 성적을 조사하여 나타낸 것이다. 일주일 동안의 공부 시간을 x시간, 수학 성적을 y점이라 하면 x, y의 산점도는 오른쪽 그림과 같다.

학생	A	B	C	D	E
공부 시간(시간)	8	12	8	14	10
성적(점)	80	90	70	100	80

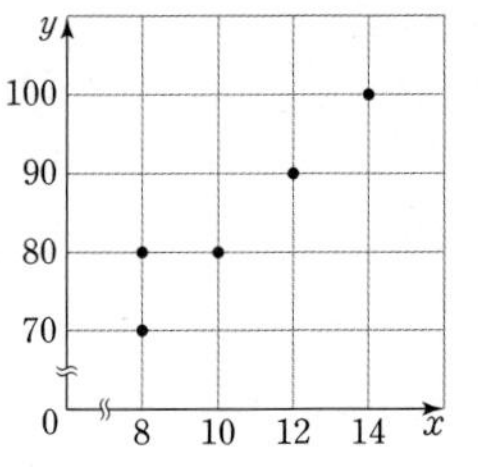

참고 산점도에서 두 자료의 비교

① y가 x보다 크다.

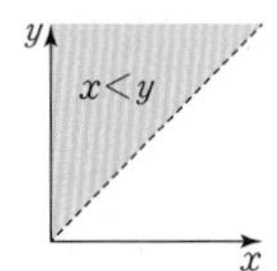

② x와 y가 같다.

③ y가 x보다 작다.

개념 2 상관관계

유형 03, 04

(1) **상관관계:** 두 변량 x와 y에 대하여 x의 값이 변함에 따라 y의 값이 변하는 경향이 있을 때, 이 두 변량 x, y 사이에 상관관계가 있다고 한다.

(2) **상관관계의 종류**

① 양의 상관관계

두 변량 x와 y에 대하여 x의 값이 증가함에 따라 y의 값도 대체로 증가하는 경향이 있는 관계

② 음의 상관관계

두 변량 x와 y에 대하여 x의 값이 증가함에 따라 y의 값이 대체로 감소하는 경향이 있는 관계

③ 상관관계가 없다.

두 변량 x와 y에 대하여 x의 값이 증가함에 따라 y의 값이 증가하는지 또는 감소하는지 그 관계가 분명하지 않은 경우

양의 상관관계	음의 상관관계	상관관계가 없다.

참고 양의 상관관계 또는 음의 상관관계가 있는 산점도에서 점들이 한 직선에 가까이 분포되어 있을수록 '상관관계가 강하다.'고 하고 흩어져 있을수록 '상관관계가 약하다.'고 한다.

① 양의 상관관계일 때

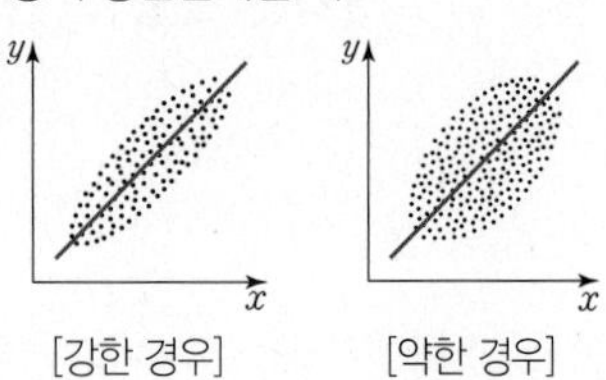

[강한 경우] [약한 경우]

② 음의 상관관계일 때

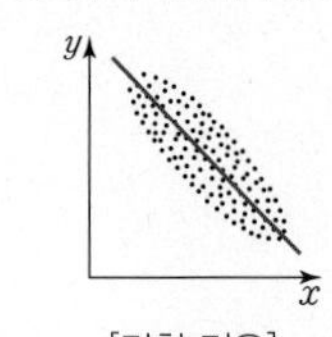

[강한 경우]

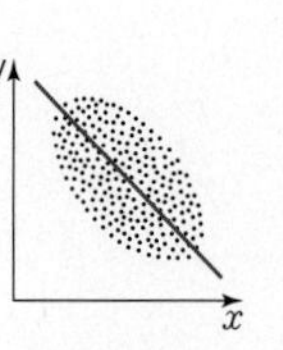

[약한 경우]

개념 노트

- 산점도를 이용하면 두 변량 사이의 관계를 조금 더 쉽게 알 수 있다.
- 양의 상관관계는 왼쪽 아래에서부터 오른쪽 위로 향하는 분포를 보인다.
- 음의 상관관계는 왼쪽 위에서부터 오른쪽 아래로 향하는 분포를 보인다.

개념 1 산점도

01 다음은 수진이네 반 학생 10명의 수학 점수와 국어 점수를 조사하여 나타낸 표이다. 수학 점수와 국어 점수에 대한 산점도를 그리시오.

(단위: 점)

학생	A	B	C	D	E	F	G	H	I	J
수학	60	70	70	60	80	80	90	80	90	90
국어	80	70	90	60	60	90	90	100	70	80

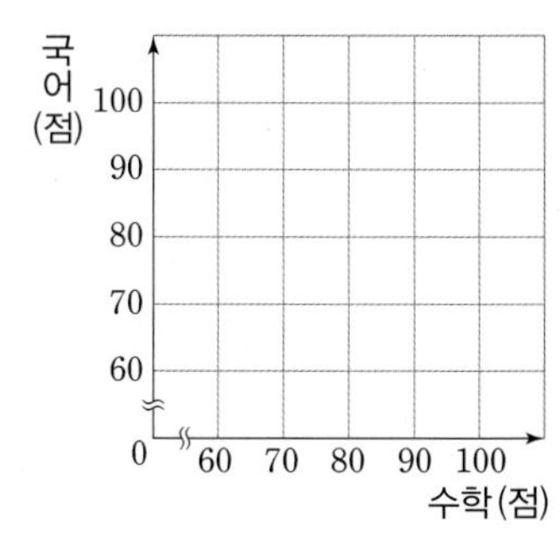

[02~07] 오른쪽 그림은 민우네 반 학생 20명의 1차, 2차 음악 실기 시험 점수에 대한 산점도이다. 다음 물음에 답하시오.

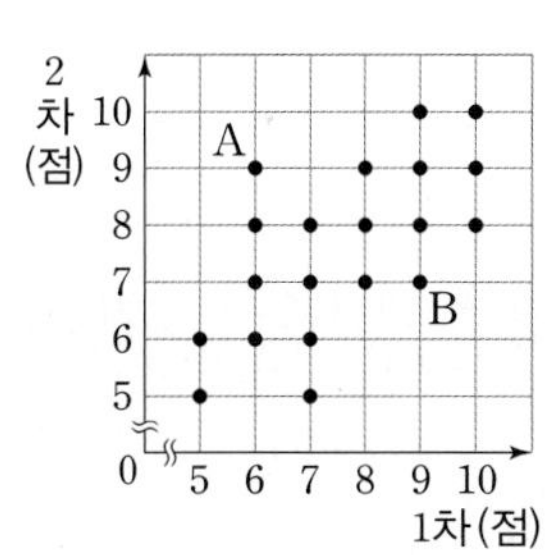

02 A의 1차 점수와 2차 점수를 차례대로 구하시오.

03 2차 점수가 6점인 학생 수를 구하시오.

04 1차 점수가 9점 이상인 학생 수를 구하시오.

05 B보다 2차 점수가 낮은 학생 수를 구하시오.

06 1차 점수가 6점 이상 8점 이하인 학생 수를 구하시오.

07 1차 점수와 2차 점수 모두 8점 이상인 학생 수를 구하시오.

[08~10] 오른쪽 그림은 명지네 반 학생 10명의 과학 점수와 사회 점수에 대한 산점도이다. 다음을 구하시오.

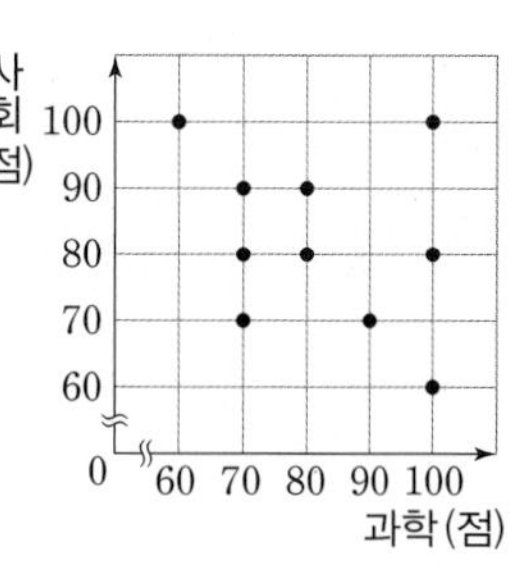

08 과학 점수와 사회 점수가 같은 학생 수

09 사회 점수가 과학 점수보다 높은 학생 수

10 과학 점수가 사회 점수보다 높은 학생 수

[11~12] 오른쪽 그림은 민정이네 반 학생 10명의 수학 필기 시험과 수행평가의 점수에 대한 산점도이다. 다음을 구하시오.

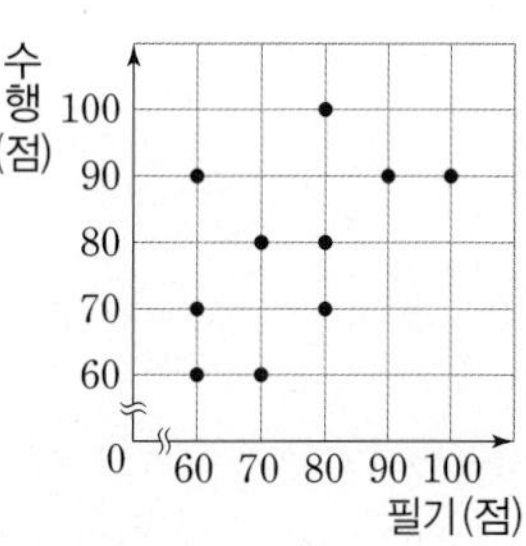

11 수행평가의 점수가 가장 높은 학생의 필기 시험의 점수

12 필기 시험의 점수가 70점인 학생들의 수행평가의 점수의 평균

개념 2 상관관계

[13~17] 다음 **보기**의 산점도에 대하여 물음에 답하시오.

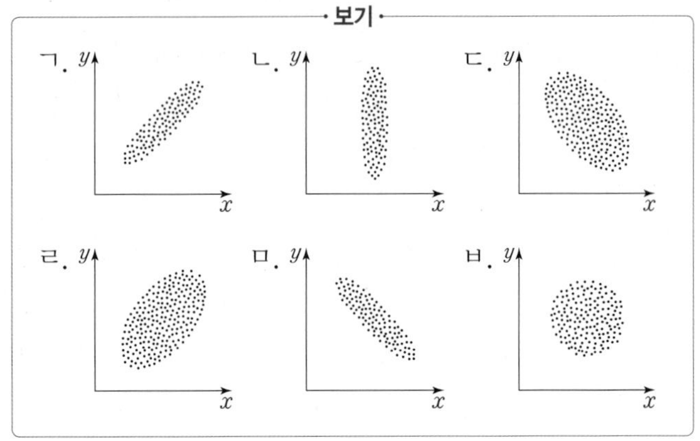

13 양의 상관관계가 있는 것을 모두 고르시오.

14 음의 상관관계가 있는 것을 모두 고르시오.

15 상관관계가 없는 것을 모두 고르시오.

16 가장 강한 양의 상관관계를 나타내는 것을 고르시오.

17 가장 강한 음의 상관관계가 있는 것을 고르시오.

18 오른쪽 그림은 산의 높이와 기온에 대한 산점도이다. 산의 높이와 기온 사이의 상관관계를 말하시오.

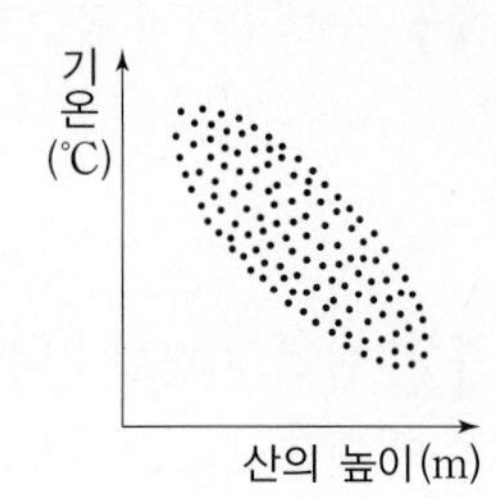

19 다음 **보기**는 여섯 나라의 겨울철 기온과 감기 환자 수에 대한 산점도이다. 겨울철 기온이 낮을수록 대체로 감기 환자 수가 증가하는 경향이 가장 뚜렷한 산점도를 고르시오.

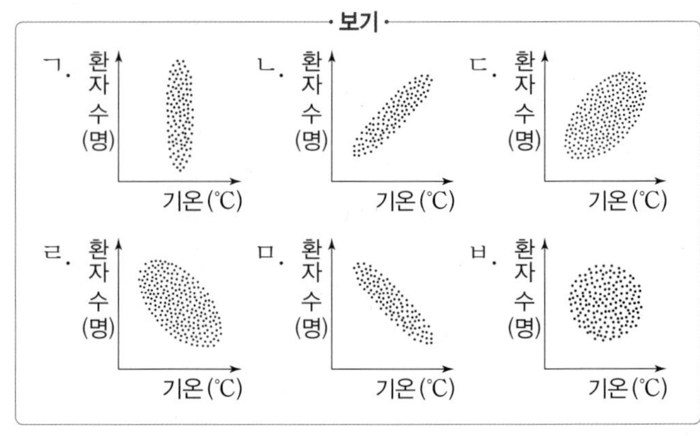

[20~26] 다음 두 변량 사이의 상관관계를 말하시오.

20 상품의 판매량과 판매 금액

21 겨울철 기온과 난방비

22 택시 운행 거리와 요금

23 낮의 길이와 밤의 길이

24 턱걸이 횟수와 용돈 금액

25 키와 지능지수(IQ)

26 통학 거리와 통학 시간

Real 실전 유형

정답과 해설 65쪽 더블북 46쪽

집중

유형 01 산점도의 이해 (1)

개념 1

주어진 조건을 만족시키는 영역에 있는 점의 개수를 센다.

(1) 이상, 이하에 대한 문제

y, b, a, x

$x \le a$, $y \ge b$ | $x \ge a$, $y \ge b$

$x \le a$, $y \le b$ | $x \ge a$, $y \le b$

(2) 두 변량의 비교 문제

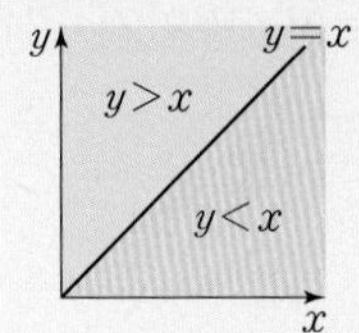

01 대표문제

오른쪽 그림은 준호네 반 학생 16명의 수학 점수와 영어 점수에 대한 산점도이다. 다음 중 옳지 않은 것은?

영어 (점) / 수학 (점)

① 수학 점수가 70점 미만인 학생은 4명이다.

② 영어 점수가 90점 이상인 학생은 6명이다.

③ 영어 점수가 60점 이상 80점 이하인 학생은 8명이다.

④ 수학 점수와 영어 점수가 같은 학생은 5명이다.

⑤ 수학 점수가 영어 점수보다 좋은 학생은 6명이다.

02

오른쪽 그림은 영화 10편의 전문가 평점과 관객 평점에 대한 산점도이다. 전문가 평점과 관객 평점이 모두 8점 이상인 영화는 몇 편인지 구하시오.

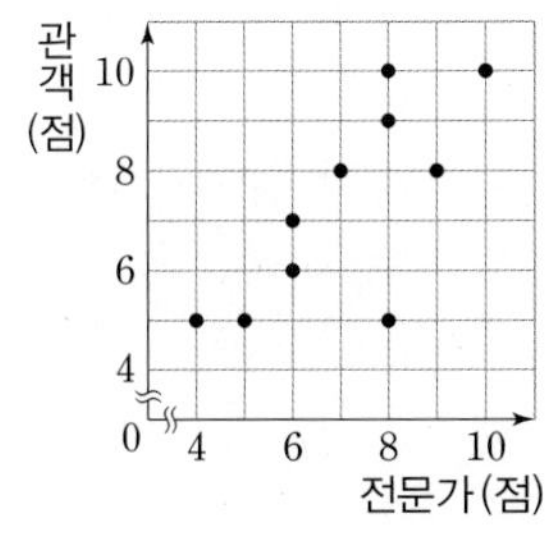

중요

03

오른쪽 그림은 농구 선수 10명이 어제, 오늘 경기에서 얻은 점수에 대한 산점도이다. 어제보다 오늘 경기에서 점수를 더 많이 얻은 선수는 전체의 몇 %인지 구하시오.

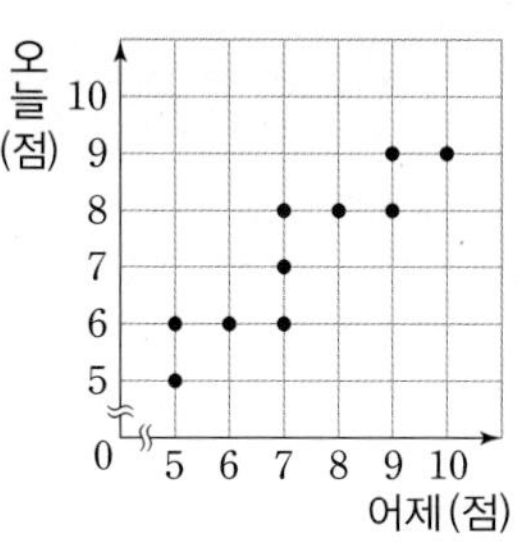

04 서술형

오른쪽 그림은 은지네 반 학생 20명의 하루 동안의 컴퓨터 사용 시간과 수면 시간에 대한 산점도이다. 컴퓨터 사용 시간이 4시간 이상인 학생들의 수면 시간의 평균을 구하시오.

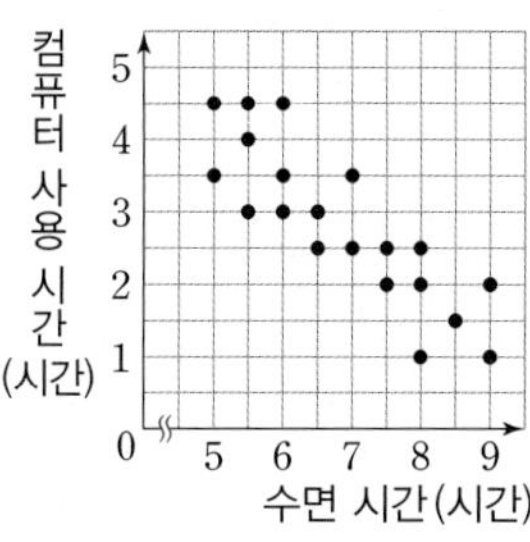

05

오른쪽 그림은 워드 프로세서 시험에 응시한 학생 10명의 필기 점수와 실기 점수에 대한 산점도이다. 필기와 실기 중 적어도 한 점수가 70점 이하인 학생은 몇 명인지 구하시오.

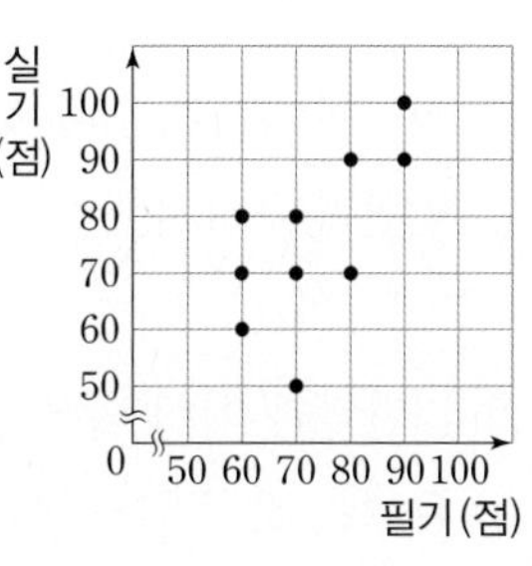

유형 02 산점도의 이해 (2) 개념1

주어진 조건을 만족시키는 영역에 있는 점의 개수를 센다.

(1) 합 또는 평균에 대한 문제

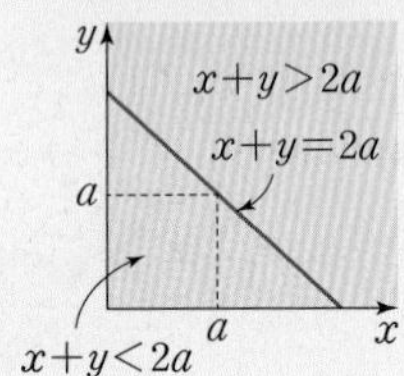

(2) 차에 대한 문제

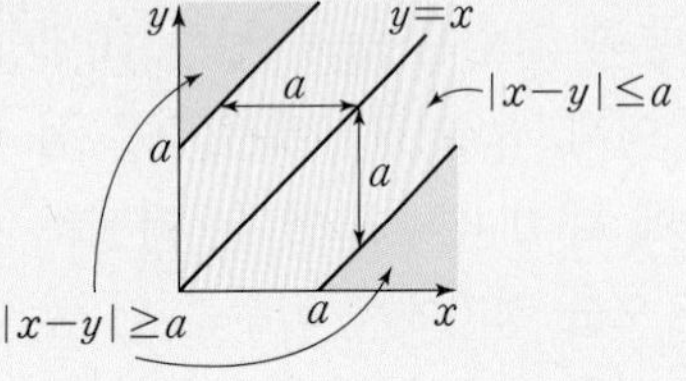

06 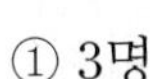 대표문제

오른쪽 그림은 양궁 선수 12명이 2발의 화살을 쏘아 얻은 점수에 대한 산점도이다. 2발의 화살로 얻은 점수의 합이 16점 이상인 선수는 몇 명인가?

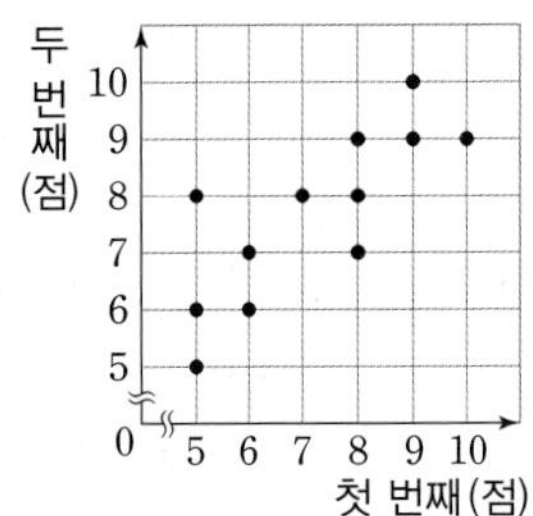

① 3명 ② 4명
③ 5명 ④ 6명
⑤ 7명

07

오른쪽 그림은 정수네 반 학생 20명이 지난달과 이번 달에 읽은 책의 권수에 대한 산점도이다. 다음 물음에 답하시오.

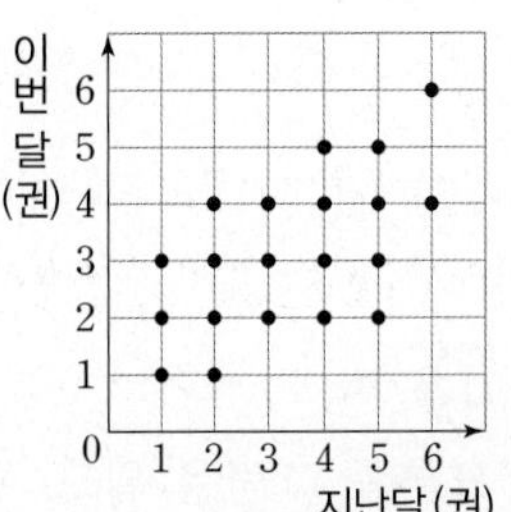

(1) 지난달과 이번 달에 읽은 책의 권수의 차가 1권인 학생은 몇 명인지 구하시오.

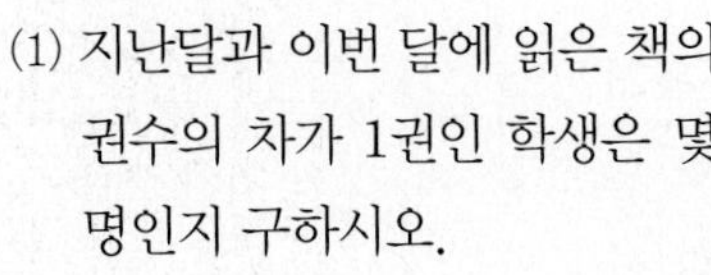

(2) 지난달과 이번 달에 읽은 책의 권수의 차가 2권 이상인 학생은 몇 명인지 구하시오.

중요

08

오른쪽 그림은 승훈이네 반 학생 10명의 영어 말하기와 듣기 점수에 대한 산점도이다. 말하기와 듣기 점수의 평균이 7점 이하인 학생은 몇 명인지 구하시오.

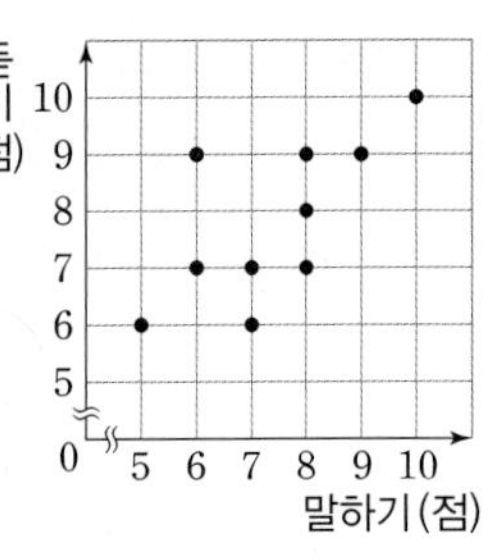

09

오른쪽 그림은 윤지네 반 학생들의 수학 성적과 과학 성적에 대한 산점도이다. 다음 물음에 답하시오.

(단, 중복되는 점은 없다.)

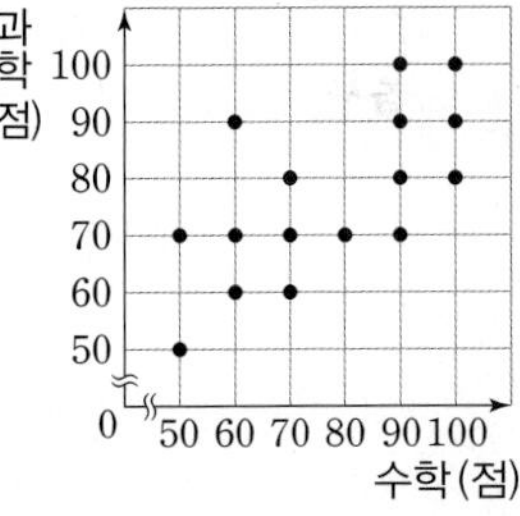

(1) 수학 점수와 과학 점수가 같은 학생은 몇 명인지 구하시오.

(2) 수학 점수와 과학 점수의 차가 가장 큰 학생의 수학 점수를 구하시오.

(3) 다음 중 위의 산점도에 대한 설명으로 옳은 것을 모두 고르면? (정답 2개)

① 윤지네 반 학생은 16명이다.
② 수학 점수와 과학 점수의 합이 130점 미만인 학생은 5명이다.
③ 수학 점수와 과학 점수의 합이 170점 이상인 학생은 5명이다.
④ 수학 점수와 과학 점수의 차가 20점 이상인 학생은 전체의 20 %이다.
⑤ 수학 점수와 과학 점수의 차가 10점인 학생들의 수학 점수의 평균은 80점이다.

집중

유형 03 상관관계 개념 2

(1) 양의 상관관계 (2) 음의 상관관계 (3) 상관관계가 없다.

10 대표문제

다음 중 두 변량에 대한 산점도가 대체로 오른쪽 그림과 같은 것은?

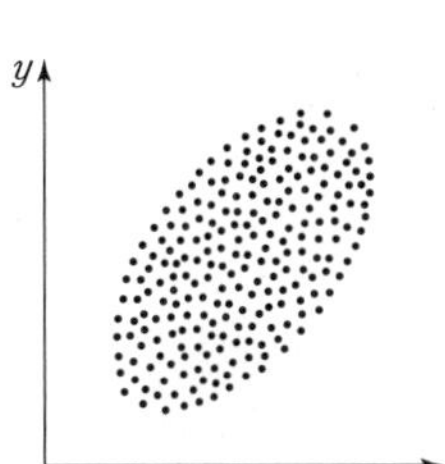

① 쌀 생산량과 쌀값
② 여름철 기온과 냉방비
③ 운동량과 비만도
④ 스마트폰 게임 시간과 배터리 잔량
⑤ 몸무게와 성적

11

다음 산점도 중 음의 상관관계가 가장 강한 것은?

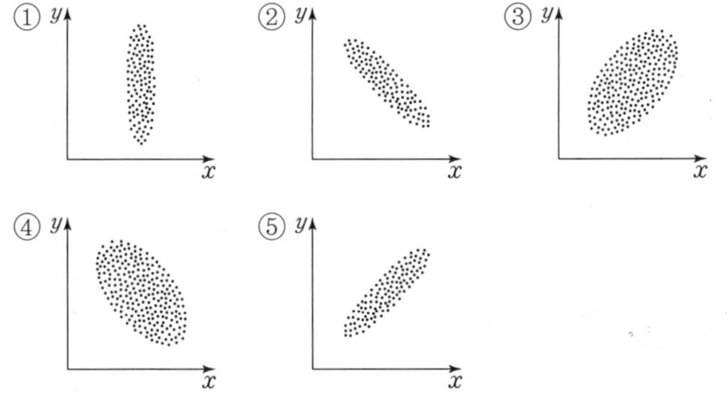

12

다음 **보기** 중 두 변량 사이에 상관관계가 없는 것을 모두 고르시오.

보기

ㄱ. 학습 시간과 성적 ㄴ. 허리둘레와 신발 크기
ㄷ. 달리기 기록과 시력 ㄹ. 물건의 공급량과 가격

유형 04 산점도의 분석 개념 2

오른쪽 산점도에서
(1) A는 x의 값에 비하여 y의 값이 크다
(2) B는 y의 값에 비하여 x의 값이 크다.
(3) C는 x와 y의 값이 모두 큰 편이다.
(4) D는 x와 y의 값이 모두 작은 편이다.

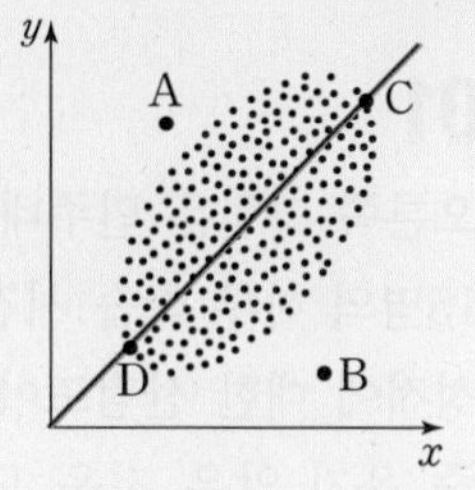

13 대표문제

오른쪽 그림은 유정이네 반 학생들의 키와 앉은키에 대한 산점도이다. 다음 중 옳지 않은 것을 모두 고르면? (정답 2개)

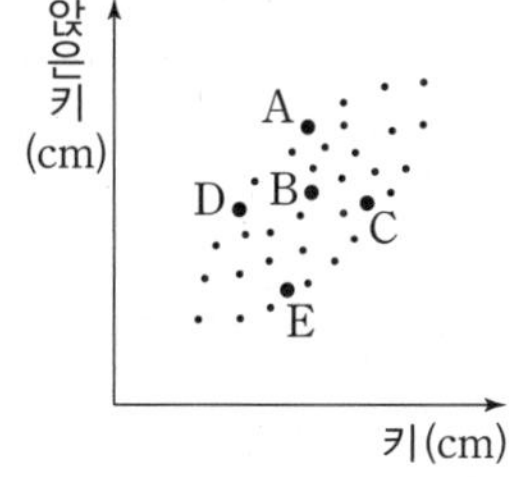

① 키와 앉은키 사이에는 양의 상관관계가 있다.
② B는 C보다 키가 크다.
③ C, E는 키에 비해 앉은키가 작다.
④ D는 키에 비해 앉은키가 크다.
⑤ A, B, C, D, E 중 키가 가장 큰 학생은 A이다.

중요

14

오른쪽 그림은 어느 회사 직원들의 지난해 소득과 저축액에 대한 산점도이다. 다음 물음에 답하시오.

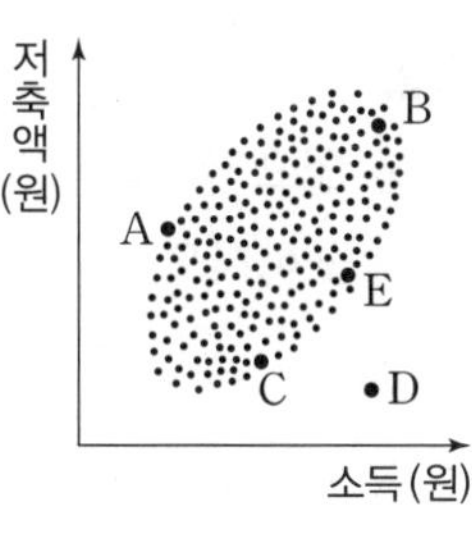

(1) 다음 중 소득에 비해 저축을 많이 한 직원은?

① A ② B ③ C
④ D ⑤ E

(2) 다음 중 소득과 저축액의 차가 가장 큰 직원은?

① A ② B ③ C
④ D ⑤ E

07 상관관계

Real 실전 기출

01

오른쪽 그림은 민주네 반 학생 15명의 하루 학습 시간과 학업 성적에 대한 산점도이다. 다음 중 옳지 않은 것을 모두 고르면? (정답 2개)

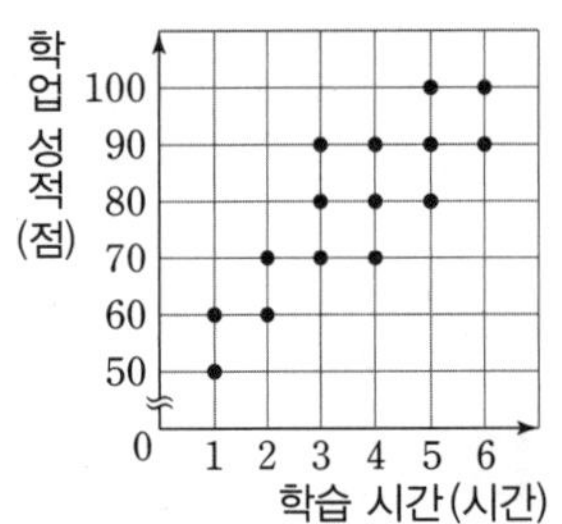

① 하루 학습 시간이 2시간 이하인 학생은 4명이다.
② 하루 학습 시간이 3시간 이상 4시간 미만인 학생은 6명이다.
③ 학업 성적이 60점 이하인 학생은 3명이다.
④ 학업 성적이 80점 이상인 학생은 전체의 45 %이다.
⑤ 하루 학습 시간이 5시간 이상이면서 학업 성적이 90점 이상인 학생은 4명이다.

[02~04] 오른쪽 그림은 예주네 반 학생 20명이 어제와 오늘 1분 동안 한 윗몸 일으키기 횟수에 대한 산점도이다. 다음 물음에 답하시오.

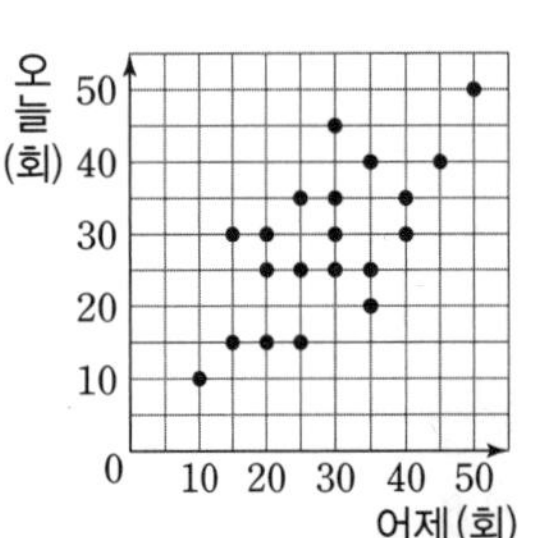

02

윗몸 일으키기를 어제보다 오늘 더 많이 한 학생은 몇 명인지 구하시오.

03

어제 한 윗몸 일으키기 횟수가 30회 이상 50회 미만인 학생들이 오늘 한 윗몸 일으키기 횟수의 평균을 구하시오.

04

어제와 오늘 한 윗몸 일으키기 횟수의 합이 40회 이하인 학생은 전체의 몇 %인지 구하시오.

05 최다빈출

다음 중 스마트폰 사용 시간(x)과 가족 간의 대화 시간(y) 사이의 상관관계를 나타내는 산점도로 가장 알맞은 것은?

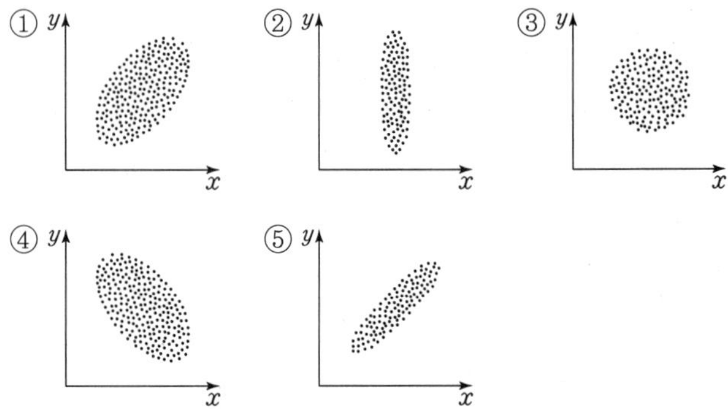

06

다음 중 두 변량 사이의 상관관계가 나머지 넷과 다른 하나는?

① 키와 발 크기
② 압력과 기체의 부피
③ 도시의 인구와 교통량
④ 자동차 대수와 대기 오염도
⑤ 용매의 온도와 용해도

07 창의 역량

아래 표는 어느 아이스크림 가게의 여름철 일주일 동안의 일별 최고 기온과 아이스크림 판매량을 조사하여 나타낸 것이다. 다음 **보기** 중 여름철 일별 최고 기온과 아이스크림 판매량 사이의 상관관계와 유사한 상관관계를 모두 고르시오.

기온(°C)	26	28	30	25	29	31	35
판매량(개)	130	150	200	120	190	220	250

보기

ㄱ. 키와 몸무게
ㄴ. 겨울철 기온과 난방비
ㄷ. 몸무게와 충치 개수
ㄹ. 운동량과 칼로리 소모량
ㅁ. 초에 불을 붙인 시간과 남은 초의 길이

08 최다빈출

오른쪽 그림은 혜리네 학교 학생들의 여름방학 동안의 TV 시청 시간과 운동 시간에 대한 산점도이다. 다음 중 옳지 않은 것은?

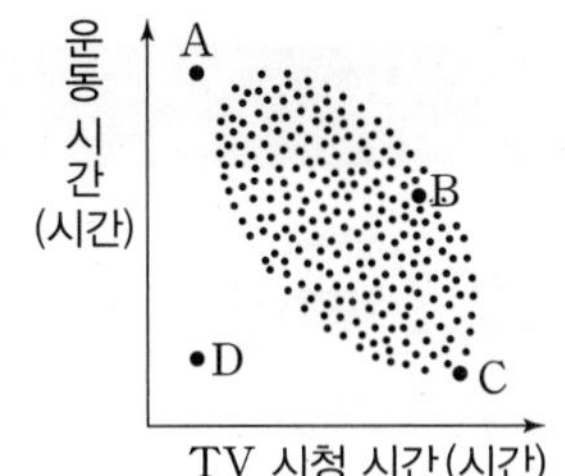

① TV 시청 시간이 길수록 대체로 운동 시간은 짧다.
② TV 시청 시간과 운동 시간 사이에는 양의 상관관계가 있다.
③ A는 B보다 운동 시간이 길다.
④ D는 TV 시청 시간과 운동 시간이 모두 짧다.
⑤ A, B, C, D 중 TV 시청 시간이 가장 긴 학생은 C이다.

[09~10] 오른쪽 그림은 다솜이네 반 학생 20명의 영어 점수와 전 과목 평균에 대한 산점도이다. 다음 물음에 답하시오.

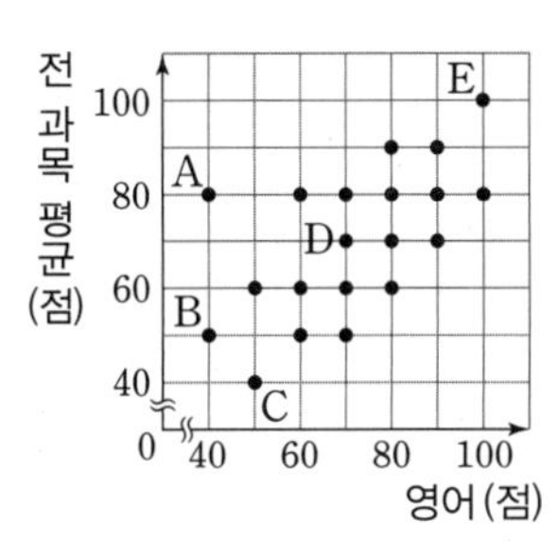

09

A, B, C, D, E 5명의 학생 중 영어 점수와 전 과목 평균의 차가 가장 큰 학생을 말하시오.

10

다음 **보기** 중 위의 산점도에 대한 설명으로 옳은 것을 모두 고르시오.

보기

ㄱ. 영어 점수와 전 과목 평균 사이에는 양의 상관관계가 있다.
ㄴ. 영어 점수와 전 과목 평균이 모두 가장 낮은 학생은 B이다.
ㄷ. D는 전 과목 평균과 영어 점수가 같다.
ㄹ. 전 과목 평균과 영어 점수가 같은 학생은 전체의 20 %이다.

100점 공략

11

오른쪽 그림은 지우네 반 학생 14명이 1차, 2차에 걸쳐 다트를 던져 얻은 점수에 대한 산점도이다. 1차와 2차 점수의 평균으로 순위를 정할 때, 순위가 3위인 학생의 평균은 x점, 12위인 학생의 평균은 y점이다. 이때 $x-y$의 값을 구하시오.

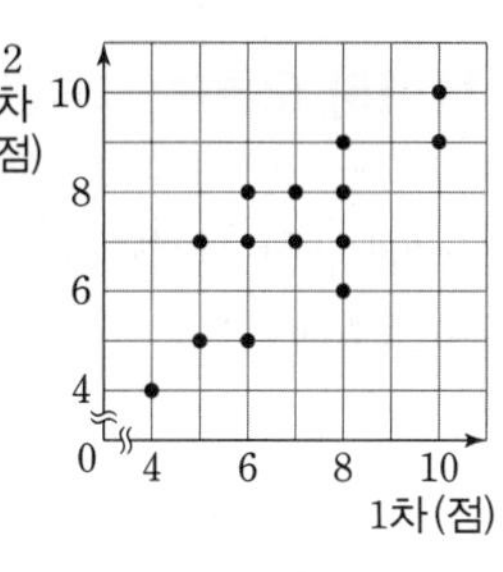

12

오른쪽 그림은 지혜네 반 학생 17명의 국어 점수와 사회 점수에 대한 산점도이다. 국어 점수와 사회 점수의 차가 20점 이상인 학생들의 두 점수의 합의 평균을 구하시오.

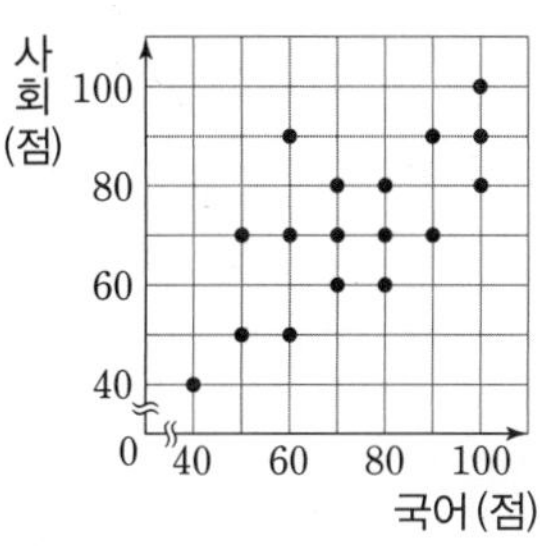

13

오른쪽 그림은 채영이네 반 학생 20명의 중간고사 성적과 기말고사 성적에 대한 산점도인데, 잉크가 묻어서 일부가 보이지 않는다. 평균 성적이 상위 25 % 이내인 학생들의 성적의 평균이 93점일 때, 보이지 않는 부분에 속하는 점이 나타내는 학생의 중간고사 성적과 기말고사 성적을 차례대로 구하시오. (단, 중복된 점은 없다.)

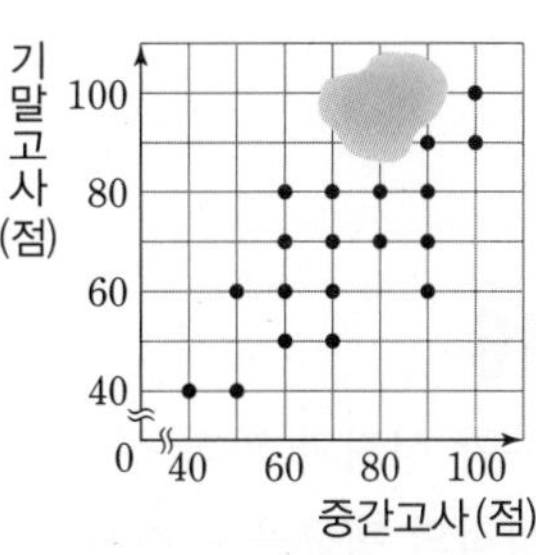

정답과 해설 68쪽

서술형

[14~16] 오른쪽 그림은 미소네 반 학생 20명의 수학 성적과 과학 성적에 대한 산점도이다. 다음 물음에 답하시오.

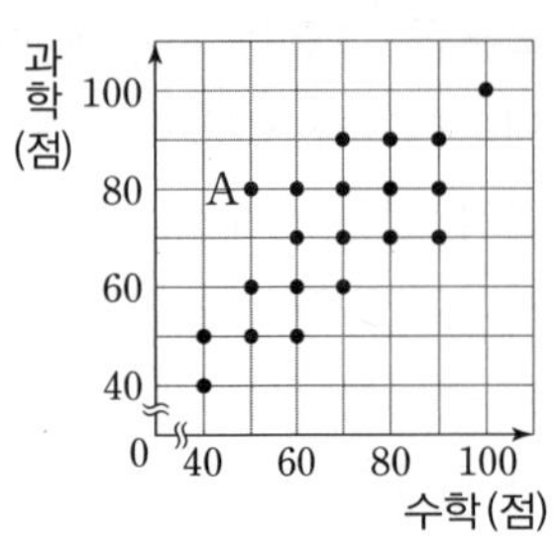

14

A의 수학 성적과 과학 성적의 합을 x점, 수학 성적과 과학 성적이 같은 학생 수를 y명이라 할 때, $x-y$의 값을 구하시오.

15

수학 성적이 70점 이하이고 과학 성적이 80점 이하인 학생은 전체의 몇 %인지 구하시오.

16

수학 성적과 과학 성적의 차가 20점 이상인 학생들의 수학 성적의 평균을 구하시오.

17 100점

오른쪽 그림은 준수네 반 학생 20명의 1학기 성적과 2학기 성적에 대한 산점도이다. 1학기 성적과 2학기 성적이 모두 상위 25 % 이내인 학생은 모두 몇 명인지 구하시오.

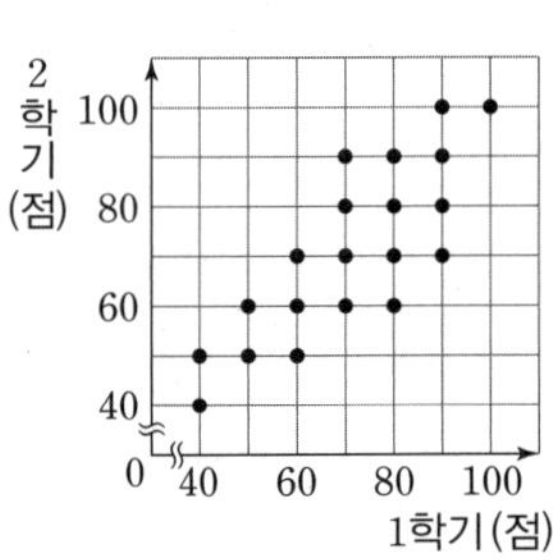

18 100점

오른쪽 그림은 태호네 반 학생 15명의 좌우 눈의 시력에 대한 산점도인데, 한 개의 점이 중복되어 있다. 오른쪽 눈의 시력의 평균이 1.0이고 왼쪽 눈의 시력이 오른쪽 눈의 시력보다 좋은 학생이 전체의 20 %일 때, 중복되는 점이 나타내는 학생의 왼쪽 눈의 시력을 구하시오.

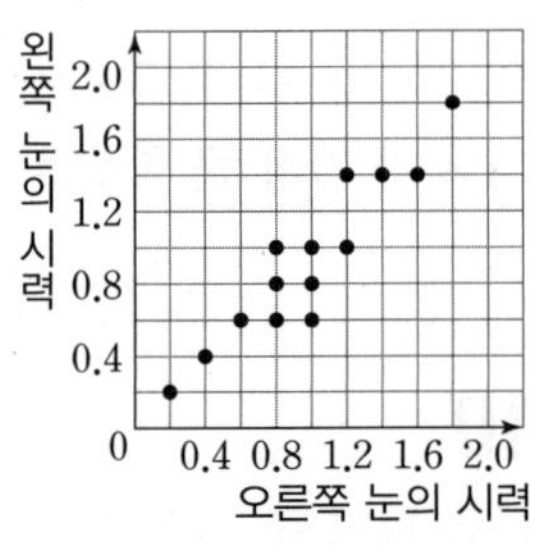

삼각비의 표

각도	사인(sin)	코사인(cos)	탄젠트(tan)
0°	0.0000	1.0000	0.0000
1°	0.0175	0.9998	0.0175
2°	0.0349	0.9994	0.0349
3°	0.0523	0.9986	0.0524
4°	0.0698	0.9976	0.0699
5°	0.0872	0.9962	0.0875
6°	0.1045	0.9945	0.1051
7°	0.1219	0.9925	0.1228
8°	0.1392	0.9903	0.1405
9°	0.1564	0.9877	0.1584
10°	0.1736	0.9848	0.1763
11°	0.1908	0.9816	0.1944
12°	0.2079	0.9781	0.2126
13°	0.2250	0.9744	0.2309
14°	0.2419	0.9703	0.2493
15°	0.2588	0.9659	0.2679
16°	0.2756	0.9613	0.2867
17°	0.2924	0.9563	0.3057
18°	0.3090	0.9511	0.3249
19°	0.3256	0.9455	0.3443
20°	0.3420	0.9397	0.3640
21°	0.3584	0.9336	0.3839
22°	0.3746	0.9272	0.4040
23°	0.3907	0.9205	0.4245
24°	0.4067	0.9135	0.4452
25°	0.4226	0.9063	0.4663
26°	0.4384	0.8988	0.4877
27°	0.4540	0.8910	0.5095
28°	0.4695	0.8829	0.5317
29°	0.4848	0.8746	0.5543
30°	0.5000	0.8660	0.5774
31°	0.5150	0.8572	0.6009
32°	0.5299	0.8480	0.6249
33°	0.5446	0.8387	0.6494
34°	0.5592	0.8290	0.6745
35°	0.5736	0.8192	0.7002
36°	0.5878	0.8090	0.7265
37°	0.6018	0.7986	0.7536
38°	0.6157	0.7880	0.7813
39°	0.6293	0.7771	0.8098
40°	0.6428	0.7660	0.8391
41°	0.6561	0.7547	0.8693
42°	0.6691	0.7431	0.9004
43°	0.6820	0.7314	0.9325
44°	0.6947	0.7193	0.9657
45°	0.7071	0.7071	1.0000

각도	사인(sin)	코사인(cos)	탄젠트(tan)
45°	0.7071	0.7071	1.0000
46°	0.7193	0.6947	1.0355
47°	0.7314	0.6820	1.0724
48°	0.7431	0.6691	1.1106
49°	0.7547	0.6561	1.1504
50°	0.7660	0.6428	1.1918
51°	0.7771	0.6293	1.2349
52°	0.7880	0.6157	1.2799
53°	0.7986	0.6018	1.3270
54°	0.8090	0.5878	1.3764
55°	0.8192	0.5736	1.4281
56°	0.8290	0.5592	1.4826
57°	0.8387	0.5446	1.5399
58°	0.8480	0.5299	1.6003
59°	0.8572	0.5150	1.6643
60°	0.8660	0.5000	1.7321
61°	0.8746	0.4848	1.8040
62°	0.8829	0.4695	1.8807
63°	0.8910	0.4540	1.9626
64°	0.8988	0.4384	2.0503
65°	0.9063	0.4226	2.1445
66°	0.9135	0.4067	2.2460
67°	0.9205	0.3907	2.3559
68°	0.9272	0.3746	2.4751
69°	0.9336	0.3584	2.6051
70°	0.9397	0.3420	2.7475
71°	0.9455	0.3256	2.9042
72°	0.9511	0.3090	3.0777
73°	0.9563	0.2924	3.2709
74°	0.9613	0.2756	3.4874
75°	0.9659	0.2588	3.7321
76°	0.9703	0.2419	4.0108
77°	0.9744	0.2250	4.3315
78°	0.9781	0.2079	4.7046
79°	0.9816	0.1908	5.1446
80°	0.9848	0.1736	5.6713
81°	0.9877	0.1564	6.3138
82°	0.9903	0.1392	7.1154
83°	0.9925	0.1219	8.1443
84°	0.9945	0.1045	9.5144
85°	0.9962	0.0872	11.4301
86°	0.9976	0.0698	14.3007
87°	0.9986	0.0523	19.0811
88°	0.9994	0.0349	28.6363
89°	0.9998	0.0175	57.2900
90°	1.0000	0.0000	

• Memo •

• Memo •

유형 더블

중등수학
3-2

[유형북] Real 실전 유형에서 틀린 문제를 체크해 보세요.

집중

유형 01 삼각비의 값 개념 1

01 대표문제

오른쪽 그림과 같은 직각삼각형 ABC에 대하여 다음 중 옳지 않은 것은?

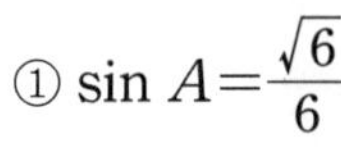

① $\sin A=\frac{\sqrt{6}}{6}$

② $\cos A=\frac{\sqrt{3}}{3}$

③ $\tan A=\sqrt{2}$

④ $\cos B=\frac{\sqrt{6}}{3}$

⑤ $\tan B=\frac{\sqrt{2}}{2}$

02

오른쪽 그림과 같은 직각삼각형 ABC에서 $\tan B\times\cos C$의 값을 구하시오.

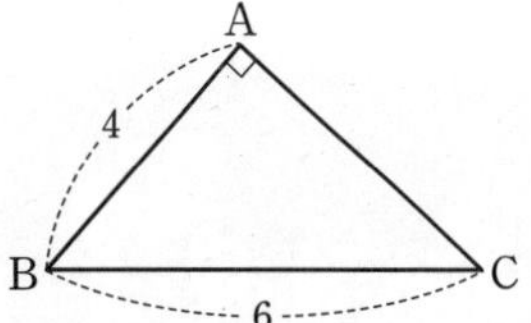

03 서술형

오른쪽 그림과 같은 직사각형 ABCD에서 $\angle ADB=x$라 할 때, $\tan x+\sin x-\cos x$의 값을 구하시오.

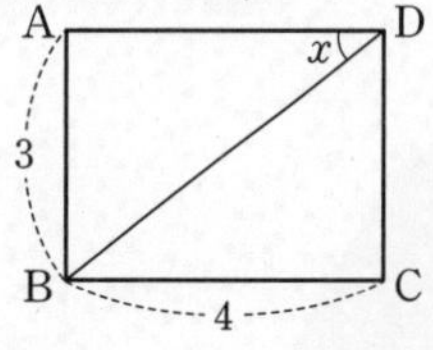

중요

04

오른쪽 그림과 같은 직각삼각형 ABC에서 $\overline{AB}:\overline{AC}=2:3$일 때, $\tan C$의 값은?

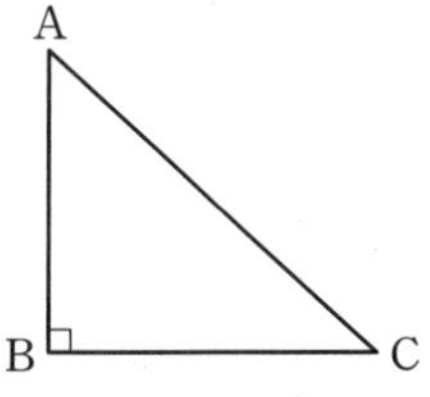

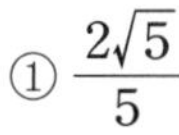

① $\frac{2\sqrt{5}}{5}$ ② $\frac{3\sqrt{5}}{5}$

③ $\frac{2}{3}$ ④ $\frac{\sqrt{5}}{2}$

⑤ $\frac{3}{2}$

05

오른쪽 그림과 같은 직각삼각형 ABC에서 $\tan A$의 값은?

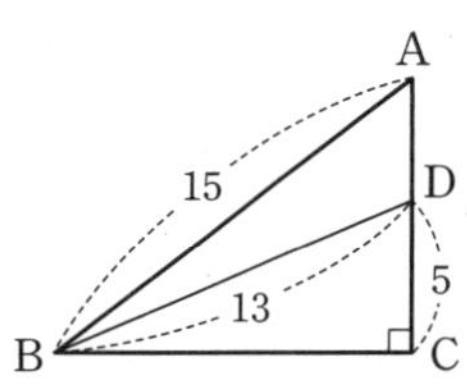

① $\frac{4}{13}$ ② $\frac{3}{4}$

③ $\frac{4}{3}$ ④ 2

⑤ $\frac{13}{4}$

06 서술형

오른쪽 그림과 같은 직각삼각형 ABC에서 점 D가 $\overline{AC}$의 중점일 때, $\cos x$의 값을 구하시오.

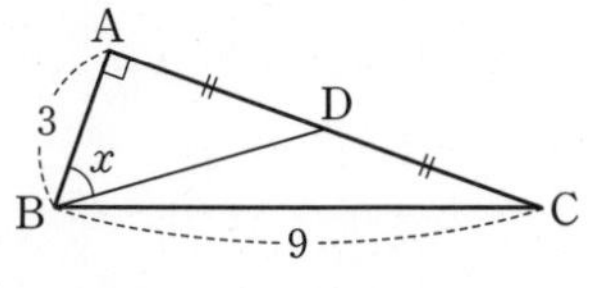

집중

유형 02 삼각비를 이용하여 삼각형의 변의 길이 구하기 개념 1

07 대표문제

오른쪽 그림과 같은 직각삼각형 ABC에서 $\sin B=\frac{\sqrt{6}}{4}$이고 $\overline{AC}=9$일 때, $\overline{AB}$의 길이는?

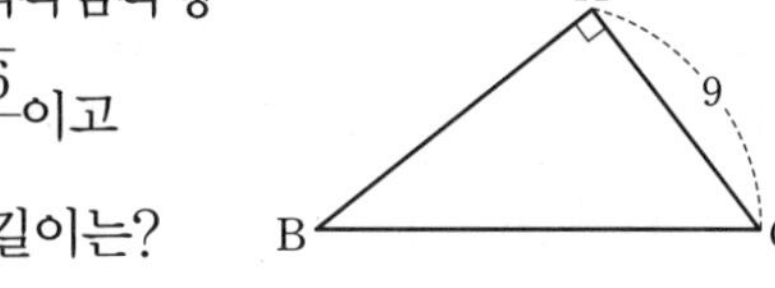

① $\sqrt{15}$ ② $3\sqrt{5}$ ③ $3\sqrt{6}$
④ $3\sqrt{15}$ ⑤ $6\sqrt{6}$

08

오른쪽 그림과 같은 직각삼각형 ABC에서 $\cos A=\frac{\sqrt{3}}{3}$이고 $\overline{AC}=6$일 때, $\tan C$의 값을 구하시오.

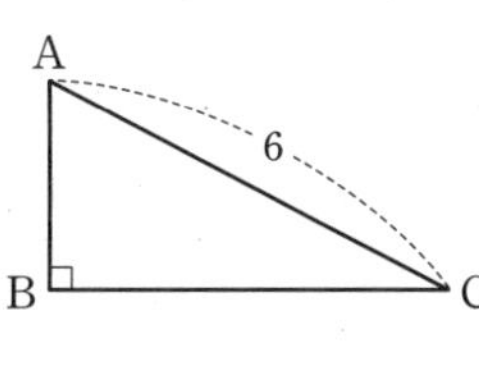

중요

09

오른쪽 그림과 같은 직각삼각형 ABC에서 $\sin B=\frac{\sqrt{5}}{5}$이고 $\overline{AB}=2\sqrt{5}$일 때, $\triangle ABC$의 넓이를 구하시오.

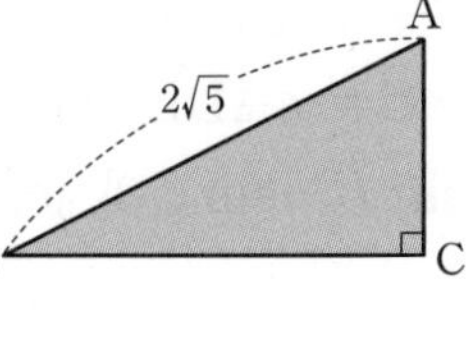

유형 03 한 삼각비의 값을 알 때, 다른 삼각비의 값 구하기 개념 1

10 대표문제

$\tan A=\sqrt{2}$일 때, $\sin A\times\cos A$의 값을 구하시오. (단, $0°<A<90°$)

11

$\angle C=90°$인 직각삼각형 ABC에서 $\sin B=\frac{\sqrt{6}}{3}$일 때, 다음 중 그 값이 가장 작은 것을 고르시오.

$\cos A$, $\cos B$, $\tan A$, $\tan B$

12 서술형

$3\cos A-1=0$일 때, $\frac{1}{\sin A}+\frac{1}{\tan A}$의 값을 구하시오. (단, $0°<A<90°$)

13

$\angle A=90°$인 직각삼각형 ABC에서 $\tan(90°-C)=\frac{1}{2}$일 때, $\cos C-\sin C$의 값은?

① $-\frac{2\sqrt{5}}{5}$ ② $-\frac{\sqrt{5}}{5}$ ③ $\frac{\sqrt{5}}{5}$
④ $\frac{2\sqrt{5}}{5}$ ⑤ $\frac{3\sqrt{5}}{5}$

집중

유형 04 직각삼각형의 닮음을 이용하여 삼각비의 값 구하기 (1) 개념 1

14 대표문제

오른쪽 그림과 같이 $\angle A=90^\circ$인 직각삼각형 ABC에서 $\overline{AD}\perp\overline{BC}$이고 $\overline{AC}=6$, $\overline{BC}=10$이다. $\angle BAD=x$, $\angle CAD=y$라 할 때, $\tan x\times\cos y$의 값을 구하시오.

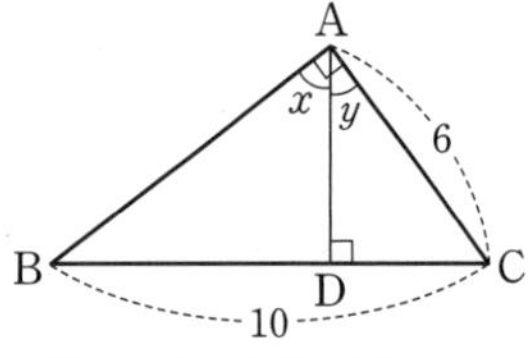

중요

15

오른쪽 그림과 같이 $\angle C=90^\circ$인 직각삼각형 ABC에서 $\overline{AB}\perp\overline{CD}$일 때, 다음 중 옳은 것을 모두 고르면? (정답 2개)

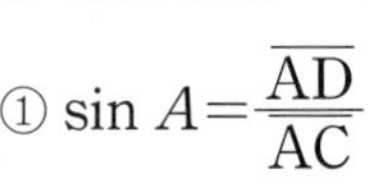

① $\sin A=\frac{\overline{AD}}{\overline{AC}}$

② $\cos A=\frac{\overline{CD}}{\overline{BC}}$

③ $\tan A=\frac{\overline{CD}}{\overline{BD}}$

④ $\sin B=\frac{\overline{BD}}{\overline{BC}}$

⑤ $\tan B=\frac{\overline{AD}}{\overline{CD}}$

16

오른쪽 그림과 같이 가로의 길이가 12, 세로의 길이가 8인 직사각형 ABCD에서 $\overline{AC}\perp\overline{DH}$이다. $\angle CDH=x$라 할 때, $\frac{\cos x}{\sin x}$의 값을 구하시오.

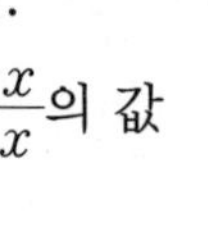

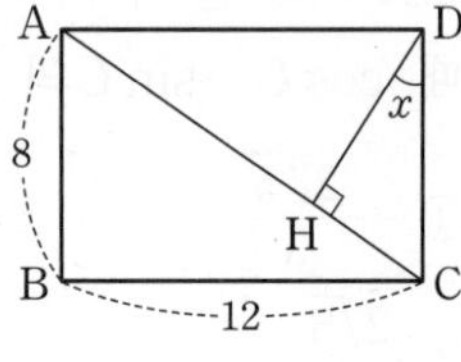

집중

유형 05 직각삼각형의 닮음을 이용하여 삼각비의 값 구하기 (2) 개념 1

17 대표문제

오른쪽 그림과 같이 $\angle B=90^\circ$인 직각삼각형 ABC에서 $\overline{AC}\perp\overline{DE}$이고 $\overline{AB}=2\sqrt{3}$, $\overline{BC}=4$이다. $\angle CDE=x$라 할 때, $\cos x\times\tan x$의 값을 구하시오.

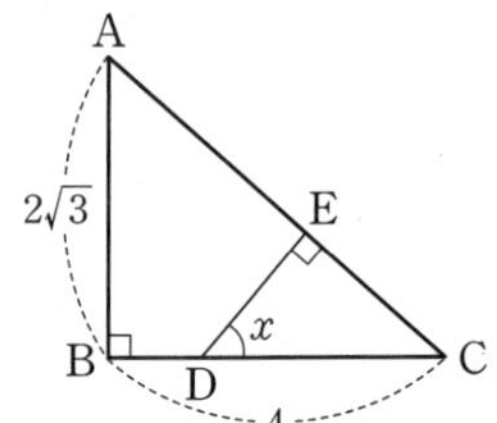

중요

18

오른쪽 그림과 같이 $\angle A=90^\circ$인 직각삼각형 ABC에서 $\overline{BC}\perp\overline{DE}$이고 $\overline{CE}=3\sqrt{2}$, $\overline{DE}=3\sqrt{3}$일 때, $\sin B$의 값은?

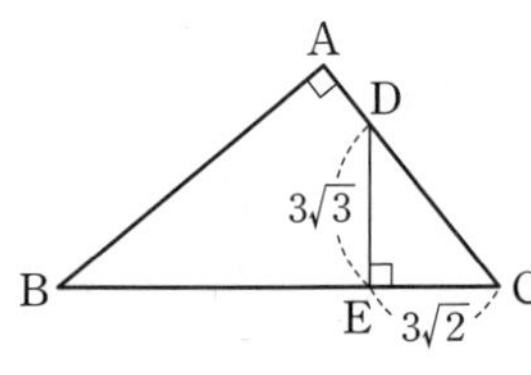

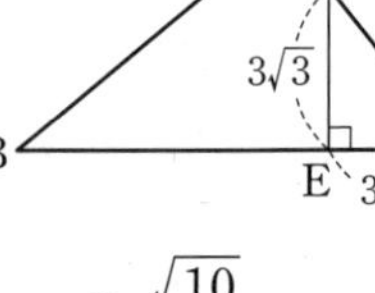

① $\frac{\sqrt{5}}{5}$ ② $\frac{\sqrt{3}}{3}$ ③ $\frac{\sqrt{10}}{5}$

④ $\frac{\sqrt{15}}{5}$ ⑤ $\frac{\sqrt{6}}{3}$

19 서술형

다음 그림과 같이 $\angle A=90^\circ$인 직각삼각형 ABC에서 $\angle C=\angle ADE$이다. $\overline{AD}=4\sqrt{2}$, $\overline{DE}=6$일 때, $\sin B-\sin C$의 값을 구하시오.

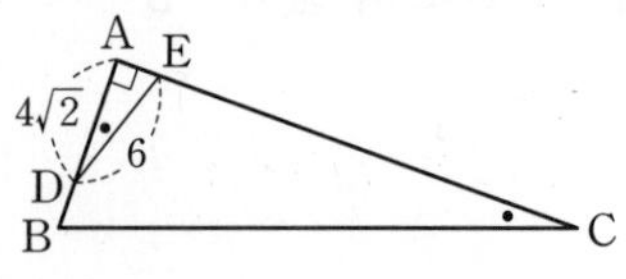

유형 06 직선의 방정식과 삼각비의 값 개념1

20 대표문제

오른쪽 그림과 같이 일차방정식 $3x-4y+12=0$의 그래프가 x축과 이루는 예각의 크기를 α라 할 때, $\sin\alpha+\cos\alpha+\tan\alpha$의 값을 구하시오.

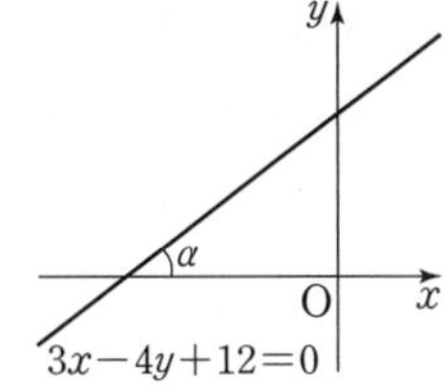

중요

21

오른쪽 그림과 같이 일차함수 $y=-x+2$의 그래프가 x축과 이루는 예각의 크기를 α라 할 때, $\cos\alpha$의 값을 구하시오.

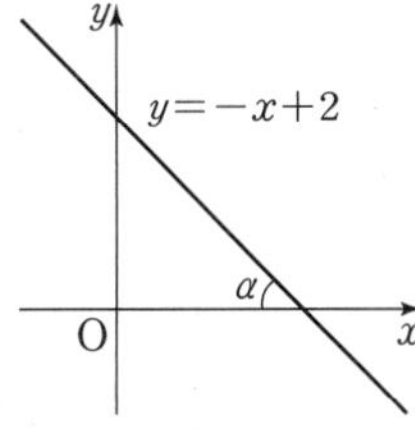

22 서술형

오른쪽 그림과 같이 일차방정식 $2x-y-8=0$의 그래프가 x축의 양의 방향과 이루는 예각의 크기를 α라 할 때, $\cos^2\alpha-\sin^2\alpha+\tan\alpha$의 값을 구하시오.

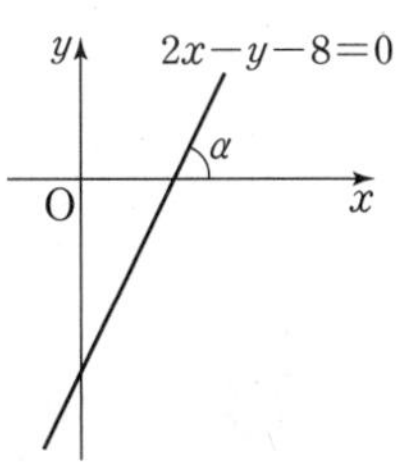

유형 07 입체도형에서 삼각비의 값 구하기 개념1

23 대표문제

오른쪽 그림과 같은 직육면체에서 $\angle\mathrm{DFH}=x$라 할 때, $\dfrac{\sin x\times\cos x}{\tan x}$의 값을 구하시오.

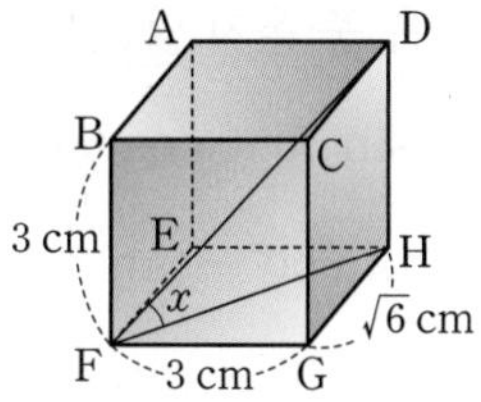

24

오른쪽 그림과 같은 정육면체에서 $\angle\mathrm{AGF}=x$라 할 때, $\sin x$의 값은?

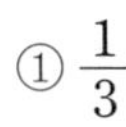

① $\dfrac{1}{3}$ ② $\dfrac{\sqrt{3}}{3}$

③ $\dfrac{2}{3}$ ④ $\dfrac{\sqrt{6}}{3}$

⑤ $\dfrac{2\sqrt{2}}{3}$

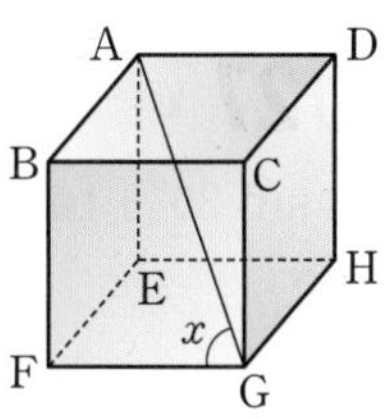

25

오른쪽 그림과 같이 한 모서리의 길이가 1인 정사면체에서 $\overline{\mathrm{BC}}$의 중점을 M이라 하자. $\angle\mathrm{ADM}=x$라 할 때, $\tan x$의 값을 구하시오.

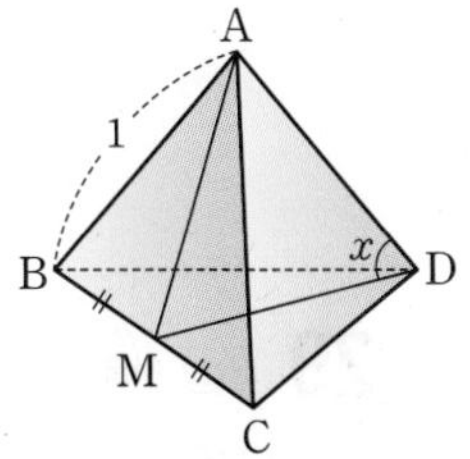

집중

유형 08 30°, 45°, 60°의 삼각비의 값 개념2

26 대표문제

다음 중 옳지 않은 것은?

① $\sin 30° + \cos 60° = 1$

② $\tan 60° - \tan 30° = \frac{2\sqrt{3}}{3}$

③ $\cos 30° \div \tan 45° - \sin 60° = 0$

④ $(\tan 45° + \cos 45°)(\sin 45° - \tan 45°) = \frac{1}{2}$

⑤ $\frac{\tan 60°}{\sin 30°} - \frac{\tan 30°}{\cos 60°} = \frac{4\sqrt{3}}{3}$

27

$\sqrt{3}\sin 30° + \tan 60° - \sqrt{6}\cos 45° + \tan 30°$의 값을 구하시오.

28

다음을 계산하시오.

$$(\sin^2 45° + \cos^2 30°)(\tan^2 30° - \tan^2 60°)$$

29 서술형

삼각형 ABC에서 ∠A : ∠B : ∠C=2 : 3 : 4일 때, $\sin B + \sqrt{3}\cos B + \tan B$의 값을 구하시오.

유형 09 삼각비의 값을 만족시키는 각의 크기 구하기 개념2

30 대표문제

$\cos(90° - 2x) = \frac{1}{2}$일 때, $\tan 3x$의 값은? (단, $0° < x < 45°$)

① $\frac{1}{2}$ ② $\frac{\sqrt{3}}{3}$ ③ $\frac{\sqrt{2}}{2}$
④ 1 ⑤ $\sqrt{3}$

31

$3\tan(x + 5°) - \sqrt{3} = 0$을 만족시키는 x의 크기를 구하시오. (단, $0° < x < 85°$)

중요

32

$\sin(3x - 30°) = \sqrt{3}\cos 60°$일 때, $\sin x \times \cos x \times \tan x$의 값은? (단, $10° < x < 40°$)

① $\frac{1}{4}$ ② $\frac{1}{2}$ ③ $\frac{3}{4}$
④ 1 ⑤ $\frac{3}{2}$

33 서술형

이차방정식 $x^2 - 6x + 9 = 0$의 한 근을 $\tan^2 A$라 할 때, $\sin^2 A - \cos^2 A$의 값을 구하시오. (단, $0° < A < 90°$)

집중⚡

유형 10 30°, 45°, 60°의 삼각비의 값을 이용하여 변의 길이 구하기 개념2

34 대표문제

오른쪽 그림과 같이 $\angle C=90^\circ$인 직각삼각형 ABC에서 $\angle B=45^\circ$, $\overline{AB}=6$이고 $\overline{BD}:\overline{CD}=2:1$일 때, $\overline{AD}$의 길이는?

① $2\sqrt{5}$ ② $2\sqrt{6}$ ③ 5 ④ $3\sqrt{3}$ ⑤ $2\sqrt{7}$

35

오른쪽 그림과 같은 삼각형 ABC에서 $\overline{AD}\perp\overline{BC}$이고 $\angle B=45^\circ$, $\angle C=30^\circ$, $\overline{AB}=3\sqrt{2}$일 때, $\overline{AC}$의 길이를 구하시오.

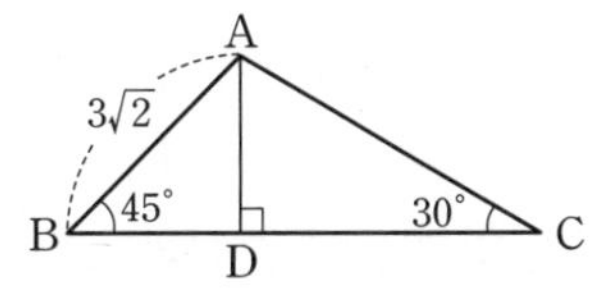

36

오른쪽 그림과 같이 $\angle C=90^\circ$인 직각삼각형 ABC에서 $\angle A=45^\circ$, $\angle BDC=60^\circ$이고 $\overline{BC}=12$일 때, $\overline{AD}$의 길이는?

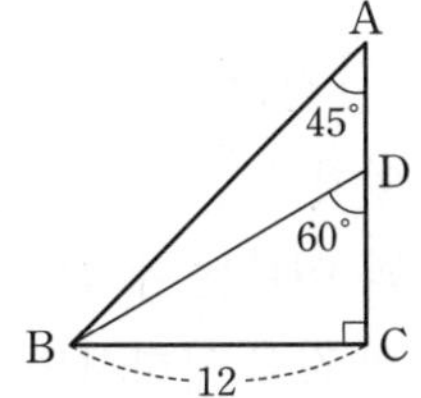

① $3(\sqrt{3}-1)$ ② $3(3-\sqrt{3})$ ③ $4(\sqrt{3}-1)$ ④ $4(3-\sqrt{3})$ ⑤ $6(\sqrt{3}-1)$

37 중요

오른쪽 그림에서 $\overline{BD}=8$이고 $\angle ABC=\angle BCD=90^\circ$, $\angle A=45^\circ$, $\angle D=30^\circ$일 때, $\overline{AC}$의 길이는?

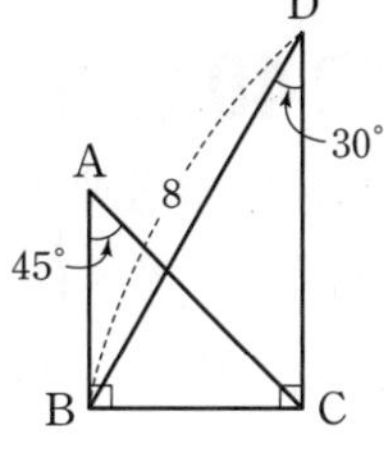

① 4 ② $2\sqrt{6}$ ③ $4\sqrt{2}$ ④ 6 ⑤ $4\sqrt{3}$

38 서술형

오른쪽 그림에서 $\overline{BC}=6$이고 $\angle A=\angle C=90^\circ$, $\angle ADB=30^\circ$, $\angle BDC=45^\circ$일 때, 사각형 ABCD의 넓이를 구하시오.

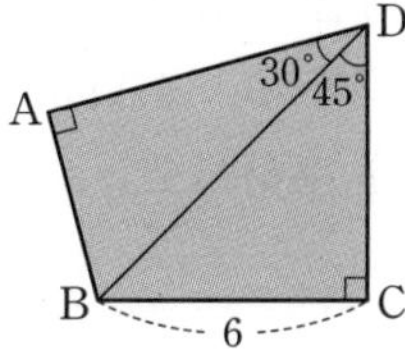

39

오른쪽 그림과 같이 $\angle B=90^\circ$인 직각삼각형 ABC에서 $\angle ACD=\angle BCD$이고 $\angle A=30^\circ$, $\overline{AD}=2\sqrt{2}$일 때, $\overline{BC}$의 길이를 구하시오.

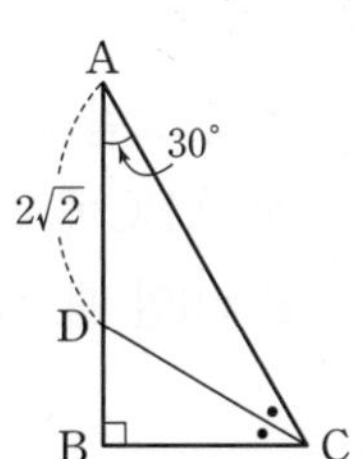

정답과 해설 74쪽 유형북 18쪽

유형 11 30°, 45°, 60°의 삼각비의 값을 이용하여 다른 삼각비의 값 구하기 개념2

40 대표문제

오른쪽 그림과 같이 $\angle C=90°$인 직각삼각형 ABC에서 $\overline{AD}=\overline{BD}=\sqrt{2}$, $\angle ADC=45°$일 때, tan 22.5°의 값을 구하시오.

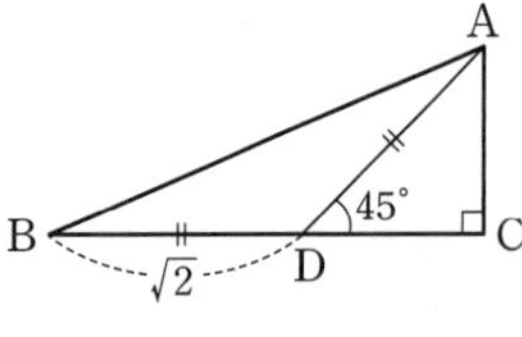

41

다음 그림과 같이 $\angle C=90°$인 직각삼각형 ABC에서 $\overline{CD}=3$, $\angle ADC=30°$, $\angle BAD=15°$일 때, tan x의 값을 구하시오.

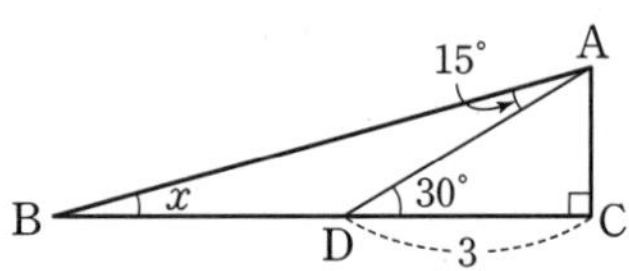

42

오른쪽 그림과 같이 $\overline{AB}=\overline{AC}$인 이등변삼각형 ABC에서 $\overline{AC}\perp\overline{BD}$이고 $\angle A=30°$, $\overline{AB}=6$일 때, tan 75°의 값을 구하시오.

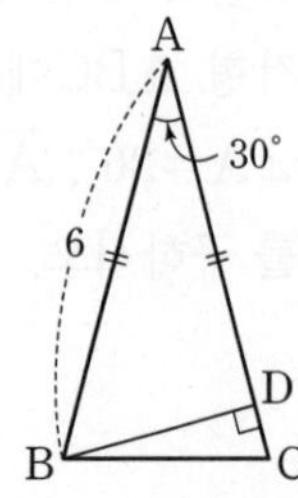

유형 12 직선의 기울기와 삼각비의 값 개념2

43 대표문제

오른쪽 그림과 같이 x절편이 $\sqrt{3}$이고 기울기가 양수인 직선이 x축의 양의 방향과 이루는 각의 크기가 60°이다. 이 직선의 방정식을 구하시오.

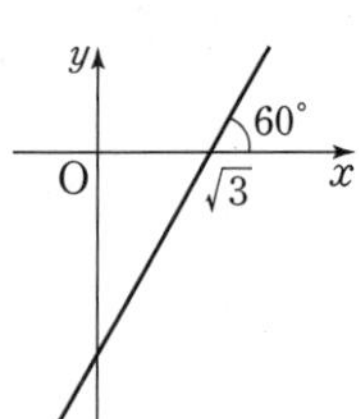

44 서술형

오른쪽 그림과 같이 점 $(-3, \sqrt{3})$을 지나고 기울기가 양수인 직선이 x축의 양의 방향과 이루는 각의 크기가 30°일 때, 이 직선과 x축, y축으로 둘러싸인 도형의 넓이를 구하시오.

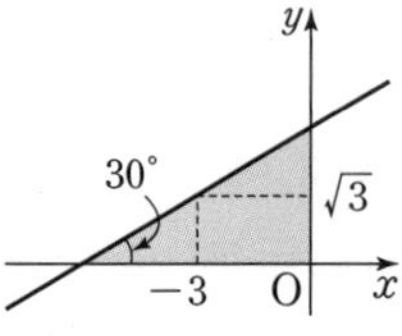

45 중요

일차방정식 $2x-2y+3=0$의 그래프가 x축의 양의 방향과 이루는 예각의 크기를 a라 할 때, $\sin a\times\cos(a-15°)$의 값을 구하시오.

집중

유형 13 사분원에서 삼각비의 값 구하기 개념3

46 대표문제

오른쪽 그림과 같이 반지름의 길이가 1인 사분원에서 다음 중 $\tan(90^\circ - x)$의 값과 항상 같은 것은?

① $\overline{AB}$ ② $\overline{CD}$

③ $\overline{DE}$ ④ $\dfrac{1}{\overline{AB}}$

⑤ $\dfrac{1}{\overline{DE}}$

47

오른쪽 그림과 같이 좌표평면 위의 원점 O를 중심으로 하고 반지름의 길이가 1인 사분원에서 $\tan 40^\circ - \cos 50^\circ$의 값을 구하시오.

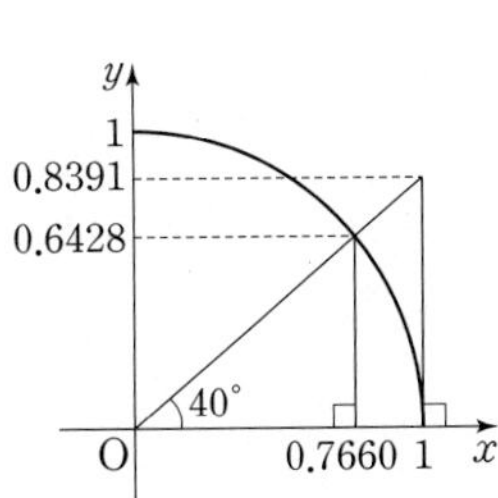

중요

48

오른쪽 그림과 같이 반지름의 길이가 1인 부채꼴에서 $\overline{AD} \perp \overline{BC}$일 때, $\overline{CD}$의 길이는?
(단, $\sin 32^\circ = 0.5992$, $\sin 58^\circ = 0.8480$으로 계산한다.)

① 0.1244 ② 0.1520 ③ 0.2004

④ 0.2488 ⑤ 0.4008

유형 14 0°, 90°의 삼각비의 값 개념4

49 대표문제

다음 중 계산한 값이 가장 큰 것은?

① $\cos 90^\circ + \sin 45^\circ$

② $\sin 90^\circ - \cos 0^\circ + \tan 45^\circ$

③ $3\tan 30^\circ - \cos 90^\circ$

④ $\sin 30^\circ + \tan 0^\circ - \cos 60^\circ$

⑤ $\sin 0^\circ - \tan 45^\circ$

중요

50

다음 **보기** 중 옳은 것을 모두 고르시오.

보기

ㄱ. $\sin 0^\circ = \cos 90^\circ$ ㄴ. $\sin 90^\circ = \cos 0^\circ$

ㄷ. $\tan 0^\circ = \cos 60^\circ$ ㄹ. $\tan 45^\circ = \sin 45^\circ$

51

$\sin 0^\circ - \cos 90^\circ + \sin 90^\circ \times \tan^2 30^\circ$의 값을 구하시오.

52

$A = 30^\circ$일 때, 다음을 계산하시오.

$$\frac{\sin(A-30^\circ) + \cos(A-30^\circ) - \tan(A-30^\circ)}{\cos(A+60^\circ) - \sin(A+60^\circ) - \tan(A+15^\circ)}$$

집중

유형 15 삼각비의 값의 대소 관계 개념 4

53 대표문제

다음 중 ◯ 안에 알맞은 부등호의 방향이 다른 하나는?

① $\sin 15^\circ$ ◯ $\sin 75^\circ$　② $\cos 75^\circ$ ◯ $\cos 15^\circ$
③ $\tan 15^\circ$ ◯ $\tan 75^\circ$　④ $\sin 15^\circ$ ◯ $\cos 15^\circ$
⑤ $\tan 75^\circ$ ◯ $\cos 75^\circ$

중요

54

$0^\circ \le A \le 45^\circ$일 때, 다음 중 옳지 않은 것은?

① $\sin A \le \cos A$
② $\cos A \le \tan A$
③ $\sin A$의 값 중에서 가장 작은 값은 0이다.
④ $\cos A$의 값 중 가장 큰 값은 1이다.
⑤ $\tan A$의 값 중 가장 큰 값은 1이다.

55

삼각형 ABC에서 $\angle A=75^\circ$, $\angle B=60^\circ$일 때, $\sin C$, $\cos C$, $\tan C$의 대소 관계로 옳은 것은?

① $\sin C=\cos C=\tan C$
② $\sin C=\cos C<\tan C$
③ $\tan C<\sin C=\cos C$
④ $\sin C<\cos C<\tan C$
⑤ $\cos C<\sin C<\tan C$

유형 16 삼각비의 값의 대소 관계를 이용한 식의 계산 개념 4

56 대표문제

$0^\circ<A<45^\circ$일 때, $\sqrt{(\sin A-\cos A)^2}+\sqrt{\cos^2 A}$를 간단히 하시오.

57

$45^\circ<A<90^\circ$일 때, $\sqrt{(\tan A+1)^2}-\sqrt{(\tan A-1)^2}$을 간단히 하면?

① $-2\tan A$　② -2　③ 0
④ 2　⑤ $2\tan A$

중요

58

$0^\circ<A<90^\circ$일 때, $\sqrt{(\sin A-1)^2}-\sqrt{(\cos A-1)^2}$을 간단히 하시오.

59 서술형

$45^\circ<x<90^\circ$일 때,
$|\sin x+\cos x|-|\sin x-\cos x|=1$을 만족시키는 x의 크기를 구하시오.

유형 17 삼각비의 표를 이용하여 삼각비의 값, 각의 크기 구하기 개념5

60 대표문제

다음 삼각비의 표를 이용하여 $\cos 58° + \tan 57° - \sin 56°$의 값을 구하시오.

각도	사인(sin)	코사인(cos)	탄젠트(tan)
56°	0.8290	0.5592	1.4826
57°	0.8387	0.5446	1.5399
58°	0.8480	0.5299	1.6003

61

$\sin x = 0.2419$, $\tan y = 0.2126$일 때, 다음 삼각비의 표를 이용하여 $x+y$의 크기를 구하시오.

각도	사인(sin)	코사인(cos)	탄젠트(tan)
12°	0.2079	0.9781	0.2126
13°	0.2250	0.9744	0.2309
14°	0.2419	0.9703	0.2493
15°	0.2588	0.9659	0.2679

62

아래 삼각비의 표에 대하여 다음 중 옳지 않은 것은?

각도	사인(sin)	코사인(cos)	탄젠트(tan)
78°	0.9781	0.2079	4.7046
79°	0.9816	0.1908	5.1446
80°	0.9848	0.1736	5.6713

① $\sin 80° = 0.9848$
② $\cos 78° = 0.2079$
③ $\tan 79° = 5.1446$
④ $\cos x = 0.1908$일 때, $x = 80°$이다.
⑤ $\tan x = 5.6713$일 때, $x = 80°$이다.

유형 18 삼각비의 표를 이용하여 변의 길이 구하기 개념5

63 대표문제

오른쪽 그림과 같이 $\angle B = 90°$인 직각삼각형 ABC에서 $\overline{AC} = 10$, $\angle A = 33°$일 때, 다음 삼각비의 표를 이용하여 $\overline{AB} + \overline{BC}$의 길이를 구하시오.

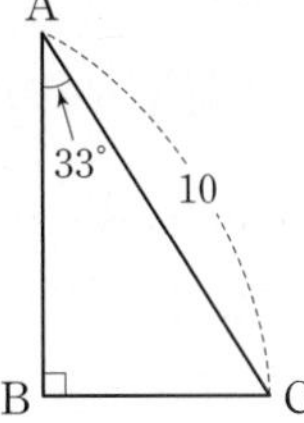

각도	사인(sin)	코사인(cos)	탄젠트(tan)
32°	0.5299	0.8480	0.6249
33°	0.5446	0.8387	0.6494
34°	0.5592	0.8290	0.6745

64 서술형

오른쪽 그림과 같이 $\angle C = 90°$인 직각삼각형 ABC에서 $\overline{AC} = 100$, $\angle B = 25°$일 때, 다음 삼각비의 표를 이용하여 $\overline{BC}$의 길이를 구하시오.

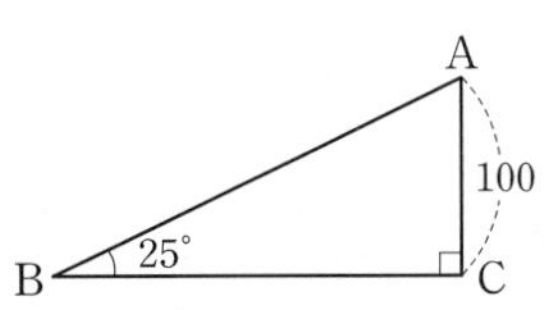

각도	사인(sin)	코사인(cos)	탄젠트(tan)
63°	0.8910	0.4540	1.9626
64°	0.8988	0.4384	2.0503
65°	0.9063	0.4226	2.1445

[유형북] Real 실전 유형에서 틀린 문제를 체크해 보세요.

유형 01 직각삼각형의 변의 길이 구하기 개념1

01 대표문제

오른쪽 그림과 같이 $\angle A=90°$인 직각삼각형 ABC에서 다음 중 b를 나타내는 것이 아닌 것은?

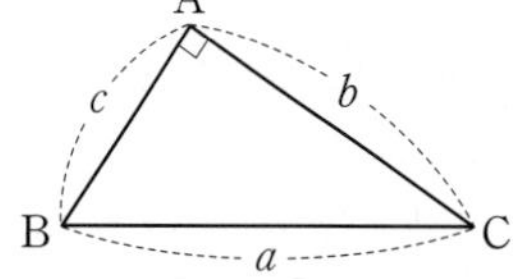

① $a\sin B$ ② $c\tan B$
③ $a\cos C$ ④ $c\tan C$
⑤ $\sqrt{a^2-c^2}$

02

오른쪽 그림과 같은 직각삼각형 ABC에서 $\overline{BC}=20$, $\angle B=50°$일 때, △ABC의 넓이를 구하시오.
(단, $\tan 50°=1.2$로 계산한다.)

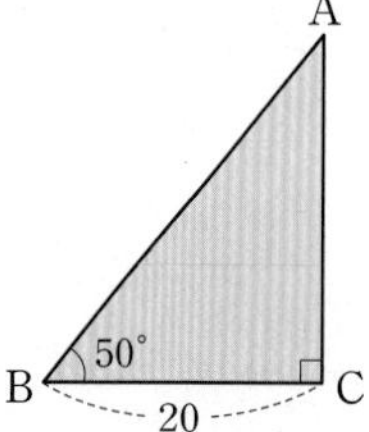

03 중요

오른쪽 그림과 같은 직각삼각형 ABC에서 $\overline{AB}=10$, $\angle B=65°$일 때, △ABC의 둘레의 길이를 구하시오. (단, $\sin 25°=0.42$, $\cos 25°=0.91$로 계산한다.)

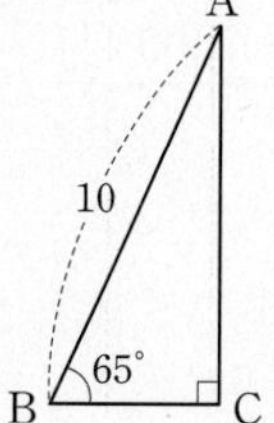

유형 02 입체도형에서 직각삼각형의 변의 길이의 활용 개념1

04 대표문제

오른쪽 그림과 같은 직육면체에서 $\overline{DH}=4$, $\overline{GH}=3$, $\angle DFG=45°$일 때, 이 직육면체의 부피를 구하시오.

05 서술형

오른쪽 그림과 같은 직육면체에서 $\overline{FG}=6$ cm, $\angle HFG=30°$이다. 이 직육면체의 부피가 $60\sqrt{3}$ cm^3일 때, $\overline{BF}$의 길이를 구하시오.

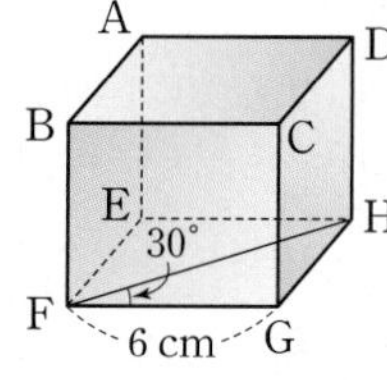

06

오른쪽 그림과 같은 삼각기둥에서 $\angle BAC=90°$, $\angle ACB=60°$, $\overline{AB}=3$, $\overline{BE}=2$일 때, 이 삼각기둥의 겉넓이는?

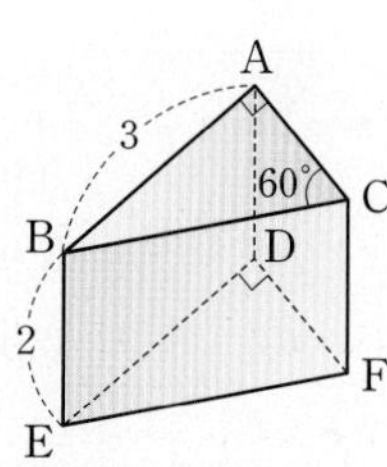

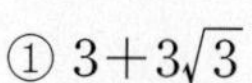

① $3+3\sqrt{3}$ ② $3+6\sqrt{3}$
③ $6+6\sqrt{3}$ ④ $6+9\sqrt{3}$
⑤ $12+9\sqrt{3}$

집중

유형 03 실생활에서 직각삼각형의 변의 길이의 활용 개념1

07 대표문제

오른쪽 그림과 같이 지면에 수직으로 서 있던 나무가 부러졌다. 부러진 나무와 지면이 이루는 각의 크기가 $60°$일 때, 부러지기 전 나무의 높이를 구하시오.

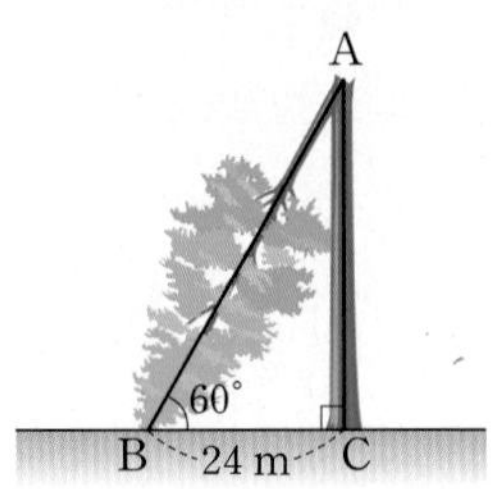

08

오른쪽 그림과 같이 A 지점에서 현수막의 윗부분과 아랫부분을 올려다본 각의 크기가 각각 $60°$, $45°$이다. 지면으로부터 현수막의 아랫부분까지의 높이가 3 m일 때, 현수막의 세로의 길이 $\overline{BC}$의 길이는?

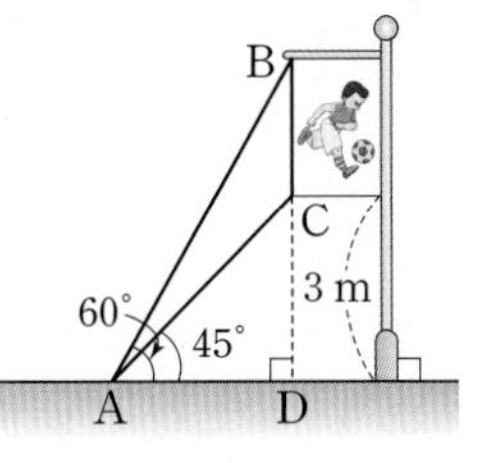

① $(\sqrt{3}-1)$ m ② $\sqrt{3}$ m ③ $(\sqrt{3}+1)$ m
④ $3(\sqrt{3}-1)$ m ⑤ $3(\sqrt{3}+1)$ m

09

오른쪽 그림과 같이 A 지점에서 $30°$ 기울어진 비탈길을 12 m 올라간 C 지점에서 건물의 꼭대기를 올려다본 각의 크기가 $60°$일 때, 이 건물의 높이를 구하시오.

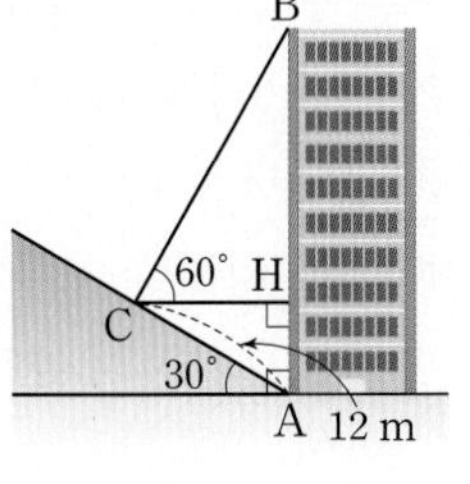

집중

유형 04 삼각형의 변의 길이 구하기 (1); 두 변의 길이와 그 끼인각의 크기를 아는 경우 개념2

10 대표문제

오른쪽 그림과 같은 $\triangle ABC$에서 $\overline{AB}=3\sqrt{2}$ cm, $\overline{BC}=7$ cm, $\angle B=45°$일 때, $\overline{AC}$의 길이를 구하시오.

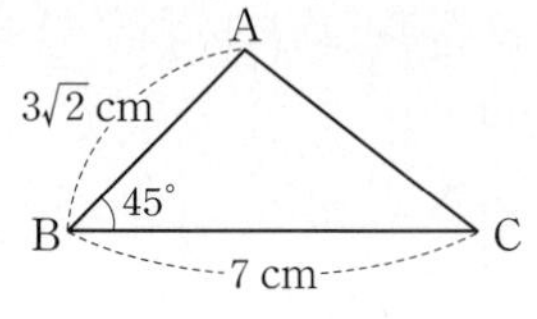

11 서술형

오른쪽 그림과 같은 $\triangle ABC$에서 $\overline{AB}=9$ cm, $\overline{BC}=8\sqrt{2}$ cm, $\sin B=\frac{1}{3}$일 때, $\overline{AC}$의 길이를 구하시오.

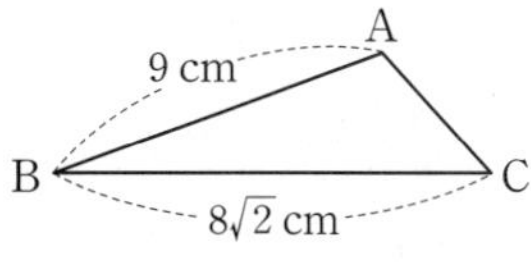

중요

12

오른쪽 그림과 같은 $\triangle ABC$에서 $\overline{AC}=8$, $\overline{BC}=4$, $\angle C=120°$일 때, $\overline{AB}$의 길이를 구하시오.

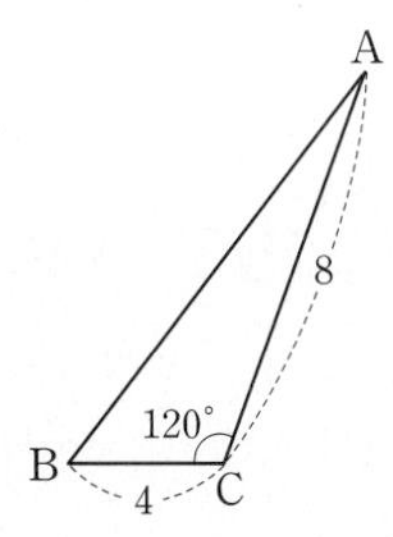

유형 05 삼각형의 변의 길이 구하기 (2); 한 변의 길이와 그 양 끝 각의 크기를 아는 경우 개념 2

13 대표문제

오른쪽 그림과 같이 강의 양쪽에 위치한 두 지점 A, C 사이의 거리를 구하기 위하여 A 지점과 같은 쪽에 B 지점을 잡았다. $\overline{AB}=12$ m, $\angle A=75°$, $\angle B=45°$일 때, 두 지점 A, C 사이의 거리는?

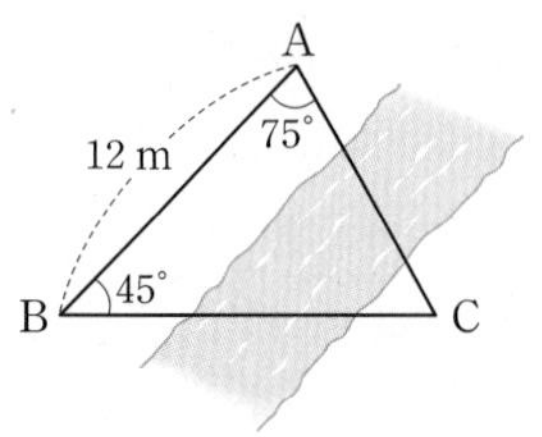

① $3\sqrt{3}$ m ② $4\sqrt{2}$ m ③ $4\sqrt{3}$ m
④ $3\sqrt{6}$ m ⑤ $4\sqrt{6}$ m

14

오른쪽 그림과 같은 △ABC에서 $\overline{AB}=4$, $\angle A=30°$, $\angle B=105°$일 때, $\overline{BC}$의 길이를 구하시오.

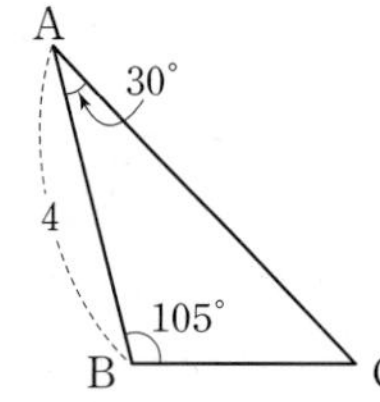

15 서술형

오른쪽 그림과 같은 △ABC에서 $\overline{AB}=10$, $\angle B=45°$, $\angle C=30°$일 때, $\overline{BC}$의 길이를 구하시오.

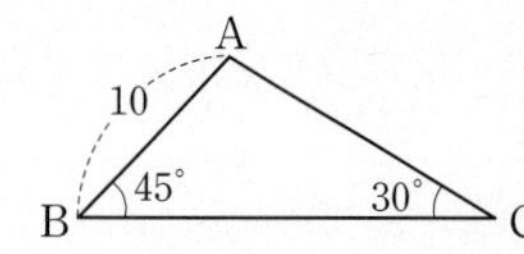

유형 06 삼각형의 높이 구하기 (1); 주어진 각이 모두 예각인 경우 개념 3

16 대표문제

오른쪽 그림과 같은 △ABC에서 $\angle B=60°$, $\angle C=45°$, $\overline{BC}=4$일 때, △ABC의 넓이를 구하시오.

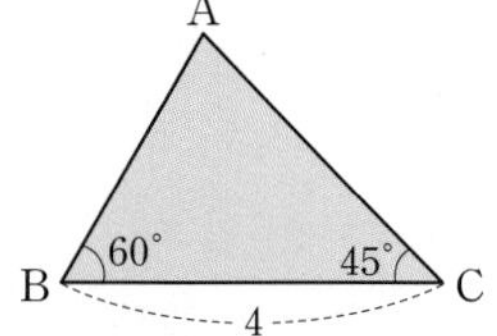

17

오른쪽 그림과 같은 △ABC에서 $\overline{AC}\perp\overline{BH}$이고 $\angle A=55°$, $\angle C=42°$, $\overline{AC}=9$일 때, $\overline{BH}$의 길이는? (단, $\tan 35°=0.7$, $\tan 48°=1.1$로 계산한다.)

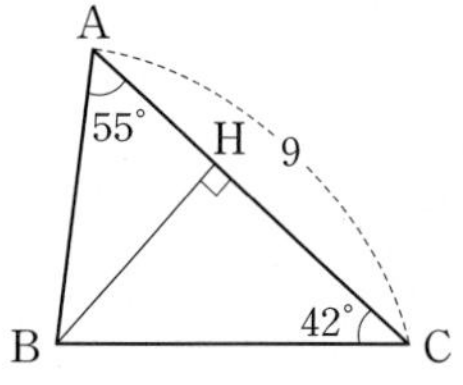

① 3.6 ② 4 ③ 4.8
④ 5 ⑤ 5.4

18

오른쪽 그림과 같이 10 m 떨어진 두 지점 A, B에서 드론을 올려다본 각의 크기가 각각 30°, 45°이었다. 이때 지면으로부터 드론까지의 높이를 구하시오.

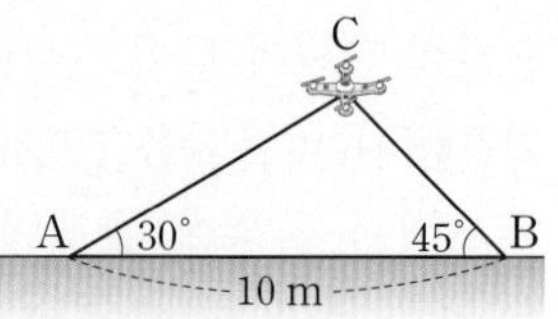

유형 07 삼각형의 높이 구하기 (2); 주어진 각 중 한 각이 둔각인 경우 개념3

19 대표문제

오른쪽 그림과 같이 17 m 떨어진 두 지점 A, B에서 건물의 꼭대기를 올려다본 각의 크기가 각각 58°, 66°일 때, 이 건물의 높이를 구하시오. (단, $\tan 24° = 0.45$, $\tan 32° = 0.62$로 계산한다.)

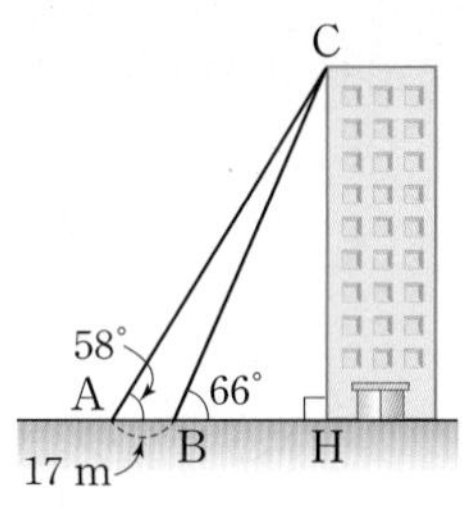

20

오른쪽 그림과 같이 $\angle B = 20°$, $\angle C = 140°$, $\overline{BC} = 7$인 △ABC의 꼭짓점 A에서 $\overline{BC}$의 연장선에 내린 수선의 발을 H라 할 때, 다음 중 $\overline{AH}$의 길이를 나타내는 식은?

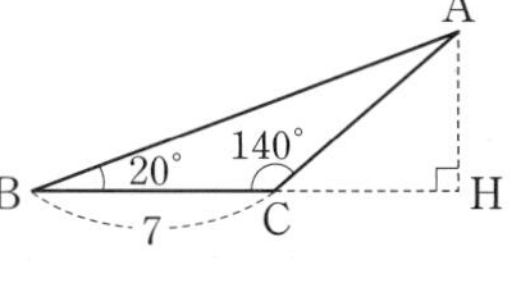

① $\dfrac{7}{\tan 70° + \tan 40°}$　② $\dfrac{7}{\tan 70° + \tan 50°}$

③ $\dfrac{7}{\tan 70° - \tan 40°}$　④ $\dfrac{7}{\tan 70° - \tan 50°}$

⑤ $\dfrac{7}{\tan 20° + \tan 40°}$

21

오른쪽 그림과 같이 $\angle B = 45°$, $\angle C = 120°$, $\overline{BC} = 6$인 △ABC의 넓이를 구하시오.

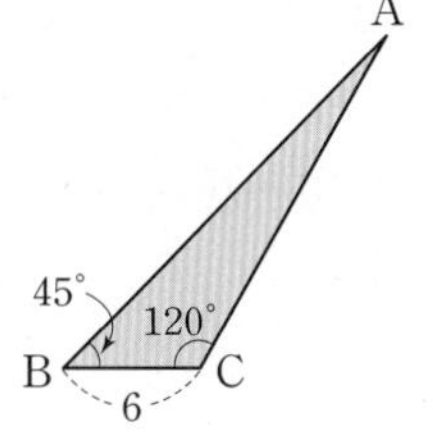

집중

유형 08 삼각형의 넓이 구하기 (1); 예각이 주어진 경우 개념4

22 대표문제

오른쪽 그림과 같은 △ABC에서 $\overline{AB} = 7$, $\overline{BC} = 4\sqrt{3}$이다. $\tan B = \dfrac{\sqrt{3}}{3}$일 때, △ABC의 넓이는? (단, $0° < \angle B < 90°$)

① $4\sqrt{3}$　② $5\sqrt{3}$　③ $7\sqrt{3}$

④ $5\sqrt{6}$　⑤ $7\sqrt{6}$

중요

23 서술형

오른쪽 그림에서 점 G는 △ABC의 무게중심이다. $\overline{BD} = \overline{CD}$이고 $\overline{AB} = 10$, $\overline{BC} = 6$, $\angle B = 30°$일 때, △GDC의 넓이를 구하시오.

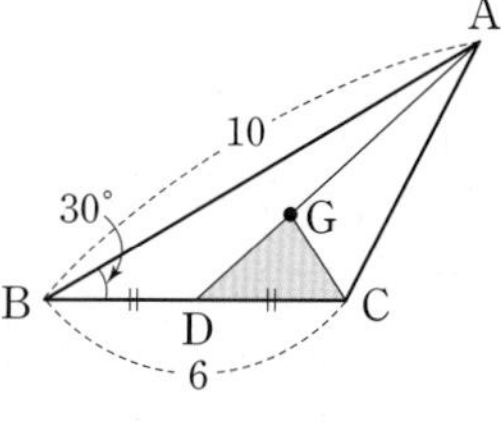

24

오른쪽 그림에서 $\overline{BC} /\!/ \overline{DE}$이고 $\overline{AB} = 5$, $\overline{AE} = 4\sqrt{3}$, $\angle A = 60°$일 때, △ADC의 넓이를 구하시오.

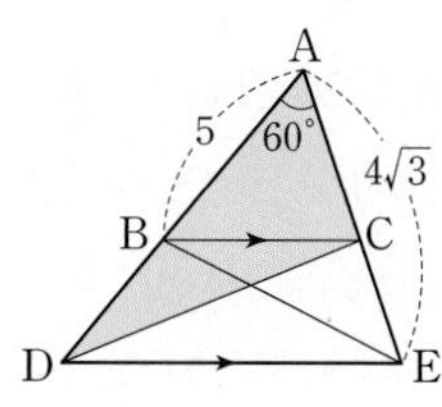

02 삼각비의 활용

집중

유형 09 삼각형의 넓이 구하기 (2); 둔각이 주어진 경우 개념 4

25 대표문제

오른쪽 그림과 같이 $\overline{AB}=7$, $\overline{BC}=4$, $\angle A=25°$, $\angle C=35°$인 $\triangle ABC$의 넓이를 구하시오.

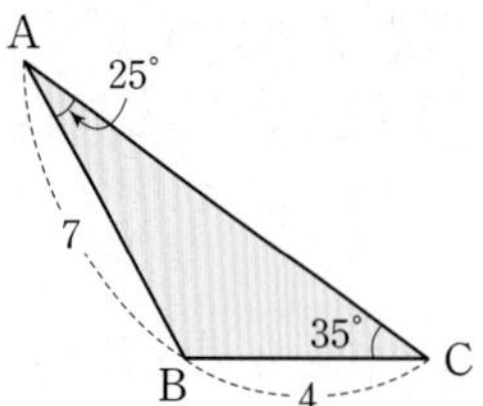

중요

26

오른쪽 그림에서 $\triangle ABC$는 $\angle A=90°$인 직각이등변삼각형이고 □BDEC는 $\overline{BD}=3$, $\overline{DE}=4$인 직사각형일 때, $\triangle ABD$의 넓이는?

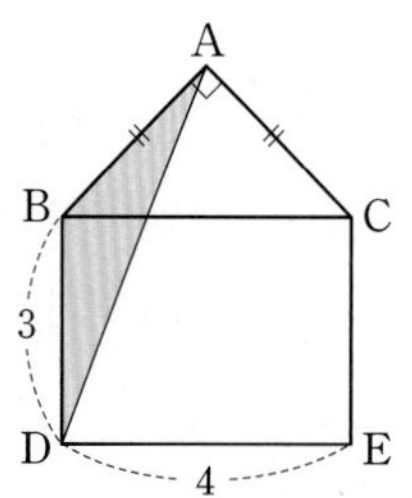

① $2\sqrt{2}$　② 3　③ $2\sqrt{3}$　④ 4　⑤ $2\sqrt{5}$

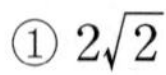

27

오른쪽 그림과 같은 $\triangle ABC$에서 $\overline{AB}=8$, $\overline{AC}=8\sqrt{3}$, $\angle BAC=150°$, $\angle BAD=30°$일 때, $\overline{AD}$의 길이를 구하시오.

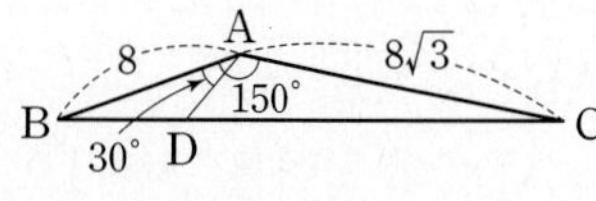

집중

유형 10 다각형의 넓이 개념 4

28 대표문제

오른쪽 그림과 같은 □ABCD의 넓이를 구하시오.

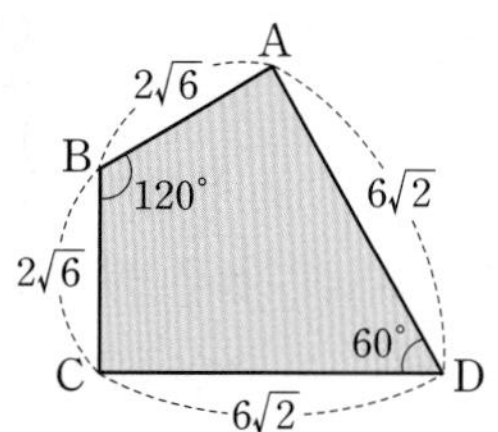

중요

29

오른쪽 그림과 같이 반지름의 길이가 3인 원에 내접하는 정십이각형의 넓이를 구하시오.

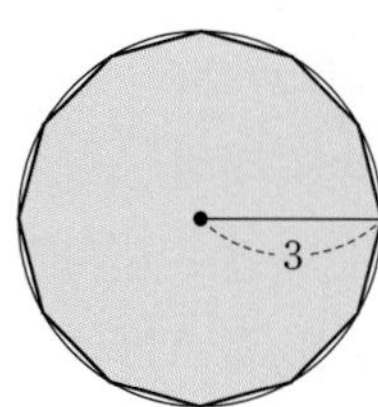

30 서술형

오른쪽 그림과 같은 □ABCD에서 $\overline{AB}=4\sqrt{2}$, $\overline{BC}=12$, $\overline{CD}=5$, $\angle B=45°$, $\angle ACD=30°$일 때, □ABCD의 넓이를 구하시오.

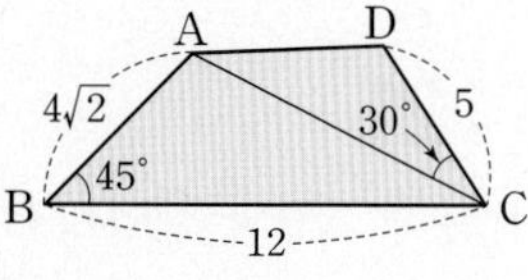

유형 11 평행사변형의 넓이 개념5

31 대표문제

오른쪽 그림과 같이 한 내각의 크기가 150°인 마름모 ABCD의 넓이가 8 cm^2일 때, □ABCD의 둘레의 길이는?

A B D C 150°

① 16 cm ② $16\sqrt{2}$ cm ③ 24 cm
④ $16\sqrt{3}$ cm ⑤ 32 cm

중요

32

오른쪽 그림과 같은 평행사변형 ABCD에서 $\overline{AB}=4$, $\overline{BC}=6$, $\angle B=45^\circ$이다. □ABCD의 각 변의 중점을 각각 E, F, G, H라 할 때, □EFGH의 넓이를 구하시오.

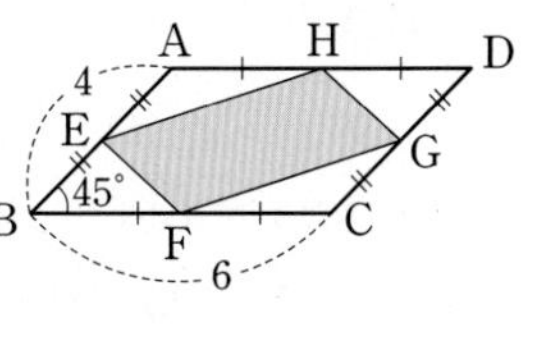

33 서술형

오른쪽 그림과 같은 평행사변형 ABCD에서 $\overline{AB}=3\sqrt{3}\text{ cm}$, $\overline{AD}=5\text{ cm}$, $\angle ABC=60^\circ$이다. $\overline{BC}$, $\overline{CD}$의 중점 E, F에 대하여 $\overline{AE}$, $\overline{AF}$와 $\overline{BD}$의 교점을 각각 G, H라 할 때, $\triangle AGH$의 넓이를 구하시오.

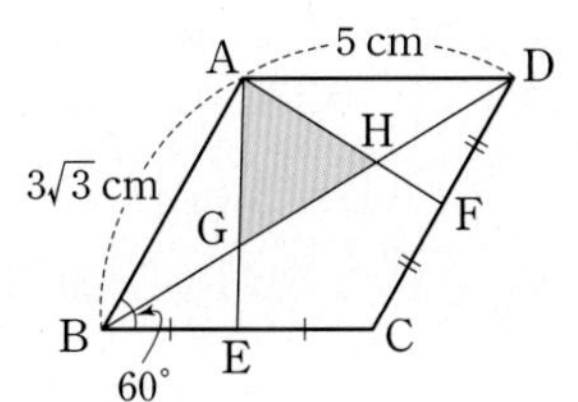

유형 12 사각형의 넓이 개념5

34 대표문제

오른쪽 그림과 같이 $\overline{AD} /\!/ \overline{BC}$인 등변사다리꼴 ABCD의 넓이가 $15\sqrt{2}$이다. 두 대각선이 이루는 각이 135°일 때, $\overline{AC}$의 길이를 구하시오.

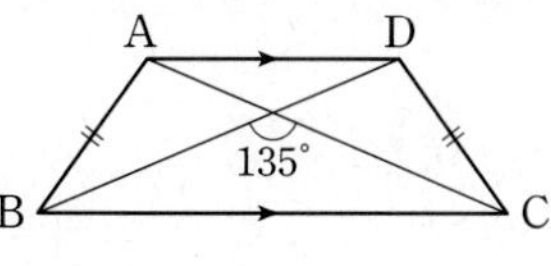

35

오른쪽 그림과 같이 두 대각선의 길이가 7, 8인 □ABCD의 넓이가 $14\sqrt{3}$일 때, 두 대각선이 이루는 예각의 크기를 구하시오.

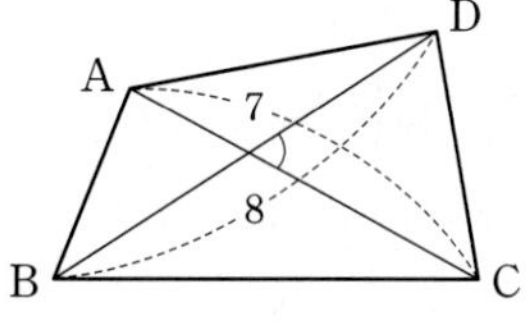

36

두 대각선의 길이가 8, 15인 사각형의 넓이 중 가장 큰 값을 구하시오.

02 삼각비의 활용

[유형북] Real 실전 유형에서 틀린 문제를 체크해 보세요.

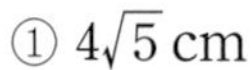

집중 유형 01 현의 수직이등분선 (1) 개념 1

01 대표문제

오른쪽 그림의 원 O에서 $\overline{AB}\perp\overline{OM}$이고 $\overline{AB}=8$ cm, $\overline{OM}=3$ cm일 때, 원 O의 지름의 길이는?

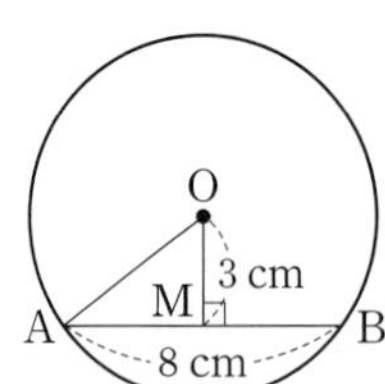

① $4\sqrt{5}$ cm ② $4\sqrt{6}$ cm
③ 10 cm ④ $4\sqrt{7}$ cm
⑤ 12 cm

02

오른쪽 그림과 같이 중심이 O로 같은 두 원에서 $\overline{AC}=3$ cm, $\overline{CD}=4$ cm일 때, $\overline{BM}$의 길이를 구하시오.

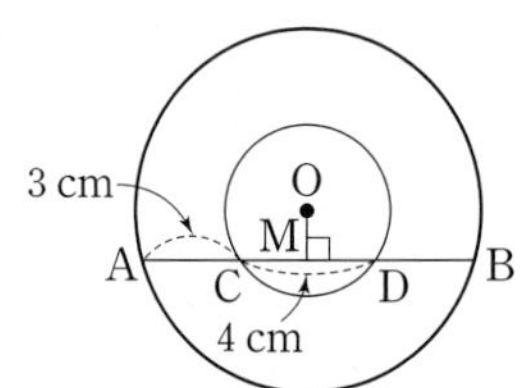

03 서술형

오른쪽 그림의 원 O에서 $\angle AOB=120°$이고 $\triangle AOB$의 넓이가 $4\sqrt{3}\text{ cm}^2$일 때, $\overline{AB}$의 길이를 구하시오.

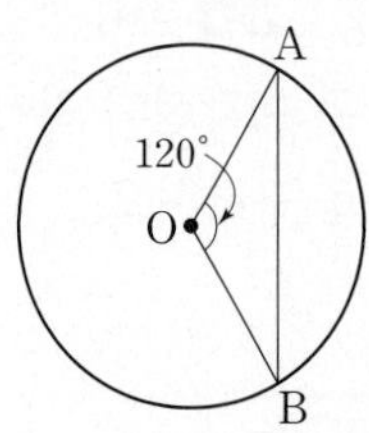

집중 유형 02 현의 수직이등분선 (2) 개념 1

04 대표문제

오른쪽 그림의 원 O에서 $\overline{AB}\perp\overline{OC}$이고 $\overline{AB}=8$ cm, $\overline{CM}=2$ cm일 때, 원 O의 넓이를 구하시오.

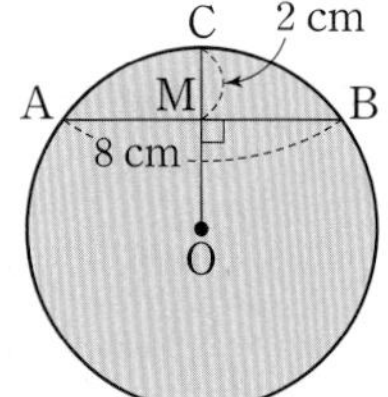

05 중요

오른쪽 그림과 같이 반지름의 길이가 8 cm인 원 O에서 $\overline{AB}\perp\overline{CD}$이고 $\overline{OM}=\overline{BM}$일 때, $\overline{CD}$의 길이를 구하시오.

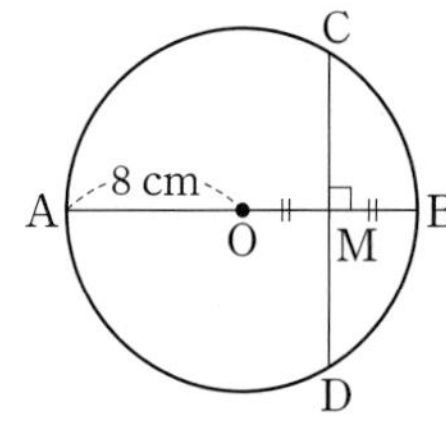

06 서술형

오른쪽 그림의 원 O에서 $\overline{AB}\perp\overline{CD}$이고 $\overline{AB}=8$ cm, $\overline{BD}=5$ cm일 때, $\overline{CM}$의 길이를 구하시오.

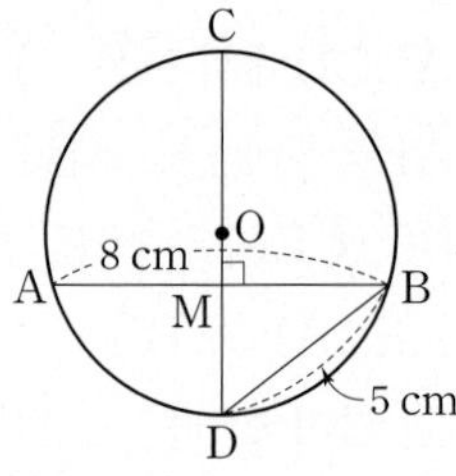

유형 03 현의 수직이등분선 (3); 원의 일부분이 주어진 경우 개념 1

07 대표문제

오른쪽 그림에서 $\overset{\frown}{AB}$는 원의 일부분이다. $\overline{CD}$가 $\overline{AB}$를 수직이등분하고 $\overline{AB}=20$ cm, $\overline{CD}=5$ cm일 때, 원의 중심에서 현 AB까지의 거리를 구하시오.

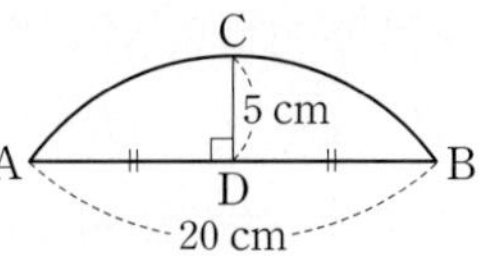

08

오른쪽 그림에서 $\overset{\frown}{AB}$는 반지름의 길이가 9 cm인 원의 일부분이다. $\overline{AB}\perp\overline{CD}$이고 $\overline{AC}=\overline{BC}$, $\overline{CD}=3$ cm일 때, $\overline{AB}$의 길이는?

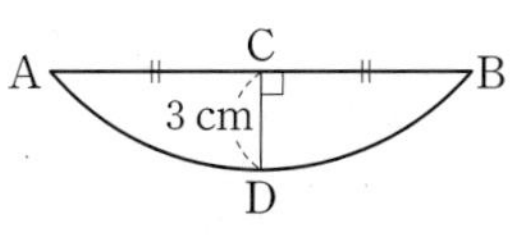

① 12 cm ② $4\sqrt{10}$ cm ③ $6\sqrt{5}$ cm
④ $10\sqrt{2}$ cm ⑤ $6\sqrt{6}$ cm

09 서술형

원 모양의 접시의 깨진 조각을 오른쪽 그림과 같이 측정하였다. 이때 깨지기 전의 원래 접시의 둘레의 길이를 구하시오.

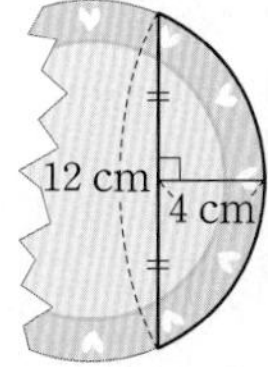

유형 04 현의 수직이등분선 (4); 원의 일부분이 접힌 경우 개념 1

10 대표문제

오른쪽 그림과 같이 원 O의 원주 위의 한 점이 원의 중심 O에 겹치도록 $\overline{AB}$를 접는 선으로 하여 접었다. $\overline{AB}=4\sqrt{3}$ cm일 때, 원 O의 반지름의 길이는?

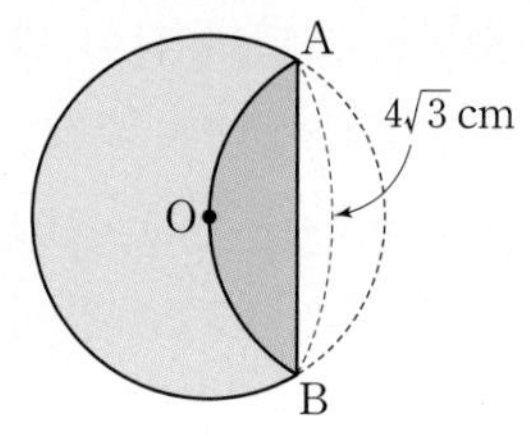

① $2\sqrt{2}$ cm ② $2\sqrt{3}$ cm ③ 4 cm
④ $2\sqrt{5}$ cm ⑤ $2\sqrt{6}$ cm

중요

11

오른쪽 그림과 같이 원 O의 원주 위의 한 점이 원의 중심 O에 겹치도록 $\overline{AB}$를 접는 선으로 하여 접었다. 원의 중심 O에서 $\overline{AB}$에 내린 수선의 발 M에 대하여 $\overline{OM}=10$일 때, $\overline{AB}$의 길이를 구하시오.

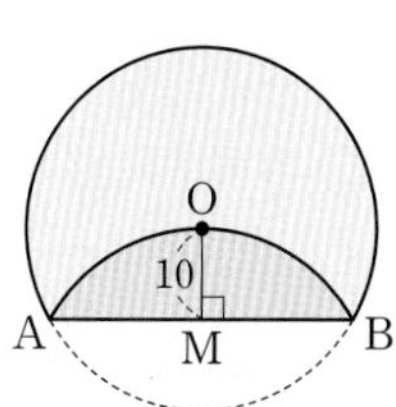

12

오른쪽 그림과 같이 원 O의 원주 위의 한 점이 원의 중심 O에 겹치도록 $\overline{AB}$를 접는 선으로 하여 접었다. $\overline{AB}=2\sqrt{6}$일 때, $\overset{\frown}{AB}$의 길이를 구하시오.

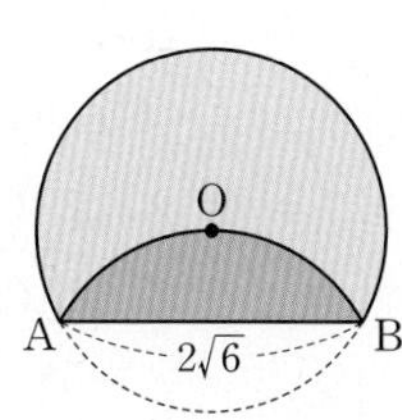

유형 05 현의 길이 개념2

13 대표문제

오른쪽 그림과 같이 원의 중심 O에서 $\overline{AB}$, $\overline{CD}$에 내린 수선의 발을 각각 M, N이라 하자. $\overline{CD}=10$ cm, $\overline{OM}=\overline{ON}=5$ cm일 때, $\overline{OB}$의 길이를 구하시오.

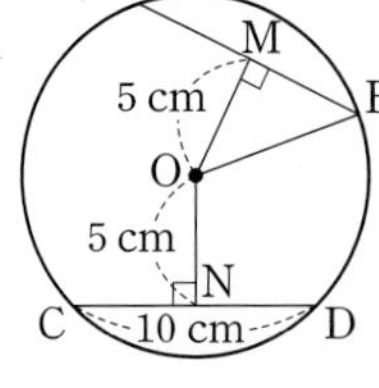

14

오른쪽 그림의 원 O에서 $\overline{CD}\perp\overline{OM}$이고 $\overline{AB}=\overline{CD}$, $\overline{OM}=2$ cm이다. $\triangle AOB$의 넓이가 $8\sqrt{2}$ cm^{2}일 때, $\overline{OA}$의 길이는?

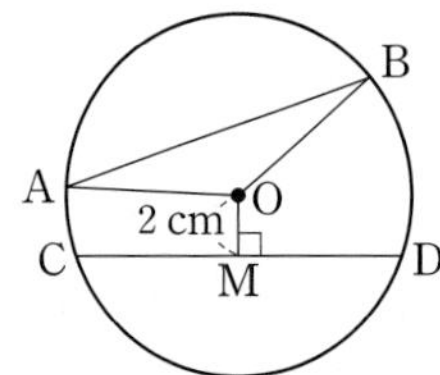

① 4 cm ② $2\sqrt{6}$ cm
③ 5 cm ④ $4\sqrt{2}$ cm
⑤ 6 cm

15 서술형

오른쪽 그림의 원 O에서 $\overline{AB}/\!/\overline{CD}$이고 $\overline{AB}=\overline{CD}=6\sqrt{3}$이다. 두 현 AB와 CD 사이의 거리가 $6\sqrt{2}$일 때, 원 O의 넓이를 구하시오.

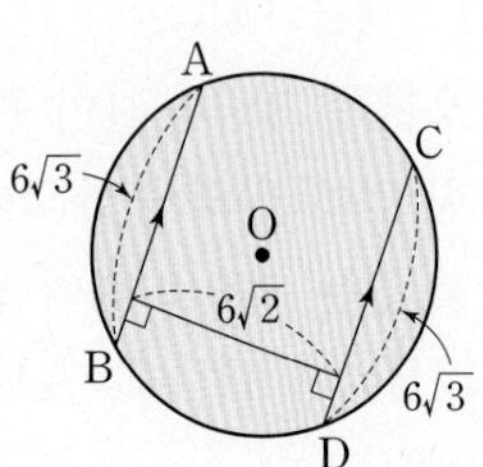

유형 06 현의 길이와 삼각형 개념2

16 대표문제

오른쪽 그림의 원 O에서 $\overline{AB}\perp\overline{OM}$, $\overline{AC}\perp\overline{ON}$이고 $\overline{OM}=\overline{ON}$이다. $\angle ACB=68°$일 때, $\angle MON$의 크기는?

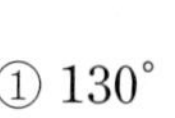

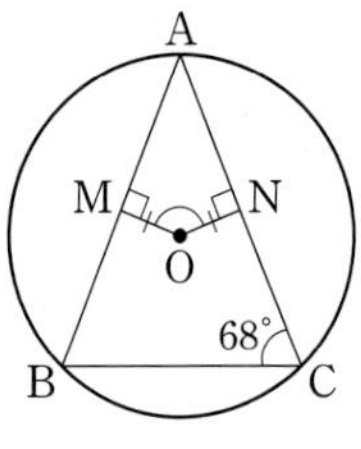

① 130° ② 132°
③ 134° ④ 136°
⑤ 138°

중요

17

오른쪽 그림과 같이 원의 중심 O에서 $\overline{AB}$, $\overline{BC}$, $\overline{AC}$에 내린 수선의 발을 각각 D, E, F라 하자. $\overline{OD}=\overline{OE}$이고 $\angle ABC=46°$일 때, $\angle EOF$의 크기를 구하시오.

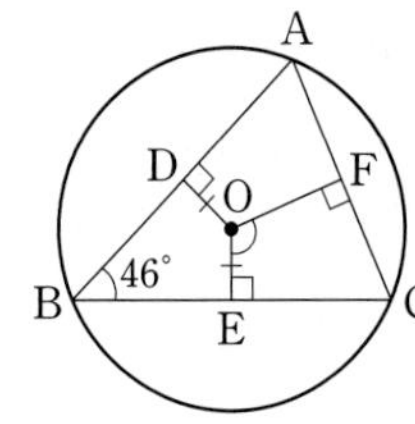

18

오른쪽 그림과 같이 원의 중심 O에서 $\overline{AB}$, $\overline{BC}$, $\overline{AC}$에 내린 수선의 발을 각각 D, E, F라 하자. $\overline{OD}=\overline{OE}=\overline{OF}=3$ cm일 때, $\triangle ABC$의 둘레의 길이를 구하시오.

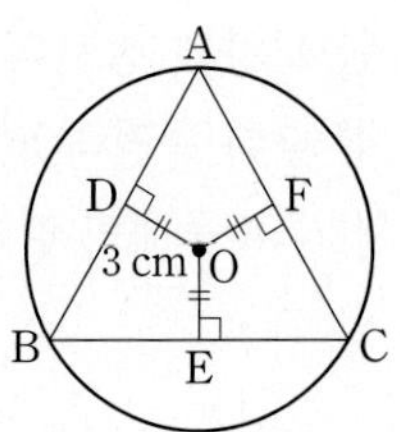

유형 07 원의 접선의 성질 (1) 개념3

19 대표문제

오른쪽 그림에서 $\overline{PA}$는 원 O의 접선이고 점 A는 접점이다. $\angle P=30°$이고 $\overline{AP}=2\sqrt{6}$일 때, 부채꼴 AOB의 넓이를 구하시오.

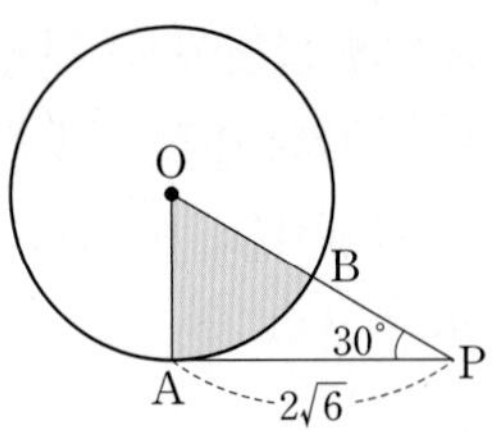

20

오른쪽 그림에서 $\overline{PA}$는 원 O의 접선이고 점 A는 접점이다. $\overline{PA}=6$ cm, $\overline{PB}=2$ cm일 때, $\sin P$의 값을 구하시오.

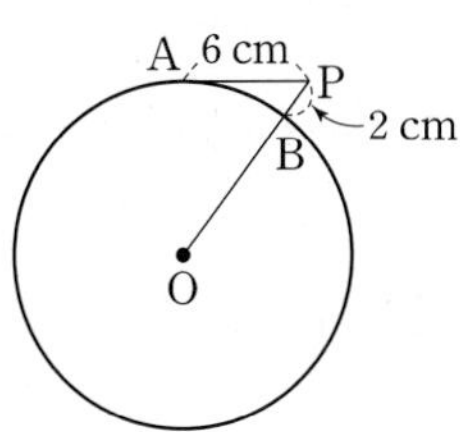

21 서술형

오른쪽 그림과 같이 원 밖의 점 P에서 원 O에 그은 접선의 접점을 A라 하고 직선 OP가 원과 만나는 두 점을 각각 B, C라 하자. $\overline{PA}=6\sqrt{3}$, $\angle ACO=30°$일 때, $\overline{BP}$의 길이를 구하시오.

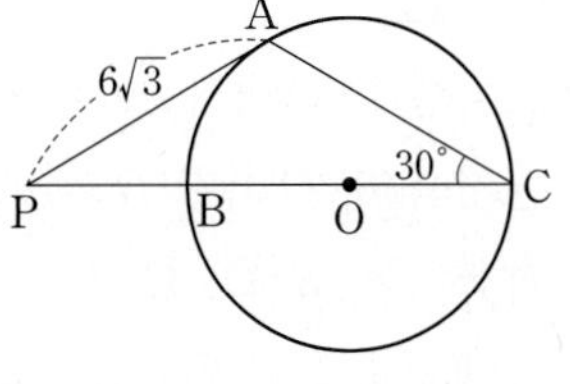

집중

유형 08 원의 접선의 성질 (2) 개념3

22 대표문제

오른쪽 그림에서 두 직선 PA, PB는 각각 점 A, B를 접점으로 하는 원 O의 접선이다. $\angle P=45°$이고 부채꼴 AOB의 넓이가 24π cm^2일 때, 원 O의 반지름의 길이는?

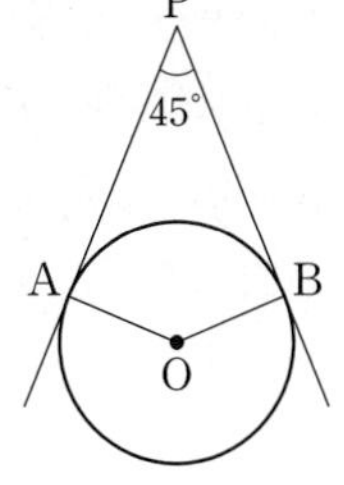

① $2\sqrt{14}$ cm ② $2\sqrt{15}$ cm
③ $3\sqrt{7}$ cm ④ 8 cm
⑤ $6\sqrt{2}$ cm

23

오른쪽 그림에서 두 직선 PA, PB는 각각 점 A, B에서 원 O에 접하고 $\overline{BC}$는 원 O의 지름이다. $\angle ABC=20°$일 때, $\angle P$의 크기를 구하시오.

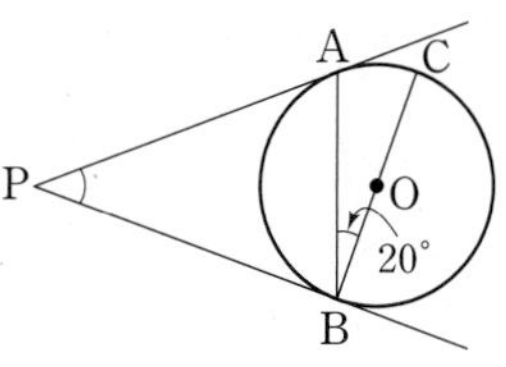

중요

24

오른쪽 그림에서 두 직선 PA, PB는 각각 점 A, B를 접점으로 하는 원 O의 접선이다. $\overline{AP}=2\sqrt{3}$ cm, $\angle P=60°$일 때, $\triangle APB$의 넓이를 구하시오.

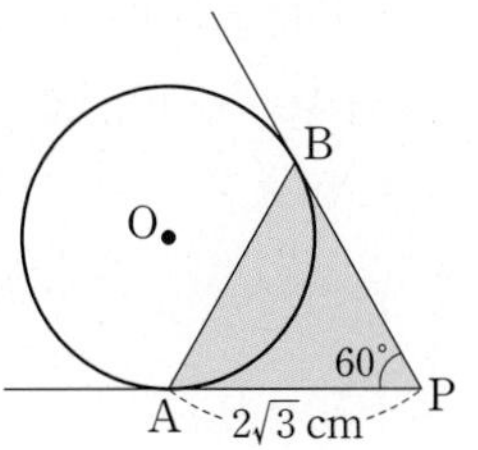

유형 09 원의 접선의 성질 (3) 개념3

25 대표문제

오른쪽 그림에서 두 직선 PA, PB는 각각 점 A, B를 접점으로 하는 원 O의 접선이다. $\overline{AP}=6$ cm, $\angle AOB=120°$일 때, 원 O의 넓이를 구하시오.

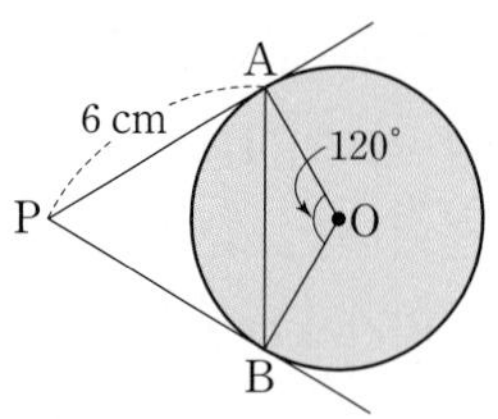

26

오른쪽 그림에서 두 직선 PA, PB는 각각 점 A, B를 접점으로 하는 원 O의 접선이다. $\overline{PB}=8$ cm, $\overline{PC}=3$ cm일 때, $\overline{OA}$의 길이를 구하시오.

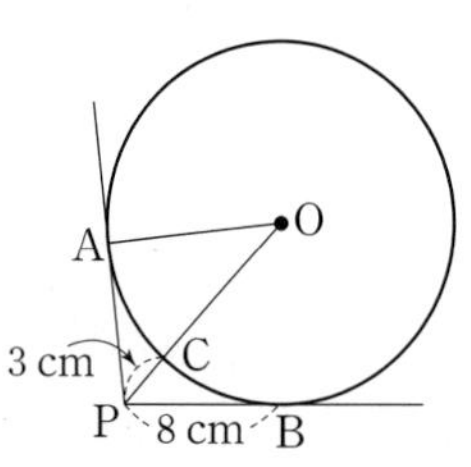

27

오른쪽 그림에서 두 직선 PA, PB는 각각 점 A, B를 접점으로 하는 원 O의 접선이다. 점 M은 $\overline{AB}$와 $\overline{PO}$의 교점이고 $\overline{OB}=4$, $\angle APB=60°$일 때, 다음 중 옳지 않은 것은?

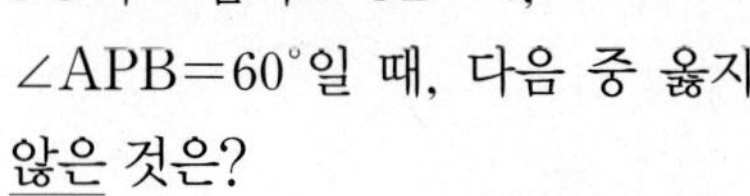
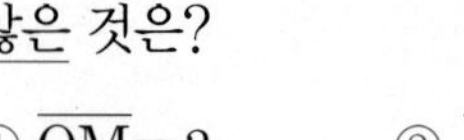

① $\overline{OM}=2$ ② $\overline{AM}=2\sqrt{3}$ ③ $\overline{PA}=4\sqrt{3}$
④ $\overline{PM}=6$ ⑤ $\triangle PAB=8\sqrt{3}$

집중 유형 10 원의 접선의 성질의 응용 개념3

28 대표문제

오른쪽 그림에서 $\overline{AD}$, $\overline{BC}$, $\overline{AF}$는 원 O의 접선이고 점 D, E, F는 접점이다. $\overline{AF}=13$ cm, $\overline{BC}=6$ cm일 때, $\overline{AB}+\overline{AC}$의 길이를 구하시오.

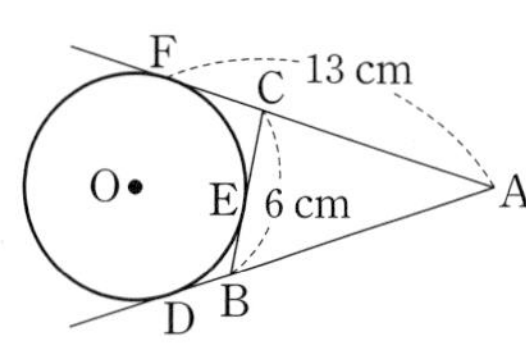

29 중요 서술형

오른쪽 그림에서 $\overline{AD}$, $\overline{BC}$, $\overline{AF}$는 원 O의 접선이고 점 D, E, F는 접점이다. $\overline{OF}=4$ cm이고 $\triangle ABC$의 둘레의 길이가 $4\sqrt{14}$ cm일 때, $\overline{OA}$의 길이를 구하시오.

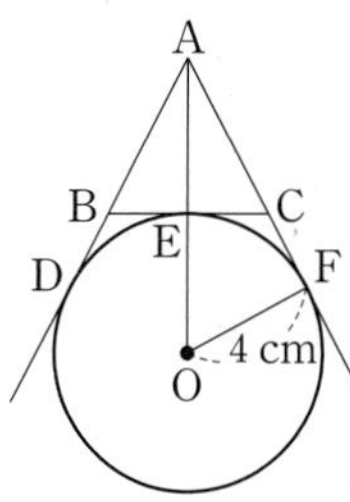

30

오른쪽 그림에서 $\overline{AD}$, $\overline{BC}$, $\overline{AF}$는 반지름의 길이가 6 cm인 원 O의 접선이고 점 D, E, F는 접점이다. $\angle DOF=120°$일 때, $\triangle ABC$의 둘레의 길이를 구하시오.

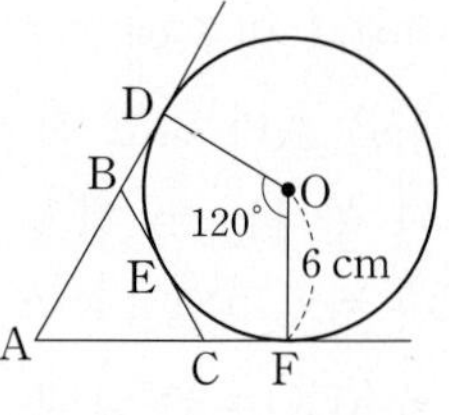

유형 11 반원에서의 접선 개념3

31 대표문제

오른쪽 그림에서 $\overline{AB}$는 반원 O의 지름이고 $\overline{AC}$, $\overline{BD}$, $\overline{CD}$는 반원에 접한다. $\overline{AC}=3$ cm, $\overline{CD}=8$ cm일 때, $\overline{AB}$의 길이를 구하시오.

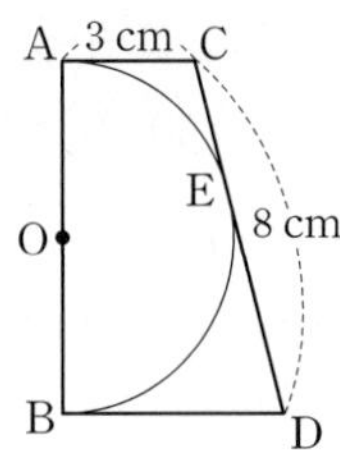

중요

32

오른쪽 그림에서 $\overline{AB}$는 반원 O의 지름이고 $\overline{AD}$, $\overline{BC}$, $\overline{CD}$는 반원에 접한다. $\overline{AD}=4$ cm, $\overline{BC}=8$ cm일 때, □ABCD의 넓이를 구하시오.

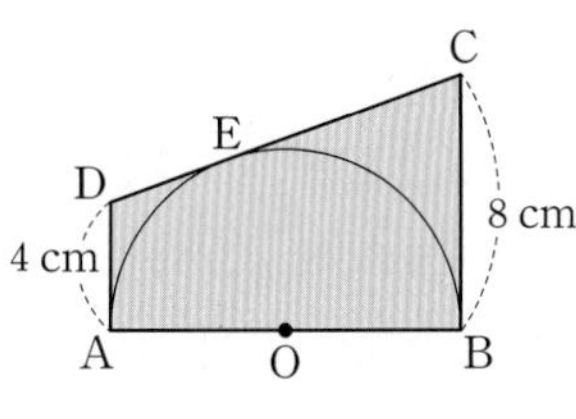

33 서술형

오른쪽 그림에서 $\overline{AB}$는 지름의 길이가 $2\sqrt{6}$인 반원 O의 지름이고 $\overline{AD}$, $\overline{BC}$, $\overline{CD}$는 반원에 접한다. $\angle AOD=30°$일 때, $\overline{BC}$의 길이를 구하시오.

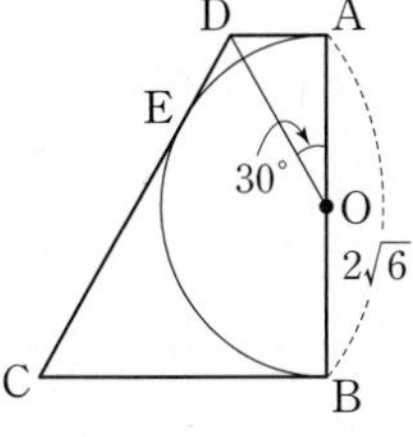

유형 12 중심이 같은 원에서의 접선의 성질 개념3

34 대표문제

오른쪽 그림과 같이 점 O를 중심으로 하는 두 원에서 큰 원의 현 PQ가 작은 원에 접한다. $\overline{OQ}$가 작은 원과 만나는 점을 M이라 하고 $\overline{PQ}=8\sqrt{2}$, $\overline{QM}=4$일 때, 작은 원의 둘레의 길이를 구하시오.

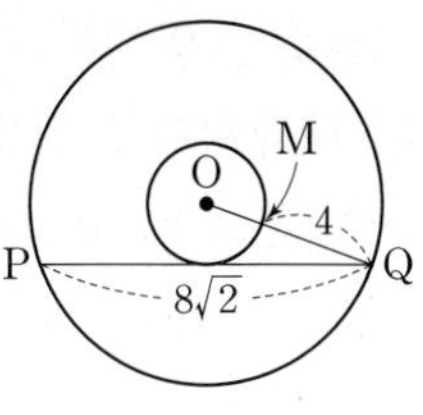

중요

35

오른쪽 그림과 같이 반지름의 길이가 각각 3 cm, 4 cm이고 중심이 O로 같은 두 원에서 작은 원의 한 접선이 큰 원과 만나는 점을 각각 A, B라 할 때, $\overline{AB}$의 길이를 구하시오.

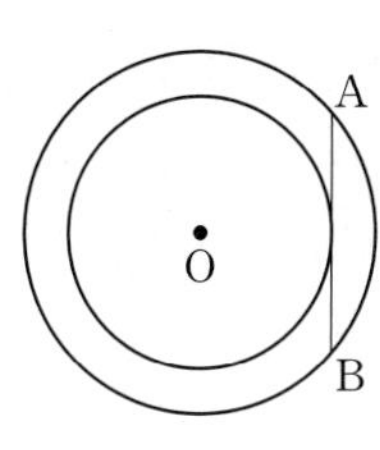

36

오른쪽 그림과 같이 중심이 O로 같은 두 원에서 큰 원의 현 PQ가 작은 원에 접한다. $\overline{PQ}=4\sqrt{3}$ cm일 때, 색칠한 부분의 넓이를 구하시오.

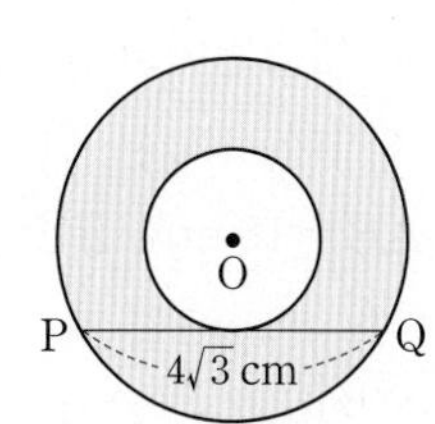

집중

유형 13 삼각형의 내접원 개념 4

37 대표문제

오른쪽 그림에서 원 O는 $\triangle ABC$의 내접원이고 점 D, E, F는 접점이다. $\overline{AB}=6$ cm, $\overline{BC}=8$ cm, $\overline{CA}=7$ cm일 때, $\overline{CE}$의 길이를 구하시오.

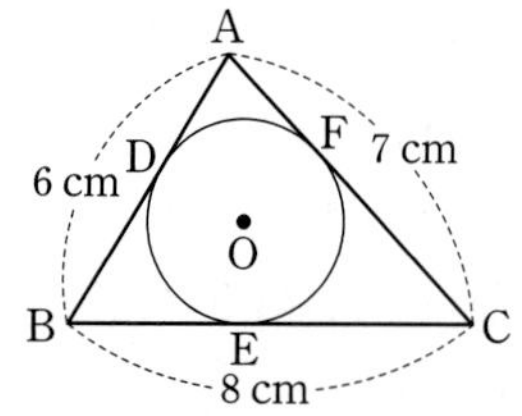

38

오른쪽 그림에서 $\triangle ABC$는 원 O에 외접하고 세 점 D, E, F는 그 접점이다. $\overline{AC}=6$ cm, $\overline{BE}=6$ cm일 때, $\triangle ABC$의 둘레의 길이를 구하시오.

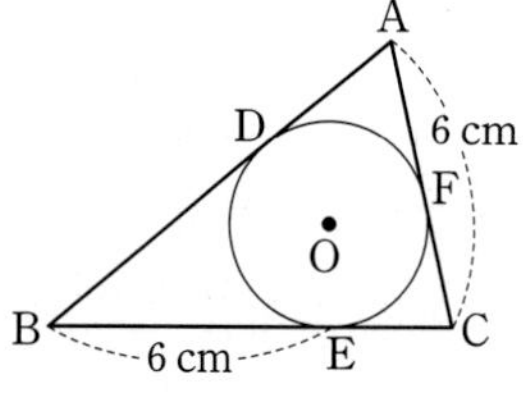

39 서술형

오른쪽 그림에서 원 O는 $\triangle ABC$의 내접원이고 점 D, E, F는 접점이다. $\overline{PQ}$는 원 O의 접선이고 $\overline{AB}=10$ cm, $\overline{BC}=13$ cm, $\overline{CA}=8$ cm일 때, $\triangle CPQ$의 둘레의 길이를 구하시오.

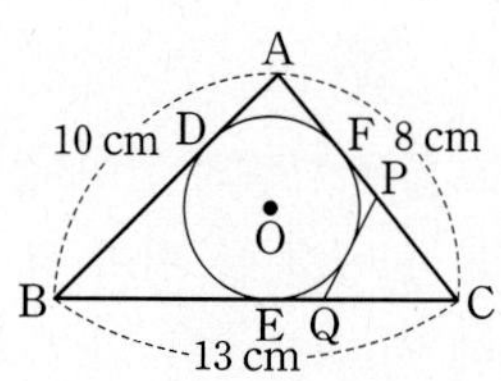

유형 14 직각삼각형의 내접원 개념 4

40 대표문제

오른쪽 그림에서 원 O는 $\angle B=90°$인 직각삼각형 ABC의 내접원이고 점 D, E, F는 접점이다. $\overline{AD}=3$ cm, $\overline{AC}=13$ cm일 때, 원 O의 넓이는?

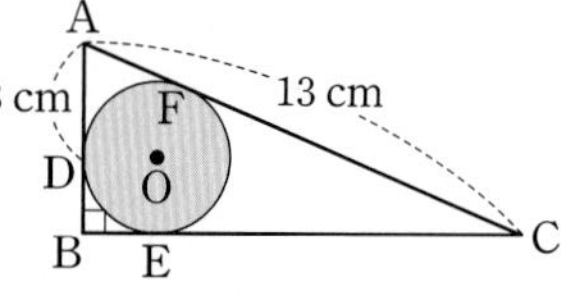

① π cm² ② 2π cm² ③ 3π cm²
④ 4π cm² ⑤ 5π cm²

41

오른쪽 그림에서 원 O는 $\angle C=90°$인 직각삼각형 ABC의 내접원이고 점 D, E, F는 접점이다. $\overline{BC}=15$, $\overline{AC}=8$일 때, $\overline{OA}$의 길이를 구하시오.

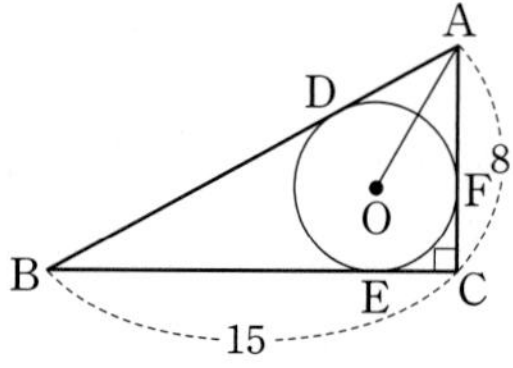

중요

42

오른쪽 그림에서 원 O는 $\angle C=90°$인 직각삼각형 ABC의 내접원이고 점 D, E, F는 접점이다. $\overline{BE}=9$, $\overline{AF}=6$일 때, $\triangle ABC$의 넓이를 구하시오.

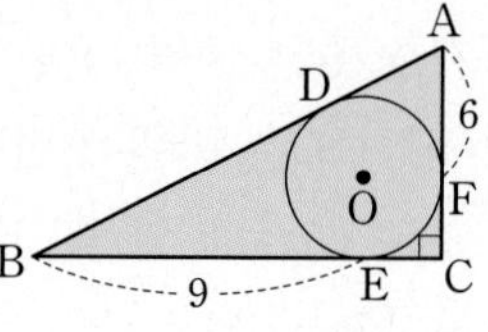

집중

유형 15 원에 외접하는 사각형의 성질 (1) 개념 4

43 대표문제

오른쪽 그림에서 원 O는 $\angle C=90^\circ$인 □ABCD의 내접원이다. $\overline{AB}=14$, $\overline{AD}=10$, $\overline{CD}=12$일 때, $\overline{BD}$의 길이를 구하시오.

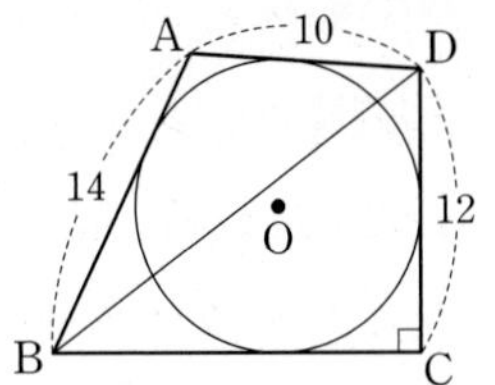

44

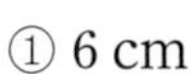

오른쪽 그림과 같이 □ABCD는 원 O에 외접한다. $\overline{AD}=7$ cm, $\overline{BC}=11$ cm, $\overline{AB}:\overline{CD}=4:5$일 때, $\overline{AB}$의 길이는?

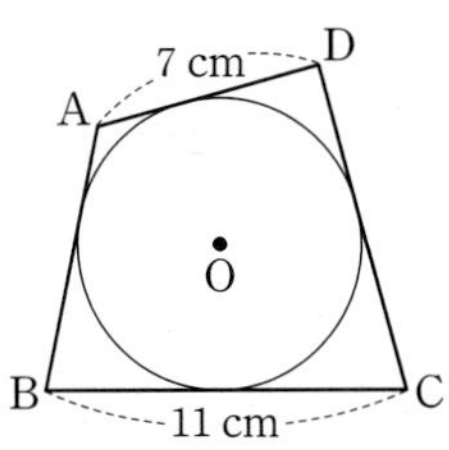

① 6 cm ② 7 cm ③ 8 cm ④ 9 cm ⑤ 10 cm

45

오른쪽 그림과 같이 $\angle A=\angle B=90^\circ$인 사다리꼴 ABCD가 반지름의 길이가 6 cm인 원 O에 외접한다. $\overline{CD}=13$ cm일 때, □ABCD의 넓이를 구하시오.

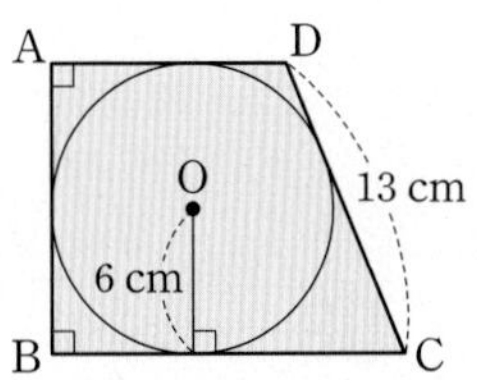

유형 16 원에 외접하는 사각형의 성질 (2) 개념 4

46 대표문제

오른쪽 그림에서 원 O는 직사각형 ABCD의 세 변 AD, BC, CD와 접하고 $\overline{BI}$는 원 O의 접선이다. 점 E, F, G, H가 접점이고 $\overline{AI}=6$ cm, $\overline{BI}=10$ cm일 때, $\overline{DI}$의 길이를 구하시오.

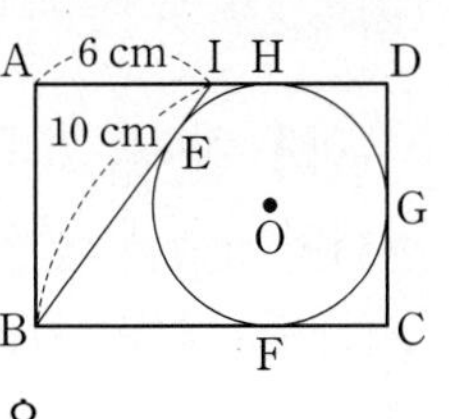

중요

47

오른쪽 그림에서 원 O는 직사각형 ABCD의 세 변 AB, BC, AD와 접하고 $\overline{CI}$는 원 O의 접선이다. 원 O의 둘레의 길이가 8π cm이고 $\overline{BC}=12$ cm일 때, △CDI의 둘레의 길이를 구하시오. (단, 점 E, F, G, H는 접점이다.)

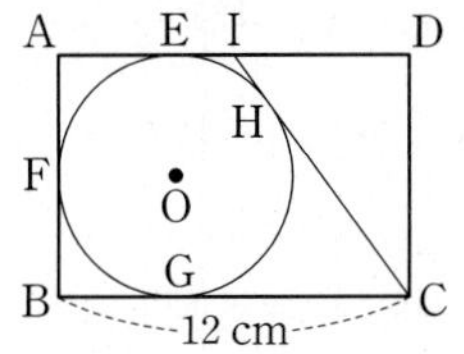

48 서술형

오른쪽 그림에서 원 O는 직사각형 ABCD의 세 변 BC, CD, AD와 접하고 $\overline{BI}$는 원 O의 접선이다. 점 E, F, G, H가 접점이고 $\overline{BI}=15$, $\overline{BF}=13$일 때, 원 O의 넓이를 구하시오.

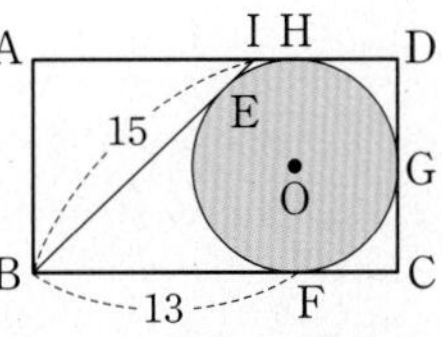

[유형북] Real 실전 유형에서 틀린 문제를 체크해 보세요.

집중

유형 01 원주각과 중심각의 크기 (1) 개념 1

01 대표문제

오른쪽 그림의 원 O에서 $\angle AEB=32°$, $\angle BDC=25°$일 때, $\angle AOC$의 크기를 구하시오.

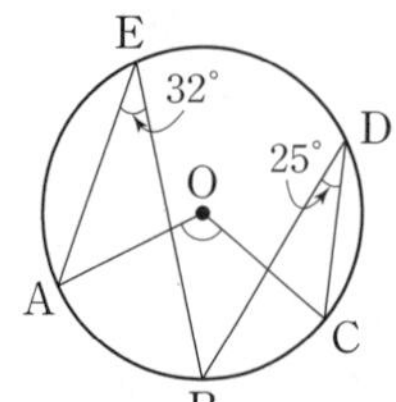

02

오른쪽 그림의 원 O에서 $\angle OCB=35°$일 때, $\angle BAC$의 크기를 구하시오.

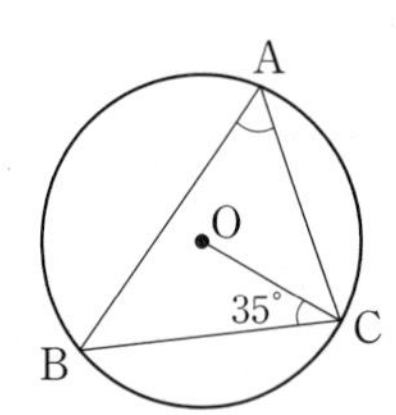

03

오른쪽 그림과 같이 반지름의 길이가 6 cm인 원 O에서 부채꼴 BOC의 넓이가 8π cm^2이다. $\angle ABO=24°$일 때, $\angle OCA$의 크기를 구하시오.

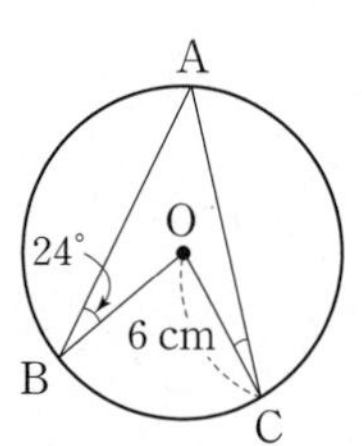

04 서술형

오른쪽 그림에서 점 P는 원 O의 두 현 AB, CD의 연장선의 교점이다. $\angle AOC=108°$, $\angle PAD=28°$일 때, $\angle P$의 크기를 구하시오.

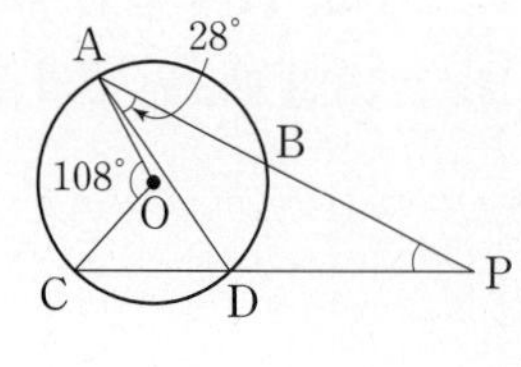

유형 02 원주각과 중심각의 크기 (2) 개념 1

05 대표문제

오른쪽 그림과 같은 원 O에서 $\angle AOC=150°$일 때, $\angle x-\angle y$의 크기를 구하시오.

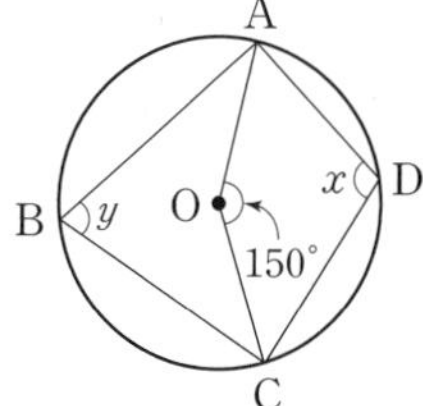

06

오른쪽 그림과 같은 원 O에서 $\angle BAD=100°$일 때, $\angle BCD$의 크기를 구하시오.

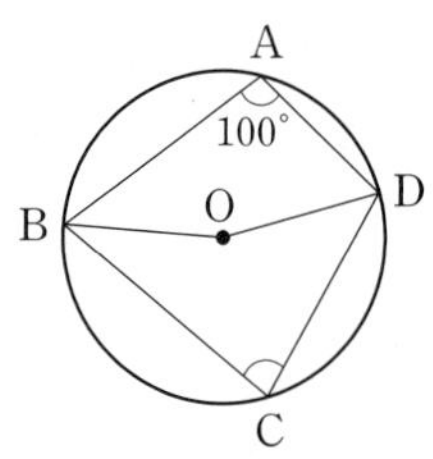

중요

07

오른쪽 그림과 같은 원 O에서 $\angle BAC=124°$, $\angle ACO=50°$일 때, $\angle ABO$의 크기를 구하시오.

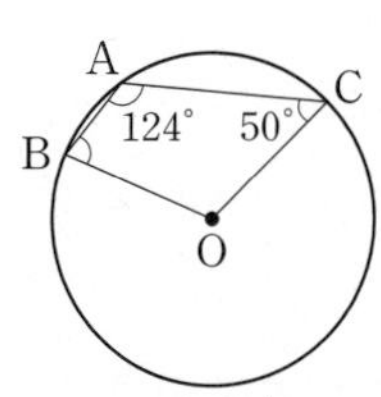

08 서술형

오른쪽 그림과 같이 반지름의 길이가 3 cm인 원 O에서 $\angle ABC=110°$일 때, 색칠한 부분의 넓이를 구하시오.

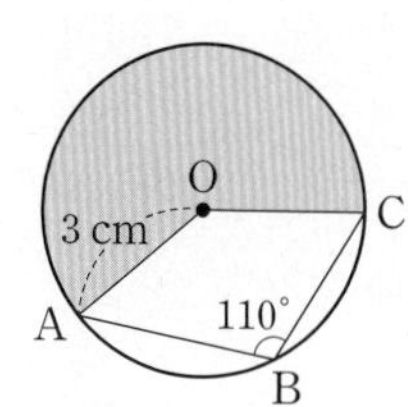

유형 03 원주각과 중심각의 크기 (3); 접선이 주어진 경우 개념1

09 대표문제

오른쪽 그림에서 두 점 A, B는 점 P에서 원 O에 그은 두 접선의 접점이다. ∠ACB=56°일 때, ∠P의 크기를 구하시오.

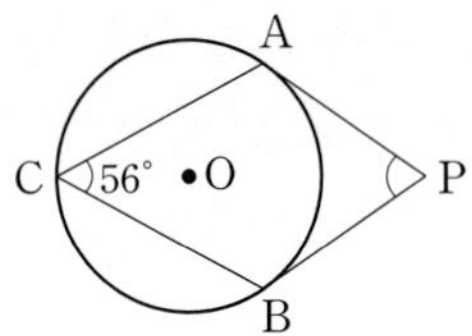

중요

10

오른쪽 그림에서 두 점 A, B는 점 P에서 원 O에 그은 두 접선의 접점이다. ∠P=64°일 때, ∠ACB의 크기를 구하시오.

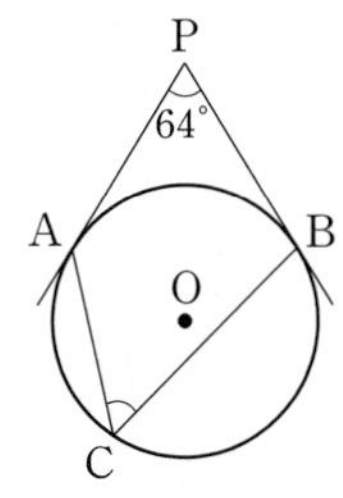

11 서술형

오른쪽 그림에서 두 점 A, B는 점 P에서 원 O에 그은 두 접선의 접점이다. ∠P=46°일 때, ∠ACB의 크기를 구하시오.

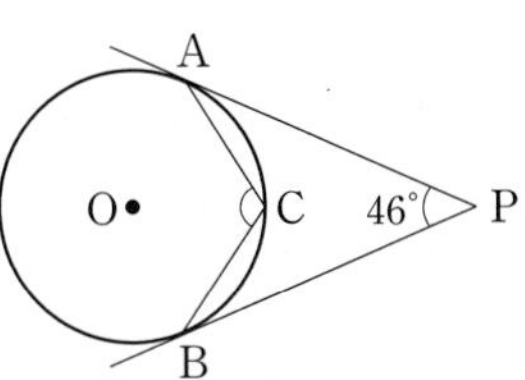

12

오른쪽 그림에서 두 점 A, B는 점 P에서 원 O에 그은 두 접선의 접점이다. ∠ACB=125°일 때, ∠P의 크기를 구하시오.

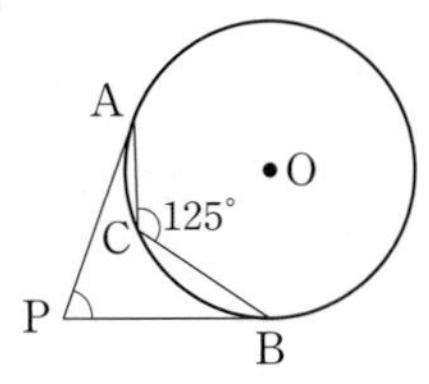

집중

유형 04 원주각의 성질 (1); 한 호에 대한 원주각의 크기 개념2

13 대표문제

오른쪽 그림에서 ∠AFB=18°, ∠BDC=30°일 때, ∠AEC의 크기의 크기를 구하시오.

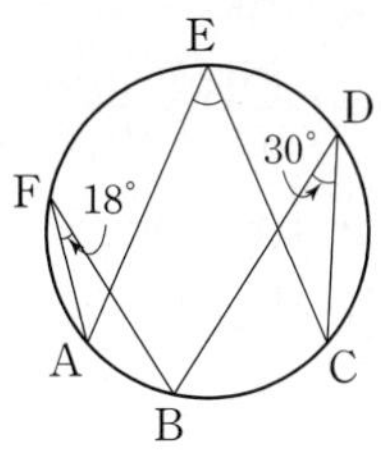

14

오른쪽 그림과 같은 원 O에서 ∠BAC=108°일 때, $\angle x-\angle y$의 크기를 구하시오.

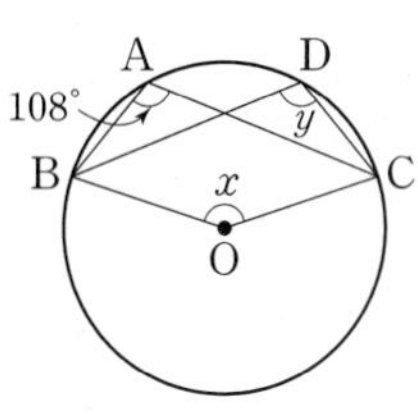

15

오른쪽 그림에서 ∠BAC=26°, ∠ACD=45°일 때, ∠APD의 크기를 구하시오.

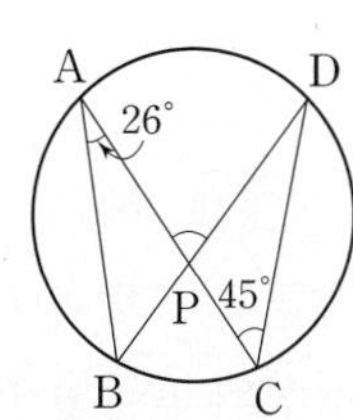

04 원주각

16

오른쪽 그림과 같은 원 O에서 $\angle AEC=72°$, $\angle BDC=32°$일 때, $\angle AOB$의 크기는?

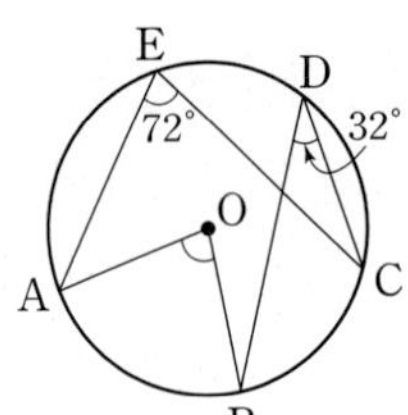

① 72° ② 74° ③ 76° ④ 78° ⑤ 80°

17

오른쪽 그림과 같은 원에서 $\angle ACD=30°$, $\angle ADB=24°$일 때, $\angle x+\angle y$의 크기를 구하시오.

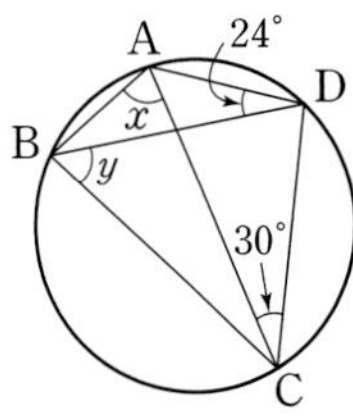

18 서술형

오른쪽 그림과 같이 두 현 AB, CD의 연장선의 교점을 P, $\overline{AD}$와 $\overline{BC}$의 교점을 E라 하자. $\angle BCD=21°$, $\angle AEC=84°$일 때, $\angle P$의 크기를 구하시오.

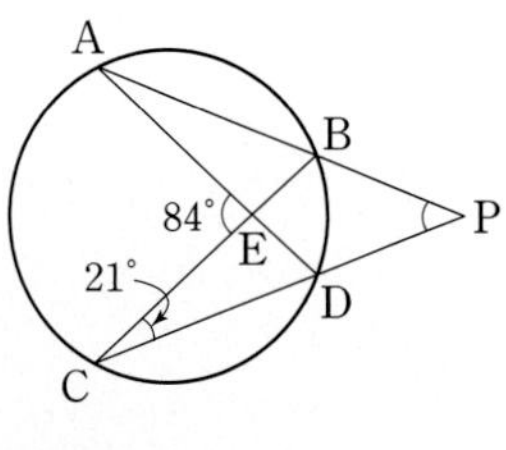

19

오른쪽 그림과 같이 두 현 AB, CD의 연장선의 교점을 P, $\overline{AD}$와 $\overline{BC}$의 교점을 Q라 하자. $\angle BAD=18°$, $\angle P=36°$일 때, $\angle x$의 크기를 구하시오.

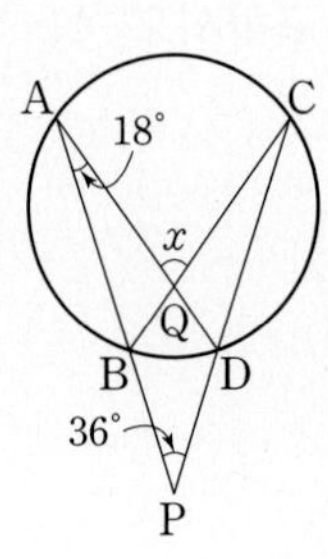

집중

유형 05 원주각의 성질 (2); 반원에 대한 원주각의 크기 개념2

20 대표문제

오른쪽 그림에서 $\overline{AB}$는 원 O의 지름이고 $\angle ADC=27°$일 때, $\angle x$의 크기를 구하시오.

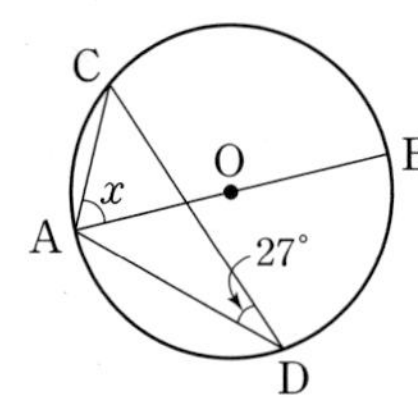

21

오른쪽 그림에서 $\overline{BD}$는 원 O의 지름이고 $\angle ACB=60°$, $\angle CBD=50°$일 때, $\angle x+\angle y$의 크기를 구하시오.

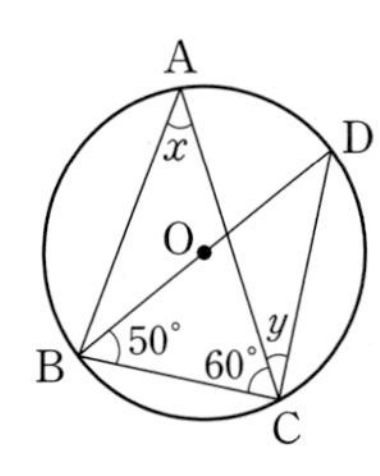

22

오른쪽 그림에서 $\overline{AB}$는 원 O의 지름이고 $\angle BCD=72°$일 때, $\angle x$의 크기를 구하시오.

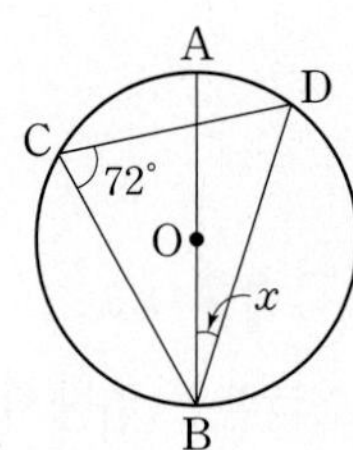

23

오른쪽 그림에서 $\overline{AC}$는 원 O의 지름이고 $\angle BAC=37°$, $\angle ABD=70°$일 때, $\angle x-\angle y$의 크기를 구하시오.

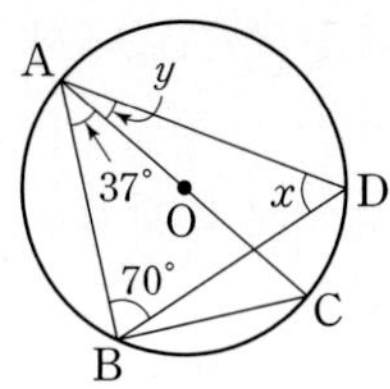

24 서술형

오른쪽 그림에서 $\overline{AB}$는 반원 O의 지름이고 $\angle AEB=121°$일 때, $\angle P$의 크기를 구하시오.

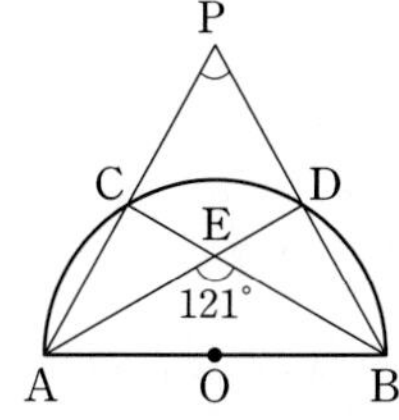

중요

25

오른쪽 그림에서 $\overline{AB}$는 반원 O의 지름이고 $\angle P=62°$일 때, $\angle x$의 크기는?

① 52° ② 54°

③ 56° ④ 58°

⑤ 60°

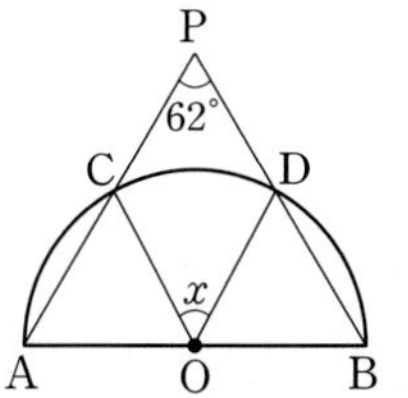

26

오른쪽 그림에서 $\overline{AB}$는 반지름의 길이가 3 cm인 원 O의 지름이고 $\angle ABC=35°$, $\angle BAD=25°$일 때, 부채꼴 COD의 넓이를 구하시오.

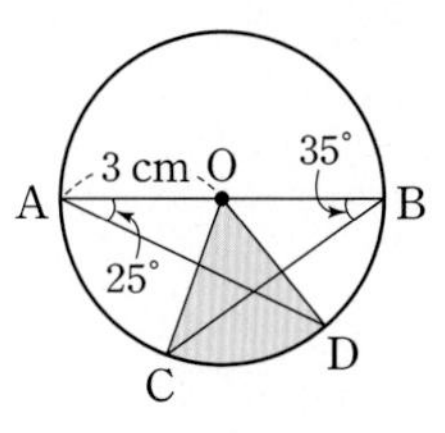

유형 06 원주각과 삼각비의 값 개념 2

27 대표문제

오른쪽 그림과 같이 반지름의 길이가 2 cm인 원 O에 내접하는 △ABC에서 $\overline{BC}=3$ cm일 때, $\tan A$의 값을 구하시오.

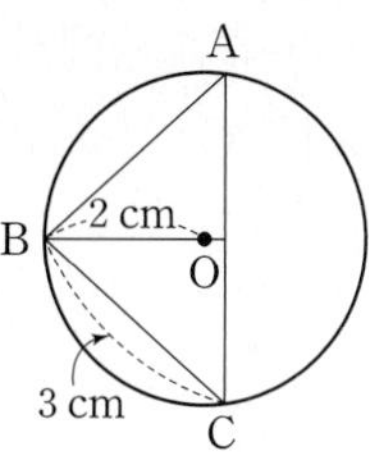

28

오른쪽 그림과 같이 지름의 길이가 8 cm인 반원 O에 내접하는 △ABC에서 $\cos B=\frac{3}{4}$일 때, △ABC의 넓이는?

① $6\sqrt{3}$ cm² ② 12 cm² ③ $6\sqrt{5}$ cm²
④ $6\sqrt{6}$ cm² ⑤ $6\sqrt{7}$ cm²

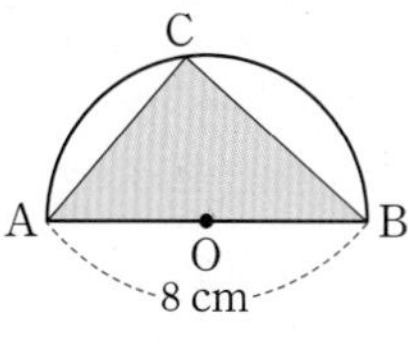

29

오른쪽 그림과 같이 원 O에 내접하는 △ABC에서 $\overline{AC}=10$이고 $\tan B=\sqrt{2}$일 때, 원 O의 넓이를 구하시오.

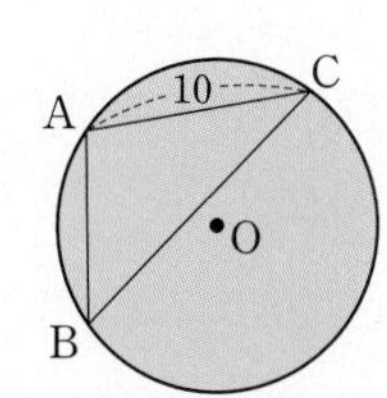

04 원주각

집중

유형 07 원주각의 크기와 호의 길이 (1) 개념 3

30 대표문제

오른쪽 그림에서 $\widehat{BC}=\widehat{CD}$, $\angle BDC=43°$일 때, $\angle BAD$의 크기는?

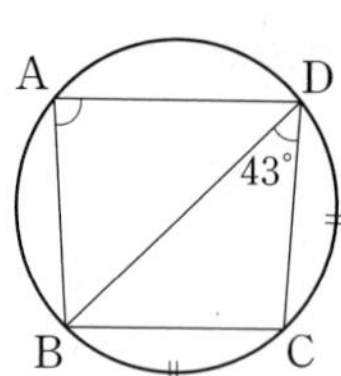

① 80° ② 82° ③ 84° ④ 86° ⑤ 88°

31

오른쪽 그림과 같은 원에서 점 M은 $\widehat{BC}$의 중점이다. $\angle BDC=72°$일 때, $\angle BAM$의 크기를 구하시오.

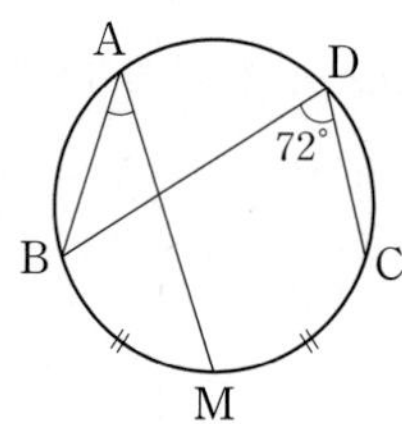

중요

32

오른쪽 그림에서 $\widehat{AD}=\widehat{BC}$, $\angle CED=96°$일 때, $\angle x$의 크기를 구하시오.

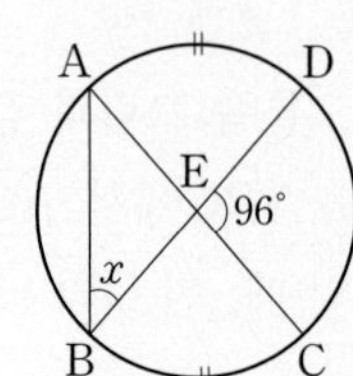

33

오른쪽 그림에서 $\overline{AB}$는 원 O의 지름이고 $\widehat{AD}=\widehat{CD}=\widehat{BC}$일 때, $\angle x$의 크기를 구하시오.

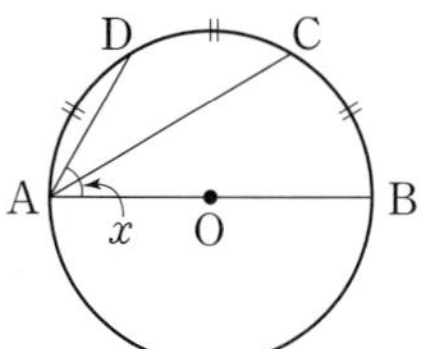

34 서술형

오른쪽 그림에서 $\overline{BE} /\!/ \overline{CD}$, $\widehat{AB}=\widehat{BC}$, $\angle EAD=26°$일 때, $\angle ADC$의 크기를 구하시오.

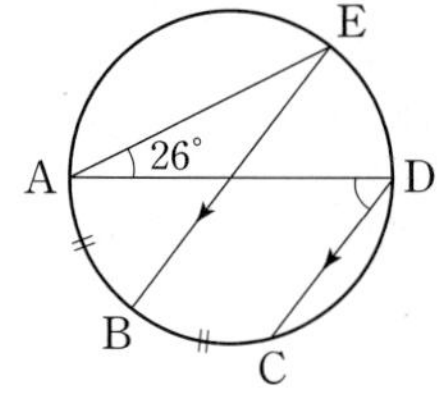

35

오른쪽 그림과 같이 $\overline{AB}$를 지름으로 하는 원 O에서 점 P는 $\overline{AC}$와 $\overline{BD}$의 교점이다. $\widehat{BC}=\widehat{CD}$이고 $\angle APD=58°$일 때, $\angle x$의 크기를 구하시오.

D C P 58° A x O B

집중

유형 08 원주각의 크기와 호의 길이 (2) 개념 3

36 대표문제

오른쪽 그림에서 $\widehat{AD}=6\text{ cm}$, $\widehat{BC}=4\text{ cm}$, $\angle BDC=30°$일 때, $\angle APD$의 크기를 구하시오.

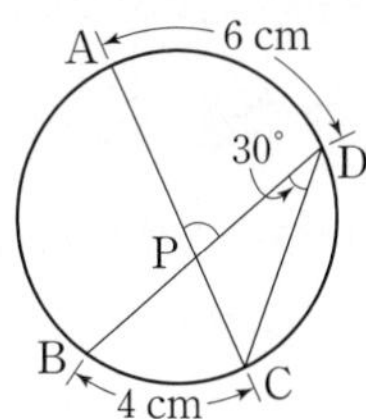

중요

37

오른쪽 그림에서 $\widehat{AD}:\widehat{BC}=3:4$이고 $\angle BDC=56°$일 때, $\angle CED$의 크기는?

① 80° ② 81° ③ 82° ④ 83° ⑤ 84°

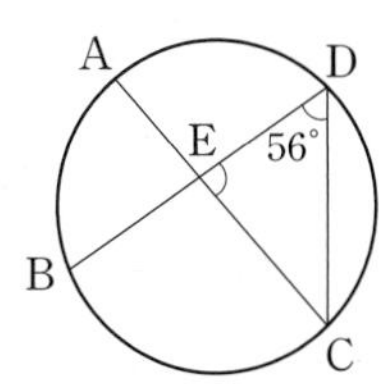

38 서술형

오른쪽 그림에서 점 P는 두 현 AB, CD의 연장선의 교점이고 $\widehat{AC}:\widehat{BD}=3:1$이다. $\angle P=30°$일 때, $\angle ABC$의 크기를 구하시오.

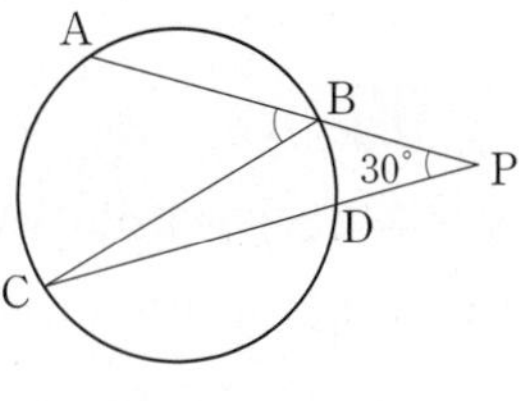

유형 09 원주각의 크기와 호의 길이 (3) 개념 3

39 대표문제

오른쪽 그림에서 점 E는 두 현 AC, BD의 교점이고 $\widehat{AB}:\widehat{CD}=2:5$이다. $\widehat{AB}$의 길이가 원주의 $\frac{1}{10}$일 때, $\angle CBD$의 크기를 구하시오.

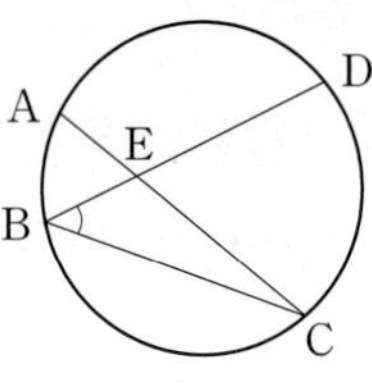

40

오른쪽 그림에서 점 P는 두 현 AD, BC의 연장선의 교점이다. $\widehat{AB}$, $\widehat{CD}$의 길이가 각각 원주의 $\frac{1}{3}$, $\frac{1}{5}$일 때, $\angle P$의 크기를 구하시오.

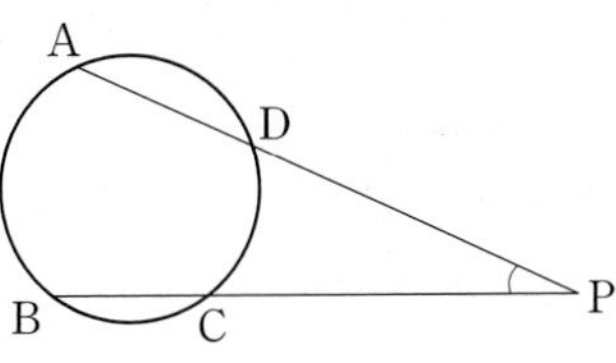

41

오른쪽 그림과 같은 원 O에서 $\widehat{AB}:\widehat{BC}:\widehat{CA}=2:3:4$일 때, $\angle ABC$의 크기를 구하시오.

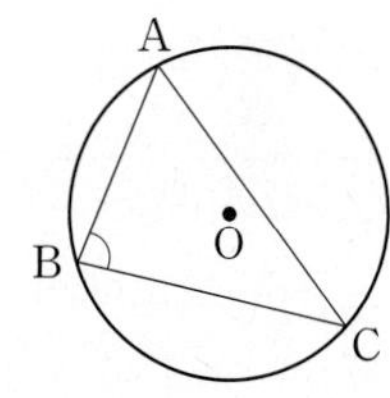

04 원주각

정답과 해설 89쪽 유형북 68쪽

[유형북] Real 실전 유형에서 틀린 문제를 체크해 보세요.

유형 01 네 점이 한 원 위에 있을 조건 개념 1

01 대표문제

다음 중 네 점 A, B, C, D가 한 원 위에 있지 않은 것은?

①
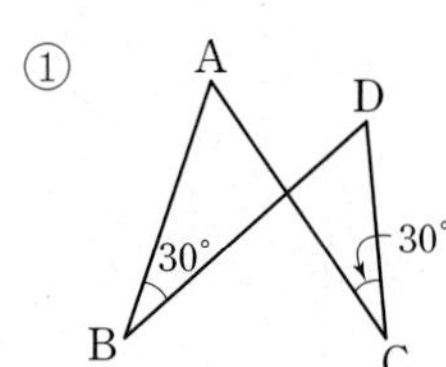

②
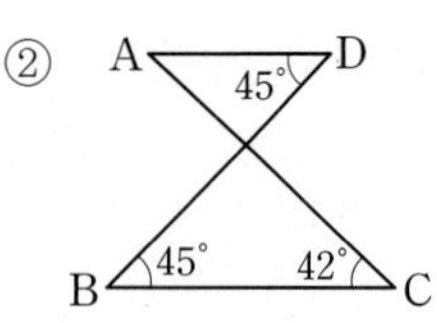

③
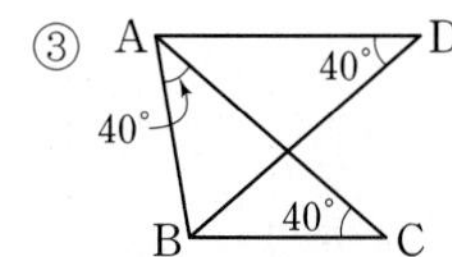

④
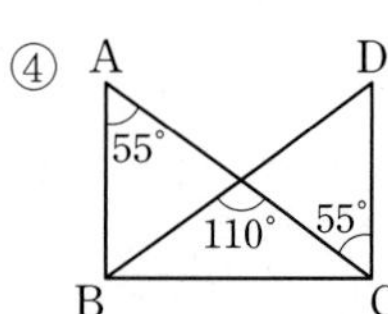

⑤
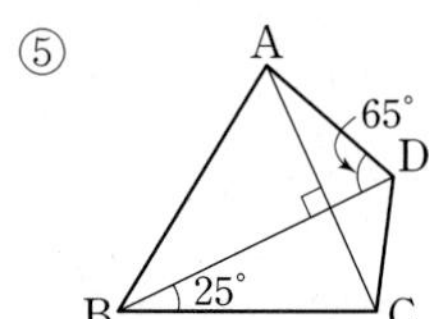

02

오른쪽 그림에서 네 점 A, B, C, D가 한 원 위에 있고 ∠ACB=40°, ∠DEC=85°일 때, ∠x의 크기를 구하시오.

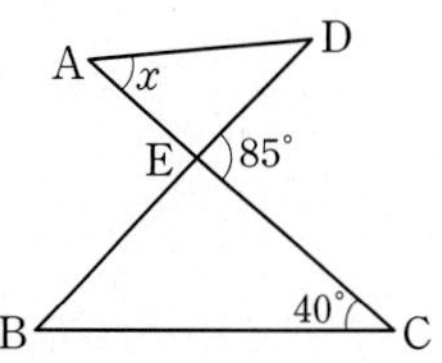

03 중요

오른쪽 그림에서 네 점 A, B, C, D가 한 원 위에 있고 ∠P=48°, ∠BEC=114°일 때, ∠x의 크기를 구하시오.

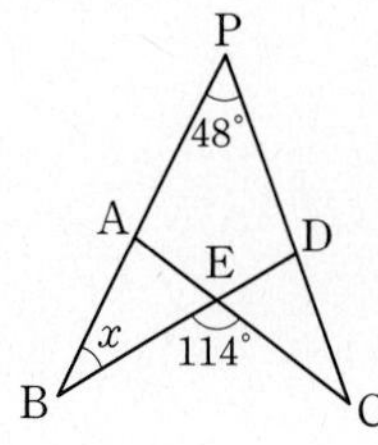

집중 유형 02 원에 내접하는 사각형의 성질 (1) 개념 2

04 대표문제

오른쪽 그림과 같이 □ABCD가 원에 내접하고 $\overline{AB}=\overline{AC}$, ∠ADC=118°일 때, ∠BAC의 크기는?

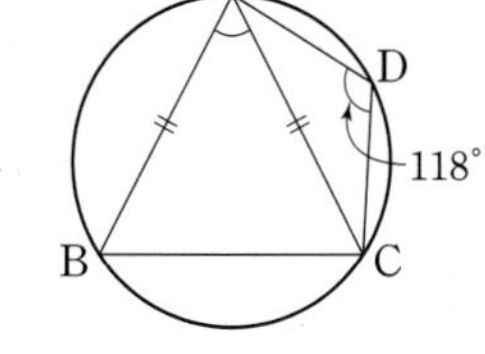

① 54°
② 56°
③ 58°
④ 60°
⑤ 62°

05

오른쪽 그림과 같이 □ABCD가 원에 내접하고 ∠BAC=35°, ∠BCA=40°일 때, ∠ADC의 크기를 구하시오.

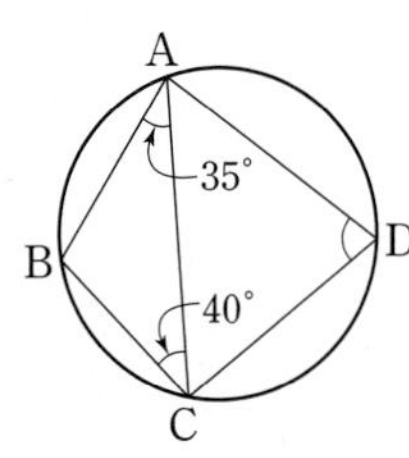

06 서술형

오른쪽 그림과 같이 □ABCD는 $\overline{BC}$가 지름인 반원 O에 내접한다. ∠ABC=75°일 때, ∠x+∠y의 크기를 구하시오.

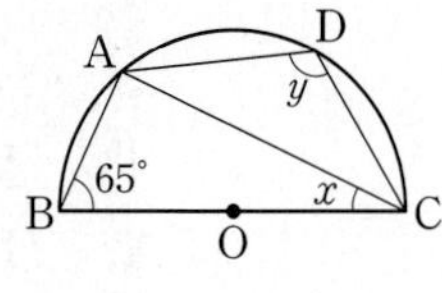

07

오른쪽 그림과 같이 □ABCD가 원 O에 내접하고 ∠BOD=140°일 때, ∠x+∠y의 크기를 구하시오.

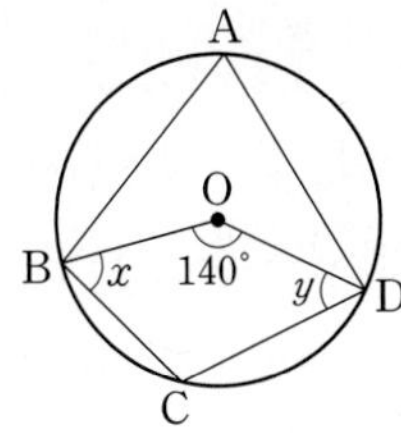

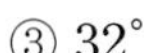

08

오른쪽 그림과 같이 □ABCD가 원 O에 내접하고 ∠ABC : ∠ADC=3 : 2일 때, ∠y−∠x의 크기는?

① 28° ② 30°
③ 32° ④ 34°
⑤ 36°

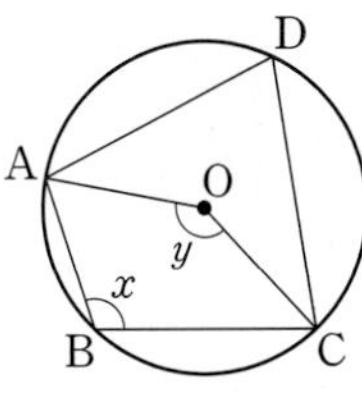

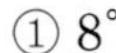

09

오른쪽 그림과 같이 □ABCD가 원 O에 내접하고 ∠BAD=100°, ∠BDC=48°일 때, ∠x의 크기는?

① 8° ② 10°
③ 12° ④ 14°
⑤ 16°

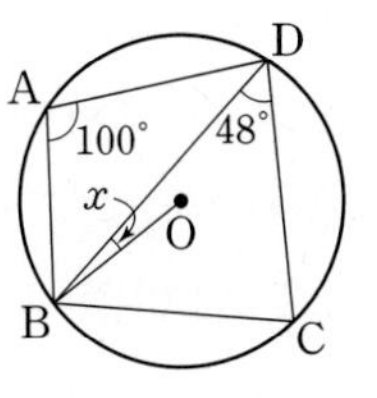

집중 유형 03 원에 내접하는 사각형의 성질 (2) 개념2

10 대표문제

오른쪽 그림과 같이 □ABCD가 원에 내접하고 ∠ACB=60°, ∠BAD=92°, ∠BDC=45°일 때, ∠x−∠y의 크기를 구하시오.

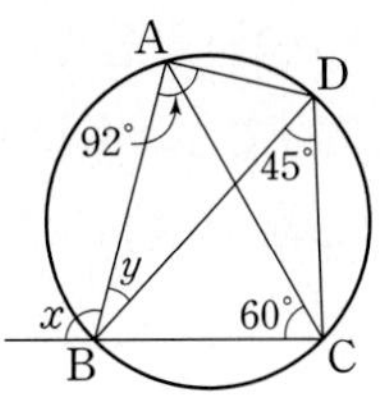

11

오른쪽 그림과 같이 □ABCD가 원에 내접하고 ∠ABD=48°, ∠DCE=105°일 때, ∠x의 크기를 구하시오.

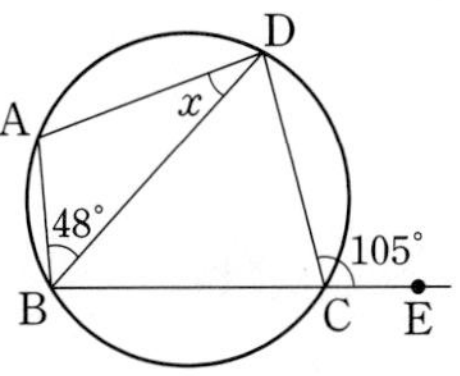

12 서술형

오른쪽 그림과 같이 □ABCD가 원 O에 내접하고 ∠DCE=110°, ∠OBC=20°일 때, ∠x−∠y의 크기를 구하시오.

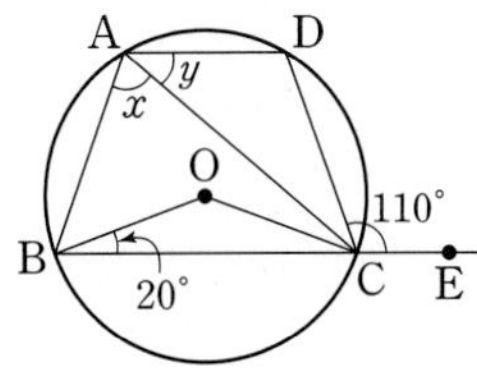

13

오른쪽 그림과 같이 □ABCD가 원에 내접하고 $\overset{\frown}{BCD}$, $\overset{\frown}{CDA}$의 길이가 각각 원주의 $\frac{5}{9}$, $\frac{5}{12}$일 때, ∠x+∠y의 크기를 구하시오.

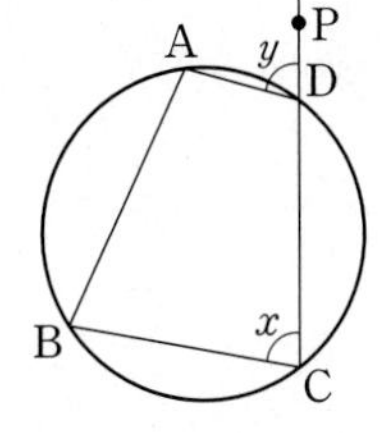

05 원주각의 활용

유형 04 원에 내접하는 다각형 개념 2

14 대표문제

오른쪽 그림과 같이 원 O에 내접하는 오각형 ABCDE에서 $\angle BAE=120°$, $\angle BCD=115°$일 때, $\angle ODE$의 크기는?

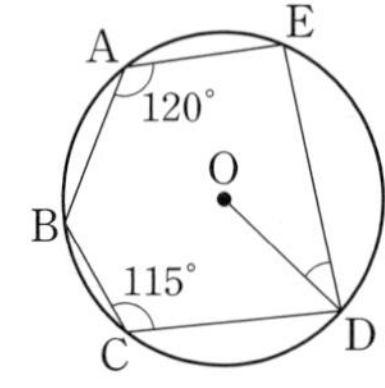

① 33° ② 34° ③ 35° ④ 36° ⑤ 37°

15

오른쪽 그림과 같이 원 O에 내접하는 오각형 ABCDE에서 $\angle ABC=130°$, $\angle COD=84°$일 때, $\angle AED$의 크기를 구하시오.

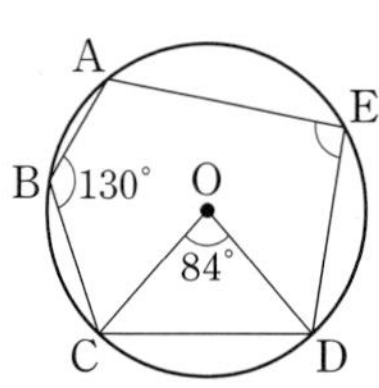

16 서술형

오른쪽 그림과 같이 원에 내접하는 육각형 ABCDEF에서 $\angle ABC=128°$, $\angle CDE=120°$일 때, $\angle AFE$의 크기를 구하시오.

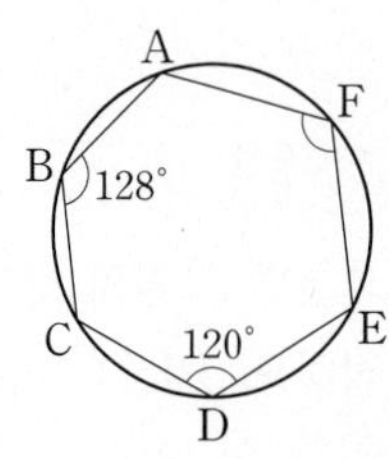

유형 05 원에 내접하는 사각형과 삼각형의 외각의 성질 개념 2

17 대표문제

오른쪽 그림에서 □ABCD는 원에 내접하고 $\angle P=36°$, $\angle Q=24°$일 때, $\angle x$의 크기는?

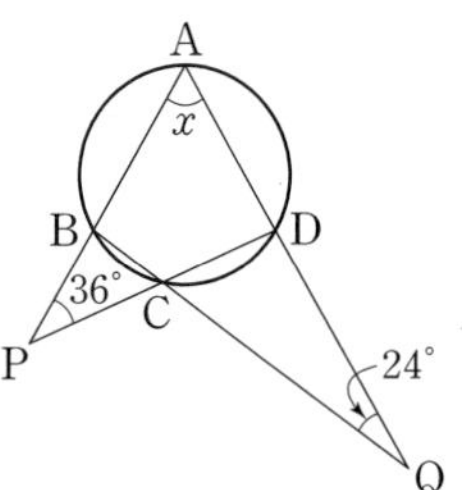

① 60° ② 61° ③ 62° ④ 63° ⑤ 64°

중요

18

오른쪽 그림에서 □ABCD는 원에 내접하고 $\angle Q=21°$, $\angle ABC=54°$일 때, $\angle x$의 크기를 구하시오.

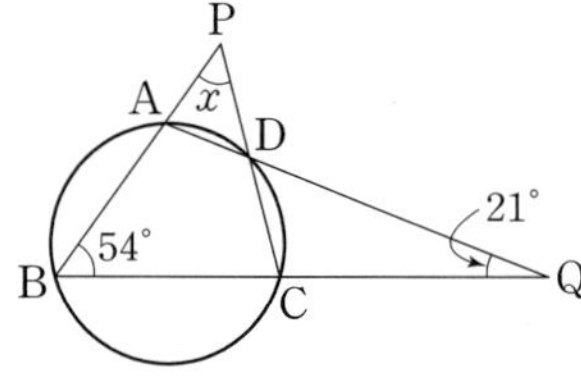

19

오른쪽 그림에서 □ABCD는 원에 내접하고 $\angle DAB=117°$, $\angle P=30°$일 때, $\angle x$의 크기를 구하시오.

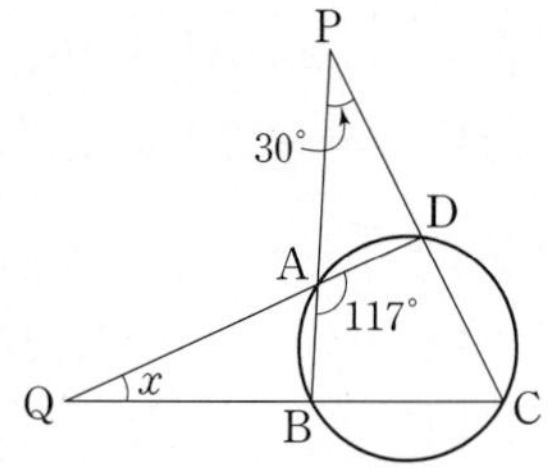

유형 06 두 원에서 내접하는 사각형의 성질의 활용 개념2

20 대표문제

오른쪽 그림에서 두 점 P, Q는 두 원 O, O′의 교점이다. $\angle ABC=86^\circ$, $\angle BAD=92^\circ$일 때, $\angle x$의 크기는?

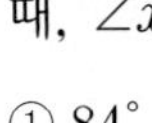

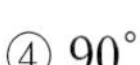

① 84° ② 86° ③ 88°
④ 90° ⑤ 92°

21 서술형

오른쪽 그림에서 두 점 P, Q는 두 원 O, O′의 교점이다. $\angle BAP=62^\circ$일 때, $\angle x+\angle y$의 크기를 구하시오.

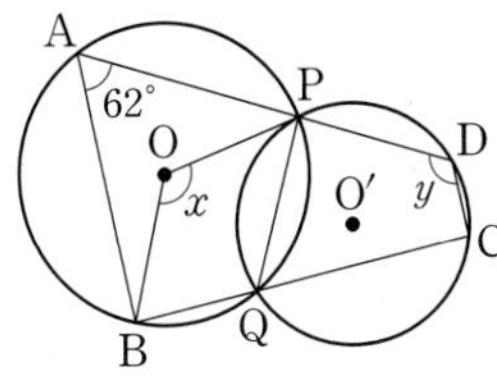

22

다음 그림에서 두 점 E, F는 두 원의 교점이고 점 P는 $\overline{AD}$, $\overline{BC}$의 연장선의 교점이다. $\overline{PC}=\overline{PD}$이고 $\angle ABP=74^\circ$일 때, $\angle P$의 크기를 구하시오.

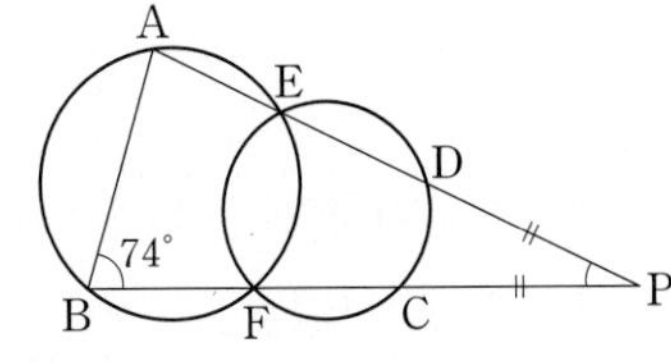

유형 07 사각형이 원에 내접하기 위한 조건 개념3

23 대표문제

다음 중 □ABCD가 원에 내접하지 않는 것을 모두 고르면? (정답 2개)

①
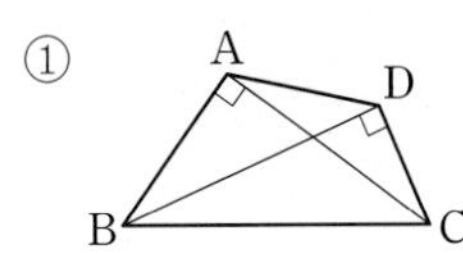

②
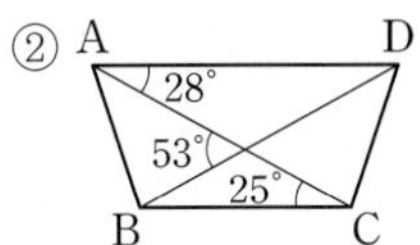

③
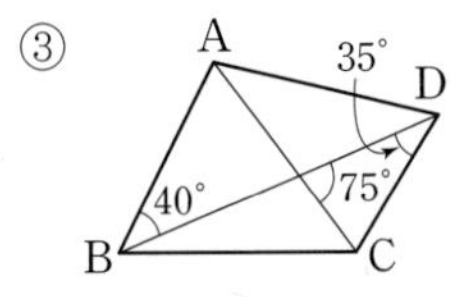

④
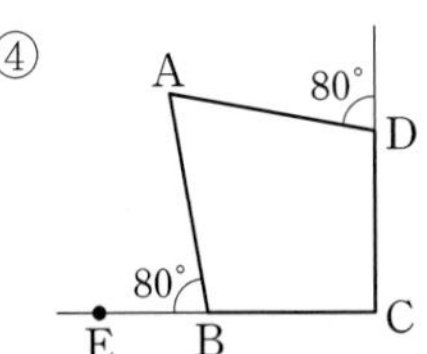

⑤
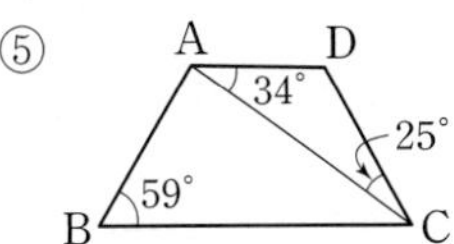

24

오른쪽 그림에서 $\angle ACB=41^\circ$, $\angle BAC=62^\circ$일 때, □ABCD가 원에 내접하도록 하는 $\angle ADC$의 크기를 구하시오.

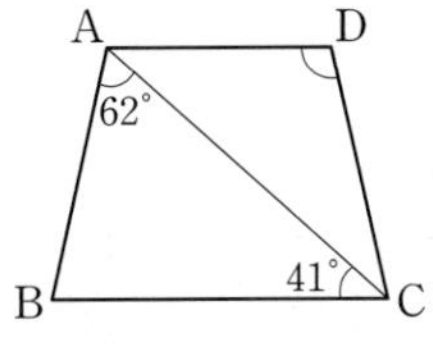

중요

25

오른쪽 그림에서 ∠ABE=101°, ∠BAC=66°, ∠BDC=66°일 때, ∠x의 크기를 구하시오.

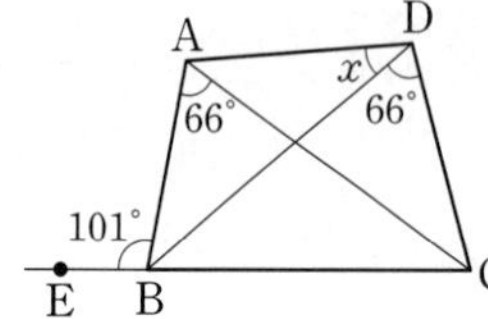

26

오른쪽 그림에서 ∠ABD=48°, ∠ADB=42°, ∠BEC=100°, ∠DCF=90°일 때, ∠x의 크기를 구하시오.

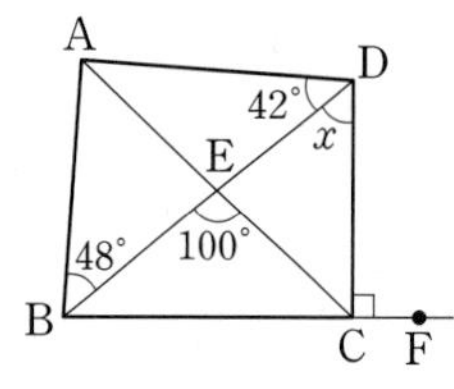

27

오른쪽 그림과 같이 △ABC의 세 꼭짓점 A, B, C에서 대변에 내린 수선의 발을 각각 D, E, F라 하고 세 수선의 교점을 G라 하자. 점 A, B, C, D, E, F, G 중 네 점을 선택하여 만들 수 있는 원에 내접하는 사각형은 모두 몇 개인가?

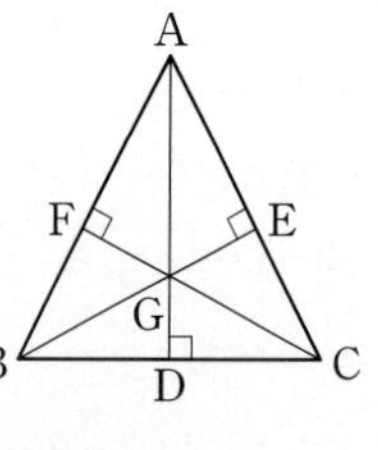

① 3개 ② 4개 ③ 5개
④ 6개 ⑤ 7개

집중

유형 08 접선과 현이 이루는 각

개념 4

28 대표문제

오른쪽 그림에서 직선 BT는 원 O의 접선이고 점 B는 접점이다. ∠OAB=23°일 때, ∠ABT의 크기는?

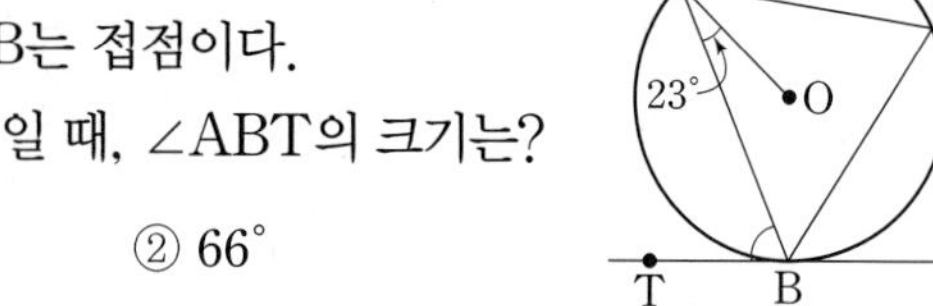

① 65° ② 66°
③ 67° ④ 68°
⑤ 69°

29

오른쪽 그림에서 직선 AT는 원의 접선이고 점 A는 접점이다. $\overline{AB}=\overline{BC}$, ∠ABC=80°일 때, ∠BAT의 크기를 구하시오.

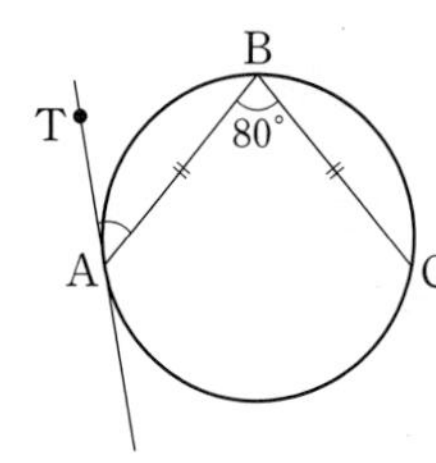

중요

30

오른쪽 그림에서 직선 CT는 원의 접선이고 점 C는 접점이다. $\widehat{AB}:\widehat{BC}:\widehat{CA}=4:3:5$일 때, ∠ACT의 크기를 구하시오.

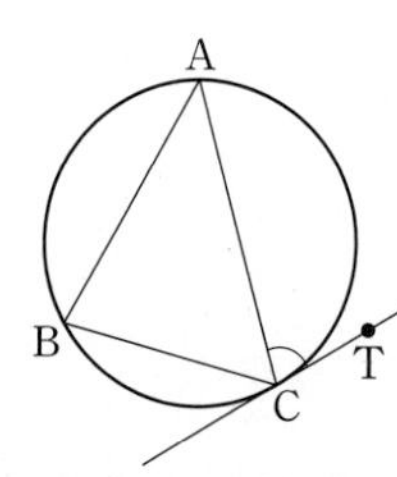

31 서술형

오른쪽 그림에서 $\overline{PT}$는 원의 접선이고 점 T는 접점이다. $\overline{BP}=\overline{BT}$, ∠ABT=92°일 때, ∠ATB의 크기를 구하시오.

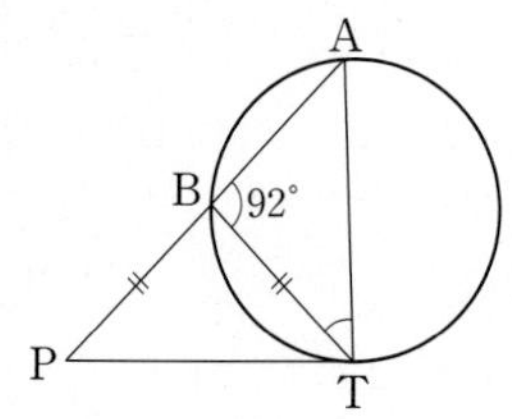

32

오른쪽 그림과 같은 원 O에서 직선 AT는 원 O의 접선이고 점 A는 접점이다. 원의 중심 O에서 두 현 AB, BC에 내린 수선의 발을 각각 D, E라 하자. $\overline{OD}=\overline{OE}$, $\angle CAT=58°$일 때, $\angle x$의 크기를 구하시오.

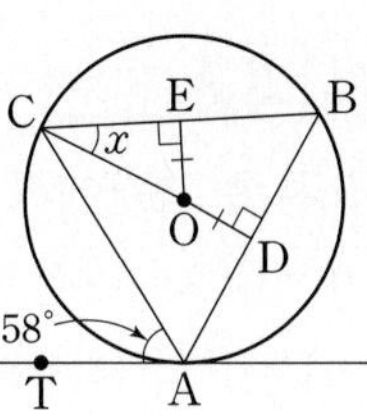

33

오른쪽 그림에서 직선 TT′은 원 O의 접선이고 점 B는 접점이다. $\angle AOB=128°$, $\angle OAC=50°$일 때, $\angle x+\angle y$의 크기는?

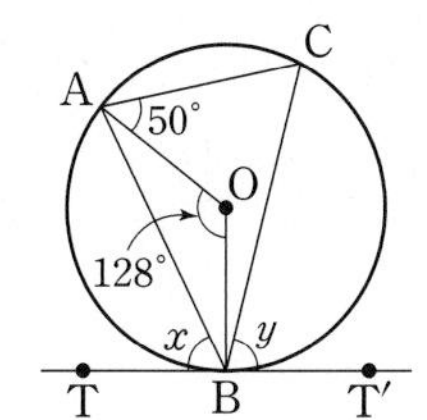

① 140° ② 142°
③ 144° ④ 146°
⑤ 148°

34 서술형

오른쪽 그림에서 직선 PT는 원 O의 접선이고 점 T는 접점이다. $\angle BTP=34°$, $\angle BOC=130°$일 때, $\angle CAT$의 크기를 구하시오.

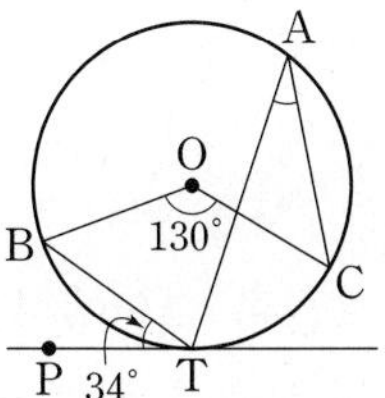

집중 유형 09 접선과 현이 이루는 각의 응용 (1) 개념 4

35 대표문제

오른쪽 그림에서 직선 PQ는 원의 접선이고 점 B는 접점이다. $\angle ABP=50°$, $\angle ADC=105°$일 때, $\angle y-\angle x$의 크기를 구하시오.

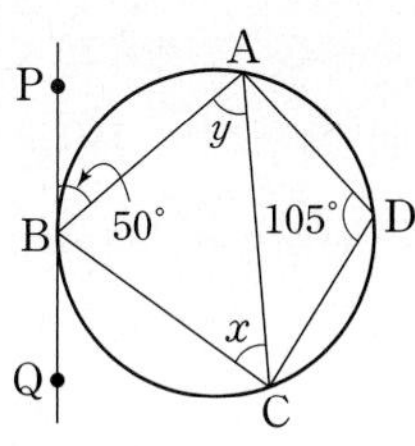

36

오른쪽 그림에서 직선 BP, DQ는 각각 원의 접선이고 두 점 B, D는 접점이다. $\angle CBP=45°$, $\angle CDQ=52°$일 때, $\angle BCD$의 크기를 구하시오.

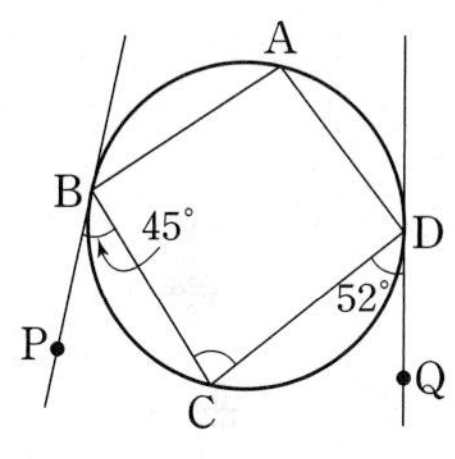

중요

37

오른쪽 그림에서 직선 CT는 원의 접선이고 점 C는 접점이다. $\overline{BC}=\overline{CD}$, $\angle BCD=104°$일 때, $\angle x+\angle y$의 크기를 구하시오.

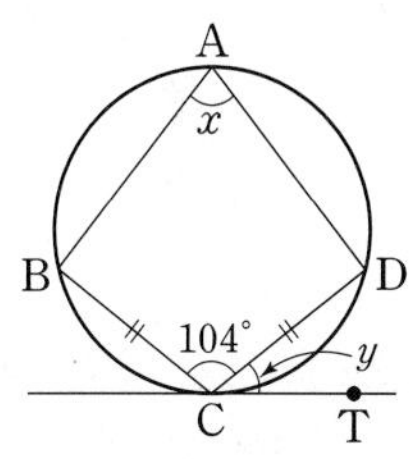

38

오른쪽 그림에서 직선 AT는 원의 접선이고 점 A는 접점이다. $\overset{\frown}{AB}:\overset{\frown}{AD}=4:5$, $\angle DAT=45°$일 때, $\angle BCD$의 크기를 구하시오.

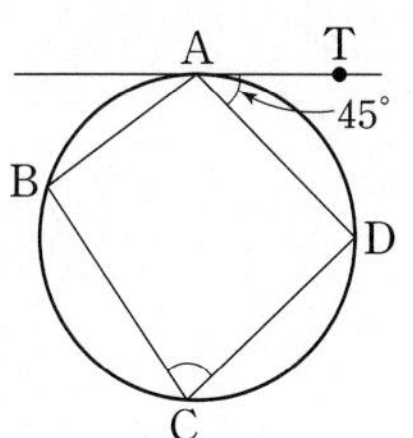

05 원주각의 활용

집중

유형 10 접선과 현이 이루는 각의 응용 (2) 개념 4

39 대표문제

오른쪽 그림에서 직선 PT는 원 O의 접선이고 $\overline{PB}$는 원 O의 중심을 지난다. $\overline{AP}=\overline{AT}$일 때, $\angle x$의 크기를 구하시오.

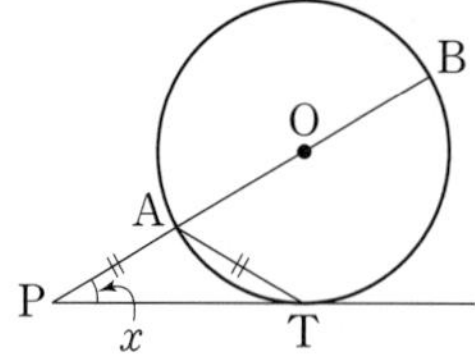

40

오른쪽 그림에서 직선 AT는 원 O의 접선이고 점 A는 접점이다. $\overline{BC}$가 원의 지름이고 $\widehat{AB}:\widehat{BC}=3:5$일 때, $\angle CAT$의 크기를 구하시오.

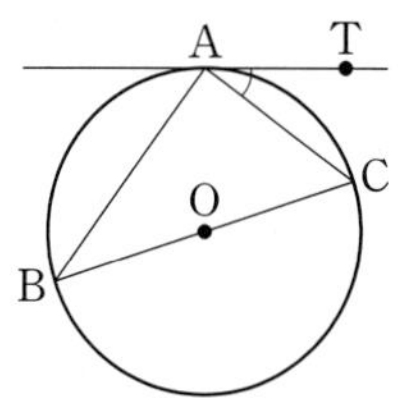

중요

41

오른쪽 그림에서 $\overline{PT}$는 원 O의 접선이고 $\overline{PA}$는 원 O의 중심을 지난다. $\angle P=28^\circ$일 때, $\angle x$의 크기를 구하시오.

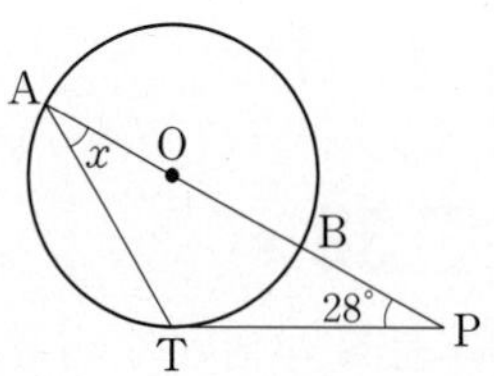

유형 11 접선과 현이 이루는 각의 응용 (3) 개념 4

42 대표문제

오른쪽 그림에서 원 O는 $\triangle ABC$의 내접원이면서 $\triangle DEF$의 외접원이다. $\angle C=64^\circ$, $\angle DEF=50^\circ$일 때, $\angle DFE$의 크기를 구하시오.

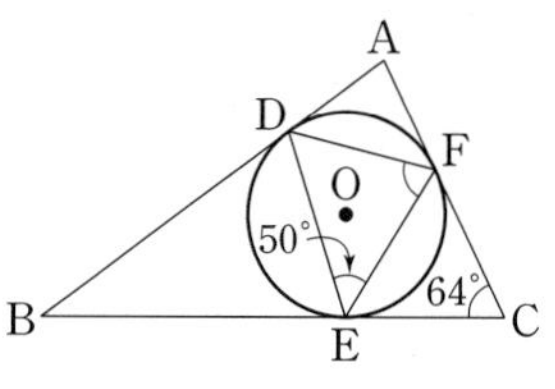

43

오른쪽 그림에서 두 점 A, B는 점 P에서 원에 그은 두 접선의 접점이다. $\angle CAD=55^\circ$, $\angle CBE=61^\circ$일 때, $\angle P$의 크기를 구하시오.

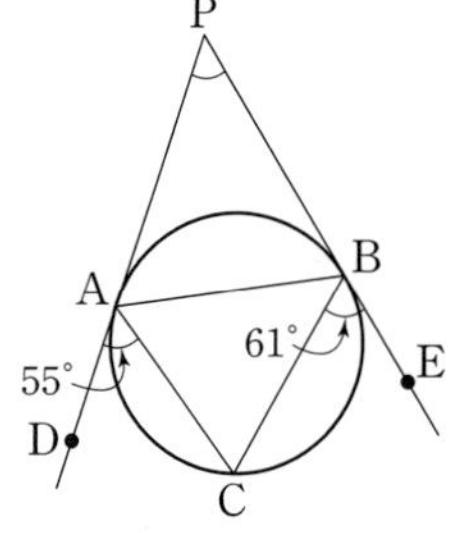

44 서술형

오른쪽 그림에서 원 O는 $\triangle ABC$의 내접원이면서 $\triangle DEF$의 외접원이다. $\angle A=70^\circ$, $\angle EDF=60^\circ$일 때, $\angle x+\angle y$의 크기를 구하시오.

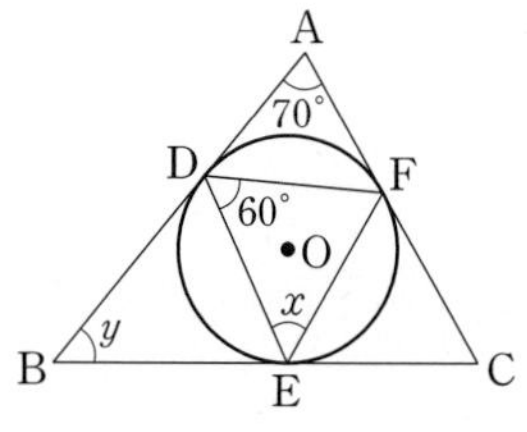

45

오른쪽 그림에서 두 점 A, B는 점 P에서 원에 그은 두 접선의 접점이다. $\overline{PD}/\!/\overline{BC}$이고 $\angle CAD=72^\circ$일 때, $\angle P$의 크기를 구하시오.

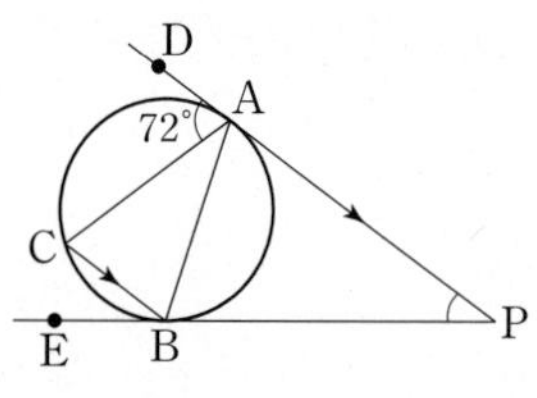

유형 12 두 원에서 접선과 현이 이루는 각 개념 4

46 대표문제

오른쪽 그림과 같이 두 원이 외접하고 점 T는 접점이다. $\angle BAC=66^\circ$, $\angle ATB=26^\circ$ 일 때, $\angle CDT$의 크기를 구하시오.

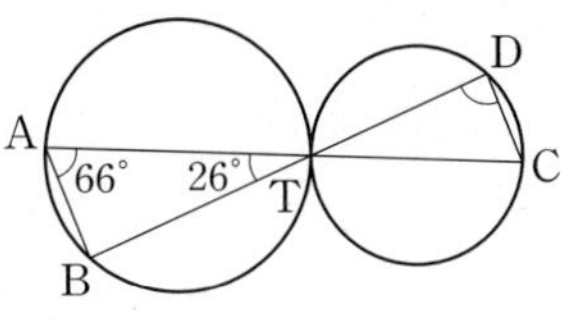

47 서술형

오른쪽 그림에서 직선 PQ는 두 원의 공통인 접선이고 점 T는 접점이다. $\angle BAT=56^\circ$, $\angle CDT=60^\circ$일 때, $\angle ATB$의 크기를 구하시오.

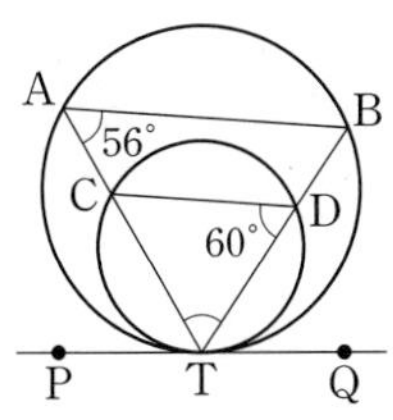

48

오른쪽 그림에서 직선 PQ는 두 원의 공통인 접선이고 점 T는 접점이다. 다음 중 옳지 않은 것은?

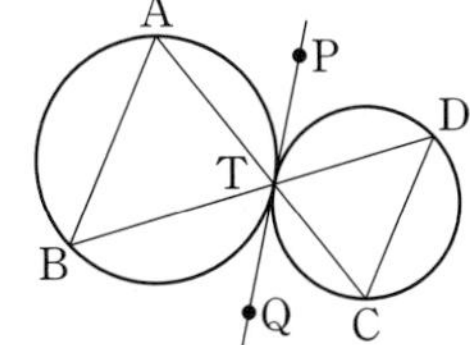

① $\angle ATB=\angle CTD$
② $\angle ABT=\angle DCT$
③ $\angle BAT=\angle DTP$
④ $\overline{AB} /\!/ \overline{CD}$
⑤ $\overline{AB} : \overline{CD}=\overline{AT} : \overline{CT}$

49

다음 중 $\overline{AB} /\!/ \overline{CD}$가 아닌 것은?

①
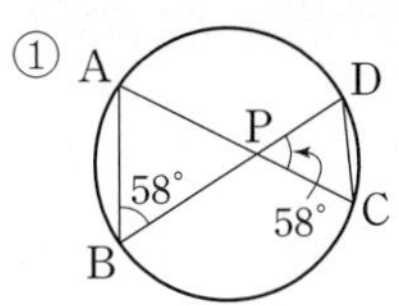

②
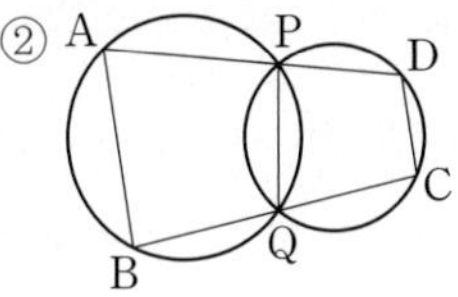

③
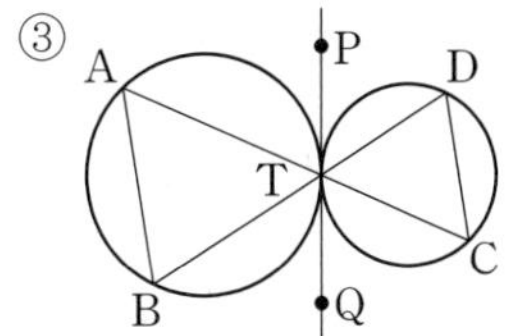

④
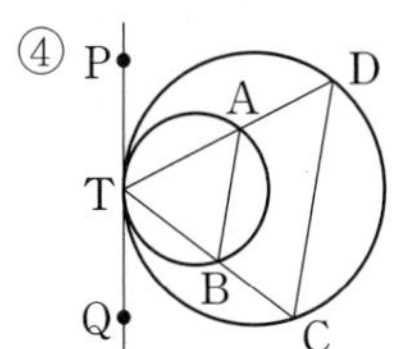

⑤
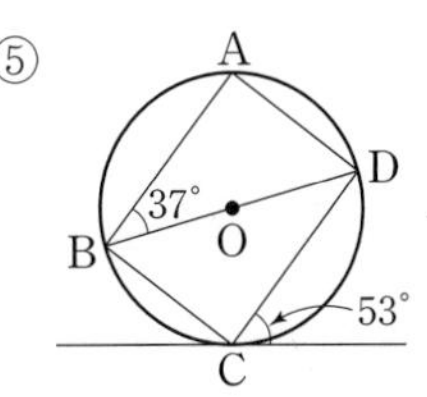

50

오른쪽 그림에서 직선 TT′은 원 O의 접선이고 점 P는 접점이다. $\angle CPT=63^\circ$, $\angle DPT'=58^\circ$일 때, $\angle DCE$의 크기를 구하시오.

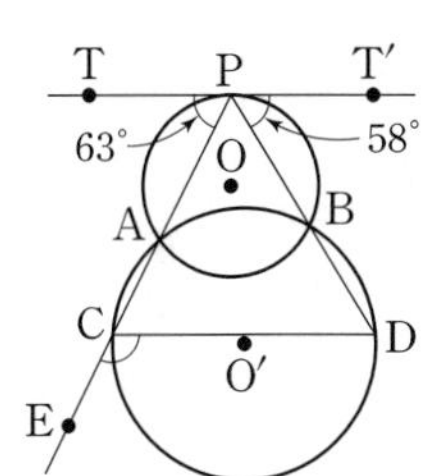

51

오른쪽 그림에서 직선 PQ는 두 원의 공통인 접선이고 점 T는 접점이다. $\angle ABT=52^\circ$, $\angle CTD=70^\circ$일 때, $\angle ACD$의 크기를 구하시오.

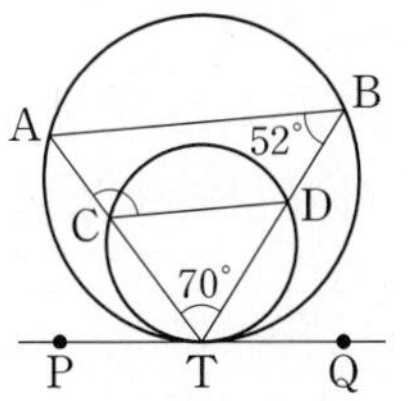

05 원주각의 활용

[유형북] Real 실전 유형에서 틀린 문제를 체크해 보세요.

유형 01 평균 개념 1

01 대표문제

4개의 변량 a, b, c, d의 평균이 3일 때, 5개의 변량 a, b, c, d, 4의 평균을 구하시오.

02

다음 표는 지훈이가 일주일 동안 줄넘기를 한 횟수를 조사하여 나타낸 것이다. 줄넘기를 한 횟수의 평균을 구하시오.

요일	월	화	수	목	금	토	일
횟수(회)	63	54	72	66	58	44	77

중요

03

3개의 변량 x, y, z의 평균이 12일 때, 4개의 변량 $2x+1$, $2y-5$, $2z+3$, 11의 평균은?

① 20　② 20.5　③ 21
④ 21.5　⑤ 22

04 서술형

다음 표는 학생 15명이 하루 동안 손을 씻은 횟수를 조사하여 나타낸 것이다. 손을 씻은 횟수의 평균을 구하시오.

횟수(회)	8	9	10	11	12	합계
학생 수(명)	4	2	6		1	15

유형 02 중앙값 개념 1

05 대표문제

다음 자료는 A, B 두 모둠 학생들의 1분 동안의 맥박 수를 조사하여 나타낸 것이다. A, B 두 모둠 학생들의 맥박 수의 중앙값을 각각 x회, y회라 할 때, $x-y$의 값은?

(단위: 회)

[A 모둠] 88, 76, 80, 91, 75, 82
[B 모둠] 81, 69, 75, 86, 72, 79, 90

① -2　② -1　③ 0
④ 1　⑤ 2

06

다음은 게임 동호회 회원들의 나이를 조사하여 나타낸 줄기와 잎 그림이다. 회원들의 나이의 중앙값을 구하시오.

(1|6은 16세)

줄기	잎
1	6 8 8 9
2	0 1 4 4 5 8 9 9
3	0 0 3 4 6 7
4	1 4

07

회원이 11명인 농구 동호회에서 회원들의 키를 작은 값부터 크기순으로 나열할 때, 중앙값은 186 cm이고 5번째 키는 183 cm, 7번째 키는 188 cm이다. 이 동호회에 키가 180 cm인 사람이 가입했을 때, 동호회 회원 12명의 키의 중앙값을 구하시오.

유형 03 최빈값 개념1

08 대표문제

다음 자료는 진수네 반 학생들이 구독하는 채널의 수를 조사하여 나타낸 것이다. 구독하는 채널의 수의 평균을 a개, 중앙값을 b개, 최빈값을 c개라 할 때, $a+b+c$의 값을 구하시오.

(단위: 개)

8, 4, 7, 10, 8, 6, 8, 7, 12, 5

09

다음 표는 상민이네 반 학생 32명의 혈액형을 조사하여 나타낸 것이다. 이 자료에서 최빈값을 구하시오.

혈액형	A형	B형	O형	AB형
학생 수(명)	9		8	3

10

아래 자료는 세 영화 A, B, C가 평론가로부터 받은 평점을 조사하여 나타낸 것이다. 다음 중 옳지 않은 것은?

(단위: 점)

[영화 A] 7, 8, 10, 7, 8, 8, 9
[영화 B] 5, 7, 8, 7, 6, 7, 8
[영화 C] 9, 10, 9, 7, 8, 9, 10, 6

① 영화 A의 평점의 중앙값은 8점이다.
② 영화 B의 평점의 최빈값은 7점이다.
③ 영화 C의 평점의 평균은 중앙값보다 높다.
④ 평점의 평균이 가장 낮은 영화는 B이다.
⑤ 평점의 최빈값이 가장 높은 영화는 C이다.

집중

유형 04 대푯값이 주어졌을 때, 변량 구하기 개념1

11 대표문제

다음 자료는 준수네 모둠 학생들의 점심 식사 시간을 조사하여 나타낸 것이다. 점심 식사 시간의 평균이 19분일 때, x의 값을 구하시오.

(단위: 분)

16, 25, 18, 20, 24, 11, 17, x

12

4개의 변량 26, 9, 17, x의 중앙값이 15일 때, x의 값을 구하시오.

중요

13 서술형

다음 표는 서윤이가 일주일 동안 독서한 시간을 조사하여 나타낸 것이다. 이 자료의 평균이 28분이고 중앙값이 x분일 때, $a+x$의 값을 구하시오.

요일	월	화	수	목	금	토	일
시간(분)	a	25	35	14	30	20	40

14

6개의 변량 중 3개의 변량이 5, 6, 8이다. 최빈값과 평균이 모두 10일 때, 6개의 변량 중 가장 큰 값을 구하시오.

유형 05 편차 개념2

15 대표문제

다음 표는 어느 회사원이 이번 주에 통근 버스를 기다린 시간에 대한 편차를 나타낸 것이다. 통근 버스를 기다린 시간의 평균이 8분일 때, 금요일에 통근 버스를 기다린 시간을 구하시오.

요일	월	화	수	목	금
편차(분)	-5	0	3	-2	x

16 중요

아래 표는 학생 5명의 50 m 달리기 기록에 대한 편차를 나타낸 것이다. 다음 중 옳은 것은?

학생	A	B	C	D	E
편차(초)	-0.5	1	0.8	x	-1.2

① x의 값은 0.1이다.
② A는 E보다 기록이 더 좋다.
③ 평균보다 기록이 더 좋은 학생은 2명이다.
④ 기록이 가장 안 좋은 학생은 B이다.
⑤ 기록이 평균에 가장 가까운 학생은 A이다.

17

아래 자료는 민상이네 모둠 6명의 아버지 나이를 조사하여 나타낸 것이다. 다음 중 이 자료의 편차가 될 수 <u>없는</u> 것은?

(단위: 세)

47, 48, 55, 52, 45, 53

① -3세 ② -2세 ③ -1세
④ 3세 ⑤ 5세

집중 유형 06 분산과 표준편차 개념2

18 대표문제

다음 표는 야구 선수 5명이 이번 시즌에 친 홈런의 개수에 대한 편차를 나타낸 것이다. 이 자료의 표준편차를 구하시오.

선수	A	B	C	D	E
편차(개)	-3	2	-1	-1	x

19

다음 자료는 남학생 5명이 밸런타인데이에 받은 초콜릿의 개수를 조사하여 나타낸 것이다. 이 자료의 분산은?

(단위: 개)

2, 4, 1, 2, 1

① 1 ② 1.2 ③ 1.4
④ 1.6 ⑤ 1.8

20 중요

4개의 변량 11, 13, 15, a의 평균이 14일 때, 분산은?

① 4 ② 4.5 ③ 5
④ 5.5 ⑤ 6

21 서술형

세 수 $x+3$, 7, $2x-1$의 분산이 6이 되도록 하는 실수 x의 값을 모두 구하시오.

집중

유형 07 평균과 분산을 이용하여 식의 값 구하기 개념 1, 2

22 대표문제

6개의 변량 x, y, 4, 6, 7, 10의 평균이 6이고 분산이 9일 때, x^2+y^2의 값은?

① 65 ② 66 ③ 67
④ 68 ⑤ 69

23

5개의 변량 3, a, b, c, d의 평균이 8이고 분산이 13일 때, $(a-8)^2+(b-8)^2+(c-8)^2+(d-8)^2$의 값을 구하시오.

24 서술형

다음 표는 어느 지역의 6개월 동안의 강우량에 대한 편차를 나타낸 것이다. 강우량의 분산이 14일 때, xy의 값을 구하시오.

월	1	2	3	4	5	6
편차(mm)	6	-5	3	x	-2	y

25

3개의 변량 x, y, 8의 평균이 6이고 표준편차가 $\sqrt{6}$일 때, xy의 값을 구하시오.

유형 08 변화된 변량의 평균, 분산, 표준편차 개념 1, 2

26 대표문제

4개의 변량 a, b, c, d의 평균이 5이고 분산이 16일 때, 변량 $a-2$, $b-2$, $c-2$, $d-2$의 표준편차는?

① 2 ② 4 ③ 8
④ 14 ⑤ 16

27

5개의 변량 a, b, c, d, e의 평균이 4이고 표준편차가 3일 때, 변량 $a+10$, $b+10$, $c+10$, $d+10$, $e+10$의 평균은 m, 표준편차는 n이다. 이때 $m+n$의 값을 구하시오.

28

3개의 변량 x, y, z의 평균이 2이고 표준편차가 2일 때, 변량 $1-x$, $1-y$, $1-z$의 평균과 표준편차를 차례로 구하면?

① -1, -1 ② -1, 2 ③ -1, 4
④ 2, 2 ⑤ 2, 4

정답과 해설 98쪽 | 유형북 86쪽

유형 09 두 집단 전체의 평균과 표준편차 개념 1, 2

29 대표문제

오른쪽 표는 어느 반 남학생과 여학생의 수학 점수의 평균과 표준편차를 나타낸 것이다. 이 반 전체의 수학 점수의 표준편차는?

	남학생	여학생
평균(점)	62	62
표준편차(점)	8	6
학생 수(명)	10	10

① $4\sqrt{3}$점 ② 7점 ③ $5\sqrt{2}$점
④ $\sqrt{51}$점 ⑤ $2\sqrt{13}$점

30

오른쪽 표는 어느 중학교 3학년 남학생과 여학생의 학생 수와 윗몸 일으키기 횟수의 평균을 나타낸 것이다. 3학년 전체 학생의 윗몸 일으키기 횟수의 평균을 구하시오.

	남학생	여학생
학생 수(명)	200	250
평균(회)	35	32

31 서술형

5개의 수 중 2개의 수의 평균은 4, 분산은 6이고, 나머지 3개의 수의 평균은 4, 분산은 8이다. 5개의 수 전체의 표준편차를 구하시오.

유형 10 대푯값과 산포도의 이해 개념 1, 2

32 대표문제

다음 중 옳지 않은 것은?

① 변량이 작을수록 편차가 작다.
② 편차가 양수인 변량은 평균보다 크다.
③ 편차의 절댓값이 작을수록 평균에 가깝다.
④ 표준편차의 제곱은 분산과 같다.
⑤ 표준편차가 클수록 자료가 고르다.

중요

33

다음은 12명의 학생이 태어난 달을 조사하여 나타낸 것이다. 이 자료의 대푯값으로 가장 적절한 것은?

(단위: 월)

5, 4, 10, 12, 2, 8, 5, 10, 9, 10, 3, 4

① 평균 ② 중앙값 ③ 최빈값
④ 분산 ⑤ 표준편차

34

다음 **보기** 중 옳은 것을 모두 고르시오.

보기

ㄱ. 변량을 작은 값부터 크기순으로 나열했을 때, 중앙에 위치하는 값을 중앙값이라 한다.
ㄴ. 편차의 합은 항상 0이다.
ㄷ. 분산이 작을수록 자료의 분포 상태가 고르다.
ㄹ. 분산은 항상 양수이다.

집중

유형 11 자료의 분석 개념 1, 2

35 대표문제

아래 표는 5개의 과수원에서 수확한 사과의 당도의 평균과 표준편차를 나타낸 것이다. 다음 중 옳지 않은 것은?

과수원	A	B	C	D	E
평균(Brix)	10.2	11	11.8	10.4	11.3
표준편차(Brix)	2	1.4	2.2	0.9	1.1

① 당도의 편차의 합은 모두 같다.
② C 과수원의 사과가 당도가 가장 높은 편이다.
③ D 과수원의 사과의 당도가 가장 고르다.
④ A 과수원의 사과가 D 과수원의 사과보다 당도가 더 높은 편이다.
⑤ E 과수원의 사과가 B 과수원의 사과보다 당도가 더 고르다.

36

다음은 A, B, C 세 사람이 다트를 5발씩 던져 얻은 점수를 나타낸 것이다. A, B, C의 점수의 표준편차를 각각 a, b, c라 할 때, a, b, c의 대소를 비교하시오.

(단위: 점)

[A] 8, 9, 9, 9, 10
[B] 8, 8, 9, 10, 10
[C] 9, 9, 9, 9, 9

37

다음 표는 일주일 동안 A, B 두 편의점에서 판매된 컵라면의 개수를 조사하여 나타낸 것이다. 두 편의점 중 컵라면 판매량이 더 고른 곳을 말하시오.

(단위: 개)

요일	월	화	수	목	금	토	일
A	30	26	27	18	33	45	43
B	32	27	26	30	38	36	28

중요

38 서술형

다음 표는 윤영이와 하영이의 5회의 영어 듣기 평가 점수를 조사하여 나타낸 것이다. 두 사람의 점수의 평균이 8점으로 같을 때, 점수가 더 고른 사람을 말하시오.

회	1	2	3	4	5
윤영(점)	9	8	7	a	6
하영(점)	10	10	b	8	8

39

아래 그림은 A, B 두 반 학생들이 한 해 동안 읽은 책의 수를 조사하여 나타낸 꺾은선그래프이다. 다음 **보기** 중 옳은 것을 모두 고르시오.

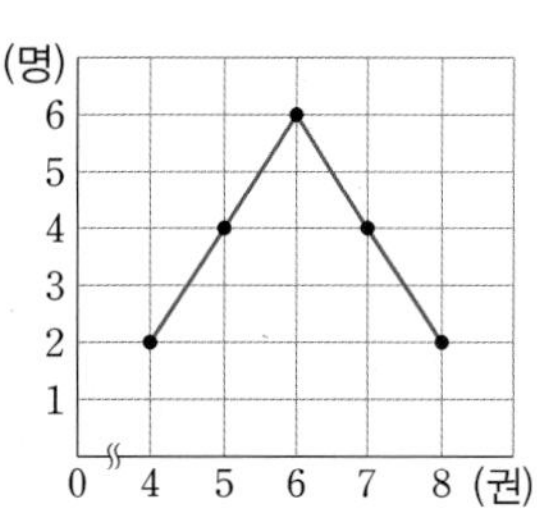

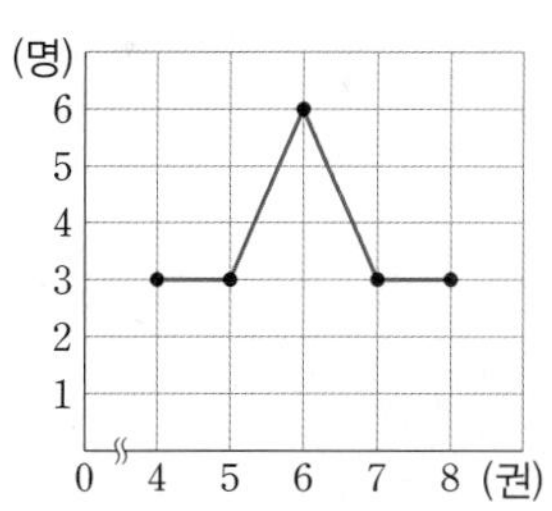

보기

ㄱ. 두 반의 학생 수는 같다.
ㄴ. A반의 평균이 B반의 평균보다 더 높다.
ㄷ. A반의 분포가 B반의 분포보다 더 고르다.

[유형북] Real 실전 유형에서 틀린 문제를 체크해 보세요.

집중

유형 01 산점도의 이해 (1) 개념 1

01 대표문제

오른쪽 그림은 지후네 반 학생 20명의 음악 성적과 미술 성적에 대한 산점도이다. 다음 중 옳지 않은 것은?

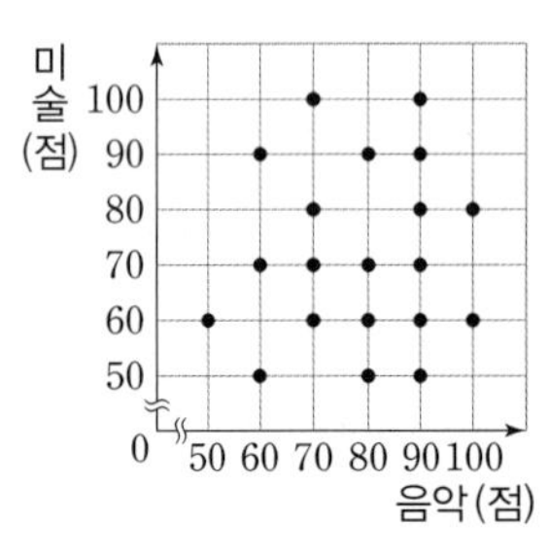

① 음악 성적이 90점인 학생은 6명이다.
② 미술 점수가 70점 이하인 학생은 12명이다.
③ 음악 성적이 60점 이상 80점 이하인 학생은 11명이다.
④ 음악 성적과 미술 성적이 같은 학생은 2명이다.
⑤ 미술 성적이 음악 성적보다 좋은 학생은 전체의 55 %이다.

02

오른쪽 그림은 12개 도시의 7월 평균 기온과 8월 평균 기온에 대한 산점도이다. 7월과 8월 평균 기온이 모두 25 ℃ 이하인 도시는 몇 개인지 구하시오.

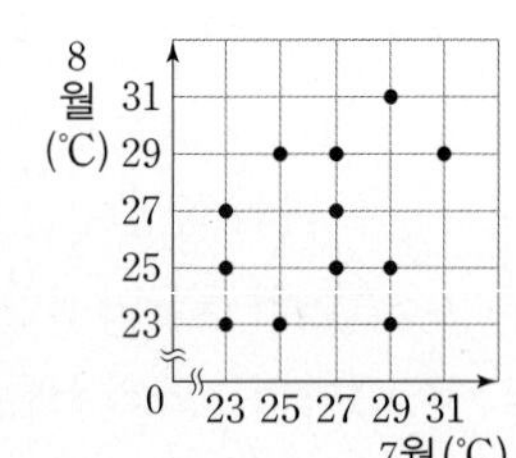

중요

03

오른쪽 그림은 유리네 반 학생 16명의 중간고사 성적과 기말고사 성적에 대한 산점도이다. 기말고사에서 성적이 향상된 학생은 전체의 몇 %인지 구하시오.

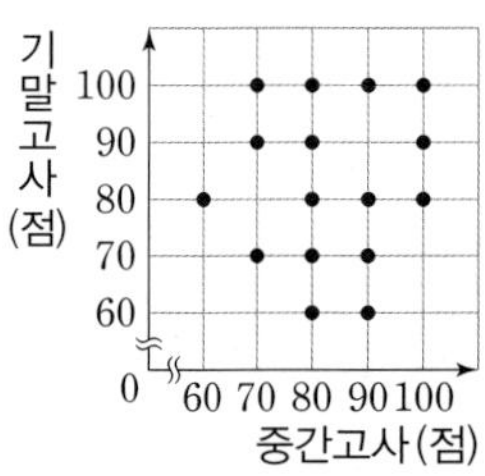

04 서술형

오른쪽 그림은 유나네 반 학생 16명의 시험 공부 시간과 성적에 대한 산점도이다. 공부 시간이 5시간 이상인 학생들의 성적의 평균을 구하시오.

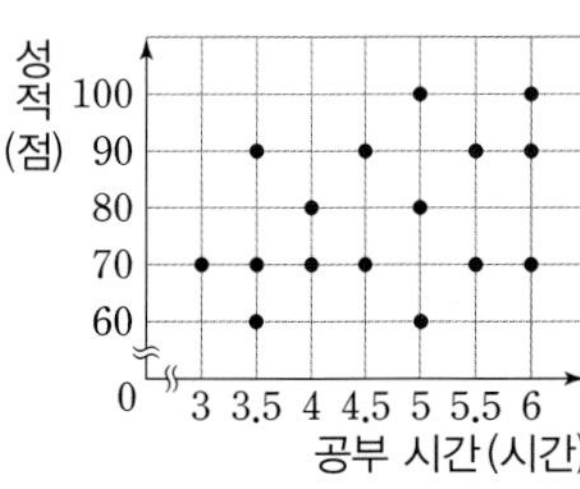

05

오른쪽 그림은 어느 볼링장에 방문한 10명의 손님이 1프레임과 2프레임에서 넘어뜨린 볼링핀의 개수에 대한 산점도이다. 1프레임과 2프레임에서 적어도 한 번은 볼링핀을 8개 이상 쓰러뜨린 손님은 몇 명인지 구하시오.

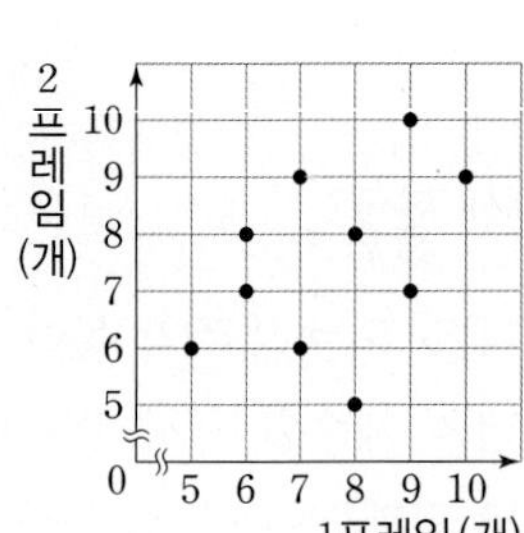

유형 02 산점도의 이해 (2) 개념1

06 대표문제

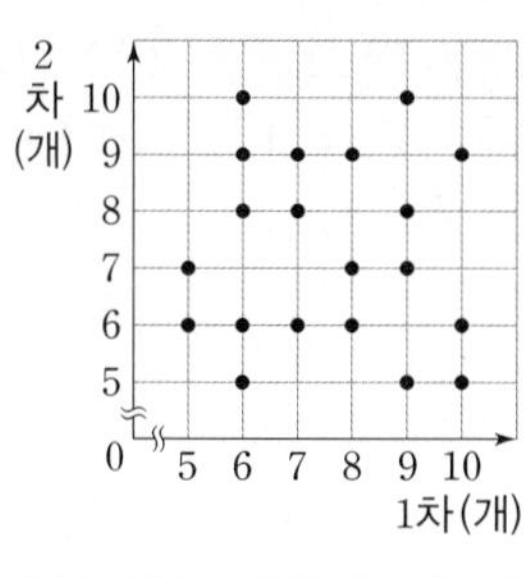

오른쪽 그림은 성훈이네 반 학생 20명이 1차, 2차에서 각각 10개의 자유투를 던져서 성공한 개수에 대한 산점도이다. 성공한 자유투의 개수의 합이 17개 이상이면 체육 실기 시험에서 A를 받는다고 할 때, 성훈이네 반에서 A를 받는 학생은 몇 명인가?

① 3명 ② 4명 ③ 5명 ④ 6명 ⑤ 7명

07

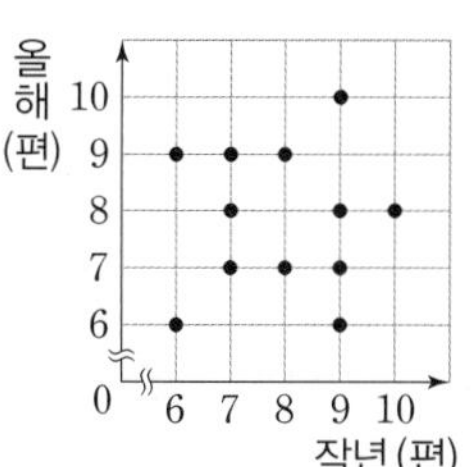

오른쪽 그림은 영화 동호회 회원 12명이 작년과 올해 감상한 영화의 편수에 대한 산점도이다. 다음 물음에 답하시오.

(1) 작년과 올해 감상한 영화의 편수의 차가 1편 이하인 회원은 몇 명인지 구하시오.

(2) 작년과 올해 감상한 영화의 편수의 차가 2편인 회원은 전체의 몇 %인지 구하시오.

08

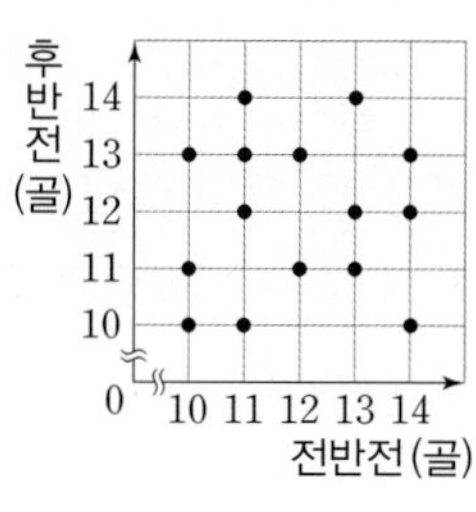

오른쪽 그림은 15명의 핸드볼 선수가 전반전과 후반전에 득점한 골에 대한 산점도이다. 전반전과 후반전의 평균 득점이 13골 이상인 선수는 전체의 몇 %인지 구하시오.

09

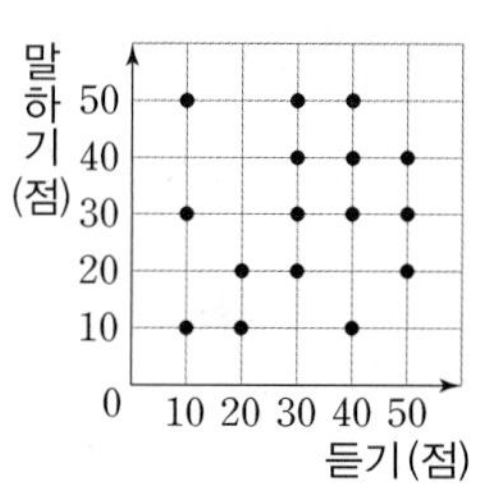

오른쪽 그림은 재석이네 반 학생들의 영어 듣기 점수와 말하기 점수에 대한 산점도이다. 영어 점수는 듣기 점수와 말하기 점수의 합이라 할 때, 다음 물음에 답하시오.

(단, 중복되는 점은 없다.)

(1) 듣기 점수와 말하기 점수의 차가 가장 작은 학생은 몇 명인지 구하시오.

(2) 듣기 점수와 말하기 점수의 차가 가장 큰 학생의 듣기 점수를 구하시오.

(3) 다음 중 위의 산점도에 대한 설명으로 옳지 않은 것은?

① 재석이네 반 학생은 16명이다.
② 영어 점수가 60점인 학생은 2명이다.
③ 영어 점수가 80점 이상인 학생은 40점 이하인 학생보다 많다.
④ 듣기 점수와 말하기 점수의 차가 20점 이상인 학생은 전체의 37.5 %이다.
⑤ 영어 점수가 하위 25 % 이내인 학생들의 말하기 점수의 평균은 20점이다.

집중

유형 03 상관관계 개념2

10 대표문제

다음 중 두 변량에 대한 산점도가 대체로 오른쪽 그림과 같은 것은?

① 체중과 허리둘레
② 독서량과 어휘력
③ 근로 시간과 여가 시간
④ 수면 시간과 식사 시간
⑤ 전기 사용량과 전기 요금

11

다음 산점도 중 양의 상관관계가 가장 강한 것은?

①

②
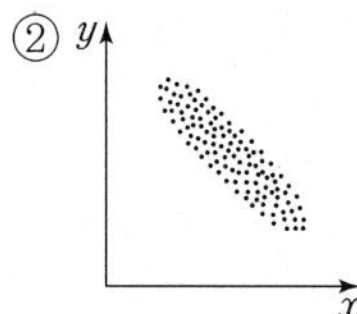

③
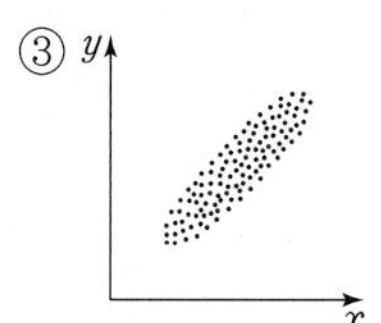

④
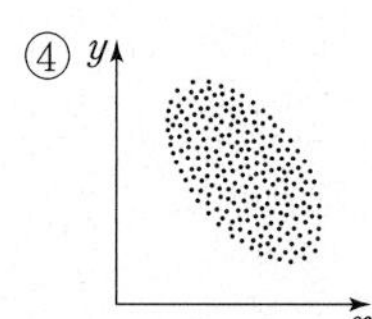

⑤
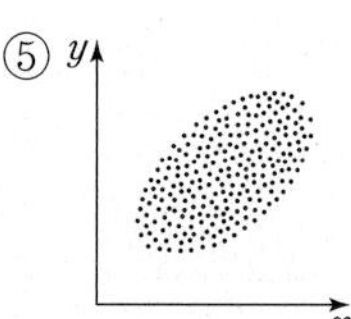

12

다음 **보기** 중 두 변량 사이에 상관관계가 없는 것을 모두 고르시오.

보기

ㄱ. 나이와 뼈의 개수
ㄴ. 예금액과 이자
ㄷ. 성적과 급식비
ㄹ. 자동차 사용 기간과 중고 가격

유형 04 산점도의 분석 개념2

13 대표문제

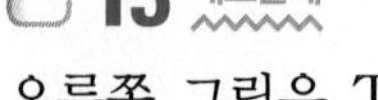

오른쪽 그림은 TV 크기와 가격에 대한 산점도이다. 다음 중 옳지 않은 것은?

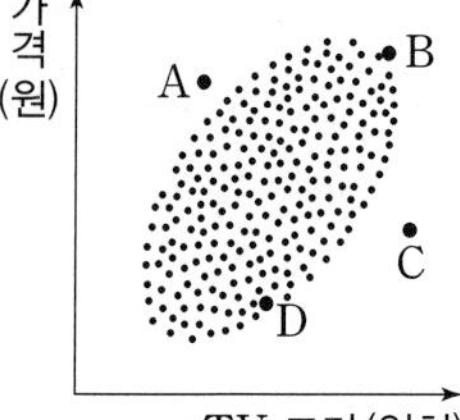

① TV 크기와 가격 사이에는 양의 상관관계가 있다.
② D는 A보다 가격이 싸다.
③ C는 크기에 비해 가격이 저렴하다.
④ A는 크기에 비해 가격이 비싸다.
⑤ A, B, C, D 중 크기가 가장 큰 것은 B이다.

14

오른쪽 그림은 어느 학교 학생들의 키와 몸무게에 대한 산점도이다. 다음 물음에 답하시오.

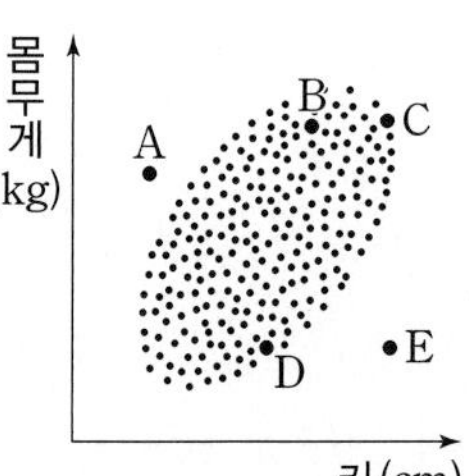

(1) 다음 중 키에 비해 몸무게가 가장 적게 나가는 학생은?

① A ② B
③ C ④ D
⑤ E

(2) 다음 중 비만 위험이 가장 큰 학생은?

① A ② B ③ C
④ D ⑤ E

유형 반복 훈련서

유형 더블

중등수학 3-2

정답과 해설

유형 더블

중등수학 3-2

정답과 해설

부록 빠른 정답

부록 2~8쪽 풀이 8~11쪽

01 (1) $\sqrt{3}$ (2) $\sqrt{13}$ (3) 1 (4) $4\sqrt{2}$

02 (1) $x=4$, $y=2\sqrt{13}$ (2) $x=6$, $y=2\sqrt{41}$
(3) $x=2\sqrt{2}$, $y=\sqrt{17}$ (4) $x=\sqrt{39}$, $y=\sqrt{23}$

03 2 **04** $\sqrt{30}$ cm

05 ④ **06** 6 cm

07 $4\sqrt{3}$ cm **08** $2\sqrt{11}$ cm

09 (1) $\sqrt{34}$ cm (2) $5\sqrt{5}$ cm **10** (1) $3\sqrt{2}$ cm (2) $7\sqrt{2}$ cm

11 $20\sqrt{2}$ cm **12** (1) $2\sqrt{3}$ cm (2) 9 cm

13 ② **14** ②

15 (1) $\sqrt{3}$ cm^2 (2) $\frac{3\sqrt{3}}{4}$ cm^2 **16** ②

17 $2\sqrt{3}$ cm^2 **18** $12\sqrt{3}$ cm^2

19 ③ **20** ③

21 (1) $10\sqrt{3}$ cm (2) $50\sqrt{3}$ cm^2

22 (1) 5 (2) $\sqrt{29}$ **23** (1) 7 cm (2) $3\sqrt{5}$ cm

24 4 cm **25** (1) $5\sqrt{2}$ (2) $5\sqrt{3}$

26 (1) $4\sqrt{3}$ cm (2) $6\sqrt{3}$ cm **27** ⑤

28 (1) $6\sqrt{2}$ cm (2) $3\sqrt{2}$ cm (3) $3\sqrt{7}$ cm (4) $36\sqrt{7}$ cm^3

29 $\sqrt{13}$ cm, $2\sqrt{13}$ cm^3 **30** $28\sqrt{2}$ cm^2

31 (1) $3\sqrt{3}$ cm (2) $2\sqrt{3}$ cm (3) $2\sqrt{6}$ cm
(4) $9\sqrt{3}$ cm^2 (5) $18\sqrt{2}$ cm^3

32 9 cm^3 **33** $3\sqrt{2}$ cm^2

34 (1) $x=5$, $y=5$ (2) $x=6$, $y=6\sqrt{2}$
(3) $x=3$, $y=3\sqrt{3}$ (4) $x=5\sqrt{3}$, $y=10$

35 $x=3\sqrt{2}$, $y=2\sqrt{3}$ **36** $3\sqrt{6}$ cm

37 ③ **38** $(8\pi-16)$ cm^2

39 (1) 45° (2) 60° **40** $\frac{8}{3}\pi$ cm^2

41 $\frac{4}{3}\pi$

유형북 빠른 정답

01 삼각비

개념 9, 11쪽 풀이 12~13쪽

01 $\frac{8}{17}$ **02** $\frac{15}{17}$ **03** $\frac{8}{15}$ **04** $\frac{15}{17}$ **05** $\frac{8}{17}$

06 $\frac{15}{8}$ **07** 13

08 $\sin C=\frac{5}{13}$, $\cos C=\frac{12}{13}$, $\tan C=\frac{5}{12}$ **09** 4

10 $2\sqrt{21}$ **11** $\sqrt{3}$ **12** 0 **13** $\frac{\sqrt{3}}{2}$ **14** $\sqrt{3}$

15 $\frac{\sqrt{3}}{6}$ **16** 30° **17** 60° **18** 60° **19** 45°

20 45° **21** 30° **22** $x=4\sqrt{2}$, $y=4\sqrt{2}$

23 $x=8$, $y=4\sqrt{3}$ **24** $x=3\sqrt{3}$, $y=6\sqrt{3}$ **25** $\overline{AB}$

26 $\overline{OB}$ **27** $\overline{CD}$ **28** $\overline{OB}$ **29** $\overline{AB}$ **30** $\overline{OB}$

31 $\overline{AB}$ **32** 0.5299 **33** 0.8480 **34** 0.6249 **35** 0.8480

36 0.5299

37

삼각비 \ A	0°	30°	45°	60°	90°
$\sin A$	0	$\frac{1}{2}$	$\frac{\sqrt{2}}{2}$	$\frac{\sqrt{3}}{2}$	1
$\cos A$	1	$\frac{\sqrt{3}}{2}$	$\frac{\sqrt{2}}{2}$	$\frac{1}{2}$	0
$\tan A$	0	$\frac{\sqrt{3}}{3}$	1	$\sqrt{3}$	

38 1 **39** 1 **40** -1 **41** $\frac{\sqrt{3}+\sqrt{2}}{2}$

42 $<$ **43** $>$ **44** $<$ **45** $<$ **46** $>$

47 0.4067 **48** 0.8988 **49** 0.4663 **50** 27 **51** 25

52 26

유형 12~21쪽 풀이 13~19쪽

01 ⑤ **02** $\frac{\sqrt{7}}{2}$ **03** $\frac{1}{5}$ **04** ③ **05** ③

06 $\frac{4}{5}$ **07** ④ **08** $\frac{\sqrt{5}}{3}$ **09** $2\sqrt{2}$ **10** 18

11 ⑤ **12** 2 **13** $\frac{\sqrt{2}}{2}$ **14** $\sqrt{3}$ **15** ③

16 $\frac{1}{5}$ **17** $\frac{17}{15}$ **18** ① **19** $\frac{10}{7}$ **20** $-\frac{\sqrt{13}}{13}$

21 $\frac{2\sqrt{5}}{5}$ **22** $7\sqrt{10}$ **23** $\frac{1}{4}$ **24** $\frac{\sqrt{6}}{3}$ **25** $\frac{\sqrt{2}}{4}$

26 ②, ⑤ **27** 3 **28** 3 **29** 1 **30** ③

31 15° **32** ④ **33** $\frac{\sqrt{3}}{3}$ **34** ① **35** $2\sqrt{6}$

36 ③ **37** ④ **38** 75 **39** $\frac{4\sqrt{3}}{3}$ **40** $2-\sqrt{3}$

41 $\sqrt{2}-1$ **42** $\sqrt{2}+1$ **43** ③ **44** 6 **45** $\frac{\sqrt{3}}{4}$

46 ⑤ **47** 0.6840 **48** ①, ⑤ **49** ⑤

50 ㄴ, ㄷ, ㄹ **51** $\frac{2-\sqrt{2}}{2}$ **52** 2 **53** ③

54 ② **55** ③ **56** $-\cos A+\tan A$ **57** ⑤

58 $3\cos A$ **59** 30° **60** 0.8062 **61** 80° **62** ⑤

63 132.89 **64** 16.58

기출 **22~24쪽** 풀이 19~23쪽

01 ① **02** 10 **03** $\frac{3}{2}$ **04** $\frac{5}{6}$ **05** $2+\sqrt{3}$

06 0.15 **07** ②, ③ **08** ㄷ, ㄴ, ㄱ, ㅁ, ㄹ **09** 7.193

10 $\frac{\sqrt{2}}{2}$ **11** $\frac{8}{5}$ **12** $\frac{15}{2}$ **13** $\frac{\sqrt{3}}{3}$ **14** $\frac{\sqrt{10}}{10}$

15 $\frac{\sqrt{2}}{3}$ **16** $\frac{32\sqrt{3}}{3}$ **17** 21 **18** $\frac{2}{3}$ **19** 1

20 $12+3\sqrt{3}$ **21** $3\sqrt{2}+3\sqrt{6}$ **22** $\sqrt{3}$

02 삼각비의 활용

개념 **27, 29쪽** 풀이 23~24쪽

01 $b\sin A$ **02** $b\cos A$ **03** $c\tan A$ **04** $\frac{c}{\sin C}$ **05** $\frac{a}{\cos C}$

06 $\frac{c}{\tan C}$ **07** 6, $3\sqrt{3}$ **08** 6, 3 **09** 8, $8\sqrt{2}$ **10** 8, 8

11 $x=5.7$, $y=8.2$ **12** $x=1.95$, $y=4.6$

13 2, 1, 2, $\sqrt{3}$, $2\sqrt{3}$, $\sqrt{13}$ **14** 4 **15** 4

16 2 **17** $2\sqrt{5}$ **18** $5\sqrt{3}$ **19** 45° **20** $5\sqrt{6}$

21 45, 30, 45, h, 30, $\frac{\sqrt{3}}{3}h$, $\frac{3+\sqrt{3}}{3}$, $4(3-\sqrt{3})$

22 $\angle BAH=60°$, $\angle CAH=30°$ **23** $\overline{BH}=\sqrt{3}h$, $\overline{CH}=\frac{\sqrt{3}}{3}h$

24 $3\sqrt{3}$ **25** 2 **26** 15 **27** $3\sqrt{3}$ **28** 40

29 12 **30** 15 **31** 60 **32** $54\sqrt{2}$ **33** $\frac{15\sqrt{3}}{2}$

34 35 **35** $24\sqrt{3}$ **36** $\frac{77\sqrt{2}}{2}$

유형 **30~35쪽** 풀이 24~28쪽

01 ④ **02** 3.35 **03** 14.1 **04** $64\sqrt{6}$ cm³

05 224 cm² **06** ② **07** 16.1 m **08** ⑤

09 $(6\sqrt{3}+6)$ m **10** $2\sqrt{13}$ cm **11** $4\sqrt{6}$ cm

12 $2\sqrt{29}$ cm **13** ② **14** $8\sqrt{2}$

15 $15+5\sqrt{3}$ **16** $64(\sqrt{3}-1)$ **17** ①

18 $40(3-\sqrt{3})$ m **19** $6(3+\sqrt{3})$ m **20** ④

21 $4\sqrt{3}$ **22** ④ **23** 54 **24** 15 **25** 15 cm

26 ④ **27** 4 **28** $14\sqrt{3}$ **29** $128\sqrt{2}$ cm²

30 $12\sqrt{3}+4\sqrt{13}$ **31** ④ **32** $5\sqrt{3}$ **33** $15\sqrt{3}$ cm²

34 $16\sqrt{3}$ cm² **35** 16 **36** 52 cm²

기출 **36~38쪽** 풀이 28~30쪽

01 ①, ④ **02** $9\sqrt{3}\pi$ cm³ **03** $2\sqrt{31}$ m **04** $8\sqrt{2}$

05 ④ **06** 3.75 **07** 60° **08** $\sqrt{3}$ **09** $24\sqrt{3}$ cm²

10 $2\sqrt{19}$ **11** $\frac{4\sqrt{3}}{5}$ **12** $10\sqrt{2}$ **13** 초속 14 m

14 $4\sqrt{3}$ **15** 36 **16** $8\sqrt{2}+8\sqrt{3}$

17 $(3+\sqrt{3})$ m **18** $6\sqrt{6}$ **19** $(8+4\sqrt{3})$ cm²

20 $\sqrt{15}$ **21** $2\sqrt{13}$

03 원과 직선

개념 **41쪽** 풀이 31쪽

01 $\overline{OB}$, $\angle OMB$, $\overline{OM}$, RHS, $\overline{BM}$ **02** 2 **03** 6

04 6 **05** $\sqrt{10}$ **06** 9 **07** 5 **08** 5

09 $2\sqrt{7}$ **10** 70° **11** 50° **12** 45° **13** 62°

14 17 **15** 12 **16** 11 **17** 10 **18** 7

19 6

유형 **42~49쪽** 풀이 31~37쪽

01 ④ **02** 2 cm **03** $3\sqrt{3}$ cm² **04** 10 cm **05** $4\sqrt{10}$ cm

06 6 cm **07** 10 cm **08** ⑤ **09** 289π cm²

10 ④ **11** $6\sqrt{3}$ cm **12** $\frac{16}{3}\pi$ cm **13** $4\sqrt{2}$ **14** 12 cm²

15 $4\sqrt{7}$ cm **16** ⑤ **17** 40° **18** $8\sqrt{3}\pi$ cm

19 3π cm **20** 9π cm **21** 8 cm **22** ④ **23** 32°

24 30 cm **25** $6\sqrt{3}$ cm **26** $8\sqrt{2}$ cm **27** ⑤ **28** 9 cm

29 $4\sqrt{10}$ cm **30** $10\sqrt{3}$ cm **31** 12 cm

32 $27\sqrt{2}\text{ cm}^2$ **33** 2 cm **34** 6 **35** $8\sqrt{3}$ cm
36 $8\sqrt{2}$ cm **37** 3 cm **38** 19 cm **39** 16 cm **40** ⑤
41 $4\sqrt{10}$ cm **42** 6 cm^2 **43** 5 cm **44** ④
45 72 cm^2 **46** 15 cm **47** 16 cm **48** $2\sqrt{14}\pi$ cm

기출 50~52쪽 풀이 37~40쪽

01 ② **02** $\frac{8\sqrt{15}}{5}$ cm **03** 20 m **04** $8\sqrt{14}$ cm
05 ④ **06** 36° **07** 7 cm **08** 4 cm **09** $2\sqrt{13}$ cm
10 39 cm^2 **11** $\frac{16\sqrt{2}}{3}$ cm **12** 16 **13** 20
14 $8(2-\sqrt{3})\pi$ **15** $\frac{8}{3}\pi$ cm **16** $(48\sqrt{3}-16\pi)\text{ cm}^2$
17 $(22\sqrt{6}-12\pi)\text{ cm}^2$ **18** $\frac{24}{5}$ cm **19** 22 cm
20 $(2-\sqrt{2})$ cm

04 원주각

개념 55쪽 풀이 40쪽

01 이등변, ∠BOQ, ∠BOQ, ∠APB, ∠AOB
02 34° **03** 110° **04** 46° **05** 260° **06** 40°
07 42° **08** 65° **09** 46° **10** 52° **11** 63°
12 27 **13** 35 **14** 7 **15** 5 **16** 78
17 10

유형 56~61쪽 풀이 41~44쪽

01 39° **02** 50° **03** $4\pi\text{ cm}^2$ **04** 25° **05** 302°
06 164° **07** 63° **08** $(12+8\pi)$ cm **09** 48°
10 55° **11** 117° **12** 36° **13** 78° **14** ④
15 89° **16** ⑤ **17** 65° **18** 68° **19** 24°
20 41° **21** 50° **22** 67° **23** 14° **24** 112°
25 ③ **26** 2π cm **27** $\frac{3}{4}$ **28** ② **29** 9 cm
30 ① **31** 50° **32** 74° **33** 30° **34** 15°
35 66° **36** 9 cm **37** ⑤ **38** 36° **39** 85°
40 45° **41** 60°

기출 62~64쪽 풀이 44~47쪽

01 ③ **02** 144° **03** 34° **04** 78° **05** 38°
06 ④ **07** 34° **08** ① **09** ③ **10** 110°
11 108° **12** $\frac{40\sqrt{2}}{3}$ cm **13** 64° **14** 9π cm
15 $16\sqrt{3}\text{ cm}^2$ **16** 42° **17** 14 cm **18** $\frac{16}{3}\pi$ cm
19 34° **20** 24°

05 원주각의 활용

개념 67쪽 풀이 47쪽

01 42° **02** 38° **03** 35° **04** 76°
05 ∠a, ∠b, ∠b, 360°, 180° **06** 95° **07** 115°
08 100° **09** 82° **10** 110° **11** 62° **12** 96°
13 110° **14** 74° **15** 65° **16** 35° **17** 45°
18 ∠x=60°, ∠y=45° **19** ∠x=70°, ∠y=50°

유형 68~75쪽 풀이 48~53쪽

01 ②, ④ **02** 70° **03** 49° **04** ③ **05** 40°
06 52° **07** 124° **08** ③ **09** ① **10** 164°
11 120° **12** 130° **13** 175° **14** ⑤ **15** 109°
16 138° **17** ④ **18** 46° **19** 32° **20** ③
21 274° **22** 71° **23** ③, ④ **24** 20° **25** 75°
26 40° **27** ④ **28** ③ **29** 92° **30** 60°
31 81° **32** 36° **33** ④ **34** 116° **35** 10°
36 98° **37** 110° **38** 63° **39** 60° **40** ③
41 18° **42** 60° **43** 48° **44** 136° **45** 67°
46 38° **47** 75° **48** ④ **49** ④ **50** 70°
51 45°

기출 76~78쪽 풀이 53~55쪽

01 ①, ④ **02** 40° **03** 95° **04** 216° **05** ③
06 100° **07** ㄱ, ㄷ, ㅂ **08** 58° **09** 113°
10 23° **11** $8\sqrt{3}\text{ cm}^2$ **12** 70° **13** 68° **14** 96°
15 68° **16** 360° **17** 41° **18** 55° **19** 26°
20 128° **21** 45 cm

06 대푯값과 산포도

개념 81쪽 풀이 56쪽

01 5 02 14 03 19 04 29 05 26
06 32 07 6 08 12, 18 09 딸기
10 중앙값: 34회, 최빈값: 39회

11

변량	3	11	5	9	2
편차	-3	5	-1	3	-4

12

변량	28	12	34	24	22
편차	4	-12	10	0	-2

13 -3 14 4 15 3 16 16 ℃ 17 10
18 4 19 2

유형 82~87쪽 풀이 56~61쪽

01 7.5 02 3권 03 ③ 04 6.3시간 05 ④
06 252.5 mm 07 88점 08 13
09 방정식, 통계 10 ③, ④ 11 5 12 12
13 70 14 14 15 21분 16 ⑤ 17 ③, ⑤
18 $\sqrt{6}$분 19 ② 20 ① 21 10 22 ③
23 15 24 -8 25 25 26 ① 27 11
28 ④ 29 ⑤ 30 75점 31 $\sqrt{10}$ 32 ①, ③
33 ② 34 ㄱ, ㄷ, ㄹ 35 ③, ④ 36 ②
37 은지네 모둠 38 현준 39 ④, ⑤

기출 88~90쪽 풀이 61~64쪽

01 ② 02 16 03 12 04 163 cm 05 ㄴ, ㄷ
06 24 07 ⑤ 08 ④, ⑤ 09 48 10 8명
11 52 kg 12 35 13 $8\sqrt{2}$ 14 8.5 15 A 가게
16 10 17 10.5일 18 8 19 $\sqrt{7.6}$ 20 6
21 3

07 상관관계

개념 93, 94쪽 풀이 64~65쪽

01 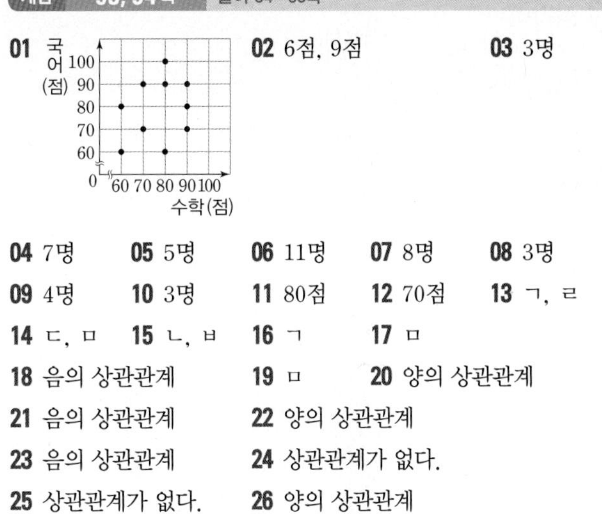

02 6점, 9점 03 3명

04 7명 05 5명 06 11명 07 8명 08 3명
09 4명 10 3명 11 80점 12 70점 13 ㄱ, ㄹ
14 ㄷ, ㅁ 15 ㄴ, ㅂ 16 ㄱ 17 ㅁ
18 음의 상관관계 19 ㅁ 20 양의 상관관계
21 음의 상관관계 22 양의 상관관계
23 음의 상관관계 24 상관관계가 없다.
25 상관관계가 없다. 26 양의 상관관계

유형 95~97쪽 풀이 65~66쪽

01 ⑤ 02 4편 03 20 % 04 5.5시간 05 7명
06 ③ 07 (1) 8명 (2) 6명 08 4명
09 (1) 5명 (2) 60점 (3) ①, ⑤ 10 ② 11 ②
12 ㄴ, ㄷ 13 ②, ⑤ 14 (1) ① (2) ④

기출 98~100쪽 풀이 67~69쪽

01 ②, ④ 02 7명 03 32.5회 04 20 % 05 ④
06 ② 07 ㄱ, ㄹ 08 ② 09 A 10 ㄱ, ㄷ
11 3 12 150점 13 90점, 100점 14 123
15 60 % 16 67.5점 17 3명 18 1.4

again 더블북 빠른 정답

01 삼각비

2~11쪽 풀이 70~76쪽

01 ① **02** $\frac{5}{6}$ **03** $\frac{11}{20}$ **04** ① **05** ③
06 $\frac{\sqrt{3}}{3}$ **07** ④ **08** $\frac{\sqrt{2}}{2}$ **09** 4 **10** $\frac{\sqrt{2}}{3}$
11 $\cos B$ **12** $\sqrt{2}$ **13** ② **14** $\frac{16}{15}$ **15** ②, ⑤
16 $\frac{3}{2}$ **17** $\frac{2\sqrt{7}}{7}$ **18** ③ **19** $\frac{2\sqrt{2}-1}{3}$
20 $\frac{43}{20}$ **21** $\frac{\sqrt{2}}{2}$ **22** $\frac{7}{5}$ **23** $\frac{5}{8}$ **24** ④
25 $\sqrt{2}$ **26** ④ **27** $\frac{5\sqrt{3}}{6}$ **28** $-\frac{10}{3}$ **29** $2\sqrt{3}$
30 ④ **31** $25°$ **32** ① **33** $\frac{1}{2}$ **34** ①
35 6 **36** ④ **37** ③ **38** $9\sqrt{3}+18$
39 $\sqrt{6}$ **40** $\sqrt{2}-1$ **41** $2-\sqrt{3}$ **42** $2+\sqrt{3}$
43 $y=\sqrt{3}x-3$ **44** $6\sqrt{3}$ **45** $\frac{\sqrt{6}}{4}$ **46** ⑤
47 0.1963 **48** ② **49** ③ **50** ㄱ, ㄴ **51** $\frac{1}{3}$
52 $-\frac{1}{2}$ **53** ⑤ **54** ② **55** ②
56 $2\cos A-\sin A$ **57** ④ **58** $\cos A-\sin A$
59 $60°$ **60** 1.2408 **61** $26°$ **62** ④ **63** 13.833
64 214.45

02 삼각비의 활용

12~17쪽 풀이 76~79쪽

01 ④ **02** 240 **03** 23.3 **04** 60 **05** 5 cm
06 ④ **07** $(48+24\sqrt{3})$ m **08** ④ **09** 24 m
10 5 cm **11** $\sqrt{17}$ cm **12** $4\sqrt{7}$ **13** ⑤ **14** $2\sqrt{2}$
15 $5\sqrt{2}+5\sqrt{6}$ **16** $4(3-\sqrt{3})$ **17** ④
18 $5(\sqrt{3}-1)$ m **19** 100 m **20** ④
21 $9(3+\sqrt{3})$ **22** ③ **23** $\frac{5}{2}$ **24** 15
25 $7\sqrt{3}$ **26** ② **27** $2\sqrt{3}$ **28** $24\sqrt{3}$ **29** 27
30 $24+5\sqrt{5}$ **31** ① **32** $6\sqrt{2}$ **33** $\frac{15}{4}$ cm^2
34 $2\sqrt{15}$ **35** $60°$ **36** 60

03 원과 직선

18~25쪽 풀이 80~85쪽

01 ③ **02** 5 cm **03** $4\sqrt{3}$ cm **04** 25π cm^2 **05** $8\sqrt{3}$ cm
06 $\frac{16}{3}$ cm **07** $\frac{15}{2}$ cm **08** ③ **09** 13π cm **10** ③
11 $20\sqrt{3}$ **12** $\frac{4\sqrt{2}}{3}\pi$ **13** $5\sqrt{2}$ cm **14** ⑤ **15** 45π
16 ④ **17** $113°$ **18** $18\sqrt{3}$ cm **19** $\frac{4}{3}\pi$
20 $\frac{4}{5}$ **21** 6 **22** ④ **23** $40°$ **24** $3\sqrt{3}$ cm^2
25 12π cm^2 **26** $\frac{55}{6}$ cm **27** ⑤ **28** 20 cm **29** $6\sqrt{2}$ cm
30 $12\sqrt{3}$ cm **31** $2\sqrt{15}$ cm **32** $48\sqrt{2}$ cm^2
33 $3\sqrt{2}$ **34** 4π **35** $2\sqrt{7}$ cm **36** 12π cm^2 **37** $\frac{9}{2}$ cm
38 24 cm **39** 11 cm **40** ④ **41** $\sqrt{34}$ **42** 54
43 20 **44** ③ **45** 150 cm^2 **46** 6 cm **47** 24 cm
48 26π

04 원주각

26~31쪽 풀이 86~89쪽

01 114° 02 55° 03 16° 04 26° 05 30°
06 80° 07 74° 08 $\frac{11}{2}\pi$ cm^2 09 68°
10 58° 11 113° 12 70° 13 48° 14 36°
15 71° 16 ⑤ 17 126° 18 42° 19 72°
20 63° 21 70° 22 18° 23 33° 24 59°
25 ③ 26 $\frac{3}{2}\pi$ cm^2 27 $\frac{3\sqrt{7}}{7}$ 28 ⑤ 29 $\frac{75}{2}\pi$
30 ④ 31 36° 32 42° 33 60° 34 52°
35 32° 36 75° 37 ③ 38 45° 39 45°
40 24° 41 80°

05 원주각의 활용

32~39쪽 풀이 89~94쪽

01 ② 02 45° 03 33° 04 ② 05 75°
06 140° 07 110° 08 ⑤ 09 ② 10 77°
11 27° 12 30° 13 155° 14 ③ 15 92°
16 112° 17 ① 18 51° 19 24° 20 ③
21 242° 22 32° 23 ③, ④ 24 103° 25 35°
26 52° 27 ④ 28 ③ 29 50° 30 75°
31 42° 32 29° 33 ① 34 31° 35 5°
36 83° 37 114° 38 81° 39 30° 40 36°
41 31° 42 72° 43 52° 44 105° 45 36°
46 88° 47 64° 48 ② 49 ① 50 117°
51 122°

06 대푯값과 산포도

40~45쪽 풀이 95~99쪽

01 3.2 02 62회 03 ② 04 9.6회 05 ⑤
06 28.5세 07 184.5 cm 08 23 09 B형
10 ③ 11 21 12 13 13 62 14 21
15 12분 16 ④ 17 ③ 18 $\sqrt{4.8}$개 19 ②
20 ③ 21 1, 7 22 ⑤ 23 40 24 -3
25 19 26 ② 27 17 28 ② 29 ③
30 $\frac{100}{3}$회 31 $\sqrt{7.2}$ 32 ⑤ 33 ③ 34 ㄱ, ㄴ, ㄷ
35 ④ 36 $c<a<b$ 37 B 편의점 38 윤영
39 ㄱ, ㄷ

07 상관관계

46~48쪽 풀이 99~100쪽

01 ⑤ 02 3개 03 37.5 % 04 82.5점 05 7명
06 ② 07 (1) 7명 (2) 25 % 08 20 %
09 (1) 4명 (2) 10점 (3) ⑤ 10 ③ 11 ③
12 ㄱ, ㄷ 13 ⑤ 14 (1) ⑤ (2) ①

01 (1) $x=\sqrt{(\sqrt{2})^2+1^2}=\sqrt{3}$

(2) $x=\sqrt{3^2+2^2}=\sqrt{13}$

(3) $x=\sqrt{2^2-(\sqrt{3})^2}=1$

(4) $8^2=x^2+x^2$, $x^2=32$

$\therefore x=4\sqrt{2}$ ($\because x>0$)

답 (1) $\sqrt{3}$ (2) $\sqrt{13}$ (3) 1 (4) $4\sqrt{2}$

02 (1) $x=\sqrt{5^2-3^2}=4$

$y=\sqrt{6^2+4^2}=2\sqrt{13}$

(2) $x=\sqrt{10^2-8^2}=6$

$y=\sqrt{8^2+(6+4)^2}=2\sqrt{41}$

(3) $x=\sqrt{2^2+2^2}=2\sqrt{2}$

$y=\sqrt{3^2+(2\sqrt{2})^2}=\sqrt{17}$

(4) $x=\sqrt{8^2-5^2}=\sqrt{39}$

$y=\sqrt{(\sqrt{39})^2-4^2}=\sqrt{23}$

답 (1) $x=4$, $y=2\sqrt{13}$ (2) $x=6$, $y=2\sqrt{41}$ (3) $x=2\sqrt{2}$, $y=\sqrt{17}$ (4) $x=\sqrt{39}$, $y=\sqrt{23}$

03 $(x+3)^2=(x+1)^2+(2x)^2$

$x^2+6x+9=x^2+2x+1+4x^2$

$4x^2-4x-8=0$

$x^2-x-2=0$

$(x+1)(x-2)=0$

$\therefore x=2$ ($\because x>0$)

답 2

04 $\overline{AB}=x$ cm라 하면

$\overline{BC}=2x$ cm

$\triangle ABC$에서

$25=x^2+(2x)^2$, $25=5x^2$

$x^2=5$ $\therefore x=\sqrt{5}$ ($\because x>0$)

따라서 $\triangle ACD$에서

$\overline{AD}=\sqrt{5^2+(\sqrt{5})^2}=\sqrt{30}$(cm)

답 $\sqrt{30}$ cm

05 $\overline{CD}=x$ cm라 하면

$\triangle ADC$에서 $\overline{AC}^2=4^2-x^2=16-x^2$이므로

$\triangle ABC$에서

$8^2=(2\sqrt{6}+x)^2+(16-x^2)$

$64=x^2+4\sqrt{6}x+24+16-x^2$

$4\sqrt{6}x=24$

$\therefore x=\sqrt{6}$

답 ④

06 $\overline{AO}=r$ cm라 하면

$\overline{CO}=(r-2)$ cm

이므로 $\triangle AOC$에서

$r^2=(r-2)^2+(2\sqrt{5})^2$

$r^2=r^2-4r+4+20$

$4r=24$ $\therefore r=6$

답 6 cm

07 $\overline{BC}:\overline{AC}=4:3$이므로

$\overline{AB}:\overline{BC}:\overline{AC}=\sqrt{4^2+3^2}:4:3=5:4:3$

따라서 $\overline{AB}:\overline{BC}=5:4$에서

$5\sqrt{3}:\overline{BC}=5:4$

$\therefore \overline{BC}=4\sqrt{3}$(cm)

답 $4\sqrt{3}$ cm

08 $\overline{AB}:\overline{BC}=6:5$이므로

$\overline{AB}:\overline{BC}:\overline{AC}=6:5:\sqrt{6^2-5^2}=6:5:\sqrt{11}$

따라서 $\overline{BC}:\overline{AC}=5:\sqrt{11}$에서

$10:\overline{AC}=5:\sqrt{11}$

$\therefore \overline{AC}=2\sqrt{11}$(cm)

답 $2\sqrt{11}$ cm

09 (1) $\sqrt{3^2+5^2}=\sqrt{34}$(cm)

(2) $\sqrt{5^2+10^2}=5\sqrt{5}$(cm)

답 (1) $\sqrt{34}$ cm (2) $5\sqrt{5}$ cm

10 (1) $\sqrt{2}\times 3=3\sqrt{2}$(cm)

(2) $\sqrt{2}\times 7=7\sqrt{2}$(cm)

답 (1) $3\sqrt{2}$ cm (2) $7\sqrt{2}$ cm

11 정사각형의 한 변의 길이를 x cm라 하면

$\sqrt{2}x=10$ $\therefore x=5\sqrt{2}$

따라서 정사각형의 둘레의 길이는

$5\sqrt{2}\times 4=20\sqrt{2}$(cm)

답 $20\sqrt{2}$ cm

12 (1) $\frac{\sqrt{3}}{2}\times 4=2\sqrt{3}$(cm)

(2) $\frac{\sqrt{3}}{2}\times 6\sqrt{3}=9$(cm)

답 (1) $2\sqrt{3}$ cm (2) 9 cm

13 정삼각형의 한 변의 길이를 a cm라 하면

$\frac{\sqrt{3}}{2}a=6\sqrt{3}$ $\therefore a=12$

답 ②

14 $\overline{AD}$는 정삼각형 ABC의 높이이므로

$\overline{AD}=\frac{\sqrt{3}}{2}\times 2\sqrt{3}=3$(cm)

점 G는 $\triangle ABC$의 무게중심이므로

$\overline{AG}=\frac{2}{3}\overline{AD}=\frac{2}{3}\times 3=2$(cm)

답 ②

15 (1) $\frac{\sqrt{3}}{4}\times 2^2=\sqrt{3}$(cm²)

(2) $\frac{\sqrt{3}}{4}\times(\sqrt{3})^2=\frac{3\sqrt{3}}{4}$(cm²)

답 (1) $\sqrt{3}$ cm² (2) $\frac{3\sqrt{3}}{4}$ cm²

16 정삼각형의 한 변의 길이를 a cm라 하면

$\frac{\sqrt{3}}{4}a^2=9\sqrt{3}$

$a^2=36$ $\quad\therefore a=6\ (\because a>0)$

따라서 정삼각형의 높이는

$\frac{\sqrt{3}}{2}\times 6=3\sqrt{3}$(cm)

답 ②

17 △ABC에서

$\overline{AC}=\sqrt{(2\sqrt{3})^2-2^2}=2\sqrt{2}$(cm)

$\therefore \triangle ACD=\frac{\sqrt{3}}{4}\times(2\sqrt{2})^2$

$=2\sqrt{3}(\text{cm}^2)$

답 $2\sqrt{3}\text{ cm}^2$

18 오른쪽 그림과 같이 $\overline{AO}$의 연장선과 $\overline{BC}$가 만나는 점을 D라 하면 점 O는 △ABC의 무게중심이므로

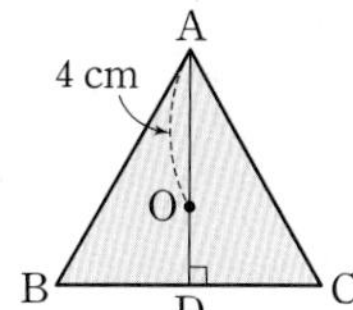

$\overline{AD}=\frac{3}{2}\overline{AO}=\frac{3}{2}\times 4=6$(cm)

△ABC의 한 변의 길이를 a cm라 하면

$\frac{\sqrt{3}}{2}a=6$ $\quad\therefore a=4\sqrt{3}$

$\therefore \triangle ABC=\frac{\sqrt{3}}{4}\times(4\sqrt{3})^2$

$=12\sqrt{3}(\text{cm}^2)$

답 $12\sqrt{3}\text{ cm}^2$

19 원의 반지름의 길이는 8 cm이므로 정육각형의 한 변의 길이는 8 cm이다.

즉, 정육각형은 한 변의 길이가 8 cm인 정삼각형 6개로 이루어져 있으므로 그 넓이는

$\left(\frac{\sqrt{3}}{4}\times 8^2\right)\times 6=96\sqrt{3}(\text{cm}^2)$

답 ③

20 정육각형의 한 변의 길이를 a cm라 하면 정육각형의 넓이는 한 변의 길이가 a cm인 정삼각형 6개의 넓이와 같으므로

$\frac{\sqrt{3}}{4}a^2\times 6=24\sqrt{3}$

$a^2=16$ $\quad\therefore a=4\ (\because a>0)$

따라서 정육각형의 둘레의 길이는

$4\times 6=24$(cm)

답 ③

21 (1) 오른쪽 그림과 같이 두 대각선 AC와 BD의 교점을 O라 하면 △ABC는 한 변의 길이가 10 cm인 정삼각형이므로

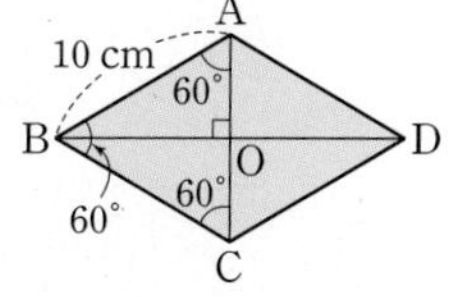

$\overline{BO}=\frac{\sqrt{3}}{2}\times 10=5\sqrt{3}$(cm)

$\therefore \overline{BD}=2\overline{BO}=10\sqrt{3}$(cm)

(2) $\square ABCD=2\triangle ABC$

$=2\times\left(\frac{\sqrt{3}}{4}\times 10^2\right)$

$=50\sqrt{3}(\text{cm}^2)$

답 (1) $10\sqrt{3}$ cm (2) $50\sqrt{3}\text{ cm}^2$

22 (1) $\sqrt{4^2+3^2}=5$

(2) $\sqrt{5^2+2^2}=\sqrt{29}$

답 (1) 5 (2) $\sqrt{29}$

23 (1) $\sqrt{6^2+2^2+3^2}=7$(cm)

(2) $\sqrt{5^2+4^2+2^2}=3\sqrt{5}$(cm)

답 (1) 7 cm (2) $3\sqrt{5}$ cm

24 직육면체의 높이를 a cm라 하면

$\sqrt{5^2+(2\sqrt{2})^2+a^2}=7$

$33+a^2=49$

$a^2=16$ $\quad\therefore a=4\ (\because a>0)$

답 4 cm

25 (1) $\sqrt{2}\times 5=5\sqrt{2}$

(2) $\sqrt{(5\sqrt{2})^2+5^2}=5\sqrt{3}$

답 (1) $5\sqrt{2}$ (2) $5\sqrt{3}$

26 (1) $\sqrt{3}\times 4=4\sqrt{3}$(cm)

(2) $\sqrt{3}\times 6=6\sqrt{3}$(cm)

답 (1) $4\sqrt{3}$ cm (2) $6\sqrt{3}$ cm

27 정육면체의 한 모서리의 길이를 a cm라 하면

$\sqrt{3}a=4\sqrt{3}$ $\quad\therefore a=4$

$\therefore \overline{FH}=\sqrt{2}\times 4=4\sqrt{2}$(cm)

$\overline{BF}\perp\overline{FH}$이므로

$\triangle BFH=\frac{1}{2}\times\overline{FH}\times\overline{BF}$

$=\frac{1}{2}\times 4\sqrt{2}\times 4$

$=8\sqrt{2}(\text{cm}^2)$

답 ⑤

28 (1) $\overline{AC}=\sqrt{2}\times 6=6\sqrt{2}$(cm)

(2) $\overline{CH}=\frac{1}{2}\overline{AC}=\frac{1}{2}\times 6\sqrt{2}=3\sqrt{2}$(cm)

(3) △OHC에서

$\overline{OH}=\sqrt{9^2-(3\sqrt{2})^2}=3\sqrt{7}$(cm)

(4) (부피)$=\frac{1}{3}\times\square ABCD\times\overline{OH}$

$=\frac{1}{3}\times 6^2\times 3\sqrt{7}$

$=36\sqrt{7}(\text{cm}^3)$

답 (1) $6\sqrt{2}$ cm (2) $3\sqrt{2}$ cm (3) $3\sqrt{7}$ cm (4) $36\sqrt{7}\text{ cm}^3$

29 $\overline{AC}=\sqrt{2}\times\sqrt{6}=2\sqrt{3}$(cm)이므로

$\overline{AH}=\frac{1}{2}\overline{AC}=\sqrt{3}$(cm)

△OAH에서

$\overline{OH}=\sqrt{4^2-(\sqrt{3})^2}=\sqrt{13}$(cm)

따라서 사각뿔의 부피는

$\frac{1}{3}\times(\sqrt{6})^2\times\sqrt{13}=2\sqrt{13}$(cm³) 답 $\sqrt{13}$ cm, $2\sqrt{13}$ cm³

30 $\overline{BD}=\sqrt{2}\times 8=8\sqrt{2}$(cm)

$\overline{DH}=\frac{1}{2}\overline{BD}=\frac{1}{2}\times 8\sqrt{2}=4\sqrt{2}$(cm)

△AHD에서

$\overline{AH}=\sqrt{9^2-(4\sqrt{2})^2}=7$(cm)

$\therefore$ △ABD$=\frac{1}{2}\times\overline{BD}\times\overline{AH}$

$=\frac{1}{2}\times 8\sqrt{2}\times 7$

$=28\sqrt{2}$(cm²) 답 $28\sqrt{2}$ cm²

31 (1) $\overline{CM}$은 정삼각형 ABC의 높이이므로

$\overline{CM}=\frac{\sqrt{3}}{2}\times 6=3\sqrt{3}$(cm)

(2) 점 H는 정삼각형 ABC의 무게중심이므로

$\overline{CH}=\frac{2}{3}\overline{CM}=\frac{2}{3}\times 3\sqrt{3}=2\sqrt{3}$(cm)

(3) △OHC에서

$\overline{OH}=\sqrt{6^2-(2\sqrt{3})^2}=2\sqrt{6}$(cm)

(4) △ABC$=\frac{\sqrt{3}}{4}\times 6^2=9\sqrt{3}$(cm²)

(5) (부피)$=\frac{1}{3}\times 9\sqrt{3}\times 2\sqrt{6}=18\sqrt{2}$(cm³)

답 (1) $3\sqrt{3}$ cm (2) $2\sqrt{3}$ cm (3) $2\sqrt{6}$ cm (4) $9\sqrt{3}$ cm² (5) $18\sqrt{2}$ cm³

32 정사면체의 한 모서리의 길이를 a cm라 하면

$\overline{DH}=\frac{\sqrt{3}}{2}a\times\frac{2}{3}=\frac{\sqrt{3}}{3}a$

△AHD에서

$a^2=(2\sqrt{3})^2+\left(\frac{\sqrt{3}}{3}a\right)^2$

$a^2=12+\frac{1}{3}a^2$, $\frac{2}{3}a^2=12$

$a^2=18$ $\quad\therefore a=3\sqrt{2}$

$\therefore$ (부피)$=\frac{1}{3}\times\left(\frac{\sqrt{3}}{4}\times(3\sqrt{2})^2\right)\times 2\sqrt{3}$

$=9$(cm³) 답 9 cm³

33 $\overline{OD}=\frac{\sqrt{3}}{2}\times 6=3\sqrt{3}$(cm)

$\overline{DH}=\left(\frac{\sqrt{3}}{2}\times 6\right)\times\frac{1}{3}=\sqrt{3}$(cm)

△ODH에서

$\overline{OH}=\sqrt{(3\sqrt{3})^2-(\sqrt{3})^2}=2\sqrt{6}$(cm)

$\therefore$ △ODH$=\frac{1}{2}\times\sqrt{3}\times 2\sqrt{6}$

$=3\sqrt{2}$(cm²) 답 $3\sqrt{2}$ cm²

34 (1) $x:y:5\sqrt{2}=1:1:\sqrt{2}$

$\therefore x=y=5$

(2) $6:x:y=1:1:\sqrt{2}$

$\therefore x=6,\ y=6\sqrt{2}$

(3) $x:y:6=1:\sqrt{3}:2$

$\therefore x=3,\ y=3\sqrt{3}$

(4) $5:x:y=1:\sqrt{3}:2$

$\therefore x=5\sqrt{3},\ y=10$

답 (1) $x=5,\ y=5$ (2) $x=6,\ y=6\sqrt{2}$ (3) $x=3,\ y=3\sqrt{3}$ (4) $x=5\sqrt{3},\ y=10$

35 △ABH에서 $\overline{AB}:\overline{BH}=\sqrt{2}:1$이므로

$x:3=\sqrt{2}:1$

$\therefore x=3\sqrt{2}$

$\overline{AH}=\overline{BH}=3$(cm)이고

△AHC에서 $\overline{AC}:\overline{AH}=2:\sqrt{3}$이므로

$y:3=2:\sqrt{3}$

$\therefore y=2\sqrt{3}$ 답 $x=3\sqrt{2},\ y=2\sqrt{3}$

36 △ABC에서 $\overline{AC}:\overline{BC}=\sqrt{3}:2$이므로

$\overline{AC}:12=\sqrt{3}:2$

$\therefore \overline{AC}=6\sqrt{3}$(cm)

△ACD에서 $\overline{CD}:\overline{AC}=1:\sqrt{2}$이므로

$\overline{CD}:6\sqrt{3}=1:\sqrt{2}$

$\therefore \overline{CD}=3\sqrt{6}$(cm) 답 $3\sqrt{6}$ cm

37 △BCD에서 $\overline{BC}:\overline{BD}=2:1$이므로

$\overline{BC}:\sqrt{3}=2:1$

$\therefore \overline{BC}=2\sqrt{3}$(cm)

△ABC에서 $\overline{BC}:\overline{AC}=\sqrt{2}:1$이므로

$2\sqrt{3}:\overline{AC}=\sqrt{2}:1$

$\therefore \overline{AC}=\sqrt{6}$(cm) 답 ③

38 △COD에서 $\overline{CD}:\overline{OC}=1:\sqrt{2}$

$\overline{CD}:8=1:\sqrt{2}$

$\therefore \overline{CD}=4\sqrt{2}$(cm)

$\therefore \overline{OD}=\overline{CD}=4\sqrt{2}$(cm)

$\therefore$ (색칠한 부분의 넓이)

$=\pi\times 8^2\times\frac{45}{360}-\frac{1}{2}\times 4\sqrt{2}\times 4\sqrt{2}$

$=8\pi-16$(cm²) 답 $(8\pi-16)$ cm²

39 (1) $\overline{AC}:\overline{AB}=\sqrt{2}:2=1:\sqrt{2}$이므로

$\angle A=45°$

(2) $\overline{AB}:\overline{BC}=2\sqrt{3}:6=1:\sqrt{3}$이므로

$\angle A=60°$

답 (1) $45°$ (2) $60°$

40 $\overline{OA}:\overline{OH}=4:2=2:1$이므로 $\angle AOB=60°$

따라서 부채꼴 AOB의 넓이는

$\pi\times4^2\times\dfrac{60}{360}=\dfrac{8}{3}\pi(\text{cm}^2)$

답 $\dfrac{8}{3}\pi\ \text{cm}^2$

41 $\overline{OA}:\overline{OB}=4:4\sqrt{3}=1:\sqrt{3}$이므로

$\angle OAD=60°$

이때 $\overline{OA}=\overline{OD}$이므로

$\angle ODA=\angle OAD=60°$

$\therefore\ \angle AOD=180°-(60°+60°)=60°$

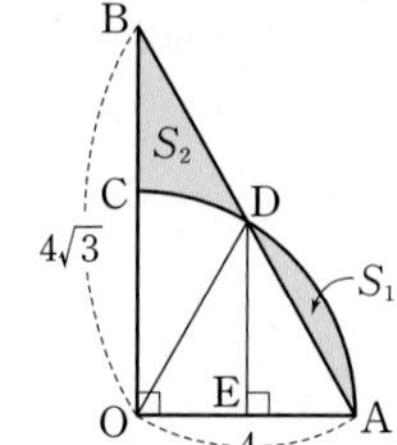

$\therefore\ S_1=$(부채꼴 OAD의 넓이)$-\triangle OAD$

$=\pi\times4^2\times\dfrac{60}{360}-\dfrac{\sqrt{3}}{4}\times4^2$

$=\dfrac{8}{3}\pi-4\sqrt{3}$

또, $\angle COD=90°-60°=30°$, $\overline{OE}=2$이므로

$S_2=\triangle BOD-$(부채꼴 OCD의 넓이)

$=\dfrac{1}{2}\times4\sqrt{3}\times2-\pi\times4^2\times\dfrac{30}{360}$

$=4\sqrt{3}-\dfrac{4}{3}\pi$

$\therefore\ S_1+S_2=\left(\dfrac{8}{3}\pi-4\sqrt{3}\right)+\left(4\sqrt{3}-\dfrac{4}{3}\pi\right)$

$=\dfrac{4}{3}\pi$

답 $\dfrac{4}{3}\pi$

01 삼각비

Real 실전 개념 9, 11쪽

01 답 $\frac{8}{17}$

02 답 $\frac{15}{17}$

03 답 $\frac{8}{15}$

04 답 $\frac{15}{17}$

05 답 $\frac{8}{17}$

06 답 $\frac{15}{8}$

07 $\overline{BC}=\sqrt{5^2+12^2}=13$ 답 13

08 답 $\sin C=\frac{5}{13}$, $\cos C=\frac{12}{13}$, $\tan C=\frac{5}{12}$

09 $\sin B=\frac{a}{10}=\frac{2}{5}$ $\quad\therefore a=4$ 답 4

10 $b=\sqrt{10^2-4^2}=2\sqrt{21}$ 답 $2\sqrt{21}$

11 $\sin 60^\circ+\cos 30^\circ=\frac{\sqrt{3}}{2}+\frac{\sqrt{3}}{2}=\sqrt{3}$ 답 $\sqrt{3}$

12 $\cos 45^\circ-\sin 45^\circ=\frac{\sqrt{2}}{2}-\frac{\sqrt{2}}{2}=0$ 답 0

13 $\cos 30^\circ\times\tan 45^\circ=\frac{\sqrt{3}}{2}\times1=\frac{\sqrt{3}}{2}$ 답 $\frac{\sqrt{3}}{2}$

14 $\sin 60^\circ\div\cos 60^\circ=\frac{\sqrt{3}}{2}\div\frac{1}{2}=\frac{\sqrt{3}}{2}\times2=\sqrt{3}$ 답 $\sqrt{3}$

15 $\tan 45^\circ\times\sin 60^\circ-\tan 30^\circ=1\times\frac{\sqrt{3}}{2}-\frac{\sqrt{3}}{3}$
$=\frac{\sqrt{3}}{6}$ 답 $\frac{\sqrt{3}}{6}$

16 $\sin 30^\circ=\frac{1}{2}$이므로 $x=30^\circ$ 답 30°

17 $\cos 60^\circ=\frac{1}{2}$이므로 $x=60^\circ$ 답 60°

18 $\tan 60^\circ=\sqrt{3}$이므로 $x=60^\circ$ 답 60°

19 $\sin 45^\circ=\frac{\sqrt{2}}{2}$이므로 $x=45^\circ$ 답 45°

20 $\cos 45^\circ=\frac{\sqrt{2}}{2}$이므로 $x=45^\circ$ 답 45°

21 $\tan 30^\circ=\frac{\sqrt{3}}{3}$이므로 $x=30^\circ$ 답 30°

22 $\cos 45^\circ=\frac{x}{8}=\frac{\sqrt{2}}{2}$ $\quad\therefore x=4\sqrt{2}$
$\sin 45^\circ=\frac{y}{8}=\frac{\sqrt{2}}{2}$ $\quad\therefore y=4\sqrt{2}$ 답 $x=4\sqrt{2}$, $y=4\sqrt{2}$

23 $\cos 60^\circ=\frac{4}{x}=\frac{1}{2}$ $\quad\therefore x=8$
$\tan 60^\circ=\frac{y}{4}=\sqrt{3}$ $\quad\therefore y=4\sqrt{3}$ 답 $x=8$, $y=4\sqrt{3}$

24 $\tan 30^\circ=\frac{x}{9}=\frac{\sqrt{3}}{3}$ $\quad\therefore x=3\sqrt{3}$
$\cos 30^\circ=\frac{9}{y}=\frac{\sqrt{3}}{2}$ $\quad\therefore y=\frac{18}{\sqrt{3}}=6\sqrt{3}$
답 $x=3\sqrt{3}$, $y=6\sqrt{3}$

25 답 $\overline{AB}$

26 답 $\overline{OB}$

27 답 $\overline{CD}$

28 답 $\overline{OB}$

29 답 $\overline{AB}$

30 $\sin z=\sin y=\overline{OB}$ 답 $\overline{OB}$

31 $\cos z=\cos y=\overline{AB}$ 답 $\overline{AB}$

32 $\sin 32^\circ=\frac{0.5229}{1}=0.5229$ 답 0.5299

33 $\cos 32^\circ=\frac{0.8480}{1}=0.8480$ 답 0.8480

34 $\tan 32^\circ=\frac{0.6249}{1}=0.6249$ 답 0.6249

35 $\sin 58^\circ=\frac{0.8480}{1}=0.8480$ 답 0.8480

36 $\cos 58^\circ=\frac{0.5229}{1}=0.5229$ 답 0.5299

37 답

삼각비 \ A	0°	30°	45°	60°	90°
$\sin A$	0	$\frac{1}{2}$	$\frac{\sqrt{2}}{2}$	$\frac{\sqrt{3}}{2}$	1
$\cos A$	1	$\frac{\sqrt{3}}{2}$	$\frac{\sqrt{2}}{2}$	$\frac{1}{2}$	0
$\tan A$	0	$\frac{\sqrt{3}}{3}$	1	$\sqrt{3}$	

38 $\sin 0^\circ+\cos 0^\circ=0+1=1$ 답 1

39 $\sin 90^\circ-\tan 0^\circ=1-0=1$ 답 1

40 $\cos 90° \times \sin 30° - \tan 45° = 0 \times \frac{1}{2} - 1 = -1$ 답 -1

41 $\sin 60° \times \cos 0° + \sin 45° \times \sin 90°$
$= \frac{\sqrt{3}}{2} \times 1 + \frac{\sqrt{2}}{2} \times 1 = \frac{\sqrt{3}+\sqrt{2}}{2}$ 답 $\frac{\sqrt{3}+\sqrt{2}}{2}$

42 답 $<$

43 답 $>$

44 답 $<$

45 답 $<$

46 답 $>$

47 답 0.4067

48 답 0.8988

49 답 0.4663

50 답 27

51 답 25

52 답 26

Real 실전 유형 12~21쪽

01 $\overline{BC} = \sqrt{3^2 - 2^2} = \sqrt{5}$

① $\sin A = \frac{\overline{BC}}{\overline{AC}} = \frac{\sqrt{5}}{3}$

② $\cos A = \frac{\overline{AB}}{\overline{AC}} = \frac{2}{3}$

③ $\sin C = \frac{\overline{AB}}{\overline{AC}} = \frac{2}{3}$

④ $\cos C = \frac{\overline{BC}}{\overline{AC}} = \frac{\sqrt{5}}{3}$

⑤ $\tan C = \frac{\overline{AB}}{\overline{BC}} = \frac{2}{\sqrt{5}} = \frac{2\sqrt{5}}{5}$ 답 ⑤

02 $\overline{AB} = \sqrt{3^2 + (\sqrt{7})^2} = 4$이므로

$\cos A + \sin B = \frac{\overline{AC}}{\overline{AB}} + \frac{\overline{AC}}{\overline{AB}}$
$= \frac{\sqrt{7}}{4} + \frac{\sqrt{7}}{4} = \frac{\sqrt{7}}{2}$ 답 $\frac{\sqrt{7}}{2}$

03 △ACD에서 $\overline{AC} = \sqrt{4^2 + 2^2} = 2\sqrt{5}$이므로 … ❶

$\sin x = \frac{\overline{CD}}{\overline{AC}} = \frac{2}{2\sqrt{5}} = \frac{\sqrt{5}}{5}$

$\cos x = \frac{\overline{AD}}{\overline{AC}} = \frac{4}{2\sqrt{5}} = \frac{2\sqrt{5}}{5}$

$\tan x = \frac{\overline{CD}}{\overline{AD}} = \frac{2}{4} = \frac{1}{2}$ … ❷

$\therefore \sin x \times \cos x \times \tan x = \frac{\sqrt{5}}{5} \times \frac{2\sqrt{5}}{5} \times \frac{1}{2} = \frac{1}{5}$ … ❸

답 $\frac{1}{5}$

채점 기준	배점
❶ $\overline{AC}$의 길이 구하기	20%
❷ $\sin x$, $\cos x$, $\tan x$의 값 구하기	60%
❸ $\sin x \times \cos x \times \tan x$의 값 구하기	20%

04 $\overline{AB} : \overline{BC} = 3 : 5$이므로

$\overline{AB} = 3k$, $\overline{BC} = 5k\ (k>0)$라 하면

$\overline{AC} = \sqrt{(5k)^2 - (3k)^2} = \sqrt{16k^2} = 4k\ (\because k>0)$

$\therefore \sin B = \frac{\overline{AC}}{\overline{BC}} = \frac{4k}{5k} = \frac{4}{5}$ 답 ③

05 △ADC에서

$\overline{AC} = \sqrt{13^2 - 5^2} = 12$

△ABC에서

$\overline{BC} = \sqrt{20^2 - 12^2} = 16$

$\therefore \tan x = \frac{\overline{AC}}{\overline{BC}} = \frac{12}{16} = \frac{3}{4}$ 답 ③

06 △ABC에서 $\overline{AC} = \sqrt{(2\sqrt{13})^2 - 4^2} = 6$이므로 … ❶

$\overline{DC} = \frac{1}{2}\overline{AC} = \frac{1}{2} \times 6 = 3$

△BCD에서 $\overline{BD} = \sqrt{4^2 + 3^2} = 5$이므로 … ❷

$\cos x = \frac{\overline{BC}}{\overline{BD}} = \frac{4}{5}$ … ❸

답 $\frac{4}{5}$

채점 기준	배점
❶ $\overline{AC}$의 길이 구하기	40%
❷ $\overline{BD}$의 길이 구하기	40%
❸ $\cos x$의 값 구하기	20%

07 $\tan A = \frac{6}{\overline{AC}} = \frac{3}{4}$이므로 $\overline{AC} = 8$

$\therefore \overline{AB} = \sqrt{6^2 + 8^2} = 10$ 답 ④

08 $\sin B = \frac{8}{\overline{AB}} = \frac{2}{3}$이므로 $\overline{AB} = 12$

$\overline{BC} = \sqrt{12^2 - 8^2} = 4\sqrt{5}$이므로

$\sin A = \frac{\overline{BC}}{\overline{AB}} = \frac{4\sqrt{5}}{12} = \frac{\sqrt{5}}{3}$ 답 $\frac{\sqrt{5}}{3}$

09 $\cos C = \frac{\overline{BC}}{2\sqrt{3}} = \frac{\sqrt{6}}{3}$이므로 $\overline{BC} = 2\sqrt{2}$

$\overline{AB} = \sqrt{(2\sqrt{3})^2 - (2\sqrt{2})^2} = 2$이므로

$\triangle ABC = \frac{1}{2} \times 2\sqrt{2} \times 2 = 2\sqrt{2}$ 답 $2\sqrt{2}$

10 $\sin A = \frac{6}{7}$이므로 오른쪽 그림과 같이

$\angle B = 90°$, $\overline{AC} = 7$, $\overline{BC} = 6$인 직각삼각형

ABC를 생각할 수 있다.

이때 $\overline{AB} = \sqrt{7^2 - 6^2} = \sqrt{13}$이므로

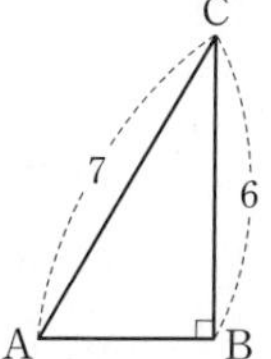

$\cos A=\frac{\sqrt{13}}{7}$, $\tan A=\frac{6}{\sqrt{13}}$

$\therefore 21\cos A\times\tan A=21\times\frac{\sqrt{13}}{7}\times\frac{6}{\sqrt{13}}=18$ 답 18

11 $\cos A=\frac{3}{4}$이므로 오른쪽 그림과 같이 $\angle B=90^\circ$, $\overline{AC}=4$, $\overline{AB}=3$인 직각삼각형 ABC를 생각할 수 있다.

$\therefore \overline{BC}=\sqrt{4^2-3^2}=\sqrt{7}$

⑤ $\tan C=\frac{3}{\sqrt{7}}=\frac{3\sqrt{7}}{7}$ 답 ⑤

12 $\tan A-3=0$에서 $\tan A=3$이므로 오른쪽 그림과 같이 $\angle B=90^\circ$, $\overline{AB}=1$, $\overline{BC}=3$인 직각삼각형 ABC를 생각할 수 있다. … ❶

이때 $\overline{AC}=\sqrt{1^2+3^2}=\sqrt{10}$이므로

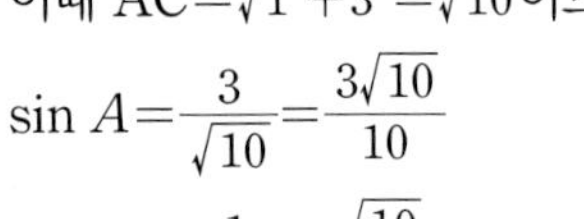

$\sin A=\frac{3}{\sqrt{10}}=\frac{3\sqrt{10}}{10}$

$\cos A=\frac{1}{\sqrt{10}}=\frac{\sqrt{10}}{10}$ … ❷

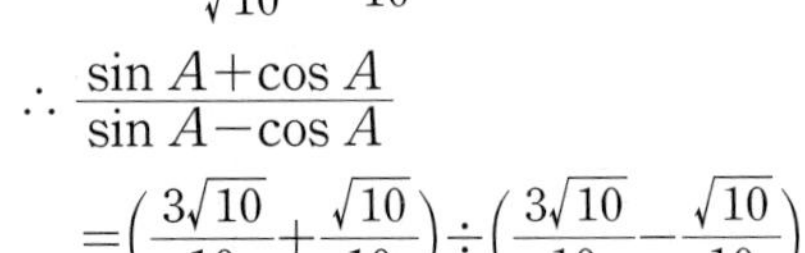

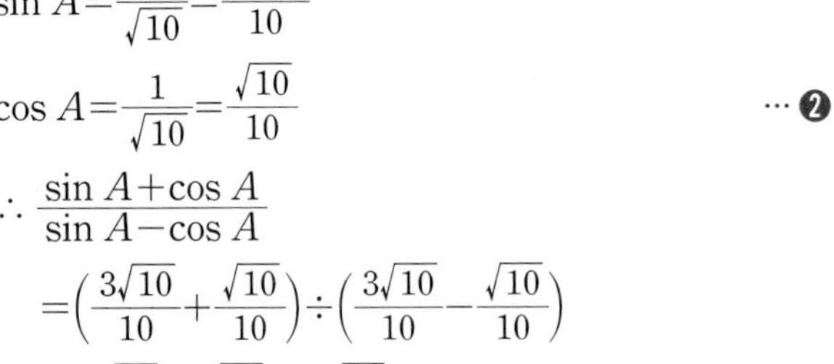

$\therefore \frac{\sin A+\cos A}{\sin A-\cos A}$

$=\left(\frac{3\sqrt{10}}{10}+\frac{\sqrt{10}}{10}\right)\div\left(\frac{3\sqrt{10}}{10}-\frac{\sqrt{10}}{10}\right)$

$=\frac{2\sqrt{10}}{5}\div\frac{\sqrt{10}}{5}=\frac{2\sqrt{10}}{5}\times\frac{5}{\sqrt{10}}=2$ … ❸

답 2

채점 기준	배점
❶ 조건을 만족시키는 삼각형 생각하기	40%
❷ $\sin A$, $\cos A$의 값 구하기	30%
❸ $\frac{\sin A+\cos A}{\sin A-\cos A}$의 값 구하기	30%

13 직각삼각형 ABC에서 $\angle B=90^\circ$이므로

$\angle C=90^\circ-\angle A$

$\therefore \sin(90^\circ-A)=\sin C=\frac{\sqrt{6}}{3}$

따라서 오른쪽 그림과 같이 $\angle B=90^\circ$, $\overline{AC}=3$, $\overline{AB}=\sqrt{6}$인 직각삼각형 ABC를 생각할 수 있다.

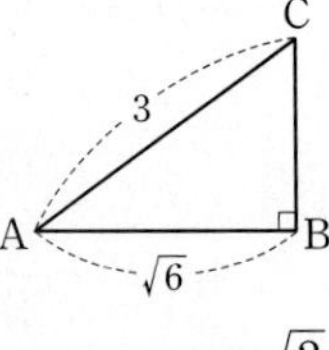

따라서 $\overline{BC}=\sqrt{3^2-(\sqrt{6})^2}=\sqrt{3}$이므로

$\tan A=\frac{\sqrt{3}}{\sqrt{6}}=\frac{\sqrt{2}}{2}$ 답 $\frac{\sqrt{2}}{2}$

14 △ABC와 △DBA에서

$\angle B$는 공통,

$\angle BAC=\angle BDA=90^\circ$이므로

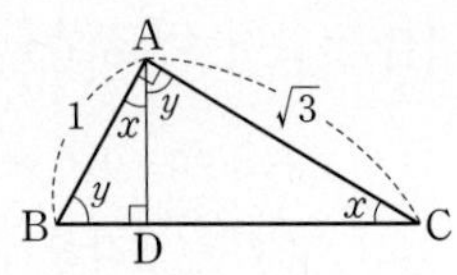

△ABC∽△DBA (AA 닮음)

$\therefore \angle BCA=\angle BAD=x$

같은 방법으로 △ABC∽△DAC (AA 닮음)이므로

$\angle ABC=\angle DAC=y$

△ABC에서 $\overline{BC}=\sqrt{1^2+(\sqrt{3})^2}=2$이므로

$\cos x=\frac{\overline{AC}}{\overline{BC}}=\frac{\sqrt{3}}{2}$

$\sin y=\frac{\overline{AC}}{\overline{BC}}=\frac{\sqrt{3}}{2}$

$\therefore \cos x+\sin y=\frac{\sqrt{3}}{2}+\frac{\sqrt{3}}{2}=\sqrt{3}$ 답 $\sqrt{3}$

15 △ABC와 △BDC에서

$\angle C$는 공통,

$\angle ABC=\angle BDC=90^\circ$이므로

△ABC∽△BDC (AA 닮음)

$\therefore \angle BAC=\angle DBC$

같은 방법으로 △ABC∽△ADB (AA 닮음)이므로

$\angle ACB=\angle ABD$

① △BCD에서 $\sin A=\sin(\angle DBC)=\frac{\overline{CD}}{\overline{BC}}$

② △BCD에서 $\cos A=\cos(\angle DBC)=\frac{\overline{BD}}{\overline{BC}}$

③ △BCD에서 $\tan A=\tan(\angle DBC)=\frac{\overline{CD}}{\overline{BD}}$

④ △ABD에서 $\sin C=\sin(\angle ABD)=\frac{\overline{AD}}{\overline{AB}}$

⑤ △ABD에서 $\cos C=\cos(\angle ABD)=\frac{\overline{BD}}{\overline{AB}}$ 답 ③

16 △ABD와 △HAD에서

$\angle D$는 공통,

$\angle BAD=\angle AHD=90^\circ$이므로

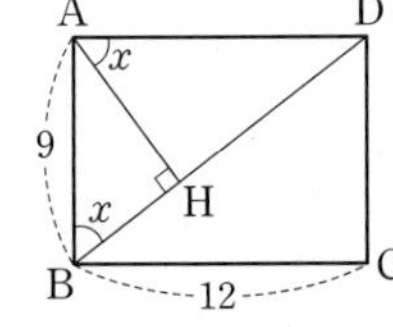

△ABD∽△HAD (AA 닮음)

$\therefore \angle ABD=\angle HAD=x$

△ABD에서 $\overline{BD}=\sqrt{9^2+12^2}=15$이므로

$\sin x=\frac{\overline{AD}}{\overline{BD}}=\frac{12}{15}=\frac{4}{5}$

$\cos x=\frac{\overline{AB}}{\overline{BD}}=\frac{9}{15}=\frac{3}{5}$

$\therefore \sin x-\cos x=\frac{4}{5}-\frac{3}{5}=\frac{1}{5}$ 답 $\frac{1}{5}$

17 △ABC와 △EBD에서

$\angle B$는 공통,

$\angle BAC=\angle BED=90^\circ$이므로

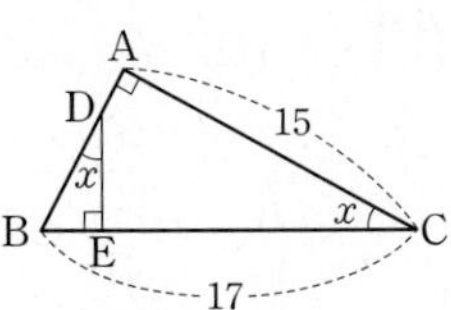

△ABC∽△EBD (AA 닮음)

$\therefore \angle BCA=\angle BDE=x$

△ABC에서 $\overline{AB}=\sqrt{17^2-15^2}=8$이므로

$\sin x=\frac{\overline{AB}}{\overline{BC}}=\frac{8}{17}$

$\tan x=\frac{\overline{AB}}{\overline{AC}}=\frac{8}{15}$

$\therefore \tan x \div \sin x = \frac{8}{15} \times \frac{17}{8} = \frac{17}{15}$ 　　답 $\frac{17}{15}$

18 △ABC와 △EBD에서

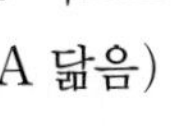

∠B는 공통,

$\angle ACB = \angle EDB = 90°$이므로

△ABC∽△EBD (AA 닮음)

$\therefore \angle BAC = \angle BED$

△DBE에서 $\overline{DE} = \sqrt{5^2 - 4^2} = 3$이므로

$\cos A = \cos(\angle BED) = \frac{\overline{DE}}{\overline{BE}} = \frac{3}{5}$ 　　답 ①

19 △ABC와 △AED에서

∠A는 공통,

$\angle ABC = \angle AED$이므로

△ABC∽△AED (AA 닮음)

$\therefore \angle ACB = \angle ADE$ 　　… ❶

△ADE에서

$\overline{DE} = \sqrt{(2\sqrt{6})^2 + 5^2} = 7$이므로 　　… ❷

$\sin B = \sin(\angle AED) = \frac{\overline{AD}}{\overline{DE}} = \frac{2\sqrt{6}}{7}$

$\cos C = \cos(\angle ADE) = \frac{\overline{AD}}{\overline{DE}} = \frac{2\sqrt{6}}{7}$

$\tan C = \tan(\angle ADE) = \frac{\overline{AE}}{\overline{AD}} = \frac{5}{2\sqrt{6}}$ 　　… ❸

$\therefore (\sin B + \cos C) \times \tan C = \left(\frac{2\sqrt{6}}{7} + \frac{2\sqrt{6}}{7}\right) \times \frac{5}{2\sqrt{6}}$

$= \frac{10}{7}$ 　　… ❹

답 $\frac{10}{7}$

채점 기준	배점
❶ ∠ACB=∠ADE임을 보이기	30%
❷ $\overline{DE}$의 길이 구하기	20%
❸ $\sin B$, $\cos C$, $\tan C$의 값 구하기	30%
❹ $(\sin B + \cos C) \times \tan C$의 값 구하기	20%

20 일차방정식 $3x - 2y + 6 = 0$의 그래프가 x축, y축과 만나는 점을 각각 A, B라 하자.

$3x - 2y + 6 = 0$에서

$y = 0$일 때 $x = -2$, $x = 0$일 때 $y = 3$

이므로 $A(-2, 0)$, $B(0, 3)$

직각삼각형 AOB에서 $\overline{OA} = 2$, $\overline{OB} = 3$이므로

$\overline{AB} = \sqrt{2^2 + 3^2} = \sqrt{13}$

$\sin \alpha = \frac{2}{\sqrt{13}} = \frac{2\sqrt{13}}{13}$

$\cos \alpha = \frac{3}{\sqrt{13}} = \frac{3\sqrt{13}}{13}$

$\therefore \cos \alpha - \sin \alpha = \frac{2\sqrt{13}}{13} - \frac{3\sqrt{13}}{13} = -\frac{\sqrt{13}}{13}$ 　　답 $-\frac{\sqrt{13}}{13}$

21 일차함수 $y = -2x + 4$의 그래프가 x축, y축과 만나는 점을 각각 A, B라 하자.

$y = -2x + 4$에서

$y = 0$일 때 $x = 2$, $x = 0$일 때 $y = 4$

이므로 $A(2, 0)$, $B(0, 4)$

직각삼각형 AOB에서 $\overline{OA} = 2$, $\overline{OB} = 4$이므로

$\overline{AB} = \sqrt{2^2 + 4^2} = 2\sqrt{5}$

$\therefore \sin \alpha = \frac{4}{2\sqrt{5}} = \frac{2\sqrt{5}}{5}$ 　　답 $\frac{2\sqrt{5}}{5}$

22 일차방정식 $x - 3y - 6 = 0$의 그래프가 x축, y축과 만나는 점을 각각 A, B라 하자.

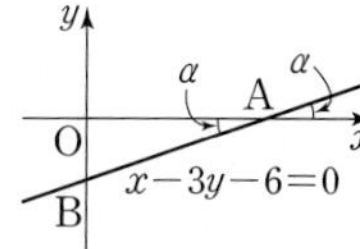

$x - 3y - 6 = 0$에서

$y = 0$일 때 $x = 6$, $x = 0$일 때 $y = -2$

이므로 $A(6, 0)$, $B(0, -2)$ 　　… ❶

직각삼각형 AOB에서 $\overline{OA} = 6$, $\overline{OB} = 2$이므로

$\overline{AB} = \sqrt{6^2 + 2^2} = 2\sqrt{10}$

이때 $\angle OAB = \alpha$ (맞꼭지각)이므로

$\sin \alpha = \frac{2}{2\sqrt{10}} = \frac{\sqrt{10}}{10}$

$\cos \alpha = \frac{6}{2\sqrt{10}} = \frac{3\sqrt{10}}{10}$ 　　… ❷

$\therefore 10 \sin \alpha + 20 \cos \alpha = 10 \times \frac{\sqrt{10}}{10} + 20 \times \frac{3\sqrt{10}}{10}$

$= 7\sqrt{10}$ 　　… ❸

답 $7\sqrt{10}$

채점 기준	배점
❶ 일차함수의 그래프가 x축, y축과 만나는 점의 좌표 구하기	40%
❷ $\sin \alpha$, $\cos \alpha$의 값 구하기	40%
❸ $10 \sin \alpha + 20 \cos \alpha$의 값 구하기	20%

23 △FGH에서

$\overline{FH} = \sqrt{3^2 + (\sqrt{3})^2} = 2\sqrt{3}$(cm)

△BFH는 $\angle BFH = 90°$인 직각삼각형이므로

$\overline{BH} = \sqrt{(2\sqrt{3})^2 + 2^2} = 4$(cm)

$\sin x = \frac{\overline{BF}}{\overline{BH}} = \frac{2}{4} = \frac{1}{2}$

$\cos x = \frac{\overline{FH}}{\overline{BH}} = \frac{2\sqrt{3}}{4} = \frac{\sqrt{3}}{2}$

$\tan x = \frac{\overline{BF}}{\overline{FH}} = \frac{2}{2\sqrt{3}} = \frac{\sqrt{3}}{3}$

$\therefore \sin x \times \cos x \times \tan x = \frac{1}{2} \times \frac{\sqrt{3}}{2} \times \frac{\sqrt{3}}{3} = \frac{1}{4}$ 　　답 $\frac{1}{4}$

24 △EFG에서

$\overline{EG} = \sqrt{4^2 + 4^2} = 4\sqrt{2}$(cm)

△AEG는 $\angle AEG = 90°$인 직각삼각형이므로

$\overline{AG}=\sqrt{(4\sqrt{2})^2+4^2}=\sqrt{48}=4\sqrt{3}(cm)$

$\therefore \cos x=\frac{\overline{EG}}{\overline{AG}}=\frac{4\sqrt{2}}{4\sqrt{3}}=\frac{\sqrt{6}}{3}$ 답 $\frac{\sqrt{6}}{3}$

25 $\overline{BM}=\frac{1}{2}\overline{BC}=\frac{1}{2}\times 12=6(cm)$

$\triangle ABM$은 $\angle AMB=90°$인 직각삼각형이므로

$\overline{AM}=\sqrt{12^2-6^2}=6\sqrt{3}(cm)$

$\therefore \overline{DM}=\overline{AM}=6\sqrt{3}(cm)$

이때 점 H는 $\triangle BCD$의 무게중심이므로

$\overline{MH}=\frac{1}{3}\overline{DM}=\frac{1}{3}\times 6\sqrt{3}=2\sqrt{3}(cm)$

$\triangle AMH$에서

$\overline{AH}=\sqrt{(6\sqrt{3})^2-(2\sqrt{3})^2}=4\sqrt{6}(cm)$

이므로

$\sin x=\frac{\overline{AH}}{\overline{AM}}=\frac{4\sqrt{6}}{6\sqrt{3}}=\frac{2\sqrt{2}}{3}$

$\cos x=\frac{\overline{MH}}{\overline{AM}}=\frac{2\sqrt{3}}{6\sqrt{3}}=\frac{1}{3}$

$\therefore \frac{\cos x}{\sin x}=\frac{1}{3}\div\frac{2\sqrt{2}}{3}=\frac{1}{3}\times\frac{3}{2\sqrt{2}}=\frac{\sqrt{2}}{4}$ 답 $\frac{\sqrt{2}}{4}$

보충 TIP 정사면체 ABCD의 꼭짓점 A에서 $\triangle BCD$에 내린 수선의 발을 H라 하면

$\triangle AHB\equiv\triangle AHC\equiv\triangle AHD$ (RHA 합동)

$\therefore \overline{HB}=\overline{HC}=\overline{HD}$

즉, 점 H는 정삼각형 BCD의 외심이므로 $\triangle BCD$의 무게중심이다.

26 ① $\sin 30°\times\cos 60°=\frac{1}{2}\times\frac{1}{2}=\frac{1}{4}$

② $\sqrt{3}\tan 30°-\tan 45°=\sqrt{3}\times\frac{\sqrt{3}}{3}-1=0$

③ $\cos 60°\times\tan 30°-\sin 30°=\frac{1}{2}\times\frac{\sqrt{3}}{3}-\frac{1}{2}$

$=\frac{\sqrt{3}-3}{6}$

④ $(\sin 60°+\cos 45°)(\cos 30°-\sin 45°)$

$=\left(\frac{\sqrt{3}}{2}+\frac{\sqrt{2}}{2}\right)\left(\frac{\sqrt{3}}{2}-\frac{\sqrt{2}}{2}\right)=\left(\frac{\sqrt{3}}{2}\right)^2-\left(\frac{\sqrt{2}}{2}\right)^2$

$=\frac{3}{4}-\frac{1}{2}=\frac{1}{4}$

⑤ $\sin 30°\times\tan 60°-\cos 60°\times\tan 30°$

$=\frac{1}{2}\times\sqrt{3}-\frac{1}{2}\times\frac{\sqrt{3}}{3}$

$=\frac{\sqrt{3}}{2}-\frac{\sqrt{3}}{6}=\frac{\sqrt{3}}{3}$ 답 ②, ⑤

27 $\sqrt{3}\cos 30°+\sqrt{2}\sin 45°+\sin 60°\div\tan 60°$

$=\sqrt{3}\times\frac{\sqrt{3}}{2}+\sqrt{2}\times\frac{\sqrt{2}}{2}+\frac{\sqrt{3}}{2}\div\sqrt{3}$

$=\frac{3}{2}+1+\frac{\sqrt{3}}{2}\times\frac{1}{\sqrt{3}}$

$=\frac{3}{2}+1+\frac{1}{2}=3$ 답 3

28 $\cos^2 30°+\frac{2\tan 45°+\sqrt{2}\cos 45°}{\sqrt{3}\tan 30°}-\sin^2 60°$

$=\left(\frac{\sqrt{3}}{2}\right)^2+\left(2\times 1+\sqrt{2}\times\frac{\sqrt{2}}{2}\right)\div\left(\sqrt{3}\times\frac{\sqrt{3}}{3}\right)-\left(\frac{\sqrt{3}}{2}\right)^2$

$=3$ 답 3

29 삼각형의 세 내각의 크기의 비가 1 : 2 : 3이고 삼각형의 세 내각의 크기의 합은 180°이므로

$A=180°\times\frac{1}{1+2+3}=180°\times\frac{1}{6}=30°$ … ❶

$\therefore \sin A\div\cos A\div\tan A$

$=\sin 30°\div\cos 30°\div\tan 30°$

$=\frac{1}{2}\div\frac{\sqrt{3}}{2}\div\frac{\sqrt{3}}{3}$

$=\frac{1}{2}\times\frac{2}{\sqrt{3}}\times\frac{3}{\sqrt{3}}=1$ … ❷

답 1

채점 기준	배점
❶ A의 크기 구하기	40%
❷ $\sin A\div\cos A\div\tan A$의 값 구하기	60%

30 $15°<x<60°$에서 $30°<2x<120°$

$\therefore 0°<2x-30°<90°$

$\tan 60°=\sqrt{3}$이므로 $2x-30°=60°$

$2x=90°$ $\therefore x=45°$

$\therefore \sin x=\sin 45°=\frac{\sqrt{2}}{2}$ 답 ③

31 $5°<x<35°$에서 $15°<3x<105°$

$\therefore 0°<3x-15°<90°$

$\sin 30°=\frac{1}{2}$이므로 $3x-15°=30°$

$3x=45°$ $\therefore x=15°$ 답 15°

32 $30°<x<120°$에서 $0°<x-30°<90°$

$\cos 60°=\sin(x-30°)$에서

$\sin(x-30°)=\frac{1}{2}$

이때 $\sin 30°=\frac{1}{2}$이므로

$x-30°=30°$ $\therefore x=60°$

$\therefore \sin x+\cos x=\sin 60°+\cos 60°$

$=\frac{\sqrt{3}}{2}+\frac{1}{2}=\frac{\sqrt{3}+1}{2}$ 답 ④

33 $4x^2-4x+1=0$에서

$(2x-1)^2=0$ $\therefore x=\frac{1}{2}$ … ❶

이차방정식의 한 근이 $\sin A$이므로

$\sin A=\frac{1}{2}$

이때 $\sin 30^\circ=\frac{1}{2}$이므로 $A=30^\circ$ … ❷

$\therefore \tan A=\tan 30^\circ=\frac{\sqrt{3}}{3}$ … ❸

답 $\frac{\sqrt{3}}{3}$

채점 기준	배점
❶ 이차방정식의 근 구하기	30%
❷ A의 크기 구하기	50%
❸ $\tan A$의 값 구하기	20%

34 $\triangle$ABC에서

$\sin 30^\circ=\frac{\overline{AC}}{8}=\frac{1}{2}$ $\therefore \overline{AC}=4$

$\cos 30^\circ=\frac{\overline{BC}}{8}=\frac{\sqrt{3}}{2}$ $\therefore \overline{BC}=4\sqrt{3}$

$\overline{BD}=\overline{CD}$이므로

$\overline{CD}=\frac{1}{2}\overline{BC}=\frac{1}{2}\times 4\sqrt{3}=2\sqrt{3}$

따라서 $\triangle$ADC에서

$\overline{AD}=\sqrt{(2\sqrt{3})^2+4^2}=2\sqrt{7}$

답 ①

35 $\triangle$ADC에서

$\sin 45^\circ=\frac{\overline{AD}}{6}=\frac{\sqrt{2}}{2}$ $\therefore \overline{AD}=3\sqrt{2}$

$\triangle$ABD에서

$\sin 60^\circ=\frac{3\sqrt{2}}{\overline{AB}}=\frac{\sqrt{3}}{2}$

$\therefore \overline{AB}=\frac{6\sqrt{2}}{\sqrt{3}}=2\sqrt{6}$

답 $2\sqrt{6}$

36 $\triangle$ADC에서

$\tan 45^\circ=\frac{9}{\overline{CD}}=1$ $\therefore \overline{CD}=9$

$\triangle$ABC에서

$\tan 30^\circ=\frac{9}{\overline{BC}}=\frac{\sqrt{3}}{3}$ $\therefore \overline{BC}=\frac{27}{\sqrt{3}}=9\sqrt{3}$

$\therefore \overline{BD}=\overline{BC}-\overline{CD}=9\sqrt{3}-9=9(\sqrt{3}-1)$

답 ③

37 $\triangle$ABC에서

$\tan 60^\circ=\frac{\overline{BC}}{2}=\sqrt{3}$ $\therefore \overline{BC}=2\sqrt{3}$

$\triangle$BCD에서

$\sin 45^\circ=\frac{2\sqrt{3}}{\overline{BD}}=\frac{\sqrt{2}}{2}$

$\therefore \overline{BD}=\frac{4\sqrt{3}}{\sqrt{2}}=2\sqrt{6}$

답 ④

38 $\triangle$ABC에서

$\tan 30^\circ=\frac{10}{\overline{BC}}=\frac{\sqrt{3}}{3}$ $\therefore \overline{BC}=\frac{30}{\sqrt{3}}=10\sqrt{3}$ … ❶

$\triangle$BCD에서

$\cos 45^\circ=\frac{\overline{BD}}{10\sqrt{3}}=\frac{\sqrt{2}}{2}$ $\therefore \overline{BD}=5\sqrt{6}$

$\sin 45^\circ=\frac{\overline{CD}}{10\sqrt{3}}=\frac{\sqrt{2}}{2}$ $\therefore \overline{CD}=5\sqrt{6}$ … ❷

$\therefore \triangle BCD=\frac{1}{2}\times 5\sqrt{6}\times 5\sqrt{6}=75$ … ❸

답 75

채점 기준	배점
❶ $\overline{BC}$의 길이 구하기	40%
❷ $\overline{BD}$, $\overline{CD}$의 길이 구하기	40%
❸ $\triangle$BCD의 넓이 구하기	20%

39 $\triangle$ABC에서

$\sin 30^\circ=\frac{\overline{AC}}{4}=\frac{1}{2}$ $\therefore \overline{AC}=2$

$\cos 30^\circ=\frac{\overline{BC}}{4}=\frac{\sqrt{3}}{2}$ $\therefore \overline{BC}=2\sqrt{3}$

$\angle BAD=\angle CAD$이므로

$\overline{BD}:\overline{CD}=\overline{AB}:\overline{AC}=4:2=2:1$

$\therefore \overline{BD}=\frac{2}{3}\overline{BC}=\frac{2}{3}\times 2\sqrt{3}=\frac{4\sqrt{3}}{3}$

답 $\frac{4\sqrt{3}}{3}$

다른 풀이 $\triangle$ABC에서

$\sin 30^\circ=\frac{\overline{AC}}{4}=\frac{1}{2}$ $\therefore \overline{AC}=2$

$\cos 30^\circ=\frac{\overline{BC}}{4}=\frac{\sqrt{3}}{2}$ $\therefore \overline{BC}=2\sqrt{3}$

$\angle BAC=180^\circ-(30^\circ+90^\circ)=60^\circ$

즉, $\angle DAC=\frac{1}{2}\angle BAC=\frac{1}{2}\times 60^\circ=30^\circ$이므로

$\tan 30^\circ=\frac{\overline{CD}}{2}=\frac{\sqrt{3}}{3}$ $\therefore \overline{CD}=\frac{2\sqrt{3}}{3}$

$\therefore \overline{BD}=\overline{BC}-\overline{CD}=2\sqrt{3}-\frac{2\sqrt{3}}{3}=\frac{4\sqrt{3}}{3}$

보충 TIP 삼각형의 내각의 이등분선의 성질

오른쪽 그림과 같이 $\triangle$ABC에서 $\angle$A의 이등분선이 $\overline{BC}$와 만나는 점을 D라 하면

$\overline{AB}:\overline{AC}=\overline{BD}:\overline{CD}$

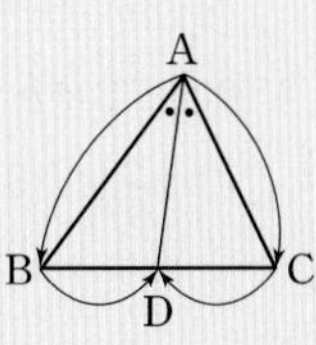

40 $\triangle$ABD에서 $\overline{AD}=\overline{BD}$이고 $\angle ADC=30^\circ$이므로

$\angle ABD=\angle BAD=\frac{1}{2}\times 30^\circ=15^\circ$

$\triangle$ADC에서

$\sin 30^\circ=\frac{\overline{AC}}{2}=\frac{1}{2}$ $\therefore \overline{AC}=1$

$\cos 30^\circ=\frac{\overline{CD}}{2}=\frac{\sqrt{3}}{2}$ $\therefore \overline{CD}=\sqrt{3}$

따라서 $\triangle$ABC에서

$\tan 15^\circ=\frac{\overline{AC}}{\overline{BC}}=\frac{1}{2+\sqrt{3}}=2-\sqrt{3}$

답 $2-\sqrt{3}$

41 △ABD에서

$\cos 45^\circ=\frac{4}{\overline{AD}}=\frac{\sqrt{2}}{2}$ $\therefore \overline{AD}=4\sqrt{2}$

$\tan 45^\circ=\frac{\overline{BD}}{4}=1$ $\therefore \overline{BD}=4$

△ABC에서

$x=180^\circ-(22.5^\circ+45^\circ+90^\circ)=22.5^\circ$

즉, △ADC는 이등변삼각형이므로

$\overline{CD}=\overline{AD}=4\sqrt{2}$

$\therefore \overline{BC}=\overline{BD}+\overline{CD}=4+4\sqrt{2}$

따라서 △ABC에서

$\tan x=\frac{\overline{AB}}{\overline{BC}}=\frac{4}{4+4\sqrt{2}}$

$=\frac{1}{1+\sqrt{2}}=\sqrt{2}-1$

답 $\sqrt{2}-1$

42 △ABC에서 $\overline{AB}=\overline{AC}$이므로

$\angle B=\angle ACB=\frac{1}{2}\times(180^\circ-45^\circ)=67.5^\circ$

△ADC에서

$\cos 45^\circ=\frac{\overline{AD}}{8}=\frac{\sqrt{2}}{2}$ $\therefore \overline{AD}=4\sqrt{2}$

$\sin 45^\circ=\frac{\overline{CD}}{8}=\frac{\sqrt{2}}{2}$ $\therefore \overline{CD}=4\sqrt{2}$

$\therefore \overline{BD}=\overline{AB}-\overline{AD}=8-4\sqrt{2}$

따라서 △BCD에서

$\tan 67.5^\circ=\frac{\overline{CD}}{\overline{BD}}=\frac{4\sqrt{2}}{8-4\sqrt{2}}$

$=\frac{\sqrt{2}}{2-\sqrt{2}}=\sqrt{2}+1$

답 $\sqrt{2}+1$

43 구하는 직선의 방정식을 $y=ax+b$라 하면

$a=\tan 45^\circ=1$

직선 $y=x+b$가 점 $(-3, 0)$을 지나므로

$0=-3+b$ $\therefore b=3$

$\therefore y=x+3$

답 ③

44 주어진 직선의 방정식을 $y=ax+b$라 하면

$a=\tan 30^\circ=\frac{\sqrt{3}}{3}$ … ❶

직선 $y=\frac{\sqrt{3}}{3}x+b$가 점 $(3, -\sqrt{3})$을 지나므로

$-\sqrt{3}=\frac{\sqrt{3}}{3}\times 3+b$ $\therefore b=-2\sqrt{3}$ … ❷

즉, 직선 $y=\frac{\sqrt{3}}{3}x-2\sqrt{3}$에서 $y=0$일 때

$0=\frac{\sqrt{3}}{3}x-2\sqrt{3}$ $\therefore x=6$

따라서 이 직선의 x절편은 6이다. … ❸

답 6

채점 기준	배점
❶ 직선의 기울기 구하기	40%
❷ 직선의 y절편 구하기	30%
❸ 직선의 x절편 구하기	30%

45 $\sqrt{3}x-y+3\sqrt{3}=0$에서

$y=\sqrt{3}x+3\sqrt{3}$

직선의 기울기가 $\sqrt{3}$이므로

$\tan a=\sqrt{3}$ $\therefore a=60^\circ$

$\therefore \sin a\times\cos a=\sin 60^\circ\times\cos 60^\circ$

$=\frac{\sqrt{3}}{2}\times\frac{1}{2}=\frac{\sqrt{3}}{4}$

답 $\frac{\sqrt{3}}{4}$

46 ① $\sin x=\frac{\overline{BC}}{\overline{AC}}=\overline{BC}$

② $\cos x=\frac{\overline{AB}}{\overline{AC}}=\overline{AB}$

③ $\cos y=\frac{\overline{BC}}{\overline{AC}}=\overline{BC}$

④ $\sin z=\sin y=\frac{\overline{AB}}{\overline{AC}}=\overline{AB}$

⑤ $\tan z=\frac{\overline{AD}}{\overline{DE}}=\frac{1}{\overline{DE}}$

답 ⑤

47 $\sin 20^\circ=\frac{0.3420}{1}=0.3420$

$\cos 70^\circ=\frac{0.3420}{1}=0.3420$

$\therefore \sin 20^\circ+\cos 70^\circ=0.3420+0.3420$

$=0.6840$

답 0.6840

48 $\cos 50^\circ=\frac{\overline{AD}}{\overline{AC}}$이므로

$\overline{AD}=\cos 50^\circ$

또, $\angle ACD=90^\circ-50^\circ=40^\circ$이므로

$\sin 40^\circ=\frac{\overline{AD}}{\overline{AC}}$ $\therefore \overline{AD}=\sin 40^\circ$

$\therefore \overline{BD}=\overline{AB}-\overline{AD}=1-\cos 50^\circ$

$=1-\sin 40^\circ$

답 ①, ⑤

49 ① $\sin 30^\circ+\sin 90^\circ=\frac{1}{2}+1=\frac{3}{2}$

② $\sin 0^\circ+\cos 90^\circ-\tan 0^\circ=0+0-0=0$

③ $\tan 45^\circ+\cos 90^\circ=1+0=1$

④ $\tan 30^\circ+\cos 0^\circ=\frac{\sqrt{3}}{3}+1=\frac{\sqrt{3}+3}{3}$

⑤ $\sin 90^\circ-\cos 90^\circ=1-0=1$

답 ⑤

50 ㄱ. $\sin 0^\circ=0$, $\cos 0^\circ=1$이므로

$\sin 0^\circ\neq\cos 0^\circ$

ㄴ. $\sin 45° = \cos 45° = \frac{\sqrt{2}}{2}$

ㄷ. $\sin 0° = \tan 0° = 0$

ㄹ. $\sin 90° = \tan 45° = 1$

따라서 옳은 것은 ㄴ, ㄷ, ㄹ이다. 답 ㄴ, ㄷ, ㄹ

51 $\sin 90° \times \tan 45° - \cos 0° \times \sin 45° + \cos 90°$

$= 1 \times 1 - 1 \times \frac{\sqrt{2}}{2} + 0 = \frac{2-\sqrt{2}}{2}$ 답 $\frac{2-\sqrt{2}}{2}$

52 $(\sin 0° + \sin 30°) \times \cos 0° + \frac{\tan 60° \times \cos 30°}{\cos 90° + \tan 45°}$

$= \left(0 + \frac{1}{2}\right) \times 1 + \left(\sqrt{3} \times \frac{\sqrt{3}}{2}\right) \div (0+1)$

$= \frac{1}{2} + \frac{3}{2} = 2$ 답 2

53 ③ $0° < x < 90°$일 때 x의 크기가 커지면 $\tan x$의 값도 커지므로 $\tan 50° < \tan 75°$

⑤ $0° < x < 45°$일 때 $\sin x < \cos x$이므로 $\sin 35° < \cos 35°$ 답 ③

54 ② $45° \le A \le 90°$이면 $\sin A \ge \cos A$ 답 ②

55 $45° < x < 90°$일 때 $\cos x < \sin x < \tan x$이므로

$A = 55°$일 때, $\cos A < \sin A < \tan A$ 답 ③

56 $45° < A < 90°$일 때,

$\cos A < \sin A$이므로 $\cos A - \sin A < 0$

$\sin A < \tan A$이므로 $\sin A - \tan A < 0$

$\therefore \sqrt{(\cos A - \sin A)^2} + \sqrt{(\sin A - \tan A)^2}$

$= -(\cos A - \sin A) - (\sin A - \tan A)$

$= -\cos A + \sin A - \sin A + \tan A$

$= -\cos A + \tan A$ 답 $-\cos A + \tan A$

57 $0° < A < 45°$일 때, $0 < \tan A < 1$이므로

$\tan A + 1 > 0$, $\tan A - 1 < 0$

$\therefore \sqrt{(\tan A + 1)^2} + \sqrt{(\tan A - 1)^2}$

$= \tan A + 1 - (\tan A - 1)$

$= \tan A + 1 - \tan A + 1 = 2$ 답 ⑤

58 $0° < A < 90°$일 때, $0 < \cos A < 1$이므로

$1 + 2\cos A > 0$, $\cos A - 1 < 0$

$\therefore \sqrt{(1 + 2\cos A)^2} - \sqrt{(\cos A - 1)^2}$

$= 1 + 2\cos A + (\cos A - 1)$

$= 3\cos A$ 답 $3\cos A$

59 $0° < x < 45°$일 때,

$\cos x > 0$, $\sin x < \cos x$이므로

$\sin x - \cos x < 0$ … ❶

$\therefore \sqrt{\cos^2 x} - \sqrt{(\sin x - \cos x)^2}$

$= \cos x + (\sin x - \cos x) = \sin x$ … ❷

따라서 $\sin x = \frac{1}{2}$이므로

$x = 30°$ ($\because 0° < x < 45°$) … ❸

답 30°

채점 기준	배점
❶ $\cos x$, $\sin x - \cos x$의 부호 정하기	30%
❷ $\sqrt{\cos^2 x} - \sqrt{(\sin x - \cos x)^2}$을 간단히 하기	40%
❸ x의 크기 구하기	30%

60 $\sin 28° - \tan 29° + \cos 27°$

$= 0.4695 - 0.5543 + 0.8910$

$= 0.8062$ 답 0.8062

61 $\sin 39° = 0.6293$이므로 $x = 39°$

$\tan 41° = 0.8693$이므로 $y = 41°$

$\therefore x + y = 39° + 41° = 80°$ 답 80°

62 ⑤ $\tan 54° = 1.3764$이므로 $x = 54°$ 답 ⑤

63 $\sin 65° = \frac{\overline{AC}}{100} = 0.9063$

$\therefore \overline{AC} = 90.63$

$\cos 65° = \frac{\overline{BC}}{100} = 0.4226$

$\therefore \overline{BC} = 42.26$

$\therefore \overline{AC} + \overline{BC} = 90.63 + 42.26 = 132.89$ 답 132.89

64 $\angle B = 90° - 56° = 34°$이므로 … ❶

$\cos 34° = \frac{\overline{BC}}{20} = 0.8290$

$\therefore \overline{BC} = 16.58$ … ❷

답 16.58

채점 기준	배점
❶ $\angle B$의 크기 구하기	20%
❷ $\overline{BC}$의 길이 구하기	80%

Real 실전 기출

22~24쪽

01 $\overline{AC} = \sqrt{25^2 - 24^2} = 7$이므로

$\sin B = \frac{\overline{AC}}{\overline{AB}} = \frac{7}{25}$ 답 ①

02 $\cos B=\frac{2\sqrt{5}}{5}$이므로

$\overline{AB}=5k$, $\overline{BC}=2\sqrt{5}k\,(k>0)$라 하면

$(5k)^2=(2\sqrt{5}k)^2+(2\sqrt{5})^2$

$25k^2=20k^2+20$, $5k^2=20$

$k^2=4 \qquad \therefore k=2\ (\because k>0)$

$\therefore \overline{AB}=5k=10$

답 10

03 $\tan B=\frac{4}{\overline{BC}}=\frac{1}{3}$이므로 $\overline{BC}=12$

$\overline{BD}=2\overline{CD}$이므로

$\overline{CD}=\frac{1}{3}\overline{BC}=\frac{1}{3}\times 12=4$

$\triangle$ADC에서 $\overline{AD}=\sqrt{4^2+4^2}=4\sqrt{2}$이므로

$\sin x=\frac{\overline{AC}}{\overline{AD}}=\frac{4}{4\sqrt{2}}=\frac{\sqrt{2}}{2}$

$\cos x=\frac{\overline{CD}}{\overline{AD}}=\frac{4}{4\sqrt{2}}=\frac{\sqrt{2}}{2}$

$\tan x=\frac{\overline{AC}}{\overline{CD}}=\frac{4}{4}=1$

$\therefore \sin x\times\cos x+\tan x=\frac{\sqrt{2}}{2}\times\frac{\sqrt{2}}{2}+1$

$=\frac{3}{2}$

답 $\frac{3}{2}$

04 $3\sin A-2=0$에서 $\sin A=\frac{2}{3}$이므로

오른쪽 그림과 같이 $\angle B=90^\circ$, $\overline{AC}=3$, $\overline{BC}=2$인 직각삼각형 ABC를 생각할 수 있다.

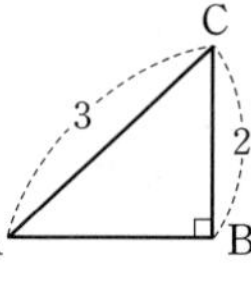

이때 $\overline{AB}=\sqrt{3^2-2^2}=\sqrt{5}$이므로

$\cos A=\frac{\sqrt{5}}{3}$, $\tan A=\frac{2}{\sqrt{5}}$

$\therefore \cos A\div\tan A=\frac{\sqrt{5}}{3}\div\frac{2}{\sqrt{5}}$

$=\frac{\sqrt{5}}{3}\times\frac{\sqrt{5}}{2}=\frac{5}{6}$

답 $\frac{5}{6}$

05 $\triangle$ABD에서

$\angle ADB=180^\circ-(90^\circ+60^\circ)=30^\circ$

$\triangle$BCD에서

$30^\circ=\angle DBC+15^\circ$

$\therefore \angle DBC=15^\circ$

즉, $\triangle$BCD는 이등변삼각형이므로

$\overline{CD}=\overline{BD}=6$

$\triangle$ABD에서

$\sin 60^\circ=\frac{\overline{AD}}{6}=\frac{\sqrt{3}}{2} \qquad \therefore \overline{AD}=3\sqrt{3}$

$\cos 60^\circ=\frac{\overline{AB}}{6}=\frac{1}{2} \qquad \therefore \overline{AB}=3$

이때 $\angle ABC=60^\circ+15^\circ=75^\circ$이므로 $\triangle$ABC에서

$\tan 75^\circ=\tan(\angle ABC)=\frac{\overline{AC}}{\overline{AB}}$

$=\frac{3\sqrt{3}+6}{3}=2+\sqrt{3}$

답 $2+\sqrt{3}$

06 오른쪽 그림과 같이 두 점 A, B에서 x축에 내린 수선의 발을 각각 H, H′이라 하면

$\sin a=\frac{\overline{AH}}{\overline{OA}}=\frac{0.63}{1}=0.63$

$\cos b=\frac{\overline{OH'}}{\overline{OB}}=\frac{0.48}{1}=0.48$

$\therefore \sin a-\cos b=0.63-0.48=0.15$

답 0.15

07 ① $\sin^2 30^\circ+\cos 45^\circ\times\sin 45^\circ=\left(\frac{1}{2}\right)^2+\frac{\sqrt{2}}{2}\times\frac{\sqrt{2}}{2}$

$=\frac{1}{4}+\frac{1}{2}=\frac{3}{4}$

② $\sin 90^\circ+\cos 60^\circ-\tan 45^\circ=1+\frac{1}{2}-1=\frac{1}{2}$

③ $\cos 0^\circ\times\tan 60^\circ\times\sin 60^\circ=1\times\sqrt{3}\times\frac{\sqrt{3}}{2}=\frac{3}{2}$

④ $\frac{\sin 60^\circ}{\cos 60^\circ}\times\tan 30^\circ=\frac{\sqrt{3}}{2}\div\frac{1}{2}\times\frac{\sqrt{3}}{3}$

$=\frac{\sqrt{3}}{2}\times 2\times\frac{\sqrt{3}}{3}=1$

⑤ $(\tan 0^\circ+\sin 45^\circ)\div\sin 30^\circ=\left(0+\frac{\sqrt{2}}{2}\right)\div\frac{1}{2}$

$=\frac{\sqrt{2}}{2}\times 2=\sqrt{2}$

답 ②, ③

08 $\sin 45^\circ=\frac{\sqrt{2}}{2}$, $\cos 0^\circ=1$이고

$\sin 80^\circ>\sin 45^\circ=\cos 45^\circ>\cos 78^\circ$

또, $\tan 65^\circ>\tan 45^\circ=1$이므로

$\cos 78^\circ<\sin 45^\circ<\sin 80^\circ<\cos 0^\circ<\tan 65^\circ$

답 ㄷ, ㄴ, ㄱ, ㅁ, ㄹ

09 $\sin B=\frac{6.947}{10}=0.6947$이므로

$B=44^\circ$

$\cos 44^\circ=\frac{\overline{BC}}{10}=0.7193$이므로

$\overline{BC}=7.193$

답 7.193

10 $\triangle$ABC에서 $\sin x=\frac{2}{\overline{AB}}=\frac{1}{3}$이므로

$\overline{AB}=6$

$\therefore \overline{AC}=\sqrt{6^2-2^2}=4\sqrt{2}$

따라서 $\triangle$ADC에서

$\tan(x+y)=\frac{\overline{DC}}{\overline{AC}}=\frac{4}{4\sqrt{2}}=\frac{\sqrt{2}}{2}$

답 $\frac{\sqrt{2}}{2}$

11 △ABC와 △EBD에서
∠B는 공통,
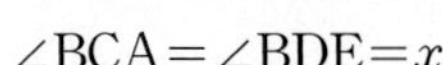
∠BAC=∠BED=90°이므로
△ABC∽△EBD (AA 닮음)
∠BCA=∠BDE=x
△ABC에서 $\overline{BC}=\sqrt{8^2+6^2}=10$이므로

$\sin x=\dfrac{\overline{AB}}{\overline{BC}}=\dfrac{8}{10}=\dfrac{4}{5}$

$\cos(90°-x)=\cos B=\dfrac{\overline{AB}}{\overline{BC}}=\dfrac{8}{10}=\dfrac{4}{5}$

$\therefore \cos(90°-x)+\sin x=\dfrac{4}{5}+\dfrac{4}{5}=\dfrac{8}{5}$ 답 $\dfrac{8}{5}$

12 △ABC에서

$\sin 60°=\dfrac{\overline{AC}}{20}=\dfrac{\sqrt{3}}{2}$ $\therefore \overline{AC}=10\sqrt{3}$

△BCD에서
∠BCD=180°−(90°+60°)=30°이므로
∠ACD=90°−30°=60°

△ADC에서

$\cos 60°=\dfrac{\overline{CD}}{10\sqrt{3}}=\dfrac{1}{2}$ $\therefore \overline{CD}=5\sqrt{3}$

△CDE에서 ∠CDE=180°−(90°+30°)=60°이므로

$\sin 60°=\dfrac{\overline{CE}}{5\sqrt{3}}=\dfrac{\sqrt{3}}{2}$ $\therefore \overline{CE}=\dfrac{15}{2}$ 답 $\dfrac{15}{2}$

다른 풀이 △ABC에서

$\cos 60°=\dfrac{\overline{BC}}{20}=\dfrac{1}{2}$ $\therefore \overline{BC}=10$

△BCD에서

$\sin 60°=\dfrac{\overline{CD}}{10}=\dfrac{\sqrt{3}}{2}$ $\therefore \overline{CD}=5\sqrt{3}$

$\overline{CD}^2=\overline{CE}\times\overline{CB}$이므로
$(5\sqrt{3})^2=\overline{CE}\times 10$

$\therefore \overline{CE}=\dfrac{75}{10}=\dfrac{15}{2}$

13 $\overline{AD}$는 ∠A의 이등분선이므로
$\overline{AB}:\overline{AC}=\overline{BD}:\overline{DC}=3:1$
$\overline{AB}=3k$, $\overline{AC}=k\,(k>0)$라 하면
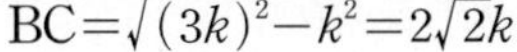
$\overline{BC}=\sqrt{(3k)^2-k^2}=2\sqrt{2}k$
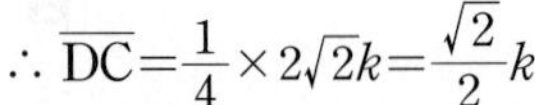
$\therefore \overline{DC}=\dfrac{1}{4}\times 2\sqrt{2}k=\dfrac{\sqrt{2}}{2}k$

△ADC에서

$\overline{AD}=\sqrt{k^2+\left(\dfrac{\sqrt{2}}{2}k\right)^2}=\sqrt{\dfrac{3}{2}k^2}=\dfrac{\sqrt{6}}{2}k$ ($\because$ $k>0$)

$\therefore \sin x=\dfrac{\overline{DC}}{\overline{AD}}=\dfrac{\sqrt{2}}{2}k\div\dfrac{\sqrt{6}}{2}k$

$=\dfrac{\sqrt{2}}{2}k\times\dfrac{2}{\sqrt{6}k}=\dfrac{\sqrt{3}}{3}$ 답 $\dfrac{\sqrt{3}}{3}$

14 ∠AEF=∠CEF, ∠AEF=∠CFE (엇각)이므로
∠CEF=∠CFE
$\therefore \overline{CE}=\overline{CF}=\overline{AE}=5$
또, $\overline{CG}=\overline{AB}=3$이므로
△CFG에서
$\overline{FG}=\sqrt{5^2-3^2}=4$
오른쪽 그림과 같이 점 F에서 $\overline{AD}$에 내린 수선의 발을 H라 하면
$\overline{AH}=\overline{BF}=\overline{FG}=4$이므로
$\overline{EH}=\overline{AE}-\overline{AH}=5-4=1$
△EHF에서
$\overline{EF}=\sqrt{1^2+3^2}=\sqrt{10}$

$\therefore \cos x=\dfrac{\overline{EH}}{\overline{EF}}=\dfrac{1}{\sqrt{10}}=\dfrac{\sqrt{10}}{10}$ 답 $\dfrac{\sqrt{10}}{10}$

15 $\overline{CM}=\dfrac{1}{2}\overline{CD}=\dfrac{1}{2}\times 6=3$이고 △ACM은 ∠AMC=90°인 직각삼각형이므로
$\overline{AM}=\sqrt{6^2-3^2}=3\sqrt{3}$
오른쪽 그림에서 △AMN은 $\overline{AM}=\overline{AN}$인 이등변삼각형이므로 점 A에서 $\overline{MN}$에 내린 수선의 발을 H라 하면

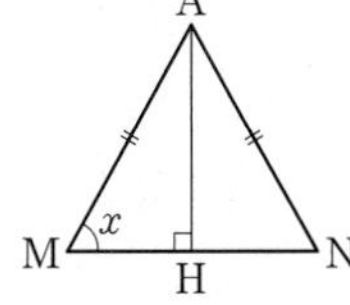

$\overline{MH}=\dfrac{1}{2}\overline{MN}=\dfrac{1}{2}\times 6=3$

따라서 △AMH에서
$\overline{AH}=\sqrt{(3\sqrt{3})^2-3^2}=3\sqrt{2}$이므로

$\sin x=\dfrac{\overline{AH}}{\overline{AM}}=\dfrac{3\sqrt{2}}{3\sqrt{3}}=\dfrac{\sqrt{6}}{3}$

$\cos x=\dfrac{\overline{MH}}{\overline{AM}}=\dfrac{3}{3\sqrt{3}}=\dfrac{\sqrt{3}}{3}$

$\therefore \sin x\times\cos x=\dfrac{\sqrt{6}}{3}\times\dfrac{\sqrt{3}}{3}=\dfrac{\sqrt{2}}{3}$ 답 $\dfrac{\sqrt{2}}{3}$

16 ∠AOB=∠BOC=∠COD

$=\dfrac{1}{3}\times 90°=30°$

△OAB에서

$\cos 30°=\dfrac{6}{\overline{OB}}=\dfrac{\sqrt{3}}{2}$ $\therefore \overline{OB}=4\sqrt{3}$

△OBC에서

$\cos 30°=\dfrac{4\sqrt{3}}{\overline{OC}}=\dfrac{\sqrt{3}}{2}$ $\therefore \overline{OC}=8$

△OCD에서

$\tan 30°=\dfrac{\overline{CD}}{8}=\dfrac{\sqrt{3}}{3}$ $\therefore \overline{CD}=\dfrac{8\sqrt{3}}{3}$

$\therefore \triangle OCD=\dfrac{1}{2}\times 8\times\dfrac{8\sqrt{3}}{3}=\dfrac{32\sqrt{3}}{3}$ 답 $\dfrac{32\sqrt{3}}{3}$

17 △ADC에서

$\sin C=\frac{\overline{AD}}{20}=\frac{3}{5}$ $\quad\therefore \overline{AD}=12$

$\therefore \overline{CD}=\sqrt{20^2-12^2}=16$ … ❶

△ABD에서

$\sin B=\frac{12}{\overline{AB}}=\frac{12}{13}$ $\quad\therefore \overline{AB}=13$

$\therefore \overline{BD}=\sqrt{13^2-12^2}=5$ … ❷

$\therefore \overline{BC}=\overline{BD}+\overline{CD}=5+16=21$ … ❸

답 21

채점 기준	배점
❶ $\overline{CD}$의 길이 구하기	40%
❷ $\overline{BD}$의 길이 구하기	40%
❸ $\overline{BC}$의 길이 구하기	20%

18 △ABC와 △DAC에서

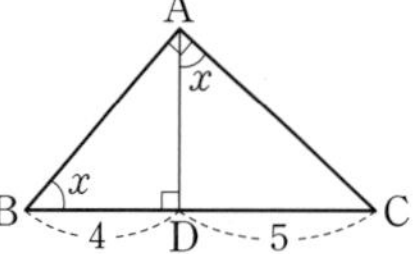

∠C는 공통, ∠BAC=∠ADC=90°이므로

△ABC∽△DAC (AA 닮음)

$\therefore \angle ABC=\angle DAC=x$ … ❶

△ABC에서

$\overline{AB}^2=\overline{BD}\times\overline{BC}$

$=4\times(4+5)=36$

$\therefore \overline{AB}=6\ (\because \overline{AB}>0)$ … ❷

따라서 △ABD에서

$\cos x=\frac{\overline{BD}}{\overline{AB}}=\frac{4}{6}=\frac{2}{3}$ … ❸

답 $\frac{2}{3}$

채점 기준	배점
❶ ∠ABC=∠DAC임을 보이기	40%
❷ $\overline{AB}$의 길이 구하기	30%
❸ $\cos x$의 값 구하기	30%

다른 풀이 $\overline{AD}^2=\overline{BD}\times\overline{CD}=4\times5=20$이므로

$\overline{AD}=2\sqrt{5}$

△ADC에서

$\overline{AC}=\sqrt{(2\sqrt{5})^2+5^2}=3\sqrt{5}$

$\therefore \cos x=\frac{\overline{AD}}{\overline{AC}}=\frac{2\sqrt{5}}{3\sqrt{5}}=\frac{2}{3}$

보충 TIP 직각삼각형의 닮음을 이용한 성질

직각삼각형 ABC에서 $\overline{AD}\perp\overline{BC}$일 때

① $b^2+c^2=a^2$

② $c^2=ax$, $b^2=ay$, $h^2=xy$

③ $bc=ah$

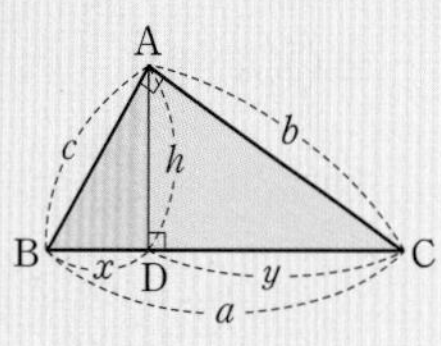

19 $15^\circ<x<60^\circ$에서 $30^\circ<2x<120^\circ$

$\therefore 0^\circ<2x-30^\circ<90^\circ$

$\cos 60^\circ=\frac{1}{2}$이므로 $2x-30^\circ=60^\circ$

$2x=90^\circ$ $\quad\therefore x=45^\circ$ … ❶

$\therefore \tan x=\tan 45^\circ=1$ … ❷

답 1

채점 기준	배점
❶ x의 크기 구하기	70%
❷ $\tan x$의 값 구하기	30%

20 오른쪽 그림과 같이 꼭짓점 A, D에서 $\overline{BC}$에 내린 수선의 발을 각각 E, F라 하자.

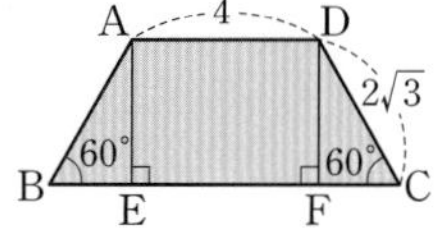

△DFC에서

$\sin 60^\circ=\frac{\overline{DF}}{2\sqrt{3}}=\frac{\sqrt{3}}{2}$ $\quad\therefore \overline{DF}=3$ … ❶

$\cos 60^\circ=\frac{\overline{FC}}{2\sqrt{3}}=\frac{1}{2}$ $\quad\therefore \overline{FC}=\sqrt{3}$

□ABCD는 등변사다리꼴이므로

$\overline{AB}=\overline{DC}$

∴ △ABE≡△DCF (RHA 합동)

$\overline{BE}=\overline{FC}=\sqrt{3}$이므로

$\overline{BC}=\sqrt{3}+4+\sqrt{3}=4+2\sqrt{3}$ … ❷

따라서 사다리꼴 ABCD의 넓이는

$\frac{1}{2}\times\{4+(4+2\sqrt{3})\}\times3=12+3\sqrt{3}$ … ❸

답 $12+3\sqrt{3}$

채점 기준	배점
❶ $\overline{DF}$의 길이 구하기	30%
❷ $\overline{BC}$의 길이 구하기	40%
❸ 사다리꼴 ABCD의 넓이 구하기	30%

21 △ABE에서

$\tan 30^\circ=\frac{6}{\overline{BE}}=\frac{\sqrt{3}}{3}$ $\quad\therefore \overline{BE}=6\sqrt{3}$

$\overline{BD}=\overline{DE}$이므로 $\angle DBE=45^\circ$

△BDE에서

$\sin 45^\circ=\frac{\overline{DE}}{6\sqrt{3}}=\frac{\sqrt{2}}{2}$ $\quad\therefore \overline{DE}=3\sqrt{6}$

$\therefore \overline{FC}=\overline{DE}=3\sqrt{6}$ … ❶

$\angle FEB=\angle DBE=45^\circ$ (엇각)이므로

$\angle AEF=45^\circ$

따라서 △AFE에서

$\sin 45^\circ=\frac{\overline{AF}}{6}=\frac{\sqrt{2}}{2}$ $\quad\therefore \overline{AF}=3\sqrt{2}$ … ❷

$\therefore \overline{AC}=\overline{AF}+\overline{FC}=3\sqrt{2}+3\sqrt{6}$ … ❸

답 $3\sqrt{2}+3\sqrt{6}$

채점 기준	배점
❶ $\overline{FC}$의 길이 구하기	40%
❷ $\overline{AF}$의 길이 구하기	40%
❸ $\overline{AC}$의 길이 구하기	20%

22 $a=\tan A=\frac{\sqrt{3}}{3}$ … ❶

$\overline{OA}=3k$, $\overline{OB}=\sqrt{3}k\,(k>0)$라 하면

직각삼각형 AOB에서

$\overline{AB}=\sqrt{(3k)^2+(\sqrt{3}k)^2}=\sqrt{12k^2}=2\sqrt{3}k$ ($\because k>0$)

이때 $\overline{OA}\times\overline{OB}=\overline{AB}\times\overline{OH}$이므로

$3k\times\sqrt{3}k=2\sqrt{3}k\times2$

$\therefore k=\frac{4}{3}$

즉, $\overline{OB}=\sqrt{3}k=\frac{4\sqrt{3}}{3}$이므로

$b=(y\text{절편})=\frac{4\sqrt{3}}{3}$ … ❷

$\therefore b-a=\frac{4\sqrt{3}}{3}-\frac{\sqrt{3}}{3}=\sqrt{3}$ … ❸

답 $\sqrt{3}$

채점 기준	배점
❶ a의 값 구하기	20%
❷ b의 값 구하기	60%
❸ $b-a$의 값 구하기	20%

다른 풀이 $a=\tan A=\frac{\sqrt{3}}{3}$

따라서 $\angle BAO=30^\circ$이므로 $\angle ABO=60^\circ$

$\triangle BHO$에서

$\sin 60^\circ=\frac{2}{\overline{OB}}=\frac{\sqrt{3}}{2}$

$\therefore \overline{OB}=\frac{4}{\sqrt{3}}=\frac{4\sqrt{3}}{3}$

즉, $b=\frac{4\sqrt{3}}{3}$이므로

$b-a=\frac{4\sqrt{3}}{3}-\frac{\sqrt{3}}{3}=\sqrt{3}$

02 삼각비의 활용

Real 실전 개념

27, 29쪽

01 답 $b\sin A$

02 답 $b\cos A$

03 답 $c\tan A$

04 답 $\frac{c}{\sin C}$

05 답 $\frac{a}{\cos C}$

06 답 $\frac{c}{\tan C}$

07 답 6, $3\sqrt{3}$

08 답 6, 3

09 답 8, $8\sqrt{2}$

10 답 8, 8

11 $\sin 35^\circ=\frac{x}{10}$이므로

$x=10\sin 35^\circ=10\times0.57=5.7$

$\cos 35^\circ=\frac{y}{10}$이므로

$y=10\cos 35^\circ=10\times0.82=8.2$ 답 $x=5.7$, $y=8.2$

12 $\angle C=180^\circ-(90^\circ+67^\circ)=23^\circ$

$\sin 23^\circ=\frac{x}{5}$이므로

$x=5\sin 23^\circ=5\times0.39=1.95$

$\cos 23^\circ=\frac{y}{5}$이므로

$y=5\cos 23^\circ=5\times0.92=4.6$ 답 $x=1.95$, $y=4.6$

13 답 2, 1, 2, $\sqrt{3}$, $2\sqrt{3}$, $\sqrt{13}$

14 $\overline{AH}=4\sqrt{2}\sin 45^\circ=4\sqrt{2}\times\frac{\sqrt{2}}{2}=4$ 답 4

15 $\overline{BH}=4\sqrt{2}\cos 45^\circ=4\sqrt{2}\times\frac{\sqrt{2}}{2}=4$ 답 4

16 $\overline{CH}=\overline{BC}-\overline{BH}=6-4=2$ 답 2

17 $\overline{AC}=\sqrt{\overline{AH}^2+\overline{CH}^2}$

$=\sqrt{4^2+2^2}=2\sqrt{5}$ 답 $2\sqrt{5}$

18 $\overline{AH}=10\sin 60^\circ=10\times\frac{\sqrt{3}}{2}=5\sqrt{3}$ 답 $5\sqrt{3}$

19 $\angle C=180^\circ-(75^\circ+60^\circ)=45^\circ$ 답 45°

20 $\overline{AC}=\frac{\overline{AH}}{\sin 45^\circ}$

$=5\sqrt{3}\div\frac{\sqrt{2}}{2}=5\sqrt{3}\times\frac{2}{\sqrt{2}}=5\sqrt{6}$ 답 $5\sqrt{6}$

21 답 45, 30, 45, h, 30, $\frac{\sqrt{3}}{3}h$, $\frac{3+\sqrt{3}}{3}$, $4(3-\sqrt{3})$

22 답 $\angle BAH=60°$, $\angle CAH=30°$

23 $\triangle ABH$에서 $\overline{BH}=h\tan 60°=\sqrt{3}h$

$\triangle ACH$에서 $\overline{CH}=h\tan 30°=\frac{\sqrt{3}}{3}h$

답 $\overline{BH}=\sqrt{3}h$, $\overline{CH}=\frac{\sqrt{3}}{3}h$

24 $\overline{BH}-\overline{CH}=\overline{BC}$이므로

$\sqrt{3}h-\frac{\sqrt{3}}{3}h=6$, $\frac{2\sqrt{3}}{3}h=6$

$\therefore h=3\sqrt{3}$ 답 $3\sqrt{3}$

25 $\triangle ABC=\frac{1}{2}\times2\times4\times\sin 30°$

$=\frac{1}{2}\times2\times4\times\frac{1}{2}=2$ 답 2

26 $\triangle ABC=\frac{1}{2}\times5\times6\sqrt{2}\times\sin 45°$

$=\frac{1}{2}\times5\times6\sqrt{2}\times\frac{\sqrt{2}}{2}=15$ 답 15

27 $\triangle ABC=\frac{1}{2}\times3\times4\times\sin(180°-120°)$

$=\frac{1}{2}\times3\times4\times\sin 60°$

$=\frac{1}{2}\times3\times4\times\frac{\sqrt{3}}{2}=3\sqrt{3}$ 답 $3\sqrt{3}$

28 $\triangle ABC=\frac{1}{2}\times8\sqrt{2}\times10\times\sin(180°-135°)$

$=\frac{1}{2}\times8\sqrt{2}\times10\times\sin 45°$

$=\frac{1}{2}\times8\sqrt{2}\times10\times\frac{\sqrt{2}}{2}=40$ 답 40

29 $\square ABCD=4\times6\times\sin 30°$

$=4\times6\times\frac{1}{2}=12$ 답 12

30 $\square ABCD=5\times3\sqrt{2}\times\sin 45°$

$=5\times3\sqrt{2}\times\frac{\sqrt{2}}{2}=15$ 답 15

31 $\square ABCD=5\sqrt{3}\times8\times\sin 60°$

$=5\sqrt{3}\times8\times\frac{\sqrt{3}}{2}=60$ 답 60

32 $\square ABCD=12\times9\sqrt{2}\times\sin(180°-150°)$

$=12\times9\sqrt{2}\times\sin 30°$

$=12\times9\sqrt{2}\times\frac{1}{2}=54\sqrt{2}$ 답 $54\sqrt{2}$

33 $\square ABCD=\frac{1}{2}\times5\times6\times\sin 60°$

$=\frac{1}{2}\times5\times6\times\frac{\sqrt{3}}{2}=\frac{15\sqrt{3}}{2}$ 답 $\frac{15\sqrt{3}}{2}$

34 $\square ABCD=\frac{1}{2}\times7\sqrt{2}\times10\times\sin 45°$

$=\frac{1}{2}\times7\sqrt{2}\times10\times\frac{\sqrt{2}}{2}=35$ 답 35

35 $\square ABCD=\frac{1}{2}\times8\sqrt{3}\times12\times\sin(180°-150°)$

$=\frac{1}{2}\times8\sqrt{3}\times12\times\sin 30°$

$=\frac{1}{2}\times8\sqrt{3}\times12\times\frac{1}{2}=24\sqrt{3}$ 답 $24\sqrt{3}$

36 $\square ABCD=\frac{1}{2}\times14\times11\times\sin(180°-135°)$

$=\frac{1}{2}\times14\times11\times\sin 45°$

$=\frac{1}{2}\times14\times11\times\frac{\sqrt{2}}{2}=\frac{77\sqrt{2}}{2}$ 답 $\frac{77\sqrt{2}}{2}$

Real 실전 유형

30~35쪽

01 ④ $\tan B=\frac{b}{a}$이므로 $b=a\tan B$ 답 ④

02 $\overline{AC}=5\tan 34°=5\times0.67=3.35$ 답 3.35

03 $x=10\sin 48°=10\times0.74=7.4$

$y=10\cos 48°=10\times0.67=6.7$

$\therefore x+y=7.4+6.7=14.1$ 답 14.1

04 $\overline{FH}=\sqrt{4^2+4^2}=4\sqrt{2}(\text{cm})$이므로

$\overline{BF}=4\sqrt{2}\tan 60°=4\sqrt{2}\times\sqrt{3}=4\sqrt{6}(\text{cm})$

따라서 직육면체의 부피는

$4\times4\times4\sqrt{6}=64\sqrt{6}(\text{cm}^3)$ 답 $64\sqrt{6}\text{ cm}^3$

05 $\overline{FG}=8\cos 45°=8\times\frac{\sqrt{2}}{2}=4\sqrt{2}(\text{cm})$

$\overline{CG}=8\sin 45°=8\times\frac{\sqrt{2}}{2}=4\sqrt{2}(\text{cm})$ … ❶

따라서 직육면체의 겉넓이는

$(4\sqrt{2}\times5\sqrt{2})\times2+(4\sqrt{2}+5\sqrt{2}+4\sqrt{2}+5\sqrt{2})\times4\sqrt{2}$

$=224(\text{cm}^2)$ … ❷

답 224 cm^2

채점 기준	배점
❶ $\overline{FG}$, $\overline{CG}$의 길이 구하기	60%
❷ 직육면체의 겉넓이 구하기	40%

06 $\overline{AB}=4\sqrt{3}\cos 30^\circ=4\sqrt{3}\times\frac{\sqrt{3}}{2}=6(\text{cm})$

$\overline{BC}=4\sqrt{3}\sin 30^\circ=4\sqrt{3}\times\frac{1}{2}=2\sqrt{3}(\text{cm})$

따라서 삼각기둥의 부피는

$\left(\frac{1}{2}\times 6\times 2\sqrt{3}\right)\times 8=48\sqrt{3}(\text{cm}^3)$ 답 ②

07 $\overline{AD}=\overline{BC}=20(\text{m})$

$\triangle$ADE에서

$\overline{ED}=20\tan 36^\circ=20\times 0.73=14.6(\text{m})$

따라서 건물의 높이는

$1.5+14.6=16.1(\text{m})$ 답 16.1 m

08 $\triangle$ABD에서

$\overline{AD}=144\sin 45^\circ=144\times\frac{\sqrt{2}}{2}=72\sqrt{2}(\text{m})$

$\triangle$ACD에서

$\overline{CD}=72\sqrt{2}\tan 60^\circ=72\sqrt{2}\times\sqrt{3}=72\sqrt{6}(\text{m})$ 답 ⑤

09 $\triangle$ACB에서

$\overline{BC}=6\sqrt{3}\tan 45^\circ=6\sqrt{3}(\text{m})$

$\triangle$ADC에서

$\overline{CD}=6\sqrt{3}\tan 30^\circ=6\sqrt{3}\times\frac{\sqrt{3}}{3}=6(\text{m})$

따라서 건물 Q의 높이는

$\overline{BC}+\overline{CD}=6\sqrt{3}+6(\text{m})$ 답 $(6\sqrt{3}+6)$ m

10 오른쪽 그림과 같이 꼭짓점 A에서 $\overline{BC}$에 내린 수선의 발을 H라 하면

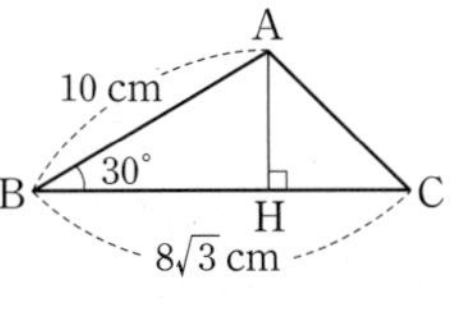

$\overline{AH}=10\sin 30^\circ$

$=10\times\frac{1}{2}=5(\text{cm})$

$\overline{BH}=10\cos 30^\circ=10\times\frac{\sqrt{3}}{2}=5\sqrt{3}(\text{cm})$

$\therefore \overline{CH}=\overline{BC}-\overline{BH}=8\sqrt{3}-5\sqrt{3}=3\sqrt{3}(\text{cm})$

따라서 $\triangle$AHC에서

$\overline{AC}=\sqrt{5^2+(3\sqrt{3})^2}=2\sqrt{13}(\text{cm})$ 답 $2\sqrt{13}$ cm

11 오른쪽 그림과 같이 꼭짓점 A에서 $\overline{BC}$에 내린 수선의 발을 H라 하면

$\overline{CH}=12\cos C=12\times\frac{2}{3}=8(\text{cm})$

즉, $\triangle$AHC에서

$\overline{AH}=\sqrt{12^2-8^2}=4\sqrt{5}(\text{cm})$ … ❶

또, $\overline{BH}=\overline{BC}-\overline{CH}=12-8=4(\text{cm})$이므로

$\triangle$ABH에서

$\overline{AB}=\sqrt{4^2+(4\sqrt{5})^2}=4\sqrt{6}(\text{cm})$ … ❷

답 $4\sqrt{6}$ cm

채점 기준	배점
❶ $\overline{AH}$, $\overline{CH}$의 길이 구하기	50%
❷ $\overline{AB}$의 길이 구하기	50%

12 오른쪽 그림과 같이 꼭짓점 A에서 $\overline{BC}$의 연장선에 내린 수선의 발을 H라 하면

$\angle ABH=180^\circ-135^\circ=45^\circ$이므로

$\overline{AH}=6\sin 45^\circ=6\times\frac{\sqrt{2}}{2}=3\sqrt{2}(\text{cm})$

$\overline{BH}=6\cos 45^\circ=6\times\frac{\sqrt{2}}{2}=3\sqrt{2}(\text{cm})$

$\therefore \overline{CH}=\overline{BH}+\overline{BC}=3\sqrt{2}+4\sqrt{2}=7\sqrt{2}(\text{cm})$

따라서 $\triangle$AHC에서

$\overline{AC}=\sqrt{(3\sqrt{2})^2+(7\sqrt{2})^2}=2\sqrt{29}(\text{cm})$ 답 $2\sqrt{29}$ cm

13 오른쪽 그림과 같이 꼭짓점 C에서 $\overline{AB}$에 내린 수선의 발을 H라 하면

$\overline{CH}=6\sin 60^\circ=6\times\frac{\sqrt{3}}{2}=3\sqrt{3}(\text{cm})$

$\angle A=180^\circ-(60^\circ+75^\circ)=45^\circ$이므로

$\triangle$AHC에서

$\overline{AC}=\frac{3\sqrt{3}}{\sin 45^\circ}=3\sqrt{3}\times\frac{2}{\sqrt{2}}=3\sqrt{6}(\text{cm})$ 답 ②

14 오른쪽 그림과 같이 꼭짓점 C에서 $\overline{AB}$에 내린 수선의 발을 H라 하면

$\overline{CH}=8\sin 45^\circ=8\times\frac{\sqrt{2}}{2}=4\sqrt{2}$

$\angle B=180^\circ-(45^\circ+105^\circ)=30^\circ$이므로 $\triangle$BCH에서

$\overline{BC}=\frac{4\sqrt{2}}{\sin 30^\circ}=4\sqrt{2}\times 2=8\sqrt{2}$ 답 $8\sqrt{2}$

15 오른쪽 그림과 같이 꼭짓점 A에서 $\overline{BC}$에 내린 수선의 발을 H라 하면

$\overline{CH}=10\sqrt{3}\cos 60^\circ$

$=10\sqrt{3}\times\frac{1}{2}=5\sqrt{3}$ … ❶

$\overline{AH}=10\sqrt{3}\sin 60^\circ=10\sqrt{3}\times\frac{\sqrt{3}}{2}=15$

$\triangle$ABH에서

$\overline{BH}=\frac{15}{\tan 45^\circ}=15$ … ❷

$\therefore \overline{BC}=\overline{BH}+\overline{CH}=15+5\sqrt{3}$ … ❸

답 $15+5\sqrt{3}$

채점 기준	배점
❶ $\overline{CH}$의 길이 구하기	30%
❷ $\overline{BH}$의 길이 구하기	50%
❸ $\overline{BC}$의 길이 구하기	20%

16 오른쪽 그림과 같이 꼭짓점 A에서 $\overline{BC}$에 내린 수선의 발을 H라 하면

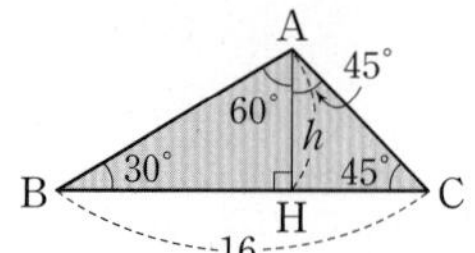

$\angle BAH=60^\circ$, $\angle CAH=45^\circ$

$\overline{AH}=h$라 하면

$\overline{BH}=h\tan 60^\circ=\sqrt{3}h$, $\overline{CH}=h\tan 45^\circ=h$

$\overline{BH}+\overline{CH}=\overline{BC}$이므로 $\sqrt{3}h+h=16$

$\therefore h=\dfrac{16}{\sqrt{3}+1}=8(\sqrt{3}-1)$

$\therefore \triangle ABC=\dfrac{1}{2}\times16\times8(\sqrt{3}-1)=64(\sqrt{3}-1)$

답 $64(\sqrt{3}-1)$

17 $\angle ACH=25^\circ$, $\angle BCH=40^\circ$이므로 $\overline{CH}=h$라 하면

$\overline{AH}=h\tan 25^\circ$, $\overline{BH}=h\tan 40^\circ$

$\overline{AH}+\overline{BH}=\overline{AB}$이므로 $h\tan 25^\circ+h\tan 40^\circ=4$

$\therefore h=\dfrac{4}{\tan 25^\circ+\tan 40^\circ}$

$\therefore \overline{CH}=\dfrac{4}{\tan 25^\circ+\tan 40^\circ}$ 답 ①

18 오른쪽 그림과 같이 꼭짓점 C에서 $\overline{AB}$에 내린 수선의 발을 H라 하면

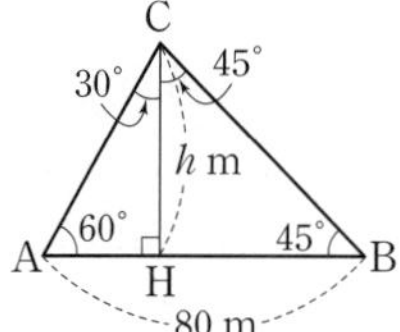

$\angle ACH=30^\circ$, $\angle BCH=45^\circ$

$\overline{CH}=h$ m라 하면

$\overline{AH}=h\tan 30^\circ=\dfrac{\sqrt{3}}{3}h(\text{m})$

$\overline{BH}=h\tan 45^\circ=h(\text{m})$

$\overline{AH}+\overline{BH}=\overline{AB}$이므로 $\dfrac{\sqrt{3}}{3}h+h=80$

$\dfrac{3+\sqrt{3}}{3}h=80$ $\quad\therefore h=\dfrac{240}{3+\sqrt{3}}=40(3-\sqrt{3})$

따라서 지면으로부터 기구까지의 높이는 $40(3-\sqrt{3})$ m이다. 답 $40(3-\sqrt{3})$ m

19 $\angle ACH=45^\circ$, $\angle BCH=30^\circ$이므로 $\overline{CH}=h$ m라 하면

$\overline{AH}=h\tan 45^\circ=h(\text{m})$, $\overline{BH}=h\tan 30^\circ=\dfrac{\sqrt{3}}{3}h(\text{m})$

$\overline{AH}-\overline{BH}=\overline{AB}$이므로 $h-\dfrac{\sqrt{3}}{3}h=12$

$\dfrac{3-\sqrt{3}}{3}h=12$ $\quad\therefore h=\dfrac{36}{3-\sqrt{3}}=6(3+\sqrt{3})$

따라서 나무의 높이는 $6(3+\sqrt{3})$ m이다. 답 $6(3+\sqrt{3})$ m

20 $\angle BAH=60^\circ$, $\angle CAH=45^\circ$이므로 $\overline{AH}=h$라 하면

$\overline{BH}=h\tan 60^\circ=\sqrt{3}h$, $\overline{CH}=h\tan 45^\circ=h$

$\overline{BH}-\overline{CH}=\overline{BC}$이므로 $\sqrt{3}h-h=10$

$\therefore h=\dfrac{10}{\sqrt{3}-1}=5(\sqrt{3}+1)$

$\therefore \overline{AH}=5(\sqrt{3}+1)$ 답 ④

21 오른쪽 그림과 같이 꼭짓점 A에서 $\overline{BC}$의 연장선에 내린 수선의 발을 H라 하면

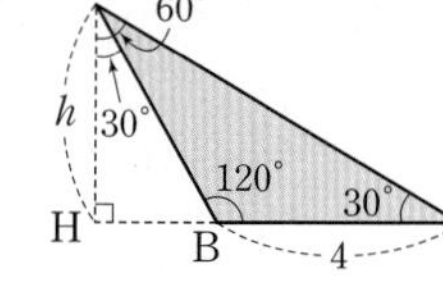

$\angle CAH=60^\circ$, $\angle BAH=30^\circ$

$\overline{AH}=h$라 하면

$\overline{CH}=h\tan 60^\circ=\sqrt{3}h$, $\overline{BH}=h\tan 30^\circ=\dfrac{\sqrt{3}}{3}h$

$\overline{CH}-\overline{BH}=\overline{BC}$이므로

$\sqrt{3}h-\dfrac{\sqrt{3}}{3}h=4$, $\dfrac{2\sqrt{3}}{3}h=4$ $\quad\therefore h=2\sqrt{3}$

$\therefore \triangle ABC=\dfrac{1}{2}\times4\times2\sqrt{3}=4\sqrt{3}$ 답 $4\sqrt{3}$

22 $\dfrac{1}{2}\times\overline{AB}\times8\times\sin 60^\circ=18\sqrt{3}$이므로

$\dfrac{1}{2}\times\overline{AB}\times8\times\dfrac{\sqrt{3}}{2}=18\sqrt{3}$ $\quad\therefore \overline{AB}=9$ 답 ④

23 $\triangle ABC=\dfrac{1}{2}\times12\times9\sqrt{3}\times\sin 60^\circ$

$=\dfrac{1}{2}\times12\times9\sqrt{3}\times\dfrac{\sqrt{3}}{2}=81$ … ❶

점 G가 △ABC의 무게중심이므로 색칠한 부분의 넓이는

$\dfrac{2}{3}\triangle ABC=\dfrac{2}{3}\times81=54$ … ❷

답 54

채점 기준	배점
❶ △ABC의 넓이 구하기	60%
❷ 색칠한 부분의 넓이 구하기	40%

보충 TIP 삼각형의 무게중심과 넓이

점 G가 △ABC의 무게중심일 때

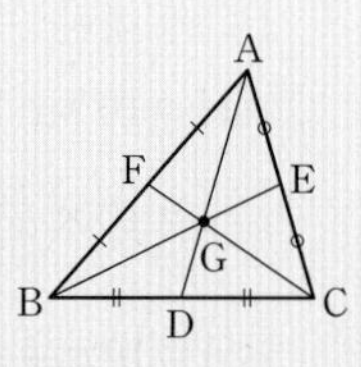

(1) $\triangle AFG=\triangle BGF=\triangle BDG$
$=\triangle CGD=\triangle CEG$
$=\triangle AGE$
$=\dfrac{1}{6}\triangle ABC$

(2) $\triangle GAB=\triangle GBC=\triangle GCA=\dfrac{1}{3}\triangle ABC$

24 △ACE=△ACD이므로

$\square ABCE=\triangle ABC+\triangle ACE=\triangle ABC+\triangle ACD$

$=\triangle ABD$

$=\dfrac{1}{2}\times6\times5\sqrt{2}\times\sin 45^\circ$

$=\dfrac{1}{2}\times6\times5\sqrt{2}\times\dfrac{\sqrt{2}}{2}=15$ 답 15

보충 TIP 평행선과 넓이

두 직선 l과 m이 평행할 때, △ABC와 △DBC는 밑변 BC가 공통이고 높이가 h로 같으므로 두 삼각형의 넓이가 같다.
즉, $l\,/\!/\,m$이면 △ABC=△DBC

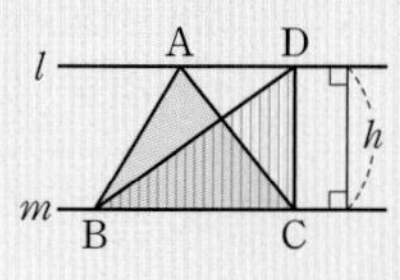

25 $\frac{1}{2}\times20\times\overline{AC}\times\sin(180°-135°)=75\sqrt{2}$이므로

$\frac{1}{2}\times20\times\overline{AC}\times\frac{\sqrt{2}}{2}=75\sqrt{2}$

$5\sqrt{2}\,\overline{AC}=75\sqrt{2}$ $\quad\therefore \overline{AC}=15(\text{cm})$ 답 15 cm

26 $\overline{BC}=16$이므로 $\triangle ABC$에서

$\overline{AC}=16\sin30°=16\times\frac{1}{2}=8$

$\triangle AEC$에서

$\angle ACE=90°+60°=150°$

$\therefore \triangle AEC=\frac{1}{2}\times16\times8\times\sin(180°-150°)$

$=\frac{1}{2}\times16\times8\times\frac{1}{2}=32$ 답 ④

27 $\angle BAD=\angle CAD=\frac{1}{2}\times120°=60°$

$\triangle ABC=\triangle ABD+\triangle ADC$이므로

$\frac{1}{2}\times6\times12\times\sin(180°-120°)$

$=\frac{1}{2}\times6\times\overline{AD}\times\sin60°+\frac{1}{2}\times\overline{AD}\times12\times\sin60°$

$18\sqrt{3}=\frac{3\sqrt{3}}{2}\overline{AD}+3\sqrt{3}\,\overline{AD}$

$\frac{9\sqrt{3}}{2}\overline{AD}=18\sqrt{3}$ $\quad\therefore \overline{AD}=4$ 답 4

28 오른쪽 그림과 같이 $\overline{AC}$를 그으면

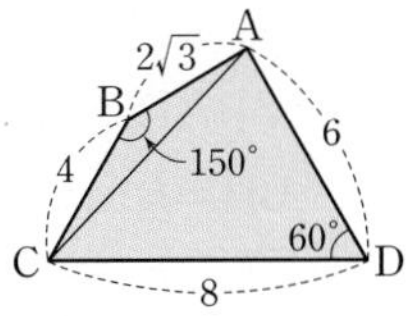

$\square ABCD$

$=\triangle ABC+\triangle ACD$

$=\frac{1}{2}\times2\sqrt{3}\times4\times\sin(180°-150°)$

$+\frac{1}{2}\times8\times6\times\sin60°$

$=\frac{1}{2}\times2\sqrt{3}\times4\times\frac{1}{2}+\frac{1}{2}\times8\times6\times\frac{\sqrt{3}}{2}$

$=14\sqrt{3}$ 답 $14\sqrt{3}$

29 오른쪽 그림과 같이 정팔각형은 8개의 합동인 이등변삼각형으로 나누어진다.

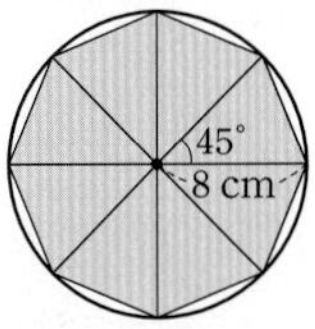

이때 $\frac{360°}{8}=45°$이므로 정팔각형의 넓이는

$8\times\left(\frac{1}{2}\times8\times8\times\sin45°\right)$

$=8\times\left(\frac{1}{2}\times8\times8\times\frac{\sqrt{2}}{2}\right)$

$=128\sqrt{2}(\text{cm}^2)$ 답 $128\sqrt{2}\text{ cm}^2$

보충 TIP 정n각형의 넓이 구하는 방법 ($n\geq5$)

정n각형은 n개의 합동인 이등변삼각형으로 나누어진다.

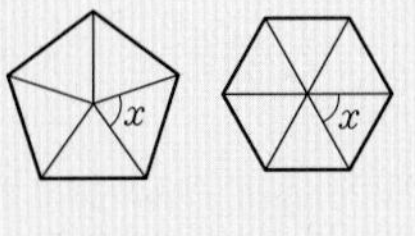

➡ $\angle x=\frac{360°}{n}$

➡ (정n각형의 넓이)$=n\times$(나누어진 삼각형 한 개의 넓이)

30 오른쪽 그림과 같이 꼭짓점 A에서 $\overline{BC}$에 내린 수선의 발을 H라 하면

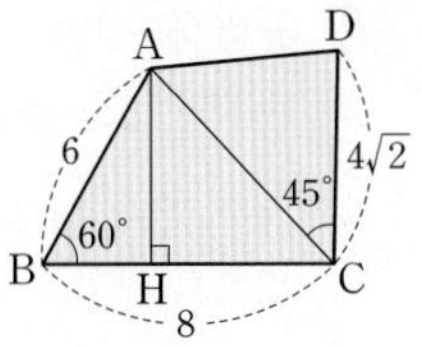

$\overline{AH}=6\sin60°=6\times\frac{\sqrt{3}}{2}=3\sqrt{3}$

$\overline{BH}=6\cos60°=6\times\frac{1}{2}=3$

$\therefore \overline{CH}=\overline{BC}-\overline{BH}=8-3=5$

$\triangle AHC$에서

$\overline{AC}=\sqrt{(3\sqrt{3})^2+5^2}=2\sqrt{13}$ … ❶

$\therefore \square ABCD=\triangle ABC+\triangle ACD$

$=\frac{1}{2}\times6\times8\times\sin60°$

$+\frac{1}{2}\times2\sqrt{13}\times4\sqrt{2}\times\sin45°$

$=\frac{1}{2}\times6\times8\times\frac{\sqrt{3}}{2}+\frac{1}{2}\times2\sqrt{13}\times4\sqrt{2}\times\frac{\sqrt{2}}{2}$

$=12\sqrt{3}+4\sqrt{13}$ … ❷

답 $12\sqrt{3}+4\sqrt{13}$

채점 기준	배점
❶ $\overline{AC}$의 길이 구하기	50%
❷ $\square ABCD$의 넓이 구하기	50%

31 $6\times\overline{BC}\times\sin45°=21\sqrt{2}$이므로

$6\times\overline{BC}\times\frac{\sqrt{2}}{2}=21\sqrt{2}$, $3\sqrt{2}\,\overline{BC}=21\sqrt{2}$

$\therefore \overline{BC}=7(\text{cm})$

$\therefore \overline{AD}=\overline{BC}=7(\text{cm})$ 답 ④

32 $\triangle AOD=\frac{1}{4}\square ABCD$

$=\frac{1}{4}\times(5\times8\times\sin60°)$

$=\frac{1}{4}\times\left(5\times8\times\frac{\sqrt{3}}{2}\right)=5\sqrt{3}$ 답 $5\sqrt{3}$

보충 TIP 평행사변형과 넓이

평행사변형은 두 대각선에 의하여 네 개의 삼각형으로 나누어지며 네 삼각형의 넓이는 모두 같다.

33 $\triangle BDM=\frac{1}{2}\triangle ABD=\frac{1}{2}\times\frac{1}{2}\square ABCD$

$=\frac{1}{4}\square ABCD$ … ❶

$=\frac{1}{4}\times\{12\times10\times\sin(180°-120°)\}$

$=\frac{1}{4}\times\left(12\times10\times\frac{\sqrt{3}}{2}\right)=15\sqrt{3}(\text{cm}^2)$ … ❷

답 $15\sqrt{3}\text{ cm}^2$

채점 기준	배점
❶ $\triangle BDM=\frac{1}{4}\square ABCD$임을 알기	40%
❷ $\triangle BDM$의 넓이 구하기	60%

34 등변사다리꼴의 두 대각선의 길이는 같으므로
$\overline{BD}=\overline{AC}=8(\text{cm})$

$\therefore \square ABCD=\frac{1}{2}\times8\times8\times\sin(180^\circ-120^\circ)$

$=\frac{1}{2}\times8\times8\times\frac{\sqrt{3}}{2}$

$=16\sqrt{3}(\text{cm}^2)$ 답 $16\sqrt{3}\text{ cm}^2$

35 $\frac{1}{2}\times9\times\overline{AC}\times\sin45^\circ=36\sqrt{2}$이므로

$\frac{1}{2}\times9\times\overline{AC}\times\frac{\sqrt{2}}{2}=36\sqrt{2}$, $9\sqrt{2}\,\overline{AC}=144\sqrt{2}$

$\therefore \overline{AC}=16$ 답 16

36 두 대각선이 이루는 각의 크기를 $x(0^\circ<x\le90^\circ)$라 하면
사각형의 넓이는

$\frac{1}{2}\times8\times13\times\sin x=52\sin x(\text{cm}^2)$

이때 $0<\sin x\le1$이므로 $0<52\sin x\le52$

따라서 사각형의 넓이 중 가장 큰 값은 52 cm^2이다.

답 52 cm^2

Real 실전 기출 36~38쪽

01 $\angle A=180^\circ-(44^\circ+90^\circ)=46^\circ$

$\therefore \overline{AC}=10\sin44^\circ=10\cos46^\circ$ 답 ①, ④

02 $\overline{AH}=6\sin60^\circ=6\times\frac{\sqrt{3}}{2}=3\sqrt{3}(\text{cm})$

$\overline{BH}=6\cos60^\circ=6\times\frac{1}{2}=3(\text{cm})$

따라서 원뿔의 부피는

$\frac{1}{3}\times\pi\times3^2\times3\sqrt{3}=9\sqrt{3}\pi(\text{cm}^3)$ 답 $9\sqrt{3}\pi\text{ cm}^3$

03 오른쪽 그림과 같이 꼭짓점 A에서 $\overline{BC}$에 내린 수선의 발을 H라 하면

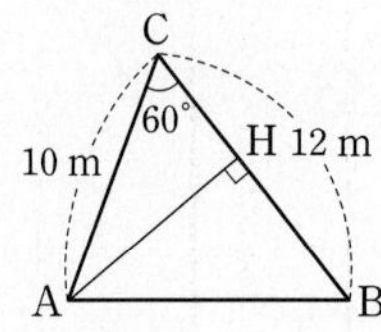

$\overline{AH}=10\sin60^\circ$

$=10\times\frac{\sqrt{3}}{2}=5\sqrt{3}(\text{m})$

$\overline{CH}=10\cos60^\circ=10\times\frac{1}{2}=5(\text{m})$

$\therefore \overline{BH}=\overline{BC}-\overline{CH}=12-5=7(\text{m})$

$\triangle ABH$에서

$\overline{AB}=\sqrt{(5\sqrt{3})^2+7^2}=2\sqrt{31}(\text{m})$

따라서 두 지점 A, B 사이의 거리는 $2\sqrt{31}$ m이다.

답 $2\sqrt{31}$ m

04 오른쪽 그림과 같이 꼭짓점 C에서 $\overline{AB}$에 내린 수선의 발을 H라 하면

$\overline{CH}=16\sin30^\circ=16\times\frac{1}{2}=8$

$\angle A=180^\circ-(30^\circ+105^\circ)=45^\circ$

이므로 $\triangle AHC$에서

$\overline{AC}=\frac{8}{\sin45^\circ}=8\times\frac{2}{\sqrt{2}}=8\sqrt{2}$ 답 $8\sqrt{2}$

05 오른쪽 그림과 같이 꼭짓점 C에서 $\overline{AB}$에 내린 수선의 발을 H라 하면

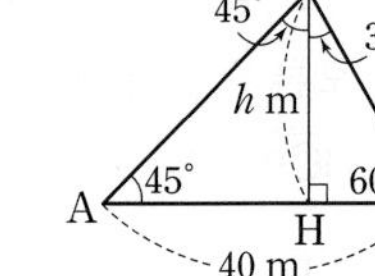

$\angle ACH=45^\circ$, $\angle BCH=30^\circ$

$\overline{CH}=h$ m라 하면

$\overline{AH}=h\tan45^\circ=h(\text{m})$

$\overline{BH}=h\tan30^\circ=\frac{\sqrt{3}}{3}h(\text{m})$

$\overline{AH}+\overline{BH}=\overline{AB}$이므로

$h+\frac{\sqrt{3}}{3}h=40$, $\frac{3+\sqrt{3}}{3}h=40$

$\therefore h=\frac{120}{3+\sqrt{3}}=20(3-\sqrt{3})$

따라서 지면으로부터 연까지의 높이는 $20(3-\sqrt{3})$ m이다.

답 ④

06 $\angle BAH=75^\circ$, $\angle CAH=52^\circ$이므로 $\overline{AH}=h$라 하면

$\overline{BH}=h\tan75^\circ=3.7h$

$\overline{CH}=h\tan52^\circ=1.3h$

$\overline{BH}-\overline{CH}=\overline{BC}$이므로

$3.7h-1.3h=9$, $2.4h=9$

$\therefore h=\frac{9}{2.4}=3.75$ $\therefore \overline{AH}=3.75$ 답 3.75

07 $\frac{1}{2}\times6\times10\times\sin A=15\sqrt{3}$이므로

$30\sin A=15\sqrt{3}$ $\therefore \sin A=\frac{\sqrt{3}}{2}$

이때 $0^\circ<\angle A<90^\circ$이므로

$\angle A=60^\circ$ 답 60°

08 $\angle C=180^\circ-(120^\circ+30^\circ)=30^\circ$

즉, $\triangle ABC$는 $\angle A=\angle C$인 이등변삼각형이므로

$\overline{AB}=\overline{BC}=2$

$\therefore \triangle ABC=\frac{1}{2}\times2\times2\times\sin(180^\circ-120^\circ)$

$=\frac{1}{2}\times2\times2\times\frac{\sqrt{3}}{2}$

$=\sqrt{3}$ 답 $\sqrt{3}$

09 오른쪽 그림과 같이 정육각형은 합동인 6개의 정삼각형으로 나누어진다.

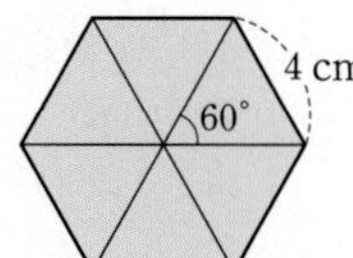

따라서 정육각형의 넓이는

$6\times\left(\frac{1}{2}\times4\times4\times\sin 60^\circ\right)$

$=6\times\left(\frac{1}{2}\times4\times4\times\frac{\sqrt{3}}{2}\right)$

$=24\sqrt{3}(\text{cm}^2)$ 답 $24\sqrt{3}\text{ cm}^2$

10 평행사변형 ABCD에서

$\angle B=180^\circ-\angle BCD=180^\circ-120^\circ=60^\circ$

오른쪽 그림과 같이 꼭짓점 A에서 $\overline{BC}$에 내린 수선의 발을 H라 하면

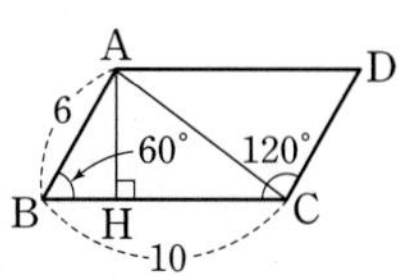

$\overline{AH}=6\sin 60^\circ=6\times\frac{\sqrt{3}}{2}=3\sqrt{3}$

$\overline{BH}=6\cos 60^\circ=6\times\frac{1}{2}=3$

$\therefore \overline{CH}=\overline{BC}-\overline{BH}=10-3=7$

따라서 △AHC에서

$\overline{AC}=\sqrt{(3\sqrt{3})^2+7^2}=2\sqrt{19}$ 답 $2\sqrt{19}$

11 $\overline{BD}=x$라 하면

$\triangle ABC=\triangle ABD+\triangle BCD$

$\frac{1}{2}\times2\sqrt{3}\times4\times\sin(180^\circ-150^\circ)$

$=\frac{1}{2}\times2\sqrt{3}\times x\times\sin(180^\circ-120^\circ)+\frac{1}{2}\times x\times4\times\sin 30^\circ$

$\frac{1}{2}\times2\sqrt{3}\times4\times\frac{1}{2}$

$=\frac{1}{2}\times2\sqrt{3}\times x\times\frac{\sqrt{3}}{2}+\frac{1}{2}\times x\times4\times\frac{1}{2}$

$2\sqrt{3}=\frac{3}{2}x+x$

$\frac{5}{2}x=2\sqrt{3}$ $\quad\therefore x=\frac{4\sqrt{3}}{5}$

$\therefore \overline{BD}=\frac{4\sqrt{3}}{5}$ 답 $\frac{4\sqrt{3}}{5}$

12 $\square PQRS=\frac{1}{2}\times10\times12\times\sin 30^\circ$

$=\frac{1}{2}\times10\times12\times\frac{1}{2}=30$

따라서 △ABC의 넓이가 30이므로

$\frac{1}{2}\times\overline{AB}\times6\times\sin(180^\circ-135^\circ)=30$

$\frac{1}{2}\times\overline{AB}\times6\times\frac{\sqrt{2}}{2}=30$

$\frac{3\sqrt{2}}{2}\overline{AB}=30$ $\quad\therefore \overline{AB}=10\sqrt{2}$ 답 $10\sqrt{2}$

13 $\overline{BH}=120\tan 45^\circ=120(\text{m})$

$\overline{CH}=120\tan 60^\circ=120\sqrt{3}(\text{m})$

$\therefore \overline{BC}=\overline{CH}-\overline{BH}$

$=120\sqrt{3}-120=120(\sqrt{3}-1)$

$=120\times(1.7-1)=84(\text{m})$

따라서 6초 동안 84 m를 달렸으므로 자동차의 속력은

초속 $\frac{84}{6}=14(\text{m})$ 답 초속 14 m

14 오른쪽 그림과 같이 $\overline{AE}$를 그으면

△ADE≡△AB′E (RHS 합동)이므로

$\angle DAE=\angle B'AE=\frac{1}{2}\angle DAB'$

$=\frac{1}{2}\times(90^\circ-30^\circ)=30^\circ$

$\overline{AD}=2\sqrt{3}$이므로

$\overline{DE}=2\sqrt{3}\tan 30^\circ=2\sqrt{3}\times\frac{\sqrt{3}}{3}=2$

따라서 구하는 넓이는

$2\triangle ADE=2\times\left(\frac{1}{2}\times2\sqrt{3}\times2\right)=4\sqrt{3}$ 답 $4\sqrt{3}$

15 $\overline{AB}:\overline{BC}=4:5$이므로 $\overline{AB}=4k$, $\overline{BC}=5k$ $(k>0)$라 하면

$\square ABCD=4k\times5k\times\sin 60^\circ$

$=4k\times5k\times\frac{\sqrt{3}}{2}$

$=10\sqrt{3}k^2$

이때 □ABCD의 넓이가 $40\sqrt{3}$이므로

$10\sqrt{3}k^2=40\sqrt{3}$, $k^2=4$

$\therefore k=2$ $(\because k>0)$

따라서 $\overline{AB}=8$, $\overline{BC}=10$이므로 □ABCD의 둘레의 길이는

$2\times(8+10)=36$ 답 36

16 △ABD에서

$\overline{AD}=4\sqrt{2}\tan 45^\circ=4\sqrt{2}$

$\overline{BD}=\frac{4\sqrt{2}}{\cos 45^\circ}=4\sqrt{2}\times\frac{2}{\sqrt{2}}=8$ … ❶

△BCD에서

$\overline{BC}=\frac{8}{\sin 60^\circ}=8\times\frac{2}{\sqrt{3}}=\frac{16\sqrt{3}}{3}$

$\overline{CD}=\frac{8}{\tan 60^\circ}=\frac{8}{\sqrt{3}}=\frac{8\sqrt{3}}{3}$ … ❷

따라서 □ABCD의 둘레의 길이는

$4\sqrt{2}+\frac{16\sqrt{3}}{3}+\frac{8\sqrt{3}}{3}+4\sqrt{2}=8\sqrt{2}+8\sqrt{3}$ … ❸

답 $8\sqrt{2}+8\sqrt{3}$

채점 기준	배점
❶ $\overline{AD}$, $\overline{BD}$의 길이 구하기	40%
❷ $\overline{BC}$, $\overline{CD}$의 길이 구하기	40%
❸ □ABCD의 둘레의 길이 구하기	20%

17 $\angle BAH=45^\circ$, $\angle CAH=30^\circ$이므로 $\overline{AH}=h$ m라 하면

$\overline{BH}=h\tan 45^\circ=h(\text{m})$

$\overline{CH}=h\tan 30^\circ=\frac{\sqrt{3}}{3}h(\text{m})$ … ❶

$\overline{BH}-\overline{CH}=\overline{BC}$이므로 $h-\frac{\sqrt{3}}{3}h=2$

$\frac{3-\sqrt{3}}{3}h=2$ $\quad\therefore h=\frac{6}{3-\sqrt{3}}=3+\sqrt{3}$

따라서 가로등의 높이는 $(3+\sqrt{3})$ m이다. … ❷

답 $(3+\sqrt{3})$ m

채점 기준	배점
❶ $\overline{BH}$, $\overline{CH}$의 길이 구하기	50%
❷ 가로등의 높이 구하기	50%

18 $\tan A=\sqrt{2}$이므로 오른쪽 그림과 같이 $\angle D=90^\circ$이고 $\overline{AD}=1$, $\overline{DE}=\sqrt{2}$인 직각삼각형 ADE를 생각할 수 있다.

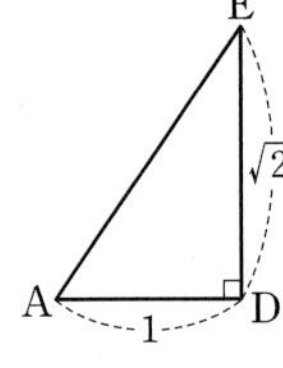

이때 $\overline{AE}=\sqrt{1^2+(\sqrt{2})^2}=\sqrt{3}$이므로

$\sin A=\frac{\sqrt{2}}{\sqrt{3}}=\frac{\sqrt{6}}{3}$ … ❶

$\therefore \triangle ABC=\frac{1}{2}\times 6\times 6\times \sin A$

$=\frac{1}{2}\times 6\times 6\times \frac{\sqrt{6}}{3}$

$=6\sqrt{6}$ … ❷

답 $6\sqrt{6}$

채점 기준	배점
❶ $\sin A$의 값 구하기	60%
❷ $\triangle ABC$의 넓이 구하기	40%

19 오른쪽 그림과 같이 $\overline{OC}$, $\overline{OD}$를 그으면 $\overline{OB}=\overline{OC}$에서

$\angle OCB=\angle OBC=30^\circ$

$\therefore \angle COB=180^\circ-(30^\circ+30^\circ)=120^\circ$

또, $\overline{AD}=\overline{CD}$에서 두 부채꼴 AOD, COD의 중심각의 크기는 같으므로

$\angle AOD=\angle COD=\frac{1}{2}\times(180^\circ-120^\circ)=30^\circ$ … ❶

$\therefore \square ABCD=\triangle ODA+\triangle OCD+\triangle OBC$

$=2\triangle ODA+\triangle OBC$

$=2\times\left(\frac{1}{2}\times 4\times 4\times \sin 30^\circ\right)$

$+\frac{1}{2}\times 4\times 4\times \sin(180^\circ-120^\circ)$

$=2\times\left(\frac{1}{2}\times 4\times 4\times \frac{1}{2}\right)+\frac{1}{2}\times 4\times 4\times\frac{\sqrt{3}}{2}$

$=8+4\sqrt{3}(\text{cm}^2)$ … ❷

답 $(8+4\sqrt{3})\ \text{cm}^2$

채점 기준	배점
❶ $\angle COB$, $\angle AOD$, $\angle COD$의 크기 구하기	40%
❷ $\square ABCD$의 넓이 구하기	60%

20 $\triangle OBC$에서

$\overline{OC}=\frac{\sqrt{6}}{\tan 45^\circ}=\sqrt{6}$

$\overline{BC}=\frac{\sqrt{6}}{\sin 45^\circ}=\sqrt{6}\times\frac{2}{\sqrt{2}}=2\sqrt{3}$ … ❶

$\triangle OAB$에서

$\overline{AB}=\frac{\sqrt{6}}{\cos 30^\circ}=\sqrt{6}\times\frac{2}{\sqrt{3}}=2\sqrt{2}$

이때 $\triangle AOB\equiv\triangle AOC$ (SAS 합동)이므로

$\overline{AC}=\overline{AB}=2\sqrt{2}$ … ❷

즉, $\triangle ABC$는 이등변삼각형이므로 오른쪽 그림과 같이 꼭짓점 A에서 $\overline{BC}$에 내린 수선의 발을 H라 하면 $\overline{BH}=\overline{CH}=\sqrt{3}$이므로

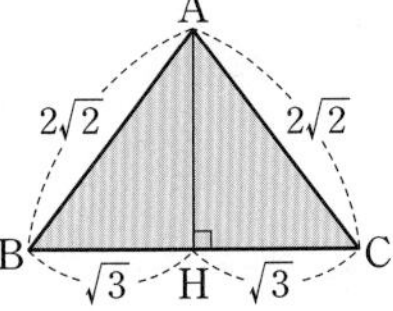

$\triangle ABH$에서

$\overline{AH}=\sqrt{(2\sqrt{2})^2-(\sqrt{3})^2}=\sqrt{5}$

$\therefore \triangle ABC=\frac{1}{2}\times 2\sqrt{3}\times\sqrt{5}=\sqrt{15}$ … ❸

답 $\sqrt{15}$

채점 기준	배점
❶ $\overline{BC}$의 길이 구하기	20%
❷ $\overline{AB}$, $\overline{AC}$의 길이 구하기	20%
❸ $\triangle ABC$의 넓이 구하기	60%

21 $\triangle ABC=\frac{1}{2}\times 8\times\overline{BC}\times\sin 60^\circ$

$=\frac{1}{2}\times 8\times\overline{BC}\times\frac{\sqrt{3}}{2}=2\sqrt{3}\,\overline{BC}$

이때 $\triangle ABC$의 넓이가 $12\sqrt{3}$이므로

$2\sqrt{3}\,\overline{BC}=12\sqrt{3}$ $\quad\therefore \overline{BC}=6$ … ❶

오른쪽 그림과 같이 꼭짓점 C에서 $\overline{AB}$에 내린 수선의 발을 H라 하면

$\overline{CH}=6\sin 60^\circ=6\times\frac{\sqrt{3}}{2}=3\sqrt{3}$

$\overline{BH}=6\cos 60^\circ=6\times\frac{1}{2}=3$

$\therefore \overline{AH}=\overline{AB}-\overline{BH}=8-3=5$

따라서 $\triangle AHC$에서

$\overline{AC}=\sqrt{5^2+(3\sqrt{3})^2}=2\sqrt{13}$ … ❷

답 $2\sqrt{13}$

채점 기준	배점
❶ $\overline{BC}$의 길이 구하기	40%
❷ $\overline{AC}$의 길이 구하기	60%

03 원과 직선

Real 실전 개념 41쪽

01 답 $\overline{OB}$, $\angle OMB$, $\overline{OM}$, RHS, $\overline{BM}$

02 답 2

03 답 6

04 $\overline{AM}=\sqrt{\overline{OA}^2-\overline{OM}^2}=\sqrt{5^2-4^2}=3(cm)$
$\overline{AB}=2\overline{AM}=2\times3=6(cm)$
$\therefore x=6$ 답 6

05 $\overline{BM}=\frac{1}{2}\overline{AB}=\frac{1}{2}\times6=3(cm)$이므로
$\overline{OB}=\sqrt{\overline{OM}^2+\overline{MB}^2}=\sqrt{1^2+3^2}=\sqrt{10}(cm)$
$\therefore x=\sqrt{10}$ 답 $\sqrt{10}$

06 $\overline{OM}=\overline{ON}$이므로 $\overline{CD}=\overline{AB}=18(cm)$
$\overline{DN}=\frac{1}{2}\overline{CD}=\frac{1}{2}\times18=9(cm)$
$\therefore x=9$ 답 9

07 $\overline{CD}=\overline{AB}=16(cm)$이므로
$\overline{OM}=\overline{ON}=5(cm)$ $\therefore x=5$ 답 5

08 $\overline{OM}=\overline{ON}=4(cm)$이므로 $\overline{AB}=\overline{CD}=6(cm)$
$\overline{AM}=\frac{1}{2}\overline{AB}=\frac{1}{2}\times6=3(cm)$
$\triangle OAM$에서
$\overline{OA}=\sqrt{\overline{AM}^2+\overline{OM}^2}=\sqrt{3^2+4^2}=5(cm)$
$\therefore x=5$ 답 5

09 $\overline{BM}=\frac{1}{2}\overline{AB}=\frac{1}{2}\times12=6(cm)$이므로 $\triangle OBM$에서
$\overline{OM}=\sqrt{\overline{OB}^2+\overline{BM}^2}=\sqrt{8^2-6^2}=2\sqrt{7}(cm)$
$\overline{AB}=\overline{CD}=12(cm)$이므로
$\overline{ON}=\overline{OM}=2\sqrt{7}(cm)$ $\therefore x=2\sqrt{7}$ 답 $2\sqrt{7}$

10 $\overline{AB}=\overline{AC}$이므로 $\triangle ABC$는 이등변삼각형이다.
$\therefore \angle x=\angle ABC=70^\circ$ 답 70°

11 $\overline{AB}=\overline{AC}$이므로 $\triangle ABC$는 이등변삼각형이다.
$\therefore \angle x=\frac{1}{2}\times(180^\circ-80^\circ)=50^\circ$ 답 50°

12 $\angle PAO=\angle PBO=90^\circ$이므로 □APBO에서
$90^\circ+\angle x+90^\circ+135^\circ=360^\circ$
$\therefore \angle x=45^\circ$ 답 45°

13 $\overline{PA}=\overline{PB}$이므로 $\triangle PBA$는 이등변삼각형이다.
$\therefore \angle x=\frac{1}{2}\times(180^\circ-56^\circ)=62^\circ$ 답 62°

14 답 17

15 $\triangle POA$는 $\angle PAO=90^\circ$인 직각삼각형이므로
$\overline{PA}=\sqrt{13^2-5^2}=12(cm)$
$\overline{PB}=\overline{PA}=12(cm)$이므로 $x=12$ 답 12

16 $\overline{BD}=9-5=4(cm)$
$\overline{BE}=\overline{BD}=4(cm)$이므로
$\overline{CE}=15-4=11(cm)$
$\therefore x=11$ 답 11

17 $\overline{BD}=\overline{BE}=5(cm)$이므로
$\overline{AD}=8-5=3(cm)$
$\therefore \overline{AF}=\overline{AD}=3(cm)$
$\overline{CF}=\overline{CE}=7(cm)$이므로
$\overline{AC}=3+7=10(cm)$
$\therefore x=10$ 답 10

18 $\overline{AB}+\overline{CD}=\overline{AD}+\overline{BC}$이므로
$11+14=x+18$
$\therefore x=7$ 답 7

19 $\overline{CE}=\overline{CF}=12(cm)$
$\overline{AB}+\overline{CD}=\overline{AD}+\overline{BC}$이므로
$8+(1+12)=x+(3+12)$
$\therefore x=6$ 답 6

Real 실전 유형 42~49쪽

01 직각삼각형 OAM에서
$\overline{AM}=\sqrt{6^2-4^2}=2\sqrt{5}(cm)$
$\overline{BM}=\overline{AM}$이므로
$\overline{AB}=2\overline{AM}=2\times2\sqrt{5}=4\sqrt{5}(cm)$ 답 ④

02 $\overline{BM}=\frac{1}{2}\overline{AB}=\frac{1}{2}\times14=7(cm)$이므로
$\overline{MD}=7-5=2(cm)$
$\therefore \overline{CM}=\overline{DM}=2(cm)$ 답 2 cm

03 $\overline{BM}=\frac{1}{2}\overline{AB}=\frac{1}{2}\times6=3(cm)$ … ❶
$\angle BOM=180^\circ-120^\circ=60^\circ$이므로 직각삼각형 OMB에서

$\overline{OM}=\frac{3}{\tan 60^\circ}=\frac{3}{\sqrt{3}}=\sqrt{3}(cm)$ … ❷

$\therefore \triangle OAB=\frac{1}{2}\times 6\times\sqrt{3}=3\sqrt{3}(cm^2)$ … ❸

답 $3\sqrt{3}\,cm^2$

채점 기준	배점
❶ $\overline{BM}$의 길이 구하기	30%
❷ $\overline{OM}$의 길이 구하기	50%
❸ $\triangle OAB$의 넓이 구하기	20%

04 원 O의 반지름의 길이를 r cm라 하면

$\overline{OA}=r$ cm, $\overline{OM}=(r-2)$ cm

$\overline{AM}=\frac{1}{2}\overline{AB}=\frac{1}{2}\times 12=6(cm)$이므로 직각삼각형 OAM에서

$r^2=6^2+(r-2)^2$, $r^2=36+r^2-4r+4$

$4r=40$ $\therefore r=10$

따라서 원 O의 반지름의 길이는 10 cm이다. 답 10 cm

05 원 O의 지름의 길이가 $10+4=14(cm)$이므로

$\overline{OA}=\overline{OD}=\frac{1}{2}\times 14=7(cm)$

$\therefore \overline{OM}=7-4=3(cm)$

직각삼각형 OAM에서

$\overline{AM}=\sqrt{7^2-3^2}=2\sqrt{10}(cm)$

$\therefore \overline{AB}=2\overline{AM}=2\times 2\sqrt{10}=4\sqrt{10}(cm)$ 답 $4\sqrt{10}$ cm

06 직각삼각형 ACD에서

$\overline{AD}=\sqrt{6^2-3^2}=3\sqrt{3}(cm)$ … ❶

원 O의 반지름의 길이를 r cm라 하면

$\overline{OA}=r$ cm, $\overline{OD}=\overline{OC}-\overline{CD}=r-3(cm)$

직각삼각형 OAD에서

$r^2=(3\sqrt{3})^2+(r-3)^2$, $r^2=27+r^2-6r+9$

$6r=36$ $\therefore r=6$

따라서 원 O의 반지름의 길이는 6 cm이다. … ❷

답 6 cm

채점 기준	배점
❶ $\overline{AD}$의 길이 구하기	40%
❷ 원 O의 반지름의 길이 구하기	60%

07 $\overline{AD}=\frac{1}{2}\overline{AB}=\frac{1}{2}\times 16=8(cm)$

$\overline{CD}$의 연장선은 이 원의 중심을 지나므로 오른쪽 그림과 같이 원의 중심을 O, 반지름의 길이를 r cm라 하면

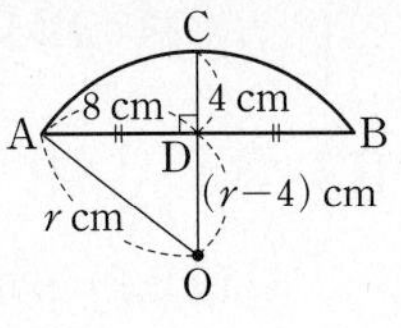

$\overline{OA}=r$ cm, $\overline{OD}=(r-4)$ cm

$\triangle AOD$에서

$r^2=(r-4)^2+8^2$, $r^2=r^2-8r+16+64$

$8r=80$ $\therefore r=10$

따라서 원의 반지름의 길이는 10 cm이다. 답 10 cm

08 $\overline{AD}=\frac{1}{2}\overline{AB}=\frac{1}{2}\times 18=9(cm)$

$\overline{CD}$의 연장선은 이 원의 중심을 지나므로 오른쪽 그림과 같이 원의 중심을 O라 하면

$\overline{OA}=\overline{OC}=15(cm)$

$\triangle AOD$에서

$\overline{OD}=\sqrt{15^2-9^2}=12(cm)$

$\therefore \overline{CD}=15-12=3(cm)$ 답 ⑤

09 오른쪽 그림에서

$\overline{AD}=\frac{1}{2}\overline{AB}=\frac{1}{2}\times 16=8(cm)$

$\overline{CD}$의 연장선은 거울의 중심을 지나므로 거울의 중심을 O, 반지름의 길이를 r cm라 하면

$\overline{OA}=r$ cm, $\overline{OD}=(r-2)$ cm

$\triangle AOD$에서

$r^2=(r-2)^2+8^2$, $r^2=r^2-4r+4+64$

$4r=68$ $\therefore r=17$ … ❶

따라서 깨지기 전의 원래 거울의 넓이는

$\pi\times 17^2=289\pi(cm^2)$ … ❷

답 $289\pi\,cm^2$

채점 기준	배점
❶ 거울의 반지름의 길이 구하기	60%
❷ 원래 거울의 넓이 구하기	40%

10 오른쪽 그림과 같이 원의 중심 O에서 $\overline{AB}$에 내린 수선의 발을 M이라 하면

$\overline{AM}=\frac{1}{2}\overline{AB}=\frac{1}{2}\times 18=9$

원 O의 반지름의 길이를 r라 하면

$\overline{OA}=r$, $\overline{OM}=\frac{1}{2}\overline{OA}=\frac{r}{2}$

$\triangle OAM$에서

$r^2=\left(\frac{r}{2}\right)^2+9^2$, $\frac{3}{4}r^2=81$

$r^2=108$ $\therefore r=6\sqrt{3}$ ($\because r>0$)

따라서 원 O의 반지름의 길이는 $6\sqrt{3}$이다. 답 ④

11 오른쪽 그림과 같이 원의 중심 O에서 $\overline{AB}$에 내린 수선의 발을 M이라 하면

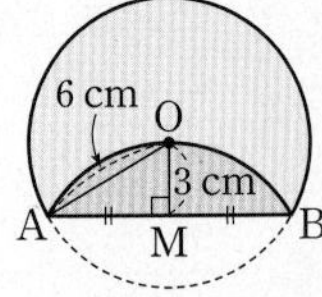

$\overline{OA}=6$ cm

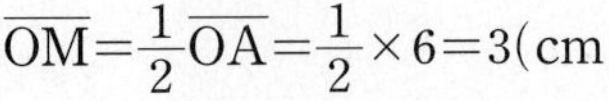

$\overline{OM}=\frac{1}{2}\overline{OA}=\frac{1}{2}\times 6=3(cm)$

△OAM에서

$\overline{AM}=\sqrt{6^2-3^2}=3\sqrt{3}$(cm)

$\therefore \overline{AB}=2\overline{AM}=2\times3\sqrt{3}=6\sqrt{3}$(cm) 답 $6\sqrt{3}$ cm

12 오른쪽 그림과 같이 원의 중심 O에서 $\overline{AB}$에 내린 수선의 발을 M이라 하면

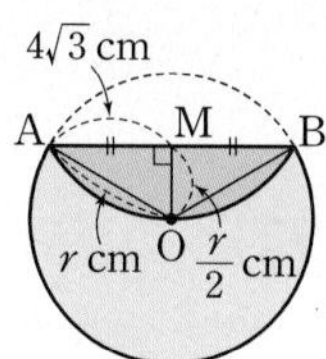

$\overline{AM}=\frac{1}{2}\overline{AB}=\frac{1}{2}\times8\sqrt{3}=4\sqrt{3}$(cm)

원 O의 반지름의 길이를 r cm라 하면

$\overline{OA}=r$ cm, $\overline{OM}=\frac{1}{2}\overline{OA}=\frac{r}{2}$(cm)

△AOM에서

$r^2=\left(\frac{r}{2}\right)^2+(4\sqrt{3})^2$, $\frac{3}{4}r^2=48$

$r^2=64 \quad \therefore r=8\ (\because r>0)$

한편, $\angle AOM=x$라 하면

$\cos x=\frac{\overline{OM}}{\overline{OA}}=\frac{r}{2}\div r=\frac{1}{2}$

$\cos 60^\circ=\frac{1}{2}$이므로 $x=60^\circ$

따라서 $\angle AOB=2\angle AOM=120^\circ$이므로

$\widehat{AB}=2\pi\times8\times\frac{120}{360}=\frac{16}{3}\pi$(cm) 답 $\frac{16}{3}\pi$ cm

보충 TIP $0^\circ\le x\le90^\circ$일 때

① $\cos x=0 \Rightarrow x=90^\circ$

② $\cos x=\frac{1}{2} \Rightarrow x=60^\circ$

③ $\cos x=\frac{\sqrt{2}}{2} \Rightarrow x=45^\circ$

④ $\cos x=\frac{\sqrt{3}}{2} \Rightarrow x=30^\circ$

⑤ $\cos x=1 \Rightarrow x=0^\circ$

13 △OCN에서

$\overline{CN}=\sqrt{(2\sqrt{3})^2-2^2}=2\sqrt{2}$

$\therefore \overline{CD}=2\overline{CN}=2\times2\sqrt{2}=4\sqrt{2}$

이때 $\overline{OM}=\overline{ON}$이므로 $\overline{AB}=\overline{CD}=4\sqrt{2}$ 답 $4\sqrt{2}$

14 $\overline{AB}=\overline{CD}$이므로 오른쪽 그림에서

$\overline{ON}=\overline{OM}=3$(cm)

△OCN에서

$\overline{CN}=\sqrt{5^2-3^2}=4$(cm)

$\therefore \overline{CD}=2\overline{CN}=2\times4=8$(cm)

$\therefore \triangle OCD=\frac{1}{2}\times8\times3=12$(cm²)

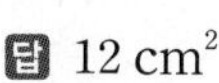

답 12 cm²

15 오른쪽 그림과 같이 원의 중심 O에서 두 현 AB, CD에 내린 수선의 발을 각각 M, N이라 하면

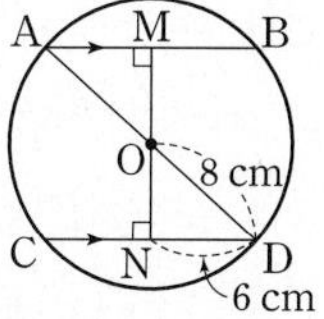

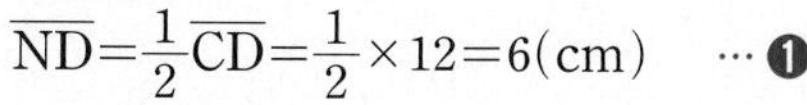

$\overline{ND}=\frac{1}{2}\overline{CD}=\frac{1}{2}\times12=6$(cm) … ❶

△OND에서

$\overline{ON}=\sqrt{8^2-6^2}=2\sqrt{7}$(cm) … ❷

$\overline{AB}=\overline{CD}$에서 $\overline{OM}=\overline{ON}$이므로 두 현 AB와 CD 사이의 거리는

$\overline{MN}=2\overline{ON}=2\times2\sqrt{7}=4\sqrt{7}$(cm) … ❸

답 $4\sqrt{7}$ cm

채점 기준	배점
❶ $\overline{ND}$의 길이 구하기	30%
❷ $\overline{ON}$의 길이 구하기	40%
❸ 두 현 AB와 CD 사이의 거리 구하기	30%

16 □AMON에서

$\angle MAN+90^\circ+124^\circ+90^\circ=360^\circ$

$\therefore \angle MAN=56^\circ$

이때 $\overline{OM}=\overline{ON}$에서 $\overline{AB}=\overline{AC}$이므로 △ABC는 이등변삼각형이다.

$\therefore \angle ABC=\frac{1}{2}\times(180^\circ-56^\circ)=62^\circ$ 답 ⑤

17 □OECF에서

$110^\circ+90^\circ+\angle ECF+90^\circ=360^\circ$

$\therefore \angle ECF=70^\circ$

이때 $\overline{OD}=\overline{OF}$에서 $\overline{AB}=\overline{AC}$이므로 △ABC는 이등변삼각형이다.

$\therefore \angle BAC=180^\circ-2\times70^\circ=40^\circ$ 답 40°

18 $\overline{OD}=\overline{OE}=\overline{OF}$이므로 $\overline{AB}=\overline{BC}=\overline{CA}$

즉, △ABC는 정삼각형이다.

$\angle BAC=60^\circ$이므로 오른쪽 그림과 같이 $\overline{OA}$를 그으면

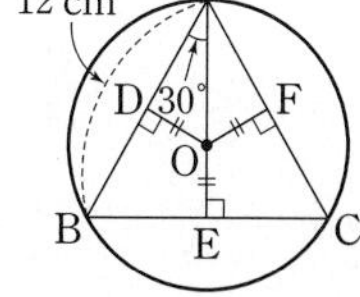

$\angle DAO=\frac{1}{2}\angle BAC=\frac{1}{2}\times60^\circ=30^\circ$

$\overline{AD}=\frac{1}{2}\overline{AB}=\frac{1}{2}\times12=6$(cm)

△OAD에서

$\overline{OA}=\frac{6}{\cos30^\circ}=6\div\frac{\sqrt{3}}{2}=4\sqrt{3}$(cm)

따라서 원 O의 둘레의 길이는

$2\pi\times4\sqrt{3}=8\sqrt{3}\pi$(cm) 답 $8\sqrt{3}\pi$ cm

19 $\overline{OA}\perp\overline{PA}$이므로 △OPA에서

$\angle POA=180^\circ-(45^\circ+90^\circ)=45^\circ$

$\therefore \widehat{AB}=2\pi\times12\times\frac{45}{360}=3\pi$(cm) 답 3π cm

20 오른쪽 그림과 같이 $\overline{OA}$를 그으면

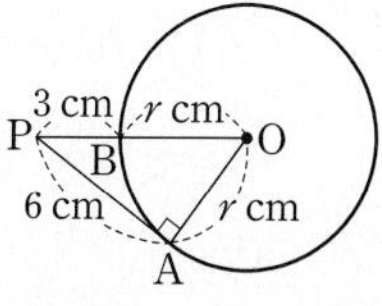

$\overline{OA}\perp\overline{PA}$

원 O의 반지름의 길이를 r cm라 하면 $\overline{OA}=\overline{OB}=r$(cm)

직각삼각형 OPA에서

$(r+3)^2=6^2+r^2$, $r^2+6r+9=36+r^2$

$6r=27$ $\quad\therefore r=\frac{9}{2}$

따라서 원 O의 둘레의 길이는

$2\pi\times\frac{9}{2}=9\pi(\text{cm})$ 답 9π cm

21 오른쪽 그림과 같이 $\overline{OA}$를 그으면

$\overline{OA}\perp\overline{PA}$

△OAB는 이등변삼각형이므로

$\angle BAO=\angle ABO=30^\circ$

$\therefore \angle AOP=30^\circ+30^\circ=60^\circ$ … ❶

원 O의 지름의 길이가 16 cm이므로

$\overline{OA}=\overline{OC}=\frac{1}{2}\times16=8(\text{cm})$

△AOP에서

$\overline{OP}=\frac{8}{\cos 60^\circ}=8\div\frac{1}{2}=16(\text{cm})$

$\therefore \overline{CP}=16-8=8(\text{cm})$ … ❷

답 8 cm

채점 기준	배점
❶ ∠AOP의 크기 구하기	50%
❷ $\overline{CP}$의 길이 구하기	50%

22 $\angle PAO=\angle PBO=90^\circ$이므로 □APBO에서

$\angle AOB=180^\circ-50^\circ=130^\circ$

이때 색칠한 부채꼴의 중심각의 크기는

$360^\circ-130^\circ=230^\circ$

따라서 구하는 넓이는

$\pi\times6^2\times\frac{230}{360}=23\pi(\text{cm}^2)$ 답 ④

23 $\angle PAO=\angle PBO=90^\circ$이므로 □AOBP에서

$\angle AOB=180^\circ-64^\circ=116^\circ$

△AOB는 $\overline{OA}=\overline{OB}$인 이등변삼각형이므로

$\angle OAB=\frac{1}{2}\times(180^\circ-116^\circ)=32^\circ$ 답 32°

24 $\overline{PA}=\overline{PB}$이므로 △PBA에서

$\angle PAB=\angle PBA=\frac{1}{2}\times(180^\circ-60^\circ)=60^\circ$

즉, △APB는 정삼각형이므로 구하는 둘레의 길이는

$3\times10=30(\text{cm})$ 답 30 cm

25 △PAO≡△PBO (RHS 합동)이므로

$\angle APO=\angle BPO=\frac{1}{2}\angle APB=\frac{1}{2}\times60^\circ=30^\circ$

직각삼각형 APO에서

$\overline{PO}=\frac{9}{\cos 30^\circ}=9\div\frac{\sqrt{3}}{2}=6\sqrt{3}(\text{cm})$ 답 $6\sqrt{3}$ cm

26 $\overline{OC}=\overline{OB}=4(\text{cm})$이므로

$\overline{OP}=4+8=12(\text{cm})$

$\angle OBP=90^\circ$이므로 직각삼각형 OBP에서

$\overline{PB}=\sqrt{12^2-4^2}=8\sqrt{2}(\text{cm})$

$\therefore \overline{PA}=\overline{PB}=8\sqrt{2}(\text{cm})$ 답 $8\sqrt{2}$ cm

27 ① $\angle PAO=\angle PBO=90^\circ$이므로 □PAOB에서

$\angle APB=180^\circ-120^\circ=60^\circ$

② △PAO≡△PBO (RHS 합동)이므로

$\angle APO=\frac{1}{2}\angle APB=\frac{1}{2}\times60^\circ=30^\circ$

△OAB는 이등변삼각형이므로

$\angle OBA=\frac{1}{2}\times(180^\circ-120^\circ)=30^\circ$

$\therefore \angle APO=\angle OBM$

③, ④ 직각삼각형 PAO에서

$\overline{PA}=\frac{6}{\tan 30^\circ}=6\div\frac{\sqrt{3}}{3}=6\sqrt{3}(\text{cm})$

$\overline{PO}=\frac{6}{\sin 30^\circ}=6\div\frac{1}{2}=12(\text{cm})$

⑤ $\angle AOP=\frac{1}{2}\angle AOB=\frac{1}{2}\times120^\circ=60^\circ$

$\overline{AB}\perp\overline{OP}$이므로 직각삼각형 AOM에서

$\overline{OM}=6\cos 60^\circ=6\times\frac{1}{2}=3(\text{cm})$ 답 ⑤

28 $\overline{BD}=\overline{BE}$, $\overline{CE}=\overline{CF}$이므로

$\overline{AD}+\overline{AF}=\overline{AB}+\overline{BC}+\overline{CA}$

$=6+5+7=18(\text{cm})$

이때 $\overline{AD}=\overline{AF}$이므로

$\overline{AD}=\frac{1}{2}\times18=9(\text{cm})$ 답 9 cm

29 $\angle ADO=90^\circ$이므로 △AOD에서

$\overline{AD}=\sqrt{7^2-3^2}=2\sqrt{10}(\text{cm})$ … ❶

이때 $\overline{BD}=\overline{BE}$, $\overline{CE}=\overline{CF}$이므로 △ABC의 둘레의 길이는

$\overline{AB}+\overline{BC}+\overline{CA}=\overline{AD}+\overline{AF}=2\overline{AD}$

$=2\times2\sqrt{10}=4\sqrt{10}(\text{cm})$ … ❷

답 $4\sqrt{10}$ cm

채점 기준	배점
❶ $\overline{AD}$의 길이 구하기	40%
❷ △ABC의 둘레의 길이 구하기	60%

30 오른쪽 그림과 같이 $\overline{AO}$를 그으면

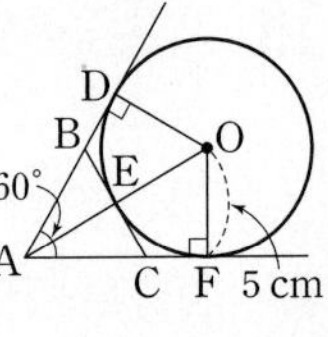

△ADO≡△AFO (RHS 합동)이므로

$\angle OAF=\frac{1}{2}\angle DAF=\frac{1}{2}\times60^\circ=30^\circ$

△OAF에서

$\overline{AF}=\dfrac{5}{\tan 30^\circ}=5\div\dfrac{\sqrt{3}}{3}=5\sqrt{3}(\text{cm})$

이때 $\overline{BD}=\overline{BE}$, $\overline{CE}=\overline{CF}$이므로 $\triangle ABC$의 둘레의 길이는

$\overline{AB}+\overline{BC}+\overline{CA}=\overline{AD}+\overline{AF}$

$=2\overline{AF}$

$=2\times5\sqrt{3}=10\sqrt{3}(\text{cm})$ 답 $10\sqrt{3}$ cm

31 $\overline{CD}=\overline{CE}+\overline{DE}=\overline{CA}+\overline{DB}$

$=9+4=13(\text{cm})$

오른쪽 그림과 같이 점 D에서 $\overline{AC}$에 내린 수선의 발을 H라 하면

$\overline{AH}=\overline{BD}=4(\text{cm})$

$\therefore \overline{CH}=9-4=5(\text{cm})$

직각삼각형 CHD에서

$\overline{HD}=\sqrt{13^2-5^2}=12(\text{cm})$

$\therefore \overline{AB}=\overline{HD}=12(\text{cm})$ 답 12 cm

32 $\overline{AD}+\overline{BC}=\overline{DE}+\overline{CE}=\overline{CD}=9(\text{cm})$

$\overline{AB}=2\overline{OA}=2\times3\sqrt{2}=6\sqrt{2}(\text{cm})$

따라서 □ABCD의 넓이는

$\dfrac{1}{2}\times(\overline{AD}+\overline{BC})\times\overline{AB}=\dfrac{1}{2}\times9\times6\sqrt{2}$

$=27\sqrt{2}(\text{cm}^2)$ 답 $27\sqrt{2}$ cm^2

33 $\overline{OB}=\dfrac{1}{2}\overline{AB}=\dfrac{1}{2}\times4\sqrt{3}=2\sqrt{3}(\text{cm})$

직각삼각형 COB에서

$\overline{BC}=2\sqrt{3}\tan 60^\circ=2\sqrt{3}\times\sqrt{3}=6(\text{cm})$ … ❶

오른쪽 그림과 같이 점 D에서 $\overline{BC}$에 내린 수선의 발을 H라 하고 $\overline{AD}=x$ cm라 하면

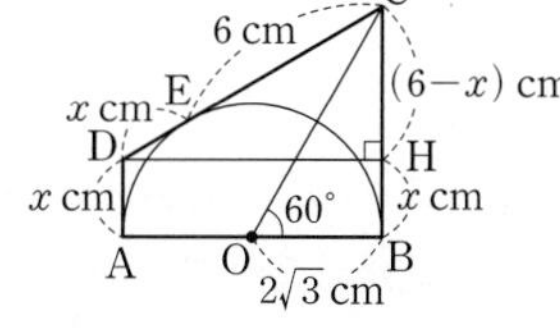

$\overline{CD}=(x+6)$ cm,

$\overline{CH}=(6-x)$ cm

$\overline{DH}=\overline{AB}=4\sqrt{3}(\text{cm})$이므로 직각삼각형 CDH에서

$(x+6)^2=(4\sqrt{3})^2+(6-x)^2$

$x^2+12x+36=48+36-12x+x^2$

$24x=48 \qquad \therefore x=2$

$\therefore \overline{AD}=2$ cm … ❷

답 2 cm

채점 기준	배점
❶ $\overline{BC}$의 길이 구하기	30%
❷ $\overline{AD}$의 길이 구하기	70%

보충 TIP 직각삼각형에서 한 변의 길이와 한 각의 크기가 주어지면 삼각비의 값을 이용하여 나머지 변의 길이를 구할 수 있다.

➜ 오른쪽 그림과 같이 $\angle C=90^\circ$인 직각삼각형 ABC에서

$\overline{AB}=\dfrac{a}{\cos x}$, $\overline{AC}=a\tan x$

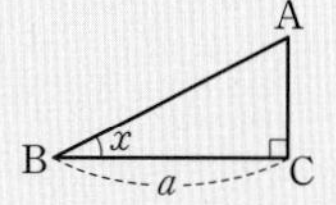

34 오른쪽 그림과 같이 원의 중심 O에서 $\overline{PQ}$에 내린 수선의 발을 T라 하면

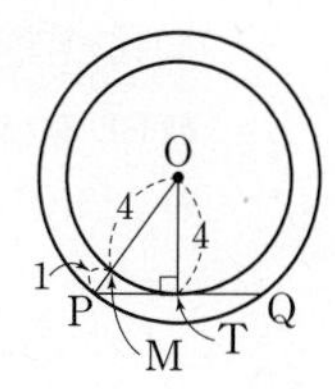

$\overline{OT}=\overline{OM}=4$

직각삼각형 OPT에서

$\overline{PT}=\sqrt{5^2-4^2}=3$

이때 $\overline{PT}=\overline{QT}$이므로

$\overline{PQ}=2\overline{PT}=2\times3=6$ 답 6

35 $\overline{OA}=\overline{OP}=8(\text{cm})$이므로

$\overline{OQ}=\dfrac{1}{2}\overline{OP}=\dfrac{1}{2}\times8=4(\text{cm})$

$\angle OQA=90^\circ$이므로 $\triangle OAQ$에서

$\overline{AQ}=\sqrt{8^2-4^2}=4\sqrt{3}(\text{cm})$

이때 $\overline{AQ}=\overline{BQ}$이므로

$\overline{AB}=2\overline{AQ}=2\times4\sqrt{3}=8\sqrt{3}(\text{cm})$ 답 $8\sqrt{3}$ cm

36 오른쪽 그림과 같이 $\overline{OA}$를 긋고 점 O에서 $\overline{AB}$에 내린 수선의 발을 T라 하자. 큰 원의 반지름의 길이를 a cm, 작은 원의 반지름의 길이를 b cm라 하면

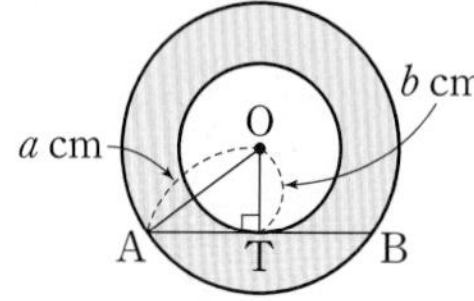

$\overline{OA}=a$ cm, $\overline{OT}=b$ cm

색칠한 부분의 넓이가 32π cm^{2}이므로

$\pi a^2-\pi b^2=32\pi \qquad \therefore a^2-b^2=32$

직각삼각형 OAT에서

$\overline{AT}=\sqrt{a^2-b^2}=\sqrt{32}=4\sqrt{2}(\text{cm})$

이때 $\overline{AT}=\overline{BT}$이므로

$\overline{AB}=2\overline{AT}=2\times4\sqrt{2}=8\sqrt{2}(\text{cm})$ 답 $8\sqrt{2}$ cm

37 $\overline{AD}=x$ cm라 하면 $\overline{AF}=\overline{AD}=x(\text{cm})$

$\overline{BE}=\overline{BD}=8-x(\text{cm})$, $\overline{CE}=\overline{CF}=9-x(\text{cm})$

$\overline{BC}=\overline{BE}+\overline{CE}$이므로 $11=(8-x)+(9-x)$

$2x=6 \qquad \therefore x=3$

$\therefore \overline{AD}=3$ cm 답 3 cm

38 $\overline{AD}+\overline{BE}+\overline{CF}=\dfrac{1}{2}(\overline{AB}+\overline{BC}+\overline{CA})$

$=\dfrac{1}{2}\times(11+18+9)$

$=19(\text{cm})$ 답 19 cm

39 $\overline{BD}=x$ cm라 하면 $\overline{BE}=\overline{BD}=x(\text{cm})$

$\overline{AF}=\overline{AD}=13-x(\text{cm})$, $\overline{CF}=\overline{CE}=18-x(\text{cm})$

$\overline{AC}=\overline{AF}+\overline{CF}$이므로 $15=(13-x)+(18-x)$

$2x=16 \qquad \therefore x=8$ … ❶

따라서 $\triangle PBQ$의 둘레의 길이는

$\overline{BP}+\overline{PQ}+\overline{BQ}=\overline{BD}+\overline{BE}=2\overline{BD}$

$=2\times8=16(\text{cm})$ … ❷

답 16 cm

채점 기준	배점
❶ $\overline{BD}$의 길이 구하기	60%
❷ △PBQ의 둘레의 길이 구하기	40%

40 $\overline{CE}=\overline{CF}=4(\text{cm})$이므로

$\overline{BD}=\overline{BE}=10-4=6(\text{cm})$

원 O의 반지름의 길이를 r cm라 하면

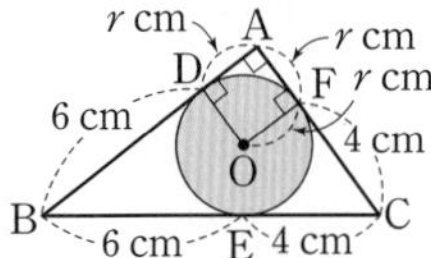

$\overline{AD}=\overline{AF}=r(\text{cm})$

△ABC에서

$10^2=(r+6)^2+(r+4)^2$

$100=r^2+12r+36+r^2+8r+16$

$r^2+10r-24=0,\ (r-2)(r+12)=0$

$\therefore r=2\ (\because r>0)$

따라서 원 O의 넓이는

$\pi\times2^2=4\pi(\text{cm}^2)$ 답 ⑤

41 △ABC에서

$\overline{AC}=\sqrt{20^2-16^2}=12(\text{cm})$

원 O의 반지름의 길이를 r cm라 하면

$\overline{CE}=\overline{CF}=r(\text{cm})$

$\overline{BD}=\overline{BE}=16-r(\text{cm})$

$\overline{AD}=\overline{AF}=12-r(\text{cm})$

$\overline{AB}=\overline{AD}+\overline{BD}$이므로

$20=(12-r)+(16-r)$

$2r=8 \qquad \therefore r=4$

$\therefore \overline{BE}=16-4=12(\text{cm}),\ \overline{OE}=4(\text{cm})$

따라서 △OBE에서

$\overline{OB}=\sqrt{12^2+4^2}=4\sqrt{10}(\text{cm})$ 답 $4\sqrt{10}$ cm

다른 풀이 △ABC에서

$\overline{AC}=\sqrt{20^2-16^2}=12(\text{cm})$

원 O의 반지름의 길이를 r cm라 하면

$\frac{1}{2}r\times(20+16+12)=\frac{1}{2}\times16\times12$

$24r=96 \qquad \therefore r=4$

$\therefore \overline{BE}=16-4=12(\text{cm}),\ \overline{OE}=4(\text{cm})$

따라서 △OBE에서

$\overline{OB}=\sqrt{12^2+4^2}=4\sqrt{10}(\text{cm})$

42 $\overline{BD}=\overline{BE}=2(\text{cm}),\ \overline{CF}=\overline{CE}=3(\text{cm})$

원 O의 반지름의 길이를 r cm라 하면

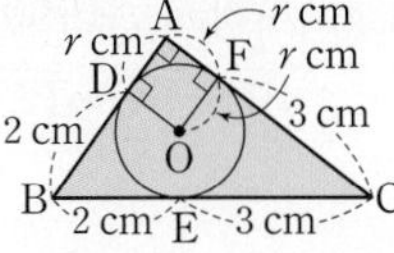

$\overline{AD}=\overline{AF}=r(\text{cm})$

$\overline{AB}=(r+2)$ cm

$\overline{AC}=(r+3)$ cm

△ABC에서

$(2+3)^2=(r+2)^2+(r+3)^2$

$25=r^2+4r+4+r^2+6r+9$

$r^2+5r-6=0,\ (r-1)(r+6)=0$

$\therefore r=1\ (\because r>0)$

$\therefore \triangle ABC=\frac{1}{2}\times(1+2)\times(1+3)$

$=6(\text{cm}^2)$ 답 6 cm²

43 △ABC에서

$\overline{BC}=\sqrt{(6\sqrt{2})^2-6^2}=6(\text{cm})$

$\overline{AB}+\overline{CD}=\overline{AD}+\overline{BC}$이므로

$6+\overline{CD}=5+6 \qquad \therefore \overline{CD}=5(\text{cm})$ 답 5 cm

44 □ABCD의 둘레의 길이가 38 cm이고

$\overline{AB}+\overline{CD}=\overline{AD}+\overline{BC}$이므로

$\overline{AD}+\overline{BC}=\frac{1}{2}\times38=19(\text{cm})$

$8+\overline{BC}=19 \qquad \therefore \overline{BC}=11(\text{cm})$ 답 ④

45 원 O의 지름의 길이가 8 cm이므로 $\overline{CD}=8$ cm

$\overline{AB}+\overline{CD}=\overline{AD}+\overline{BC}$이므로

$\overline{AD}+\overline{BC}=10+8=18(\text{cm})$

$\therefore \square ABCD=\frac{1}{2}\times(\overline{AD}+\overline{BC})\times8$

$=\frac{1}{2}\times18\times8=72(\text{cm}^2)$ 답 72 cm²

46 직각삼각형 ABI에서

$\overline{AI}=\sqrt{12^2+5^2}=13(\text{cm})$

$\overline{AD}=x$ cm라 하면 $\overline{IC}=(x-5)$ cm

□AICD가 원 O에 외접하므로

$\overline{AI}+\overline{CD}=\overline{AD}+\overline{IC}$

$13+12=x+(x-5),\ 2x=30 \qquad \therefore x=15$

따라서 $\overline{AD}$의 길이는 15 cm이다. 답 15 cm

47 오른쪽 그림과 같이 $\overline{EG}$, $\overline{OF}$를 그으면

$\overline{AE}=\overline{AF}=\overline{BF}=\overline{BG}=3(\text{cm})$이므로

$\overline{DE}=\overline{DH}=8-3=5(\text{cm})$

따라서 △DIC의 둘레의 길이는

$\overline{DI}+\overline{IC}+\overline{DC}=5+\overline{IH}+\overline{CI}+6$

$=11+\overline{GI}+\overline{CI}$

$=11+\overline{GC}=11+\overline{DE}$

$=11+5=16(\text{cm})$ 답 16 cm

48 $\overline{DG}=\overline{DH}=7(cm)$이므로

$\overline{FI}=\overline{IG}=9-7=2(cm)$

$\therefore \overline{IC}=\overline{FC}-\overline{FI}=\overline{DH}-\overline{FI}$

$=7-2=5(cm)$ … ❶

직각삼각형 DIC에서

$9^2=5^2+\overline{CD}^2$, $\overline{CD}^2=56$

$\therefore \overline{CD}=2\sqrt{14}(cm)$ ($\because \overline{CD}>0$) … ❷

즉, 원 O의 지름의 길이가 $2\sqrt{14}$ cm이므로 둘레의 길이는 $2\sqrt{14}\pi$ cm … ❸

답 $2\sqrt{14}\pi$ cm

채점 기준	배점
❶ $\overline{IC}$의 길이 구하기	50%
❷ $\overline{CD}$의 길이 구하기	40%
❸ 원 O의 둘레의 길이 구하기	10%

보충 TIP (원의 둘레의 길이)$=\pi\times$(원의 지름의 길이)

Real 실전 기출 50~52쪽

01 $\overline{AB}\perp\overline{OH}$이므로

$\overline{AH}=\frac{1}{2}\overline{AB}=\frac{1}{2}\times 12=6(cm)$

$\overline{OA}=9$ cm이므로 직각삼각형 OAH에서

$\overline{OH}=\sqrt{9^2-6^2}=3\sqrt{5}(cm)$

답 ②

02 $AH=\overline{BH}=\frac{1}{2}\overline{AB}=\frac{1}{2}\times 12=6(cm)$

직각삼각형 AHC에서

$\overline{CH}=\sqrt{(4\sqrt{6})^2-6^2}=2\sqrt{15}(cm)$

오른쪽 그림과 같이 $\overline{OA}$를 긋고 원 O의 반지름의 길이를 r cm라 하면

$\overline{OA}=\overline{OC}=r(cm)$,

$\overline{OH}=(2\sqrt{15}-r)$ cm

직각삼각형 OAH에서

$r^2=(2\sqrt{15}-r)^2+6^2$, $r^2=60-4\sqrt{15}r+r^2+36$

$4\sqrt{15}r=96 \qquad \therefore r=\frac{8\sqrt{15}}{5}$

따라서 원 O의 반지름의 길이는 $\frac{8\sqrt{15}}{5}$ cm이다.

답 $\frac{8\sqrt{15}}{5}$ cm

03 $\overline{AD}=\frac{1}{2}\overline{AB}=\frac{1}{2}\times 120=60(m)$

$\overline{CD}$의 연장선은 원의 중심을 지나므로 오른쪽 그림과 같이 원의 중심을 O라 하면

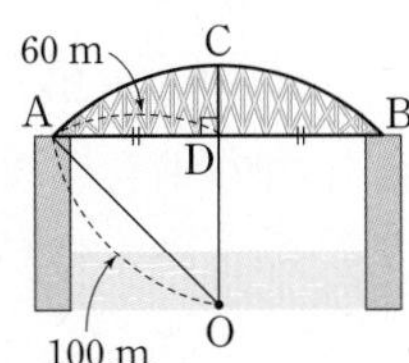

$\overline{OA}=\overline{OC}=100(m)$

$\triangle AOD$에서

$\overline{OD}=\sqrt{100^2-60^2}=80(m)$

$\therefore \overline{CD}=100-80=20(m)$

답 20 m

04 오른쪽 그림과 같이 $\overline{OA}$를 그으면

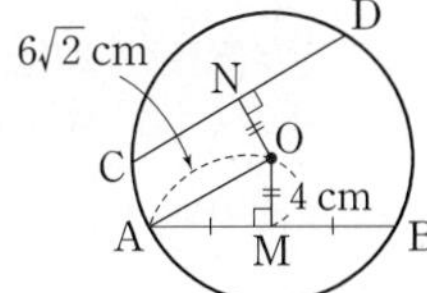

$\overline{OA}=6\sqrt{2}$ cm이므로 직각삼각형 OAM에서

$\overline{AM}=\sqrt{(6\sqrt{2})^2-4^2}=2\sqrt{14}(cm)$

$\overline{AB}\perp\overline{OM}$에서 $\overline{AM}=\overline{BM}$이므로

$\overline{AB}=2\overline{AM}=2\times 2\sqrt{14}=4\sqrt{14}(cm)$

이때 $\overline{OM}=\overline{ON}$이므로

$\overline{CD}=\overline{AB}=4\sqrt{14}(cm)$

$\therefore \overline{AB}+\overline{CD}=4\sqrt{14}+4\sqrt{14}$

$=8\sqrt{14}(cm)$

답 $8\sqrt{14}$ cm

05 $\overline{OD}=\overline{OE}=\overline{OF}$이므로 $\overline{AB}=\overline{BC}=\overline{AC}$

즉, $\triangle ABC$는 한 변의 길이가 18 cm인 정삼각형이다.

$\angle BAC=60^\circ$이므로 $\angle DAO=\frac{1}{2}\times 60^\circ=30^\circ$

이때 $\overline{AD}=\frac{1}{2}\overline{AB}=\frac{1}{2}\times 18=9(cm)$이므로 직각삼각형 ADO에서

$\overline{AO}=\frac{9}{\cos 30^\circ}=9\div\frac{\sqrt{3}}{2}=6\sqrt{3}(cm)$

따라서 원 O의 넓이는

$\pi\times(6\sqrt{3})^2=108\pi(cm^2)$

답 ④

06 부채꼴의 넓이는 중심각의 크기에 정비례하므로 두 부채꼴의 중심각의 크기의 비는 2 : 3이다.

$\therefore \angle AOB=360^\circ\times\frac{2}{5}=144^\circ$

$\angle PAO=\angle PBO=90^\circ$이므로 □APBO에서

$\angle P=180^\circ-144^\circ=36^\circ$

답 36°

07 $\overline{BD}=\overline{BE}$, $\overline{CE}=\overline{CF}$이므로

$\overline{AB}+\overline{BC}+\overline{CA}=\overline{AD}+\overline{AF}=2\overline{AD}$

$8+\overline{BC}+9=2\times 12$

$\therefore \overline{BC}=7(cm)$

답 7 cm

08 $\overline{AD}=\overline{AF}=10(cm)$이므로

$\overline{BD}=18-10=8(cm)$

오른쪽 그림과 같이 $\overline{OD}$를 그으면

$\overline{OD}=\overline{OP}=6(cm)$

따라서 직각삼각형 BOD에서

$\overline{BO}=\sqrt{8^2+6^2}=10(cm)$

$\therefore \overline{BP}=10-6=4(cm)$

답 4 cm

09 직선 PT는 원 O의 접선이므로

$\angle PTO=90^{\circ}$

직각삼각형 POT에서

$\overline{OT}^2=\overline{OH}\times\overline{OP}=4\times(9+4)=52$

$\therefore \overline{OT}=2\sqrt{13}$(cm) ($\because \overline{OT}>0$) 답 $2\sqrt{13}$ cm

보충 TIP 직각삼각형의 닮음을 이용한 변의 길이

① $\overline{AB}^2=\overline{BD}\times\overline{BC}$

② $\overline{AC}^2=\overline{CD}\times\overline{CB}$

③ $\overline{AD}^2=\overline{BD}\times\overline{CD}$

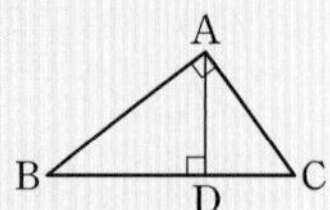

10 오른쪽 그림과 같이 반원 O와 $\overline{CD}$의 접점을 E라 하고 점 D에서 $\overline{BC}$에 내린 수선의 발을 H라 하면

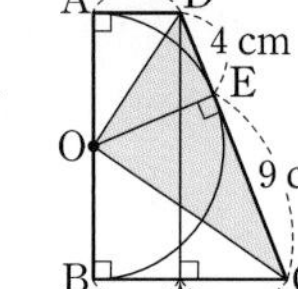

$\overline{DE}=\overline{AD}=4$(cm), $\overline{CE}=\overline{BC}=9$(cm)

$\therefore \overline{CD}=4+9=13$(cm)

$\overline{BH}=\overline{AD}=4$(cm)이므로

$\overline{CH}=9-4=5$(cm)

직각삼각형 DHC에서

$\overline{DH}=\sqrt{13^2-5^2}=12$(cm)

$\overline{AB}=\overline{DH}=12$(cm)이므로

$\overline{OE}=\frac{1}{2}\overline{AB}=\frac{1}{2}\times12=6$(cm)

$\therefore \triangle OCD=\frac{1}{2}\times\overline{CD}\times\overline{OE}$

$=\frac{1}{2}\times13\times6=39(\text{cm}^2)$ 답 39 cm^2

11 오른쪽 그림과 같이 $\overline{OD}$, $\overline{OF}$를 그으면

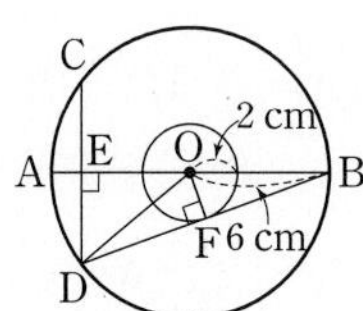

직각삼각형 DFO에서

$\overline{DF}=\sqrt{6^2-2^2}=4\sqrt{2}$(cm)

$\therefore \overline{DB}=2\overline{DF}=2\times4\sqrt{2}=8\sqrt{2}$(cm)

이때 $\triangle ODB$에서

$\frac{1}{2}\times\overline{DB}\times\overline{OF}=\frac{1}{2}\times\overline{OB}\times\overline{DE}$이므로

$\frac{1}{2}\times8\sqrt{2}\times2=\frac{1}{2}\times6\times\overline{DE}$

$\therefore \overline{DE}=\frac{8\sqrt{2}}{3}$(cm)

$\therefore \overline{CD}=2\overline{DE}=2\times\frac{8\sqrt{2}}{3}=\frac{16\sqrt{2}}{3}$(cm) 답 $\frac{16\sqrt{2}}{3}$ cm

12

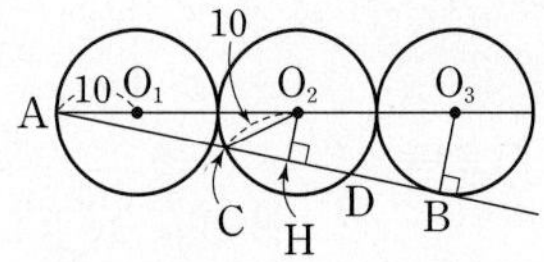

위의 그림과 같이 원 O_2의 중심에서 $\overline{CD}$에 내린 수선의 발을 H라 하면

$\triangle O_2AH\backsim\triangle O_3AB$ (AA 닮음)

즉, $\overline{AO_2}:\overline{AO_3}=\overline{O_2H}:\overline{O_3B}$이므로

$30:50=\overline{O_2H}:10$

$50\overline{O_2H}=300$ $\therefore \overline{O_2H}=6$

직각삼각형 O_2CH에서

$\overline{CH}=\sqrt{10^2-6^2}=8$

$\therefore \overline{CD}=2\overline{CH}=2\times8=16$ 답 16

13 직각삼각형 ABC에서

$\overline{BC}=\sqrt{13^2-5^2}=12$

오른쪽 그림과 같이 원 O와 $\overline{AB}$, $\overline{BC}$, $\overline{AC}$의 접점을 각각 F, G, H라 하고 원 O의 반지름의 길이를 r라 하면

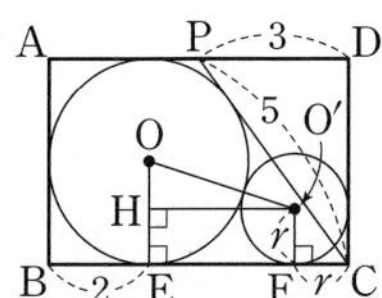

$\overline{BF}=\overline{BG}=r$

$\overline{AH}=\overline{AF}=5-r$, $\overline{CH}=\overline{CG}=12-r$

$\overline{AC}=\overline{AH}+\overline{CH}$이므로

$13=(5-r)+(12-r)$

$2r=4$ $\therefore r=2$

따라서 $\overline{CG}=12-2=10$이므로 $\triangle EDC$의 둘레의 길이는

$\overline{ED}+\overline{DC}+\overline{EC}=\overline{CG}+\overline{CH}=2\overline{CG}$

$=2\times10=20$ 답 20

14 오른쪽 그림과 같이 두 원 O, O′의 중심에서 $\overline{BC}$에 내린 수선의 발을 각각 E, F라 하고 원 O′의 중심에서 $\overline{OE}$에 내린 수선의 발을 H라 하자.

A P 3 D 5 O′ O H r B 2 E F r C

직각삼각형 PCD에서

$\overline{CD}=\sqrt{5^2-3^2}=4$

즉, 큰 원의 지름의 길이가 4이므로

$\overline{BE}=\overline{OE}=2$

한편, □ABCP가 원 O에 외접하므로

$\overline{AP}+\overline{BC}=\overline{AB}+\overline{PC}$

$\overline{AP}+(\overline{AP}+3)=4+5$

$2\overline{AP}=6$ $\therefore \overline{AP}=3$

원 O′의 반지름의 길이를 r라 하면

$\overline{OO'}=2+r$, $\overline{OH}=2-r$

$\overline{BC}=\overline{AD}=\overline{AP}+\overline{PD}=3+3=6$이므로

$\overline{HO'}=\overline{EF}=6-(2+r)=4-r$

직각삼각형 OHO′에서 $(2+r)^2=(2-r)^2+(4-r)^2$이므로

$4+4r+r^2=4-4r+r^2+16-8r+r^2$

$r^2-16r+16=0$ $\therefore r=8-4\sqrt{3}$ ($\because 0<r<2$)

따라서 원 O′의 둘레의 길이는

$2\pi\times(8-4\sqrt{3})=(16-8\sqrt{3})\pi$

$=8(2-\sqrt{3})\pi$ 답 $8(2-\sqrt{3})\pi$

15 오른쪽 그림과 같이 원 O의 중심에서 $\overline{AB}$에 내린 수선의 발을 H라 하면

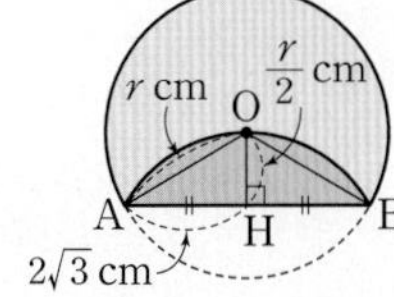

$\overline{AH}=\frac{1}{2}\overline{AB}$

$=\frac{1}{2}\times4\sqrt{3}=2\sqrt{3}$(cm)

원 O의 반지름의 길이를 r cm라 하면

$\overline{OA}=\overline{OB}=r$(cm), $\overline{OH}=\frac{r}{2}$ cm

△OAH에서

$r^2=\left(\frac{r}{2}\right)^2+(2\sqrt{3})^2$, $\frac{3}{4}r^2=12$

$r^2=16$ $\quad\therefore r=4\ (\because r>0)$ ··· ❶

∠AOH$=x$라 하면 직각삼각형 OAH에서

$\sin x=\frac{2\sqrt{3}}{4}=\frac{\sqrt{3}}{2}$

$\sin 60^\circ=\frac{\sqrt{3}}{2}$이므로 $x=60^\circ$

따라서 ∠AOB$=2$∠AOH$=120^\circ$이므로 ··· ❷

$\overparen{AB}=2\pi\times4\times\frac{120}{360}=\frac{8}{3}\pi$(cm) ··· ❸

답 $\frac{8}{3}\pi$ cm

채점 기준	배점
❶ 원 O의 반지름의 길이 구하기	40%
❷ ∠AOB의 크기 구하기	40%
❸ $\overparen{AB}$의 길이 구하기	20%

16 오른쪽 그림과 같이 $\overline{OP}$를 그으면

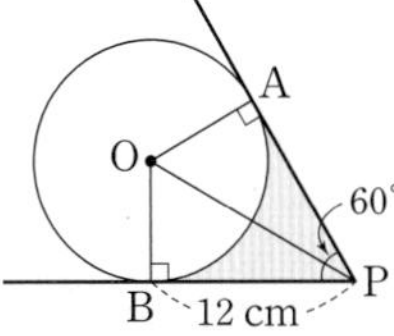

△OAP와 △OBP에서

∠OAP$=$∠OBP$=90^\circ$, $\overline{OP}$는 공통,

$\overline{OA}=\overline{OB}$이므로

△OAP≡△OBP(RHS 합동)

$\therefore$ ∠APO$=$∠BPO$=\frac{1}{2}\times60^\circ=30^\circ$

△OBP에서

$\overline{OB}=12\tan 30^\circ=12\times\frac{\sqrt{3}}{3}=4\sqrt{3}$(cm) ··· ❶

이때 □AOBP에서

∠AOB$=180^\circ-60^\circ=120^\circ$ ··· ❷

따라서 색칠한 부분의 넓이는

2△OBP−(부채꼴 AOB의 넓이)

$=2\times\left(\frac{1}{2}\times12\times4\sqrt{3}\right)-\pi\times(4\sqrt{3})^2\times\frac{120}{360}$

$=48\sqrt{3}-16\pi$(cm²) ··· ❸

답 $(48\sqrt{3}-16\pi)$ cm²

채점 기준	배점
❶ $\overline{OB}$의 길이 구하기	40%
❷ ∠AOB의 크기 구하기	20%
❸ 색칠한 부분의 넓이 구하기	40%

17 오른쪽 그림과 같이 반원 O와 $\overline{CD}$의 접점을 E라 하고 점 C에서 $\overline{BD}$에 내린 수선의 발을 H라 하면

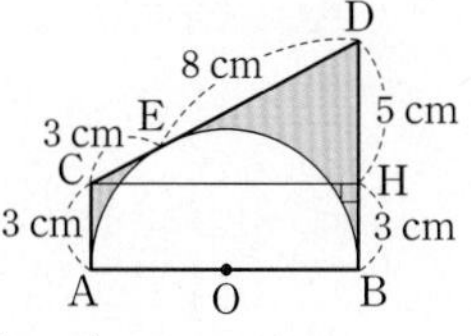

$\overline{CE}=\overline{CA}=3$(cm), $\overline{DE}=\overline{DB}=8$(cm)

$\therefore \overline{CD}=3+8=11$(cm) ··· ❶

$\overline{BH}=\overline{CA}=3$(cm)이므로

$\overline{DH}=8-3=5$(cm)

직각삼각형 DCH에서

$\overline{CH}=\sqrt{11^2-5^2}=4\sqrt{6}$(cm)

$\therefore \overline{AB}=\overline{CH}=4\sqrt{6}$(cm) ··· ❷

따라서 색칠한 부분의 넓이는

□ABDC−(반원 O의 넓이)

$=\frac{1}{2}\times(3+8)\times4\sqrt{6}-\frac{1}{2}\times\pi\times(2\sqrt{6})^2$

$=22\sqrt{6}-12\pi$(cm²) ··· ❸

답 $(22\sqrt{6}-12\pi)$ cm²

채점 기준	배점
❶ $\overline{CD}$의 길이 구하기	30%
❷ $\overline{AB}$의 길이 구하기	40%
❸ 색칠한 부분의 넓이 구하기	30%

18 오른쪽 그림과 같이 점 A에서 $\overline{BC}$에 내린 수선의 발을 H라 하고 원 O의 반지름의 길이를 r cm라 하면

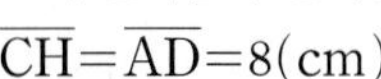
$\overline{CH}=\overline{AD}=8$(cm)

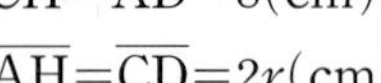
$\overline{AH}=\overline{CD}=2r$(cm)

□ABCD가 원 O에 외접하므로

$\overline{AB}+\overline{CD}=\overline{AD}+\overline{BC}$

$\overline{AB}+2r=8+12$ $\quad\therefore \overline{AB}=20-2r$(cm) ··· ❶

직각삼각형 ABH에서

$(20-2r)^2=(12-8)^2+(2r)^2$

$400-80r+4r^2=16+4r^2$

$80r=384$ $\quad\therefore r=\frac{24}{5}$

따라서 원 O의 반지름의 길이는 $\frac{24}{5}$ cm이다. ··· ❷

답 $\frac{24}{5}$ cm

채점 기준	배점
❶ 원 O의 반지름의 길이를 r cm로 놓고 $\overline{AB}$의 길이를 r를 사용하여 나타내기	50%
❷ 원 O의 반지름의 길이 구하기	50%

19 $\overline{OM}=\overline{ON}$이므로 $\overline{AC}=\overline{AB}=16$(cm)

$\overline{AB}\perp\overline{OM}$이므로

$\overline{AM}=\frac{1}{2}\overline{AB}=\frac{1}{2}\times16=8$(cm)

$\overline{AC}\perp\overline{ON}$이므로

$\overline{AN}=\frac{1}{2}\overline{AC}=\frac{1}{2}\times 16=8(\text{cm})$ ··· ❶

또, 삼각형의 두 변의 중점을 연결한 선분의 성질에 의하여

$\overline{MN}=\frac{1}{2}\overline{BC}=\frac{1}{2}\times 12=6(\text{cm})$ ··· ❷

따라서 △AMN의 둘레의 길이는

$8+6+8=22(\text{cm})$ ··· ❸

답 22 cm

채점 기준	배점
❶ $\overline{AM}$, $\overline{AN}$의 길이 구하기	50%
❷ $\overline{MN}$의 길이 구하기	30%
❸ △AMN의 둘레의 길이 구하기	20%

보충 TIP 삼각형의 두 변의 중점을 연결한 선분의 성질

△ABC의 두 변 AB와 AC의 중점을 각각 M, N이라 하면

$\overline{BC}/\!/\overline{MN}$, $\overline{MN}=\frac{1}{2}\overline{BC}$

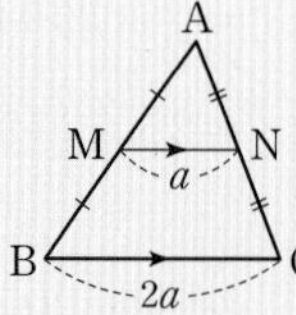

20 원 O는 △ABC의 내접원이므로 $\overline{AD}$는 ∠A의 이등분선이다.

삼각형에서 내각의 이등분선의 성질에 의하여

$\overline{AB}:\overline{AC}=\overline{BD}:\overline{CD}=3:1$

즉, $\overline{AB}=3x$ cm, $\overline{AC}=x$ cm라 하면

$(3x)^2=(3+1)^2+x^2$, $9x^2=16+x^2$

$x^2=2$　　$\therefore x=\sqrt{2}$ ($\because x>0$)

$\therefore \overline{AB}=3\sqrt{2}$ cm, $\overline{AC}=\sqrt{2}$ cm ··· ❶

오른쪽 그림과 같이 원 O와 △ABC의 접점을 E, F, G라 하고 원 O의 반지름의 길이를 r cm라 하면

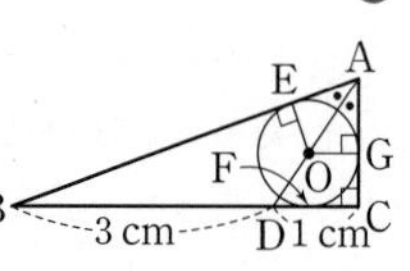

$\overline{CG}=\overline{CF}=r(\text{cm})$

$\overline{AE}=\overline{AG}=\sqrt{2}-r(\text{cm})$, $\overline{BE}=\overline{BF}=4-r(\text{cm})$

$\overline{AB}=\overline{AE}+\overline{BE}$이므로

$3\sqrt{2}=(\sqrt{2}-r)+(4-r)$, $2r=4-2\sqrt{2}$

$\therefore r=2-\sqrt{2}$

따라서 원 O의 반지름의 길이는 $(2-\sqrt{2})$ cm이다. ··· ❷

답 $(2-\sqrt{2})$ cm

채점 기준	배점
❶ $\overline{AB}$, $\overline{AC}$의 길이 구하기	50%
❷ 원 O의 반지름의 길이 구하기	50%

보충 TIP 삼각형에서 내각의 이등분선의 성질

오른쪽 그림과 같은 삼각형 ABC에서 $\overline{AD}$가 ∠A의 이등분선일 때

$\overline{AB}:\overline{AC}=\overline{BD}:\overline{CD}$

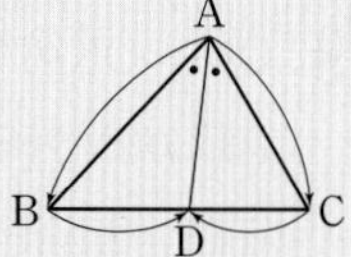

04 원주각

Real 실전 개념

55쪽

01 답 이등변, ∠BOQ, ∠BOQ, ∠APB, ∠AOB

02 $\angle x=\frac{1}{2}\angle AOB=\frac{1}{2}\times 68^\circ=34^\circ$　답 34°

03 $\angle x=\frac{1}{2}\times 220^\circ=110^\circ$　답 110°

04 $\angle x=2\angle APB=2\times 23^\circ=46^\circ$　답 46°

05 $\angle AOB=2\angle APB=2\times 50^\circ=100^\circ$

$\therefore \angle x=360^\circ-100^\circ=260^\circ$　답 260°

06 $\angle OPA=\frac{1}{2}\angle AOB=\frac{1}{2}\times 80^\circ=40^\circ$

△OPA는 $\overline{OP}=\overline{OA}$인 이등변삼각형이므로

$\angle x=\angle OPA=40^\circ$　답 40°

07 $\angle AOB=2\angle APB=2\times 48^\circ=96^\circ$

△OAB는 $\overline{OA}=\overline{OB}$인 이등변삼각형이므로

$\angle x=\frac{1}{2}\times(180^\circ-96^\circ)=42^\circ$　답 42°

08 답 65°

09 답 46°

10 $\overline{AB}$가 원 O의 지름이므로

$\angle APB=90^\circ$

$\therefore \angle x=180^\circ-(90^\circ+38^\circ)=52^\circ$　답 52°

11 $\overline{AB}$가 원 O의 지름이므로

$\angle ACB=90^\circ$

$\angle BCD=\angle BAD=27^\circ$이므로

$\angle x=90^\circ-27^\circ=63^\circ$　답 63°

12 답 27

13 답 35

14 답 7

15 답 5

16 호의 길이는 원주각의 크기에 정비례하므로

$2:6=26:x$

$2x=156$　$\therefore x=78$　답 78

17 호의 길이는 원주각의 크기에 정비례하므로

$4:x=20:50$

$20x=200$　$\therefore x=10$　답 10

Real 실전 유형 56~61쪽

01 오른쪽 그림과 같이 $\overline{OB}$를 그으면

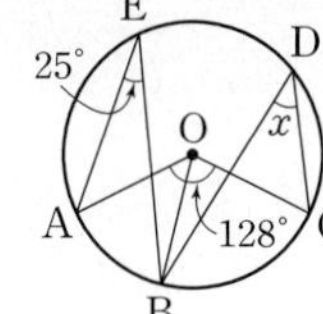

$\angle AOB = 2\angle AEB$

$= 2 \times 25^\circ = 50^\circ$

$\therefore \angle BOC = 128^\circ - 50^\circ = 78^\circ$

$\therefore \angle x = \frac{1}{2}\angle BOC$

$= \frac{1}{2} \times 78^\circ = 39^\circ$

답 39°

02 오른쪽 그림과 같이 $\overline{OB}$를 그으면

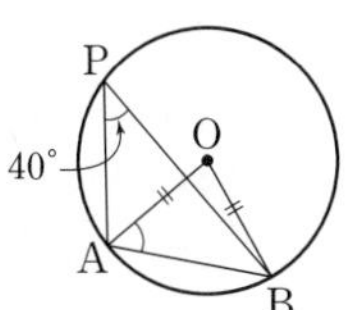

$\angle AOB = 2\angle APB = 2 \times 40^\circ = 80^\circ$

$\triangle OAB$는 $\overline{OA} = \overline{OB}$인 이등변삼각형이므로

$\angle OAB = \frac{1}{2} \times (180^\circ - 80^\circ) = 50^\circ$

답 50°

03 오른쪽 그림과 같이 $\overline{OA}$를 그으면

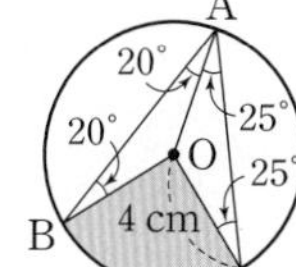

$\triangle OAB$에서

$\angle OAB = \angle OBA = 20^\circ$

$\triangle OAC$에서

$\angle OAC = \angle OCA = 25^\circ$

즉, $\angle BAC = 20^\circ + 25^\circ = 45^\circ$이므로

$\angle BOC = 2\angle BAC = 2 \times 45^\circ = 90^\circ$

따라서 부채꼴 BOC의 넓이는

$\pi \times 4^2 \times \frac{90}{360} = 4\pi(\text{cm}^2)$

답 $4\pi\ \text{cm}^2$

보충 TIP 부채꼴의 넓이

반지름의 길이가 r, 중심각의 크기가 x°인 부채꼴의 넓이는 $\pi r^2 \times \frac{x}{360}$

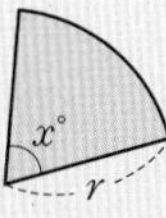

04 $\angle BCD = \frac{1}{2}\angle BOD = \frac{1}{2} \times 150^\circ = 75^\circ$ … ❶

따라서 $\triangle PCB$에서

$75^\circ = 50^\circ + \angle PBC$

$\therefore \angle PBC = 25^\circ$ … ❷

답 25°

채점 기준	배점
❶ $\angle BCD$의 크기 구하기	50%
❷ $\angle PBC$의 크기 구하기	50%

05 $\angle y = 2\angle BCD = 2 \times 122^\circ = 244^\circ$

$\angle BOD = 360^\circ - 244^\circ = 116^\circ$이므로

$\angle x = \frac{1}{2}\angle BOD = \frac{1}{2} \times 116^\circ = 58^\circ$

$\therefore \angle x + \angle y = 58^\circ + 244^\circ = 302^\circ$

답 302°

06 오른쪽 그림과 같이 점 D를 잡으면 $\widehat{BDC}$에 대한 중심각의 크기는

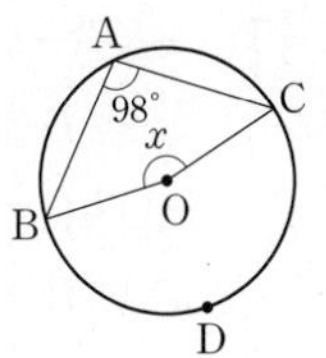

$2\angle BAC = 2 \times 98^\circ = 196^\circ$

$\therefore \angle x = 360^\circ - 196^\circ = 164^\circ$

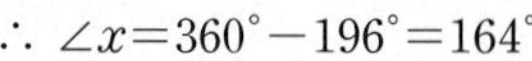

답 164°

07 오른쪽 그림과 같이 점 D를 잡으면 $\widehat{ADC}$에 대한 중심각의 크기는

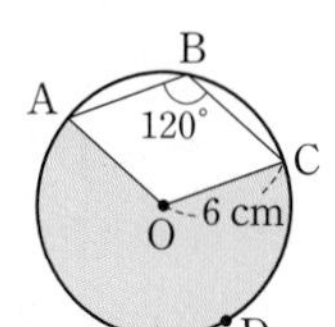

$360^\circ - 110^\circ = 250^\circ$

$\therefore \angle ABC = \frac{1}{2} \times 250^\circ = 125^\circ$

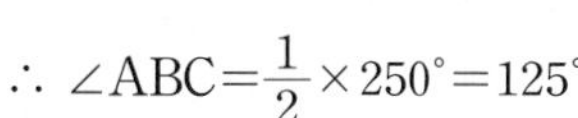

따라서 □ABCO에서

$62^\circ + 125^\circ + \angle BCO + 110^\circ = 360^\circ$

$\therefore \angle BCO = 63^\circ$

답 63°

08 오른쪽 그림과 같이 점 D를 잡으면 $\widehat{ADC}$에 대한 중심각의 크기는

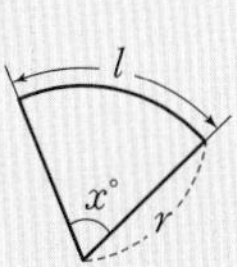

$2\angle ABC = 2 \times 120^\circ = 240^\circ$ … ❶

따라서 색칠한 부분의 둘레의 길이는

$\overline{OA} + \overline{OC} + \widehat{ADC}$

$= 6 + 6 + 2\pi \times 6 \times \frac{240}{360} = 12 + 8\pi(\text{cm})$ … ❷

답 $(12+8\pi)$ cm

채점 기준	배점
❶ $\widehat{ADC}$에 대한 중심각의 크기 구하기	40%
❷ 색칠한 부분의 둘레의 길이 구하기	60%

보충 TIP 부채꼴의 둘레의 길이

반지름의 길이가 r, 호의 길이가 l, 중심각의 크기가 x°인 부채꼴의 둘레의 길이는

$r + r + l = 2r + 2\pi r \times \frac{x}{360}$

09 오른쪽 그림과 같이 $\overline{OA}$, $\overline{OB}$를 그으면

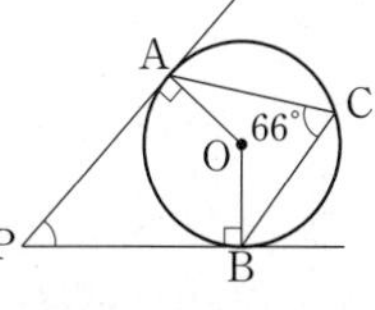

$\angle AOB = 2\angle ACB$

$= 2 \times 66^\circ = 132^\circ$

$\angle OAP = \angle OBP = 90^\circ$이므로 □APBO에서

$\angle P + 132^\circ = 180^\circ \qquad \therefore \angle P = 48^\circ$

답 48°

10 오른쪽 그림과 같이 $\overline{OA}$, $\overline{OB}$를 그으면

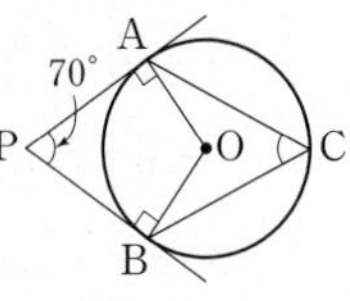

$\angle OAP = \angle OBP = 90^\circ$

□APBO에서

$70^\circ + \angle AOB = 180^\circ$

$\therefore \angle AOB = 110^\circ$

$\therefore \angle ACB = \frac{1}{2}\angle AOB = \frac{1}{2} \times 110^\circ = 55^\circ$

답 55°

11 오른쪽 그림과 같이 $\overline{OA}$, $\overline{OB}$를 긋고 점 D를 잡으면

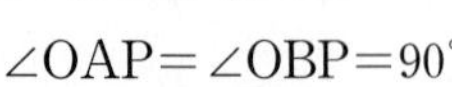

$\angle OAP=\angle OBP=90^\circ$

□APBO에서

$54^\circ+\angle AOB=180^\circ$

$\therefore \angle AOB=126^\circ$ … ❶

즉, $\widehat{ADB}$에 대한 중심각의 크기는

$360^\circ-126^\circ=234^\circ$

$\therefore \angle ACB=\frac{1}{2}\times 234^\circ=117^\circ$ … ❷

답 117°

채점 기준	배점
❶ ∠AOB의 크기 구하기	50%
❷ ∠ACB의 크기 구하기	50%

12 오른쪽 그림과 같이 $\overline{OA}$, $\overline{OB}$를 긋고 점 D를 잡으면

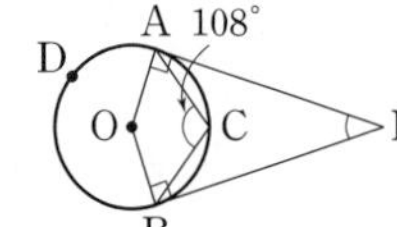

$\angle OAP=\angle OBP=90^\circ$

$\widehat{ADB}$에 대한 중심각의 크기는

$2\angle ACB=2\times 108^\circ=216^\circ$

$\therefore \angle AOB=360^\circ-216^\circ=144^\circ$

따라서 □AOBP에서

$144^\circ+\angle P=180^\circ$ $\therefore \angle P=36^\circ$ 답 36°

13 오른쪽 그림과 같이 $\overline{BQ}$를 그으면

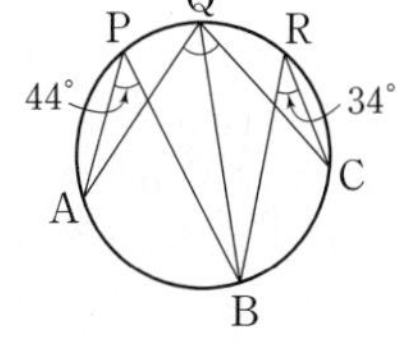

$\angle AQB=\angle APB=44^\circ$

$\angle BQC=\angle BRC=34^\circ$

$\therefore \angle AQC=44^\circ+34^\circ$

$=78^\circ$ 답 78°

14 $\angle x=2\angle APB=2\times 35^\circ=70^\circ$

$\angle y=\angle APB=35^\circ$

$\therefore \angle x+\angle y=70^\circ+35^\circ=105^\circ$ 답 ④

15 $\angle DBC=\angle DAC=38^\circ$

△PBC에서

$\angle x=38^\circ+51^\circ=89^\circ$ 답 89°

16 오른쪽 그림과 같이 $\overline{BP}$를 그으면

$\angle APB=\frac{1}{2}\angle AOB=\frac{1}{2}\times 40^\circ=20^\circ$

$\angle BPC=45^\circ-20^\circ=25^\circ$

$\therefore \angle x=\angle BPC=25^\circ$ 답 ⑤

17 $\angle ADB=\angle ACB=28^\circ$

$\angle ACD=\angle ABD=32^\circ$

따라서 △ACD에서

$\angle x+32^\circ+(28^\circ+55^\circ)=180^\circ$

$\angle x+115^\circ=180^\circ$

$\therefore \angle x=65^\circ$ 답 65°

18 △ACP에서

$\angle ACB=20^\circ+28^\circ=48^\circ$ … ❶

$\therefore \angle ADB=\angle ACB=48^\circ$ … ❷

따라서 △AQD에서

$\angle x=20^\circ+48^\circ=68^\circ$ … ❸

답 68°

채점 기준	배점
❶ ∠ACB의 크기 구하기	30%
❷ ∠ADB의 크기 구하기	40%
❸ ∠x의 크기 구하기	30%

19 $\angle ACB=\angle ADB=\angle x$

△PBD에서

$\angle DBC=32^\circ+\angle x$

따라서 △QBC에서

$80^\circ=(32^\circ+\angle x)+\angle x$

$2\angle x=48^\circ$ $\therefore \angle x=24^\circ$ 답 24°

20 $\overline{AB}$가 원 O의 지름이므로

$\angle APB=90^\circ$

$\angle ABP=\angle AQP=49^\circ$이므로 △ABP에서

$\angle x=90^\circ-49^\circ=41^\circ$ 답 41°

21 $\overline{BD}$가 원 O의 지름이므로

$\angle BAD=90^\circ$

△ABD에서

$\angle ABD=90^\circ-40^\circ=50^\circ$

$\therefore \angle x=\angle ABD=50^\circ$ 답 50°

22 오른쪽 그림과 같이 $\overline{CD}$를 그으면 $\overline{AC}$가 원 O의 지름이므로

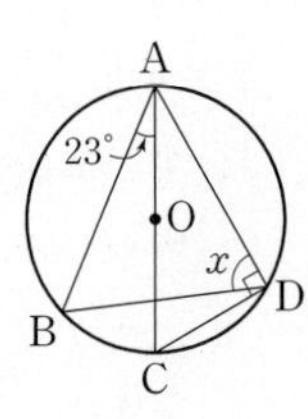

$\angle ADC=90^\circ$

$\angle BDC=\angle BAC=23^\circ$이므로

$\angle x=90^\circ-23^\circ=67^\circ$ 답 67°

23 $\overline{AC}$가 원 O의 지름이므로

$\angle ABC=90^\circ$

$\angle DBA=90^\circ-40^\circ=50^\circ$이므로

$\angle x=\angle DBA=50^\circ$

또한, $\angle y=\angle BDC=36^\circ$이므로

$\angle x-\angle y=50^\circ-36^\circ=14^\circ$ 답 14°

24 $\overline{BC}$가 원 O의 지름이므로

$\angle BDC=\angle BEC=90^\circ$ … ❶

$\triangle ABE$에서

$\angle ABE=90^\circ-68^\circ=22^\circ$ … ❷

따라서 $\triangle DBF$에서

$\angle x=90^\circ+22^\circ=112^\circ$ … ❸

답 112°

채점 기준	배점
❶ $\angle BDC=\angle BEC=90^\circ$임을 알기	40%
❷ $\angle ABE$의 크기 구하기	30%
❸ $\angle x$의 크기 구하기	30%

25 오른쪽 그림과 같이 $\overline{AD}$를 그으면 $\overline{AB}$가 반원 O의 지름이므로

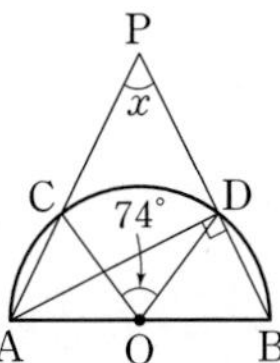

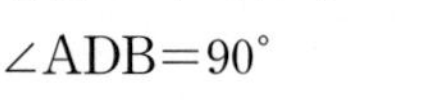

$\angle ADB=90^\circ$

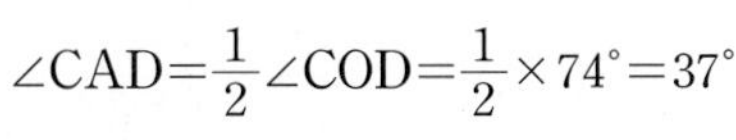

$\angle CAD=\frac{1}{2}\angle COD=\frac{1}{2}\times 74^\circ=37^\circ$

따라서 $\triangle PAD$에서

$\angle x=90^\circ-37^\circ=53^\circ$

답 ③

26 오른쪽 그림과 같이 $\overline{AB}$를 그으면 $\overline{BC}$가 원 O의 지름이므로

$\angle BAC=90^\circ$

$\triangle ABC$에서

$90^\circ+(\angle ABD+26^\circ)+34^\circ=180^\circ$

$\therefore \angle ABD=30^\circ$

$\therefore \angle AOD=2\angle ABD=2\times 30^\circ=60^\circ$

$\therefore \widehat{AD}=2\pi\times 6\times\frac{60}{360}=2\pi(\text{cm})$

답 2π cm

다른 풀이 $\angle AOB=2\angle ACB=2\times 34^\circ=68^\circ$

$\angle COD=2\angle CBD=2\times 26^\circ=52^\circ$

$\therefore \angle AOD=180^\circ-(68^\circ+52^\circ)=60^\circ$

$\therefore \widehat{AD}=2\pi\times 6\times\frac{60}{360}=2\pi(\text{cm})$

27 오른쪽 그림과 같이 $\overline{AO}$의 연장선과 원 O가 만나는 점을 B′이라 하면

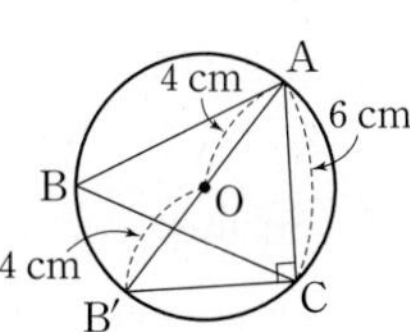

$\angle ACB'=90^\circ$

$\angle ABC=\angle AB'C$이므로

$\sin B=\sin B'=\frac{6}{8}=\frac{3}{4}$

답 $\frac{3}{4}$

28 $\angle ACB=90^\circ$이므로

$\overline{AC}=\frac{2\sqrt{3}}{\tan 30^\circ}=2\sqrt{3}\div\frac{\sqrt{3}}{3}=6(\text{cm})$

$\therefore \triangle ABC=\frac{1}{2}\times 6\times 2\sqrt{3}=6\sqrt{3}(\text{cm}^2)$

답 ②

29 오른쪽 그림과 같이 원의 중심 O를 지나는 선분 BC′을 그으면

$\angle BAC'=90^\circ$

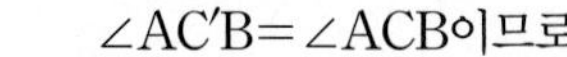

$\angle AC'B=\angle ACB$이므로

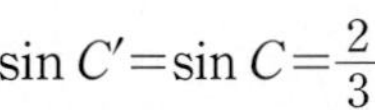

$\sin C'=\sin C=\frac{2}{3}$

즉, 직각삼각형 ABC′에서

$\overline{BC'}=\frac{6}{\sin C'}=6\div\frac{2}{3}=9(\text{cm})$

따라서 원 O의 지름의 길이는 9 cm이다.

답 9 cm

30 오른쪽 그림과 같이 $\overline{BD}$를 그으면

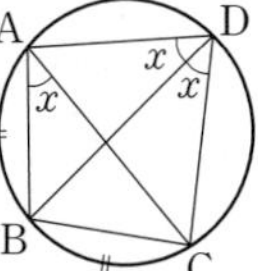

$\widehat{AB}=\widehat{BC}$이므로

$\angle ADB=\angle BDC=\angle BAC=\angle x$

이때 $\angle ADC=80^\circ$이므로

$2\angle x=80^\circ \quad \therefore \angle x=40^\circ$

답 ①

31 오른쪽 그림과 같이 $\overline{CM}$을 그으면

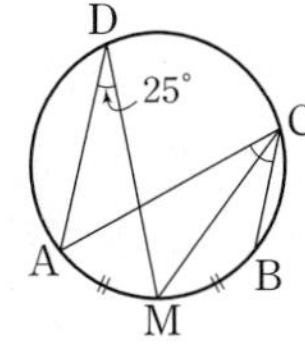

$\widehat{AM}=\widehat{BM}$이므로

$\angle BCM=\angle ACM=\angle ADM=25^\circ$

$\therefore \angle ACB=25^\circ+25^\circ=50^\circ$

답 50°

다른 풀이 $\angle ADM:\angle ACB=\widehat{AM}:\widehat{AB}=1:2$

즉, $25^\circ:\angle ACB=1:2$이므로 $\angle ACB=50^\circ$

32 $\widehat{AB}=\widehat{CD}$이므로

$\angle ACB=\angle DBC=37^\circ$

따라서 $\triangle EBC$에서

$\angle AEB=37^\circ+37^\circ=74^\circ$

답 74°

33 오른쪽 그림과 같이 $\overline{AD}$를 그으면 $\overline{AB}$가 원 O의 지름이므로

$\angle ADB=90^\circ$

$\widehat{AC}=\widehat{CD}=\widehat{DB}$이므로

$\angle ABC=\angle BAD=\angle CBD=\angle x$

따라서 $\triangle ADB$에서

$(\angle x+\angle x)+\angle x+90^\circ=180^\circ$, $3\angle x=90^\circ$

$\therefore \angle x=30^\circ$

답 30°

다른 풀이 $\widehat{AC}=\widehat{CD}=\widehat{DB}$이므로

$\angle COD=\frac{1}{3}\times 180^\circ=60^\circ$

$\therefore \angle x=\frac{1}{2}\angle COD=\frac{1}{2}\times 60^\circ=30^\circ$

34 오른쪽 그림과 같이 $\overline{BD}$를 그으면

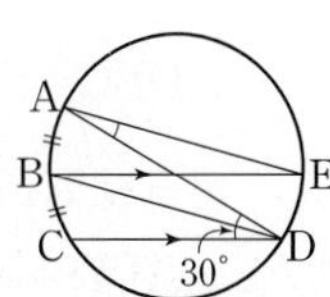

$\widehat{AB}=\widehat{BC}$이므로

$\angle ADB=\angle BDC$

$\therefore \angle BDC=\frac{1}{2}\angle ADC=\frac{1}{2}\times 30^\circ=15^\circ$ … ❶

$\overline{BE}/\!/\overline{CD}$에서 $\angle DBE=\angle BDC=15^\circ$ (엇각)이므로

$\angle DAE=\angle DBE=15^\circ$ … ❷

답 15°

채점 기준	배점
❶ ∠BDC의 크기 구하기	50%
❷ ∠DAE의 크기 구하기	50%

35 오른쪽 그림과 같이 $\overline{BC}$를 그으면 $\overline{AB}$가 반원 O의 지름이므로

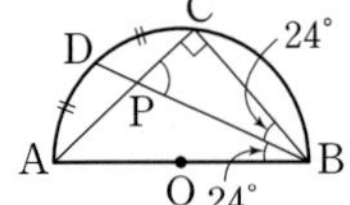

$\angle ACB=90^\circ$

$\widehat{AD}=\widehat{CD}$이므로

$\angle CBD=\angle ABD=24^\circ$

따라서 $\triangle PBC$에서

$\angle CPB=180^\circ-(24^\circ+90^\circ)=66^\circ$ 답 66°

36 $\triangle AED$에서

$\angle DAE+24^\circ=60^\circ$ $\therefore \angle DAE=36^\circ$

$\widehat{AB}:\widehat{CD}=\angle ADB:\angle DAC$이므로

$6:\widehat{CD}=24^\circ:36^\circ$ $\therefore \widehat{CD}=9(\text{cm})$ 답 9 cm

37 $\angle ACB:\angle DBC=\widehat{AB}:\widehat{CD}=3:1$이므로

$69^\circ:\angle DBC=3:1$ $\therefore \angle DBC=23^\circ$ 답 ⑤

38 $\angle ADC:\angle BAD=\widehat{AC}:\widehat{BD}=1:2$

$\angle ADC=\angle x$라 하면 $\angle BAD=2\angle x$ … ❶

$\triangle APD$에서

$2\angle x=\angle x+36^\circ$ $\therefore \angle x=36^\circ$

$\therefore \angle ADC=36^\circ$ … ❷

답 36°

채점 기준	배점
❶ ∠ADC=∠x로 놓고 ∠BAD의 크기를 ∠x를 사용하여 나타내기	40%
❷ ∠ADC의 크기 구하기	60%

39 오른쪽 그림과 같이 $\overline{BC}$를 그으면 $\widehat{AB}$의 길이가 원주의 $\frac{1}{4}$이므로

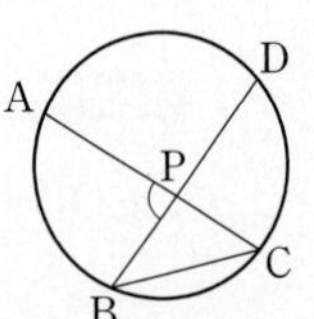

$\angle ACB=180^\circ\times\frac{1}{4}=45^\circ$

$\widehat{CD}$의 길이가 원주의 $\frac{2}{9}$이므로

$\angle DBC=180^\circ\times\frac{2}{9}=40^\circ$

따라서 $\triangle PBC$에서

$\angle APB=40^\circ+45^\circ=85^\circ$ 답 85°

40 오른쪽 그림과 같이 $\overline{BC}$를 그으면

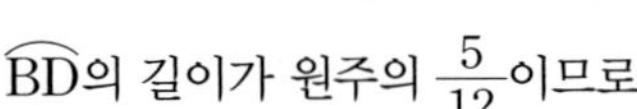

$\widehat{AC}$의 길이가 원주의 $\frac{1}{6}$이므로

$\angle ABC=180^\circ\times\frac{1}{6}=30^\circ$

$\widehat{BD}$의 길이가 원주의 $\frac{5}{12}$이므로

$\angle BCD=180^\circ\times\frac{5}{12}=75^\circ$

따라서 $\triangle BPC$에서

$75^\circ=\angle P+30^\circ$ $\therefore \angle P=45^\circ$ 답 45°

41 $\angle BAC:\angle ABC:\angle ACB=\widehat{BC}:\widehat{CA}:\widehat{AB}=4:3:5$

$\widehat{AB}$, $\widehat{BC}$, $\widehat{CA}$에 대한 원주각의 크기의 합은 180°이므로

$\angle BAC=180^\circ\times\frac{4}{4+3+5}=60^\circ$ 답 60°

Real 실전 기출

62~64쪽

01 오른쪽 그림과 같이 $\overline{OB}$를 그으면

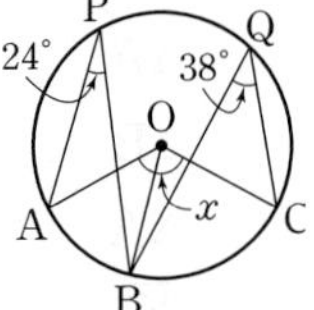

$\angle AOB=2\angle APB$

$=2\times 24^\circ=48^\circ$

$\angle BOC=2\angle BQC$

$=2\times 38^\circ=76^\circ$

$\therefore \angle AOC=48^\circ+76^\circ=124^\circ$ 답 ③

02 $\triangle ABC$는 $\overline{AB}=\overline{AC}$인 이등변삼각형이므로

$\angle BAC=180^\circ-2\times 36^\circ=108^\circ$

오른쪽 그림과 같이 점 D를 잡으면

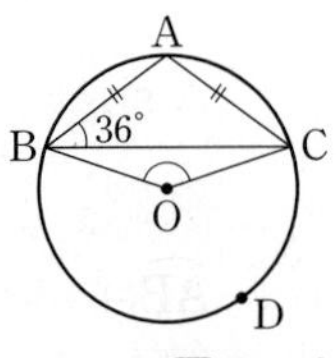

$\widehat{BDC}$에 대한 중심각의 크기는

$2\angle BAC=2\times 108^\circ=216^\circ$

$\therefore \angle BOC=360^\circ-216^\circ=144^\circ$

답 144°

03 오른쪽 그림과 같이 $\overline{OT}$를 그으면

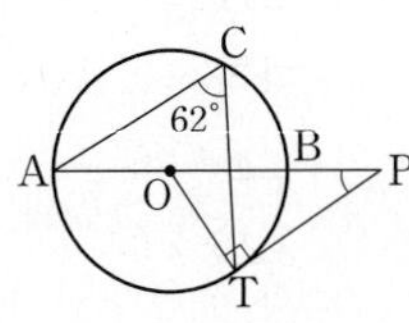

$\angle OTP=90^\circ$

$\angle AOT=2\angle ACT$

$=2\times 62^\circ=124^\circ$

따라서 $\triangle OTP$에서

$124^\circ=90^\circ+\angle P$ $\therefore \angle P=34^\circ$ 답 34°

04 오른쪽 그림과 같이 $\overline{BD}$를 그으면

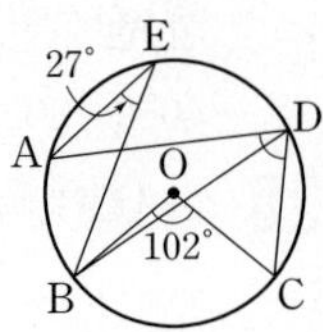

$\angle ADB=\angle AEB=27^\circ$

$\angle BDC=\frac{1}{2}\angle BOC$

$=\frac{1}{2}\times 102^\circ=51^\circ$

$\therefore \angle ADC=27^\circ+51^\circ=78^\circ$ 답 78°

다른 풀이 오른쪽 그림과 같이 $\overline{CE}$를 그으면

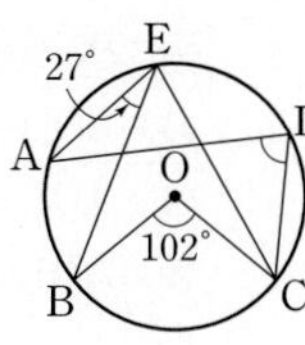

$\angle BEC = \frac{1}{2}\angle BOC = \frac{1}{2}\times 102° = 51°$

$\therefore \angle AEC = 27° + 51° = 78°$

$\therefore \angle ADC = \angle AEC = 78°$

05 $\overline{AB}$가 반원 O의 지름이므로

$\angle ACB = 90°$

$\triangle PEC$에서

$116° = \angle EPC + 90°$

$\therefore \angle EPC = 26°$

$\therefore \angle APB = 2\angle EPC = 2\times 26° = 52°$

이때 $\overline{PA}$가 반원 O의 접선이므로

$\angle PAB = 90°$

따라서 $\triangle PAB$에서

$\angle x = 90° - 52° = 38°$ 답 38°

06 $\overline{AB}$가 반원 O의 지름이므로

$\angle ACB = 90°$

$\triangle ABC \backsim \triangle CBH$ (AA 닮음)이므로

$\angle BAC = \angle BCH = x$

$\triangle ABC$에서

$\overline{BC} = \sqrt{(4\sqrt{5})^2 - 4^2} = 8$

이므로 직각삼각형 ABC에서

$\sin x = \frac{\overline{BC}}{\overline{AB}} = \frac{8}{4\sqrt{5}} = \frac{2\sqrt{5}}{5}$

$\cos x = \frac{\overline{AC}}{\overline{AB}} = \frac{4}{4\sqrt{5}} = \frac{\sqrt{5}}{5}$

$\therefore \sin x - \cos x = \frac{2\sqrt{5}}{5} - \frac{\sqrt{5}}{5} = \frac{\sqrt{5}}{5}$ 답 ④

07 $\widehat{AB} = \widehat{CD}$이므로 $\angle CAD = \angle ADB = \angle x$

$\overline{AD}$가 원 O의 지름이므로

$\angle ACD = 90°$

따라서 $\triangle ACD$에서

$\angle x + 90° + (\angle x + 22°) = 180°$

$2\angle x = 68°$ $\therefore \angle x = 34°$ 답 34°

08 $\triangle ABP$에서

$95° = \angle BAP + 55°$ $\therefore \angle BAP = 40°$

한 원에서 모든 호에 대한 원주각의 크기의 합은 180°이므로

$40° : 180° = 12 :$ (원의 둘레의 길이)이므로

$\therefore$ (원의 둘레의 길이)$=54$(cm) 답 ①

09 $\widehat{AD} = 2\widehat{CD}$이므로 $\widehat{AC} = 3\widehat{CD}$

$\therefore \angle ABC = 3\angle CAD = 3\times 25° = 75°$

$\triangle ABC$는 $\overline{AB} = \overline{AC}$인 이등변삼각형이므로

$\angle BAC = 180° - 2\times 75° = 30°$

따라서 $\triangle ABP$에서

$(30° + 25°) + 75° + \angle P = 180°$

$\therefore \angle P = 50°$ 답 ③

다른 풀이 오른쪽 그림과 같이 $\overline{BD}$를 그으면 $\angle DBC = \angle CAD = 25°$

$\widehat{AD} = 2\widehat{CD}$이므로

$\angle ABD = 2\angle CAD = 2\times 25° = 50°$

즉, $\angle ABC = 25° + 50° = 75°$이고

$\triangle ABC$는 $\overline{AB} = \overline{AC}$인 이등변삼각형이므로

$\angle BAC = 180° - 2\times 75° = 30°$

따라서 $\triangle ABP$에서

$(30° + 25°) + 75° + \angle P = 180°$

$\therefore \angle P = 50°$

10 오른쪽 그림과 같이 $\overline{CD}$를 그으면 두 점 A, D는 원주를 5 : 7로 나누므로

$\angle ACD = 180° \times \frac{5}{5+7} = 75°$

이때 $\widehat{AB} = \widehat{BC} = \widehat{CD}$이므로

$\angle BDC = 180° \times \frac{7}{5+7} \times \frac{1}{3} = 35°$

따라서 $\triangle PCD$에서

$\angle BPC = 75° + 35° = 110°$ 답 110°

11 오른쪽 그림과 같이 원과 두 바퀴살이 만나는 점을 각각 A, B, C, D라 하고 $\overline{AC}$, $\overline{BD}$의 교점을 E라 하자. 10개의 바퀴살 사이의 호에 대한 원주각의 크기는 모두 같으므로

$\angle x = 180° \times \frac{1}{10} = 18°$

$\angle ABD = 180° \times \frac{4}{10} = 72°$

즉, $\triangle ABE$에서

$\angle y = \angle x + 72° = 18 + 72° = 90°$

$\therefore \angle x + \angle y = 18° + 90° = 108°$ 답 108°

12 원 O′의 반지름의 길이는 $\frac{1}{4}\times 20 = 5$(cm)이므로

$\overline{O'B} = 15$ cm

오른쪽 그림과 같이 $\overline{AC}$, $\overline{O'P}$를 그으면

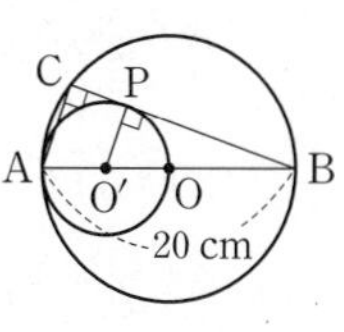

$\overline{O'P} = 5$ cm이므로 $\triangle O'BP$에서

$\overline{BP} = \sqrt{15^2 - 5^2} = 10\sqrt{2}$(cm)

$\triangle ABC$와 $\triangle O'BP$에서

$\angle ABC$는 공통, $\angle ACB = \angle O'PB = 90°$

이므로 $\triangle ABC \backsim \triangle O'BP$ (AA 닮음)

$\therefore \overline{BC} : \overline{BP} = \overline{AB} : \overline{O'B}$

$\overline{BC} : 10\sqrt{2} = 20 : 15$

$\therefore \overline{BC} = \frac{40\sqrt{2}}{3}$(cm) 답 $\frac{40\sqrt{2}}{3}$ cm

13 $\angle BDC = \angle BAC = \angle y$이므로

$\triangle DBP$에서

$\angle DBA = \angle y + 38^\circ$

$\widehat{BC} = \widehat{CD}$이므로

$\angle DBC = \angle BDC = \angle y$

$\overline{AC}$가 원 O의 지름이므로

$\angle ABC = 90^\circ$

즉, $(\angle y + 38^\circ) + \angle y = 90^\circ$이므로

$2\angle y = 52^\circ \qquad \therefore \angle y = 26^\circ$

따라서 $\angle DBA = 26^\circ + 38^\circ = 64^\circ$이므로 $\triangle ABE$에서

$\angle x = 26^\circ + 64^\circ = 90^\circ$

$\therefore \angle x - \angle y = 90^\circ - 26^\circ = 64^\circ$ 답 64°

14 오른쪽 그림과 같이 $\overline{BC}$를 긋고 $\widehat{AB}$, $\widehat{CD}$에 대한 원주각의 크기를 각각 $\angle a$, $\angle b$라 하면 $\triangle PBC$에서

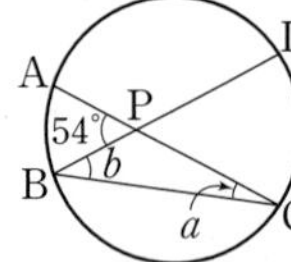

$\angle a + \angle b = 54^\circ$

따라서 $\widehat{AB} + \widehat{CD}$의 길이는

$2\pi \times 15 \times \frac{54}{180} = 9\pi$(cm) 답 9π cm

15 $\angle BOC = 2\angle BAC = 2 \times 60^\circ = 120^\circ$ … ❶

$\therefore \triangle OBC = \frac{1}{2} \times 8 \times 8 \times \sin(180^\circ - 120^\circ)$

$= \frac{1}{2} \times 8 \times 8 \times \frac{\sqrt{3}}{2}$

$= 16\sqrt{3}$(cm^2) … ❷

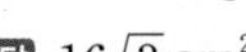

답 $16\sqrt{3}$ cm^2

채점 기준	배점
❶ ∠BOC의 크기 구하기	50%
❷ △OBC의 넓이 구하기	50%

보충 TIP 둔각삼각형의 넓이

$\triangle ABC$에서 $\angle B$가 둔각일 때,

$\overline{AH} = c\sin(180^\circ - B)$이므로

$\triangle ABC = \frac{1}{2}ac\sin(180^\circ - B)$

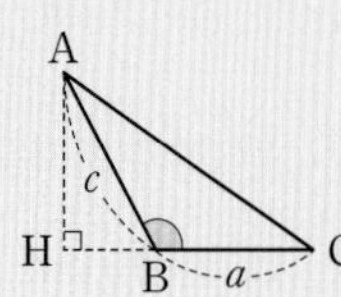

16 $\angle EOD = 2\angle ECD = 2 \times 16^\circ = 32^\circ$이므로 … ❶

$\angle AOE = 180^\circ - (64^\circ + 32^\circ) = 84^\circ$ … ❷

$\therefore \angle ADE = \frac{1}{2}\angle AOE = \frac{1}{2} \times 84^\circ = 42^\circ$ … ❸

답 42°

채점 기준	배점
❶ ∠EOD의 크기 구하기	40%
❷ ∠AOE의 크기 구하기	20%
❸ ∠ADE의 크기 구하기	40%

17 $\angle ADB = \angle ACB = 20^\circ$ … ❶

$\overline{AC}$는 원 O의 지름이므로

$\angle ADC = 90^\circ$

$\therefore \angle BDC = 90^\circ - 20^\circ = 70^\circ$ … ❷

$\widehat{AB} : \widehat{BC} = \angle ADB : \angle BDC$이므로

$4 : \widehat{BC} = 20^\circ : 70^\circ$

$\therefore \widehat{BC} = 14$(cm) … ❸

답 14 cm

채점 기준	배점
❶ ∠ADB의 크기 구하기	20%
❷ ∠BDC의 크기 구하기	30%
❸ $\widehat{BC}$의 길이 구하기	50%

18 $\widehat{AB}$의 길이가 원주의 $\frac{1}{3}$이므로

$\angle ACB = 180^\circ \times \frac{1}{3} = 60^\circ$ … ❶

$\triangle ABC$에서

$\angle ABC = 180^\circ - (40^\circ + 60^\circ) = 80^\circ$ … ❷

따라서 $\widehat{AC}$의 길이는

$2\pi \times 6 \times \frac{80}{180} = \frac{16}{3}\pi$(cm) … ❸

답 $\frac{16}{3}\pi$ cm

채점 기준	배점
❶ ∠ACB의 크기 구하기	40%
❷ ∠ABC의 크기 구하기	20%
❸ $\widehat{AC}$의 길이 구하기	40%

19 오른쪽 그림과 같이 $\overline{DE}$를 그으면

$\overline{BD}$가 원 O의 지름이므로

$\angle BED = 90^\circ$

즉, $32^\circ + \angle CED = 90^\circ$이므로

$\angle CED = 58^\circ$

$\therefore \angle a = \angle CED = 58^\circ$ … ❶

또, $\angle ADE = \angle ACE = 40^\circ$이므로 $\triangle BDE$에서

$26^\circ + (\angle b + 40^\circ) + 90^\circ = 180^\circ$

$\therefore \angle b = 24^\circ$ … ❷

$\therefore \angle a - \angle b = 58^\circ - 24^\circ = 34^\circ$ … ❸

답 34°

채점 기준	배점
❶ $\angle a$의 크기 구하기	50%
❷ $\angle b$의 크기 구하기	40%
❸ $\angle a-\angle b$의 크기 구하기	10%

20 $\angle \mathrm{ABD}=\angle a$라 하고 오른쪽 그림과 같이 $\overline{\mathrm{AC}}$를 그으면

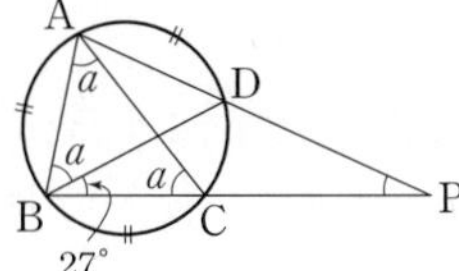

$\widehat{\mathrm{AB}}=\widehat{\mathrm{BC}}=\widehat{\mathrm{DA}}$이므로

$\angle \mathrm{ACB}=\angle \mathrm{BAC}=\angle \mathrm{ABD}=\angle a$

$\triangle \mathrm{ABC}$에서

$\angle a+(\angle a+27^\circ)+\angle a=180^\circ$

$3\angle a=153^\circ$

$\therefore \angle a=51^\circ$ ⋯ ❶

$\angle \mathrm{ADB}=\angle \mathrm{ACB}=51^\circ$이므로 $\triangle \mathrm{BPD}$에서

$51^\circ=27^\circ+\angle \mathrm{P}$ $\quad\therefore \angle \mathrm{P}=24^\circ$ ⋯ ❷

답 24°

채점 기준	배점
❶ $\angle a$의 크기 구하기	60%
❷ $\angle \mathrm{P}$의 크기 구하기	40%

다른 풀이 모든 호에 대한 원주각의 크기의 합이 180°이므로 $\widehat{\mathrm{CAD}}$에 대한 원주각의 크기는

$180^\circ-27^\circ=153^\circ$

이때 $\widehat{\mathrm{AB}}=\widehat{\mathrm{BC}}=\widehat{\mathrm{DA}}$이므로

$\angle \mathrm{ADB}=\frac{1}{3}\times 153^\circ=51^\circ$

따라서 $\triangle \mathrm{BPD}$에서

$51^\circ=27^\circ+\angle \mathrm{P}$ $\quad\therefore \angle \mathrm{P}=24^\circ$

05 원주각의 활용

Real 실전 개념

67쪽

01 $\angle x=\angle \mathrm{BAC}=42^\circ$ 답 42°

02 $\angle \mathrm{BDC}=\angle \mathrm{BAC}=72^\circ$

$\therefore \angle x=180^\circ-(72^\circ+70^\circ)=38^\circ$ 답 38°

03 $\angle x=\angle \mathrm{CAD}=35^\circ$ 답 35°

04 $\angle \mathrm{ADB}=\angle \mathrm{ACB}=48^\circ$

$\therefore \angle x=28^\circ+48^\circ=76^\circ$ 답 76°

05 답 $\angle a$, $\angle b$, $\angle b$, 360°, 180°

06 $\angle x=180^\circ-85^\circ=95^\circ$ 답 95°

07 $\angle \mathrm{ABC}=180^\circ-(40^\circ+75^\circ)=65^\circ$

$\therefore \angle x=180^\circ-\angle \mathrm{ABC}=180^\circ-65^\circ=115^\circ$ 답 115°

08 $\angle x=\angle \mathrm{BAD}=100^\circ$ 답 100°

09 $\angle x=\angle \mathrm{BAD}=180^\circ-(58^\circ+40^\circ)=82^\circ$ 답 82°

10 $\angle x=180^\circ-70^\circ=110^\circ$ 답 110°

11 $\angle x=180^\circ-118^\circ=62^\circ$ 답 62°

12 $\angle x=\angle \mathrm{DCE}=96^\circ$ 답 96°

13 $\angle x=\angle \mathrm{ABC}=110^\circ$ 답 110°

14 $\angle x=\angle \mathrm{BAP}=74^\circ$ 답 74°

15 $\angle x=\angle \mathrm{APT}=180^\circ-(45^\circ+70^\circ)=65^\circ$ 답 65°

16 $\angle x=\angle \mathrm{PAB}=\frac{1}{2}\angle \mathrm{POB}=\frac{1}{2}\times 70^\circ=35^\circ$ 답 35°

17 $\angle x=\angle \mathrm{ABP}=180^\circ-(55^\circ+80^\circ)=45^\circ$ 답 45°

18 $\angle x=\angle \mathrm{CTQ}=\angle \mathrm{CDT}=60^\circ$

$\angle y=\angle \mathrm{DTP}=\angle \mathrm{BTQ}=\angle \mathrm{BAT}=45^\circ$

답 $\angle x=60^\circ$, $\angle y=45^\circ$

19 $\angle x=\angle \mathrm{CTQ}=\angle \mathrm{BAT}=70^\circ$

$\angle y=\angle \mathrm{ABT}=50^\circ$ 답 $\angle x=70^\circ$, $\angle y=50^\circ$

Real 실전 유형 68~75쪽

01 ① $\angle BAC = \angle BDC$이므로 네 점 A, B, C, D가 한 원 위에 있다.
② $\angle CAD \neq \angle CBD$이므로 네 점 A, B, C, D가 한 원 위에 있지 않다.
③ $\angle BDC = 180^\circ - (90^\circ + 60^\circ) = 30^\circ$
따라서 $\angle BAC = \angle BDC$이므로 네 점 A, B, C, D가 한 원 위에 있다.
④ $\angle ACB \neq \angle ADB$이므로 네 점 A, B, C, D가 한 원 위에 있지 않다.
⑤ $\angle DBC = 85^\circ - 50^\circ = 35^\circ$
따라서 $\angle DAC = \angle DBC$이므로 네 점 A, B, C, D가 한 원 위에 있다.
답 ②, ④

02 $\triangle ABE$에서
$\angle BAE = 95^\circ - 25^\circ = 70^\circ$
네 점 A, B, C, D가 한 원 위에 있으므로
$\angle BDC = \angle BAC = 70^\circ$
답 70°

03 $\triangle QBC$에서
$\angle QBC = 105^\circ - 28^\circ = 77^\circ$
네 점 A, B, C, D가 한 원 위에 있으므로
$\angle DAC = \angle DBC = 77^\circ$
따라서 $\triangle APC$에서
$77^\circ = \angle P + 28^\circ$ $\quad\therefore \angle P = 49^\circ$
답 49°

04 $\triangle ABC$에서 $\overline{AB} = \overline{AC}$이므로
$\angle ABC = \frac{1}{2} \times (180^\circ - 36^\circ) = 72^\circ$
□ABCD가 원에 내접하므로
$\angle x = 180^\circ - 72^\circ = 108^\circ$
답 ③

05 □ABCD가 원에 내접하므로
$\angle BCD = 180^\circ - 70^\circ = 110^\circ$
$\triangle BCD$에서
$\angle x = 180^\circ - (110^\circ + 30^\circ) = 40^\circ$
답 40°

06 $\overline{BC}$가 원 O의 지름이므로
$\angle BDC = 90^\circ$
$\triangle DBC$에서
$\angle y = 180^\circ - (90^\circ + 26^\circ) = 64^\circ$ … ❶
□ABCD가 원 O에 내접하므로
$\angle x = 180^\circ - 64^\circ = 116^\circ$ … ❷
$\therefore \angle x - \angle y = 116^\circ - 64^\circ = 52^\circ$ … ❸
답 52°

채점 기준	배점
❶ $\angle y$의 크기 구하기	40%
❷ $\angle x$의 크기 구하기	40%
❸ $\angle x - \angle y$의 크기 구하기	20%

참고 반원에 대한 원주각의 크기는 90°이다.

07 $\angle BOD = 2\angle BAD = 2 \times 56^\circ = 112^\circ$
□ABCD가 원 O에 내접하므로
$\angle BCD = 180^\circ - 56^\circ = 124^\circ$
따라서 □OBCD에서
$\angle x + 124^\circ + \angle y + 112^\circ = 360^\circ$
$\therefore \angle x + \angle y = 124^\circ$
답 124°

08 □ABCD가 원 O에 내접하므로
$\angle BAD + \angle BCD = 180^\circ$
이때 $\angle BAD : \angle BCD = 3 : 1$이므로
$\angle BCD = 180^\circ \times \frac{1}{3+1} = 45^\circ$
$\therefore \angle x = 2\angle BCD = 2 \times 45^\circ = 90^\circ$
답 ③

09 오른쪽 그림과 같이 $\overline{AO}$를 그으면 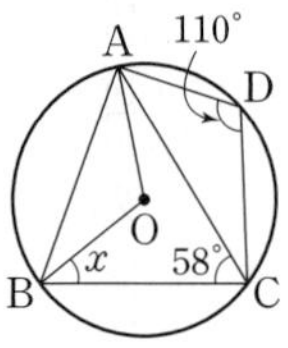
$\angle AOB = 2\angle ACB = 2 \times 58^\circ = 116^\circ$
$\triangle OAB$에서 $\overline{OA} = \overline{OB}$이므로
$\angle OBA = \frac{1}{2} \times (180^\circ - 116^\circ) = 32^\circ$
이때 □ABCD가 원 O에 내접하므로
$(32^\circ + \angle x) + 110^\circ = 180^\circ$ $\quad\therefore \angle x = 38^\circ$
답 ①

10 □ABCD가 원에 내접하므로
$(30^\circ + \angle x) + 106^\circ = 180^\circ$ $\quad\therefore \angle x = 44^\circ$
$\angle BAC = \angle BDC = 44^\circ$이므로
$\angle y = \angle BAD = 44^\circ + 76^\circ = 120^\circ$
$\therefore \angle x + \angle y = 44^\circ + 120^\circ = 164^\circ$
답 164°

11 $\triangle ACD$에서
$\angle ADC = 180^\circ - (32^\circ + 28^\circ) = 120^\circ$
□ABCD가 원에 내접하므로
$\angle x = \angle ADC = 120^\circ$
답 120°

12 $\triangle OBC$에서 $\overline{OB} = \overline{OC}$이므로
$\angle BOC = 180^\circ - 2 \times 35^\circ = 110^\circ$
한 호에 대한 원주각의 크기는 중심각의 크기의 $\frac{1}{2}$이므로
$\angle x = \frac{1}{2}\angle BOC = \frac{1}{2} \times 110^\circ = 55^\circ$ … ❶
□ABCD가 원 O에 내접하므로
$\angle y = \angle ADC = 20^\circ + 55^\circ = 75^\circ$ … ❷

$\therefore\ \angle x+\angle y=55^\circ+75^\circ=130^\circ$ ⋯❸

답 130°

채점 기준	배점
❶ $\angle x$의 크기 구하기	40%
❷ $\angle y$의 크기 구하기	40%
❸ $\angle x+\angle y$의 크기 구하기	20%

13 $\widehat{\text{ABC}}$의 길이가 원주의 $\frac{4}{9}$이므로

$\angle\text{ADC}=180^\circ\times\frac{4}{9}=80^\circ$

$\widehat{\text{BCD}}$의 길이가 원주의 $\frac{5}{12}$이므로

$\angle\text{BAD}=180^\circ\times\frac{5}{12}=75^\circ$

□ABCD가 원에 내접하므로

$\angle x=180^\circ-80^\circ=100^\circ$

$\angle y=\angle\text{BAD}=75^\circ$

$\therefore\ \angle x+\angle y=100^\circ+75^\circ=175^\circ$

답 175°

보충 TIP 원주각의 크기와 호의 길이

한 원에서 모든 호에 대한 원주각의 크기의 합은 180°이므로 $\widehat{\text{AB}}$의 길이가 원주의 $\frac{1}{k}$이면 $\widehat{\text{AB}}$에 대한 원주각의 크기는

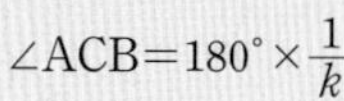

$\angle\text{ACB}=180^\circ\times\frac{1}{k}$

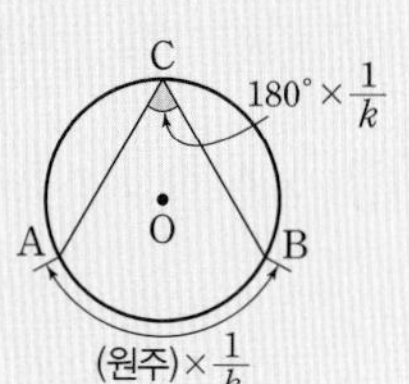

14 오른쪽 그림과 같이 $\overline{\text{BD}}$를 그으면

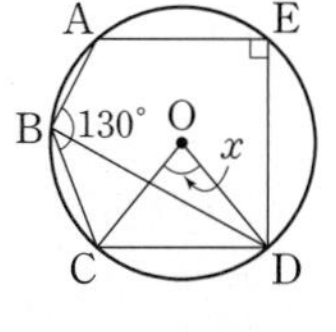

□ABDE가 원 O에 내접하므로

$\angle\text{ABD}=180^\circ-90^\circ=90^\circ$

$\therefore\ \angle\text{CBD}=130^\circ-90^\circ=40^\circ$

$\therefore\ \angle x=2\angle\text{CBD}=2\times40^\circ=80^\circ$

답 ⑤

15 오른쪽 그림과 같이 $\overline{\text{BD}}$를 그으면

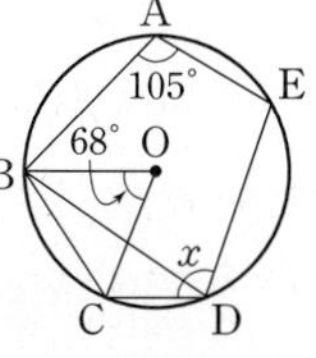

□ABDE가 원 O에 내접하므로

$\angle\text{BDE}=180^\circ-105^\circ=75^\circ$

$\angle\text{BDC}=\frac{1}{2}\angle\text{BOC}=\frac{1}{2}\times68^\circ=34^\circ$

$\therefore\ \angle x=34^\circ+75^\circ=109^\circ$

답 109°

16 오른쪽 그림과 같이 $\overline{\text{AD}}$를 그으면

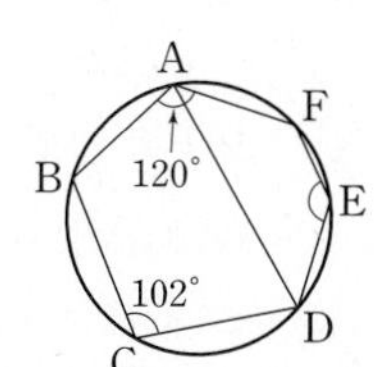

□ABCD가 원에 내접하므로

$\angle\text{BAD}=180^\circ-102^\circ=78^\circ$ ⋯❶

$\therefore\ \angle\text{DAF}=120^\circ-78^\circ=42^\circ$ ⋯❷

□ADEF가 원에 내접하므로

$\angle\text{DEF}=180^\circ-42^\circ=138^\circ$ ⋯❸

답 138°

채점 기준	배점
❶ $\angle\text{BAD}$의 크기 구하기	40%
❷ $\angle\text{DAF}$의 크기 구하기	20%
❸ $\angle\text{DEF}$의 크기 구하기	40%

17 □ABCD가 원에 내접하므로

$\angle\text{CDQ}=\angle\text{ABC}=\angle x$

△PBC에서

$\angle\text{PCQ}=\angle x+22^\circ$

따라서 △DCQ에서

$\angle x+(\angle x+22^\circ)+32^\circ=180^\circ$

$2\angle x=126^\circ \qquad \therefore\ \angle x=63^\circ$

답 ④

18 □ABCD가 원에 내접하므로

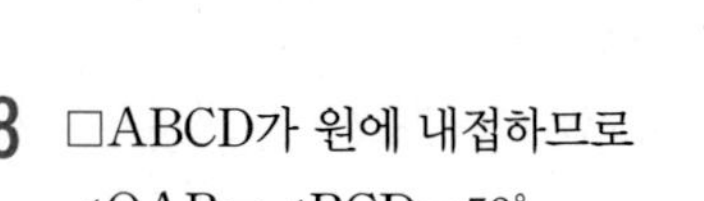

$\angle\text{QAB}=\angle\text{BCD}=53^\circ$

△PBC에서

$\angle\text{PBQ}=28^\circ+53^\circ=81^\circ$

따라서 △AQB에서

$\angle x=180^\circ-(81^\circ+53^\circ)=46^\circ$

답 46°

19 $\angle\text{PDA}=180^\circ-126^\circ=54^\circ$

□ABCD가 원에 내접하므로

$\angle\text{ABC}=\angle\text{PDA}=54^\circ$

△ABQ에서

$\angle\text{PAD}=54^\circ+40^\circ=94^\circ$

따라서 △PAD에서

$\angle x=180^\circ-(94^\circ+54^\circ)=32^\circ$

답 32°

20 오른쪽 그림과 같이 $\overline{\text{PQ}}$를 그으면 □PQCD가 원 O′에 내접하므로

$\angle\text{PQB}=\angle\text{PDC}=105^\circ$

□ABQP가 원 O에 내접하므로

$\angle\text{BAP}=180^\circ-105^\circ=75^\circ$

답 ③

21 □PQCD가 원 O′에 내접하므로

$\angle y=\angle\text{PDC}=86^\circ$ ⋯❶

□ABQP가 원 O에 내접하므로

$\angle\text{BAP}=180^\circ-86^\circ=94^\circ$

$\therefore\ \angle x=2\angle\text{BAP}=2\times94^\circ=188^\circ$ ⋯❷

$\therefore\ \angle x+\angle y=188^\circ+86^\circ=274^\circ$ ⋯❸

답 274°

채점 기준	배점
❶ $\angle y$의 크기 구하기	40%
❷ $\angle x$의 크기 구하기	40%
❸ $\angle x+\angle y$의 크기 구하기	20%

22 △APB에서 $\overline{PA}=\overline{PB}$이므로
$\angle PBA=\angle PAB=180^\circ-109^\circ=71^\circ$
□ABFE가 작은 원에 내접하므로
$\angle AEF=\angle PBA=71^\circ$
□EFCD가 큰 원에 내접하므로
$\angle x=\angle AEF=71^\circ$ 답 71°

23 ① $\angle A+\angle C=90^\circ+90^\circ=180^\circ$
따라서 □ABCD는 원에 내접한다.
② $\angle DAB=180^\circ-70^\circ=110^\circ$
$\angle DAB=\angle DCE$이므로 □ABCD는 원에 내접한다.
③ $\angle ACB=85^\circ-40^\circ=45^\circ$
$\angle ADB\neq\angle ACB$이므로 □ABCD는 원에 내접하지 않는다.
④ $\angle BAD=180^\circ-95^\circ=85^\circ$
$\angle BAD\neq\angle DCE$이므로 □ABCD는 원에 내접하지 않는다.
⑤ $\angle BCD=180^\circ-(82^\circ+52^\circ)=46^\circ$이므로
$\angle BAD+\angle BCD=134^\circ+46^\circ=180^\circ$
따라서 □ABCD는 원에 내접한다. 답 ③, ④

24 □ABCD가 원에 내접하려면
$96^\circ+\angle BCD=180^\circ$ $\therefore \angle BCD=84^\circ$
따라서 △BCD에서
$\angle x=180^\circ-(84^\circ+76^\circ)=20^\circ$ 답 20°

25 $\angle ADB=\angle ACB$이므로 □ABCD는 원에 내접한다.
따라서 $\angle ABC+\angle ADC=180^\circ$이므로
$\angle ABC+(40^\circ+65^\circ)=180^\circ$
$\therefore \angle ABC=75^\circ$ 답 75°

26 △ACD에서
$\angle ADC=180^\circ-(25^\circ+35^\circ)=120^\circ$
즉, $\angle ABF=\angle ADC=120^\circ$이므로 □ABCD가 원에 내접한다.
따라서 $\angle ABD=\angle ACD=35^\circ$이므로 △ABE에서
$75^\circ=\angle x+35^\circ$ $\therefore \angle x=40^\circ$ 답 40°

27 ① □ABEF에서 $\angle AFB=\angle AEB=90^\circ$이므로
□ABEF는 원에 내접한다.
② □ADGF에서 $\angle ADG+\angle AFG=180^\circ$이므로
□ADGF는 원에 내접한다.
③ □BCFD에서 $\angle BDC=\angle BFC=90^\circ$이므로
□BCFD는 원에 내접한다.
⑤ □CFGE에서 $\angle CEG+\angle CFG=180^\circ$이므로
□CFGE는 원에 내접한다. 답 ④

28 직선 AT가 원 O의 접선이므로
$\angle ACB=\angle BAT=75^\circ$
$\therefore \angle AOB=2\angle ACB=2\times75^\circ=150^\circ$
△OAB에서 $\overline{OA}=\overline{OB}$이므로
$\angle x=\frac{1}{2}\times(180^\circ-150^\circ)=15^\circ$ 답 ③

다른 풀이 점 A가 원 O의 접점이므로
$\angle OAT=90^\circ$
$\angle OAB=90^\circ-75^\circ=15^\circ$
△OAB에서 $\overline{OA}=\overline{OB}$이므로
$\angle x=\angle OAB=15^\circ$

29 오른쪽 그림과 같이 $\overline{AC}$를 그으면 직선 AT가 원의 접선이므로

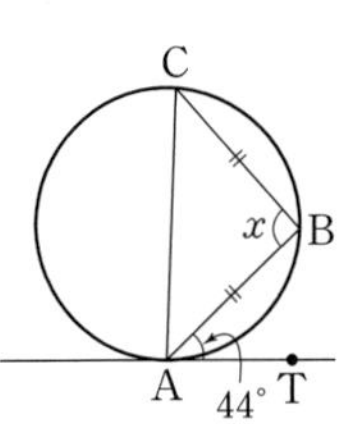

$\angle ACB=\angle BAT=44^\circ$
△ABC에서 $\overline{AB}=\overline{BC}$이므로
$\angle x=180^\circ-2\times44^\circ=92^\circ$ 답 92°

30 $\angle ABT:\angle TAB:\angle BTA=\widehat{AT}:\widehat{TB}:\widehat{BA}$
$=3:2:4$
이므로 $\angle ABT=180^\circ\times\frac{3}{3+2+4}=60^\circ$
이때 직선 PT가 원의 접선이므로
$\angle ATP=\angle ABT=60^\circ$ 답 60°

31 △BTP에서 $\overline{BT}=\overline{BP}$이므로
$\angle BTP=\angle BPT=33^\circ$
$\therefore \angle ABT=33^\circ+33^\circ=66^\circ$ … ❶
또, $\overline{TP}$는 원의 접선이므로
$\angle TAB=\angle BTP=33^\circ$ … ❷
따라서 △ATB에서
$\angle ATB=180^\circ-(33^\circ+66^\circ)=81^\circ$ … ❸
답 81°

채점 기준	배점
❶ ∠ABT의 크기 구하기	30%
❷ ∠TAB의 크기 구하기	40%
❸ ∠ATB의 크기 구하기	30%

32 오른쪽 그림과 같이 $\overline{OC}$를 그으면

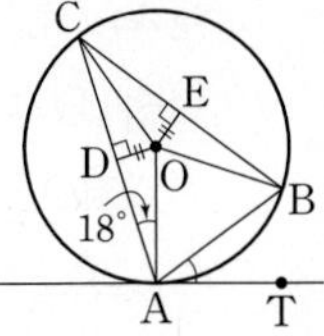

△OCA에서 $\overline{OA}=\overline{OC}$이므로
$\angle OCA=\angle OAC=18^\circ$
△OCA와 △OCB에서
$\overline{OA}=\overline{OB}$, $\overline{OC}$는 공통,
$\overline{AC}=\overline{BC}$ ($\because \overline{OD}=\overline{OE}$)이므로

$\triangle OCA \equiv \triangle OCB$ (SSS 합동)

$\therefore \angle OCB = \angle OCA = 18°$

이때 직선 AT는 원 O의 접선이므로

$\angle BAT = \angle ACB = 18° + 18° = 36°$ 답 $36°$

보충 TIP 원의 중심과 현의 길이

한 원에서 중심으로부터 같은 거리에 있는 두 현의 길이는 같다.

➡ $\overline{OM} = \overline{ON}$이면 $\overline{AB} = \overline{CD}$

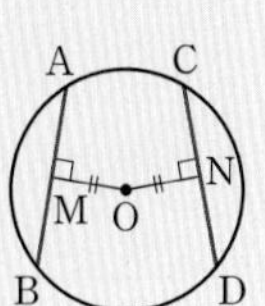

33 직선 TT′은 원 O의 접선이므로

$\angle ACB = \angle BAT' = 60°$

$\angle ABC = \angle CAT = 54°$

$\therefore \angle y = 2\angle ABC = 2 \times 54° = 108°$

$\triangle OCA$에서 $\overline{OA} = \overline{OC}$이므로

$\angle OCA = \frac{1}{2} \times (180° - 108°) = 36°$

$\therefore \angle x = 60° - 36° = 24°$

$\therefore \angle x + \angle y = 24° + 108° = 132°$ 답 ④

34 직선 TP는 원 O의 접선이므로

오른쪽 그림과 같이 $\overline{AC}$를 그으면

$\angle TAC = \angle CTP = 42°$ … ❶

$\angle BAC = 16° + 42° = 58°$이므로

$\angle BOC = 2\angle BAC$

$= 2 \times 58° = 116°$ … ❷

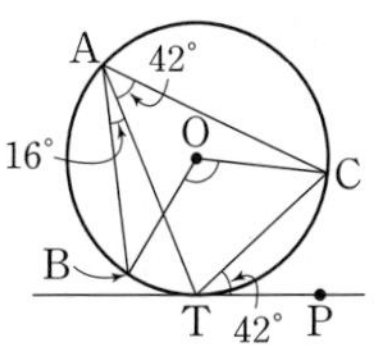

답 $116°$

채점 기준	배점
❶ ∠TAC의 크기 구하기	60%
❷ ∠BOC의 크기 구하기	40%

35 직선 TT′은 원의 접선이므로

$\angle y = \angle BCA = 50°$

□ACDB가 원에 내접하므로

$\angle BAC = 180° - 110° = 70°$

$\therefore \angle x = 180° - (70° + 50°) = 60°$

$\therefore \angle x - \angle y = 60° - 50° = 10°$ 답 $10°$

36 □ABCD가 원에 내접하므로

$\angle ABC = 180° - 82° = 98°$

오른쪽 그림과 같이 $\overline{BD}$를 그으면

직선 AP가 원의 접선이므로

$\angle ABD = \angle DAP = \angle x$

직선 CQ가 원의 접선이므로

$\angle CBD = \angle DCQ = \angle y$

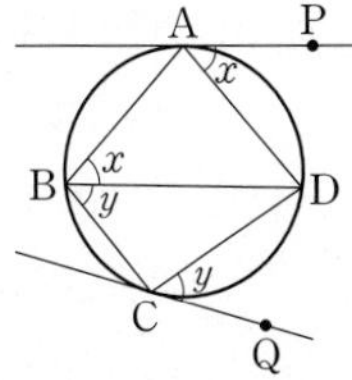

$\therefore \angle x + \angle y = \angle ABC = 98°$ 답 $98°$

37 직선 AT는 원의 접선이므로

$\angle ABC = \angle CAT = 70°$

$\triangle CBA$에서 $\overline{AC} = \overline{BC}$이므로

$\angle BAC = \angle ABC = 70°$

□ACDB가 원에 내접하므로

$\angle BDC = 180° - 70° = 110°$ 답 $110°$

38 오른쪽 그림과 같이 $\overline{AD}$를 그으면

$\angle BDA : \angle CDA = \widehat{AB} : \widehat{AC}$

$= 5 : 7$

$\angle BDC = 108°$이므로

$\angle CDA = 108° \times \frac{7}{5+7} = 63°$

직선 AT는 원의 접선이므로

$\angle CAT = \angle CDA = 63°$ 답 $63°$

39 오른쪽 그림과 같이 $\overline{AT}$를 그으면 $\overline{AB}$가 원 O의 지름이므로

$\angle ATB = 90°$

직선 PT′이 원 O의 접선이므로

$\angle BAT = \angle BTT' = \angle x$

$\triangle ATB$에서

$\angle ABT = 90° - \angle x$

이때 $\overline{PT} = \overline{BT}$이므로 $\triangle BPT$는 이등변삼각형이다.

따라서 $\angle BPT = \angle PBT = 90° - \angle x$이므로

$\angle x = (90° - \angle x) + (90° - \angle x)$

$3\angle x = 180°$ $\therefore \angle x = 60°$ 답 $60°$

40 $\overline{BC}$가 원 O의 지름이므로

$\angle BAC = 90°$

$\therefore \angle ACB + \angle ABC = 90°$

이때 $\angle ACB : \angle ABC = \widehat{AB} : \widehat{AC} = 2 : 3$이므로

$\angle ACB = 90° \times \frac{2}{2+3} = 36°$

직선 AT는 원 O의 접선이므로

$\angle BAT = \angle ACB = 36°$ 답 ③

41 오른쪽 그림과 같이 $\overline{AT}$를 그으면 $\overline{AB}$가 원 O의 지름이므로

$\angle ATB = 90°$

직선 PT는 원 O의 접선이므로

$\angle ATP = \angle ABT = 36°$

따라서 $\triangle BPT$에서

$\angle P + (36° + 90°) + 36° = 180°$

$\therefore \angle P = 18°$ 답 $18°$

42 △CFE에서 $\overline{CE}=\overline{CF}$이므로

$\angle CFE=\frac{1}{2}\times(180°-38°)=71°$

$\overline{AC}$가 원 O의 접선이므로

$\angle EDF=\angle CFE=71°$

따라서 △DEF에서

$\angle DFE=180°-(71°+49°)=60°$ 답 60°

43 △APB에서 $\overline{PA}=\overline{PB}$이므로

$\angle PAB=\frac{1}{2}\times(180°-56°)=62°$

∴ $\angle BAC=180°-(62°+70°)=48°$

직선 PE가 원의 접선이므로

$\angle CBE=\angle BAC=48°$ 답 48°

44 △BED에서 $\overline{BD}=\overline{BE}$이므로

$\angle BDE=\frac{1}{2}\times(180°-60°)=60°$

$\overline{AB}$가 원 O의 접선이므로

$\angle x=\angle BDE=60°$ … ❶

$\overline{BC}$가 원 O의 접선이므로

$\angle FEC=\angle EDF=52°$

△ECF에서 $\overline{CE}=\overline{CF}$이므로

$\angle y=180°-2\times52°=76°$ … ❷

∴ $\angle x+\angle y=60°+76°=136°$ … ❸

답 136°

채점 기준	배점
❶ $\angle x$의 크기 구하기	40%
❷ $\angle y$의 크기 구하기	40%
❸ $\angle x+\angle y$의 크기 구하기	20%

45 △APB에서 $\overline{PA}=\overline{PB}$이므로

$\angle PBA=\frac{1}{2}\times(180°-46°)=67°$

직선 PD가 원의 접선이므로

$\angle ACB=\angle PBA=67°$

$\overline{PE}/\!/\overline{BC}$이므로

$\angle EAC=\angle ACB=67°$ (엇각) 답 67°

46 직선 PQ가 원 O의 접선이므로

$\angle BTQ=\angle BAT=95°$

∴ $\angle DTP=\angle BTQ=95°$ (맞꼭지각)

직선 PQ가 원 O′의 접선이므로

$\angle DCT=\angle DTP=95°$

따라서 △TCD에서

$\angle x=180°-(95°+47°)=38°$ 답 38°

47 직선 PQ가 원 O′의 접선이므로

$\angle CTQ=\angle CDT=75°$ … ❶

∴ $\angle ATP=\angle CTQ=75°$ (맞꼭지각) … ❷

직선 PQ가 원 O의 접선이므로

$\angle ABT=\angle ATP=75°$ … ❸

답 75°

채점 기준	배점
❶ $\angle CTQ$의 크기 구하기	40%
❷ $\angle ATP$의 크기 구하기	20%
❸ $\angle ABT$의 크기 구하기	40%

48 ①, ② 직선 PQ가 두 원의 접선이므로

$\angle ABT=\angle CTP=\angle CDT$

③ 직선 PQ가 작은 원의 접선이므로

$\angle DTQ=\angle DCT$

⑤ △ATB와 △CTD에서

$\angle ABT=\angle CDT$, $\angle ATB$는 공통이므로

△ATB∽△CTD (AA 닮음) 답 ④

49 ① □ABQP가 작은 원에 내접하므로

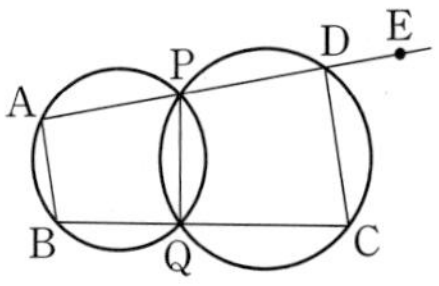

$\angle PQC=\angle BAP$

□PQCD가 큰 원에 내접하므로

$\angle CDE=\angle PQC$

∴ $\angle BAP=\angle CDE$

따라서 동위각의 크기가 같으므로 $\overline{AB}/\!/\overline{CD}$이다.

② 직선 PQ가 두 원의 접선이므로

$\angle CDT=\angle ATP=\angle ABT$

따라서 동위각의 크기가 같으므로 $\overline{AB}/\!/\overline{CD}$이다.

③ 직선 PQ가 작은 원의 접선이므로

$\angle ATP=\angle ABT$

직선 PQ가 큰 원의 접선이므로

$\angle CTQ=\angle CDT$

이때 $\angle ATP=\angle CTQ$ (맞꼭지각)이므로

$\angle ABT=\angle CDT$

따라서 엇각의 크기가 같으므로 $\overline{AB}/\!/\overline{CD}$이다.

④ $\angle ABD=52°$이므로 $\angle ABD\neq\angle CDB$

따라서 엇각의 크기가 다르므로 $\overline{AB}$와 $\overline{CD}$는 평행하지 않다.

⑤ $\widehat{AP}$에 대한 원주각의 크기는 같으므로

$\angle ABP=\angle AQP$

□PQCD가 큰 원에 내접하므로

$\angle AQP=\angle PDC$

∴ $\angle ABP=\angle PDC$

따라서 엇각의 크기가 같으므로 $\overline{AB}/\!/\overline{CD}$이다. 답 ④

보충 TIP 두 직선이 다른 한 직선과 만날 때 생기는 동위각이나 엇각의 크기가 같으면 두 직선은 서로 평행하다.

50 오른쪽 그림과 같이 $\overline{AB}$를 그으면

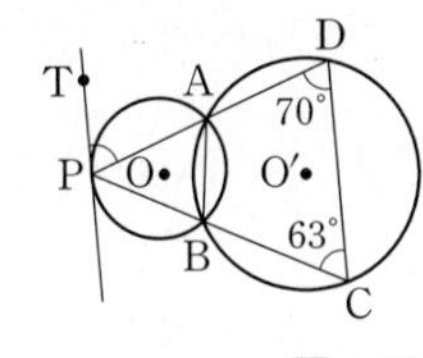

□ABCD가 원 O′에 내접하므로
$\angle ABP=\angle ADC=70^\circ$
직선 TP는 원 O의 접선이므로
$\angle APT=\angle ABP=70^\circ$ 답 70°

51 $\angle BDP=180^\circ-105^\circ=75^\circ$
직선 TT′은 작은 원의 접선이므로
$\angle BPT=\angle BDP=75^\circ$
직선 TT′은 큰 원의 접선이므로
$\angle CPT'=\angle CAP=60^\circ$
$\therefore \angle x=180^\circ-(75^\circ+60^\circ)=45^\circ$ 답 45°

다른 풀이 직선 TT′은 두 원의 공통인 접선이므로
$\angle PBD=\angle CPT'=\angle PAC=60^\circ$
△PBD에서
$105^\circ=\angle x+60^\circ \qquad \therefore \angle x=45^\circ$

Real 실전 기출

76~78쪽

01 ① $\angle ACB=180^\circ-(75^\circ+50^\circ)=55^\circ$
따라서 $\angle ACB=\angle ADB$이므로 네 점 A, B, C, D가 한 원 위에 있다.
② $\angle BDC=180^\circ-(36^\circ+96^\circ)=48^\circ$
따라서 $\angle BAC\neq\angle BDC$이므로 네 점 A, B, C, D가 한 원 위에 있지 않다.
③ $\angle BAD+\angle BCD\neq180^\circ$
따라서 네 점 A, B, C, D가 한 원 위에 있지 않다.
④ $\angle ABC=180^\circ-105^\circ=75^\circ$
따라서 $\angle ABC=\angle CDE$이므로 네 점 A, B, C, D가 한 원 위에 있다.
⑤ $\angle ADC=180^\circ-(65^\circ+55^\circ)=60^\circ$이므로
$\angle ABC+\angle ADC\neq180$
따라서 네 점 A, B, C, D가 한 원 위에 있지 않다.
답 ①, ④

02 $\widehat{AB}=\widehat{AD}$이므로
$\angle ACD=\angle ACB=25^\circ$
$\overline{BC}$가 원 O의 지름이므로
$\angle BAC=90^\circ$
□ABCD가 원 O에 내접하므로
$(90^\circ+\angle x)+(25^\circ+25^\circ)=180^\circ$
$\therefore \angle x=40^\circ$ 답 40°

다른 풀이 오른쪽 그림과 같이 $\overline{OA}$, $\overline{OD}$를 그으면

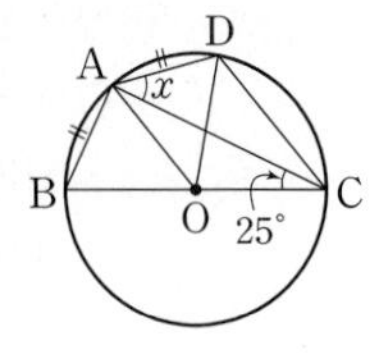

$\angle AOB=2\angle ACB=2\times25^\circ=50^\circ$
$\widehat{AB}=\widehat{AD}$이므로
$\angle AOD=\angle AOB=50^\circ$
$\angle DOC=180^\circ-(50^\circ+50^\circ)=80^\circ$
$\therefore \angle x=\frac{1}{2}\angle DOC=\frac{1}{2}\times80^\circ=40^\circ$

03 □BCDE가 원에 내접하므로
$65^\circ+(20^\circ+\angle ADC)=180^\circ$
$\therefore \angle ADC=95^\circ$
□ABCD가 원에 내접하므로
$\angle ABP=\angle ADC=95^\circ$ 답 95°

다른 풀이 $\angle ABE=\angle ADE=20^\circ$이므로
$\angle ABP=180^\circ-(20^\circ+65^\circ)=95^\circ$

04 오른쪽 그림과 같이 $\overline{AC}$를 그으면

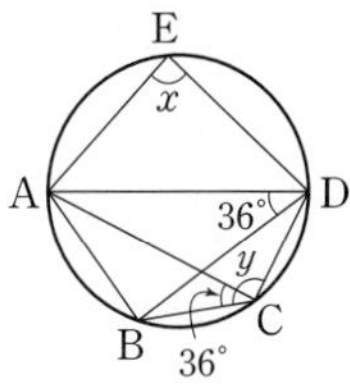

$\angle ACB=\angle ADB=36^\circ$
이때 □ACDE가 원에 내접하므로
$\angle x+\angle ACD=180^\circ$
$\therefore \angle x+\angle y$
$=(\angle x+\angle ACD)+\angle ACB$
$=180^\circ+36^\circ=216^\circ$ 답 216°

05 □ABCD는 원에 내접하므로
$\angle ABC=180^\circ-124^\circ=56^\circ$
△PBC에서
$\angle PCQ=56^\circ+33^\circ=89^\circ$
따라서 △DCQ에서
$124^\circ=89^\circ+\angle x \qquad \therefore \angle x=35^\circ$ 답 ③

06 $\angle BAP=\frac{1}{2}\angle BOP=\frac{1}{2}\times160^\circ=80^\circ$
오른쪽 그림과 같이 $\overline{PQ}$를 그으면

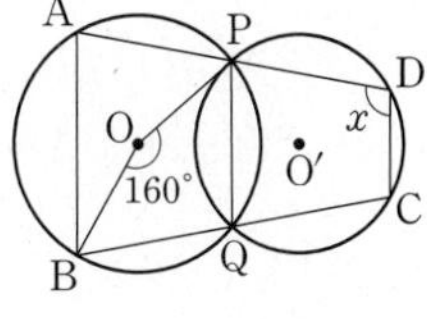

□ABQP가 원 O에 내접하므로
$\angle CQP=\angle BAP=80^\circ$
□PQCD가 원 O′에 내접하므로
$\angle x=180^\circ-80^\circ=100^\circ$ 답 100°

07 ㄱ. 정사각형의 네 내각의 크기는 모두 90°이므로 대각의 크기의 합이 180°이다. 즉, 원에 내접한다.

ㄷ. 직사각형의 네 내각의 크기는 모두 $90°$이므로 대각의 크기의 합이 $180°$이다. 즉, 원에 내접한다.

ㅂ. 등변사다리꼴의 아랫변의 양 끝 각의 크기가 서로 같고 윗변의 양 끝 각의 크기가 서로 같으므로 대각의 크기의 합이 $180°$이다. 즉, 원에 내접한다.

따라서 항상 원에 내접하는 사각형은 ㄱ, ㄷ, ㅂ이다.

답 ㄱ, ㄷ, ㅂ

08 직선 AT는 원의 접선이므로
$\angle ACB=\angle BAT=59°$
따라서 △ABC에서
$\angle CAB=180°-(59°+63°)=58°$ 답 $58°$

09 오른쪽 그림과 같이 $\overline{AB}$를 그으면
$\overline{PA}=\overline{PB}$
즉, △APB가 이등변삼각형이므로
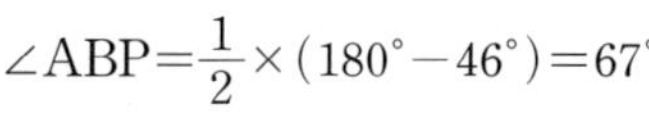
$\angle ABP=\frac{1}{2}\times(180°-46°)=67°$
이때 $\overline{AD}/\!/\overline{PB}$이므로
$\angle BAD=\angle ABP=67°$ (엇각)
□ABCD가 원에 내접하므로
$\angle BCD=180°-67°=113°$ 답 $113°$

10 오른쪽 그림과 같이 $\overline{BD}$를 그으면
$\overline{AT}$가 원의 접선이므로
$\angle ADB=\angle BAT=\angle x$
$\widehat{AB}=\widehat{BC}$이므로
$\angle BDC=\angle ADB=\angle x$
$\widehat{BD}=2\widehat{AB}$이므로
$\angle BAD=2\angle ADB=2\angle x$
따라서 △ATD에서
$(2\angle x+\angle x)+65°+(\angle x+\angle x)=180°$
$5\angle x=115°$ $\therefore \angle x=23°$ 답 $23°$

11 $\overline{AC}$가 원 O의 지름이므로
$\angle ABC=90°$
$\overline{AC}=2\overline{OC}=2\times4=8(\text{cm})$
직선 AT가 원 O의 접선이므로
$\angle ACB=\angle BAT=60°$
직각삼각형 ABC에서
$\overline{BC}=8\cos 60°=8\times\frac{1}{2}=4(\text{cm})$
$\therefore \triangle ABC=\frac{1}{2}\times8\times4\times\sin 60°$
$=\frac{1}{2}\times8\times4\times\frac{\sqrt{3}}{2}$
$=8\sqrt{3}(\text{cm}^2)$ 답 $8\sqrt{3}\text{ cm}^2$

보충 TIP 삼각형의 넓이
두 변의 길이가 a, b이고 그 끼인각의 크기가 x인 예각삼각형의 넓이 S는 $S=\frac{1}{2}ab\sin x$

12 □ABCD가 큰 원에 내접하므로
$\angle CDT=\angle ABC=60°$
직선 PQ가 작은 원의 접선이므로
$\angle CTQ=\angle CDT=60°$
$\therefore \angle CTD=180°-(60°+50°)=70°$ 답 $70°$

13 $\angle ADC=\angle AEC=90°$이므로 오른쪽 그림과 같이 네 점 A, E, D, C는 한 원 위에 있다. 또, $\overline{AM}=\overline{CM}$이므로 점 M은 원의 중심이다.
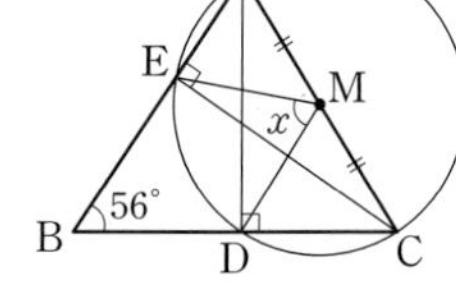
이때 △ABD에서
$\angle BAD=90°-56°=34°$
$\therefore \angle x=2\angle EAD=2\times34°=68°$ 답 $68°$

14 □ABCD가 원에 내접하므로
$(38°+\angle CAD)+116°=180°$
$\therefore \angle CAD=26°$
$\therefore \angle x=\angle CAD=26°$
△ABD에서
$(38°+26°)+\angle ABD+72°=180°$
$\therefore \angle ABD=44°$
□ABCD가 원에 내접하므로
$\angle y=\angle ABC=44°+26°=70°$
$\therefore \angle x+\angle y=26°+70°=96°$ 답 $96°$

15 $\angle PAB=\angle a$라 하면 직선 PA가 원의 접선이므로
$\angle ACB=\angle PAB=\angle a$
$\angle APD=\angle CPD=\angle b$라 하면
△APC에서
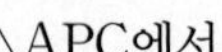
$(\angle a+44°)+2\angle b+\angle a=180°$
$\therefore \angle a+\angle b=68°$
따라서 △DPC에서
$\angle ADP=\angle a+\angle b=68°$ 답 $68°$

16 오른쪽 그림과 같이 $\overline{CF}$를 그으면
□ABCF가 원에 내접하므로
$\angle x+\angle BCF=180°$ ⋯ ❶

□CDEF가 원에 내접하므로
$\angle FCD+\angle z=180°$ ⋯ ❷

$\therefore \angle x+\angle y+\angle z$
$=(\angle x+\angle \mathrm{BCF})+(\angle \mathrm{FCD}+\angle z)$
$=180^\circ+180^\circ=360^\circ$ ··· ❸

답 360°

채점 기준	배점
❶ $\angle x+\angle \mathrm{BCF}$의 크기 구하기	30%
❷ $\angle z+\angle \mathrm{FCD}$의 크기 구하기	30%
❸ $\angle x+\angle y+\angle z$의 크기 구하기	40%

17 오른쪽 그림과 같이 $\overline{\mathrm{AD}}$를 그으면 □ABCD가 원에 내접하므로

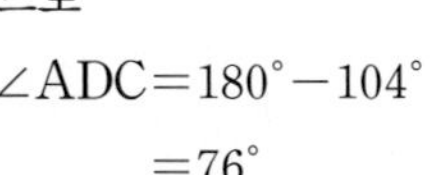

$\angle \mathrm{ADC}=180^\circ-104^\circ$
$=76^\circ$ ··· ❶
즉, △ADP에서
$76^\circ=35^\circ+\angle \mathrm{DAP}$
$\therefore \angle \mathrm{DAP}=41^\circ$ ··· ❷
이때 $\overline{\mathrm{PA}}$가 원의 접선이므로
$\angle \mathrm{ACD}=\angle \mathrm{DAP}=41^\circ$ ··· ❸

답 41°

채점 기준	배점
❶ ∠ADC의 크기 구하기	40%
❷ ∠DAP의 크기 구하기	20%
❸ ∠ACD의 크기 구하기	40%

18 △APB에서 $\overline{\mathrm{PA}}=\overline{\mathrm{PB}}$이므로
$\angle \mathrm{PAB}=\frac{1}{2}\times(180^\circ-48^\circ)=66^\circ$ ··· ❶
이때 직선 PA가 원의 접선이므로
$\angle \mathrm{ACB}=\angle \mathrm{PAB}=66^\circ$ ··· ❷
$\angle \mathrm{ACB} : \angle \mathrm{BAC}=\widehat{\mathrm{AB}} : \widehat{\mathrm{BC}}=6 : 5$이므로
$66^\circ : \angle \mathrm{BAC}=6 : 5$
$\therefore \angle \mathrm{BAC}=55^\circ$ ··· ❸

답 55°

채점 기준	배점
❶ ∠PAB의 크기 구하기	20%
❷ ∠ACB의 크기 구하기	30%
❸ ∠BAC의 크기 구하기	50%

19 오른쪽 그림과 같이 $\overline{\mathrm{AT}}$, $\overline{\mathrm{CT}}$를 그으면

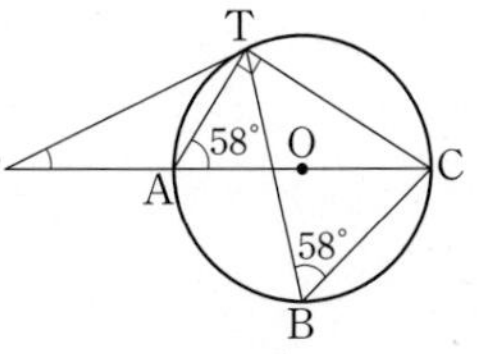

$\angle \mathrm{TAC}=\angle \mathrm{TBC}=58^\circ$ ··· ❶
$\overline{\mathrm{AC}}$가 원 O의 지름이므로
$\angle \mathrm{ATC}=90^\circ$
즉, 직각삼각형 ACT에서
$\angle \mathrm{ACT}=180^\circ-(90^\circ+58^\circ)=32^\circ$
$\overline{\mathrm{PT}}$가 원 O의 접선이므로
$\angle \mathrm{ATP}=\angle \mathrm{ACT}=32^\circ$ ··· ❷
따라서 △ATP에서
$58^\circ=32^\circ+\angle \mathrm{P}$
$\therefore \angle \mathrm{P}=26^\circ$ ··· ❸

답 26°

채점 기준	배점
❶ ∠TAC의 크기 구하기	30%
❷ ∠ATP의 크기 구하기	50%
❸ ∠P의 크기 구하기	20%

20 □PQCD가 원에 내접하므로
$\angle \mathrm{CDP}=180^\circ-118^\circ=62^\circ$ ··· ❶
△ARD에서
$\angle \mathrm{DAR}=180^\circ-(52^\circ+62^\circ)=66^\circ$ ··· ❷
□ABQP가 원에 내접하므로
$\angle \mathrm{BQP}=180^\circ-66^\circ=114^\circ$ ··· ❸
$\therefore \angle \mathrm{BQC}=360^\circ-(114^\circ+118^\circ)=128^\circ$ ··· ❹

답 128°

채점 기준	배점
❶ ∠CDP의 크기 구하기	30%
❷ ∠DAR의 크기 구하기	20%
❸ ∠BQP의 크기 구하기	30%
❹ ∠BQC의 크기 구하기	20%

21 오른쪽 그림과 같이 $\overline{\mathrm{BE}}$를 그으면

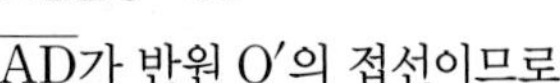

$\overline{\mathrm{BC}}$가 반원 O′의 지름이므로
$\angle \mathrm{BEC}=90^\circ$
$\overline{\mathrm{AD}}$가 반원 O′의 접선이므로
$\angle \mathrm{EBC}=\angle \mathrm{AEC}=34^\circ$ ··· ❶
△ECB에서
$\angle \mathrm{ECB}=90^\circ-34^\circ=56^\circ$
△ACE에서
$56^\circ=\angle \mathrm{EAC}+34^\circ$
$\therefore \angle \mathrm{EAC}=22^\circ$ ··· ❷
$\widehat{\mathrm{AB}} : \widehat{\mathrm{BD}}=90^\circ : \angle \mathrm{BAD}$에서
$\widehat{\mathrm{AB}} : 11=90^\circ : 22^\circ$
$\therefore \widehat{\mathrm{AB}}=45(\mathrm{cm})$ ··· ❸

답 45 cm

채점 기준	배점
❶ ∠EBC의 크기 구하기	30%
❷ ∠EAC의 크기 구하기	30%
❸ $\widehat{\mathrm{AB}}$의 길이 구하기	40%

06 대푯값과 산포도

Real 실전 개념 81쪽

01 $\frac{1+3+6+7+8}{5}=\frac{25}{5}=5$ 답 5

02 $\frac{15+16+18+13+12+10}{6}=\frac{84}{6}=14$ 답 14

03 변량을 작은 값부터 크기순으로 나열하면
11, 16, 19, 20, 23
이때 중앙값은 3번째 값이므로 19이다. 답 19

04 변량을 작은 값부터 크기순으로 나열하면
2, 7, 24, 34, 39, 41
이때 중앙값은 3번째와 4번째 값의 평균이므로
$\frac{24+34}{2}=29$ 답 29

05 변량을 작은 값부터 크기순으로 나열하면
1, 17, 21, 26, 30, 43, 57
이때 중앙값은 4번째 값이므로 26이다. 답 26

06 변량을 작은 값부터 크기순으로 나열하면
12, 19, 20, 25, 39, 65, 71, 83
이때 중앙값은 4번째와 5번째 값의 평균이므로
$\frac{25+39}{2}=32$ 답 32

07 답 6

08 답 12, 18

09 답 딸기

10 전체 변량이 20개이므로 중앙값은 10번째와 11번째 값의 평균이다.
$\therefore \frac{33+35}{2}=34$(회)
또, 가장 많이 나타나는 값이 39이므로 최빈값은 39회이다.
답 중앙값: 34회, 최빈값: 39회

11 답

변량	3	11	5	9	2
편차	-3	5	-1	3	-4

12 답

변량	28	12	34	24	22
편차	4	-12	10	0	-2

13 편차의 합은 항상 0이므로
$2+4+(-3)+x=0$
$\therefore x=-3$ 답 -3

14 편차의 합은 항상 0이므로
$x+(-16)+14+(-5)+3=0$
$\therefore x=4$ 답 4

15 편차의 합은 항상 0이므로
$1+x+(-2)+(-1)+(-1)=0$
$\therefore x=3$ 답 3

16 도시 D의 최고 기온을 a ℃라 하면
$a-17=-1 \quad \therefore a=16$ 답 16 ℃

17 $\frac{7+13+10+11+9}{5}=\frac{50}{5}=10$ 답 10

18 평균이 10이므로 분산은
$\frac{(7-10)^2+(13-10)^2+(10-10)^2+(11-10)^2+(9-10)^2}{5}$
$=\frac{20}{5}=4$ 답 4

19 (표준편차)$=\sqrt{(\text{분산})}=\sqrt{4}=2$ 답 2

Real 실전 유형 82~87쪽

01 3개의 변량 a, b, c의 평균이 7이므로
$\frac{a+b+c}{3}=7$
$\therefore a+b+c=21$
따라서 4개의 변량 a, b, c, 9의 평균은
$\frac{a+b+c+9}{4}=\frac{21+9}{4}=\frac{30}{4}=7.5$ 답 7.5

02 $\frac{5+4+2+2+3+2}{6}=\frac{18}{6}=3$(권) 답 3권

03 3개의 변량 x, y, z의 평균이 9이므로
$\frac{x+y+z}{3}=9$
$\therefore x+y+z=27$
따라서 5개의 변량 12, $4x-3$, $4y$, $4z+2$, 8의 평균은
$\frac{12+(4x-3)+4y+(4z+2)+8}{5}$
$=\frac{4(x+y+z)+19}{5}=\frac{4\times 27+19}{5}$
$=\frac{127}{5}=25.4$ 답 ③

04 전체 학생이 10명이므로 수면 시간이 7시간인 학생을 x명이라 하면

$2+4+x+1=10$

$\therefore x=3$ … ❶

따라서 수면 시간의 평균은

$\frac{5\times2+6\times4+7\times3+8\times1}{10}=\frac{63}{10}=6.3$(시간) … ❷

답 6.3시간

채점 기준	배점
❶ 수면 시간이 7시간인 학생 수 구하기	30%
❷ 평균 구하기	70%

05 A 과수원의 자두의 무게를 작은 값부터 크기순으로 나열하면

58, 60, 63, 65, 68

이므로 $x=63$

B 과수원의 자두의 무게를 작은 값부터 크기순으로 나열하면

57, 58, 59, 60, 62, 66

이므로 $y=\frac{59+60}{2}=59.5$

$\therefore x+y=63+59.5=122.5$

답 ④

06 전체 변량이 14개이므로 중앙값은 7번째와 8번째 값의 평균이다.

$\therefore \frac{250+255}{2}=252.5(\text{mm})$

답 252.5 mm

07 5회에 걸쳐 치른 국어 시험의 성적의 중앙값은 작은 값부터 크기순으로 나열할 때 3번째 성적이므로 3번째 성적은 86점이다.

이때 6회의 국어 성적인 92점은 4번째 성적보다 큰 값이므로 작은 값부터 크기순으로 나열할 때, 3번째 성적은 86점, 4번째 성적은 90점이다.

따라서 6회에 걸쳐 치른 국어 성적의 중앙값은 3번째와 4번째 성적의 평균이므로

$\frac{86+90}{2}=88$(점)

답 88점

08 (평균)$=\frac{3+2+5+2+5+5+6+4+4}{9}$

$=\frac{36}{9}=4$(시간)

$\therefore a=4$

봉사 활동 시간을 작은 값부터 크기순으로 나열하면

2, 2, 3, 4, 4, 5, 5, 5, 6

이므로 중앙값은 4시간, 최빈값은 5시간이다.

$\therefore b=4,\ c=5$

$\therefore a+b+c=4+4+5=13$

답 13

09 답 방정식, 통계

10 A 모둠의 수학 성적을 작은 값부터 크기순으로 나열하면

72, 76, 80, 80, 88

이므로 중앙값은 80점, 최빈값도 80점이다.

B 모둠의 수학 성적을 작은 값부터 크기순으로 나열하면

68, 72, 74, 84, 84, 92

이므로 중앙값은 $\frac{74+84}{2}=79$(점), 최빈값은 84점이다.

C 모둠의 수학 성적을 작은 값부터 크기순으로 나열하면

68, 76, 80, 82, 86, 86, 90

이므로 중앙값은 82점, 최빈값은 86점이다.

③ C 모둠의 중앙값은 82점, 최빈값은 86점이므로 두 값은 서로 다르다.

④ 중앙값이 가장 높은 모둠은 C 모둠이다.

답 ③, ④

11 평균이 7점이므로

$\frac{9+7+x+6+8}{5}=7$

$x+30=35 \qquad \therefore x=5$

답 5

12 변량 18, 10, 7, x, 즉 7, 10, 18, x의 중앙값이 11이므로 x는 10과 18 사이의 수이어야 한다.

변량을 작은 값부터 크기순으로 나열하면

7, 10, x, 18

이고 중앙값은 2번째와 3번째 값의 평균이므로

$\frac{10+x}{2}=11$

$10+x=22 \qquad \therefore x=12$

답 12

13 운동한 시간의 평균이 35분이므로

$\frac{30+32+a+40+28+44+36}{7}=35$

$210+a=245 \qquad \therefore a=35$ … ❶

변량을 작은 값부터 크기순으로 나열하면

28, 30, 32, 35, 36, 40, 44

이므로 $x=35$ … ❷

$\therefore a+x=35+35=70$ … ❸

답 70

채점 기준	배점
❶ a의 값 구하기	40%
❷ x의 값 구하기	40%
❸ $a+x$의 값 구하기	20%

14 최빈값이 6이므로 나머지 4개의 변량 중 6이 3개 이상이어야 한다.

8개의 변량을 4, 5, 5, 2, 6, 6, 6, a라 하면

$\frac{4+5+5+2+6+6+6+a}{8}=6$

$34+a=48 \qquad \therefore a=14$

따라서 8개의 변량 중 가장 큰 값은 14이다.

답 14

15 편차의 합은 항상 0이므로

$4+(-2)+x+10+2+(-5)=0$

$\therefore x=-9$

(변량)=(편차)+(평균)이므로 학생 C의 SNS 사용 시간은

$-9+30=21$(분)

답 21분

16 ① 편차의 합은 항상 0이므로

$-2+x+4+(-1)+3=0$

$\therefore x=-4$

② B의 편차는 -4점이고, D의 편차는 -1점이므로 편차가 더 큰 D가 B보다 과학 성적이 더 높다.

③ 과학 성적이 가장 높은 학생은 편차가 가장 큰 C이다.

④ 평균보다 성적이 더 높은 학생은 편차가 양수인 학생이므로 C, E의 2명이다.

⑤ 편차가 클수록 과학 성적이 높으므로 과학 성적이 높은 학생부터 순서대로 나열하면 C, E, D, A, B이다.

답 ⑤

17 (평균)$=\dfrac{46+45+40+50+41+42}{6}$

$=\dfrac{264}{6}=44$(점)

이므로 편차를 차례대로 구하면

$46-44=2$(점), $45-44=1$(점), $40-44=-4$(점),

$50-44=6$(점), $41-44=-3$(점), $42-44=-2$(점)

답 ③, ⑤

18 편차의 합은 항상 0이므로

$-1+0+3+2+x=0 \quad \therefore x=-4$

(분산)$=\dfrac{(-1)^2+0^2+3^2+2^2+(-4)^2}{5}=\dfrac{30}{5}=6$

$\therefore$ (표준편차)$=\sqrt{6}$(분)

답 $\sqrt{6}$분

19 (평균)$=\dfrac{3+2+4+4+2}{5}=\dfrac{15}{5}=3$(권)이므로

(분산)$=\dfrac{0^2+(-1)^2+1^2+1^2+(-1)^2}{5}=\dfrac{4}{5}=0.8$

답 ②

20 주어진 변량의 평균이 7이므로

$\dfrac{6+5+11+7+a}{5}=7$

$29+a=35 \quad \therefore a=6$

$\therefore$ (분산)$=\dfrac{(-1)^2+(-2)^2+4^2+0^2+(-1)^2}{5}$

$=\dfrac{22}{5}=4.4$

답 ①

21 (평균)$=\dfrac{3+(x+2)+(2x+1)}{3}$

$=\dfrac{3x+6}{3}=x+2$ … ❶

$\therefore$ (분산)$=\dfrac{(-x+1)^2+0^2+(x-1)^2}{3}$

$=\dfrac{2(x-1)^2}{3}$ … ❷

따라서 $\dfrac{2(x-1)^2}{3}=54$이므로

$(x-1)^2=81$

$x-1=\pm9 \quad \therefore x=10$ ($\because x>0$) … ❸

답 10

채점 기준	배점
❶ 평균을 x를 사용하여 나타내기	30%
❷ 분산을 x를 사용하여 나타내기	30%
❸ x의 값 구하기	40%

22 변량 3, x, y, 5, 8의 평균이 5이므로

$\dfrac{3+x+y+5+8}{5}=5$, $x+y+16=25$

$\therefore x+y=9$ … ㉠

또, 분산이 3.8이므로

$\dfrac{(-2)^2+(x-5)^2+(y-5)^2+0^2+3^2}{5}=3.8$

$(x-5)^2+(y-5)^2+13=19$

$\therefore x^2+y^2-10(x+y)+63=19$

위의 식에 ㉠을 대입하면

$x^2+y^2-10\times9+63=19$

$\therefore x^2+y^2=46$

답 ③

23 평균이 3이고 분산이 4이므로

$\dfrac{1^2+(a-3)^2+(b-3)^2+(c-3)^2}{4}=4$

$1+(a-3)^2+(b-3)^2+(c-3)^2=16$

$\therefore (a-3)^2+(b-3)^2+(c-3)^2=15$

답 15

24 편차의 합은 항상 0이므로

$-3+x+(-1)+2+y=0$

$\therefore x+y=2$ … ❶

또, 분산이 6.8이므로

$\dfrac{(-3)^2+x^2+(-1)^2+2^2+y^2}{5}=6.8$

$x^2+y^2+14=34 \quad \therefore x^2+y^2=20$ … ❷

$(x+y)^2=x^2+y^2+2xy$이므로

$2^2=20+2xy \quad \therefore xy=-8$ … ❸

답 -8

채점 기준	배점
❶ $x+y$의 값 구하기	30%
❷ x^2+y^2의 값 구하기	40%
❸ xy의 값 구하기	30%

25 변량 2, a, b의 평균이 4이므로

$\frac{2+a+b}{3}=4$, $a+b+2=12$

$\therefore a+b=10$ $\cdots$ ㉠

또, 표준편차가 $\sqrt{2}$이므로 분산은 $(\sqrt{2})^2=2$이다. 즉,

$\frac{(-2)^2+(a-4)^2+(b-4)^2}{3}=2$이므로

$(a-4)^2+(b-4)^2+4=6$

$a^2+b^2-8(a+b)+36=6$

위의 식에 ㉠을 대입하면

$a^2+b^2-8\times10+36=6$

$\therefore a^2+b^2=50$

$(a+b)^2=a^2+b^2+2ab$이므로

$10^2=50+2ab$ $\therefore ab=25$

답 25

26 변량 a, b, c, d의 평균이 6이므로

$\frac{a+b+c+d}{4}=6$

$\therefore a+b+c+d=24$

또, 분산이 5이므로

$\frac{(a-6)^2+(b-6)^2+(c-6)^2+(d-6)^2}{4}=5$

$\therefore (a-6)^2+(b-6)^2+(c-6)^2+(d-6)^2=20$

이때 변량 $a+3$, $b+3$, $c+3$, $d+3$에 대하여

$(\text{평균})=\frac{(a+3)+(b+3)+(c+3)+(d+3)}{4}$

$=\frac{a+b+c+d+12}{4}$

$=\frac{24+12}{4}=\frac{36}{4}=9$

$\therefore$ (분산)

$=\frac{(a+3-9)^2+(b+3-9)^2+(c+3-9)^2+(d+3-9)^2}{4}$

$=\frac{(a-6)^2+(b-6)^2+(c-6)^2+(d-6)^2}{4}$

$=\frac{20}{4}=5$

답 ①

27 변량 x, y, z의 평균이 9이므로

$\frac{x+y+z}{3}=9$

$\therefore x+y+z=27$

또, 표준편차가 3이므로 분산은 $3^2=9$이다. 즉,

$\frac{(x-9)^2+(y-9)^2+(z-9)^2}{3}=9$

$\therefore (x-9)^2+(y-9)^2+(z-9)^2=27$

이때 변량 $x-1$, $y-1$, $z-1$에 대하여

$(\text{평균})=\frac{(x-1)+(y-1)+(z-1)}{3}$

$=\frac{x+y+z-3}{3}$

$=\frac{27-3}{3}=\frac{24}{3}=8$

$(\text{분산})=\frac{(x-1-8)^2+(y-1-8)^2+(z-1-8)^2}{3}$

$=\frac{(x-9)^2+(y-9)^2+(z-9)^2}{3}=\frac{27}{3}=9$

$\therefore (\text{표준편차})=\sqrt{9}=3$

따라서 $m=8$, $n=3$이므로

$m+n=8+3=11$

답 11

28 변량 a, b, c, d의 평균이 4이므로

$\frac{a+b+c+d}{4}=4$

$\therefore a+b+c+d=16$

또, 표준편차가 4이므로 분산은 $4^2=16$이다. 즉,

$\frac{(a-4)^2+(b-4)^2+(c-4)^2+(d-4)^2}{4}=16$

$\therefore (a-4)^2+(b-4)^2+(c-4)^2+(d-4)^2=64$

이때 변량 $5a$, $5b$, $5c$, $5d$에 대하여

$(\text{평균})=\frac{5a+5b+5c+5d}{4}=\frac{5(a+b+c+d)}{4}$

$=\frac{5\times16}{4}=20$

$(\text{분산})=\frac{(5a-20)^2+(5b-20)^2+(5c-20)^2+(5d-20)^2}{4}$

$=\frac{25\{(a-4)^2+(b-4)^2+(c-4)^2+(d-4)^2\}}{4}$

$=\frac{25\times64}{4}=400$

$\therefore (\text{표준편차})=\sqrt{400}=20$

답 ④

29 남학생의 $(\text{편차})^2$의 총합은 $3^2\times12=108$

여학생의 $(\text{편차})^2$의 총합은 $2^2\times8=32$

따라서 이 반 전체의 사회 성적의 분산은

$\frac{108+32}{12+8}=\frac{140}{20}=7$

이므로 표준편차는 $\sqrt{7}$점이다.

답 ⑤

30 남학생의 평균이 73점이므로 총점은

$300\times73=21900$(점)

여학생의 평균이 78점이므로 총점은

$200\times78=15600$(점)

따라서 3학년 전체 학생의 국어 점수의 평균은

$\frac{21900+15600}{300+200}=\frac{37500}{500}=75$(점)

답 75점

31 a, b, c, d의 $(\text{편차})^2$의 총합은 $13\times4=52$ $\cdots$ ❶

e, f, g의 $(\text{편차})^2$의 총합은 $6\times3=18$ $\cdots$ ❷

따라서 a, b, c, d, e, f, g의 분산은

$\frac{52+18}{7}=\frac{70}{7}=10$

이므로 표준편차는 $\sqrt{10}$이다. $\cdots$ ❸

답 $\sqrt{10}$

채점 기준	배점
❶ a, b, c, d의 (편차)^{2}의 총합 구하기	25%
❷ e, f, g의 (편차)^{2}의 총합 구하기	25%
❸ 전체의 표준편차 구하기	50%

32 ① 변량이 평균과 같으면 편차는 0이다.
③ 편차의 절댓값이 클수록 평균에서 멀어진다. 답 ①, ③

33 500이 매우 큰 값이므로 중앙값이 가장 적절하다. 답 ②

34 ㄴ. 중앙값은 항상 1개이지만 최빈값은 두 개 이상일 수도 있다.
ㄷ. 분산과 표준편차가 클수록 자료의 분포 상태가 고르지 않다.
따라서 옳은 것은 ㄱ, ㄷ, ㄹ이다. 답 ㄱ, ㄷ, ㄹ

35 ① 수학 성적이 가장 높은 학생이 E반에 있는지 알 수 없다.
② 표준편차가 더 작은 B반의 수학 성적이 C반의 수학 성적보다 고르다.
③ 수학 성적의 편차의 제곱의 총합이 가장 큰 반은 표준편차가 가장 큰 A반이다.
④ 수학 성적의 분산이 가장 작은 반은 표준편차가 가장 작은 D반이다.
⑤ 표준편차가 가장 작은 D반의 수학 성적이 가장 고르다.
답 ③, ④

36 변량 간의 격차가 클수록 표준편차가 크므로 주어진 자료들 중에서 표준편차가 가장 큰 것은 ②이다. 답 ②
다른 풀이 주어진 자료의 표준편차를 각각 구하면 다음과 같다.
① $\sqrt{1.6}$ ② $\sqrt{3.2}$ ③ $\sqrt{0.8}$ ④ $\sqrt{0.4}$ ⑤ 0

37 두 모둠 중 학생 간의 점수 차가 더 작은 은지네 모둠의 표준편차가 더 작으므로 성적이 더 고르다. 답 은지네 모둠

38 현준이의 턱걸이 횟수의 평균이 8회이므로
$\frac{7+8+9+a+11}{5}=8$
$35+a=40 \quad \therefore a=5$
현준이의 턱걸이 횟수의 분산은
$\frac{(-1)^2+0^2+1^2+(-3)^2+3^2}{5}=\frac{20}{5}=4$
이므로 표준편차는 $\sqrt{4}=2$(회) …❶
태민이의 턱걸이 횟수의 평균도 8회이므로
$\frac{9+5+b+12+8}{5}=8$
$34+b=40 \quad \therefore b=6$
태민이의 턱걸이 횟수의 분산은
$\frac{1^2+(-3)^2+(-2)^2+4^2+0^2}{5}=\frac{30}{5}=6$
이므로 표준편차는 $\sqrt{6}$회 …❷
현준이의 표준편차가 태민이의 표준편차보다 더 작으므로 현준이의 턱걸이 횟수가 태민이의 턱걸이 횟수보다 더 고르다. …❸
답 현준

채점 기준	배점
❶ 현준이의 표준편차 구하기	40%
❷ 태민이의 표준편차 구하기	40%
❸ 턱걸이 횟수가 더 고른 사람 말하기	20%

39 ① A반의 전체 학생은 $3+4+6+4+3=20$(명)
B반의 전체 학생은 $5+3+4+3+5=20$(명)
즉, 두 반의 학생 수가 같다.
② A반의 봉사 활동 시간의 평균은
$\frac{2\times3+4\times4+6\times6+8\times4+10\times3}{20}=\frac{120}{20}=6$(시간)
B반의 봉사 활동 시간의 평균은
$\frac{2\times5+4\times3+6\times4+8\times3+10\times5}{20}=\frac{120}{20}=6$(시간)
즉, 두 반의 봉사 활동 시간의 평균이 같다.
③ 봉사 활동 시간이 평균보다 긴 학생은
A반이 $4+3=7$(명), B반이 $3+5=8$(명)
이므로 A반이 B반보다 더 적다.
④ A반의 분산은
$\frac{(-4)^2\times3+(-2)^2\times4+0^2\times6+2^2\times4+4^2\times3}{20}$
$=\frac{128}{20}=6.4$
이므로 표준편차는 $\sqrt{6.4}$시간
B반의 분산은
$\frac{(-4)^2\times5+(-2)^2\times3+0^2\times4+2^2\times3+4^2\times5}{20}$
$=\frac{184}{20}=9.2$
이므로 표준편차는 $\sqrt{9.2}$시간
즉, A반의 표준편차가 B반의 표준편차보다 더 작다.
⑤ A반의 표준편차가 B반의 표준편차보다 더 작으므로 A반의 봉사 활동 시간이 B반의 봉사 활동 시간보다 더 고르다. 답 ④, ⑤
다른 풀이 ① 두 반의 막대그래프가 모두 6시간에 대하여 대칭을 이루므로 두 반의 평균은 각각 6시간으로 서로 같다.
② 봉사 활동 시간이 평균보다 긴 학생은
A반이 $4+3=7$(명), B반이 $3+5=8$(명)
이므로 A반이 B반보다 더 적다.
③, ④ A반의 막대그래프가 B반의 막대그래프보다 변량이 평균 가까이에 밀집되어 있으므로 A반의 편차의 제곱의 총합이 B반의 편차의 제곱의 총합보다 더 작다.

즉, A반의 분산이 B반의 분산보다 더 작으므로 A반의 표준편차가 B반의 표준편차보다 더 작다.

⑤ A반의 봉사 활동 시간의 표준편차가 A반의 봉사 활동 시간의 표준편차보다 더 작으므로 A반의 봉사 활동 시간이 B반의 봉사 활동 시간보다 더 고르다.

Real 실전 기출 88~90쪽

01 변량을 작은 값부터 크기순으로 나열하면

$-5,\ -2,\ -1,\ 2,\ 2,\ 4,\ 6,\ 7,\ 8,\ 9$

이므로 $x=\dfrac{2+4}{2}=3,\ y=2$

$\therefore x+y=3+2=5$ 답 ②

02 두 선수가 모두 화살을 10회씩 쏘았으므로

$3+x+1+1=10$에서 $x=5$

$2+4+y+1=10$에서 $y=3$

선수 A의 점수의 평균은

$\dfrac{7\times3+8\times5+9\times1+10\times1}{10}=\dfrac{80}{10}=8$(점)

이므로 $a=8$

선수 B의 최빈값은 8점이므로 $b=8$

$\therefore a+b=8+8=16$ 답 16

03 중앙값이 11이므로

$\dfrac{9+x}{2}=11,\ 9+x=22$

$\therefore x=13$

따라서 구하는 평균은

$\dfrac{7+8+9+13+16+19}{6}=\dfrac{72}{6}=12$ 답 12

04 서준이의 키를 x cm라 하면

$x-159=4 \quad \therefore x=163$

따라서 서준이의 키는 163 cm이다. 답 163 cm

05 (평균)$=\dfrac{26+24+29+27+30+29+31}{7}$

$=\dfrac{196}{7}=28(℃)$

최고 기온을 작은 값부터 크기순으로 나열하면

24, 26, 27, 29, 29, 30, 31

이므로 중앙값은 29 ℃, 최빈값도 29 ℃이다.

ㄱ. 최고 기온의 평균은 최고 기온의 중앙값보다 작다.

ㄹ. 최고 기온의 분산은

$\dfrac{(-2)^2+(-4)^2+1^2+(-1)^2+2^2+1^2+3^2}{7}=\dfrac{36}{7}$

이므로 표준편차는 $\sqrt{\dfrac{36}{7}}=\dfrac{6\sqrt{7}}{7}$ (℃)

따라서 옳은 것은 ㄴ, ㄷ이다. 답 ㄴ, ㄷ

06 변량 9, 11, 12, x, y, 5의 평균이 8이므로

$\dfrac{9+11+12+x+y+5}{6}=8$

$37+x+y=48$

$\therefore x+y=11 \quad \cdots$ ㉠

또, 표준편차가 $\sqrt{10}$, 즉 분산이 $(\sqrt{10})^2=10$이므로

$\dfrac{1^2+3^2+4^2+(x-8)^2+(y-8)^2+(-3)^2}{6}=10$

$35+(x-8)^2+(y-8)^2=60$

$\therefore x^2+y^2-16(x+y)+163=60$

위의 식에 ㉠을 대입하면

$x^2+y^2-16\times11+163=60$

$\therefore x^2+y^2=73$

$(x+y)^2=x^2+y^2+2xy$이므로

$11^2=73+2xy \quad \therefore xy=24$ 답 24

07 ① 자료 전체의 중심 경향이나 특징을 대표적으로 나타낸 값을 대푯값이라 한다.

② 자료의 변량이 흩어져 있는 정도를 하나의 수로 나타낸 값을 산포도라 한다.

③ 평균, 중앙값은 대푯값이다.

④ 편차의 제곱의 평균은 분산이다. 답 ⑤

08 ① 90점 이상인 학생이 가장 많은 과목은 알 수 없다.

② 표준편차가 더 작은 사회 성적이 과학 성적보다 고르다.

③ 편차의 총합은 항상 0이다.

④ 영어 성적의 표준편차가 가장 작으므로 성적이 가장 고른 과목은 영어이다.

⑤ 과학 성적의 표준편차가 두 번째로 크므로 분산도 두 번째로 크다. 답 ④, ⑤

09 a, b, c의 평균이 12이므로

$\dfrac{a+b+c}{3}=12$

$\therefore a+b+c=36$

한 변의 길이가 a, b, c인 세 정사각형의 둘레의 길이는 각각 $4a$, $4b$, $4c$이므로 구하는 평균은

$\dfrac{4a+4b+4c}{3}=\dfrac{4(a+b+c)}{3}$

$=\dfrac{4\times36}{3}=48$ 답 48

10 여자 회원을 x명이라 하면 동호회 전체 회원의 나이의 평균이 16.4세이므로

$\dfrac{16\times12+17\times x}{12+x}=16.4$

$192+17x=196.8+16.4x$, $0.6x=4.8$

$\therefore x=8$

따라서 여자 회원은 8명이다. 답 8명

11 A, B, C, D, E의 몸무게를 각각 a kg, b kg, c kg, d kg, e kg이라 하면 평균이 52.5 kg이므로

$\dfrac{a+b+c+d+e}{5}=52.5$

$\therefore a+b+c+d+e=262.5$ … ㉠

F의 몸무게가 55 kg이고 A, C, D, E, F의 몸무게의 평균이 53 kg이므로

$\dfrac{a+c+d+e+55}{5}=53$

$\therefore a+c+d+e=210$ … ㉡

㉠$-$㉡을 하면 $b=52.5$

이때 A, B, C, D, E의 몸무게의 중앙값이 52 kg이고 $52.5>52$, $55>52$이므로 B 대신 F를 포함한 A, C, D, E, F의 몸무게의 중앙값도 52 kg이다. 답 52 kg

12 세 수 a, b, c의 평균이 5이므로

$\dfrac{a+b+c}{3}=5$

$\therefore a+b+c=15$ … ㉠

또, 분산이 10이므로

$\dfrac{(a-5)^2+(b-5)^2+(c-5)^2}{3}=10$

$(a-5)^2+(b-5)^2+(c-5)^2=30$

$\therefore a^2+b^2+c^2-10(a+b+c)+75=30$

위의 식에 ㉠을 대입하면

$a^2+b^2+c^2-10\times15+75=30$

$\therefore a^2+b^2+c^2=105$

따라서 a^2, b^2, c^2의 평균은

$\dfrac{a^2+b^2+c^2}{3}=\dfrac{105}{3}=35$ 답 35

13 변량 x_1, x_2, x_3, $\cdots$, x_n의 평균을 m이라 하면

$\dfrac{x_1+x_2+\cdots+x_n}{n}=m$ … ㉠

또, 변량 x_1, x_2, x_3, $\cdots$, x_n의 표준편차가 $2\sqrt{2}$, 즉 분산이 $(2\sqrt{2})^2=8$이므로

$\dfrac{(x_1-m)^2+(x_2-m)^2+\cdots+(x_n-m)^2}{n}=8$ … ㉡

이때 변량 $4x_1-2$, $4x_2-2$, $4x_3-2$, $\cdots$, $4x_n-2$의 평균은

$\dfrac{(4x_1-2)+(4x_2-2)+\cdots+(4x_n-2)}{n}$

$=\dfrac{4(x_1+x_2+\cdots+x_n)-2n}{n}=4m-2$ ($\because$ ㉠)

이므로 분산은

$\dfrac{1}{n}\{(4x_1-2-4m+2)^2+(4x_2-2-4m+2)^2$

$+\cdots+(4x_n-2-4m+2)^2\}$

$=16\times\dfrac{(x_1-m)^2+(x_2-m)^2+\cdots+(x_n-m)^2}{n}$

$=16\times8=128$ ($\because$ ㉡)

따라서 구하는 표준편차는

$\sqrt{128}=8\sqrt{2}$ 답 $8\sqrt{2}$

14 길이가 a, b, 4인 모서리가 각각 4개씩 있고 이 모서리의 길이의 평균이 3이므로

$\dfrac{4a+4b+4\times4}{12}=3$, $4a+4b+16=36$

$\therefore a+b=5$ … ㉠

또, 분산이 1이므로

$\dfrac{4(a-3)^2+4(b-3)^2+4\times(4-3)^2}{12}=1$

$4(a-3)^2+4(b-3)^2+4=12$

$(a-3)^2+(b-3)^2=2$

$\therefore a^2+b^2-6(a+b)+18=2$

위의 식에 ㉠을 대입하면

$a^2+b^2-6\times5+18=2$

$\therefore a^2+b^2=14$

$(a+b)^2=a^2+b^2+2ab$에서

$5^2=14+2ab$ $\therefore ab=5.5$

직육면체는 넓이가 ab, $4a$, $4b$인 면이 각각 2개씩이므로 6개의 면의 넓이의 평균은

$\dfrac{2ab+2\times4a+2\times4b}{6}=\dfrac{ab+4(a+b)}{3}$

$=\dfrac{5.5+4\times5}{3}=8.5$ 답 8.5

15 A 가게의 수익률의 평균은

$\dfrac{20+19+22+21+18}{5}=\dfrac{100}{5}=20(\%)$

A 가게의 수익률의 분산은

$\dfrac{0^2+(-1)^2+2^2+1^2+(-2)^2}{5}=\dfrac{10}{5}=2$

이므로 표준편차는 $\sqrt{2}$ %

B 가게의 수익률의 평균은

$\dfrac{26+20+18+20+21}{5}=\dfrac{105}{5}=21(\%)$

B 가게의 수익률의 분산은

$\dfrac{5^2+(-1)^2+(-3)^2+(-1)^2+0^2}{5}=\dfrac{36}{5}=7.2$

이므로 표준편차는 $\sqrt{7.2}$ %

C 가게의 수익률의 평균은

$\dfrac{18+25+22+25+15}{5}=\dfrac{105}{5}=21(\%)$

C 가게의 수익률의 분산은

$\frac{(-3)^2+4^2+1^2+4^2+(-6)^2}{5}=\frac{78}{5}=15.6$

이므로 표준편차는 $\sqrt{15.6}$ %

따라서 수익률이 가장 안정적인 가게는 표준편차가 가장 작은 A 가게이므로 A 가게에 투자해야 한다. 답 A 가게

다른 풀이 월별 수익률 간의 격차가 작을수록 수익률이 안정적이므로 월별 수익률 간의 격차가 가장 작은 A 가게에 투자해야 한다.

16 4개의 변량 a, b, c, d의 평균이 5이므로

$\frac{a+b+c+d}{4}=5$

$\therefore a+b+c+d=20$ … ❶

5개의 변량 $a+3$, $b-2$, $c+1$, $d+8$, 20의 평균은

$\frac{(a+3)+(b-2)+(c+1)+(d+8)+20}{5}$

$=\frac{a+b+c+d+30}{5}$

$=\frac{20+30}{5}=10$ … ❷

답 10

채점 기준	배점
❶ $a+b+c+d$의 값 구하기	40%
❷ $a+3$, $b-2$, $c+1$, $d+8$, 20의 평균 구하기	60%

17 5월의 맑은 날수를 x일이라 하면 3월의 맑은 날수는 $(x+3)$일이다.

맑은 날수의 평균이 11일이므로

$\frac{10+9+(x+3)+12+x+10}{6}=11$

$2x+44=66$ $\therefore x=11$

즉, 3월의 맑은 날수는

$11+3=14$(일) … ❶

맑은 날수를 작은 값부터 크기순으로 나열하면

9, 10, 10, 11, 12, 14

이므로 중앙값은 $\frac{10+11}{2}=10.5$(일) … ❷

답 10.5일

채점 기준	배점
❶ 5월과 3월의 맑은 날수 구하기	60%
❷ 맑은 날수의 중앙값 구하기	40%

18 (나)에서 8이 2개 이상이므로 5개의 자연수를 6, 8, 8, 13, x 라 하자. … ❶

이때 평균이 9이므로

$\frac{6+8+8+13+x}{5}=9$, $x+35=45$

$\therefore x=10$ … ❷

따라서 5개의 자연수를 작은 값부터 크기순으로 나열하면

6, 8, 8, 10, 13

이므로 중앙값은 8이다. … ❸

답 8

채점 기준	배점
❶ 최빈값을 이용하여 변량 구하기	30%
❷ 평균을 이용하여 나머지 변량 구하기	40%
❸ 중앙값 구하기	30%

19 $a\le b\le c$라 하면 중앙값과 최빈값이 모두 7이므로

$a=b=7$

평균이 6이므로

$\frac{2+4+7+7+c}{5}=6$

$20+c=30$ $\therefore c=10$ … ❶

따라서 주어진 변량은 2, 4, 7, 7, 10이므로

(분산)$=\frac{(-4)^2+(-2)^2+1^2+1^2+4^2}{5}$

$=\frac{38}{5}=7.6$

$\therefore$ (표준편차)$=\sqrt{7.6}$ … ❷

답 $\sqrt{7.6}$

채점 기준	배점
❶ a, b, c의 값 구하기	50%
❷ 표준편차 구하기	50%

20 6명의 점수의 총점은 $6\times7=42$(점)

7점인 학생을 제외한 5명의 점수의 총점은

$42-7=35$(점)

이므로 평균은 $\frac{35}{5}=7$(점) … ❶

6명의 점수의 분산이 5이므로 6명의 (편차)^{2}의 총합은

$6\times5=30$

이때 점수가 7점인 학생의 편차는 0점이므로 점수가 7점인 학생을 제외한 나머지 5명의 (편차)^{2}의 총합도 30이다.

… ❷

따라서 5명의 학생의 점수의 분산은

$\frac{30}{5}=6$ … ❸

답 6

채점 기준	배점
❶ 5명의 점수의 평균 구하기	30%
❷ 5명의 점수의 (편차)^{2}의 총합 구하기	40%
❸ 5명의 점수의 분산 구하기	30%

21 B의 평균은

$\frac{3+5+6+2+4}{5}=\frac{20}{5}=4$

유형북

B의 분산은

$\frac{(-1)^2+1^2+2^2+(-2)^2+0^2}{5}=\frac{10}{5}=2$ … ❶

A, B 두 자료의 평균이 같으므로

$\frac{5+x+7+y+3}{5}=4$

$15+x+y=20$ $\therefore y=5-x$ … ㉠

A의 분산은 B의 분산의 2배이므로

$\frac{1^2+(x-4)^2+3^2+(y-4)^2+(-1)^2}{5}=2\times2$

$11+(x-4)^2+(y-4)^2=20$

$\therefore (x-4)^2+(y-4)^2=9$

위의 식에 ㉠을 대입하면

$(x-4)^2+(5-x-4)^2=9$, $(x-4)^2+(1-x)^2=9$

$2x^2-10x+8=0$, $x^2-5x+4=0$

$(x-1)(x-4)=0$ $\therefore x=1$ 또는 $x=4$

이를 ㉠에 대입하면

$x=1$이면 $y=4$, $x=4$이면 $y=1$

이때 $x>y$이므로 $x=4$, $y=1$ … ❷

$\therefore x-y=4-1=3$ … ❸

답 3

채점 기준	배점
❶ B의 평균과 분산 구하기	40%
❷ x, y의 값 구하기	50%
❸ $x-y$의 값 구하기	10%

07 상관관계

Real 실전 개념

93, 94쪽

01 답

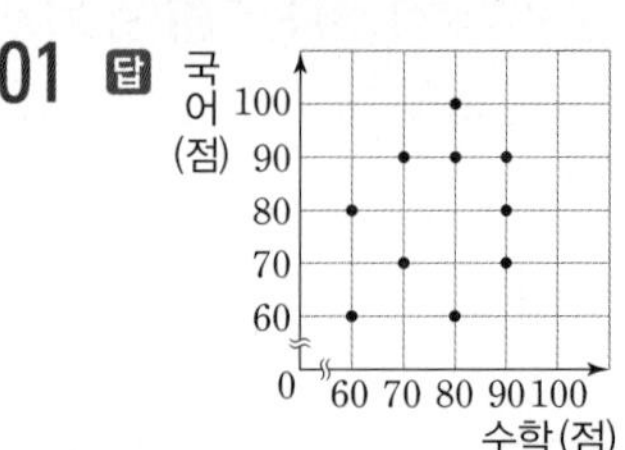

02 답 6점, 9점

[03~07]

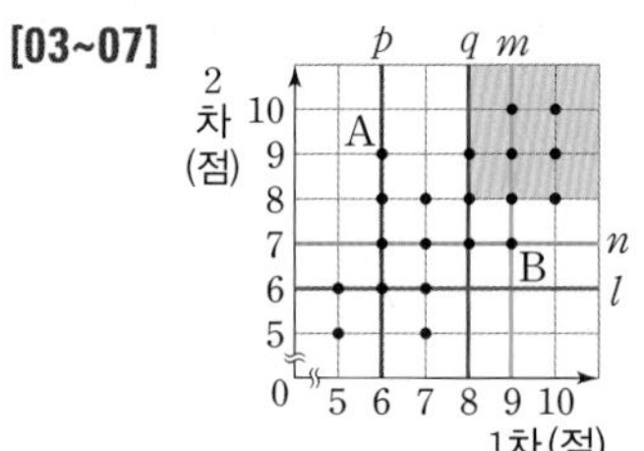

03 2차 점수가 6점인 학생 수는 위의 산점도에서 직선 l 위의 점의 개수와 같으므로 3명이다. 답 3명

04 1차 점수가 9점 이상인 학생 수는 위의 산점도에서 직선 m 위의 점의 개수와 직선 m의 오른쪽에 있는 점의 개수의 합과 같으므로 7명이다. 답 7명

05 B의 2차 점수가 7점이므로 B보다 2차 점수가 낮은 학생 수는 위의 산점도에서 직선 n의 아래쪽에 있는 점의 개수와 같으므로 5명이다. 답 5명

06 1차 점수가 6점 이상 8점 이하인 학생 수는 위의 산점도에서 두 직선 p, q 위의 점의 개수와 두 직선 p, q 사이에 있는 점의 개수의 합과 같으므로 11명이다. 답 11명

07 1차 점수와 2차 점수가 모두 8점 이상인 학생 수는 위의 산점도에서 색칠한 부분(경계선 포함)에 속하는 점의 개수와 같으므로 8명이다. 답 8명

[08~10]

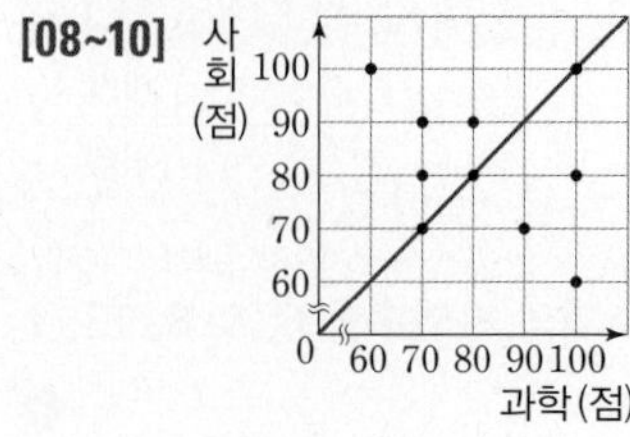

08 과학 점수와 사회 점수가 같은 학생 수는 위의 산점도에서 오른쪽 위로 향하는 대각선 위의 점의 개수와 같으므로 3명이다. 답 3명

09 사회 점수가 과학 점수보다 높은 학생 수는 산점도에서 대각선의 위쪽에 있는 점의 개수와 같으므로 4명이다.

답 4명

10 과학 점수가 사회 점수보다 높은 학생 수는 산점도에서 대각선의 아래쪽에 있는 점의 개수와 같으므로 3명이다.

답 3명

[11~12]

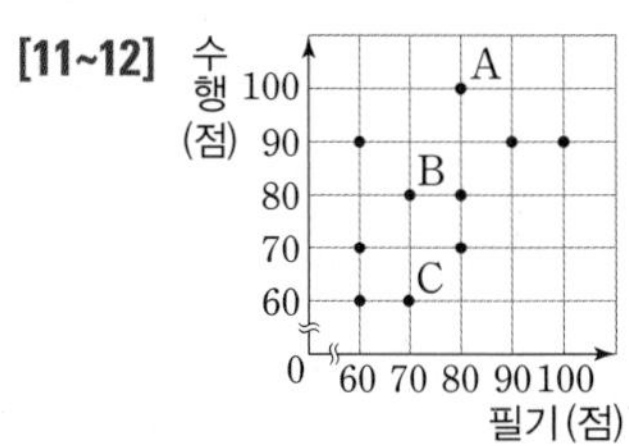

11 수행평가의 점수가 가장 높은 학생은 A이므로 A의 필기 시험 점수는 80점이다.

답 80점

12 필기 시험 점수가 70점인 학생은 B와 C이고 이들의 수행평가 점수의 평균은

$\frac{60+80}{2}=70$(점)

답 70점

13 답 ㄱ, ㄹ

14 답 ㄷ, ㅁ

15 답 ㄴ, ㅂ

16 답 ㄱ

17 답 ㅁ

18 답 음의 상관관계

19 답 ㅁ

20 답 양의 상관관계

21 답 음의 상관관계

22 답 양의 상관관계

23 답 음의 상관관계

24 답 상관관계가 없다.

25 답 상관관계가 없다.

26 답 양의 상관관계

Real 실전 유형

95~97쪽

01 ① 수학 점수가 70점 미만인 학생 수는 오른쪽 산점도에서 직선 l의 왼쪽에 있는 점의 개수와 같으므로 4명이다.

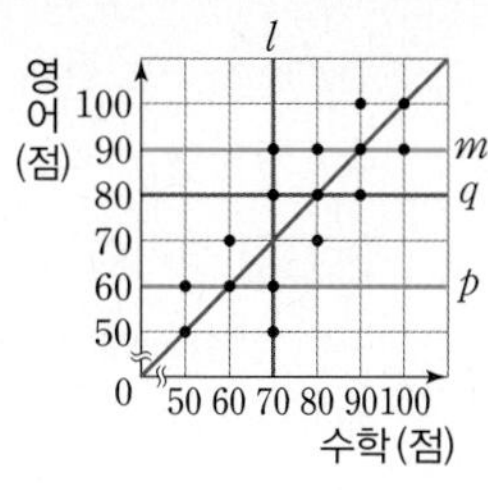

② 영어 점수가 90점 이상인 학생 수는 오른쪽 산점도에서 직선 m 위의 점의 개수와 직선 m의 위쪽에 있는 점의 개수의 합과 같으므로 6명이다.

③ 영어 점수가 60점 이상 80점 이하인 학생 수는 위의 산점도에서 두 직선 p, q 위의 점의 개수와 두 직선 p, q 사이에 있는 점의 개수의 합과 같으므로 8명이다.

④ 수학 점수와 영어 점수가 같은 학생 수는 위의 산점도에서 오른쪽 위로 향하는 대각선 위의 점의 개수와 같으므로 5명이다.

⑤ 수학 점수가 영어 점수보다 좋은 학생 수는 위의 산점도에서 오른쪽 위로 향하는 대각선의 아래쪽에 있는 점의 개수와 같으므로 5명이다.

답 ⑤

02 전문가 평점과 관객 평점이 모두 8점 이상인 영화의 수는 오른쪽 산점도에서 색칠한 부분(경계선 포함)에 속하는 점의 개수와 같으므로 4편이다.

답 4편

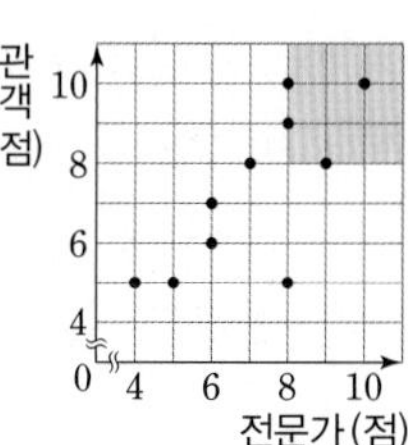

03 어제보다 오늘 경기에서 점수를 더 많이 얻은 선수의 수는 오른쪽 산점도에서 오른쪽 위로 향하는 대각선의 위쪽에 있는 점의 개수와 같으므로 2명이다.

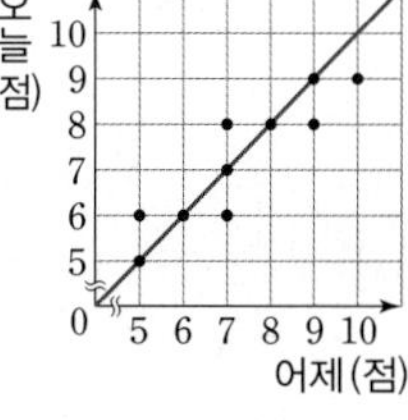

$\therefore \frac{2}{10}\times 100=20(\%)$

답 20 %

04 컴퓨터 사용 시간이 4시간 이상인 학생 수는 오른쪽 산점도에서 색칠한 부분(경계선 포함)에 속하는 점의 개수와 같으므로 4명이다. … ❶

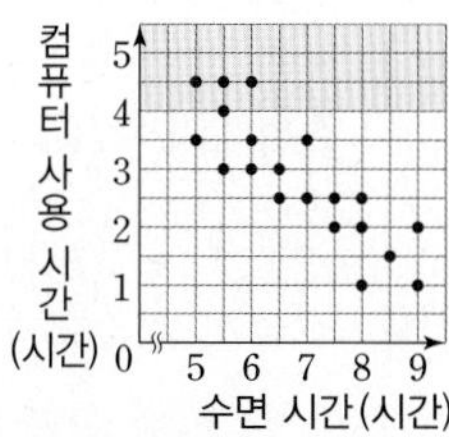

이 점들이 나타내는 학생들의 수면 시간의 평균은

$\frac{5+5.5+5.5+6}{4}=\frac{22}{4}=5.5$(시간) … ❷

답 5.5시간

채점 기준	배점
❶ 컴퓨터 사용 시간이 4시간 이상인 학생 수 구하기	50%
❷ 컴퓨터 사용 시간이 4시간 이상인 학생들의 수면 시간의 평균 구하기	50%

05 필기와 실기 중 적어도 한 점수가 70점 이하인 학생 수는 오른쪽 산점도에서 색칠한 부분(경계선 포함)에 속하는 점의 개수와 같으므로 7명이다. 답 7명

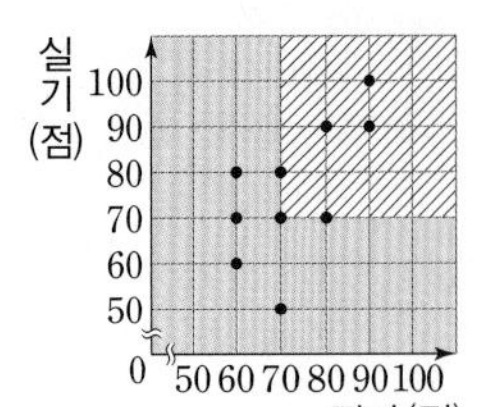

다른 풀이 필기와 실기 점수가 모두 70점 초과인 학생 수는 위의 산점도에서 빗금 친 부분(경계선 제외)에 속하는 점의 개수와 같으므로 3명이다.
따라서 적어도 한 점수가 70점 이하인 학생 수는
$10-3=7$(명)

06 2발의 화살로 얻은 점수의 합이 16점 이상인 선수의 수는 오른쪽 산점도에서 색칠한 부분(경계선 포함)에 속하는 점의 개수와 같으므로 5명이다. 답 ③

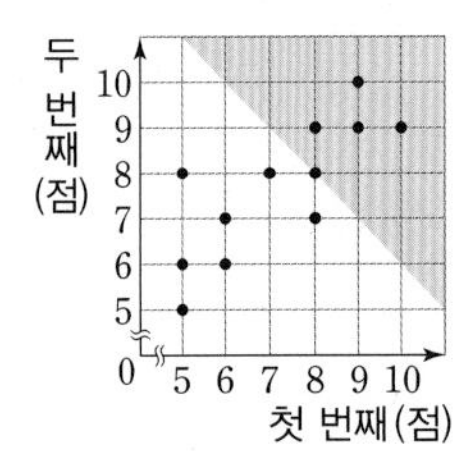

07 (1) 지난달과 이번 달에 읽은 책의 권수의 차가 1인 학생 수는 오른쪽 산점도에서 두 직선 l, m 위의 점의 개수의 합과 같으므로 8명이다.

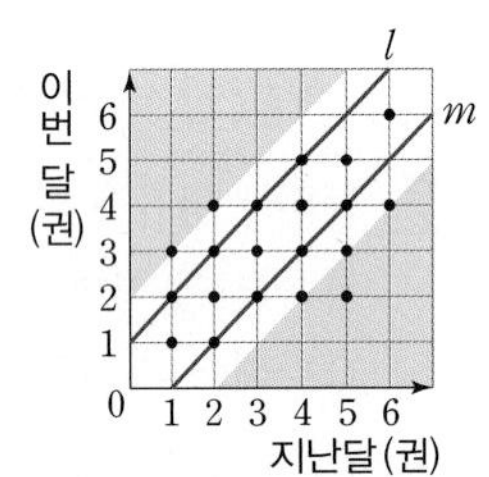

(2) 지난달과 이번 달에 읽은 책의 권수의 차가 2권 이상인 학생 수는 위의 산점도에서 색칠한 부분(경계선 포함)에 속하는 점의 개수와 같으므로 6명이다. 답 (1) 8명 (2) 6명

08 말하기와 듣기 점수의 평균이 7점 이하이려면 두 점수의 합이 14점 이하이어야 한다. 따라서 구하는 학생 수는 오른쪽 산점도에서 색칠한 부분(경계선 포함)에 속하는 점의 개수와 같으므로 4명이다. 답 4명

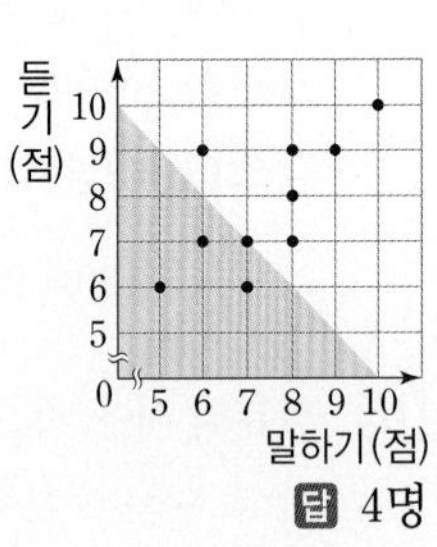

09 (1) 수학 점수와 과학 점수가 같은 학생 수는 오른쪽 산점도에서 오른쪽 위로 향하는 대각선 위의 점의 개수와 같으므로 5명이다.

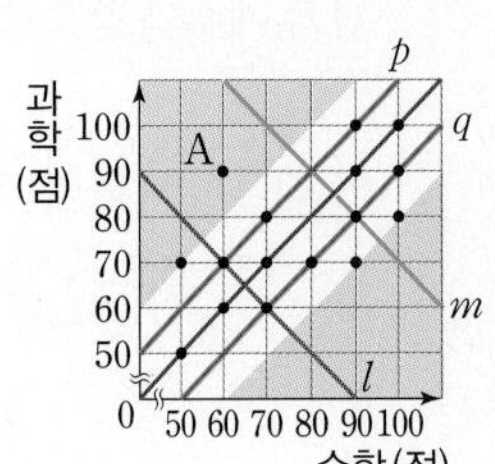

(2) 오른쪽 산점도에서 오른쪽 위로 향하는 대각선에서 멀리 떨어질수록 수학 점수와 과학 점수의 차가 크므로 A가 점수의 차가 가장 크다.
이때 A의 수학 점수는 60점이다.

(3) ① 윤지네 반 학생 수는 산점도의 점의 개수와 같으므로 16명이다.
② 수학 점수와 과학 점수의 합이 130점 미만인 학생 수는 산점도에서 직선 l의 아래쪽에 있는 점의 개수와 같으므로 3명이다.
③ 수학 점수와 과학 점수의 합이 170점 이상인 학생 수는 산점도에서 직선 m 위의 점의 개수와 직선 m의 위쪽에 있는 점의 개수의 합과 같으므로 6명이다.
④ 수학 점수와 과학 점수의 차가 20점 이상인 학생 수는 산점도에서 색칠한 부분(경계선 포함)에 속하는 점의 개수와 같으므로 4명이다.
$\therefore \frac{4}{16}\times 100=25(\%)$
⑤ 수학 점수와 과학 점수의 차가 10점인 학생 수는 산점도에서 두 직선 p, q 위의 점의 개수의 합과 같으므로 7명이다.
이 점들이 나타내는 학생들의 수학 점수의 평균은
$\frac{60+70\times 2+80+90\times 2+100}{7}=\frac{560}{7}=80$(점)

답 (1) 5명 (2) 60점 (3) ①, ⑤

10 주어진 산점도는 양의 상관관계를 나타낸다.
①, ③, ④ 음의 상관관계
⑤ 상관관계가 없다. 답 ②

11 주어진 산점도 중 음의 상관관계를 나타내는 것은 ②, ④이고, 이 중 상관관계가 강한 것은 ②이다. 답 ②

12 ㄱ. 양의 상관관계
ㄹ. 음의 상관관계
따라서 두 변량 사이에 상관관계가 없는 것은 ㄴ, ㄷ이다.
답 ㄴ, ㄷ

13 ② B는 C보다 키가 작다.
⑤ A, B, C, D, E 중 키가 가장 큰 학생은 C이다.
답 ②, ⑤

14 (1) 소득에 비해 저축을 많이 한 직원은 A이다.
(2) 오른쪽 산점도에서 오른쪽 위로 향하는 대각선으로부터 멀리 떨어질수록 소득과 저축액의 차가 크다. 따라서 소득과 저축액의 차가 가장 큰 직원은 D이다. 답 (1) ① (2) ④

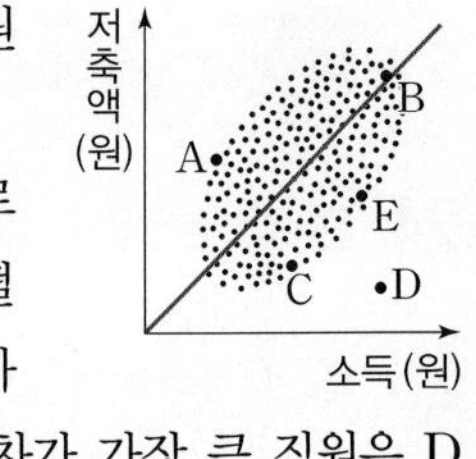

Real 실전 기출 98~100쪽

01 ② 하루 학습 시간이 3시간 이상 4시간 미만인 학생 수는 오른쪽 산점도에서 직선 l 위의 점의 개수와 같으므로 3명이다.

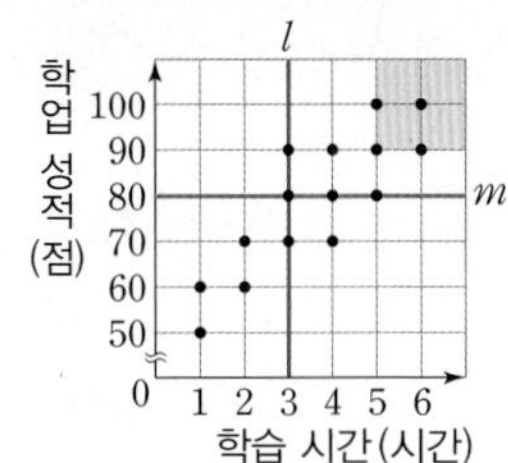

④ 학업 성적이 80점 이상인 학생 수는 오른쪽 산점도에서 직선 m 위의 점의 개수와 직선 m의 위쪽에 있는 점의 개수의 합과 같으므로 9명이다.

$\therefore \frac{9}{15}\times100=60(\%)$

⑤ 하루 학습 시간이 5시간 이상이면서 학업 성적이 90점 이상인 학생 수는 위의 산점도에서 색칠한 부분(경계선 포함)에 속하는 점의 개수와 같으므로 4명이다.

답 ②, ④

02 윗몸 일으키기를 어제보다 오늘 더 많이 한 학생 수는 오른쪽 산점도에서 오른쪽 위로 향하는 대각선의 위쪽에 있는 점의 개수와 같으므로 7명이다. 답 7명

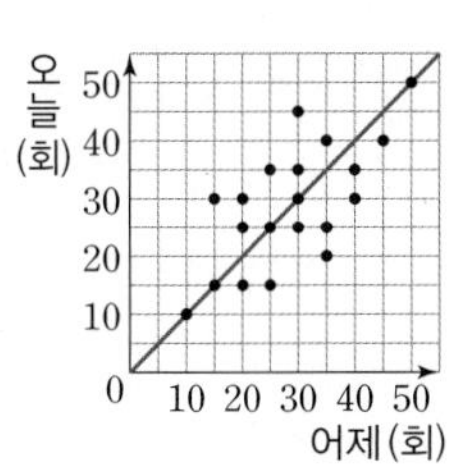

03 어제 한 윗몸 일으키기 횟수가 30회 이상 50회 미만인 학생 수는 오른쪽 산점도에서 직선 l 위의 점의 개수와 두 직선 l, m 사이에 있는 점의 개수의 합과 같으므로 10명이다.

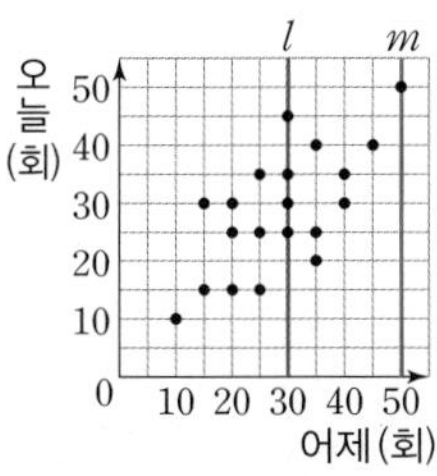

이 점들이 나타내는 학생들이 오늘 한 윗몸 일으키기 횟수의 평균은

$$\frac{20+25\times2+30\times2+35\times2+40\times2+45}{10}$$

$=\frac{325}{10}=32.5$(회) 답 32.5회

04 윗몸 일으키기 횟수의 합이 40회 이하인 학생 수는 오른쪽 산점도에서 색칠한 부분(경계선 포함)에 속하는 점의 개수와 같으므로 4명이다.

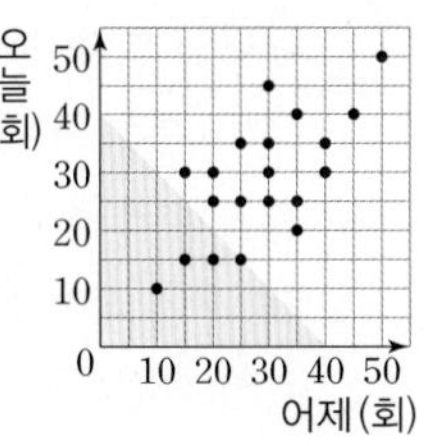

$\therefore \frac{4}{20}\times100=20(\%)$ 답 20 %

05 스마트폰 사용 시간(x)과 가족 간의 대화 시간(y) 사이에는 음의 상관관계가 있으므로 주어진 산점도 중 가장 알맞은 것은 ④이다. 답 ④

06 ①, ③, ④, ⑤ 양의 상관관계
② 음의 상관관계 답 ②

07 주어진 표를 통해 여름철 일별 최고 기온이 높을수록 아이스크림 판매량이 증가하는 것을 알 수 있다. 즉, 여름철 일별 최고 기온과 아이스크림 판매량 사이에는 양의 상관관계가 있다.
ㄱ, ㄹ. 양의 상관관계
ㄴ, ㅁ. 음의 상관관계
ㄷ. 상관관계가 없다.
따라서 여름철 일별 최고 기온과 아이스크림 판매량 사이의 상관관계와 유사한 상관관계는 ㄱ, ㄹ이다.

답 ㄱ, ㄹ

08 ② TV 시청 시간과 운동 시간 사이에는 음의 상관관계가 있다. 답 ②

09 영어 점수와 전 과목 평균의 차가 클수록 오른쪽 산점도에서 오른쪽 위로 향하는 대각선에서 멀다. 따라서 A, B, C, D, E 중 A이다. 답 A

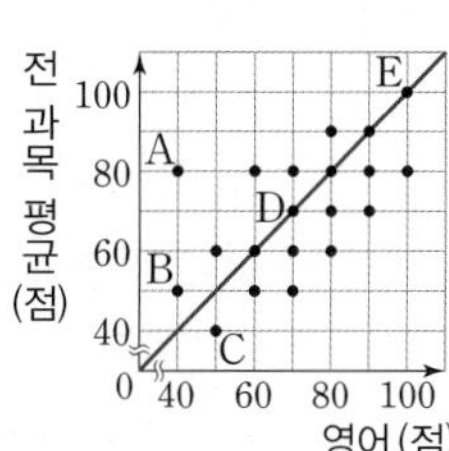

10 ㄴ. 영어 점수가 가장 낮은 학생은 B이고 전 과목 평균이 가장 낮은 학생은 C이다.
ㄹ. 전 과목 평균과 영어 점수가 같은 학생 수는 오른쪽 산점도에서 오른쪽 위로 향하는 대각선 위의 점의 개수와 같으므로 5명이다.

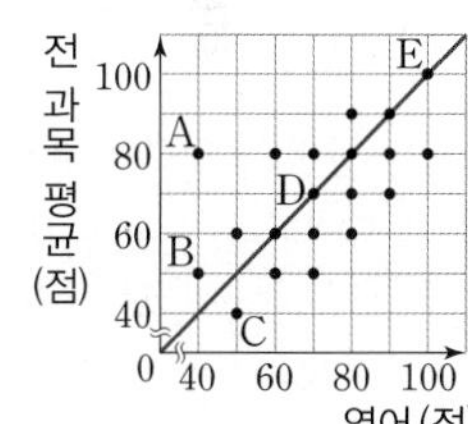

$\therefore \frac{5}{20}\times100=25(\%)$

따라서 옳은 것은 ㄱ, ㄷ이다. 답 ㄱ, ㄷ

11 순위가 3위인 학생의 1차 점수는 8점, 2차 점수는 9점이므로

$x=\frac{8+9}{2}=8.5$

순위가 12위인 학생의 1차 점수는 6점, 2차 점수는 5점이므로

$y=\frac{6+5}{2}=5.5$

$\therefore x-y=8.5-5.5=3$ 답 3

12 국어 점수와 사회 점수의 차가 20점 이상인 학생 수는 오른쪽 산점도에서 색칠한 부분(경계선 포함)의 점의 개수와 같으므로 5명이다.
이 점들이 나타내는 학생들의 국어 점수와 사회 점수를 순서쌍 (국어 점수, 사회 점수)로 나타내면
(50점, 70점), (60점, 90점), (80점, 60점), (90점, 70점), (100점, 80점)
이므로 두 점수의 합의 평균은

$$\frac{(50+70)+(60+90)+(80+60)+(90+70)+(100+80)}{5}$$

$$=\frac{750}{5}=150(\text{점})$$

답 150점

13 산점도에서 보이는 점이 19개이므로 나머지 1개의 점의 위치는 보이지 않는 곳에 있다.

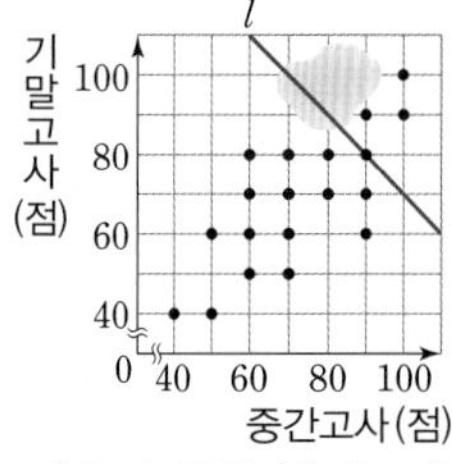

전체 학생의 25 % 이내인 학생은
$20\times\frac{25}{100}=5$(명)
이므로 상위 25 % 이내를 나타내는 점은 오른쪽 산점도에서 직선 l 위의 점과 직선 l의 위쪽에 있는 점이다.
이 점 중에서 보이는 4개의 점이 나타내는 성적을 순서쌍 (중간고사 성적, 기말고사 성적)으로 나타내면
(90점, 80점), (90점, 90점), (100점, 90점), (100점, 100점)
이므로 평균은 각각 85점, 90점, 95점, 100점이다.
나머지 한 사람의 성적의 평균을 x점이라 하면 상위 5명의 성적의 평균이 93점이므로

$$\frac{85+90+95+100+x}{5}=93$$

$370+x=465$ $\therefore x=95$
따라서 나머지 한 사람의 성적은 중간고사 성적과 기말고사 성적의 합이 $95\times2=190$(점)이므로 중간고사 성적은 90점, 기말고사 성적은 100점이다.

답 90점, 100점

14 A의 수학 성적은 50점, 과학 성적은 80점이므로

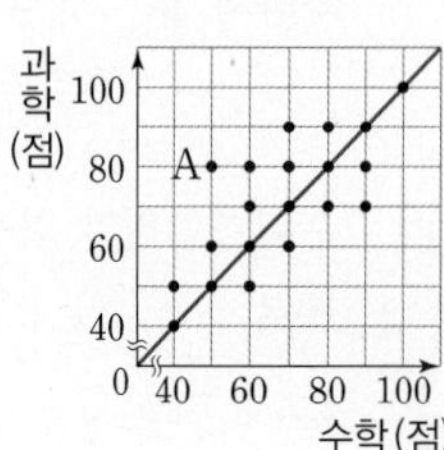

$x=50+80=130$ … ❶
수학 성적과 과학 성적이 같은 학생 수는 오른쪽 산점도에서 오른쪽 위로 향하는 대각선 위의 점의 개수와 같으므로 7명이다.
$\therefore y=7$ … ❷
$\therefore x-y=130-7=123$ … ❸

답 123

채점 기준	배점
❶ x의 값 구하기	40%
❷ y의 값 구하기	40%
❸ $x-y$의 값 구하기	20%

15 수학 성적이 70점 이하이고 과학 성적이 80점 이하인 학생 수는 오른쪽 산점도에서 색칠한 부분(경계선 포함)에 속하는 점의 개수와 같으므로 12명이다. … ❶

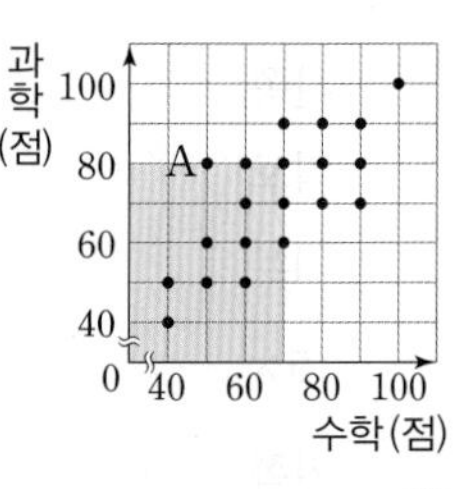

$\therefore \frac{12}{20}\times100=60(\%)$ … ❷

답 60 %

채점 기준	배점
❶ 수학 성적이 70점 이하이고 과학 성적이 80점 이하인 학생 수 구하기	60%
❷ 수학 성적이 70점 이하이고 과학 성적이 80점 이하인 학생이 전체의 몇 %인지 구하기	40%

16 수학 성적과 과학 성적의 차가 20점 이상인 학생은 오른쪽 산점도에서 색칠한 부분(경계선 포함)에 속하는 점의 개수와 같으므로 4명이다. … ❶

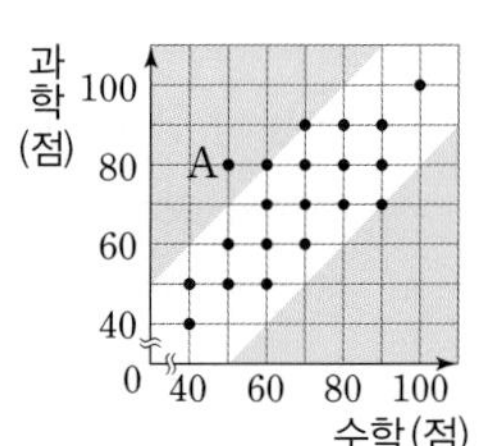

이 점들이 나타내는 학생들의 수학 성적의 평균은

$$\frac{50+60+70+90}{4}=\frac{270}{4}=67.5(\text{점})$$ … ❷

답 67.5점

채점 기준	배점
❶ 수학 성적과 과학 성적의 차가 20점 이상인 학생 수 구하기	50%
❷ 수학 성적과 과학 성적의 차가 20점 이상인 학생들의 수학 성적의 평균 구하기	50%

17 전체 학생의 25 % 이내인 학생은 $20\times\frac{25}{100}=5$(명)

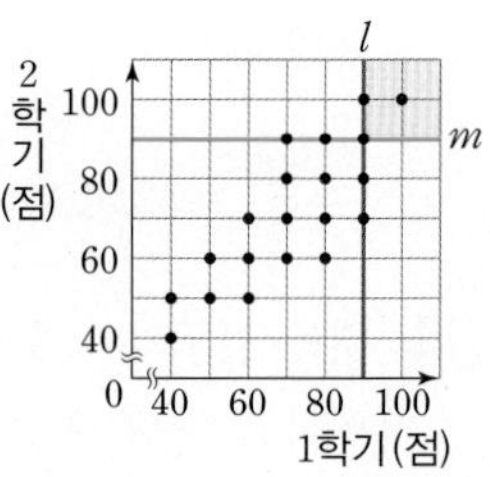

따라서 1학기 성적이 상위 25 % 이내인 학생 5명을 나타내는 점은 오른쪽 산점도에서 직선 l 위의 점과 직선 l의 오른쪽에 있는 점이다.
2학기 성적이 상위 25 % 이내인 학생 5명을 나타내는 점은 위의 산점도에서 직선 m 위의 점과 직선 m의 위쪽에 있는 점이다. … ❶
따라서 1, 2학기 모두 상위 25 % 이내인 학생 수는 위의 산점도에서 색칠한 부분(경계선 포함)에 속하는 점의 개수와 같으므로 3명이다. … ❷

답 3명

채점 기준	배점
❶ 상위 25 % 이내인 학생들의 1학기 성적과 2학기 성적의 범위 구하기	70%
❷ 1학기 성적과 2학기 성적이 모두 상위 25 % 이내인 학생 수 구하기	30%

18 왼쪽 눈의 시력이 오른쪽 눈의 시력보다 좋은 학생은 전체의 20 %이므로

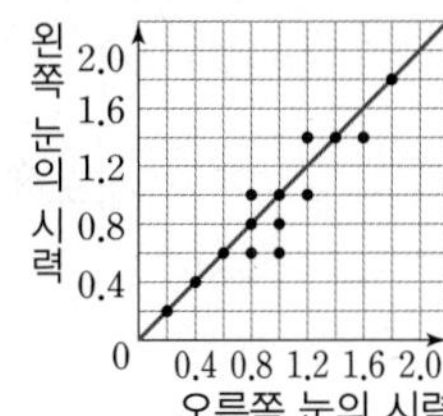

$15\times\frac{20}{100}=3$(명)

왼쪽 눈의 시력이 오른쪽 눈의 시력보다 좋은 학생 수는 위의 산점도에서 오른쪽 위로 향하는 대각선의 위쪽에 있는 점의 개수와 같으므로 중복된 점은 대각선의 위쪽에 있다. … ❶

중복된 점이 나타내는 학생의 오른쪽 눈의 시력을 x라 하면 오른쪽 눈의 시력의 평균이 1.0이므로

$$\frac{0.2+0.4+0.6+0.8\times3+1.0\times3+1.2\times2+1.4+1.6+1.8+x}{15}$$

$=1.0$

$13.8+x=15 \quad \therefore x=1.2$ … ❷

따라서 대각선의 위쪽에 있는 점 중에서 오른쪽 눈의 시력이 1.2인 점의 왼쪽 눈의 시력이 1.4이므로 중복된 점의 왼쪽 눈의 시력도 1.4이다. … ❸

답 1.4

채점 기준	배점
❶ 중복된 점의 위치 알기	40%
❷ 중복된 점이 나타내는 학생의 오른쪽 눈의 시력 구하기	40%
❸ 중복된 점이 나타내는 학생의 왼쪽 눈의 시력 구하기	20%

Real 실전 유형 again 2~11쪽

01 삼각비

01 $\overline{AB}=\sqrt{4^2+(2\sqrt{2})^2}=2\sqrt{6}$

① $\sin A=\dfrac{\overline{BC}}{\overline{AB}}=\dfrac{4}{2\sqrt{6}}=\dfrac{\sqrt{6}}{3}$

② $\cos A=\dfrac{\overline{AC}}{\overline{AB}}=\dfrac{2\sqrt{2}}{2\sqrt{6}}=\dfrac{\sqrt{3}}{3}$

③ $\tan A=\dfrac{\overline{BC}}{\overline{AC}}=\dfrac{4}{2\sqrt{2}}=\sqrt{2}$

④ $\cos B=\dfrac{\overline{BC}}{\overline{AB}}=\dfrac{4}{2\sqrt{6}}=\dfrac{\sqrt{6}}{3}$

⑤ $\tan B=\dfrac{\overline{AC}}{\overline{BC}}=\dfrac{2\sqrt{2}}{4}=\dfrac{\sqrt{2}}{2}$

답 ①

02 $\overline{AC}=\sqrt{6^2-4^2}=2\sqrt{5}$이므로

$\tan B\times\cos C=\dfrac{\overline{AC}}{\overline{AB}}\times\dfrac{\overline{AC}}{\overline{BC}}$

$=\dfrac{2\sqrt{5}}{4}\times\dfrac{2\sqrt{5}}{6}=\dfrac{5}{6}$

답 $\dfrac{5}{6}$

03 $\triangle$ABD에서 $\overline{BD}=\sqrt{3^2+4^2}=5$이므로 … ❶

$\sin x=\dfrac{\overline{AB}}{\overline{BD}}=\dfrac{3}{5}$, $\cos x=\dfrac{\overline{AD}}{\overline{BD}}=\dfrac{4}{5}$,

$\tan x=\dfrac{\overline{AB}}{\overline{AD}}=\dfrac{3}{4}$ … ❷

$\therefore \tan x+\sin x-\cos x=\dfrac{3}{4}+\dfrac{3}{5}-\dfrac{4}{5}=\dfrac{11}{20}$ … ❸

답 $\dfrac{11}{20}$

채점 기준	배점
❶ $\overline{BD}$의 길이 구하기	20%
❷ $\sin x$, $\cos x$, $\tan x$의 값 구하기	60%
❸ $\tan x+\sin x-\cos x$의 값 구하기	20%

04 $\overline{AB}:\overline{AC}=2:3$이므로

$\overline{AB}=2k$, $\overline{AC}=3k\,(k>0)$라 하면

$\overline{BC}=\sqrt{(3k)^2-(2k)^2}=\sqrt{5k^2}=\sqrt{5}k\ (\because k>0)$

$\therefore \tan C=\dfrac{\overline{AB}}{\overline{BC}}=\dfrac{2k}{\sqrt{5}k}=\dfrac{2\sqrt{5}}{5}$

답 ①

05 $\triangle$BCD에서

$\overline{BC}=\sqrt{13^2-5^2}=12$

$\triangle$ABC에서

$\overline{AC}=\sqrt{15^2-12^2}=9$

$\therefore \tan A=\dfrac{\overline{BC}}{\overline{AC}}=\dfrac{12}{9}=\dfrac{4}{3}$

답 ③

06 $\triangle$ABC에서

$\overline{AC}=\sqrt{9^2-3^2}=6\sqrt{2}$

$\therefore \overline{AD}=\dfrac{1}{2}\overline{AC}=\dfrac{1}{2}\times 6\sqrt{2}=3\sqrt{2}$ … ❶

$\triangle$ABD에서

$\overline{BD}=\sqrt{3^2+(3\sqrt{2})^2}=3\sqrt{3}$ … ❷

$\therefore \cos x=\dfrac{\overline{AB}}{\overline{BD}}=\dfrac{3}{3\sqrt{3}}=\dfrac{\sqrt{3}}{3}$ … ❸

답 $\dfrac{\sqrt{3}}{3}$

채점 기준	배점
❶ $\overline{AD}$의 길이 구하기	40%
❷ $\overline{BD}$의 길이 구하기	40%
❸ $\cos x$의 값 구하기	20%

07 $\sin B=\dfrac{9}{\overline{BC}}=\dfrac{\sqrt{6}}{4}$이므로 $\overline{BC}=6\sqrt{6}$

$\therefore \overline{AB}=\sqrt{(6\sqrt{6})^2-9^2}=3\sqrt{15}$

답 ④

08 $\cos A=\dfrac{\overline{AB}}{6}=\dfrac{\sqrt{3}}{3}$이므로 $\overline{AB}=2\sqrt{3}$

$\overline{BC}=\sqrt{6^2-(2\sqrt{3})^2}=2\sqrt{6}$이므로

$\tan C=\dfrac{\overline{AB}}{\overline{BC}}=\dfrac{2\sqrt{3}}{2\sqrt{6}}=\dfrac{\sqrt{2}}{2}$

답 $\dfrac{\sqrt{2}}{2}$

09 $\sin B=\dfrac{\overline{AC}}{2\sqrt{5}}=\dfrac{\sqrt{5}}{5}$이므로 $\overline{AC}=2$

$\overline{BC}=\sqrt{(2\sqrt{5})^2-2^2}=4$이므로

$\triangle ABC=\dfrac{1}{2}\times 4\times 2=4$

답 4

10 $\tan A=\sqrt{2}$이므로 오른쪽 그림과 같이 $\angle B=90^\circ$, $\overline{AB}=1$, $\overline{BC}=\sqrt{2}$인 직각삼각형 ABC를 생각할 수 있다.

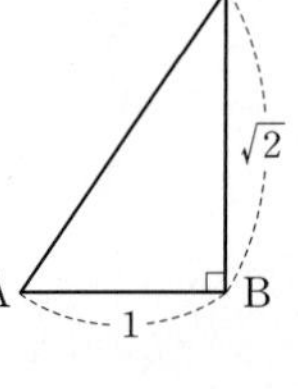

이때 $\overline{AC}=\sqrt{1^2+(\sqrt{2})^2}=\sqrt{3}$이므로

$\sin A=\dfrac{\sqrt{2}}{\sqrt{3}}=\dfrac{\sqrt{6}}{3}$, $\cos A=\dfrac{1}{\sqrt{3}}=\dfrac{\sqrt{3}}{3}$

$\therefore \sin A\times\cos A=\dfrac{\sqrt{6}}{3}\times\dfrac{\sqrt{3}}{3}=\dfrac{\sqrt{2}}{3}$

답 $\dfrac{\sqrt{2}}{3}$

11 $\sin B=\dfrac{\sqrt{6}}{3}$이므로 오른쪽 그림과 같이 $\angle C=90^\circ$, $\overline{AB}=3$, $\overline{AC}=\sqrt{6}$인 직각삼각형 ABC를 생각할 수 있다.

A
3
√6
B
C

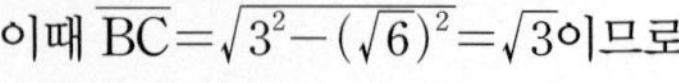

이때 $\overline{BC}=\sqrt{3^2-(\sqrt{6})^2}=\sqrt{3}$이므로

$\cos A=\dfrac{\sqrt{6}}{3}$, $\cos B=\dfrac{\sqrt{3}}{3}$,

$\tan A=\dfrac{\sqrt{3}}{\sqrt{6}}=\dfrac{\sqrt{2}}{2}$, $\tan B=\dfrac{\sqrt{6}}{\sqrt{3}}=\sqrt{2}$

따라서 그 값이 가장 작은 것은 $\cos B$이다.

답 $\cos B$

12 $3\cos A-1=0$에서 $\cos A=\frac{1}{3}$이므로 오른쪽 그림과 같이 $\angle B=90°$, $\overline{AB}=1$, $\overline{AC}=3$인 직각삼각형 ABC를 생각할 수 있다. ⋯ ❶

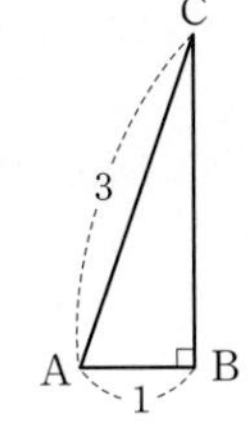

이때 $\overline{BC}=\sqrt{3^2-1^2}=2\sqrt{2}$이므로

$\sin A=\frac{2\sqrt{2}}{3}$, $\tan A=2\sqrt{2}$ ⋯ ❷

$\therefore \frac{1}{\sin A}+\frac{1}{\tan A}=\frac{3}{2\sqrt{2}}+\frac{1}{2\sqrt{2}}$

$=\frac{3\sqrt{2}}{4}+\frac{\sqrt{2}}{4}=\sqrt{2}$ ⋯ ❸

답 $\sqrt{2}$

채점 기준	배점
❶ 조건을 만족시키는 삼각형 생각하기	40%
❷ $\sin A$, $\tan A$의 값 구하기	30%
❸ $\frac{1}{\sin A}+\frac{1}{\tan A}$의 값 구하기	30%

13 직각삼각형 ABC에서 $\angle A=90°$이므로

$\angle B=90°-\angle C$

$\therefore \tan(90°-C)=\tan B=\frac{1}{2}$

따라서 오른쪽 그림과 같이 $\angle A=90°$, $\overline{AB}=2$, $\overline{AC}=1$인 직각삼각형 ABC를 생각할 수 있다.

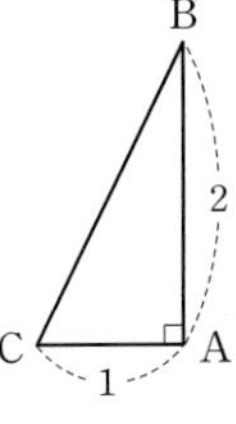

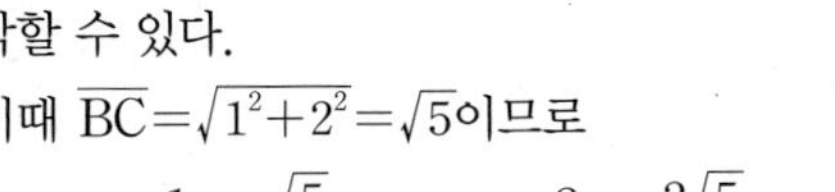

이때 $\overline{BC}=\sqrt{1^2+2^2}=\sqrt{5}$이므로

$\cos C=\frac{1}{\sqrt{5}}=\frac{\sqrt{5}}{5}$, $\sin C=\frac{2}{\sqrt{5}}=\frac{2\sqrt{5}}{5}$

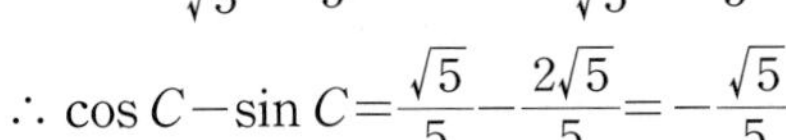

$\therefore \cos C-\sin C=\frac{\sqrt{5}}{5}-\frac{2\sqrt{5}}{5}=-\frac{\sqrt{5}}{5}$

답 ②

14 △ABC와 △DBA에서

∠B는 공통,

$\angle BAC=\angle BDA=90°$이므로

△ABC∽△DBA (AA 닮음)

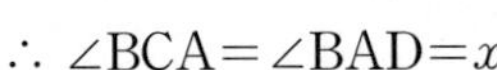

$\therefore \angle BCA=\angle BAD=x$

같은 방법으로 △ABC∽△DAC (AA 닮음)이므로

$\angle ABC=\angle DAC=y$

△ABC에서 $\overline{AB}=\sqrt{10^2-6^2}=8$이므로

$\tan x=\frac{\overline{AB}}{\overline{AC}}=\frac{8}{6}=\frac{4}{3}$, $\cos y=\frac{\overline{AB}}{\overline{BC}}=\frac{8}{10}=\frac{4}{5}$

$\therefore \tan x\times\cos y=\frac{4}{3}\times\frac{4}{5}=\frac{16}{15}$

답 $\frac{16}{15}$

15 △ABC와 △CBD에서

∠B는 공통,

$\angle BCA=\angle BDC=90°$이므로

△ABC∽△CBD (AA 닮음)

$\therefore \angle BAC=\angle BCD$

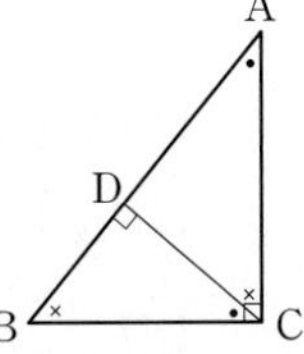

같은 방법으로 △ABC∽△ACD (AA 닮음)이므로

$\angle ABC=\angle ACD$

① △ACD에서 $\sin A=\frac{\overline{CD}}{\overline{AC}}$

② △BCD에서 $\cos A=\cos(\angle BCD)=\frac{\overline{CD}}{\overline{BC}}$

③ △BCD에서 $\tan A=\tan(\angle BCD)=\frac{\overline{BD}}{\overline{CD}}$

④ △BCD에서 $\sin B=\frac{\overline{CD}}{\overline{BC}}$

⑤ △ACD에서 $\tan B=\tan(\angle ACD)=\frac{\overline{AD}}{\overline{CD}}$

답 ②, ⑤

16 △ACD와 △DCH에서

∠C는 공통,

$\angle ADC=\angle DHC=90°$이므로

△ACD∽△DCH (AA 닮음)

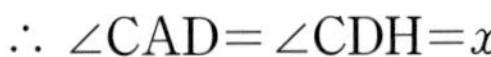

$\therefore \angle CAD=\angle CDH=x$

△ACD에서 $\overline{AC}=\sqrt{8^2+12^2}=4\sqrt{13}$이므로

$\sin x=\frac{\overline{CD}}{\overline{AC}}=\frac{8}{4\sqrt{13}}=\frac{2\sqrt{13}}{13}$

$\cos x=\frac{\overline{AD}}{\overline{AC}}=\frac{12}{4\sqrt{13}}=\frac{3\sqrt{13}}{13}$

$\therefore \frac{\cos x}{\sin x}=\frac{3\sqrt{13}}{13}\times\frac{13}{2\sqrt{13}}=\frac{3}{2}$

답 $\frac{3}{2}$

17 △ABC와 △DEC에서

∠C는 공통,

$\angle ABC=\angle DEC=90°$이므로

△ABC∽△DEC (AA 닮음)

$\therefore \angle BAC=\angle EDC=x$

△ABC에서 $\overline{AC}=\sqrt{(2\sqrt{3})^2+4^2}=2\sqrt{7}$이므로

$\cos x=\frac{\overline{AB}}{\overline{AC}}=\frac{2\sqrt{3}}{2\sqrt{7}}=\frac{\sqrt{21}}{7}$

$\tan x=\frac{\overline{BC}}{\overline{AB}}=\frac{4}{2\sqrt{3}}=\frac{2\sqrt{3}}{3}$

$\therefore \cos x\times\tan x=\frac{\sqrt{21}}{7}\times\frac{2\sqrt{3}}{3}=\frac{2\sqrt{7}}{7}$

답 $\frac{2\sqrt{7}}{7}$

18 △ABC와 △EDC에서

∠C는 공통,

$\angle BAC=\angle DEC=90°$이므로

△ABC∽△EDC (AA 닮음)

$\therefore \angle CBA=\angle CDE$

△CDE에서 $\overline{CD}=\sqrt{(3\sqrt{3})^2+(3\sqrt{2})^2}=3\sqrt{5}$이므로

$\sin B=\sin(\angle CDE)=\frac{\overline{CE}}{\overline{CD}}=\frac{3\sqrt{2}}{3\sqrt{5}}=\frac{\sqrt{10}}{5}$

답 ③

19 △ABC와 △AED에서

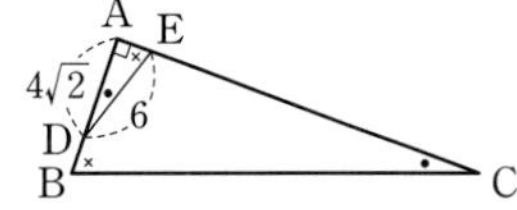

∠A는 공통,

∠ACB=∠ADE이므로

△ABC∽△AED (AA 닮음)

∴ ∠ABC=∠AED …❶

△ADE에서 $\overline{AE}=\sqrt{6^2-(4\sqrt{2})^2}=2$이므로 …❷

$\sin B=\sin(\angle AED)=\frac{\overline{AD}}{\overline{DE}}=\frac{4\sqrt{2}}{6}=\frac{2\sqrt{2}}{3}$

$\sin C=\sin(\angle ADE)=\frac{\overline{AE}}{\overline{DE}}=\frac{2}{6}=\frac{1}{3}$ …❸

$\therefore \sin B-\sin C=\frac{2\sqrt{2}}{3}-\frac{1}{3}=\frac{2\sqrt{2}-1}{3}$ …❹

답 $\frac{2\sqrt{2}-1}{3}$

채점 기준	배점
❶ ∠ABC=∠AED임을 보이기	30%
❷ $\overline{AE}$의 길이 구하기	20%
❸ $\sin B$, $\sin C$의 값 구하기	30%
❹ $\sin B-\sin C$의 값 구하기	20%

20 일차방정식 $3x-4y+12=0$의 그래프가 x축, y축과 만나는 점을 각각 A, B라 하자.

$3x-4y+12=0$에서

$y=0$일 때 $x=-4$, $x=0$일 때 $y=3$

이므로 A$(-4, 0)$, B$(0, 3)$

직각삼각형 AOB에서 $\overline{OA}=4$, $\overline{OB}=3$이므로

$\overline{AB}=\sqrt{4^2+3^2}=5$

$\therefore \sin\alpha+\cos\alpha+\tan\alpha=\frac{3}{5}+\frac{4}{5}+\frac{3}{4}=\frac{43}{20}$ 답 $\frac{43}{20}$

21 일차함수 $y=-x+2$의 그래프가 x축, y축과 만나는 점을 각각 A, B라 하자.

$y=-x+2$에서

$y=0$일 때 $x=2$, $x=0$일 때 $y=2$

이므로 A$(2, 0)$, B$(0, 2)$

직각삼각형 OAB에서 $\overline{OA}=2$, $\overline{OB}=2$이므로

$\overline{AB}=\sqrt{2^2+2^2}=2\sqrt{2}$

$\therefore \cos\alpha=\frac{2}{2\sqrt{2}}=\frac{\sqrt{2}}{2}$ 답 $\frac{\sqrt{2}}{2}$

22 일차방정식 $2x-y-8=0$의 그래프가 x축, y축과 만나는 점을 각각 A, B라 하자.

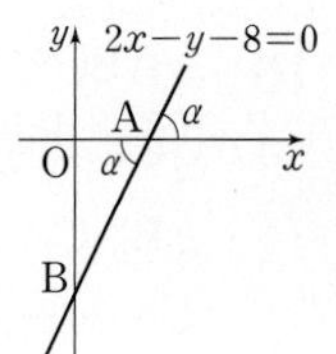

$2x-y-8=0$에서

$y=0$일 때 $x=4$, $x=0$일 때 $y=-8$

이므로 A$(4, 0)$, B$(0, -8)$ …❶

직각삼각형 AOB에서 $\overline{OA}=4$, $\overline{OB}=8$이므로

$\overline{AB}=\sqrt{4^2+8^2}=4\sqrt{5}$

이때 $\angle OAB=\alpha$ (맞꼭지각)이므로

$\sin\alpha=\frac{8}{4\sqrt{5}}=\frac{2\sqrt{5}}{5}$

$\cos\alpha=\frac{4}{4\sqrt{5}}=\frac{\sqrt{5}}{5}$

$\tan\alpha=\frac{8}{4}=2$ …❷

$\therefore \cos^2\alpha-\sin^2\alpha+\tan\alpha=\left(\frac{\sqrt{5}}{5}\right)^2-\left(\frac{2\sqrt{5}}{5}\right)^2+2$

$=\frac{1}{5}-\frac{4}{5}+2=\frac{7}{5}$ …❸

답 $\frac{7}{5}$

채점 기준	배점
❶ 일차방정식의 그래프가 x축, y축과 만나는 점의 좌표 구하기	40%
❷ $\sin\alpha$, $\cos\alpha$, $\tan\alpha$의 값 구하기	40%
❸ $\cos^2\alpha-\sin^2\alpha+\tan\alpha$의 값 구하기	20%

23 △FGH에서 $\overline{FH}=\sqrt{3^2+(\sqrt{6})^2}=\sqrt{15}$(cm)

△DFH는 ∠DHF=90°인 직각삼각형이므로

$\overline{DF}=\sqrt{(\sqrt{15})^2+3^2}=2\sqrt{6}$(cm)

$\sin x=\frac{\overline{DH}}{\overline{DF}}=\frac{3}{2\sqrt{6}}=\frac{\sqrt{6}}{4}$

$\cos x=\frac{\overline{FH}}{\overline{DF}}=\frac{\sqrt{15}}{2\sqrt{6}}=\frac{\sqrt{10}}{4}$

$\tan x=\frac{\overline{DH}}{\overline{FH}}=\frac{3}{\sqrt{15}}=\frac{\sqrt{15}}{5}$

$\therefore \frac{\sin x\times\cos x}{\tan x}=\frac{\sqrt{6}}{4}\times\frac{\sqrt{10}}{4}\times\frac{5}{\sqrt{15}}=\frac{5}{8}$ 답 $\frac{5}{8}$

24 정육면체의 한 모서리의 길이를 a라 하고 오른쪽 그림과 같이 $\overline{AF}$를 그으면

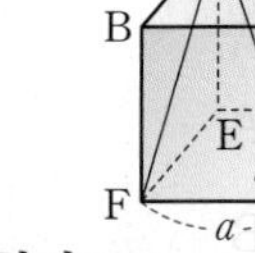

△AFE에서

$\overline{AF}=\sqrt{a^2+a^2}=\sqrt{2}a$

△AFG는 ∠AFG=90°인 직각삼각형이므로

$\overline{AG}=\sqrt{(\sqrt{2}a)^2+a^2}=\sqrt{3}a$

$\therefore \sin x=\frac{\overline{AF}}{\overline{AG}}=\frac{\sqrt{2}a}{\sqrt{3}a}=\frac{\sqrt{6}}{3}$ 답 ④

보충 TIP 정육면체에서 대각선의 길이

① 한 변의 길이가 a인 정사각형의 대각선의 길이 ➡ $\sqrt{2}a$

② 한 모서리의 길이가 a인 정육면체의 대각선의 길이 ➡ $\sqrt{3}a$

25 $\overline{BM}=\frac{1}{2}\overline{BC}=\frac{1}{2}$

△DBM은 ∠DMB=90°인 직각삼각형이므로

$\overline{DM}=\sqrt{1^2-\left(\frac{1}{2}\right)^2}=\frac{\sqrt{3}}{2}$

오른쪽 그림과 같이 꼭짓점 A에서 밑면에 내린 수선의 발을 H라 하면 점 H는 △BCD의 무게중심이므로

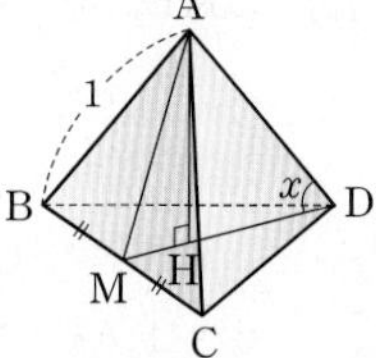

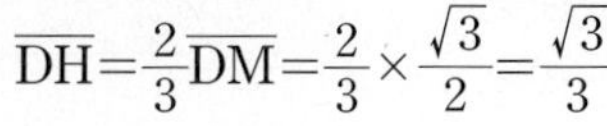

$\overline{DH}=\frac{2}{3}\overline{DM}=\frac{2}{3}\times\frac{\sqrt{3}}{2}=\frac{\sqrt{3}}{3}$

△AHD에서

$\overline{AH}=\sqrt{1^2-\left(\frac{\sqrt{3}}{3}\right)^2}=\frac{\sqrt{6}}{3}$

$\therefore \tan x=\frac{\overline{AH}}{\overline{DH}}=\frac{\sqrt{6}}{3}\times\frac{3}{\sqrt{3}}=\sqrt{2}$ 답 $\sqrt{2}$

26 ① $\sin 30^\circ+\cos 60^\circ=\frac{1}{2}+\frac{1}{2}=1$

② $\tan 60^\circ-\tan 30^\circ=\sqrt{3}-\frac{\sqrt{3}}{3}=\frac{2\sqrt{3}}{3}$

③ $\cos 30^\circ\div\tan 45^\circ-\sin 60^\circ=\frac{\sqrt{3}}{2}\div 1-\frac{\sqrt{3}}{2}=0$

④ $(\tan 45^\circ+\cos 45^\circ)(\sin 45^\circ-\tan 45^\circ)$

$=\left(1+\frac{\sqrt{2}}{2}\right)\left(\frac{\sqrt{2}}{2}-1\right)$

$=\left(\frac{\sqrt{2}}{2}\right)^2-1=-\frac{1}{2}$

⑤ $\frac{\tan 60^\circ}{\sin 30^\circ}-\frac{\tan 30^\circ}{\cos 60^\circ}=\sqrt{3}\times 2-\frac{\sqrt{3}}{3}\times 2=\frac{4\sqrt{3}}{3}$ 답 ④

27 $\sqrt{3}\sin 30^\circ+\tan 60^\circ-\sqrt{6}\cos 45^\circ+\tan 30^\circ$

$=\sqrt{3}\times\frac{1}{2}+\sqrt{3}-\sqrt{6}\times\frac{\sqrt{2}}{2}+\frac{\sqrt{3}}{3}$

$=\frac{\sqrt{3}}{2}+\sqrt{3}-\sqrt{3}+\frac{\sqrt{3}}{3}=\frac{5\sqrt{3}}{6}$ 답 $\frac{5\sqrt{3}}{6}$

28 $(\sin^2 45^\circ+\cos^2 30^\circ)(\tan^2 30^\circ-\tan^2 60^\circ)$

$=\left\{\left(\frac{\sqrt{2}}{2}\right)^2+\left(\frac{\sqrt{3}}{2}\right)^2\right\}\left\{\left(\frac{\sqrt{3}}{3}\right)^2-(\sqrt{3})^2\right\}$

$=\frac{5}{4}\times\left(-\frac{8}{3}\right)=-\frac{10}{3}$ 답 $-\frac{10}{3}$

29 ∠A : ∠B : ∠C=2 : 3 : 4이고

∠A+∠B+∠C=180°이므로

$\angle B=180^\circ\times\frac{3}{2+3+4}=180^\circ\times\frac{1}{3}=60^\circ$ … ❶

$\therefore \sin B+\sqrt{3}\cos B+\tan B$

$=\sin 60^\circ+\sqrt{3}\cos 60^\circ+\tan 60^\circ$

$=\frac{\sqrt{3}}{2}+\sqrt{3}\times\frac{1}{2}+\sqrt{3}=2\sqrt{3}$ … ❷

답 $2\sqrt{3}$

채점 기준	배점
❶ ∠B의 크기 구하기	40%
❷ $\sin B+\sqrt{3}\cos B+\tan B$의 값 구하기	60%

30 $0^\circ<x<45^\circ$에서 $-90^\circ<-2x<0^\circ$

$\therefore 0^\circ<90^\circ-2x<90^\circ$

$\cos 60^\circ=\frac{1}{2}$이므로 $90^\circ-2x=60^\circ$

$2x=30^\circ \quad \therefore x=15^\circ$

$\therefore \tan 3x=\tan 45^\circ=1$ 답 ④

31 $0^\circ<x<85^\circ$에서 $5^\circ<x+5^\circ<90^\circ$

$3\tan(x+5^\circ)-\sqrt{3}=0$에서

$\tan(x+5^\circ)=\frac{\sqrt{3}}{3}$

$\tan 30^\circ=\frac{\sqrt{3}}{3}$이므로 $x+5^\circ=30^\circ$

$\therefore x=25^\circ$ 답 25°

32 $10^\circ<x<40^\circ$에서 $30^\circ<3x<120^\circ$

$\therefore 0^\circ<3x-30^\circ<90^\circ$

$\sqrt{3}\cos 60^\circ=\frac{\sqrt{3}}{2}$이므로

$\sin(3x-30^\circ)=\frac{\sqrt{3}}{2}$

이때 $\sin 60^\circ=\frac{\sqrt{3}}{2}$이므로

$3x-30^\circ=60^\circ \quad \therefore x=30^\circ$

$\therefore \sin x\times\cos x\times\tan x$

$=\sin 30^\circ\times\cos 30^\circ\times\tan 30^\circ$

$=\frac{1}{2}\times\frac{\sqrt{3}}{2}\times\frac{\sqrt{3}}{3}=\frac{1}{4}$ 답 ①

33 $x^2-6x+9=0$에서

$(x-3)^2=0 \quad \therefore x=3$ … ❶

이차방정식의 한 근이 $\tan^2 A$이므로

$\tan^2 A=3$

$\therefore \tan A=\sqrt{3}$ ($\because \tan A>0$)

즉, $\tan 60^\circ=\sqrt{3}$에서 $A=60^\circ$이므로 … ❷

$\sin^2 A-\cos^2 A=\sin^2 60^\circ-\cos^2 60^\circ$

$=\left(\frac{\sqrt{3}}{2}\right)^2-\left(\frac{1}{2}\right)^2=\frac{1}{2}$ … ❸

답 $\frac{1}{2}$

채점 기준	배점
❶ 이차방정식의 근 구하기	30%
❷ A의 크기 구하기	50%
❸ $\sin^2 A-\cos^2 A$의 값 구하기	20%

34 △ABC에서

$\sin 45^\circ=\frac{\overline{AC}}{6}=\frac{\sqrt{2}}{2} \quad \therefore \overline{AC}=3\sqrt{2}$

$\cos 45^\circ=\frac{\overline{BC}}{6}=\frac{\sqrt{2}}{2} \quad \therefore \overline{BC}=3\sqrt{2}$

$\overline{BD}:\overline{CD}=2:1$이므로

$\overline{CD}=\frac{1}{3}\overline{BC}=\frac{1}{3}\times 3\sqrt{2}=\sqrt{2}$

따라서 △ADC에서

$\overline{AD}=\sqrt{(3\sqrt{2})^2+(\sqrt{2})^2}=2\sqrt{5}$ 답 ①

35 △ABD에서

$\sin 45^\circ=\frac{\overline{AD}}{3\sqrt{2}}=\frac{\sqrt{2}}{2} \quad \therefore \overline{AD}=3$

$\triangle$ADC에서

$\sin 30^\circ=\frac{3}{\overline{AC}}=\frac{1}{2}$ $\therefore \overline{AC}=6$ 답 6

36 $\triangle$ABC에서

$\tan 45^\circ=\frac{12}{\overline{AC}}=1$ $\therefore \overline{AC}=12$

$\triangle$BCD에서

$\tan 60^\circ=\frac{12}{\overline{CD}}=\sqrt{3}$ $\therefore \overline{CD}=4\sqrt{3}$

$\therefore \overline{AD}=\overline{AC}-\overline{CD}$

$=12-4\sqrt{3}=4(3-\sqrt{3})$ 답 ④

37 $\triangle$BCD에서

$\sin 30^\circ=\frac{\overline{BC}}{8}=\frac{1}{2}$ $\therefore \overline{BC}=4$

$\triangle$ABC에서

$\sin 45^\circ=\frac{4}{\overline{AC}}=\frac{\sqrt{2}}{2}$ $\therefore \overline{AC}=4\sqrt{2}$ 답 ③

38 $\triangle$BCD에서

$\tan 45^\circ=\frac{6}{\overline{CD}}=1$ $\therefore \overline{CD}=6$

$\sin 45^\circ=\frac{6}{\overline{BD}}=\frac{\sqrt{2}}{2}$ $\therefore \overline{BD}=6\sqrt{2}$ … ❶

$\triangle$ABD에서

$\cos 30^\circ=\frac{\overline{AD}}{6\sqrt{2}}=\frac{\sqrt{3}}{2}$ $\therefore \overline{AD}=3\sqrt{6}$

$\sin 30^\circ=\frac{\overline{AB}}{6\sqrt{2}}=\frac{1}{2}$ $\therefore \overline{AB}=3\sqrt{2}$ … ❷

따라서 사각형 ABCD의 넓이는

$\triangle ABD+\triangle BCD=\frac{1}{2}\times3\sqrt{2}\times3\sqrt{6}+\frac{1}{2}\times6\times6$

$=9\sqrt{3}+18$ … ❸

답 $9\sqrt{3}+18$

채점 기준	배점
❶ $\overline{BD}$, $\overline{CD}$의 길이 구하기	40%
❷ $\overline{AB}$, $\overline{AD}$의 길이 구하기	40%
❸ □ABCD의 넓이 구하기	20%

39 $\triangle$ABC에서

$\angle ACB=180^\circ-(30^\circ+90^\circ)=60^\circ$

$\therefore \angle ACD=\angle BCD=\frac{1}{2}\angle ACB=\frac{1}{2}\times60^\circ=30^\circ$

즉, $\angle A=\angle ACD$이므로 $\triangle$ACD는 이등변삼각형이다.

$\therefore \overline{CD}=\overline{AD}=2\sqrt{2}$

따라서 $\triangle$BCD에서

$\cos 30^\circ=\frac{\overline{BC}}{2\sqrt{2}}=\frac{\sqrt{3}}{2}$ $\therefore \overline{BC}=\sqrt{6}$ 답 $\sqrt{6}$

40 $\triangle$ABD에서 $\overline{AD}=\overline{BD}$이고 $\angle ADC=45^\circ$이므로

$\angle ABD=\angle BAD=\frac{1}{2}\times45^\circ=22.5^\circ$

$\triangle$ADC에서

$\sin 45^\circ=\frac{\overline{AC}}{\sqrt{2}}=\frac{\sqrt{2}}{2}$ $\therefore \overline{AC}=1$

$\cos 45^\circ=\frac{\overline{CD}}{\sqrt{2}}=\frac{\sqrt{2}}{2}$ $\therefore \overline{CD}=1$

따라서 $\triangle$ABC에서

$\tan 22.5^\circ=\frac{\overline{AC}}{\overline{BC}}=\frac{1}{\sqrt{2}+1}=\sqrt{2}-1$ 답 $\sqrt{2}-1$

보충 TIP 삼각형의 외각의 성질

삼각형의 한 외각의 크기는 그와 이웃하지 않는 두 내각의 크기의 합과 같다.

➜ $\angle ACD=\angle A+\angle B$

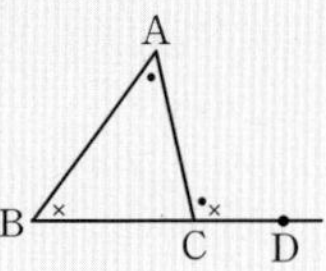

41 $\triangle$ADC에서

$\cos 30^\circ=\frac{3}{\overline{AD}}=\frac{\sqrt{3}}{2}$ $\therefore \overline{AD}=2\sqrt{3}$

$\tan 30^\circ=\frac{\overline{AC}}{3}=\frac{\sqrt{3}}{3}$ $\therefore \overline{AC}=\sqrt{3}$

$\triangle$ABD에서 $x+15^\circ=30^\circ$이므로 $x=15^\circ$

즉, $\triangle$ABD는 이등변삼각형이므로

$\overline{BD}=\overline{AD}=2\sqrt{3}$

따라서 $\triangle$ABC에서

$\tan x=\frac{\overline{AC}}{\overline{BC}}=\frac{\sqrt{3}}{2\sqrt{3}+3}=2-\sqrt{3}$ 답 $2-\sqrt{3}$

42 $\triangle$ABC에서 $\overline{AB}=\overline{AC}$이므로

$\angle ABC=\angle C=\frac{1}{2}\times(180^\circ-30^\circ)=75^\circ$

$\triangle$ABD에서

$\sin 30^\circ=\frac{\overline{BD}}{6}=\frac{1}{2}$ $\therefore \overline{BD}=3$

$\cos 30^\circ=\frac{\overline{AD}}{6}=\frac{\sqrt{3}}{2}$ $\therefore \overline{AD}=3\sqrt{3}$

$\therefore \overline{CD}=\overline{AC}-\overline{AD}=6-3\sqrt{3}$

따라서 $\triangle$BCD에서

$\tan 75^\circ=\frac{\overline{BD}}{\overline{CD}}=\frac{3}{6-3\sqrt{3}}$

$=\frac{1}{2-\sqrt{3}}=2+\sqrt{3}$ 답 $2+\sqrt{3}$

43 구하는 직선의 방정식을 $y=ax+b$라 하면

$a=\tan 60^\circ=\sqrt{3}$

직선 $y=\sqrt{3}x+b$가 점 $(\sqrt{3}, 0)$을 지나므로

$0=\sqrt{3}\times\sqrt{3}+b$ $\therefore b=-3$

$\therefore y=\sqrt{3}x-3$ 답 $y=\sqrt{3}x-3$

44 주어진 직선의 방정식을 $y=ax+b$라 하면

$a=\tan 30°=\frac{\sqrt{3}}{3}$ … ❶

직선 $y=\frac{\sqrt{3}}{3}x+b$가 점 $(-3, \sqrt{3})$을 지나므로

$\sqrt{3}=\frac{\sqrt{3}}{3}\times(-3)+b \qquad \therefore b=2\sqrt{3}$

직선 $y=\frac{\sqrt{3}}{3}x+2\sqrt{3}$에서 $y=0$일 때

$0=\frac{\sqrt{3}}{3}x+2\sqrt{3} \qquad \therefore x=-6$

즉, 직선 $y=\frac{\sqrt{3}}{3}x+2\sqrt{3}$의 x절편은 -6, y절편은 $2\sqrt{3}$이다. … ❷

따라서 구하는 도형의 넓이는

$\frac{1}{2}\times 6\times 2\sqrt{3}=6\sqrt{3}$ … ❸

답 $6\sqrt{3}$

채점 기준	배점
❶ 직선의 기울기 구하기	40%
❷ 직선의 x절편, y절편 구하기	40%
❸ 도형의 넓이 구하기	20%

45 $2x-2y+3=0$에서

$y=x+\frac{3}{2}$

직선의 기울기가 1이므로

$\tan a=1 \qquad \therefore a=45°$

$\therefore \sin a\times\cos(a-15°)=\sin 45°\times\cos 30°$

$=\frac{\sqrt{2}}{2}\times\frac{\sqrt{3}}{2}=\frac{\sqrt{6}}{4}$

답 $\frac{\sqrt{6}}{4}$

46 $\triangle$ABC에서 $\angle ACB=90°-x$

$\overline{BC}/\!/\overline{DE}$이므로

$\angle AED=\angle ACB=90°-x$

$\therefore \tan(90°-x)=\frac{\overline{AD}}{\overline{DE}}=\frac{1}{\overline{DE}}$

답 ⑤

47 $\tan 40°=\frac{0.8391}{1}=0.8391$

$\cos 50°=\frac{0.6428}{1}=0.6428$

$\therefore \tan 40°-\cos 50°=0.8391-0.6428$

$=0.1963$

답 0.1963

48 $\triangle$ABD에서

$\angle BAD=90°-32°=58°$

$\sin 58°=\frac{\overline{BD}}{1}=0.8480$이므로

$\overline{BD}=0.8480$

$\therefore \overline{CD}=\overline{BC}-\overline{BD}=1-0.8480=0.1520$

답 ②

49 ① $\cos 90°+\sin 45°=0+\frac{\sqrt{2}}{2}=\frac{\sqrt{2}}{2}$

② $\sin 90°-\cos 0°+\tan 45°=1-1+1=1$

③ $3\tan 30°-\cos 90°=3\times\frac{\sqrt{3}}{3}-0=\sqrt{3}$

④ $\sin 30°+\tan 0°-\cos 60°=\frac{1}{2}+0-\frac{1}{2}=0$

⑤ $\sin 0°-\tan 45°=0-1=-1$

답 ③

50 ㄱ. $\sin 0°=\cos 90°=0$

ㄴ. $\sin 90°=\cos 0°=1$

ㄷ. $\tan 0°=0$, $\cos 60°=\frac{1}{2}$이므로

$\tan 0°\neq\cos 60°$

ㄹ. $\tan 45°=1$, $\sin 45°=\frac{\sqrt{2}}{2}$이므로

$\tan 45°\neq\sin 45°$

따라서 옳은 것은 ㄱ, ㄴ이다.

답 ㄱ, ㄴ

51 $\sin 0°-\cos 90°+\sin 90°\times\tan^2 30°$

$=0-0+1\times\left(\frac{\sqrt{3}}{3}\right)^2=\frac{1}{3}$

답 $\frac{1}{3}$

52 $\frac{\sin(A-30°)+\cos(A-30°)-\tan(A-30°)}{\cos(A+60°)-\sin(A+60°)-\tan(A+15°)}$

$=\frac{\sin 0°+\cos 0°-\tan 0°}{\cos 90°-\sin 90°-\tan 45°}$

$=\frac{0+1-0}{0-1-1}=-\frac{1}{2}$

답 $-\frac{1}{2}$

53 ①, ②, ③ <

④ $0°<x<45°$이면 $\sin x<\cos x$이므로

$\sin 15°<\cos 15°$

⑤ $45°<x<90°$이면 $\cos x<1<\tan x$이므로

$\tan 75°>\cos 75°$

답 ⑤

54 ② $A=30°$이면 $\cos A=\frac{\sqrt{3}}{2}$, $\tan A=\frac{\sqrt{3}}{3}$이므로

$\cos A>\tan A$

답 ②

55 $\triangle$ABC에서 $\angle C=180°-(75°+60°)=45°$

$\sin 45°=\cos 45°=\frac{\sqrt{2}}{2}$, $\tan 45°=1$이므로

$\sin C=\cos C<\tan C$

답 ②

56 $0°<A<45°$일 때,

$0<\sin A<\cos A$이므로

$\sin A-\cos A<0$, $\cos A>0$

$\therefore \sqrt{(\sin A-\cos A)^2}+\sqrt{\cos^2 A}$

$=-(\sin A-\cos A)+\cos A$

$=2\cos A-\sin A$

답 $2\cos A-\sin A$

57 $45° < A < 90°$일 때, $\tan A > 1$이므로
$\tan A+1>0$, $\tan A-1>0$
$\therefore \sqrt{(\tan A+1)^2}-\sqrt{(\tan A-1)^2}$
$=\tan A+1-(\tan A-1)=2$ 답 ④

58 $0° < A < 90°$일 때, $0<\sin A<1$, $0<\cos A<1$이므로
$\sin A-1<0$, $\cos A-1<0$
$\therefore \sqrt{(\sin A-1)^2}-\sqrt{(\cos A-1)^2}$
$=-(\sin A-1)+(\cos A-1)$
$=\cos A-\sin A$ 답 $\cos A-\sin A$

59 $45°<x<90°$일 때, $0<\cos x<\sin x<1$이므로
$\sin x+\cos x>0$, $\sin x-\cos x>0$ … ❶
$\therefore |\sin x+\cos x|-|\sin x-\cos x|$
$=\sin x+\cos x-(\sin x-\cos x)$
$=2\cos x$ … ❷
즉, $2\cos x=1$이므로 $\cos x=\frac{1}{2}$
따라서 $\cos 60°=\frac{1}{2}$이므로 $x=60°$ … ❸
답 $60°$

채점 기준	배점
❶ $\sin x+\cos x$, $\sin x-\cos x$의 부호 정하기	30%
❷ $\|\sin x+\cos x\|-\|\sin x-\cos x\|$를 간단히 하기	40%
❸ x의 크기 구하기	30%

60 $\cos 58°+\tan 57°-\sin 56°$
$=0.5299+1.5399-0.8290$
$=1.2408$ 답 1.2408

61 $\sin 14°=0.2419$이므로 $x=14°$
$\tan 12°=0.2126$이므로 $y=12°$
$\therefore x+y=14°+12°=26°$ 답 $26°$

62 ④ $\cos 79°=0.1908$이므로 $x=79°$ 답 ④

63 $\cos 33°=\frac{\overline{AB}}{10}=0.8387$ $\therefore \overline{AB}=8.387$
$\sin 33°=\frac{\overline{BC}}{10}=0.5446$ $\therefore \overline{BC}=5.446$
$\therefore \overline{AB}+\overline{BC}=8.387+5.446=13.833$ 답 13.833

64 $\angle A=90°-25°=65°$이므로 … ❶
$\tan 65°=\frac{\overline{BC}}{100}=2.1445$ $\therefore \overline{BC}=214.45$ … ❷
답 214.45

채점 기준	배점
❶ $\angle A$의 크기 구하기	20%
❷ $\overline{BC}$의 길이 구하기	80%

I. 삼각비

Real 실전 유형 again 12~17쪽

02 삼각비의 활용

01 ④ $\tan C=\frac{c}{b}$이므로 $b=\frac{c}{\tan C}$ 답 ④

02 $\overline{AC}=20\tan 50°=20\times1.2=24$이므로
$\triangle ABC=\frac{1}{2}\times20\times24=240$ 답 240

03 $\angle A=90°-65°=25°$이므로
$\overline{AC}=10\cos 25°=10\times0.91=9.1$
$\overline{BC}=10\sin 25°=10\times0.42=4.2$
따라서 $\triangle ABC$의 둘레의 길이는
$10+9.1+4.2=23.3$ 답 23.3

04 $\overline{DG}=\sqrt{3^2+4^2}=5$이므로 직각삼각형 DFG에서
$\overline{FG}=\frac{5}{\tan 45°}=5$
따라서 직육면체의 부피는
$5\times3\times4=60$ 답 60

05 $\overline{GH}=6\tan 30°=6\times\frac{\sqrt{3}}{3}=2\sqrt{3}$(cm) … ❶
직육면체의 부피가 $60\sqrt{3}$ cm^{3}이므로
$6\times2\sqrt{3}\times\overline{BF}=60\sqrt{3}$ $\therefore \overline{BF}=5$(cm) … ❷
답 5 cm

채점 기준	배점
❶ $\overline{GH}$의 길이 구하기	60%
❷ $\overline{BF}$의 길이 구하기	40%

06 $\overline{AC}=\frac{3}{\tan 60°}=3\times\frac{1}{\sqrt{3}}=\sqrt{3}$
$\overline{BC}=\frac{3}{\sin 60°}=3\times\frac{2}{\sqrt{3}}=2\sqrt{3}$
따라서 삼각기둥의 겉넓이는
$\left(\frac{1}{2}\times\sqrt{3}\times3\right)\times2+(3+\sqrt{3}+2\sqrt{3})\times2$
$=3\sqrt{3}+6+6\sqrt{3}=6+9\sqrt{3}$ 답 ④

07 $\overline{AB}=\frac{24}{\cos 60°}=24\times2=48$(m)
$\overline{AC}=24\tan 60°=24\sqrt{3}$(m)
따라서 부러지기 전 나무의 높이는
$\overline{AB}+\overline{AC}=48+24\sqrt{3}$(m) 답 $(48+24\sqrt{3})$ m

08 $\overline{CD}=3$ m이므로 $\triangle ADC$에서
$\overline{AD}=\frac{3}{\tan 45°}=3$(m)
$\triangle ADB$에서 $\overline{BD}=3\tan 60°=3\sqrt{3}$(m)
$\therefore \overline{BC}=\overline{BD}-\overline{CD}=3\sqrt{3}-3=3(\sqrt{3}-1)$(m) 답 ④

09 $\angle ACH=30^\circ$ (엇각)이므로 $\triangle AHC$에서

$\overline{CH}=12\cos 30^\circ=12\times\frac{\sqrt{3}}{2}=6\sqrt{3}(\text{m})$

$\overline{AH}=12\sin 30^\circ=12\times\frac{1}{2}=6(\text{m})$

$\triangle BCH$에서

$\overline{BH}=6\sqrt{3}\tan 60^\circ=6\sqrt{3}\times\sqrt{3}=18(\text{m})$

따라서 이 건물의 높이는

$\overline{AH}+\overline{BH}=6+18=24(\text{m})$ 답 24 m

다른 풀이 $\angle ACH=30^\circ$ (엇각)이므로

$\angle BCA=90^\circ$, $\angle CAB=60^\circ$

따라서 $\triangle ABC$에서

$\overline{AB}=\frac{\overline{AC}}{\cos 60^\circ}=12\times 2=24(\text{m})$

10 오른쪽 그림과 같이 꼭짓점 A에서 $\overline{BC}$에 내린 수선의 발을 H라 하면

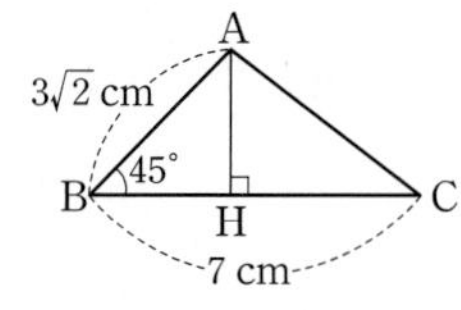

$\overline{AH}=3\sqrt{2}\sin 45^\circ$

$=3\sqrt{2}\times\frac{\sqrt{2}}{2}=3(\text{cm})$

$\overline{BH}=3\sqrt{2}\cos 45^\circ=3\sqrt{2}\times\frac{\sqrt{2}}{2}=3(\text{cm})$

$\therefore \overline{CH}=\overline{BC}-\overline{BH}=7-3=4(\text{cm})$

따라서 $\triangle AHC$에서

$\overline{AC}=\sqrt{3^2+4^2}=5(\text{cm})$ 답 5 cm

11 오른쪽 그림과 같이 꼭짓점 A에서 $\overline{BC}$에 내린 수선의 발을 H라 하면

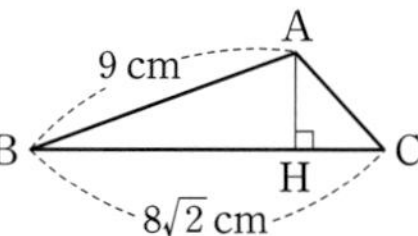

$\overline{AH}=9\sin B=9\times\frac{1}{3}=3(\text{cm})$

즉, $\triangle ABH$에서

$\overline{BH}=\sqrt{9^2-3^2}=6\sqrt{2}(\text{cm})$ … ❶

$\therefore \overline{CH}=\overline{BC}-\overline{BH}=8\sqrt{2}-6\sqrt{2}=2\sqrt{2}(\text{cm})$

따라서 $\triangle AHC$에서

$\overline{AC}=\sqrt{3^2+(2\sqrt{2})^2}=\sqrt{17}(\text{cm})$ … ❷

답 $\sqrt{17}$ cm

채점 기준	배점
❶ $\overline{AH}$, $\overline{BH}$의 길이 구하기	50%
❷ $\overline{AC}$의 길이 구하기	50%

12 오른쪽 그림과 같이 꼭짓점 A에서 $\overline{BC}$의 연장선에 내린 수선의 발을 H라 하면

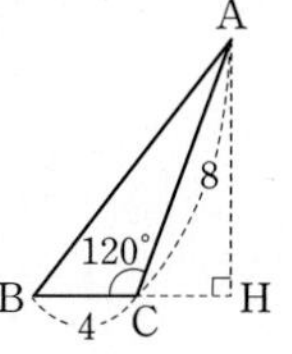

$\angle ACH=180^\circ-120^\circ=60^\circ$이므로

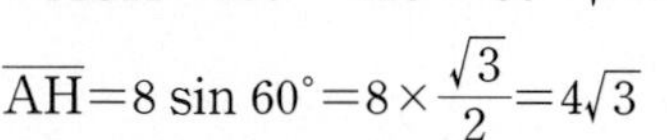

$\overline{AH}=8\sin 60^\circ=8\times\frac{\sqrt{3}}{2}=4\sqrt{3}$

$\overline{CH}=8\cos 60^\circ=8\times\frac{1}{2}=4$

$\overline{BH}=\overline{BC}+\overline{CH}=4+4=8$이므로 $\triangle ABH$에서

$\overline{AB}=\sqrt{8^2+(4\sqrt{3})^2}=4\sqrt{7}$ 답 $4\sqrt{7}$

13 오른쪽 그림과 같이 꼭짓점 A에서 $\overline{BC}$에 내린 수선의 발을 H라 하면

$\overline{AH}=12\sin 45^\circ$

$=12\times\frac{\sqrt{2}}{2}=6\sqrt{2}(\text{m})$

$\angle C=180^\circ-(45^\circ+75^\circ)=60^\circ$이므로

$\triangle AHC$에서

$\overline{AC}=\frac{6\sqrt{2}}{\sin 60^\circ}=6\sqrt{2}\times\frac{2}{\sqrt{3}}=4\sqrt{6}(\text{m})$ 답 ⑤

14 오른쪽 그림과 같이 꼭짓점 B에서 $\overline{AC}$에 내린 수선의 발을 H라 하면

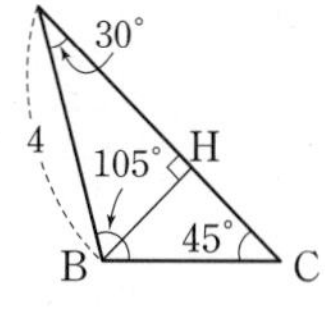

$\overline{BH}=4\sin 30^\circ=4\times\frac{1}{2}=2$

$\angle C=180^\circ-(30^\circ+105^\circ)=45^\circ$이므로

$\triangle BCH$에서

$\overline{BC}=\frac{2}{\sin 45^\circ}=2\times\frac{2}{\sqrt{2}}=2\sqrt{2}$ 답 $2\sqrt{2}$

15 오른쪽 그림과 같이 꼭짓점 A에서 $\overline{BC}$에 내린 수선의 발을 H라 하면

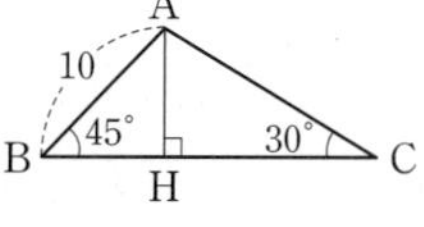

$\overline{BH}=10\cos 45^\circ$

$=10\times\frac{\sqrt{2}}{2}=5\sqrt{2}$ … ❶

$\overline{AH}=10\sin 45^\circ=10\times\frac{\sqrt{2}}{2}=5\sqrt{2}$

$\triangle AHC$에서

$\overline{CH}=\frac{5\sqrt{2}}{\tan 30^\circ}=5\sqrt{2}\times\frac{3}{\sqrt{3}}=5\sqrt{6}$ … ❷

$\therefore \overline{BC}=\overline{BH}+\overline{CH}=5\sqrt{2}+5\sqrt{6}$ … ❸

답 $5\sqrt{2}+5\sqrt{6}$

채점 기준	배점
❶ $\overline{BH}$의 길이 구하기	30%
❷ $\overline{CH}$의 길이 구하기	50%
❸ $\overline{BC}$의 길이 구하기	20%

16 오른쪽 그림과 같이 꼭짓점 A에서 $\overline{BC}$에 내린 수선의 발을 H라 하면

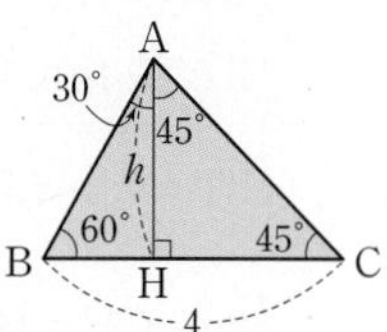

$\angle BAH=30^\circ$, $\angle CAH=45^\circ$

$\overline{AH}=h$라 하면

$\overline{BH}=h\tan 30^\circ=\frac{\sqrt{3}}{3}h$, $\overline{CH}=h\tan 45^\circ=h$

$\overline{BH}+\overline{CH}=\overline{BC}$이므로 $\frac{\sqrt{3}}{3}h+h=4$

$\frac{3+\sqrt{3}}{3}h=4 \quad \therefore h=\frac{12}{3+\sqrt{3}}=2(3-\sqrt{3})$

$\therefore\ \triangle ABC=\frac{1}{2}\times4\times2(3-\sqrt{3})=4(3-\sqrt{3})$

답 $4(3-\sqrt{3})$

17 $\angle ABH=35^\circ$, $\angle CBH=48^\circ$이므로 $\overline{BH}=h$라 하면

$\overline{AH}=h\tan35^\circ=0.7h$

$\overline{CH}=h\tan48^\circ=1.1h$

$\overline{AH}+\overline{CH}=\overline{AC}$이므로 $0.7h+1.1h=9$

$\therefore\ h=\frac{9}{1.8}=5\qquad\therefore\ \overline{BH}=5$

답 ④

18 오른쪽 그림과 같이 점 C에서 $\overline{AB}$에 내린 수선의 발을 H라 하면

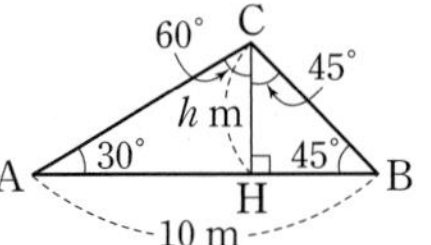

$\angle ACH=60^\circ$, $\angle BCH=45^\circ$

$\overline{CH}=h$ m라 하면

$\overline{AH}=h\tan60^\circ=\sqrt{3}h(\text{m})$, $\overline{BH}=h\tan45^\circ=h(\text{m})$

$\overline{AH}+\overline{BH}=\overline{AB}$이므로 $\sqrt{3}h+h=10$

$\therefore\ h=\frac{10}{\sqrt{3}+1}=5(\sqrt{3}-1)$

따라서 지면으로부터 드론까지의 높이는 $5(\sqrt{3}-1)$ m이다.

답 $5(\sqrt{3}-1)$ m

19 $\angle ACH=32^\circ$, $\angle BCH=24^\circ$이므로 $\overline{CH}=h$ m라 하면

$\overline{AH}=h\tan32^\circ=0.62h(\text{m})$

$\overline{BH}=h\tan24^\circ=0.45h(\text{m})$

$\overline{AH}-\overline{BH}=\overline{AB}$이므로 $0.62h-0.45h=17$

$0.17h=17\qquad\therefore\ h=100$

따라서 건물의 높이는 100 m이다.

답 100 m

20 $\angle BAH=70^\circ$, $\angle CAH=50^\circ$이므로 $\overline{AH}=h$라 하면

$\overline{BH}=h\tan70^\circ$, $\overline{CH}=h\tan50^\circ$

$\overline{BH}-\overline{CH}=\overline{BC}$이므로 $h\tan70^\circ-h\tan50^\circ=7$

$\therefore\ h=\frac{7}{\tan70^\circ-\tan50^\circ}$

$\therefore\ \overline{AH}=\frac{7}{\tan70^\circ-\tan50^\circ}$

답 ④

21 오른쪽 그림과 같이 꼭짓점 A에서 $\overline{BC}$의 연장선에 내린 수선의 발을 H라 하면

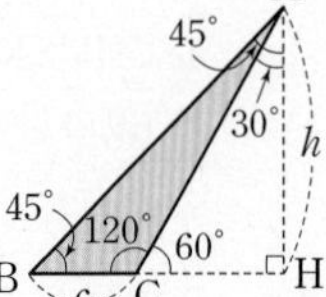

$\angle BAH=45^\circ$, $\angle CAH=30^\circ$

$\overline{AH}=h$라 하면

$\overline{BH}=h\tan45^\circ=h$

$\overline{CH}=h\tan30^\circ=\frac{\sqrt{3}}{3}h$

$\overline{BH}-\overline{CH}=\overline{BC}$이므로 $h-\frac{\sqrt{3}}{3}h=6$

$\frac{3-\sqrt{3}}{3}h=6\qquad\therefore\ h=\frac{18}{3-\sqrt{3}}=3(3+\sqrt{3})$

$\therefore\ \triangle ABC=\frac{1}{2}\times6\times3(3+\sqrt{3})=9(3+\sqrt{3})$

답 $9(3+\sqrt{3})$

22 $\tan B=\frac{\sqrt{3}}{3}$이므로 $\angle B=30^\circ$

$\therefore\ \triangle ABC=\frac{1}{2}\times7\times4\sqrt{3}\times\sin30^\circ$

$=\frac{1}{2}\times7\times4\sqrt{3}\times\frac{1}{2}=7\sqrt{3}$

답 ③

23 $\triangle ABC=\frac{1}{2}\times10\times6\times\sin30^\circ$

$=\frac{1}{2}\times10\times6\times\frac{1}{2}=15$ … ❶

이때 점 G가 $\triangle ABC$의 무게중심이므로

$\triangle GDC=\frac{1}{6}\triangle ABC=\frac{1}{6}\times15=\frac{5}{2}$ … ❷

답 $\frac{5}{2}$

채점 기준	배점
❶ △ABC의 넓이 구하기	60%
❷ △GDC의 넓이 구하기	40%

24 $\overline{BC}\,/\!/\,\overline{DE}$이므로 $\triangle BDC=\triangle BEC$

$\therefore\ \triangle ADC=\triangle ABC+\triangle BDC$

$=\triangle ABC+\triangle BEC$

$=\triangle ABE$

$=\frac{1}{2}\times5\times4\sqrt{3}\times\sin60^\circ$

$=\frac{1}{2}\times5\times4\sqrt{3}\times\frac{\sqrt{3}}{2}=15$

답 15

25 $\angle B=180^\circ-(25^\circ+35^\circ)=120^\circ$이므로

$\triangle ABC=\frac{1}{2}\times7\times4\times\sin(180^\circ-120^\circ)$

$=\frac{1}{2}\times7\times4\times\frac{\sqrt{3}}{2}=7\sqrt{3}$

답 $7\sqrt{3}$

26 $\overline{BC}=\overline{DE}=4$, $\angle ABC=45^\circ$이므로

$\triangle ABC$에서 $\overline{AB}=4\cos45^\circ=4\times\frac{\sqrt{2}}{2}=2\sqrt{2}$

$\triangle ABD$에서 $\angle ABD=90^\circ+45^\circ=135^\circ$이므로

$\triangle ABD=\frac{1}{2}\times3\times2\sqrt{2}\times\sin(180^\circ-135^\circ)$

$=\frac{1}{2}\times3\times2\sqrt{2}\times\frac{\sqrt{2}}{2}=3$

답 ②

27 $\angle CAD=\angle BAC-\angle BAD=150^\circ-30^\circ=120^\circ$

$\triangle ABC=\triangle ABD+\triangle ADC$이므로

$\frac{1}{2}\times8\times8\sqrt{3}\times\sin(180^\circ-150^\circ)$

$=\frac{1}{2}\times8\times\overline{AD}\times\sin30^\circ$

$+\frac{1}{2}\times\overline{AD}\times8\sqrt{3}\times\sin(180^\circ-120^\circ)$

$\frac{1}{2}\times8\times8\sqrt{3}\times\frac{1}{2}$

$=\frac{1}{2}\times8\times\overline{AD}\times\frac{1}{2}+\frac{1}{2}\times\overline{AD}\times8\sqrt{3}\times\frac{\sqrt{3}}{2}$

$16\sqrt{3}=2\overline{AD}+6\overline{AD}$

$\therefore \overline{AD}=\frac{16\sqrt{3}}{8}=2\sqrt{3}$ 답 $2\sqrt{3}$

28 오른쪽 그림과 같이 $\overline{AC}$를 그으면

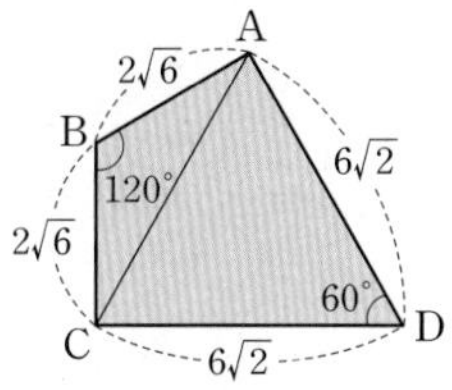

□ABCD

$=\triangle ABC+\triangle ACD$

$=\frac{1}{2}\times2\sqrt{6}\times2\sqrt{6}\times\sin(180^\circ-120^\circ)$

$+\frac{1}{2}\times6\sqrt{2}\times6\sqrt{2}\times\sin 60^\circ$

$=\frac{1}{2}\times2\sqrt{6}\times2\sqrt{6}\times\frac{\sqrt{3}}{2}+\frac{1}{2}\times6\sqrt{2}\times6\sqrt{2}\times\frac{\sqrt{3}}{2}$

$=6\sqrt{3}+18\sqrt{3}=24\sqrt{3}$ 답 $24\sqrt{3}$

29 오른쪽 그림과 같이 정십이각형은 12개의 합동인 이등변삼각형으로 나누어진다.

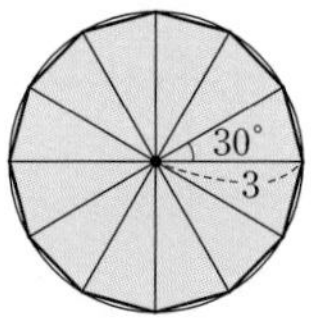

이때 $\frac{360^\circ}{12}=30^\circ$이므로 정십이각형의 넓이는

$12\times\left(\frac{1}{2}\times3\times3\times\sin 30^\circ\right)=12\times\left(\frac{1}{2}\times3\times3\times\frac{1}{2}\right)$

$=27$ 답 27

30 오른쪽 그림과 같이 꼭짓점 A에서 $\overline{BC}$에 내린 수선의 발을 H라 하면

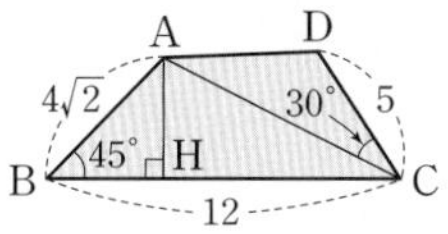

$\overline{AH}=4\sqrt{2}\sin 45^\circ=4\sqrt{2}\times\frac{\sqrt{2}}{2}=4$

$\overline{BH}=4\sqrt{2}\cos 45^\circ=4\sqrt{2}\times\frac{\sqrt{2}}{2}=4$

$\therefore \overline{CH}=\overline{BC}-\overline{BH}=12-4=8$

$\triangle AHC$에서 $\overline{AC}=\sqrt{4^2+8^2}=4\sqrt{5}$ … ❶

$\therefore$ □ABCD$=\triangle ABC+\triangle ACD$

$=\frac{1}{2}\times4\sqrt{2}\times12\times\sin 45^\circ$

$+\frac{1}{2}\times4\sqrt{5}\times5\times\sin 30^\circ$

$=\frac{1}{2}\times4\sqrt{2}\times12\times\frac{\sqrt{2}}{2}+\frac{1}{2}\times4\sqrt{5}\times5\times\frac{1}{2}$

$=24+5\sqrt{5}$ … ❷

답 $24+5\sqrt{5}$

채점 기준	배점
❶ $\overline{AC}$의 길이 구하기	50%
❷ □ABCD의 넓이 구하기	50%

31 마름모의 한 변의 길이를 a cm라 하면

$a\times a\times\sin(180^\circ-150^\circ)=8$이므로

$a\times a\times\frac{1}{2}=8$, $a^2=16$ $\therefore a=4$ ($\because a>0$)

따라서 □ABCD의 둘레의 길이는

$4\times4=16$(cm) 답 ①

32 □EFGH$=\frac{1}{2}$□ABCD

$=\frac{1}{2}\times(4\times6\times\sin 45^\circ)$

$=\frac{1}{2}\times\left(4\times6\times\frac{\sqrt{2}}{2}\right)=6\sqrt{2}$ 답 $6\sqrt{2}$

보충 TIP

평행사변형의 네 변의 중점을 연결하여 만든 사각형은 평행사변형이고 그 넓이는 큰 평행사변형의 $\frac{1}{2}$이다.

33 □ABCD$=3\sqrt{3}\times5\times\sin 60^\circ$

$=3\sqrt{3}\times5\times\frac{\sqrt{3}}{2}=\frac{45}{2}$(cm²) … ❶

두 점 G, H는 각각 $\triangle ABC$, $\triangle ACD$의 무게중심이므로

$\overline{GH}=\frac{1}{3}\overline{BD}$

$\therefore \triangle AGH=\frac{1}{3}\triangle ABD=\frac{1}{3}\times\frac{1}{2}$□ABCD

$=\frac{1}{6}$□ABCD

$=\frac{1}{6}\times\frac{45}{2}=\frac{15}{4}$(cm²) … ❷

답 $\frac{15}{4}$ cm²

채점 기준	배점
❶ □ABCD의 넓이 구하기	40%
❷ △AGH의 넓이 구하기	60%

34 등변사다리꼴의 두 대각선의 길이는 같으므로

$\overline{AC}=\overline{BD}=a$라 하면

$\frac{1}{2}\times a\times a\times\sin(180^\circ-135^\circ)=15\sqrt{2}$

$\frac{1}{2}\times a\times a\times\frac{\sqrt{2}}{2}=15\sqrt{2}$, $a^2=60$

$\therefore a=2\sqrt{15}$ ($\because a>0$) $\therefore \overline{AC}=2\sqrt{15}$ 답 $2\sqrt{15}$

35 두 대각선이 이루는 예각의 크기를 $x(0^\circ<x<90^\circ)$라 하면

$\frac{1}{2}\times7\times8\times\sin x=14\sqrt{3}$

$\sin x=\frac{\sqrt{3}}{2}$ $\therefore x=60^\circ$ 답 60°

36 두 대각선이 이루는 각의 크기를 $x(0^\circ<x\le90^\circ)$라 하면 사각형의 넓이는

$\frac{1}{2}\times8\times15\times\sin x=60\sin x$

이때 $0<\sin x\le1$이므로 $0<60\sin x\le60$

따라서 사각형의 넓이 중 가장 큰 값은 60이다. 답 60

Real 실전 유형 again 18~25쪽

03 원과 직선

01 $\overline{AM}=\frac{1}{2}\overline{AB}=\frac{1}{2}\times8=4(cm)$

직각삼각형 OAM에서

$\overline{OA}=\sqrt{4^2+3^2}=5(cm)$

따라서 원 O의 지름의 길이는

$2\times5=10(cm)$ 답 ③

02 $\overline{CM}=\frac{1}{2}\overline{CD}=\frac{1}{2}\times4=2(cm)$이므로

$\overline{AM}=3+2=5(cm)$

$\therefore \overline{BM}=\overline{AM}=5(cm)$ 답 5 cm

03 원 O의 반지름의 길이를 r cm라 하면

$\triangle AOB=\frac{1}{2}\times r\times r\times\sin(180°-120°)$

$=\frac{1}{2}r^2\times\frac{\sqrt{3}}{2}=\frac{\sqrt{3}}{4}r^2(cm^2)$

즉, $\frac{\sqrt{3}}{4}r^2=4\sqrt{3}$이므로 $r^2=16$

$\therefore r=4$ ($\because r>0$) … ❶

오른쪽 그림과 같이 원의 중심 O에서 $\overline{AB}$에 내린 수선의 발을 H라 하면

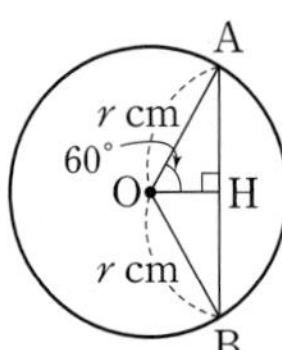

$\angle AOH=60°$이므로

$\overline{AH}=4\sin60°=4\times\frac{\sqrt{3}}{2}=2\sqrt{3}(cm)$ … ❷

$\therefore \overline{AB}=2\overline{AH}=2\times2\sqrt{3}=4\sqrt{3}(cm)$ … ❸

답 $4\sqrt{3}$ cm

채점 기준	배점
❶ 원 O의 반지름의 길이 구하기	40%
❷ $\overline{AH}$의 길이 구하기	40%
❸ $\overline{AB}$의 길이 구하기	20%

보충 TIP 삼각형의 넓이

두 변의 길이가 a, b이고 그 끼인각의 크기가 C인 삼각형의 넓이 S는

① $0°<C<90°$일 때, $S=\frac{1}{2}ab\sin C$

② $90°<C<180°$일 때, $S=\frac{1}{2}ab\sin(180°-C)$

04 원 O의 반지름의 길이를 r cm라 하면

$\overline{OA}=r$ cm, $\overline{OM}=(r-2)$ cm

$\overline{AM}=\frac{1}{2}\overline{AB}=\frac{1}{2}\times8=4(cm)$이므로 직각삼각형 AOM에서 $r^2=4^2+(r-2)^2$, $r^2=16+r^2-4r+4$

$4r=20$ $\therefore r=5$

따라서 원 O의 넓이는

$\pi\times5^2=25\pi(cm^2)$ 답 25π cm²

05 $\overline{OB}=\overline{OC}=8(cm)$이므로

$\overline{OM}=\frac{1}{2}\overline{OB}=\frac{1}{2}\times8=4(cm)$

직각삼각형 OMC에서

$\overline{CM}=\sqrt{8^2-4^2}=4\sqrt{3}(cm)$

$\therefore \overline{CD}=2\overline{CM}=2\times4\sqrt{3}=8\sqrt{3}(cm)$ 답 $8\sqrt{3}$ cm

06 $\overline{BM}=\frac{1}{2}\overline{AB}=\frac{1}{2}\times8=4(cm)$

직각삼각형 DBM에서

$\overline{DM}=\sqrt{5^2-4^2}=3(cm)$ … ❶

원 O의 반지름의 길이를 r cm라 하면

$\overline{OB}=r$ cm, $\overline{OM}=(r-3)$ cm

직각삼각형 OMB에서

$r^2=4^2+(r-3)^2$, $r^2=16+r^2-6r+9$

$6r=25$ $\therefore r=\frac{25}{6}$ … ❷

즉, $\overline{CD}=2r=2\times\frac{25}{6}=\frac{25}{3}(cm)$이므로

$\overline{CM}=\frac{25}{3}-3=\frac{16}{3}(cm)$ … ❸

답 $\frac{16}{3}$ cm

채점 기준	배점
❶ $\overline{DM}$의 길이 구하기	30%
❷ 원 O의 반지름의 길이 구하기	50%
❸ $\overline{CM}$의 길이 구하기	20%

07 $\overline{AD}=\frac{1}{2}\overline{AB}=\frac{1}{2}\times20=10(cm)$

$\overline{CD}$의 연장선은 이 원의 중심을 지나므로 오른쪽 그림과 같이 원의 중심을 O, 반지름의 길이를 r cm라 하면

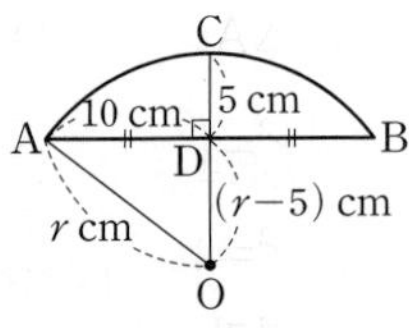

$\overline{OA}=r$ cm, $\overline{OD}=(r-5)$ cm

$\triangle AOD$에서

$r^2=(r-5)^2+10^2$, $r^2=r^2-10r+25+100$

$10r=125$ $\therefore r=\frac{25}{2}$

따라서 원의 중심에서 현 AB까지의 거리는

$\overline{OD}=\frac{25}{2}-5=\frac{15}{2}(cm)$ 답 $\frac{15}{2}$ cm

08 $\overline{CD}$의 연장선은 이 원의 중심을 지나므로 오른쪽 그림과 같이 원의 중심을 O라 하면

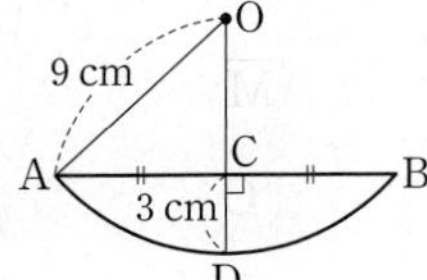

$\overline{OA}=9$ cm, $\overline{OC}=9-3=6(cm)$

$\triangle OAC$에서

$\overline{AC}=\sqrt{9^2-6^2}=3\sqrt{5}(cm)$

$\therefore \overline{AB}=2\overline{AC}=2\times3\sqrt{5}=6\sqrt{5}(cm)$ 답 ③

09 오른쪽 그림에서

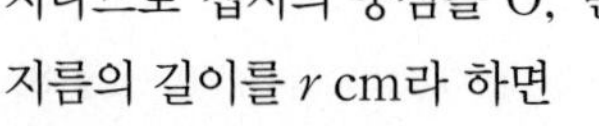

$\overline{AD}=\frac{1}{2}\overline{AB}=\frac{1}{2}\times 12=6(\text{cm})$

$\overline{CD}$의 연장선은 접시의 중심을 지나므로 접시의 중심을 O, 반지름의 길이를 r cm라 하면

$\overline{OA}=r$ cm, $\overline{OD}=(r-4)$ cm

$\triangle$AOD에서

$r^2=(r-4)^2+6^2,\ r^2=r^2-8r+16+36$

$8r=52 \qquad \therefore r=\frac{13}{2}$ … ❶

따라서 깨지기 전의 원래 접시의 둘레의 길이는

$2\pi\times\frac{13}{2}=13\pi(\text{cm})$ … ❷

답 13π cm

채점 기준	배점
❶ 접시의 반지름의 길이 구하기	60%
❷ 원래 접시의 둘레의 길이 구하기	40%

10 오른쪽 그림과 같이 원의 중심 O에서 $\overline{AB}$에 내린 수선의 발을 M이라 하면

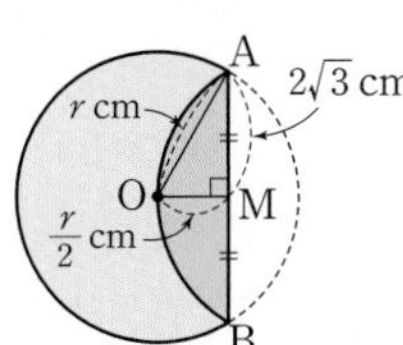

$\overline{AM}=\frac{1}{2}\overline{AB}$

$=\frac{1}{2}\times 4\sqrt{3}=2\sqrt{3}(\text{cm})$

원 O의 반지름의 길이를 r cm라 하면

$\overline{OA}=r$ cm, $\overline{OM}=\frac{1}{2}\overline{OA}=\frac{r}{2}(\text{cm})$

$\triangle$AOM에서

$r^2=\left(\frac{r}{2}\right)^2+(2\sqrt{3})^2,\ \frac{3}{4}r^2=12$

$r^2=16 \qquad \therefore r=4\ (\because r>0)$

따라서 원 O의 반지름의 길이는 4 cm이다.

답 ③

11 $\overline{OA}=2\overline{OM}=2\times 10=20$

$\triangle$OAM에서 $\overline{AM}=\sqrt{20^2-10^2}=10\sqrt{3}$

$\therefore \overline{AB}=2\overline{AM}=2\times 10\sqrt{3}=20\sqrt{3}$

답 $20\sqrt{3}$

12 오른쪽 그림과 같이 원의 중심 O에서 $\overline{AB}$에 내린 수선의 발을 M이라 하면

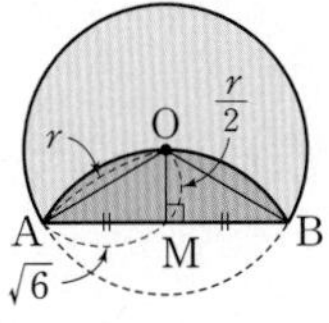

$\overline{AM}=\frac{1}{2}\overline{AB}=\frac{1}{2}\times 2\sqrt{6}=\sqrt{6}$

원 O의 반지름의 길이를 r라 하면

$\overline{OA}=r,\ \overline{OM}=\frac{1}{2}\overline{OA}=\frac{r}{2}$

$\triangle$OAM에서

$r^2=\left(\frac{r}{2}\right)^2+(\sqrt{6})^2,\ \frac{3}{4}r^2=6$

$r^2=8 \qquad \therefore r=2\sqrt{2}\ (\because r>0)$

한편, $\angle AOM=x$라 하면

$\sin x=\frac{\overline{AM}}{\overline{OA}}=\frac{\sqrt{6}}{2\sqrt{2}}=\frac{\sqrt{3}}{2}$

$\sin 60^\circ=\frac{\sqrt{3}}{2}$이므로 $x=60^\circ$

따라서 $\angle AOB=2\angle AOM=120^\circ$이므로

$\widehat{AB}=2\pi\times 2\sqrt{2}\times\frac{120}{360}=\frac{4\sqrt{2}}{3}\pi$

답 $\frac{4\sqrt{2}}{3}\pi$

13 $\overline{OM}=\overline{ON}$이므로 $\overline{AB}=\overline{CD}=10(\text{cm})$

$\therefore \overline{BM}=\frac{1}{2}\overline{AB}=\frac{1}{2}\times 10=5(\text{cm})$

$\triangle$OBM에서

$\overline{OB}=\sqrt{5^2+5^2}=5\sqrt{2}(\text{cm})$

답 $5\sqrt{2}$ cm

14 오른쪽 그림과 같이 원의 중심 O에서 $\overline{AB}$에 내린 수선의 발을 N이라 하면

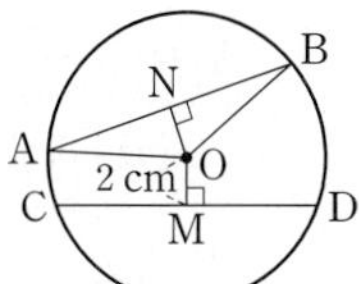

$\overline{AB}=\overline{CD}$이므로

$\overline{ON}=\overline{OM}=2(\text{cm})$

$\triangle$AOB의 넓이가 $8\sqrt{2}\ \text{cm}^2$이므로

$\frac{1}{2}\times\overline{AB}\times 2=8\sqrt{2} \qquad \therefore \overline{AB}=8\sqrt{2}(\text{cm})$

$\therefore \overline{AN}=\frac{1}{2}\overline{AB}=\frac{1}{2}\times 8\sqrt{2}=4\sqrt{2}(\text{cm})$

$\triangle$AON에서

$\overline{OA}=\sqrt{(4\sqrt{2})^2+2^2}=6(\text{cm})$

답 ⑤

15 오른쪽 그림과 같이 원의 중심 O에서 현 AB에 내린 수선의 발을 M이라 하면

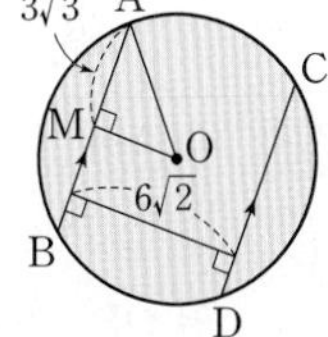

$\overline{OM}=\frac{1}{2}\times 6\sqrt{2}=3\sqrt{2}$

$\overline{AM}=\frac{1}{2}\times 6\sqrt{3}=3\sqrt{3}$ … ❶

즉, $\triangle$OAM에서

$\overline{OA}=\sqrt{(3\sqrt{3})^2+(3\sqrt{2})^2}=3\sqrt{5}$ … ❷

따라서 원 O의 넓이는

$\pi\times(3\sqrt{5})^2=45\pi$ … ❸

답 45π

채점 기준	배점
❶ $\overline{OM}$, $\overline{AM}$의 길이 구하기	50%
❷ $\overline{OA}$의 길이 구하기	30%
❸ 원 O의 넓이 구하기	20%

16 $\overline{OM}=\overline{ON}$에서 $\overline{AB}=\overline{AC}$이므로 $\triangle$ABC는 이등변삼각형이다.

$\therefore \angle BAC=180^\circ-2\times 68^\circ=44^\circ$

□AMON에서 $44^\circ+90^\circ+\angle MON+90^\circ=360^\circ$

$\therefore \angle MON=136^\circ$

답 ④

17 $\overline{OD}=\overline{OE}$에서 $\overline{BA}=\overline{BC}$이므로 $\triangle ABC$는 이등변삼각형이다.

$\therefore \angle ACB=\frac{1}{2}\times(180^\circ-46^\circ)=67^\circ$

□OECF에서

$\angle EOF+90^\circ+67^\circ+90^\circ=360^\circ$

$\therefore \angle EOF=113^\circ$ 답 113°

18 $\overline{OD}=\overline{OE}=\overline{OF}$이므로 $\overline{AB}=\overline{BC}=\overline{CA}$

즉, $\triangle ABC$는 정삼각형이다.

$\angle ABC=60^\circ$이므로 오른쪽 그림과 같이 $\overline{OA}$를 그으면

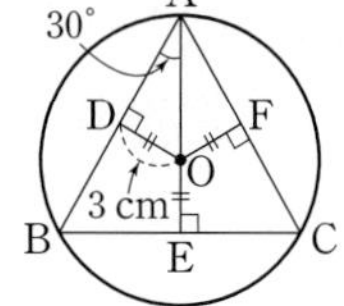

$\angle DAO=\frac{1}{2}\angle ABC=\frac{1}{2}\times 60^\circ=30^\circ$

$\triangle OAD$에서

$\overline{AD}=\frac{3}{\tan 30^\circ}=3\div\frac{\sqrt{3}}{3}=3\sqrt{3}(\text{cm})$

$\therefore \overline{AB}=2\overline{AD}=2\times 3\sqrt{3}=6\sqrt{3}(\text{cm})$

따라서 $\triangle ABC$의 둘레의 길이는

$3\times 6\sqrt{3}=18\sqrt{3}(\text{cm})$ 답 $18\sqrt{3}$ cm

19 $\overline{OA}\perp\overline{PA}$이므로 $\triangle OAP$에서

$\overline{OA}=2\sqrt{6}\tan 30^\circ=2\sqrt{6}\times\frac{\sqrt{3}}{3}=2\sqrt{2}$

$\angle POA=180^\circ-(30^\circ+90^\circ)=60^\circ$

따라서 부채꼴 AOB의 넓이는

$\pi\times(2\sqrt{2})^2\times\frac{60}{360}=\frac{4}{3}\pi$ 답 $\frac{4}{3}\pi$

20 오른쪽 그림과 같이 $\overline{OA}$를 그으면

$\overline{OA}\perp\overline{PA}$

원 O의 반지름의 길이를 r cm라 하면

$\overline{OA}=\overline{OB}=r(\text{cm})$

직각삼각형 OPA에서

$(r+2)^2=6^2+r^2$, $r^2+4r+4=36+r^2$

$4r=32$ $\therefore r=8$

따라서 $\overline{OA}=8$ cm, $\overline{OP}=8+2=10(\text{cm})$이므로

$\sin P=\frac{\overline{OA}}{\overline{OP}}=\frac{8}{10}=\frac{4}{5}$ 답 $\frac{4}{5}$

21 오른쪽 그림과 같이 $\overline{OA}$를 그으면

$\overline{OA}\perp\overline{PA}$

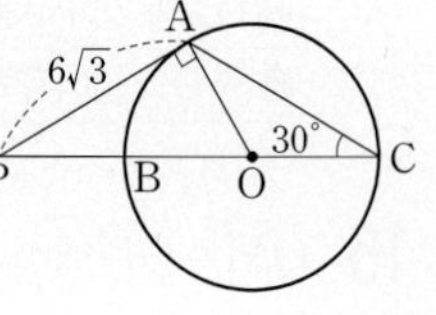

$\triangle OCA$는 이등변삼각형이므로

$\angle OAC=\angle OCA=30^\circ$

$\therefore \angle AOP=30^\circ+30^\circ=60^\circ$ … ❶

$\triangle OAP$에서

$\overline{OA}=\frac{6\sqrt{3}}{\tan 60^\circ}=\frac{6\sqrt{3}}{\sqrt{3}}=6$

$\overline{OP}=\frac{6\sqrt{3}}{\sin 60^\circ}=6\sqrt{3}\div\frac{\sqrt{3}}{2}=12$ … ❷

이때 $\overline{OB}=\overline{OA}=6$이므로

$\overline{BP}=12-6=6$ … ❸

답 6

채점 기준	배점
❶ $\angle AOP$의 크기 구하기	50%
❷ $\overline{OA}$, $\overline{OP}$의 길이 구하기	40%
❸ $\overline{BP}$의 길이 구하기	10%

22 $\angle PAO=\angle PBO=90^\circ$이므로 □AOBP에서

$\angle AOB=180^\circ-45^\circ=135^\circ$

원 O의 반지름의 길이를 r cm라 하면 부채꼴 AOB의 넓이는

$\pi\times r^2\times\frac{135}{360}=\frac{3}{8}\pi r^2(\text{cm}^2)$

즉, $\frac{3}{8}\pi r^2=24\pi$이므로 $r^2=64$

$\therefore r=8$ ($\because r>0$)

따라서 원 O의 반지름의 길이는 8 cm이다. 답 ④

23 $\angle PBO=90^\circ$이므로

$\angle PBA=90^\circ-20^\circ=70^\circ$

$\triangle APB$는 $\overline{PA}=\overline{PB}$인 이등변삼각형이므로

$\angle P=180^\circ-2\times 70^\circ=40^\circ$ 답 40°

24 $\overline{PB}=\overline{PA}=2\sqrt{3}(\text{cm})$이므로

$\triangle APB=\frac{1}{2}\times\overline{PA}\times\overline{PB}\times\sin 60^\circ$

$=\frac{1}{2}\times 2\sqrt{3}\times 2\sqrt{3}\times\frac{\sqrt{3}}{2}$

$=3\sqrt{3}(\text{cm}^2)$ 답 $3\sqrt{3}\text{ cm}^2$

25 $\triangle PAO\equiv\triangle PBO$ (RHS 합동)이므로

$\angle POA=\angle POB=\frac{1}{2}\angle AOB=60^\circ$

$\triangle APO$에서

$\overline{OA}=\frac{6}{\tan 60^\circ}=\frac{6}{\sqrt{3}}=2\sqrt{3}(\text{cm})$

따라서 원 O의 넓이는

$\pi\times(2\sqrt{3})^2=12\pi(\text{cm}^2)$ 답 $12\pi\text{ cm}^2$

26 $\overline{PA}=\overline{PB}=8(\text{cm})$

$\overline{OA}=r$ cm라 하면 $\overline{OP}=(r+3)$ cm

$\angle OAP=90^\circ$이므로 직각삼각형 OAP에서

$(r+3)^2=r^2+8^2$, $r^2+6r+9=r^2+64$

$6r=55$ $\therefore r=\frac{55}{6}$

$\therefore \overline{OA}=\frac{55}{6}$ cm 답 $\frac{55}{6}$ cm

27 ①, ② $\angle PAO=\angle PBO=90^\circ$이므로 □PAOB에서

$\angle AOB=180^\circ-60^\circ=120^\circ$

이때 $\triangle PAO\equiv\triangle PBO$ (RHS 합동)이므로

$\angle POA=\angle POB=\frac{1}{2}\angle AOB=\frac{1}{2}\times120^\circ=60^\circ$

이때 $\overline{AB}\perp\overline{OP}$이므로 직각삼각형 AOM에서

$\overline{OM}=4\cos 60^\circ=4\times\frac{1}{2}=2$

$\overline{AM}=4\sin 60^\circ=4\times\frac{\sqrt{3}}{2}=2\sqrt{3}$

③ $\triangle OPA$에서 $\overline{PA}=4\tan 60^\circ=4\sqrt{3}$

④ $\triangle OPA$에서 $\overline{OP}=\frac{4}{\cos 60^\circ}=4\div\frac{1}{2}=8$

$\therefore\ \overline{PM}=8-2=6$

⑤ $\triangle PAB=\frac{1}{2}\times\overline{AB}\times\overline{PM}$

$=\frac{1}{2}\times4\sqrt{3}\times6=12\sqrt{3}$

답 ⑤

다른 풀이 ⑤ $\triangle PAB=\frac{1}{2}\times\overline{PA}\times\overline{PB}\times\sin 60^\circ$

$=\frac{1}{2}\times4\sqrt{3}\times4\sqrt{3}\times\frac{\sqrt{3}}{2}=12\sqrt{3}$

28 $\overline{BD}=\overline{BE}$, $\overline{CE}=\overline{CF}$이므로

$\overline{AB}+\overline{BC}+\overline{CA}=\overline{AD}+\overline{AF}=2\overline{AF}$

$\overline{AB}+6+\overline{AC}=2\times13$

$\therefore\ \overline{AB}+\overline{AC}=20$(cm)

답 20 cm

29 $\overline{BD}=\overline{BE}$, $\overline{CE}=\overline{CF}$이므로 $\triangle ABC$의 둘레의 길이는

$\overline{AB}+\overline{BC}+\overline{CA}=\overline{AD}+\overline{AF}=2\overline{AF}$

즉, $2\overline{AF}=4\sqrt{14}$이므로 $\overline{AF}=2\sqrt{14}$(cm) … ❶

이때 $\angle OFA=90^\circ$이므로 $\triangle AOF$에서

$\overline{OA}=\sqrt{(2\sqrt{14})^2+4^2}=6\sqrt{2}$(cm) … ❷

답 $6\sqrt{2}$ cm

채점 기준	배점
❶ $\overline{AF}$의 길이 구하기	60%
❷ $\overline{OA}$의 길이 구하기	40%

30 오른쪽 그림과 같이 $\overline{AO}$를 그으면

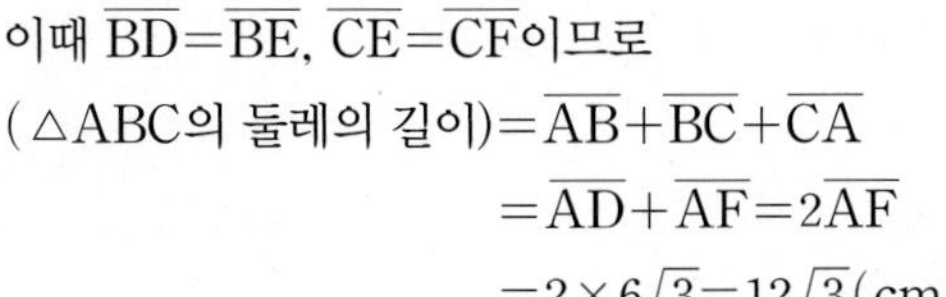

$\triangle ADO\equiv\triangle AFO$ (RHS 합동)이므로

$\angle AOF=\angle AOD=60^\circ$

$\triangle OAF$에서

$\overline{AF}=6\tan 60^\circ=6\sqrt{3}$(cm)

이때 $\overline{BD}=\overline{BE}$, $\overline{CE}=\overline{CF}$이므로

($\triangle ABC$의 둘레의 길이)$=\overline{AB}+\overline{BC}+\overline{CA}$

$=\overline{AD}+\overline{AF}=2\overline{AF}$

$=2\times6\sqrt{3}=12\sqrt{3}$(cm)

답 $12\sqrt{3}$ cm

31 $\overline{CE}=\overline{AC}=3$(cm)이므로

$\overline{BD}=\overline{DE}=8-3=5$(cm)

오른쪽 그림과 같이 점 C에서 $\overline{BD}$에 내린 수선의 발을 H라 하면

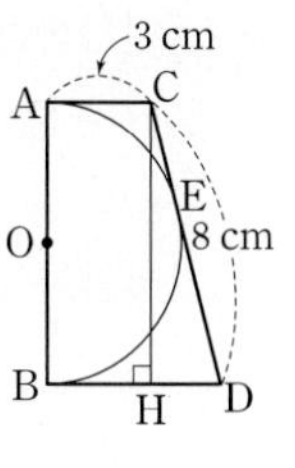

$\overline{BH}=\overline{AC}=3$(cm)

$\therefore\ \overline{DH}=5-3=2$(cm)

직각삼각형 CHD에서

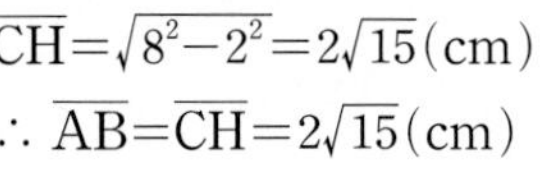

$\overline{CH}=\sqrt{8^2-2^2}=2\sqrt{15}$(cm)

$\therefore\ \overline{AB}=\overline{CH}=2\sqrt{15}$(cm)

답 $2\sqrt{15}$ cm

32 $\overline{DE}=\overline{AD}=4$(cm), $\overline{CE}=\overline{BC}=8$(cm)이므로

$\overline{CD}=\overline{DE}+\overline{CE}=4+8=12$(cm)

오른쪽 그림과 같이 점 D에서 $\overline{BC}$에 내린 수선의 발을 H라 하면

$\overline{BH}=\overline{AD}=4$(cm)이므로

$\overline{CH}=8-4=4$(cm)

직각삼각형 CDH에서

$\overline{DH}=\sqrt{12^2-4^2}=8\sqrt{2}$(cm)

따라서 □ABCD의 넓이는

$\frac{1}{2}\times(4+8)\times8\sqrt{2}=48\sqrt{2}$(cm^2)

답 $48\sqrt{2}$ cm^2

33 $\overline{OA}=\frac{1}{2}\overline{AB}=\frac{1}{2}\times2\sqrt{6}=\sqrt{6}$

직각삼각형 ADO에서

$\overline{AD}=\sqrt{6}\tan 30^\circ=\sqrt{6}\times\frac{\sqrt{3}}{3}=\sqrt{2}$ … ❶

오른쪽 그림과 같이 점 D에서 $\overline{BC}$에 내린 수선의 발을 H라 하면

$\overline{BH}=\overline{AD}=\sqrt{2}$

또, $\overline{DE}=\overline{AD}=\sqrt{2}$이므로 $\overline{BC}=x$라 하면

$\overline{CD}=x+\sqrt{2}$, $\overline{CH}=x-\sqrt{2}$

직각삼각형 CHD에서

$(x+\sqrt{2})^2=(x-\sqrt{2})^2+(2\sqrt{6})^2$

$x^2+2\sqrt{2}x+2=x^2-2\sqrt{2}x+2+24$

$4\sqrt{2}x=24\qquad\therefore\ x=3\sqrt{2}$

$\therefore\ \overline{BC}=3\sqrt{2}$ … ❷

답 $3\sqrt{2}$

채점 기준	배점
❶ $\overline{AD}$의 길이 구하기	30%
❷ $\overline{BC}$의 길이 구하기	70%

34 오른쪽 그림과 같이 원의 중심 O에서 $\overline{PQ}$에 내린 수선의 발을 T라 하면

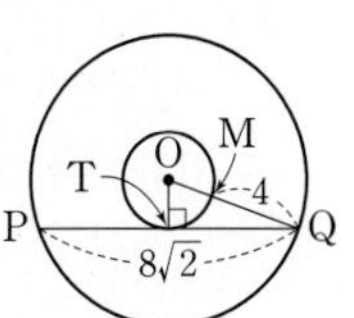

$\overline{QT}=\frac{1}{2}\overline{PQ}=\frac{1}{2}\times8\sqrt{2}=4\sqrt{2}$

작은 원의 반지름의 길이를 r라 하면

$\overline{OT}=r$, $\overline{OQ}=r+4$

직각삼각형 OTQ에서

$(r+4)^2=r^2+(4\sqrt{2})^2$, $r^2+8r+16=r^2+32$

$8r=16$ $\quad\therefore r=2$

따라서 작은 원의 반지름의 길이가 2이므로 둘레의 길이는

$2\pi\times2=4\pi$ 답 4π

35 오른쪽 그림과 같이 원의 중심 O에서 $\overline{AB}$에 내린 수선의 발을 T라 하면

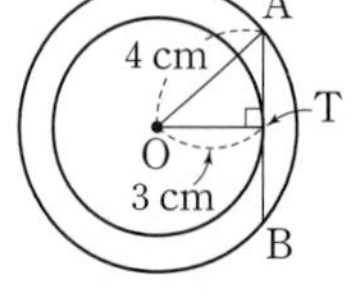

$\overline{OA}=4$ cm, $\overline{OT}=3$ cm

직각삼각형 AOT에서

$\overline{AT}=\sqrt{4^2-3^2}=\sqrt{7}$(cm)

$\therefore \overline{AB}=2\overline{AT}=2\sqrt{7}$(cm) 답 $2\sqrt{7}$ cm

36 오른쪽 그림과 같이 점 O에서 $\overline{PQ}$에 내린 수선의 발을 T라 하면

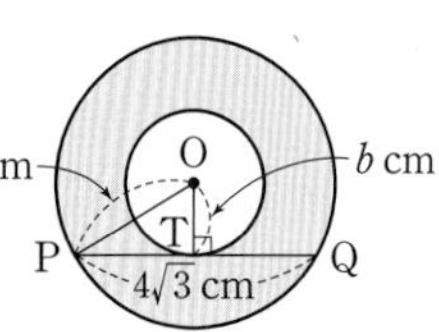

$\overline{PT}=\frac{1}{2}\overline{PQ}=\frac{1}{2}\times4\sqrt{3}=2\sqrt{3}$(cm)

이때 큰 원의 반지름의 길이를 a cm, 작은 원의 반지름의 길이를 b cm라 하면

$\overline{OP}=a$ cm, $\overline{OT}=b$ cm

직각삼각형 OPT에서

$a^2=b^2+(2\sqrt{3})^2$ $\quad\therefore a^2-b^2=12$

따라서 색칠한 부분의 넓이는

$\pi\times a^2-\pi\times b^2=\pi(a^2-b^2)=12\pi$(cm^2) 답 12π cm^2

37 $\overline{CE}=x$ cm라 하면 $\overline{CF}=\overline{CE}=x$(cm)

$\overline{AD}=\overline{AF}=7-x$(cm), $\overline{BD}=\overline{BE}=8-x$(cm)

$\overline{AB}=\overline{AD}+\overline{BD}$이므로 $6=(7-x)+(8-x)$

$2x=9$ $\quad\therefore x=\frac{9}{2}$

따라서 $\overline{CE}$의 길이는 $\frac{9}{2}$ cm이다. 답 $\frac{9}{2}$ cm

38 $\overline{BD}=\overline{BE}=6$(cm)

$\overline{AD}=\overline{AF}$, $\overline{CE}=\overline{CF}$이므로

$\overline{AD}+\overline{CE}=\overline{AF}+\overline{CF}=\overline{AC}=6$(cm)

따라서 △ABC의 둘레의 길이는

$\overline{AB}+\overline{BC}+\overline{AC}=(\overline{AD}+\overline{BD})+(\overline{BE}+\overline{CE})+\overline{AC}$

$=\overline{AD}+\overline{CE}+6+6+6$

$=6+18=24$(cm) 답 24 cm

39 $\overline{CE}=x$ cm라 하면 $\overline{CF}=\overline{CE}=x$(cm)

$\overline{AD}=\overline{AF}=8-x$(cm), $\overline{BD}=\overline{BE}=13-x$(cm)

$\overline{AB}=\overline{AD}+\overline{BD}$이므로 $10=(8-x)+(13-x)$

$2x=11$ $\quad\therefore x=\frac{11}{2}$ … ❶

∴ (△CPQ의 둘레의 길이)$=\overline{CF}+\overline{CE}=2\overline{CE}$

$=2\times\frac{11}{2}=11$(cm) … ❷

답 11 cm

채점 기준	배점
❶ $\overline{CE}$의 길이 구하기	60%
❷ △CPQ의 둘레의 길이 구하기	40%

40 $\overline{AF}=\overline{AD}=3$(cm)이므로

$\overline{CE}=\overline{CF}=13-3=10$(cm)

원 O의 반지름의 길이를 r cm라 하면

$\overline{BD}=\overline{BE}=r$(cm)이므로

$\overline{AB}=(r+3)$ cm, $\overline{BC}=(r+10)$ cm

△ABC에서

$13^2=(r+3)^2+(r+10)^2$

$169=r^2+6r+9+r^2+20r+100$

$r^2+13r-30=0$, $(r+15)(r-2)=0$

$\therefore r=2$ ($\because r>0$)

따라서 원 O의 넓이는

$\pi\times2^2=4\pi$(cm^2) 답 ④

41 △ABC에서 $\overline{AB}=\sqrt{15^2+8^2}=17$

원 O의 반지름의 길이를 r라 하면

$\overline{CE}=\overline{CF}=r$

$\overline{AD}=\overline{AF}=8-r$,

$\overline{BD}=\overline{BE}=15-r$

$\overline{AB}=\overline{AD}+\overline{BD}$이므로 $17=(8-r)+(15-r)$

$2r=6$ $\quad\therefore r=3$

따라서 $\overline{AF}=8-3=5$이므로 직각삼각형 AOF에서

$\overline{OA}=\sqrt{5^2+3^2}=\sqrt{34}$ 답 $\sqrt{34}$

다른 풀이 △ABC에서 $\overline{AB}=\sqrt{15^2+8^2}=17$

원 O의 반지름의 길이를 r라 하면

$\frac{1}{2}\times r\times(17+15+8)=\frac{1}{2}\times15\times8$

$20r=60$ $\quad\therefore r=3$

따라서 $\overline{AF}=8-3=5$이므로 직각삼각형 AOF에서

$\overline{OA}=\sqrt{5^2+3^2}=\sqrt{34}$

42 $\overline{AD}=\overline{AF}=6$, $\overline{BD}=\overline{BE}=9$이므로

$\overline{AB}=6+9=15$

원 O의 반지름의 길이를 r라 하면

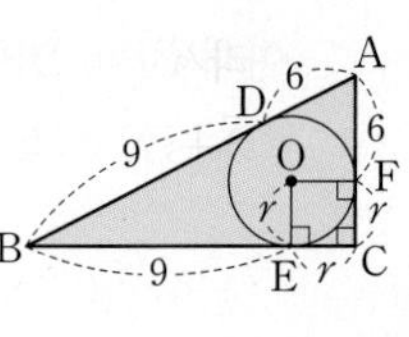

$\overline{CE}=\overline{CF}=r$

$\overline{AC}=r+6$, $\overline{BC}=r+9$

△ABC에서

$15^2=(r+9)^2+(r+6)^2$

$225=r^2+18r+81+r^2+12r+36$

$r^2+15r-54=0$, $(r+18)(r-3)=0$

$\therefore r=3$ ($\because r>0$)

$\therefore \triangle ABC=\frac{1}{2}\times(9+3)\times(6+3)=54$ 답 54

43 $\overline{AB}+\overline{CD}=\overline{AD}+\overline{BC}$이므로

$14+12=10+\overline{BC}$ $\therefore \overline{BC}=16$

따라서 $\triangle BCD$에서

$\overline{BD}=\sqrt{12^2+16^2}=20$ 답 20

44 $\overline{AB}+\overline{CD}=\overline{AD}+\overline{BC}$이므로

$\overline{AB}+\overline{CD}=7+11=18$(cm)

$\overline{AB}:\overline{CD}=4:5$이므로

$\overline{AB}=4k$ cm, $\overline{CD}=5k$ cm $(k>0)$라 하면

$4k+5k=18$이므로 $9k=18$ $\therefore k=2$

$\therefore \overline{AB}=4\times2=8$(cm) 답 ③

45 원 O의 지름의 길이가 12 cm이므로 $\overline{AB}=12$ cm

$\overline{AB}+\overline{CD}=\overline{AD}+\overline{BC}$이므로

$\overline{AD}+\overline{BC}=12+13=25$(cm)

$\therefore \square ABCD=\frac{1}{2}\times(\overline{AD}+\overline{BC})\times12$

$=\frac{1}{2}\times25\times12=150(\text{cm}^2)$ 답 150 cm²

46 직각삼각형 ABI에서

$\overline{AB}=\sqrt{10^2-6^2}=8$(cm)

$\therefore \overline{CD}=\overline{AB}=8$(cm)

$\overline{DI}=x$ cm라 하면 $\overline{BC}=(x+6)$ cm

$\square$IBCD가 원 O에 외접하므로

$\overline{DI}+\overline{BC}=\overline{IB}+\overline{CD}$

$x+(x+6)=10+8$, $2x=12$ $\therefore x=6$

$\therefore \overline{DI}=6$ cm 답 6 cm

47 원 O의 반지름의 길이를 r cm라 하면

$2\pi\times r=8\pi$ $\therefore r=4$

오른쪽 그림과 같이 $\overline{EG}$, $\overline{OF}$를 그으면

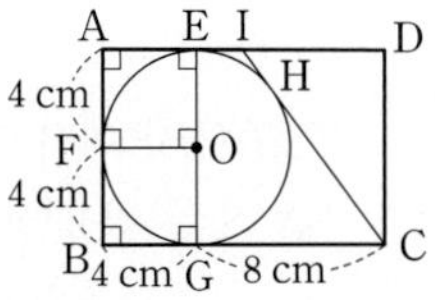

$\overline{AE}=\overline{AF}=\overline{BF}=\overline{BG}=4$(cm)이므로

$\overline{AB}=2\times4=8$(cm)

$\overline{CH}=\overline{CG}=12-4=8$(cm)

따라서 $\triangle CDI$의 둘레의 길이는

$\overline{CD}+\overline{DI}+\overline{CI}=8+\overline{DI}+(\overline{IH}+\overline{CH})$

$=8+\overline{DI}+\overline{IE}+8$

$=16+\overline{DE}=16+\overline{CG}$

$=16+8=24$(cm) 답 24 cm

48 $\overline{BE}=\overline{BF}=13$이므로

$\overline{IH}=\overline{IE}=15-13=2$

$\therefore \overline{AI}=\overline{AH}-\overline{IH}=\overline{BF}-\overline{IH}$

$=13-2=11$ … ❶

직각삼각형 ABI에서

$15^2=11^2+\overline{AB}^2$, $\overline{AB}^2=104$

$\therefore \overline{AB}=2\sqrt{26}$ ($\because \overline{AB}>0$) … ❷

즉, 원 O의 반지름의 길이가 $\sqrt{26}$이므로 넓이는

$\pi\times(\sqrt{26})^2=26\pi$ … ❸

답 26π

채점 기준	배점
❶ $\overline{AI}$의 길이 구하기	50%
❷ $\overline{AB}$의 길이 구하기	40%
❸ 원 O의 넓이 구하기	10%

Real 실전 유형 again 26~31쪽

04 원주각

01 오른쪽 그림과 같이 $\overline{OB}$를 그으면

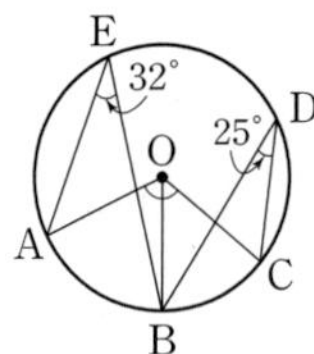

$\angle AOB=2\angle AEB=2\times32°=64°$

$\angle BOC=2\angle BDC=2\times25°=50°$

$\therefore \angle AOC=64°+50°=114°$ 답 114°

02 오른쪽 그림과 같이 $\overline{OB}$를 그으면

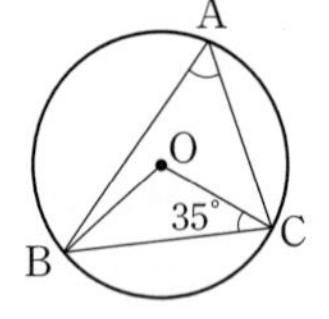

$\triangle OBC$는 $\overline{OB}=\overline{OC}$인 이등변삼각형이므로

$\angle BOC=180°-2\times35°=110°$

$\therefore \angle BAC=\frac{1}{2}\angle BOC=\frac{1}{2}\times110°=55°$ 답 55°

03 부채꼴 BOC의 넓이가 $8\pi\ cm^2$이므로 $\angle BOC=x°$라 하면

$\pi\times6^2\times\frac{x}{360}=8\pi \qquad \therefore x=80$

$\therefore \angle BAC=\frac{1}{2}\angle BOC=\frac{1}{2}\times80°=40°$

오른쪽 그림과 같이 $\overline{OA}$를 그으면

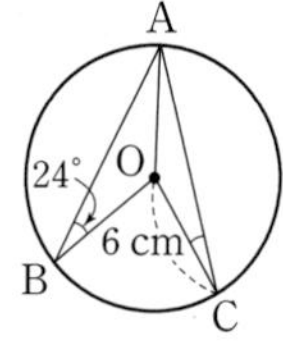

$\triangle OAB$는 $\overline{OA}=\overline{OB}$인 이등변삼각형이므로

$\angle OAB=\angle OBA=24°$

따라서 $\angle OAC=40°-24°=16°$이므로

$\angle OCA=\angle OAC=16°$ 답 16°

04 $\angle ADC=\frac{1}{2}\angle AOC=\frac{1}{2}\times108°=54°$ … ❶

$\triangle ADP$에서

$54°=28°+\angle P \qquad \therefore \angle P=26°$ … ❷

답 26°

채점 기준	배점
❶ ∠ADC의 크기 구하기	50%
❷ ∠P의 크기 구하기	50%

05 $\angle y=\frac{1}{2}\angle AOC=\frac{1}{2}\times150°=75°$

$\widehat{ABC}$에 대한 중심각의 크기는 $360°-150°=210°$이므로

$\angle x=\frac{1}{2}\times210°=105°$

$\therefore \angle x-\angle y=105°-75°=30°$ 답 30°

06 $\widehat{BCD}$에 대한 중심각의 크기는

$2\angle BAD=2\times100°=200°$

따라서 $\angle BOD=360°-200°=160°$이므로

$\angle BCD=\frac{1}{2}\angle BOD=\frac{1}{2}\times160°=80°$ 답 80°

07 오른쪽 그림과 같이 점 D를 잡으면

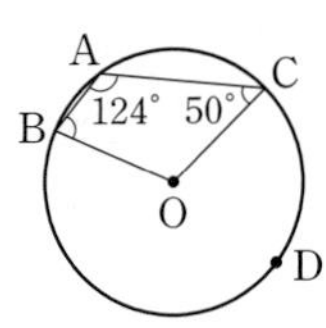

$\widehat{BDC}$에 대한 중심각의 크기는

$2\angle BAC=2\times124°=248°$

$\therefore \angle BOC=360°-248°=112°$

따라서 □ABOC에서

$124°+\angle ABO+112°+50°=360°$

$\therefore \angle ABO=74°$ 답 74°

08 오른쪽 그림과 같이 점 D를 잡으면

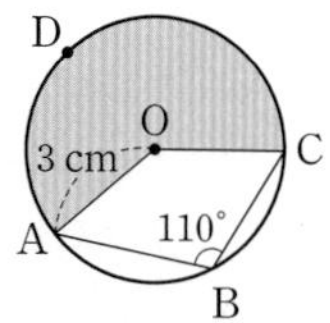

$\widehat{ADC}$에 대한 중심각의 크기는

$2\angle ABC=2\times110°=220°$ … ❶

따라서 색칠한 부분의 넓이는

$\pi\times3^2\times\frac{220}{360}=\frac{11}{2}\pi(cm^2)$ … ❷

답 $\frac{11}{2}\pi\ cm^2$

채점 기준	배점
❶ $\widehat{ADC}$에 대한 중심각의 크기 구하기	40%
❷ 색칠한 부분의 넓이 구하기	60%

09 오른쪽 그림과 같이 $\overline{OA}$, $\overline{OB}$를 그으면

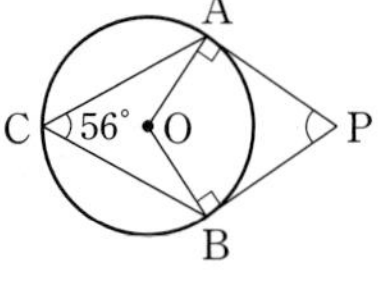

$\angle AOB=2\angle ACB$

$=2\times56°=112°$

$\angle OAP=\angle OBP=90°$이므로

□AOBP에서

$112°+\angle P=180° \qquad \therefore \angle P=68°$ 답 68°

10 오른쪽 그림과 같이 $\overline{OA}$, $\overline{OB}$를 그으면

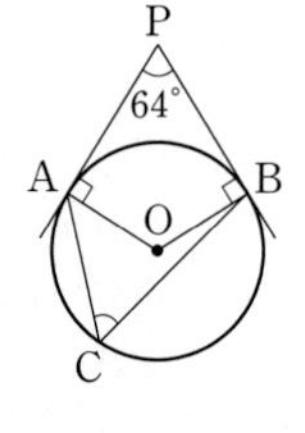

$\angle OAP=\angle OBP=90°$

□PAOB에서

$64°+\angle AOB=180° \qquad \therefore \angle AOB=116°$

$\therefore \angle ACB=\frac{1}{2}\angle AOB=\frac{1}{2}\times116°=58°$

답 58°

11 오른쪽 그림과 같이 $\overline{OA}$, $\overline{OB}$를 긋고 점 D를 잡으면

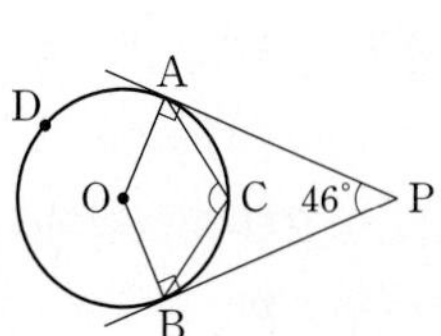

$\angle OAP=\angle OBP=90°$

□AOBP에서

$46°+\angle AOB=180° \qquad \therefore \angle AOB=134°$ … ❶

즉, $\widehat{ADB}$에 대한 중심각의 크기는

$360°-134°=226°$

$\therefore \angle ACB=\frac{1}{2}\times226°=113°$ … ❷

답 113°

채점 기준	배점
❶ ∠AOB의 크기 구하기	50%
❷ ∠ACB의 크기 구하기	50%

12 오른쪽 그림과 같이 $\overline{OA}$, $\overline{OB}$를 긋고
점 D를 잡으면

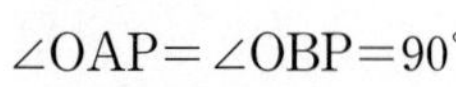

$\angle OAP=\angle OBP=90^\circ$
$\widehat{ADB}$에 대한 중심각의 크기는
$2\angle ACB=2\times 125^\circ=250^\circ$
$\therefore\ \angle AOB=360^\circ-250^\circ=110^\circ$
따라서 □APBO에서
$\angle P+110^\circ=180^\circ \qquad \therefore\ \angle P=70^\circ$

답 70°

13 오른쪽 그림과 같이 $\overline{BE}$를 그으면

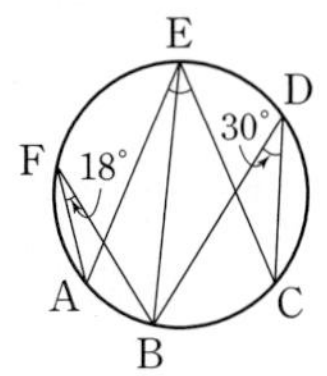

$\angle AEB=\angle AFB=18^\circ$
$\angle BEC=\angle BDC=30^\circ$
$\therefore\ \angle AEC=18^\circ+30^\circ=48^\circ$ 답 48°

14 $\angle y=\angle BAC=108^\circ$
오른쪽 그림과 같이 점 E를 잡으면

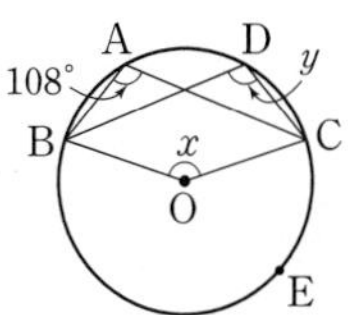

$\widehat{BEC}$에 대한 중심각의 크기는
$2\angle BAC=2\times 108^\circ=216^\circ$
$\therefore\ \angle x=360^\circ-216^\circ=144^\circ$
$\therefore\ \angle x-\angle y=144^\circ-108^\circ=36^\circ$

답 36°

15 $\angle BDC=\angle BAC=26^\circ$
△PCD에서
$\angle APD=45^\circ+26^\circ=71^\circ$

답 71°

16 오른쪽 그림과 같이 $\overline{AD}$를 그으면

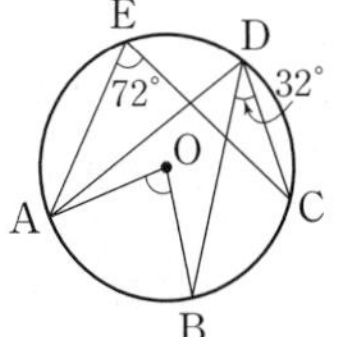

$\angle ADC=\angle AEC=72^\circ$
$\angle ADB=72^\circ-32^\circ=40^\circ$이므로
$\angle AOB=2\angle ADB$
$=2\times 40^\circ=80^\circ$ 답 ⑤

17 $\angle ACB=\angle ADB=24^\circ$
$\angle ABD=\angle ACD=30^\circ$
따라서 △ABC에서
$\angle x+(30^\circ+\angle y)+24^\circ=180^\circ$
$\therefore\ \angle x+\angle y=126^\circ$

답 126°

18 $\angle BAD=\angle BCD=21^\circ$ … ❶
△AEB에서
$84^\circ=21^\circ+\angle ABE$
$\therefore\ \angle ABE=63^\circ$ … ❷
따라서 △BCP에서
$63^\circ=21^\circ+\angle P \qquad \therefore\ \angle P=42^\circ$ … ❸

답 42°

채점 기준	배점
❶ ∠BAD의 크기 구하기	30%
❷ ∠ABE의 크기 구하기	40%
❸ ∠P의 크기 구하기	30%

19 △APD에서
$\angle ADC=18^\circ+36^\circ=54^\circ$
또, $\angle BCD=\angle BAD=18^\circ$이므로 △CQD에서
$\angle x=18^\circ+54^\circ=72^\circ$

답 72°

20 오른쪽 그림과 같이 $\overline{BC}$를 그으면
$\overline{AB}$가 원 O의 지름이므로
$\angle ACB=90^\circ$
$\angle ABC=\angle ADC=27^\circ$이므로
△ABC에서
$\angle x=90^\circ-27^\circ=63^\circ$

답 63°

21 $\overline{BD}$가 원 O의 지름이므로
$\angle BCD=90^\circ$
$\therefore\ \angle y=90^\circ-60^\circ=30^\circ$
△BCD에서
$\angle BDC=90^\circ-50^\circ=40^\circ$이므로
$\angle x=\angle BDC=40^\circ$
$\therefore\ \angle x+\angle y=40^\circ+30^\circ=70^\circ$

답 70°

22 오른쪽 그림과 같이 $\overline{AC}$를 그으면 $\overline{AB}$가
원 O의 지름이므로

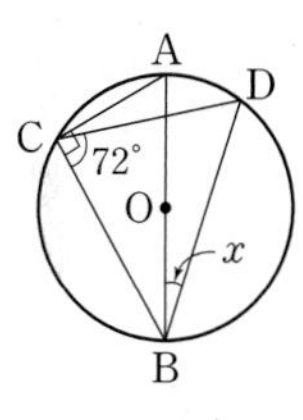

$\angle ACB=90^\circ$
$\angle ACD=90^\circ-72^\circ=18^\circ$이므로
$\angle x=\angle ACD=18^\circ$ 답 18°

23 $\overline{AC}$가 원 O의 지름이므로
$\angle ABC=90^\circ$
$\angle CBD=90^\circ-70^\circ=20^\circ$이므로
$\angle y=\angle CBD=20^\circ$
또한, △ABC에서
$\angle ACB=90^\circ-37^\circ=53^\circ$이므로
$\angle x=\angle ACB=53^\circ$
$\therefore\ \angle x-\angle y=53^\circ-20^\circ=33^\circ$

답 33°

24 $\overline{AB}$가 반원 O의 지름이므로
$\angle ACB=\angle ADB=90^\circ$ … ❶
△BDE에서
$121^\circ=90^\circ+\angle DBE \qquad \therefore\ \angle DBE=31^\circ$ … ❷
따라서 △BPC에서
$\angle P=90^\circ-31^\circ=59^\circ$ … ❸

답 59°

채점 기준	배점
❶ $\angle ACB=\angle ADB=90^\circ$임을 알기	40%
❷ $\angle DBE$의 크기 구하기	30%
❸ $\angle P$의 크기 구하기	30%

25 오른쪽 그림과 같이 $\overline{AD}$를 그으면

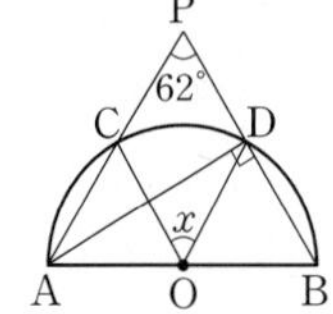

$\overline{AB}$가 반원 O의 지름이므로

$\angle ADB=90^\circ$

$\triangle PAD$에서

$\angle PAD=90^\circ-62^\circ=28^\circ$

$\therefore \angle x=2\angle CAD=2\times 28^\circ=56^\circ$

답 ③

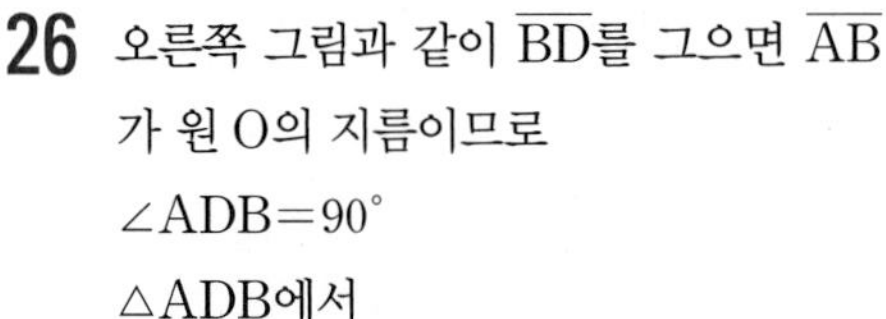

26 오른쪽 그림과 같이 $\overline{BD}$를 그으면 $\overline{AB}$가 원 O의 지름이므로

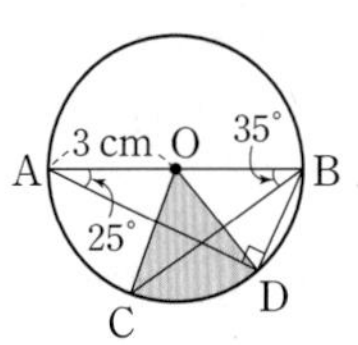

$\angle ADB=90^\circ$

$\triangle ADB$에서

$25^\circ+90^\circ+(35^\circ+\angle CBD)=180^\circ$

$\therefore \angle CBD=30^\circ$

$\therefore \angle COD=2\angle CBD=2\times 30^\circ=60^\circ$

따라서 부채꼴 COD의 넓이는

$\pi\times 3^2\times\frac{60}{360}=\frac{3}{2}\pi(\text{cm}^2)$

답 $\frac{3}{2}\pi\text{ cm}^2$

27 오른쪽 그림과 같이 $\overline{BO}$의 연장선과 원 O가 만나는 점을 A′이라 하면

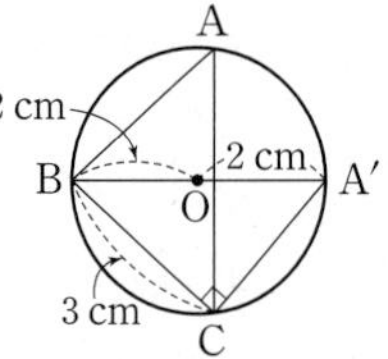

$\angle BCA'=90^\circ$

$\overline{BA'}=4\text{ cm}$이므로 $\triangle BCA'$에서

$\overline{A'C}=\sqrt{4^2-3^2}=\sqrt{7}(\text{cm})$

$\angle BAC=\angle BA'C$이므로

$\tan A=\tan A'=\frac{3}{\sqrt{7}}=\frac{3\sqrt{7}}{7}$

답 $\frac{3\sqrt{7}}{7}$

28 $\angle ACB=90^\circ$이므로

$\overline{BC}=8\cos B=8\times\frac{3}{4}=6(\text{cm})$

$\therefore \overline{AC}=\sqrt{8^2-6^2}=2\sqrt{7}(\text{cm})$

$\therefore \triangle ABC=\frac{1}{2}\times 6\times 2\sqrt{7}=6\sqrt{7}(\text{cm}^2)$

답 ⑤

29 오른쪽 그림과 같이 원의 중심 O를 지나는 선분 B′C를 그으면

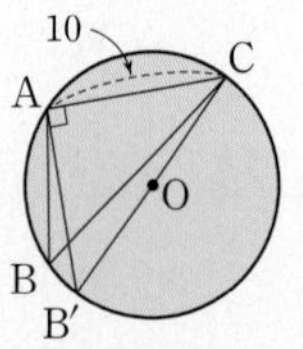

$\angle B'AC=90^\circ$

$\angle AB'C=\angle ABC$이므로

$\tan B'=\tan B=\sqrt{2}$

즉, 직각삼각형 $AB'C$에서

$\overline{AB'}=\frac{10}{\tan B'}=\frac{10}{\sqrt{2}}=5\sqrt{2}$

$\therefore \overline{B'C}=\sqrt{10^2+(5\sqrt{2})^2}=5\sqrt{6}$

따라서 원 O의 반지름의 길이가 $\frac{5\sqrt{6}}{2}$이므로 원 O의 넓이는

$\pi\times\left(\frac{5\sqrt{6}}{2}\right)^2=\frac{75}{2}\pi$

답 $\frac{75}{2}\pi$

30 오른쪽 그림과 같이 $\overline{AC}$를 그으면

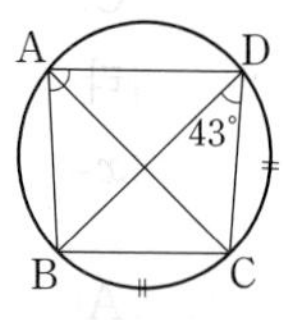

$\angle BAC=\angle BDC=43^\circ$

이때 $\widehat{BC}=\widehat{CD}$이므로

$\angle CAD=\angle BDC=43^\circ$

$\therefore \angle BAD=43^\circ+43^\circ=86^\circ$

답 ④

31 오른쪽 그림과 같이 $\overline{AC}$을 그으면

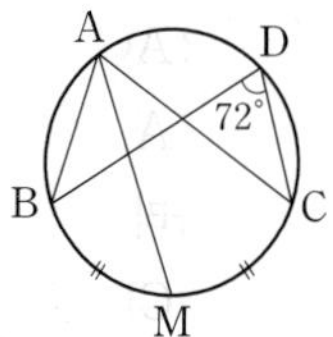

$\angle BAC=\angle BDC=72^\circ$

이때 $\widehat{BM}=\widehat{CM}$이므로

$\angle BAM=\angle CAM$

$=\frac{1}{2}\times 72^\circ=36^\circ$

답 36°

32 $\widehat{AD}=\widehat{BC}$이므로

$\angle BAC=\angle ABD=\angle x$

또, $\angle AEB=\angle CED=96^\circ$ (맞꼭지각)이므로 $\triangle ABE$에서

$\angle x+\angle x+96^\circ=180^\circ$ $\therefore \angle x=42^\circ$

답 42°

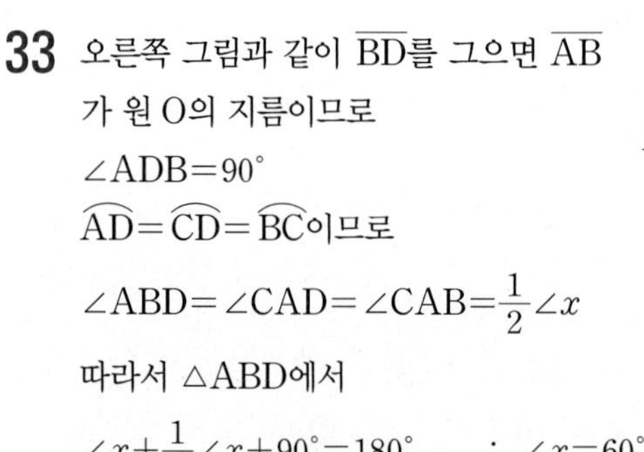

33 오른쪽 그림과 같이 $\overline{BD}$를 그으면 $\overline{AB}$가 원 O의 지름이므로

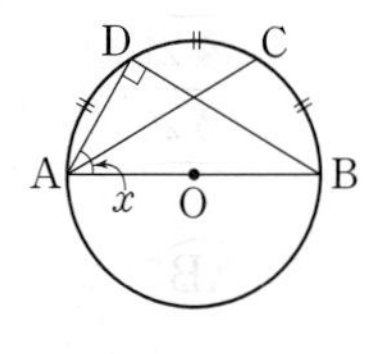

$\angle ADB=90^\circ$

$\widehat{AD}=\widehat{CD}=\widehat{BC}$이므로

$\angle ABD=\angle CAD=\angle CAB=\frac{1}{2}\angle x$

따라서 $\triangle ABD$에서

$\angle x+\frac{1}{2}\angle x+90^\circ=180^\circ$ $\therefore \angle x=60^\circ$

답 60°

34 오른쪽 그림과 같이 $\overline{CE}$를 그으면

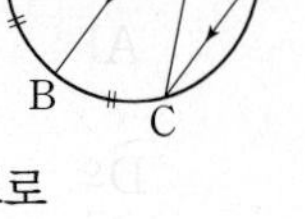

$\angle ECD=\angle EAD=26^\circ$

$\overline{BE}/\!/\overline{CD}$이므로

$\angle BEC=\angle ECD=26^\circ$ (엇각) … ❶

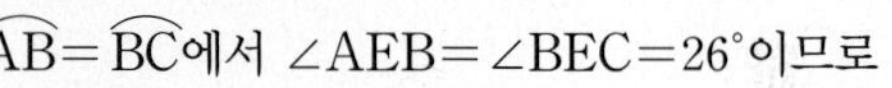

$\widehat{AB}=\widehat{BC}$에서 $\angle AEB=\angle BEC=26^\circ$이므로

$\angle AEC=26^\circ+26^\circ=52^\circ$ … ❷

$\therefore \angle ADC=\angle AEC=52^\circ$ … ❸

답 52°

채점 기준	배점
❶ $\angle BEC$의 크기 구하기	40%
❷ $\angle AEC$의 크기 구하기	40%
❸ $\angle ADC$의 크기 구하기	20%

35 오른쪽 그림과 같이 $\overline{AD}$를 그으면
$\overline{AB}$가 원 O의 지름이므로
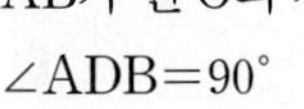
$\angle ADB=90^\circ$
이때 $\widehat{BC}=\widehat{CD}$이므로
$\angle CAD=\angle CAB=\angle x$
따라서 $\triangle APD$에서
$\angle x=180^\circ-(90^\circ+58^\circ)=32^\circ$  답 32°

36 $\angle ACD:\angle BDC=\widehat{AD}:\widehat{BC}=6:4=3:2$이므로
$\angle ACD:30^\circ=3:2$ $\quad\therefore \angle ACD=45^\circ$
따라서 $\triangle PCD$에서 $\angle APD=45^\circ+30^\circ=75^\circ$ 답 75°

37 $\angle ACD:\angle BDC=\widehat{AD}:\widehat{BC}=3:4$이므로
$\angle ACD:56^\circ=3:4$ $\quad\therefore \angle ACD=42^\circ$
따라서 $\triangle ECD$에서
$\angle CED=180^\circ-(42^\circ+56^\circ)=82^\circ$ 답 ③

38 $\angle ABC:\angle BCD=\widehat{AC}:\widehat{BD}=3:1$
$\angle BCD=\angle x$라 하면 $\angle ABC=3\angle x$ …❶
$\triangle BCP$에서 $3\angle x=\angle x+30^\circ$ $\quad\therefore \angle x=15^\circ$ …❷
$\therefore \angle ABC=3\angle x=3\times15^\circ=45^\circ$ …❸
답 45°

채점 기준	배점
❶ $\angle BCD=\angle x$로 놓고 $\angle ABC$의 크기를 $\angle x$를 사용하여 나타내기	40%
❷ $\angle BCD$의 크기 구하기	40%
❸ $\angle ABC$의 크기 구하기	20%

39 $\widehat{AB}$의 길이가 원주의 $\frac{1}{10}$이므로
$\angle ACB=180^\circ\times\frac{1}{10}=18^\circ$
$\angle ACB:\angle CBD=\widehat{AB}:\widehat{CD}=2:5$이므로
$18^\circ:\angle CBD=2:5$ $\quad\therefore \angle CBD=45^\circ$ 답 45°

40 오른쪽 그림과 같이 $\overline{BD}$를 그으면 $\widehat{AB}$의 길이가 원주의 $\frac{1}{3}$이므로

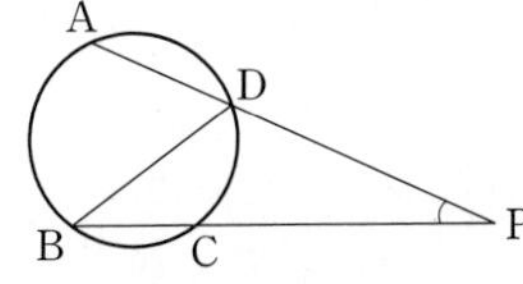

$\angle ADB=180^\circ\times\frac{1}{3}=60^\circ$
$\widehat{CD}$의 길이가 원주의 $\frac{1}{5}$이므로
$\angle CBD=180^\circ\times\frac{1}{5}=36^\circ$
$\triangle BPD$에서 $60^\circ=\angle P+36^\circ$ $\quad\therefore \angle P=24^\circ$ 답 24°

41 $\angle BAC:\angle ABC:\angle ACB=\widehat{BC}:\widehat{CA}:\widehat{AB}=3:4:2$
$\widehat{AB}$, $\widehat{BC}$, $\widehat{CA}$에 대한 원주각의 크기의 합은 180°이므로
$\angle ABC=180^\circ\times\frac{4}{3+4+2}=80^\circ$ 답 80°

Real 실전 유형 again 32~39쪽

05 원주각의 활용

01 ① $\angle ABD=\angle ACD$이므로 네 점 A, B, C, D가 한 원 위에 있다.
② $\angle ACB\neq\angle ADB$이므로 네 점 A, B, C, D가 한 원 위에 있지 않다.
③ $\angle ACB=\angle ADB$이므로 네 점 A, B, C, D가 한 원 위에 있다.
④ $\angle BDC=110^\circ-55^\circ=55^\circ$
따라서 $\angle BAC=\angle BDC$이므로 네 점 A, B, C, D가 한 원 위에 있다.
⑤ $\angle ACB=90^\circ-25=65^\circ$
따라서 $\angle ACB=\angle ADB$이므로 네 점 A, B, C, D가 한 원 위에 있다. 답 ②

02 $\triangle BCE$에서
$\angle EBC=85^\circ-40^\circ=45^\circ$
네 점 A, B, C, D가 한 원 위에 있으므로
$\angle x=\angle DBC=45^\circ$ 답 45°

03 $\triangle PBD$에서
$\angle BDC=\angle x+48^\circ$
네 점 A, B, C, D가 한 원 위에 있으므로
$\angle ACD=\angle ABD=\angle x$
따라서 $\triangle CDE$에서
$114^\circ=(\angle x+48^\circ)+\angle x$ $\quad\therefore \angle x=33^\circ$ 답 33°

04 □ABCD가 원에 내접하므로
$\angle ABC=180^\circ-118^\circ=62^\circ$
이때 $\triangle ABC$는 $\overline{AB}=\overline{AC}$인 이등변삼각형이므로
$\angle BAC=180^\circ-2\times62^\circ=56^\circ$ 답 ②

05 $\triangle ABC$에서
$\angle ABC=180^\circ-(35^\circ+40^\circ)=105^\circ$
□ABCD가 원에 내접하므로
$\angle ADC=180^\circ-105^\circ=75^\circ$ 답 75°

06 $\overline{BC}$가 반원 O의 지름이므로
$\angle BAC=90^\circ$
$\triangle ABC$에서
$\angle x=180^\circ-(90^\circ+65^\circ)=25^\circ$ …❶
□ABCD가 반원 O에 내접하므로
$\angle y=180^\circ-65^\circ=115^\circ$ …❷
$\therefore \angle x+\angle y=25^\circ+115^\circ=140^\circ$ …❸
답 140°

더블북

채점 기준	배점
❶ $\angle x$의 크기 구하기	40%
❷ $\angle y$의 크기 구하기	40%
❸ $\angle x+\angle y$의 크기 구하기	20%

07 $\angle BAD=\frac{1}{2}\angle BOD=\frac{1}{2}\times 140^\circ=70^\circ$

□ABCD가 원 O에 내접하므로

$\angle BCD=180^\circ-70^\circ=110^\circ$

따라서 □OBCD에서

$140^\circ+\angle x+110^\circ+\angle y=360^\circ$

$\therefore \angle x+\angle y=110^\circ$ 답 110°

08 □ABCD가 원에 내접하므로

$\angle ABC+\angle ADC=180^\circ$

이때 $\angle ABC:\angle ADC=3:2$이므로

$\angle ABC=180^\circ\times\frac{3}{3+2}=108^\circ$

$\therefore \angle x=108^\circ$

$\angle ADC=180^\circ\times\frac{2}{3+2}=72^\circ$이므로

$\angle y=2\angle ADC=2\times 72^\circ=144^\circ$

$\therefore \angle y-\angle x=144^\circ-108^\circ=36^\circ$ 답 ⑤

09 □ABCD가 원 O에 내접하므로

$\angle BCD=180^\circ-100^\circ=80^\circ$

△BCD에서

$\angle DBC=180^\circ-(48^\circ+80^\circ)=52^\circ$

오른쪽 그림과 같이 $\overline{OC}$를 그으면

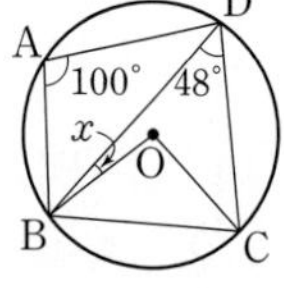

$\angle BOC=2\angle BDC=2\times 48^\circ=96^\circ$

△OBC에서 $\overline{OB}=\overline{OC}$이므로

$\angle OBC=\frac{1}{2}\times(180^\circ-96^\circ)=42^\circ$

$\therefore \angle x=52^\circ-42^\circ=10^\circ$ 답 ②

10 □ABCD가 원에 내접하므로

$92^\circ+60^\circ+\angle ACD=180^\circ$

$\therefore \angle ACD=28^\circ$

$\therefore \angle y=\angle ACD=28^\circ$

$\angle ADB=\angle ACB=60^\circ$이므로

$\angle ADC=60^\circ+45^\circ=105^\circ$

$\therefore \angle x=\angle ADC=105^\circ$

$\therefore \angle x-\angle y=105^\circ-28^\circ=77^\circ$ 답 77°

11 □ABCD가 원에 내접하므로

$\angle BAD=\angle DCE=105^\circ$

따라서 △ABD에서

$\angle x=180^\circ-(105^\circ+48^\circ)=27^\circ$ 답 27°

12 △OBC에서 $\overline{OB}=\overline{OC}$이므로

$\angle BOC=180^\circ-2\times 20^\circ=140^\circ$

$\therefore \angle x=\frac{1}{2}\angle BOC=\frac{1}{2}\times 140^\circ=70^\circ$ … ❶

이때 □ABCD가 원에 내접하므로

$\angle BAD=\angle DCE=110^\circ$

즉, $\angle x+\angle y=110^\circ$이므로

$\angle y=110^\circ-70^\circ=40^\circ$ … ❷

$\therefore \angle x-\angle y=70^\circ-40^\circ=30^\circ$ … ❸

답 30°

채점 기준	배점
❶ $\angle x$의 크기 구하기	40%
❷ $\angle y$의 크기 구하기	40%
❸ $\angle x-\angle y$의 크기 구하기	20%

13 $\overset{\frown}{BCD}$의 길이가 원주의 $\frac{5}{9}$이므로

$\angle BAD=180^\circ\times\frac{5}{9}=100^\circ$

$\overset{\frown}{CDA}$의 길이가 원주의 $\frac{5}{12}$이므로

$\angle ABC=180^\circ\times\frac{5}{12}=75^\circ$

□ABCD가 원에 내접하므로

$\angle x=180^\circ-100^\circ=80^\circ$

$\angle y=\angle ABC=75^\circ$

$\therefore \angle x+\angle y=80^\circ+75^\circ=155^\circ$ 답 155°

14 오른쪽 그림과 같이 $\overline{CE}$, $\overline{OE}$를 그으면

□ABCE가 원 O에 내접하므로

$\angle BCE=180^\circ-120^\circ=60^\circ$

$\therefore \angle ECD=115^\circ-60^\circ=55^\circ$

$\angle EOD=2\angle ECD=2\times 55^\circ=110^\circ$

따라서 △ODE에서 $\overline{OD}=\overline{OE}$이므로

$\angle ODE=\frac{1}{2}\times(180^\circ-110^\circ)=35^\circ$ 답 ③

15 오른쪽 그림과 같이 $\overline{CE}$를 그으면

□ABCE가 원 O에 내접하므로

$\angle AEC=180^\circ-130^\circ=50^\circ$

$\angle CED=\frac{1}{2}\angle COD=\frac{1}{2}\times 84^\circ=42^\circ$

$\therefore \angle AED=50^\circ+42^\circ=92^\circ$ 답 92°

16 오른쪽 그림과 같이 $\overline{CF}$를 그으면

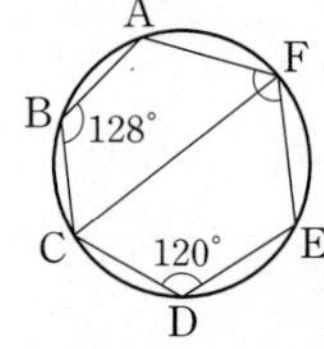

□ABCF가 원에 내접하므로

$\angle AFC=180^\circ-128^\circ=52^\circ$ … ❶

□CDEF가 원에 내접하므로

$\angle CFE=180^\circ-120^\circ=60^\circ$ … ❷

$\therefore \angle AFE=52^\circ+60^\circ=112^\circ$ … ❸

답 112°

채점 기준	배점
❶ $\angle AFC$의 크기 구하기	50%
❷ $\angle CFE$의 크기 구하기	30%
❸ $\angle AFE$의 크기 구하기	20%

17 □ABCD가 원에 내접하므로
$\angle DCQ=\angle BAD=\angle x$
△APD에서
$\angle PDQ=\angle x+36^\circ$
따라서 △CQD에서
$\angle x+24^\circ+(\angle x+36^\circ)=180^\circ$
$2\angle x=120^\circ \qquad \therefore \angle x=60^\circ$ 답 ①

18 □ABCD가 원에 내접하므로
$\angle ADP=\angle ABC=54^\circ$
△ABQ에서
$\angle PAQ=54^\circ+21^\circ=75^\circ$
따라서 △PAD에서
$\angle x=180^\circ-(54^\circ+75^\circ)=51^\circ$ 답 51°

19 $\angle QAB=180^\circ-117^\circ=63^\circ$
□ABCD가 원에 내접하므로
$\angle BCD=180^\circ-117^\circ=63^\circ$
△PBC에서 $\angle PBQ=30^\circ+63^\circ=93^\circ$
따라서 △AQB에서
$\angle x=180^\circ-(93^\circ+63^\circ)=24^\circ$ 답 24°

20 오른쪽 그림과 같이 $\overline{PQ}$를 그으면
□ABQP가 원 O에 내접하므로
$\angle PQC=\angle BAP=92^\circ$
□PQCD가 원 O′에 내접하므로
$\angle x=180^\circ-92^\circ=88^\circ$ 답 ③

21 $\angle x=2\angle BAP=2\times 62^\circ=124^\circ$ … ❶
□ABQP가 원 O에 내접하므로
$\angle PQC=\angle BAP=62^\circ$
□PQCD가 원 O′에 내접하므로
$\angle y=180^\circ-62^\circ=118^\circ$ … ❷
$\therefore \angle x+\angle y=124^\circ+118^\circ=242^\circ$ … ❸

답 242°

채점 기준	배점
❶ $\angle x$의 크기 구하기	30%
❷ $\angle y$의 크기 구하기	50%
❸ $\angle x+\angle y$의 크기 구하기	20%

22 오른쪽 그림과 같이 $\overline{CD}$, $\overline{EF}$를 그으면
□ABFE가 큰 원에 내접하므로

$\angle DEF=\angle ABF=74^\circ$
□EFCD가 작은 원에 내접하므로
$\angle DCP=\angle DEF=74^\circ$
이때 △PDC는 $\overline{PC}=\overline{PD}$인 이등변삼각형이므로
$\angle P=180^\circ-2\times 74^\circ=32^\circ$ 답 32°

23 ① $\angle BAC=\angle BDC$이므로 □ABCD는 원에 내접한다.
② $\angle DBC=53^\circ-25^\circ=28^\circ$
$\angle CAD=\angle CBD$이므로 □ABCD는 원에 내접한다.
③ $\angle ACD=180^\circ-(35^\circ+75^\circ)=70^\circ$
$\angle ABD\neq\angle ACD$이므로 □ABCD는 원에 내접하지 않는다.
④ $\angle ADC=180^\circ-80^\circ=100^\circ$
$\angle ABE\neq\angle ADC$이므로 □ABCD는 원에 내접하지 않는다.
⑤ $\angle ADC=180^\circ-(34^\circ+25^\circ)=121^\circ$이므로
$\angle ABC+\angle ADC=59^\circ+121^\circ=180^\circ$
따라서 □ABCD는 원에 내접한다. 답 ③, ④

24 △ABC에서
$\angle ABC=180^\circ-(62^\circ+41^\circ)=77^\circ$
□ABCD가 원에 내접하려면
$77^\circ+\angle ADC=180^\circ \qquad \therefore \angle ADC=103^\circ$ 답 103°

25 $\angle BAC=\angle BDC$이므로 □ABCD는 원에 내접한다.
따라서 $\angle ADC=\angle ABE=101^\circ$이므로
$\angle x+66^\circ=101^\circ \qquad \therefore \angle x=35^\circ$ 답 35°

26 △ABD에서
$\angle BAD=180^\circ-(48^\circ+42^\circ)=90^\circ$
즉, $\angle BAD=\angle DCF=90^\circ$이므로 □ABCD는 원에 내접한다.
따라서 $\angle ACD=\angle ABD=48^\circ$이므로 △CDE에서
$100^\circ=\angle x+48^\circ \qquad \therefore \angle x=52^\circ$ 답 52°

27 $\angle ADB=\angle AEB=90^\circ$이므로 □ABDE는 원에 내접한다.
같은 방법으로 □AFDC, □BCEF도 원에 내접한다.
또, $\angle AFG+\angle AEG=180^\circ$이므로 □AFGE는 원에 내접한다. 같은 방법으로 □BDGF, □CEGD도 원에 내접한다.
따라서 원에 내접하는 사각형은 모두 6개이다. 답 ④

28 오른쪽 그림과 같이 $\overline{OB}$를 그으면

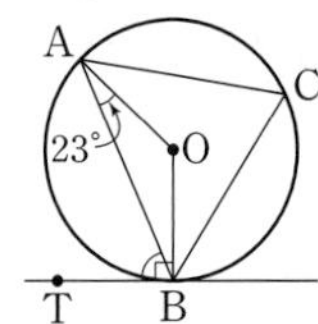

$\triangle OAB$에서 $\overline{OA}=\overline{OB}$이므로

$\angle AOB=180°-2\times 23°=134°$

$\therefore\ \angle ACB=\frac{1}{2}\angle AOB$

$=\frac{1}{2}\times 134°=67°$

직선 BT가 원 O의 접선이므로

$\angle ABT=\angle ACB=67°$

답 ③

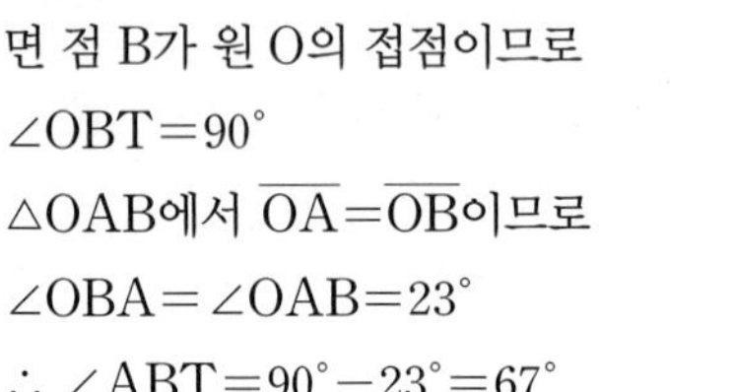

다른 풀이 오른쪽 그림과 같이 $\overline{OB}$를 그으면 점 B가 원 O의 접점이므로

$\angle OBT=90°$

$\triangle OAB$에서 $\overline{OA}=\overline{OB}$이므로

$\angle OBA=\angle OAB=23°$

$\therefore\ \angle ABT=90°-23°=67°$

29 오른쪽 그림과 같이 $\overline{AC}$를 그으면

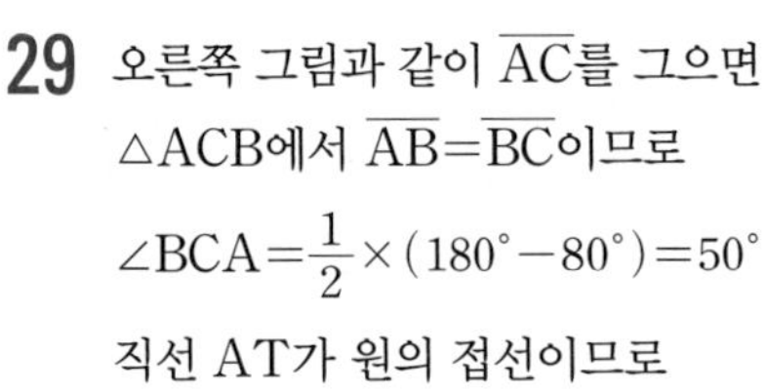

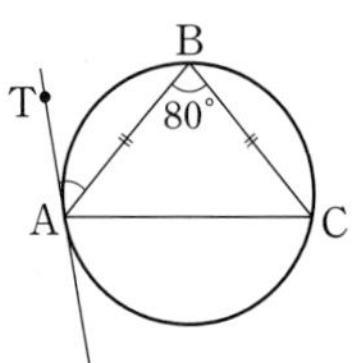

$\triangle ACB$에서 $\overline{AB}=\overline{BC}$이므로

$\angle BCA=\frac{1}{2}\times(180°-80°)=50°$

직선 AT가 원의 접선이므로

$\angle BAT=\angle BCA=50°$

답 $50°$

30 $\angle ACB:\angle BAC:\angle ABC=\widehat{AB}:\widehat{BC}:\widehat{CA}$

$=4:3:5$

이므로 $\angle ABC=180°\times\frac{5}{4+3+5}=75°$

직선 CT가 원의 접선이므로

$\angle ACT=\angle ABC=75°$

답 $75°$

31 $\triangle BPT$에서

$\angle BPT+\angle BTP=92°$

이때 $\overline{BP}=\overline{BT}$이므로

$\angle BTP=\frac{1}{2}\times 92°=46°$ … ❶

또, $\overline{PT}$는 원의 접선이므로

$\angle BAT=\angle BTP=46°$ … ❷

따라서 $\triangle ABT$에서

$\angle ATB=180°-(46°+92°)=42°$ … ❸

답 $42°$

채점 기준	배점
❶ $\angle BTP$의 크기 구하기	30%
❷ $\angle BAT$의 크기 구하기	40%
❸ $\angle ATB$의 크기 구하기	30%

32 직선 AT는 원 O의 접선이므로

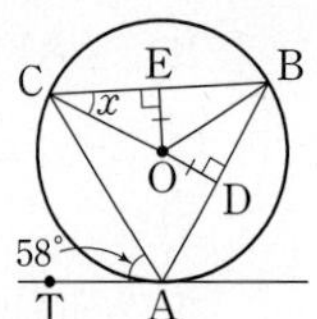

$\angle ABC=\angle CAT=58°$

오른쪽 그림과 같이 $\overline{OB}$를 그으면

$\triangle OBD$와 $\triangle OBE$에서

$\angle ODB=\angle OEB=90°$, $\overline{OB}$는 공통, $\overline{OD}=\overline{OE}$이므로

$\triangle OBD\equiv\triangle OBE$ (RHS 합동)

$\therefore\ \angle OBD=\angle OBE=\frac{1}{2}\times 58°=29°$

$\triangle OBC$에서 $\overline{OB}=\overline{OC}$이므로

$\angle x=\angle OBC=29°$

답 $29°$

33 $\angle ACB=\frac{1}{2}\angle AOB=\frac{1}{2}\times 128°=64°$

직선 TT′은 원 O의 접선이므로

$\angle x=\angle ACB=64°$

$\triangle OAB$에서 $\overline{OA}=\overline{OB}$이므로

$\angle OAB=\frac{1}{2}\times(180°-128°)=26°$

$\angle BAC=26°+50°=76°$이므로

$\angle y=\angle BAC=76°$

$\therefore\ \angle x+\angle y=64°+76°=140°$

답 ①

34 오른쪽 그림과 같이 $\overline{AB}$를 그으면 직선 PT는 원 O의 접선이므로

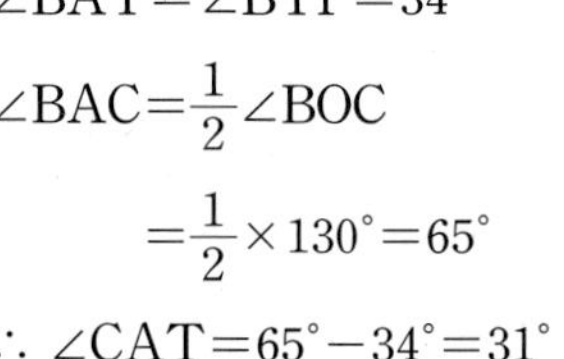

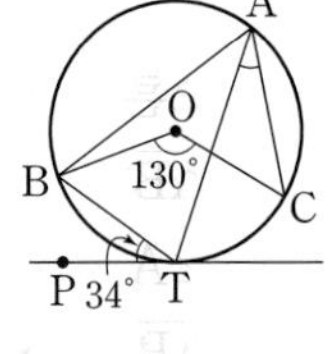

$\angle BAT=\angle BTP=34°$ … ❶

$\angle BAC=\frac{1}{2}\angle BOC$

$=\frac{1}{2}\times 130°=65°$

$\therefore\ \angle CAT=65°-34°=31°$ … ❷

답 $31°$

채점 기준	배점
❶ $\angle BAT$의 크기 구하기	60%
❷ $\angle CAT$의 크기 구하기	40%

35 직선 PQ는 원의 접선이므로

$\angle x=\angle ABP=50°$

□ABCD가 원에 내접하므로

$\angle ABC=180°-105°=75°$

즉, $\triangle ABC$에서

$\angle y=180°-(75°+50°)=55°$

$\therefore\ \angle y-\angle x=55°-50°=5°$

답 $5°$

36 오른쪽 그림과 같이 $\overline{AC}$를 그으면 직선 BP가 원의 접선이므로

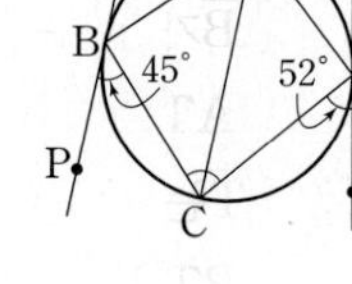

$\angle BAC=\angle CBP=45°$

직선 DQ가 원의 접선이므로

$\angle CAD=\angle CDQ=52°$

$\therefore\ \angle BAD=45°+52°=97°$

□ABCD가 원에 내접하므로

$\angle BCD=180°-97°=83°$

답 $83°$

37 □ABCD가 원에 내접하므로

$\angle x=180^\circ-104^\circ=76^\circ$

오른쪽 그림과 같이 $\overline{BD}$를 그으면

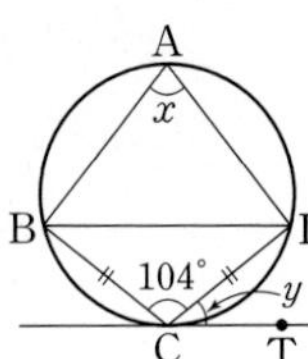

△BCD에서 $\overline{BC}=\overline{CD}$이므로

$\angle CBD=\frac{1}{2}\times(180^\circ-104^\circ)=38^\circ$

직선 CT는 원의 접선이므로

$\angle y=\angle CBD=38^\circ$

$\therefore \angle x+\angle y=76^\circ+38^\circ=114^\circ$

답 114°

38 오른쪽 그림과 같이 $\overline{AC}$를 그으면 직선 AT가 원의 접선이므로

$\angle ACD=\angle DAT=45^\circ$

$\angle ACB:\angle ACD=\widehat{AB}:\widehat{AD}=4:5$ 이므로

$\angle ACB:45^\circ=4:5 \qquad \therefore \angle ACB=36^\circ$

$\therefore \angle BCD=36^\circ+45^\circ=81^\circ$

 81°

39 오른쪽 그림과 같이 $\overline{BT}$를 그으면

$\overline{AB}$가 원 O의 지름이므로

$\angle ATB=90^\circ$

$\overline{AP}=\overline{AT}$이므로

$\angle ATP=\angle APT=\angle x$

직선 PT가 원 O의 접선이므로

$\angle ABT=\angle ATP=\angle x$

따라서 △BPT에서

$\angle x+\angle x+(\angle x+90^\circ)=180^\circ$

$3\angle x=90^\circ \qquad \therefore \angle x=30^\circ$

 30°

40 $\overline{BC}$가 원의 지름이므로

$\angle BAC=90^\circ$

$\angle ACB:\angle BAC=\widehat{AB}:\widehat{BC}=3:5$이므로

$\angle ACB:90^\circ=3:5 \qquad \therefore \angle ACB=54^\circ$

△ABC에서

$\angle ABC=180^\circ-(90^\circ+54^\circ)=36^\circ$

직선 AT는 원 O의 접선이므로

$\angle CAT=\angle ABC=36^\circ$

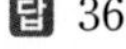 36°

41 오른쪽 그림과 같이 $\overline{BT}$를 그으면

$\overline{AB}$가 원 O의 지름이므로

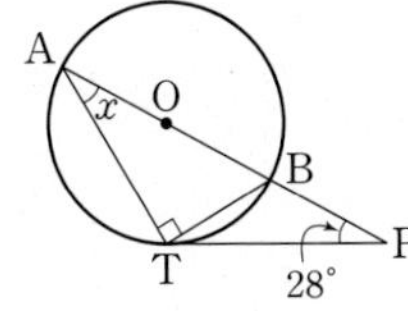

$\angle ATB=90^\circ$

$\overline{PT}$는 원 O의 접선이므로

$\angle BTP=\angle BAT=\angle x$

따라서 △ATP에서

$\angle x+(90^\circ+\angle x)+28^\circ=180^\circ$

$2\angle x=62^\circ \qquad \therefore \angle x=31^\circ$

답 31°

42 △CFE에서 $\overline{CE}=\overline{CF}$이므로

$\angle CEF=\frac{1}{2}\times(180^\circ-64^\circ)=58^\circ$

$\overline{BC}$가 원 O의 접선이므로

$\angle EDF=\angle CEF=58^\circ$

따라서 △DEF에서

$\angle DFE=180^\circ-(50^\circ+58^\circ)=72^\circ$

답 72°

43 직선 PD가 원의 접선이므로

$\angle ABC=\angle CAD=55^\circ$

$\therefore \angle PBA=180^\circ-(55^\circ+61^\circ)=64^\circ$

△PAB에서 $\overline{PA}=\overline{PB}$이므로

$\angle P=180^\circ-2\times64^\circ=52^\circ$

답 52°

44 △ADF에서 $\overline{AD}=\overline{AF}$이므로

$\angle ADF=\frac{1}{2}\times(180^\circ-70^\circ)=55^\circ$

$\overline{AB}$가 원 O의 접선이므로

$\angle x=\angle ADF=55^\circ$ … ❶

$\therefore \angle BDE=180^\circ-(55^\circ+60^\circ)=65^\circ$

△BED에서 $\overline{BD}=\overline{BE}$이므로

$\angle y=180^\circ-2\times65^\circ=50^\circ$ … ❷

$\therefore \angle x+\angle y=55^\circ+50^\circ=105^\circ$ … ❸

답 105°

채점 기준	배점
❶ $\angle x$의 크기 구하기	40%
❷ $\angle y$의 크기 구하기	40%
❸ $\angle x+\angle y$의 크기 구하기	20%

45 직선 PD가 원의 접선이므로

$\angle ABC=\angle CAD=72^\circ$

$\overline{PD}\,/\!/\,\overline{BC}$이므로

$\angle PAB=\angle ABC=72^\circ$ (엇각)

△PAB에서 $\overline{PA}=\overline{PB}$이므로

$\angle P=180^\circ-2\times72^\circ=36^\circ$

답 36°

46 △ABT에서

$\angle ABT=180^\circ-(66^\circ+26^\circ)=88^\circ$

오른쪽 그림과 같이 접점 T를 지나는 접선 PQ를 그으면 직선 PQ가 큰 원의 접선이므로

$\angle ATP=\angle ABT=88^\circ$

$\therefore \angle CTQ=\angle ATP=88^\circ$ (맞꼭지각)

직선 PQ가 작은 원의 접선이므로

$\angle CDT=\angle CTQ=88^\circ$

답 88°

47 직선 PQ가 작은 원의 접선이므로

$\angle CTP=\angle CDT=60^\circ$ … ❶

직선 PQ가 큰 원의 접선이므로

$\angle ABT=\angle ATP=60^\circ$ … ❷

따라서 $\triangle ATB$에서

$\angle ATB=180^\circ-(56^\circ+60^\circ)=64^\circ$ … ❸

답 64°

채점 기준	배점
❶ $\angle CTP$의 크기 구하기	40%
❷ $\angle ABT$의 크기 구하기	40%
❸ $\angle ATB$의 크기 구하기	20%

48 ① $\angle ATB=\angle CTD$ (맞꼭지각)

② 직선 PQ가 두 원의 접선이므로

$\angle ABT=\angle ATP=\angle CTQ=\angle CDT$

③ 직선 PQ가 두 원의 접선이므로

$\angle BAT=\angle BTQ=\angle DTP=\angle DCT$

④ 엇각의 크기가 같으므로

$\overline{AB}/\!/\overline{CD}$

⑤ $\triangle ABT$와 $\triangle CDT$에서

$\angle ABT=\angle CDT$, $\angle BAT=\angle DCT$이므로

$\triangle ABT \backsim \triangle CDT$ (AA 닮음)

$\therefore \overline{AB}:\overline{CD}=\overline{AT}:\overline{CT}$

답 ②

49 ① $\angle DCA=\angle ABD=58^\circ$

$\triangle PCD$에서

$\angle PDC=180^\circ-(58^\circ+58^\circ)=64^\circ$

$\therefore \angle ABD\neq\angle PDC$

따라서 엇각의 크기가 다르므로 $\overline{AB}$와 $\overline{CD}$는 평행하지 않다.

② □ABQP가 큰 원에 내접하므로

$\angle BAP=\angle PQC$

□PQCD가 작은 원에 내접하므로

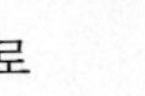

$\angle PQC=\angle CDE$

$\therefore \angle BAP=\angle CDE$

따라서 동위각의 크기가 같으므로 $\overline{AB}/\!/\overline{CD}$이다.

③ 직선 PQ가 두 원의 접선이므로

$\angle BAT=\angle BTQ=\angle DTP=\angle DCT$

$\therefore \angle BAT=\angle DCT$

따라서 엇각의 크기가 같으므로 $\overline{AB}/\!/\overline{CD}$이다.

④ 직선 PQ가 두 원의 접선이므로

$\angle ABT=\angle DTP=\angle DCT$

따라서 동위각의 크기가 같으므로 $\overline{AB}/\!/\overline{CD}$이다.

⑤ 직선 CE가 원 O의 접선이므로

$\angle DBC=\angle DCE=53^\circ$

$\overline{BD}$가 원 O의 지름이므로

$\angle BCD=90^\circ$

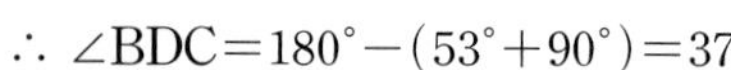

$\therefore \angle BDC=180^\circ-(53^\circ+90^\circ)=37^\circ$

$\therefore \angle ABD=\angle BDC$

따라서 엇각의 크기가 같으므로 $\overline{AB}/\!/\overline{CD}$이다.

답 ①

50 직선 TT′은 원 O의 접선이므로 오른쪽 그림과 같이 $\overline{AB}$를 그으면

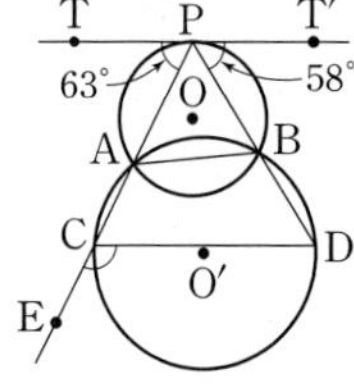

$\angle ABP=\angle APT=63^\circ$

□ACDB가 원 O′에 내접하므로

$\angle ACD=\angle ABP=63^\circ$

$\therefore \angle DCE=180^\circ-63^\circ=117^\circ$

답 117°

51 직선 PQ가 큰 원의 접선이므로

$\angle ATP=\angle ABT=52^\circ$

직선 PQ가 작은 원의 접선이므로

$\angle CDT=\angle CTP=52^\circ$

따라서 $\triangle CTD$에서

$\angle ACD=70^\circ+52^\circ=122^\circ$

답 122°

Real 실전 유형 again 40~45쪽

06 대푯값과 산포도

01 4개의 변량 a, b, c, d의 평균이 3이므로

$\frac{a+b+c+d}{4}=3$　　$\therefore a+b+c+d=12$

따라서 5개의 변량 a, b, c, d, 4의 평균은

$\frac{a+b+c+d+4}{5}=\frac{12+4}{5}=\frac{16}{5}=3.2$　　답 3.2

02 $\frac{63+54+72+66+58+44+77}{7}=\frac{434}{7}=62$(회)

답 62회

03 3개의 변량 x, y, z의 평균이 12이므로

$\frac{x+y+z}{3}=12$　　$\therefore x+y+z=36$

따라서 4개의 변량 $2x+1$, $2y-5$, $2z+3$, 11의 평균은

$\frac{(2x+1)+(2y-5)+(2z+3)+11}{4}$

$=\frac{2(x+y+z)+10}{4}=\frac{2\times36+10}{4}$

$=\frac{82}{4}=20.5$　　답 ②

04 전체 학생이 15명이므로 손을 씻은 횟수가 11회인 학생을 x명이라 하면

$4+2+6+x+1=15$　　$\therefore x=2$　　… ❶

따라서 손을 씻은 횟수의 평균은

$\frac{8\times4+9\times2+10\times6+11\times2+12\times1}{15}$

$=\frac{144}{15}=9.6$(회)　　… ❷

답 9.6회

채점 기준	배점
❶ 손을 씻은 횟수가 11회인 학생 수 구하기	30%
❷ 평균 구하기	70%

05 A 모둠 학생들의 맥박 수를 작은 값부터 크기순으로 나열하면

75, 76, 80, 82, 88, 91

이므로 $x=\frac{80+82}{2}=81$

B 모둠 학생들의 맥박 수를 작은 값부터 크기순으로 나열하면

69, 72, 75, 79, 81, 86, 90

이므로 $y=79$

$\therefore x-y=81-79=2$　　답 ⑤

06 전체 변량이 20개이므로 중앙값은 10번째와 11번째 값의 평균이다.

$\therefore \frac{28+29}{2}=28.5$(세)　　답 28.5세

07 11명의 회원들의 키의 중앙값은 작은 값부터 크기순으로 나열할 때 6번째 키이므로 6번째 키는 186 cm이다.

이때 가입한 회원의 키 180 cm는 5번째 키보다 작으므로 12명의 회원의 키를 작은 값부터 크기순으로 나열할 때 6번째 키는 183 cm, 7번째 키는 186 cm이다.

따라서 구하는 중앙값은

$\frac{183+186}{2}=184.5$(cm)　　답 184.5 cm

08 (평균)$=\frac{8+4+7+10+8+6+8+7+12+5}{10}$

$=\frac{75}{10}=7.5$(개)

$\therefore a=7.5$

구독하는 채널의 수를 작은 값부터 크기순으로 나열하면

4, 5, 6, 7, 7, 8, 8, 8, 10, 12

이므로 중앙값은 $\frac{7+8}{2}=7.5$(개), 최빈값은 8개이다.

$\therefore b=7.5$, $c=8$

$\therefore a+b+c=7.5+7.5+8=23$　　답 23

09 전체 학생이 32명이므로 B형인 학생은

$32-(9+8+3)=12$(명)

따라서 최빈값은 B형이다.　　답 B형

10 영화 A의 평점의 평균은

$\frac{7+8+10+7+8+8+9}{7}=\frac{57}{7}$(점)

영화 A의 평점을 작은 값부터 크기순으로 나열하면

7, 7, 8, 8, 8, 9, 10

이므로 중앙값은 8점이고, 최빈값도 8점이다.

영화 B의 평점의 평균은

$\frac{5+7+8+7+6+7+8}{7}=\frac{48}{7}$(점)

영화 B의 평점을 작은 값부터 크기순으로 나열하면

5, 6, 7, 7, 7, 8, 8

이므로 중앙값은 7점이고, 최빈값도 7점이다.

영화 C의 평점의 평균은

$\frac{9+10+9+7+8+9+10+6}{8}=\frac{68}{8}=8.5$(점)

영화 C의 평점을 작은 값부터 크기순으로 나열하면

6, 7, 8, 9, 9, 9, 10, 10

이므로 중앙값은 $\frac{9+9}{2}=9$(점), 최빈값은 9점이다.

③ 영화 C의 평점의 평균은 중앙값보다 낮다.　　답 ③

11 평균이 19분이므로

$\frac{16+25+18+20+24+11+17+x}{8}=19$

$131+x=152 \qquad \therefore x=21$

답 21

12 변량 26, 9, 17, x, 즉 9, 17, 26, x의 중앙값이 15이므로 x는 9와 17 사이의 수이어야 한다.

변량을 작은 값부터 크기순으로 나열하면

9, x, 17, 26

이고 중앙값은 2번째와 3번째 값의 평균이므로

$\frac{x+17}{2}=15$, $x+17=30 \qquad \therefore x=13$

답 13

13 독서한 시간의 평균이 28분이므로

$\frac{a+25+35+14+30+20+40}{7}=28$

$164+a=196 \qquad \therefore a=32$ … ❶

변량을 작은 값부터 크기순으로 나열하면

14, 20, 25, 30, 32, 35, 40

이므로 중앙값은 30분이다.

$\therefore x=30$ … ❷

$\therefore a+x=32+30=62$ … ❸

답 62

채점 기준	배점
❶ a의 값 구하기	40%
❷ x의 값 구하기	40%
❸ $a+x$의 값 구하기	20%

14 최빈값이 10이므로 나머지 3개의 변량 중 10이 2개 이상이어야 한다.

6개의 변량을 5, 6, 8, 10, 10, a라 하면

$\frac{5+6+8+10+10+a}{6}=10$

$39+a=60 \qquad \therefore a=21$

따라서 6개의 변량 중 가장 큰 값은 21이다.

답 21

15 편차의 합은 항상 0이므로

$-5+0+3+(-2)+x=0 \qquad \therefore x=4$

(변량)=(편차)+(평균)이므로 금요일에 통근 버스를 기다린 시간은

4+8=12(분)

답 12분

16 ① 편차의 합은 항상 0이므로

$-0.5+1+0.8+x+(-1.2)=0$

$\therefore x=-0.1$

② A의 편차는 −0.5초이고 E의 편차는 −1.2초이므로 편차가 더 작은 E의 기록이 더 좋다.

③ 평균보다 기록이 더 좋으려면 편차가 음수이어야 하므로 A, D, E의 3명이다.

④ 편차가 클수록 기록이 안 좋으므로 기록이 가장 안 좋은 학생은 B이다.

⑤ 평균에 가까울수록 편차의 절댓값이 작으므로 평균에 가장 가까운 학생은 D이다.

답 ④

17 (평균)$=\frac{47+48+55+52+45+53}{6}$

$=\frac{300}{6}=50$(세)

이므로 편차를 차례대로 구하면

$47-50=-3$(세), $48-50=-2$(세),

$55-50=5$(세), $52-50=2$(세),

$45-50=-5$(세), $53-50=3$(세)

답 ③

18 편차의 합은 항상 0이므로

$-3+2+(-1)+(-1)+x=0 \qquad \therefore x=3$

(분산)$=\frac{(-3)^2+2^2+(-1)^2+(-1)^2+3^2}{5}$

$=\frac{24}{5}=4.8$

$\therefore$ (표준편차)$=\sqrt{4.8}$(개)

답 $\sqrt{4.8}$개

19 (평균)$=\frac{2+4+1+2+1}{5}=\frac{10}{5}=2$(개)이므로

(분산)$=\frac{0^2+2^2+(-1)^2+0^2+(-1)^2}{5}$

$=\frac{6}{5}=1.2$

답 ②

20 주어진 변량의 평균이 14이므로

$\frac{11+13+15+a}{4}=14$

$39+a=56 \qquad \therefore a=17$

$\therefore$ (분산)$=\frac{(-3)^2+(-1)^2+1^2+3^2}{4}$

$=\frac{20}{4}=5$

답 ③

21 (평균)$=\frac{(x+3)+7+(2x-1)}{3}$

$=\frac{3x+9}{3}=x+3$ … ❶

$\therefore$ (분산)$=\frac{0^2+(4-x)^2+(x-4)^2}{3}$

$=\frac{2(x-4)^2}{3}$ … ❷

따라서 $\frac{2(x-4)^2}{3}=6$이므로

$(x-4)^2=9$, $x-4=\pm 3$

$\therefore x=1$ 또는 $x=7$ … ❸

답 1, 7

채점 기준	배점
❶ 평균을 x를 사용하여 나타내기	30%
❷ 분산을 x를 사용하여 나타내기	30%
❸ x의 값 구하기	40%

22 변량 x, y, 4, 6, 7, 10의 평균이 6이므로

$\frac{x+y+4+6+7+10}{6}=6$, $x+y+27=36$

$\therefore x+y=9$ ⋯ ㉠

또, 분산이 9이므로

$\frac{(x-6)^2+(y-6)^2+(-2)^2+0^2+1^2+4^2}{6}=9$

$(x-6)^2+(y-6)^2+21=54$

$\therefore x^2+y^2-12(x+y)+93=54$

위의 식에 ㉠을 대입하면

$x^2+y^2-12\times 9+93=54$

$\therefore x^2+y^2=69$

답 ⑤

23 분산이 13이므로

$\frac{(-5)^2+(a-8)^2+(b-8)^2+(c-8)^2+(d-8)^2}{5}=13$

$25+(a-8)^2+(b-8)^2+(c-8)^2+(d-8)^2=65$

$\therefore (a-8)^2+(b-8)^2+(c-8)^2+(d-8)^2=40$

답 40

24 편차의 합은 항상 0이므로

$6+(-5)+3+x+(-2)+y=0$

$\therefore x+y=-2$ ⋯ ❶

또, 분산이 14이므로

$\frac{6^2+(-5)^2+3^2+x^2+(-2)^2+y^2}{6}=14$

$x^2+y^2+74=84$ $\therefore x^2+y^2=10$ ⋯ ❷

$(x+y)^2=x^2+y^2+2xy$이므로

$(-2)^2=10+2xy$ $\therefore xy=-3$ ⋯ ❸

답 -3

채점 기준	배점
❶ $x+y$의 값 구하기	30%
❷ x^2+y^2의 값 구하기	40%
❸ xy의 값 구하기	30%

25 변량 x, y, 8의 평균이 6이므로

$\frac{x+y+8}{3}=6$, $x+y+8=18$

$\therefore x+y=10$ ⋯ ㉠

또, 표준편차가 $\sqrt{6}$이므로 분산은 $(\sqrt{6})^2=6$이다. 즉,

$\frac{(x-6)^2+(y-6)^2+2^2}{3}=6$

이므로 $(x-6)^2+(y-6)^2+4=18$

$\therefore x^2+y^2-12(x+y)+76=18$

위의 식에 ㉠을 대입하면

$x^2+y^2-12\times 10+76=18$

$\therefore x^2+y^2=62$

$(x+y)^2=x^2+y^2+2xy$이므로

$10^2=62+2xy$ $\therefore xy=19$

답 19

26 변량 a, b, c, d의 평균이 5이므로

$\frac{a+b+c+d}{4}=5$ $\therefore a+b+c+d=20$

또, 분산이 16이므로

$\frac{(a-5)^2+(b-5)^2+(c-5)^2+(d-5)^2}{4}=16$

$\therefore (a-5)^2+(b-5)^2+(c-5)^2+(d-5)^2=64$

이때 변량 $a-2$, $b-2$, $c-2$, $d-2$에 대하여

$(\text{평균})=\frac{(a-2)+(b-2)+(c-2)+(d-2)}{4}$

$=\frac{a+b+c+d-8}{4}=\frac{20-8}{4}=\frac{12}{4}=3$

$(\text{분산})=\frac{1}{4}\{(a-2-3)^2+(b-2-3)^2+(c-2-3)^2+(d-2-3)^2\}$

$=\frac{1}{4}\{(a-5)^2+(b-5)^2+(c-5)^2+(d-5)^2\}$

$=\frac{1}{4}\times 64=16$

$\therefore (\text{표준편차})=\sqrt{16}=4$

답 ②

27 변량 a, b, c, d, e의 평균이 4이므로

$\frac{a+b+c+d+e}{5}=4$

$\therefore a+b+c+d+e=20$

또, 표준편차가 3이므로 분산은 $3^2=9$이다. 즉,

$\frac{(a-4)^2+(b-4)^2+(c-4)^2+(d-4)^2+(e-4)^2}{5}=9$

$\therefore (a-4)^2+(b-4)^2+(c-4)^2+(d-4)^2+(e-4)^2=45$

이때 변량 $a+10$, $b+10$, $c+10$, $d+10$, $e+10$에 대하여

$(\text{평균})=\frac{(a+10)+(b+10)+(c+10)+(d+10)+(e+10)}{5}$

$=\frac{a+b+c+d+e+50}{5}=\frac{20+50}{5}=\frac{70}{5}=14$

(분산)

$=\frac{1}{5}\{(a+10-14)^2+(b+10-14)^2+(c+10-14)^2+(d+10-14)^2+(e+10-14)^2\}$

$=\frac{1}{5}\{(a-4)^2+(b-4)^2+(c-4)^2+(d-4)^2+(e-4)^2\}$

$=\frac{1}{5}\times 45=9$

$(\text{표준편차})=\sqrt{9}=3$

따라서 $m=14$, $n=3$이므로

$m+n=14+3=17$

답 17

28 변량 x, y, z의 평균이 2이므로

$\frac{x+y+z}{3}=2 \qquad \therefore x+y+z=6$

또, 표준편차가 2이므로 분산은 $2^2=4$이다. 즉,

$\frac{(x-2)^2+(y-2)^2+(z-2)^2}{3}=4$

$\therefore (x-2)^2+(y-2)^2+(z-2)^2=12$

이때 변량 $1-x$, $1-y$, $1-z$에 대하여

$$(\text{평균})=\frac{(1-x)+(1-y)+(1-z)}{3}=\frac{3-(x+y+z)}{3}=\frac{3-6}{3}=\frac{-3}{3}=-1$$

$$(\text{분산})=\frac{(1-x+1)^2+(1-y+1)^2+(1-z+1)^2}{3}=\frac{(2-x)^2+(2-y)^2+(2-z)^2}{3}=\frac{12}{3}=4$$

$(\text{표준편차})=\sqrt{4}=2$ 답 ②

29 남학생의 $(\text{편차})^2$의 총합은 $8^2\times10=640$

여학생의 $(\text{편차})^2$의 총합은 $6^2\times10=360$

따라서 이 반 전체의 수학 점수의 분산은

$\frac{640+360}{10+10}=50$

$\therefore (\text{표준편차})=\sqrt{50}=5\sqrt{2}$(점) 답 ③

30 남학생의 평균이 35회이므로 남학생의 총 횟수는

$200\times35=7000$(회)

여학생의 평균이 32회이므로 여학생의 총 횟수는

$250\times32=8000$(회)

따라서 3학년 전체 학생의 윗몸 일으키기 횟수의 평균은

$\frac{7000+8000}{200+250}=\frac{15000}{450}=\frac{100}{3}$(회) 답 $\frac{100}{3}$회

31 2개의 수의 $(\text{편차})^2$의 총합은

$6\times2=12$ …❶

3개의 수의 $(\text{편차})^2$의 총합은

$8\times3=24$ …❷

따라서 5개의 수 전체의 분산은

$\frac{12+24}{5}=\frac{36}{5}=7.2$

이므로 표준편차는 $\sqrt{7.2}$이다. …❸

답 $\sqrt{7.2}$

채점 기준	배점
❶ 2개의 수의 $(\text{편차})^2$의 총합 구하기	25%
❷ 3개의 수의 $(\text{편차})^2$의 총합 구하기	25%
❸ 전체의 표준편차 구하기	50%

32 ⑤ 표준편차가 작을수록 자료가 고르다. 답 ⑤

33 변량이 중복되어 나타나는 자료이므로 대푯값으로 최빈값이 가장 적당하다. 답 ③

34 ㄷ. 분산이 작을수록 표준편차가 작으므로 자료의 분포 상태가 고르다.

ㄹ. 변량이 모두 같은 경우에 분산은 0이므로 분산은 음이 아닌 수이다.

따라서 옳은 것은 ㄱ, ㄴ, ㄷ이다. 답 ㄱ, ㄴ, ㄷ

35 ① 당도의 편차의 합은 항상 0이므로 모두 같다.

② C 과수원의 당도의 평균이 가장 높으므로 당도가 가장 높은 편이다.

③ D 과수원의 당도의 표준편차가 가장 작으므로 당도가 가장 고르다.

④ A 과수원의 당도의 평균이 D 과수원의 당도의 평균보다 낮으므로 사과의 당도가 더 낮은 편이다.

⑤ E 과수원의 당도의 표준편차가 B 과수원의 당도의 표준편차보다 작으므로 당도가 더 고르다. 답 ④

36 변량 간의 격차가 작을수록 표준편차가 작으므로

$c<a<b$ 답 $c<a<b$

다른풀이 A, B, C의 점수의 평균은 모두 9점이므로

$a^2=\frac{(-1)^2+0^2+0^2+0^2+1^2}{5}=\frac{2}{5}=0.4$

$b^2=\frac{(-1)^2+(-1)^2+0^2+1^2+1^2}{5}=\frac{4}{5}=0.8$

$c^2=0$

$\therefore c<a<b$

37 A, B 편의점 중 변량 간의 차이가 더 작은 B 편의점의 표준편차가 더 작으므로 B 편의점의 판매량이 더 고르다.

답 B 편의점

38 윤영이의 점수의 평균이 8점이므로

$\frac{9+8+7+a+6}{5}=8$

$30+a=40 \qquad \therefore a=10$

따라서 윤영이의 점수의 분산은

$\frac{1^2+0^2+(-1)^2+2^2+(-2)^2}{5}=\frac{10}{5}=2$

이므로 표준편차는 $\sqrt{2}$점이다. …❶

하영이의 점수의 평균도 8점이므로

$\frac{10+10+b+8+8}{5}=8$

$36+b=40 \qquad \therefore b=4$

따라서 하영이의 점수의 분산은

$\frac{2^2+2^2+(-4)^2+0^2+0^2}{5}=\frac{24}{5}=4.8$

이므로 표준편차는 $\sqrt{4.8}$점이다. … ❷

따라서 윤영이의 표준편차가 하영이의 표준편차보다 작으므로 윤영이의 점수가 하영이의 점수보다 더 고르다. … ❸

답 윤영

채점 기준	배점
❶ 윤영이의 표준편차 구하기	40%
❷ 하영이의 표준편차 구하기	40%
❸ 점수가 더 고른 사람 말하기	20%

39 ㄱ. A반의 전체 학생은

$2+4+6+4+2=18$(명)

B반의 전체 학생은

$3+3+6+3+3=18$(명)

즉, 두 반의 학생 수는 같다.

ㄴ. A반의 평균은

$$\frac{4\times2+5\times4+6\times6+7\times4+8\times2}{18}=\frac{108}{18}=6(\text{권})$$

B반의 평균은

$$\frac{4\times3+5\times3+6\times6+7\times3+8\times3}{18}=\frac{108}{18}=6(\text{권})$$

즉, 두 반의 평균은 같다.

ㄷ. A반의 분산은

$$\frac{(-2)^2\times2+(-1)^2\times4+0^2\times6+1^2\times4+2^2\times2}{18}$$

$$=\frac{24}{18}=\frac{4}{3}$$

이므로 표준편차는 $\sqrt{\frac{4}{3}}=\frac{2\sqrt{3}}{3}$(권)

B반의 분산은

$$\frac{(-2)^2\times3+(-1)^2\times3+0^2\times6+1^2\times3+2^2\times3}{18}$$

$$=\frac{30}{18}=\frac{5}{3}$$

이므로 표준편차는 $\sqrt{\frac{5}{3}}=\frac{\sqrt{15}}{3}$(권)

즉, A반의 표준편차가 B반의 표준편차보다 작으므로 A반의 분포가 B반의 분포보다 더 고르다.

따라서 옳은 것은 ㄱ, ㄷ이다. 답 ㄱ, ㄷ

46~48쪽

07 상관관계

01 ① 음악 성적이 90점인 학생 수는 오른쪽 산점도에서 직선 l 위의 점의 개수와 같으므로 6명이다.

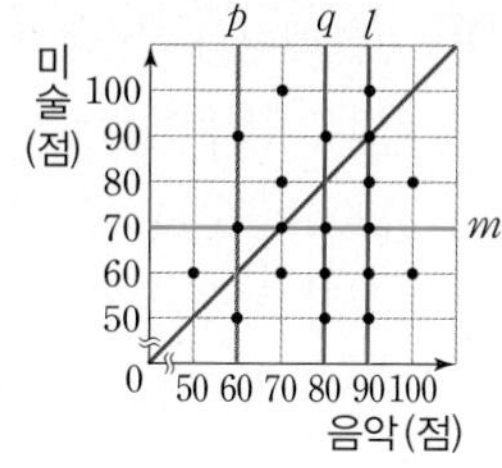

② 미술 점수가 70점 이하인 학생 수는 오른쪽의 산점도에서 직선 m 위의 점의 개수와 직선 m의 아래쪽에 있는 점의 개수의 합과 같으므로 12명이다.

③ 음악 성적이 60점 이상 80점 이하인 학생 수는 위의 산점도에서 두 직선 p, q 위의 점의 개수와 두 직선 p, q 사이에 있는 점의 개수의 합과 같으므로 11명이다.

④ 음악 성적과 미술 성적이 같은 학생 수는 위의 산점도에서 오른쪽 위로 향하는 대각선 위의 점의 개수와 같으므로 2명이다.

⑤ 미술 성적이 음악 성적보다 좋은 학생 수는 위의 산점도에서 오른쪽 위로 향하는 대각선의 위쪽에 있는 점의 개수와 같으므로 7명이다.

$\therefore \frac{7}{20}\times100=35(\%)$

답 ⑤

02 7월과 8월 평균 기온이 모두 25 ℃ 이하인 도시의 개수는 오른쪽 산점도에서 색칠한 부분(경계선 포함)에 속하는 점의 개수와 같으므로 3개이다. 답 3개

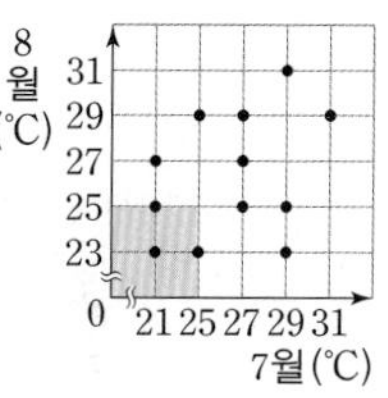

03 기말고사에서 성적이 향상된 학생 수는 오른쪽 산점도에서 오른쪽 위로 향하는 대각선의 위쪽에 있는 점의 개수와 같으므로 6명이다.

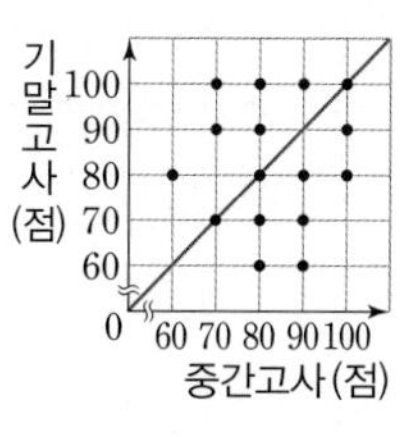

$\therefore \frac{6}{16}\times100=37.5(\%)$

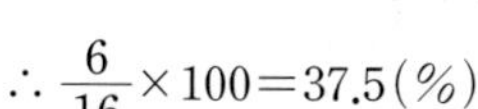

답 37.5 %

04 공부 시간이 5시간 이상인 학생 수는 오른쪽 산점도에서 색칠한 부분(경계선 포함)에 속하는 점의 개수와 같으므로 8명이다. … ❶

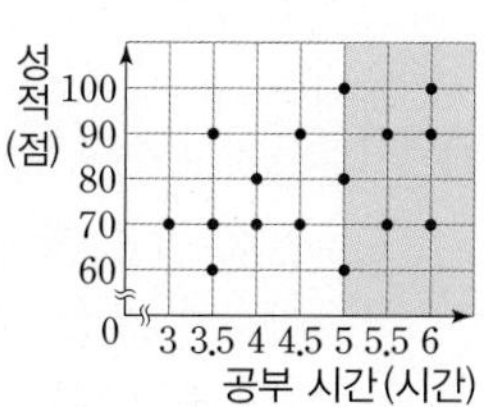

이 점들이 나타내는 학생들의 성적의 평균은

$$\frac{60+70\times2+80+90\times2+100\times2}{8}$$

$=\frac{660}{8}=82.5$(점) … ❷

답 82.5점

채점 기준	배점
❶ 공부 시간이 5시간 이상인 학생 수 구하기	50%
❷ 공부 시간이 5시간 이상인 학생들의 성적의 평균 구하기	50%

05 1프레임과 2프레임에서 적어도 한 번은 볼링핀을 8개 이상 쓰러뜨린 손님의 수는 오른쪽 산점도에서 색칠한 부분(경계선 포함)에 속하는 점의 개수와 같으므로 7명이다.

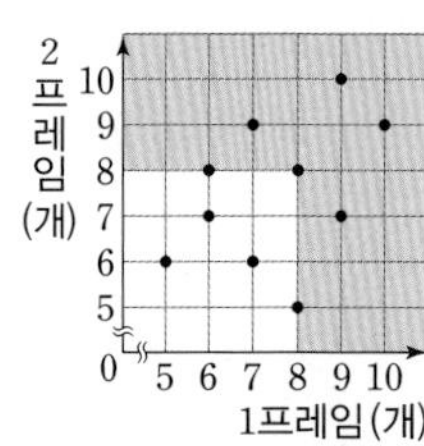

답 7명

06 A를 받으려면 성공한 자유투의 개수의 합이 17개 이상이어야 하므로 A를 받는 학생 수는 오른쪽 산점도에서 색칠한 부분(경계선 포함)에 속하는 점의 개수와 같다.
따라서 구하는 학생은 4명이다.

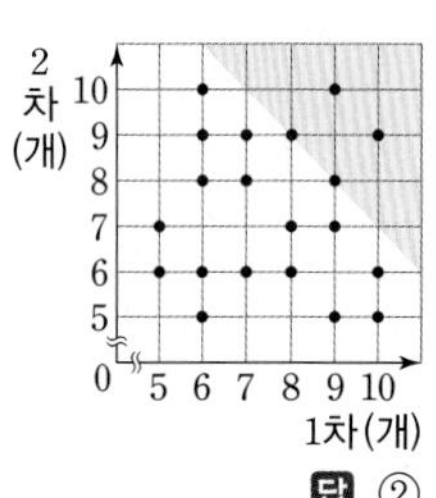

답 ②

07 (1) 작년과 올해 감상한 영화의 편수의 차가 1편 이하인 회원의 수는 오른쪽 산점도에서 색칠한 부분(경계선 포함)에 속하는 점의 개수와 같으므로 7명이다.

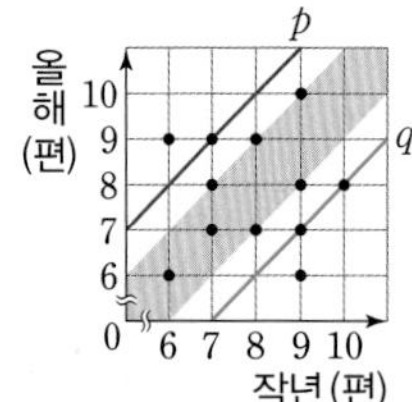

(2) 작년과 올해 감상한 영화의 편수의 차가 2편인 회원의 수는 위의 산점도에서 두 직선 p, q 위의 점의 개수의 합과 같으므로 3명이다.

$\therefore \frac{3}{12}\times 100=25(\%)$

답 (1) 7명 (2) 25 %

08 전반전과 후반전의 평균 득점이 13골 이상이려면 득점의 합이 26골 이상이어야 한다.
득점의 합이 26골 이상인 선수의 수는 오른쪽 산점도에서 색칠한 부분(경계선 포함)에 속하는 점의 개수와 같으므로 3명이다.

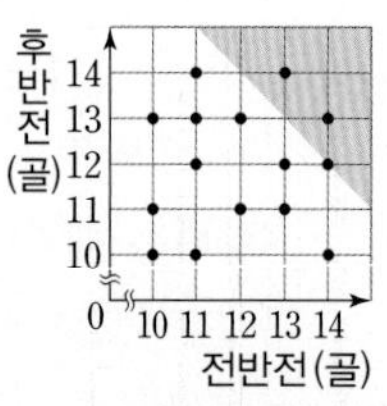

$\therefore \frac{3}{15}\times 100=20(\%)$

답 20 %

09 (1) 듣기 점수와 말하기 점수의 차가 가장 작은 학생은 듣기 점수와 말하기 점수가 같은 학생이므로 오른쪽 산점도에서 오른쪽 위로 향하는 대각선 위의 점의 개수와 같다. 따라서 구하는 학생은 4명이다.

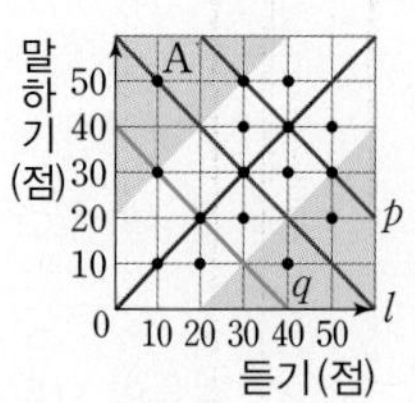

(2) 위의 산점도에서 오른쪽 위로 향하는 대각선에서 멀리 떨어질수록 듣기 점수와 말하기 점수의 차가 크므로 A의 점수의 차가 가장 크고 A의 듣기 점수는 10점이다.

(3) ① 재석이네 반 학생 수는 산점도의 점의 개수와 같으므로 16명이다.

② 영어 점수가 60점인 학생 수는 산점도에서 직선 l의 위의 점의 개수와 같으므로 2명이다.

③ 영어 점수가 80점 이상인 학생 수는 산점도에서 직선 p 위의 점의 개수와 직선 p의 위쪽에 있는 점의 개수의 합과 같으므로 5명이다.
또, 영어 점수가 40점 이하인 학생 수는 산점도에서 직선 q 위의 점의 개수와 직선 q의 아래쪽에 있는 점의 개수의 합과 같으므로 4명이다.
따라서 영어 점수가 80점 이상인 학생은 40점 이하인 학생보다 많다.

④ 듣기 점수와 말하기 점수의 차가 20점 이상인 학생 수는 산점도에서 색칠한 부분(경계선 포함)에 속하는 점의 개수와 같으므로 6명이다.

$\therefore \frac{6}{16}\times 100=37.5(\%)$

⑤ 전체 학생의 25 % 이내인 학생은 $16\times\frac{25}{100}=4$(명)
따라서 영어 점수가 하위 25 % 이내인 학생들을 나타내는 점은 산점도에서 직선 q 위의 점과 직선 q의 아래쪽에 있는 점이므로 이 점들이 나타내는 학생들의 말하기 점수의 평균은

$\frac{10\times 2+20+30}{4}=\frac{70}{4}=17.5$(점)

답 (1) 4명 (2) 10점 (3) ⑤

10 주어진 산점도는 음의 상관관계를 나타낸다.
①, ②, ⑤ 양의 상관관계
③ 음의 상관관계
④ 상관관계가 없다.

답 ③

11 주어진 산점도 중 양의 상관관계는 ③, ⑤이고, 이 중 상관관계가 강한 것은 ③이다.

답 ③

12 ㄴ. 양의 상관관계
ㄹ. 음의 상관관계
따라서 두 변량 사이에 상관관계가 없는 것은 ㄱ, ㄷ이다.

답 ㄱ, ㄷ

13 ⑤ A, B, C, D 중 크기가 가장 큰 것은 C이다.

답 ⑤

14 (1) 키에 비하여 몸무게가 적게 나가는 학생은 E이다.
(2) 키에 비하여 몸무게가 많이 나갈수록 비만 위험이 높으므로 비만 위험이 가장 큰 학생은 A이다.

답 (1) ⑤ (2) ①

• Memo •

• Memo •

• Memo •

NE능률 교재 부가학습 사이트
www.nebooks.co.kr

NE Books 사이트에서 본 교재에 대한 상세 정보 및 부가학습 자료를 이용하실 수 있습니다.

* **교재 내용 문의** : contact.nebooks.co.kr

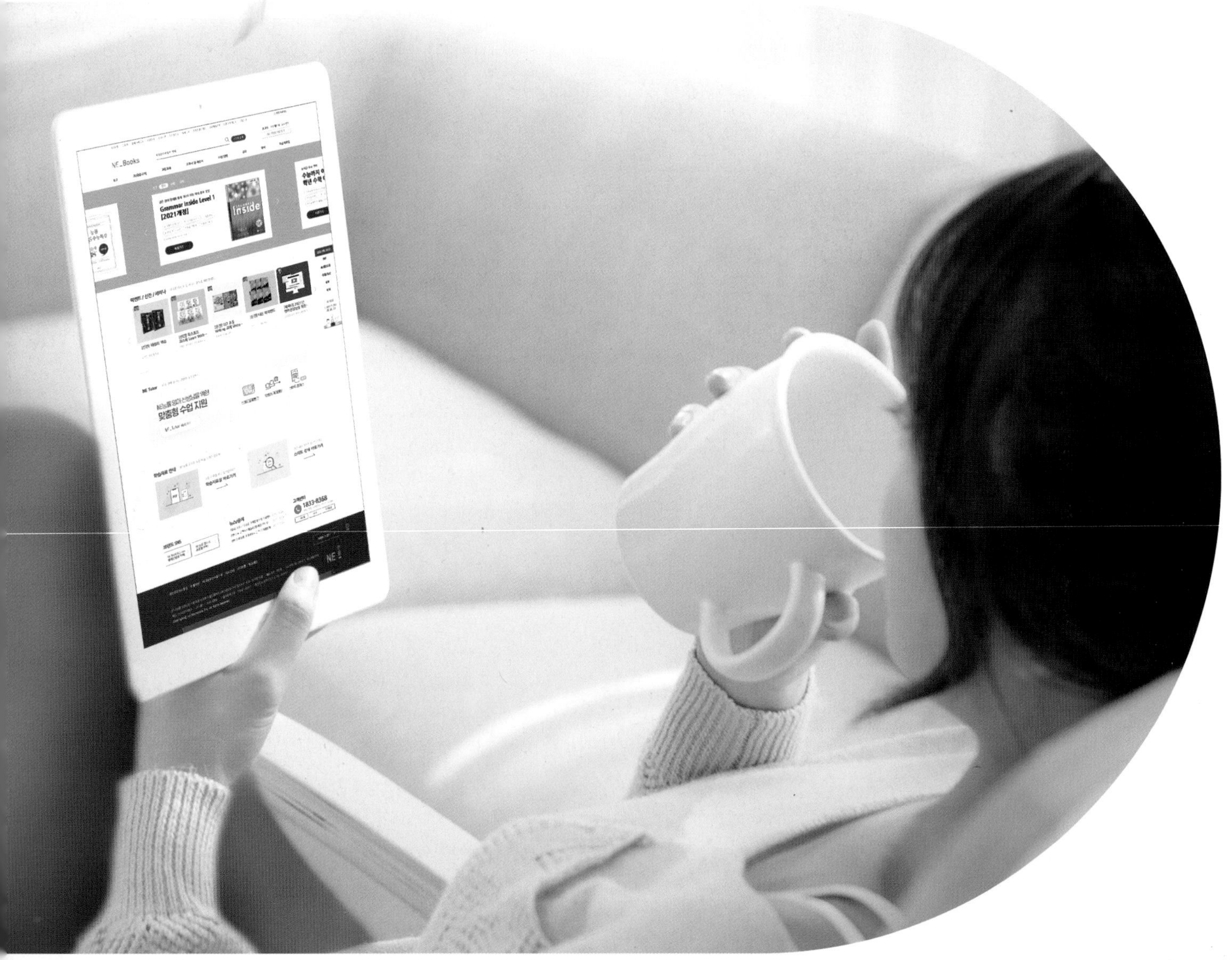